黄渤海渔业资源增殖基础与前景

金显仕　主编
邱盛尧　柳学周　王　俊　张　波　单秀娟　副主编

本书由农业部公益性行业（农业）科研专项（200903005）资助出版

科　学　出　版　社
北　京

内 容 简 介

本书在对黄、渤海渔业资源与环境调查的基础上，根据理化环境、基础饵料、敌害生物、竞争生物及渔业资源数量分布、群落结构情况，结合历史资料和增殖放流实践经验，对黄、渤海增殖放流的渔业种类、数量和规格，以及放流的时间、地点进行了综合分析，并对增殖放流效果评估技术进行了总结和探讨，同时展望了黄、渤海渔业资源增殖的前景。

本书可供国家和地方有关渔业管理部门，以及从事渔业资源养护工作的科研人员与高等院校教学参考使用。

图书在版编目(CIP)数据

黄渤海渔业资源增殖基础与前景/金显仕主编. —北京：科学出版社，2014.3

ISBN 978-7-03-039770-6

Ⅰ.①黄… Ⅱ.①金… Ⅲ.①水产资源-资源增殖-渤海②水产资源-资源增殖-黄海 Ⅳ.①S922.9

中国版本图书馆CIP数据核字(2014)第027565号

责任编辑：王海光 郝晨扬 / 责任校对：韩 杨

责任印制：钱玉芬 / 封面设计：北京铭轩堂广告设计有限公司

科学出版社 出版

北京东黄城根北街16号

邮政编码：100717

http://www.sciencep.com

中国科学院印刷厂 印刷

科学出版社发行 各地新华书店经销

*

2014年3月第 一 版 开本：787×1092 1/16

2014年3月第一次印刷 印张：26 1/4

字数：603 000

定价：158.00元

(如有印装质量问题，我社负责调换)

前　言

随着我国社会经济的发展、内陆和沿海工业区开发及城市化进程的加快，人口增加与耕地减少的矛盾日益突出。如何满足人民日益增长的优质蛋白质的需要成为我国一项长期而艰巨的任务。国际社会已经把渔业发展与粮食安全紧密地联系在一起，越来越重视渔业对粮食安全保障所起的重要作用，把发展渔业、增加水产品供应作为缓解粮食危机的战略措施之一。我国是海洋大国，海洋渔业是现代农业和海洋经济发展的重要组成部分，特别是20世纪80年代引入市场经济以来，我国渔业生产力得到有效释放，近海渔业得到空前发展，对于切实保障水产品供给、增加渔民收入、促进沿海地区经济发展、维护我国海洋权益具有重要意义。然而由于沿海各地过分强调发展海洋捕捞业，盲目增添渔船、渔网，无节制的捕捞，近海渔业的潜力已被挖掘殆尽，环境污染、江河断流、大型围填海工程等对关键栖息地的冲击，导致近海渔业资源可持续利用的问题更加突出。例如，近海产卵场和索饵育肥场功能严重退化，重要渔汛消失，生物量明显下降、个体变小、性成熟提前，优势种类不断更替，经济价值较高的大型底层种类已逐渐被一些价值较低的小型中上层种类所取代，资源总体质量下降。因此，如何恢复和养护近海渔业资源、增加优质种类产量，不仅是保障我国优质蛋白质供给与安全亟待解决的研究课题，也是实现我国海洋渔业可持续发展的迫切需求。

开展增殖放流，发展增殖渔业，是优化种群结构、改善水域环境、促进衰退渔业种群恢复的一个重要途径，对于近海渔业资源的可持续利用、渔民增收、渔业增效、拓展渔业发展空间都具有重要意义。2006年国务院颁布了《中国水生生物资源养护行动纲要》，针对渔业资源增殖，要求“合理确定适用于渔业资源增殖的水域滩涂，重点针对已经衰退的重要渔业资源品种和生态荒漠化严重水域，采取各种增殖方式，加大增殖力度，不断扩大增殖品种、数量和范围”。党的十七届三中全会也提出“加强水生生物资源养护，加大增殖放流力度”。2013年3月国务院常务会议通过的《关于促进海洋渔业持续健康发展的若干意见》（国发[2013]11号）明确指出要坚持资源利用与生态保护相结合，加强海洋渔业资源环境保护，养护水生生物资源，改善海洋生态环境，发展海洋牧场，加强人工鱼礁投放，加大渔业资源增殖放流力度，科学评估资源增殖保护效果。

渔业资源增殖措施主要包括3方面：一是设施增殖，通过改善渔场环境，包括投放人工鱼礁、营造人工海藻（草）林等工程建设，为鱼、虾、贝等水生生物提供栖息、生殖、索饵、逃避敌害等条件，促进其自然增殖。二是放流增殖，通过放流人工孵化的苗种，即向特定水域投放人工培育的生物苗种，达到增殖的目的；对于本底中已有的物种，即通过直接增加补充量实现资源增殖，对于本底中没有的物种，采取移植性增殖。三是保育增殖，通过限额捕捞、禁渔和防止污染等，使水生生物在自然水域中健康增殖。

Bell等（2008）将人工放流增殖划分为3类。①种群重建（restocking）：放流人工培育的幼体到自然水域，目的是重建已经严重衰退种群的产卵群体的生物量，使其能够恢复到提供正常、持续产量的水平。这既包括重建衰退的商业捕捞种类，也包括恢复濒危种类。②资源增殖(stock enhancement)：放流人工培育的幼体到自然水域，目的是增加幼体的补充量，优化种群机构，调整生态系统的功能，提高生态系统的稳定性。③海洋放养(sea ranching)：放流人工培育的幼体到未封闭的海洋和河口水域，目的是增加其产量，即“放流、生长、收获”，而不是为了增加其产卵群体生物量，虽然在捕捞时，部分个体有可能已经进行了繁殖，或是没有被捕获而有剩余。前两种为生态性放流，后一种称为生产性放流。

目前，我国内陆和沿海各省、自治区和直辖市都已开展了增殖放流工作，并且随着国家对增殖放流业的更加重视，通过各种渠道对增殖放流的投入不断加大。放流数量自2002年的68亿尾(粒)到2012年的300多亿尾(粒)，其中沿海放流170多亿尾(粒)。增殖放流年投入资金由2002年的3400万元增加到2012年的9.7亿元，在沿海水域增殖放流的种类主要包括甲壳类中的中国对虾、日本对虾、长毛对虾和三疣梭子蟹，鱼类中的褐牙鲆、真鲷、黑鲷、鲮、许氏平鲉、大黄鱼、半滑舌鳎等，以及海蜇，同时进行杂色蛤、魁蚶等贝类底播增殖。实践证明，增殖放流对我国天然渔业资源的恢复起到了积极作用，并取得了巨大的经济效益。近年来，渤海和黄海北部消失多年的中国对虾、海蜇、梭子蟹的渔汛又出现了，并且每年具有一定的回捕量。但增殖放流既需注重经济效益又需注重生态效益，并且只有加强监管才能保证其有序和可持续开展。因此，开展大规模增殖放流之前需要掌握拟放流水域的理化环境、基础饵料、敌害生物、竞争生物，以及渔业资源数量分布、群落结构情况，经过充分论证和实验研究及示范，明确放流种类、数量和规格，放流的时间、地点，并对放流苗种进行疾病控制，放流之后需要跟踪监测和进行效果评估，以调整放流数量、时间和地点，保证最佳增殖效果。

2009年开始实施的农业部公益性行业(农业)科研专项“黄渤海生物资源调查与养护技术研究”旨在通过黄、渤海水域本底调查，了解渔业资源与环境状况，研发并构建海洋渔业资源养护技术体系与示范。项目完成单位有中国水产科学研究院黄海水产研究所、烟台大学、中国海洋大学、大连海洋大学、辽宁省海洋水产科学研究院、河北省海洋与水产科学研究院、山东省海洋捕捞生产管理站、山东省海洋水产研究所、中国水产科学研究院北戴河中心实验站、莱州明波水产有限公司等。本书是该项目的研究成果之一，主要围绕黄、渤海增殖放流这一渔业资源养护行动中普遍存在的技术问题进行了较为全面的总结和分析，全书共分为6章，内容包括黄、渤海理化环境、基础饵料、敌害生物、竞争生物、渔业资源数量分布及群落结构概况，结合历史资料和增殖放流实践经验，对黄、渤海增殖放流的种类、数量和规格，以及放流的时间、地点进行了综合分析，并对增殖放流效果评估技术进行了总结和探讨，同时展望了黄、渤海渔业资源增殖的前景。期望本书的出版能为我国海洋渔业资源增殖放流事业的健康、持续发展提供参考。

本书的编写人员如下：第一章 水域环境特征，王俊、崔毅、邱盛尧、周军、董婧、左涛、袁伟、栾青杉；第二章 渔业资源结构，单秀娟、金显仕、吴强、万瑞景、陈云龙、卞晓东、孙鹏飞；第三章 增殖放流种类基础生物学，邱盛尧、单秀娟、金显仕、李增、耿宝龙、侯朝伟、顾侨侨、王蕾、李战军；第四章 食物网结构与敌害关系，张波；第五章 增殖放流与追踪技术，柳学周、张秀梅、邱盛尧、王伟继、徐永江、史宝；第六章 渔业资源增殖现状及其前景，邱盛尧、董婧、周军、金显仕、吕振波、王云中、王四杰、涂忠、张焕君、乔凤勤、张金浩、耿宝龙、许玉甫、张海鹏、李玉龙、王彬、刘修泽。全书由金显仕统稿、定稿。

我国开展渔业资源增殖放流活动及其相关的研究工作较晚，近年来，随着放流种类的增加和放流规模的不断扩大，放流过程中很多关键技术和科学问题尚需进一步研究和解决。由于学识和水平有限，书中不足之处在所难免，恳请读者批评指正。

感谢农业部公益性行业（农业）科研专项经费的支持，感谢程济生研究员对本书的指导和审阅，感谢本书所有的研究与撰写者，以及有关文献、资料与图片的提供者。

金显仕

2013 年 9 月

目　　录

第一章　水域环境特征

黄、渤海是我国北方重要的渔业水域，属于半封闭性浅海，南部以长江口北岸与韩国济州岛南端的连线为界与东海相连，其中，渤海是深入我国大陆的内海，为山东半岛和辽东半岛所环抱。渤海东北-西南纵向长约 300 海里[①]，东西宽约 187 海里，面积约 7.7 万 km^2，平均水深为 18 m，最大水深为 78 m。渤海由辽东湾、渤海湾、莱州湾、中央浅海盆和渤海海峡组成，海底坡度平缓，表层为现代沉积物所覆盖。黄海是位于我国大陆架上近似南北走向的浅海，海域面积约 38 万 km^2，海底地形平坦，平均水深为 44 m，最大水深为140 m，位于济州岛北侧。黄海可分为北黄海和南黄海两部分，两者以山东半岛成山角至朝鲜的长山串一线为界。北黄海平均水深为 38 m，最大深度为 80 m；南黄海平均水深为 46 m，最大深度为 140 m。

黄、渤海的地理特点及其环境特征，使其成为我国渔业资源增殖的重点水域。据统计，我国在黄、渤海进行增殖放流的种类有 20 多种，主要有中国对虾、三疣梭子蟹、褐牙鲆、半滑舌鳎、海蜇等（赵振良，1994；信敬福，2005；张秀梅等，2009）。2005～2010 年，在渤海累计放流中国对虾幼虾约 50.5 亿尾，三疣梭子蟹幼蟹约 2.9 亿只，海蜇幼蛰约 16.3 亿个，褐牙鲆幼鱼 1300 多万尾，半滑舌鳎幼鱼约 273 万尾。2006～2010 年，在黄海北部近岸水域放流了中国对虾幼虾 19.7 亿尾。渔业资源增殖在产生巨大经济效益的同时，对水域生态系统产生一定影响。例如，引起同生态位生物的竞争，多样性水平的降低等（李继龙等，2009；Kitada *et al.*，2009；Araki and Schmid，2010）。为了有效地指导黄、渤海渔业资源增殖，针对放流的种类与数量及其效果评价等关键技术难题，依托于农业部公益性行业（农业）科研专项"黄渤海生物资源调查与养护技术研究（200903005）"，于 2009～2010 年，在黄、渤海重点水域进行了增殖生态基础调查，以此为基础，对黄、渤海典型渔业水域的环境特征进行阐述。

第一节　地 理 概 况

一、海岸

渤海海岸类型丰富，有基岩港湾海岸、砂砾质平原海岸和淤泥质平原海岸，海岸线长约 2688 km（王颖，2012）。其中，山东省的岸段为大口河口至蓬莱角，海岸线长约923 km；河北省的海岸线跨渤海湾和辽东湾的部分岸段，岸线长约 485 km；辽宁省的渤海大陆岸线长约 1235 km；天津市岸段长约 154 km。

黄海为位于中国大陆和朝鲜半岛之间的半封闭浅海，西北与渤海相通，界线为辽东半

---

① 1 海里=1852 米。

岛西南端的老铁山岬至山东半岛北部蓬莱角的连线，南至长江口北角与济州岛西南角的连线。黄海海岸类型有基岩港湾海岸、砂砾质平原海岸和淤泥质平原海岸，海岸线总长约4251 km，其中，山东省海岸线长约2422 km；辽宁省大陆岸线长约875 km；江苏省海岸线长约954 km。

二、海湾

黄、渤海海岸线曲折，海湾众多。据调查，20世纪80年代，山东省沿海有面积1 km^2以上的海湾51个，但现存49个，其中，埕口潟湖被围填消失，绣针河口潟湖面积已不足1 km^2。海湾总面积为8139.07 km^2。山东省沿海面积最大的海湾为莱州湾，面积6215.40 km^2，从地域分布看，渤海内的海湾（包括莱州湾）有4个，黄海有45个（表1.1.1）。

表1.1.1　山东省海湾基本信息

序号	海湾	口门宽度/km	面积/km^2	岸线长度/km	池塘面积/km^2	沙滩面积/km^2	泥滩面积/km^2
1	莱州湾	83.29	6215.40	516.78	252.70	36.20	987.70
2	刁龙嘴湾	0.33	6.10	15.92	5.80	0.10	0.00
3	龙口湾	14.96	78.90	45.98	0.10	3.80	0.00
4	套子湾	18.75	182.90	55.01	1.50	6.50	0.00
5	芝罘湾	6.72	28.00	29.21	0.00	0.30	0.00
6	金山港	1.52	8.10	17.20	6.00	0.00	0.00
7	双岛港	1.53	18.90	33.77	14.40	0.00	0.00
8	麻子港	2.91	4.40	7.56	0.00	0.20	0.00
9	葡萄滩	3.45	5.90	8.44	0.00	0.00	0.30
10	威海湾	9.68	52.20	32.95	0.00	0.40	0.00
11	朝阳港	0.33	13.30	26.86	9.40	0.00	0.00
12	龙眼湾	0.35	1.00	5.07	0.00	0.10	0.00
13	马兰湾	1.11	2.30	5.75	0.00	0.10	0.00
14	马山港	0.14	4.50	9.25	0.20	0.00	0.00
15	养鱼池湾	1.38	5.10	14.43	0.20	0.00	0.00
16	临洛湾	2.16	3.00	8.77	0.00	0.30	0.00
17	俚岛湾	2.33	2.80	8.96	0.10	0.00	0.00
18	爱连湾	2.73	5.80	8.25	0.00	0.50	0.00
19	桑沟湾	11.63	152.60	90.40	6.00	3.60	3.70
20	石岛湾	6.84	22.10	24.08	0.40	1.00	0.40
21	王家湾	2.48	4.60	14.33	1.10	0.10	0.30
22	朱家西圈	0.91	1.10	4.23	0.00	0.20	0.00
23	靖海湾	13.37	155.80	159.63	55.80	0.40	34.40
24	五垒岛湾	6.81	109.30	68.82	82.60	0.00	24.30

续表

序号	海湾	口门宽度/km	面积/km^2	岸线长度/km	池塘面积/km^2	沙滩面积/km^2	泥滩面积/km^2
25	白沙口潟湖	0.19	6.20	18.44	3.60	0.00	0.00
26	杜家港	4.63	18.03	21.46	7.49	0.00	6.84
27	险岛湾	1.92	4.14	7.15	1.18	0.00	0.96
28	乳山湾	0.80	52.80	84.87	21.90	0.00	22.90
29	羊角畔	0.21	8.50	22.32	6.80	0.00	0.00
30	马河港	1.67	24.70	51.59	19.40	0.00	0.00
31	丁字湾	5.59	176.60	134.69	95.20	0.00	53.50
32	横门湾	3.10	12.80	15.03	7.20	0.00	5.40
33	北湾	11.92	179.00	69.16	25.80	33.60	0.00
34	小岛湾	7.13	36.70	31.77	5.10	0.00	10.10
35	青山湾	1.28	1.10	3.53	0.00	0.00	0.00
36	沙子口湾	3.01	6.10	13.37	0.00	1.40	0.00
37	汇泉湾	1.35	1.20	3.28	0.00	0.20	0.00
38	栈桥湾	1.54	1.40	3.50	0.00	0.00	0.00
39	胶州湾	3.20	509.10	206.46	134.60	5.90	102.40
40	唐岛湾	2.28	12.40	19.98	0.30	0.00	7.40
41	大港口潟湖	0.44	1.00	6.30	0.10	0.00	0.00
42	古镇口	2.58	19.60	20.52	0.50	0.00	13.50
43	龙王留潟湖	0.22	1.70	11.34	1.40	0.00	0.00
44	杨家洼湾	1.89	2.80	8.76	1.40	0.00	0.70
45	琅琊湾	3.77	16.70	19.40	8.20	0.00	2.00
46	棋子湾	6.82	32.50	29.59	13.90	0.00	16.80
47	万平口潟湖	0.10	2.20	9.52	1.80	0.00	0.00
48	傅疃河口潟湖	0.51	7.00	18.53	5.10	0.00	0.00
49	涛雒潟湖	0.68	5.70	19.31	4.50	0.20	0.00

渤海湾是河北省、山东省与天津市所辖海域唯一的一个大型海湾,除此之外,无其他海湾。

辽宁省海岸线绵长,岬湾相见,曲折多变,海湾众多。经统计,辽宁省共有海湾 52 个,其中,属于丹东市的 1 个,大连市的 44 个,营口市的 2 个,锦州市的 2 个,葫芦岛市的 3 个,详见表 1.1.2。

表 1.1.2　辽宁省海湾基本信息

海湾名称	所在海区	行政区	面积/km^2	岸线长度/km	开发现状	备注
南尖子湾	黄海	丹东	18.5	10.3	养殖	丹东部分
南尖子湾	黄海	大连	14.7	13.5	养殖、渔港	大连部分
青堆子湾	黄海	大连	156.8	130.1	养殖、渔港	
黑岛湾	黄海	大连	5.5	7.6	养殖、城镇建设	
庄河口湾	黄海	大连	66.9	41.2	养殖、旅游	
打拉腰湾	黄海	大连	2.9	6.5	养殖	
大郑湾	黄海	大连	4.1	8.7	养殖	
高阳湾	黄海	大连	12.5	15.2	盐田、养殖	
甘岛子湾	黄海	大连	2.6	5.1	养殖	
花园口湾	黄海	大连	13.6	14.9	养殖	
碧流河口湾	黄海	大连	21.5	35.2	养殖、盐田	
赞子河口湾	黄海	大连	26.3	24.1	养殖、盐田	
清水河口湾	黄海	大连	3.5	9.6	养殖	
大沙河口湾	黄海	大连	11.7	12.7	养殖、盐田	
盐大澳	黄海	大连	27.2	23.2	养殖、盐田	
常江澳	黄海	大连	18	27.1	围海、底播养殖	
小窑湾	黄海	大连	18.5	26.2	城镇、港口建设	
大窑湾	黄海	大连	33	23.9	城镇、港口建设	
大连湾	黄海	大连	174.2	125.4	养殖、港口	
臭水套子	黄海	大连	7.5	19.8	港口、船舶修造	大连湾内
甜水套子	黄海	大连	5.5	13.8	港口、城镇建设	大连湾内
红土堆子湾	黄海	大连	13	18.1	城镇建设、旅游	大连湾内
大孤山湾	黄海	大连	2.1	5.9	暂无	大连湾内
老虎滩湾	黄海	大连	1.6	5.3	渔港	
黑石礁湾	黄海	大连	5	8.1	浴场、科研	
小平岛东湾	黄海	大连	0.6	1.6	城镇建设	
小平岛湾	黄海	大连	1.1	3.3	城镇建设	
塔河湾	黄海	大连	4.0	6.2	养殖、旅游	
旅顺口湾	黄海	大连	6.8	18.1	养殖、港口	
羊头湾	黄海	大连	9.8	11.5	养殖、浴场	
双岛湾	渤海	大连	21.4	24.2	盐田、养殖	
大潮口湾	渤海	大连	7.8	9.1	养殖	
营城子湾	渤海	大连	15.9	13.6	盐田、围海养殖	
金州湾	渤海	大连	342	65.7	养殖、港口建设	
牧城湾	渤海	大连	45	21.8	养殖、浴场	金州湾内
普兰店湾	渤海	大连	530.1	193.2	城镇建设、养殖	
北海湾	渤海	大连	18.5	25.8	盐田、养殖	普兰店湾内

续表

海湾名称	所在海区	行政区	面积/km²	岸线长度/km	开发现状	备注
后海湾	渤海	大连	3.4	7.4	盐田、养殖	普兰店湾内
董家口湾	渤海	大连	44.4	30.1	盐田、养殖	
葫芦山湾	渤海	大连	127.5	62.1	盐田、养殖	
复盐八分场	渤海	大连	57.4	32.1	盐田、养殖	
复州湾	渤海	大连	223.6	92.4	养殖、盐田	
大沟口湾	渤海	大连	17.6	20.1	盐田、养殖	
永宁河口湾	渤海	大连	3.9	10.9	养殖、渔港	
太平湾	渤海	大连	29.2	22.7	养殖、盐田	
白沙湾	渤海	营口	14.2	12.1	养殖、城镇建设	
月牙湾	渤海	营口	2.9	8.4	浴场、养殖	
锦州湾	渤海	锦州	151.5	61.5	养殖、港口建设	
青沟湾	渤海	锦州	6.3	8.3	城镇建设、科研	
连山湾	渤海	葫芦岛	7.7	8.1	养殖、旅游	
长山寺湾	渤海	葫芦岛	17.2	15.1	盐田、养殖	
止锚湾	渤海	葫芦岛	2.9	5.2	养殖、浴场	

三、底质

渤海可划分为辽东湾、渤海湾、莱州湾、中央浅海盆和渤海海峡5个部分，海底坡度平缓，为现代沉积物所覆盖，只有渤海海峡因激流冲刷为砾石性底质。

辽东湾位于渤海北部，为长兴岛与秦皇岛连线以北的区域。辽东湾顶部与辽河下游平原相连，水下地形平缓，顶部为淤泥，外侧为细粉砂。辽东湾东部为基岩海岸，以岛屿多为特点，而西部以沙堤为特征。辽东湾中部海底沉积物以粉砂为主，两侧较粗，杂以砾石、贝壳等(《中国自然地理》编辑委员会，1979)。

渤海湾为渤海西部一弧形浅水海湾，水下地形平缓单调，水深一般小于20 m。渤海湾以堆积地貌为主，由于诸多河流泥沙的输入，形成了宽广的海底堆积平原，表层沉积物为泥质粉砂、粉砂质黏土及黏土质软泥。北部曹妃甸一带分布着数条水下沙脊，由中细砂与大量贝壳碎屑组成(《中国自然地理》编辑委员会，1979；王颖，2012)。

莱州湾宽阔，水深大都在10 m以内，最深为18 m，地形简单平缓。莱州湾底质总体上以粉砂占优势，东部为细粉砂，向黄河口方向，黏粒逐渐增多；南部为粗粉砂，向西逐渐变细；西部为含黏土较多的粉砂(《中国自然地理》编辑委员会，1979)。黄河大量的入海泥沙在渤海湾南部和莱州湾北部海底堆积，建造了一个巨大的弧形水下三角洲，其范围北起大口河，南至小清河。现行河口两侧各有一块烂泥湾，底质为松软的稀泥(王颖，2012)。

渤海中央浅海盆，位于三湾与渤海海峡之间，为水深20～25 m的三角形浅海盆地。盆地中部低洼，东北部略高。黄海进入渤海的主潮流流经中央盆地，形成了细砂沉积海底，与周边粉砂海底区别开来(王颖，2012)。

渤海海峡，中国第二大海峡，位于黄海和渤海、山东半岛和辽东半岛之间，是渤海内外海运交通的唯一通道。海峡向东连接黄海，向西连接渤海，是黄海和渤海联系的咽喉要道；海峡南北两端最短距离约 106 km，北起辽宁大连老铁山，南至山东烟台蓬莱阁。渤海海峡是指辽东半岛南端，老铁山角与胶东半岛蓬莱登州头之间的峡湾海域，是渤海与黄海的天然分界线。它西面与渤海相连，东面与黄海毗邻。老铁山水道是渤海海峡的最深区域，南侧水深在 60～80 m，海底尽是砂烁海床。

黄海可分为北黄海和南黄海两部分，两者以山东半岛的成山角至朝鲜的长山串一线为界。北黄海北端河流带来的泥沙沉积于朝鲜半岛近岸，形成砂质沉积带，而辽东半岛的东侧没有大的入海河流，砂质来源少，加之潮流作用弱，仅有由沉溺的山丘形成的环陆罗列的岛屿。在北黄海的盆心，为泥沙-粉砂质堆积平原；南黄海盆地地势集中向近朝鲜岸下的陆缘深槽和济州海峡海底冲刷槽倾斜，造成西部海底开阔缓降的斜面。“苏北浅滩”、“长江口外大沙滩”及盆地西南边构成起伏的海底，为沉溺的叠置古三角洲平原分布区（陈冠贤，1991）。

黄海基地为中朝地台与杨子准地台在海域的延伸，因此，在底质构造上与渤海和东海都有着关联。黄海的基本构造格局为大致平行排列的 NNE 向的隆起带与拗陷带（王颖等，1996）。黄海的隆起带为胶辽隆起，大体上从我国的庐江-郯城-苏北的燕尾港至朝鲜的海州一线，基地为晶片岩、片麻岩、石英岩等的变质岩；苏北拗陷带位于南黄海海域，大体沿浙江的江山、绍兴、九段沙至朝鲜的沃川一线，与浙、闽隆起为界基地，为前寒武系的变质岩（王颖，2012）。

四、入海径流

山东省沿岸的入海河流，除我国第二大河黄河外，多数为小型河流，一般可分为平原河流及山溪性河流。入海河流众多，大小河流数千条，其中 10 km 以上的河流为 1500 条，长度 100 km 以上的河流为 12 条。较大河流主要有黄河、五龙河、大沽河、胶莱河、潍河、弥河、小清河、白浪河、徒骇河、马颊河等，年平均径流总量为 502.4×10^{8} m^{3}。平原河流主要分布在鲁北平原，除冀-鲁交界的漳卫新河外，自西向东主要有马颊河（含德惠新河）、徒骇河、淄脉沟、小清河、弥河、白浪河、潍河、胶莱河；山溪性河流分布在鲁东丘陵区沿海，自北向南主要有界河、黄水河、大沽夹河、沽河、老母猪河、黄垒河、乳山河、五龙河、大沽河、吉利白马河及傅疃河。

河北省沿海共有入海河流 52 条（河道长度在 10 km 以上），水文上，习惯将其分为滦河、冀东独流入海河流、远东地区入海河流 3 个水系。滦河全长为 877 km，汇水面积为 44 880 km^{2}，常年有水支流达 500 余条，其中，汇水面积大于 1000 km^{2} 的有 10 条。冀东独流入海河流包括涧河口至南张庄入海的各河流，以滦河为界，分为滦东独流入海河流和滦西独流入海河流，累计汇水面积为 9650 km^{2}。其中，滦东独流入海河流包括潮河、石河、泥井沟等 19 条入海河流，累计汇水面积为 3540.7 km^{2}；滦西独流入海河流包括二滦河、陡河、西排干等 17 条主要河流，累计汇水面积为 6109.3 km^{2}。远东地区入海河流（子牙河及漳卫南运河水系）包括歧口至大口河口的子牙新河、北排河、漳卫新河等 15 条主要入海河流。各河的河道均经过人工改造，累计汇水面积为 107 014.5 km^{2}。1956～2000 年，平均年径流量为 11.6×10^{8} m^{3}。

天津市的入海河流主要有蓟运河、潮白河、永定新河、金钟河、海河干流、独流减河、子牙河、北排河等。20世纪50年代，下泄入海水量平均每年为144×10^{8} m^{3}。自1958年以来，由于上游兴建水利工程，来水日渐减少。因为气候的原因，天津市地表径流年内分配极为不均，这与降水有很大关联，70%～80%集中在7～9月，年际变化大，季节分布极不均匀。

辽宁全省流域面积在5000 km^{2}以上的河流有10条，大于1000 km^{2}以上的有45条。主要水系有辽河、鸭绿江、大凌河及其他注入黄、渤海的沿海诸河。辽河主要支流有浑河、太子河、清河、柴河、绕阳河、柳河等；鸭绿江主要支流有浑河、爱河等。注入黄海的河流有鸭绿江、大洋河、碧流河、英那河、庄河、大沙河、登沙河等，注入渤海的河流有辽河、大凌河、复州河、李官河、熊岳河、大清河、小凌河、兴城河、烟台河、六股河、狗河、石河等。

辽宁省河流多年的平均入海水量约为297亿m^{3}。其中，注入黄海的为143亿m^{3}，占总入海水量的48.1%；注入渤海的为154亿m^{3}，占总入海水量的51.9%。全省注入海域的河流流域总面积为298 895 km^{2}。其中，渤海沿岸为220 410 km^{2}，占总面积的73.7%；黄海沿岸为78 485 km^{2}，占总面积的26.3%。

辽宁省河流多年的平均入海沙量约5160万t。其中，汇入渤海的沙量约4560万t，占总入海沙量的88%；汇入黄海的沙量约600万t，占总入海沙量的12%。辽东湾北部的入海沙量约占全省的89%，占该湾的96%，辽东湾西岸的入海沙量次之，东岸最少。在黄海北部，以鸭绿江的入海沙量居多，占全省的6%，占黄海北部入海沙量的87%。全省河流入海沙量以大凌河为最大，多年入海沙量年平均达2603万t，占全省一半以上。

第二节　理化环境

2009年的8月、10月和2010年的5月、8月，在渤海、黄海北部，分别设置了50个、41个调查站位，对渔业生物资源及其栖息环境进行了调查。理化环境调查内容包括温度、盐度、pH、溶解氧、氮盐、硅酸盐、磷酸盐等因子。温度和盐度的调查，使用Seabird CTD进行断面观测。其他要素的调查，使用卡盖式采水器采集表、底层水样，使用酸度计和溶氧仪现场测定pH和溶解氧。其他样品带回实验室进行测定。水质样品的采集、保存、运输和分析按照《海洋监测规范》(GB 17378—2007)和《海洋调查规范》(GB 12763—2007)中的相关规定执行。

一、渤海

1. 水文环境

海水的温度和盐度，都是海洋水文学的最基本要素。海水温度不仅表现了海水的热焓状态，而且影响海水其他物理要素和化学要素的变化，也影响海水中各种溶解气体的含量。海水盐度是确定海洋中水系、水团的重要标志，决定水质的理化性质，是维持生物原生质与海水间渗透关系的一项重要因素。因而，两者对海洋生物的活动、分布、繁殖和生长产生重大影响，是海洋生物得以栖息的基本环境因素。

(1) 水温

2009年8月，渤海表层水温为24.58～28.65℃，平均值为26.67℃，其高值区出现在辽东湾的南部和莱州湾的南部，低值区出现在葫芦岛近岸和莱州湾的东北部；底层水温为17.36～28.00℃，平均值为22.04℃，其高值区出现在辽东湾的北部、渤海湾的西南部和莱州湾的南部，低值区出现在辽东湾的南部、渤海湾的东部和渤海中部(图1.2.1)。10月，表层水温为16.39～18.30℃，平均值为17.53℃，其高值区主要出现在渤海中部，低值区出现在黄河口附近海域和辽东湾的东北部；底层水温为16.35～18.21℃，平均值为17.52℃，其高值区出现在渤海中部，低值区出现在黄河口附近海域和辽东湾的东北部(图1.2.2)。

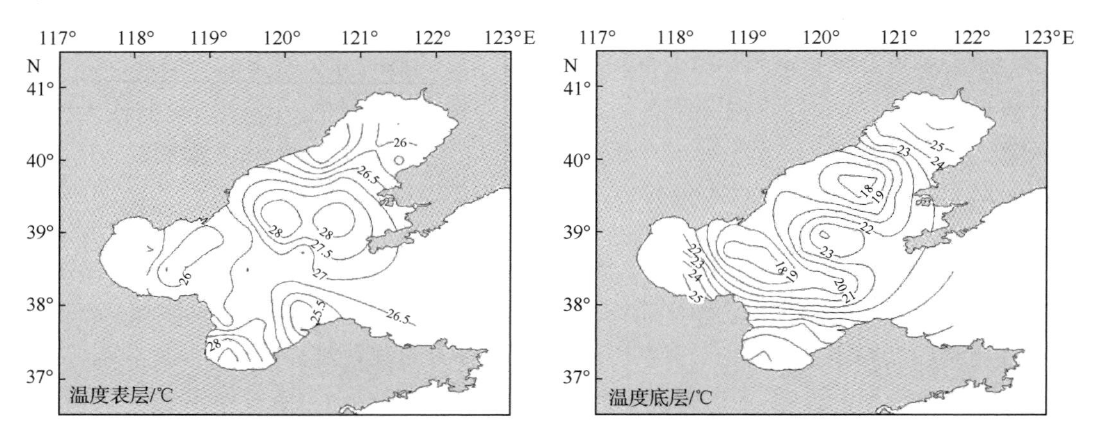

图1.2.1　2009年8月渤海表、底层水温分布

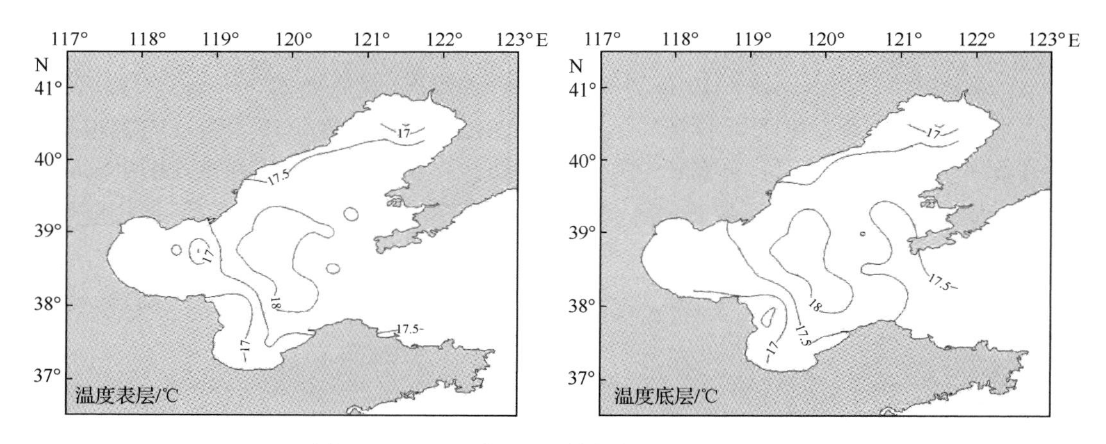

图1.2.2　2009年10月渤海表、底层水温分布

2010年5月，渤海表层水温为6.61～15.50℃，平均值为9.23℃；底层水温为4.07～15.44℃，平均值为8.52℃，高值区出现在莱州湾的西南部(图1.2.3)。8月，表层水温为24.58～28.65℃，平均值为26.66℃；底层水温为17.36～28.00℃，平均值为21.95℃，高值区出现在渤海中部(图1.2.4)。

(2) 盐度

2009年8月，渤海表层盐度为21.47～32.41，平均值为31.31；底层盐度为28.40～32.44，平均值为31.90，其高值区出现在辽东湾、渤海中部和渤海湾的东北部，低值区出

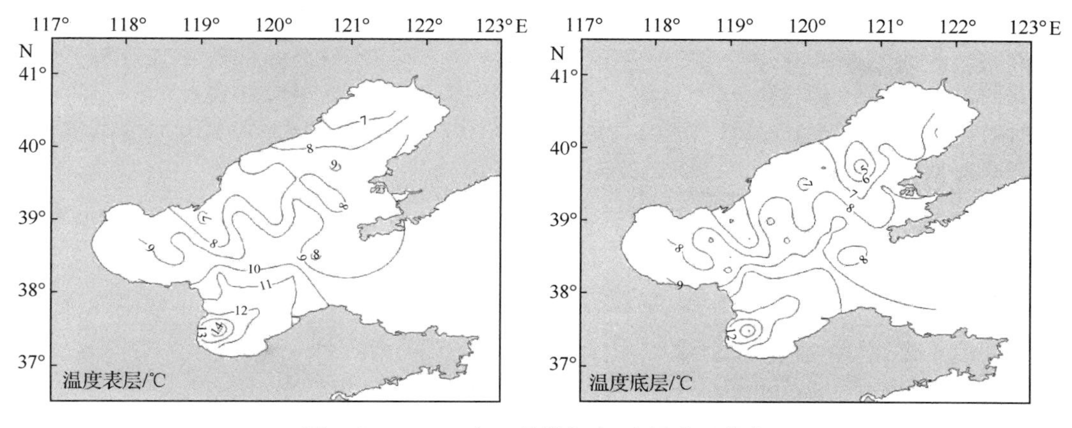

图 1.2.3　2010 年 5 月渤海表、底层水温分布

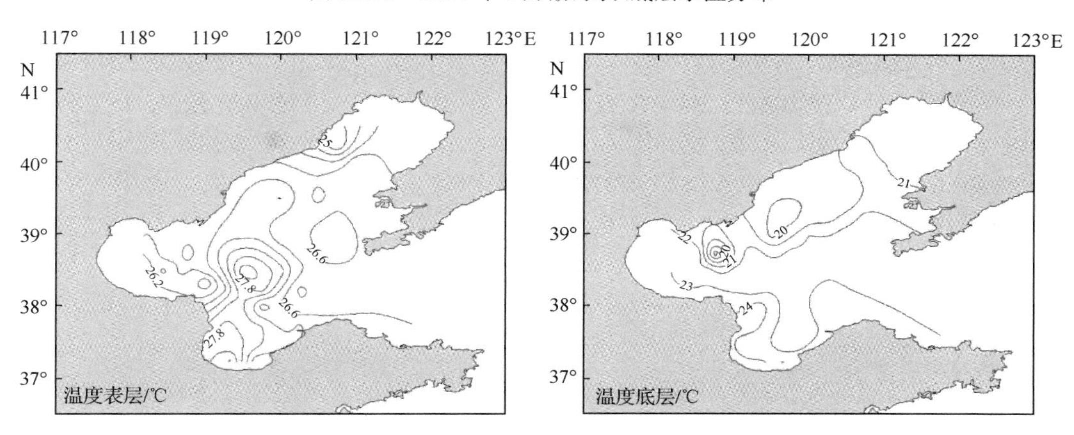

图 1.2.4　2010 年 8 月渤海表、底层水温分布

现在莱州湾的西南部(图 1.2.5)。10 月,表层盐度为 27.89～31.63,平均值为 30.87,其高值区出现在辽东湾的北部,低值区出现在莱州湾的西南部;底层盐度为 20.37～31.63,平均值为 30.74,其高值区出现在辽东湾的北部,低值区出现在莱州湾的西南部(图 1.2.6)。

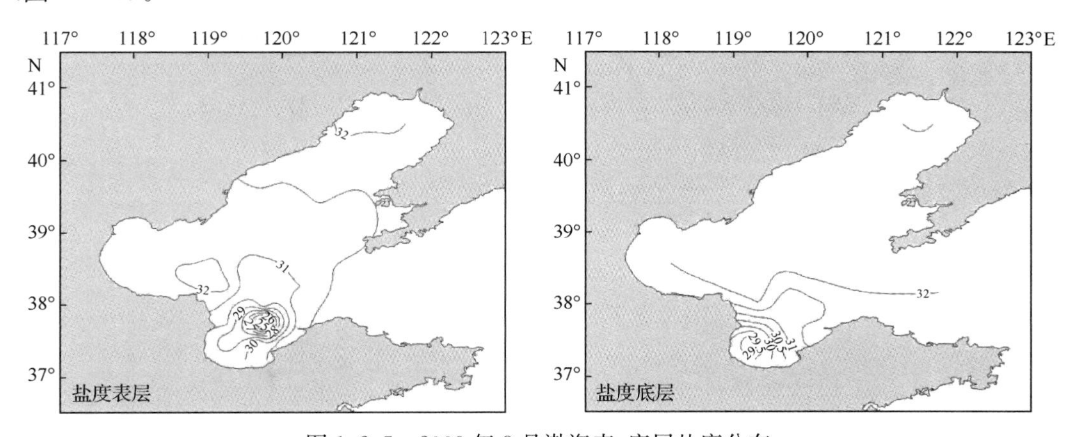

图 1.2.5　2009 年 8 月渤海表、底层盐度分布

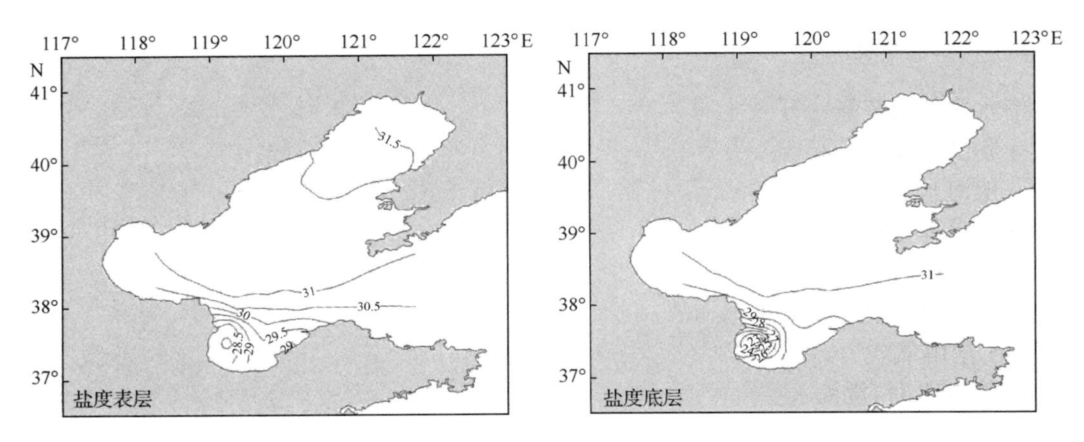

图 1.2.6　2009 年 8 月渤海表、底层盐度分布

2010 年 5 月，渤海表层盐度为 30.87～33.09，平均值为 31.83；底层盐度为 30.87～33.21，平均值为 32.38，高值区出现在辽东湾（图 1.2.7）。8 月，表层盐度为 28.30～32.41，平均值为 31.52；底层盐度为 28.40～32.44，平均值为 31.90，渤海湾和辽东湾的盐度较高（图 1.2.8）。

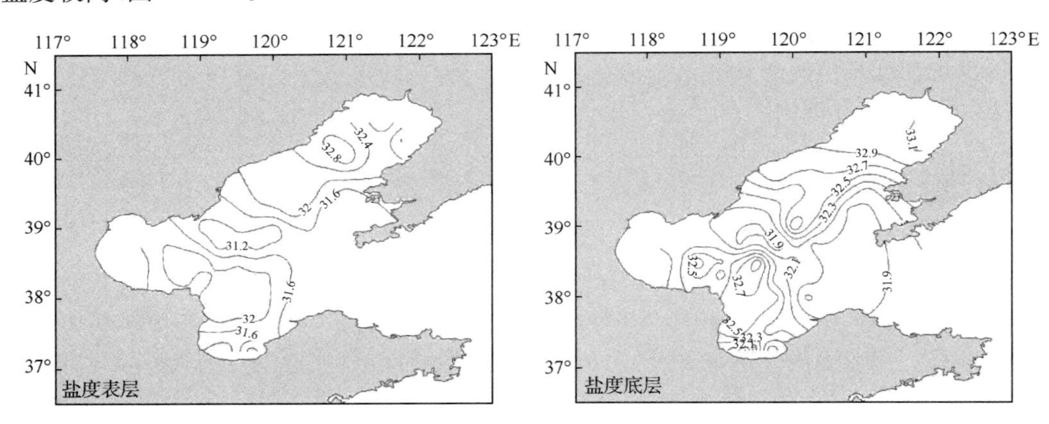

图 1.2.7　2010 年 5 月渤海表、底层盐度分布

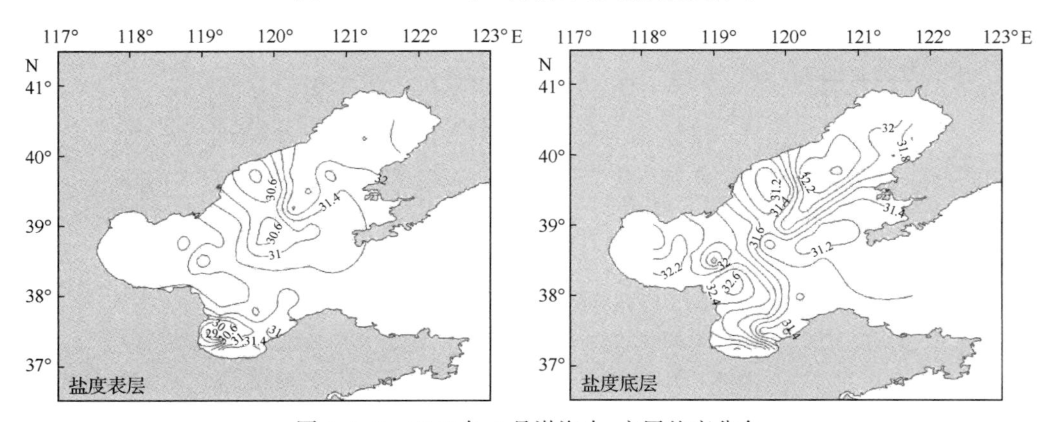

图 1.2.8　2010 年 8 月渤海表、底层盐度分布

2. 水化学环境

海水中的溶解氧、pH及生源要素(N、P、Si等)都是海水化学的重要参数。溶解氧是海洋生物呼吸作用的必要条件,与环境质量有关,其绝对含量受水温控制,并呈负相关关系。一般海水的pH为7.5~8.5,它主要与海水的二氧化碳含量有关。海水中营养盐的含量对自养体生物数量变动的影响,比光照更为重要。这是因为,像N、P、Si等生源要素在天然水域中含量很少,在一定程度上起着限制浮游植物生长与繁殖的作用。因此,它们都是海洋环境评价的重要指标之一。

(1) 溶解氧

2009年8月,渤海表层溶解氧(DO)为3.76~8.59 mg/L,平均值为6.31 mg/L,其高值区出现在渤海湾的西部和渤海中部,低值区出现在黄河口附近,有1个站溶解氧浓度超过三类《海水水质标准》(4 mg/L),超标率为2.0%;底层DO为2.26~6.01 mg/L,平均值为4.66 mg/L,其高值区出现在辽东湾的东北部和莱州湾的东部,低值区出现在秦皇岛近岸,有2个站溶解氧浓度超过四类《海水水质标准》(3 mg/L),超标率为4.0%(图1.2.9)。10月,表层DO为5.95~6.82 mg/L,平均值为6.40 mg/L,其高值区出现在辽东湾的西北部和莱州湾的北部,低值区出现在渤海中部的部分地区,大部分站溶解氧浓度符合一类《海水水质标准》(6 mg/L);底层DO为4.35~6.81 mg/L,平均值为6.21 mg/L,其高值区出现在辽东湾的西北部,辽东湾的东部有一明显的低值区,有1个站溶解氧浓度超过二类《海水水质标准》(5 mg/L),超标率为2.0%(图1.2.10)。

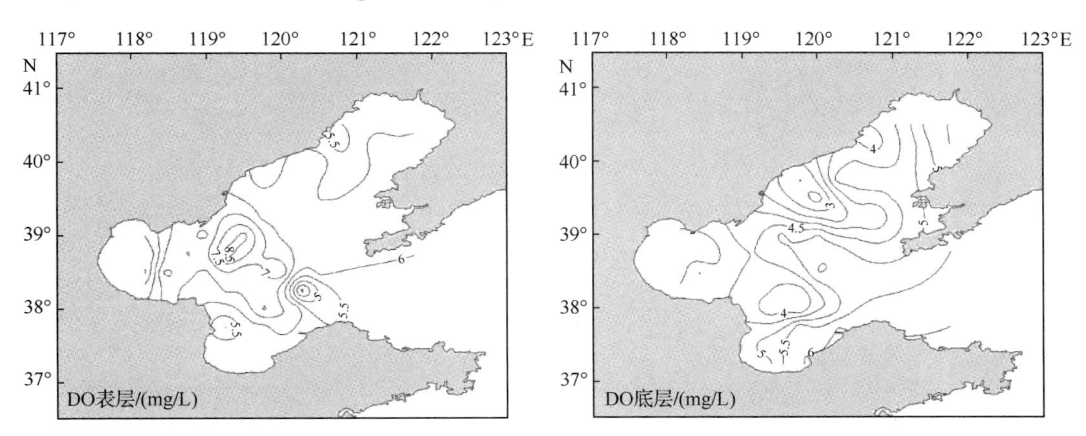

图1.2.9　2009年8月渤海表、底层DO分布

2010年5月,渤海表层溶解氧为6.67~10.34 mg/L,平均值为7.38 mg/L;底层溶解氧为6.65~9.84 mg/L,平均值为7.85 mg/L,表层高值区出现在辽东湾的中部,底层在辽东湾的中部、莱州湾的中部和渤海中部都有一高值区(图1.2.11)。8月,表层溶解氧为4.97~8.59 mg/L,平均值为6.38 mg/L;底层溶解氧为2.26~6.01 mg/L,平均值为4.65 mg/L,表层高值区出现在辽东湾的东部沿岸水域,底层的含量较低(图1.2.12)。

(2) pH

2009年8月,渤海表层pH为7.48~8.23,平均值为8.06,其高值区出现在辽东湾的

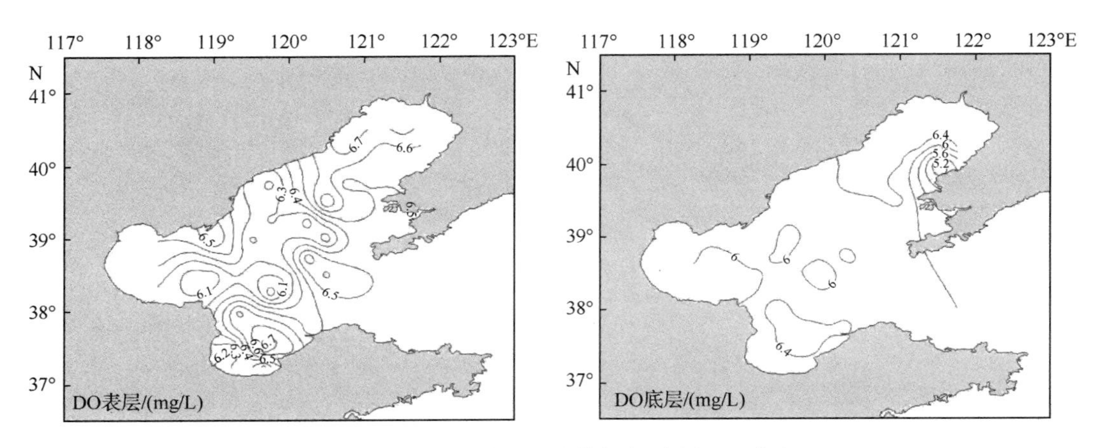

图 1.2.10　2009 年 10 月渤海表、底层 DO 分布

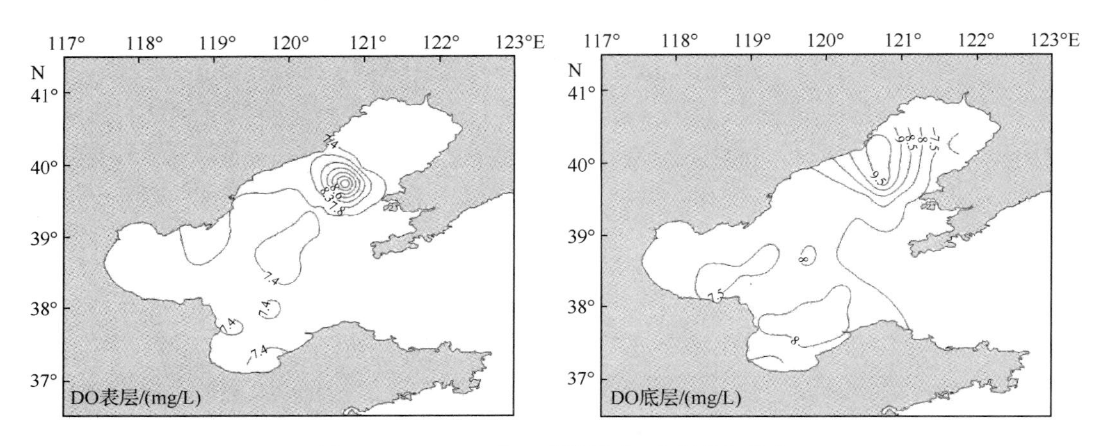

图 1.2.11　2010 年 5 月渤海表、底层 DO 分布

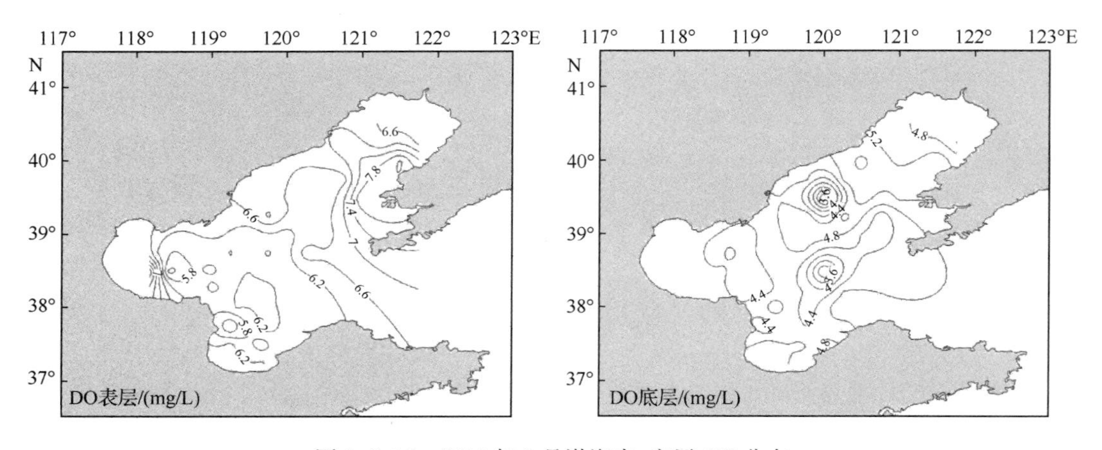

图 1.2.12　2010 年 8 月渤海表、底层 DO 分布

南部和渤海湾的西北部，低值区出现在秦皇岛近岸；底层 pH 为 7.69～8.00，平均值为 7.86，其高值区出现在辽东湾的东北部和莱州湾的西南部，低值区出现在秦皇岛近岸和渤

海中部(图 1.2.13);10 月,表层 pH 为 7.84～8.11,平均值为 7.95,其高值区出现在渤海中部和莱州湾的南部;底层 pH 为 7.83～8.12,平均值为 7.95,其高值区出现在渤海中部和莱州湾的中部(图 1.2.14)。

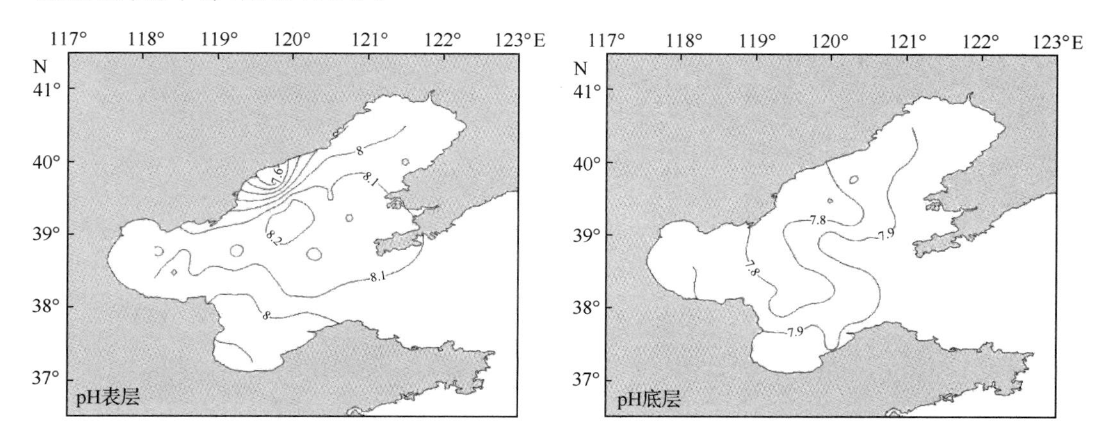

图 1.2.13　2009 年 8 月渤海表、底层 pH 分布

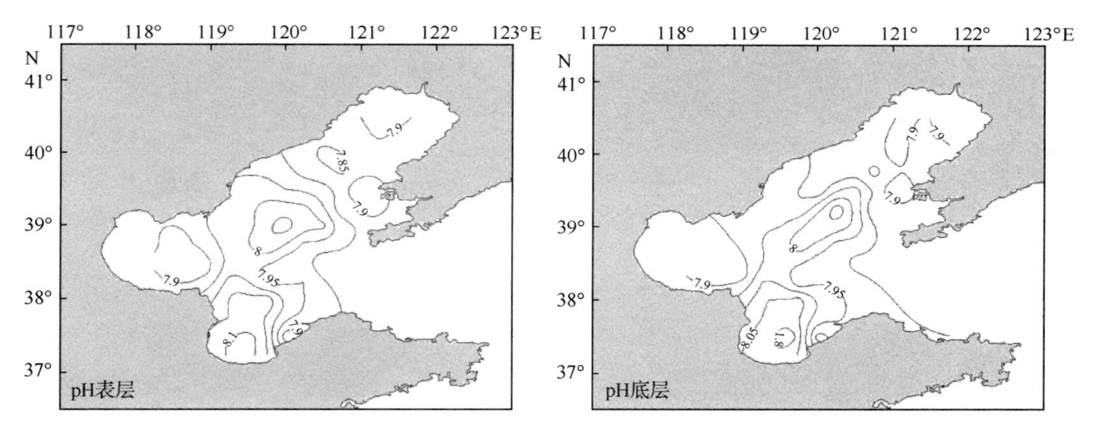

图 1.2.14　2009 年 10 月渤海表、底层 pH 分布

2010 年 5 月,渤海的表层 pH 为 7.95～8.46,平均值为 8.10;底层 pH 为 7.95～8.27,平均值为 8.04,表层高值区出现在秦皇岛外部水域,超过 8.2,底层高值区出现在渤海湾的底部和黄河口附近水域(图 1.2.15)。8 月,表层 pH 为 7.95～8.46,平均值为 7.96;底层 pH 为 7.69～8.00,平均值为 7.86。高值区分布于辽东湾的中部东侧,低值区则出现在秦皇岛外部水域(图 1.2.16)。

(3) 营养盐

1) 磷酸盐

2009 年 8 月,渤海表层磷酸盐为 9.20～29.13 μg/L,平均值为 17.09 μg/L,其高值区出现在辽东湾的南部和东北部,低值区出现在莱州湾的中部,多数站超过一类《海水水质标准》(15 μg/L),超标率为 62.0%;底层磷酸盐为 1.53～153.33 μg/L,平均值为 20.37 μg/L,其黄河口附近海域存在一明显的高值区,有 2 个站超过二、三类《海水水质标

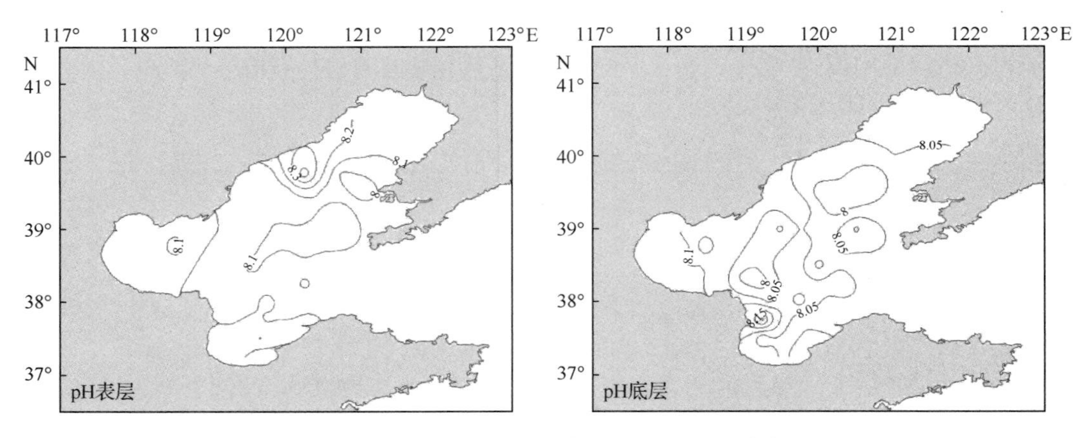

图 1.2.15　2010 年 5 月渤海表、底层 pH 分布

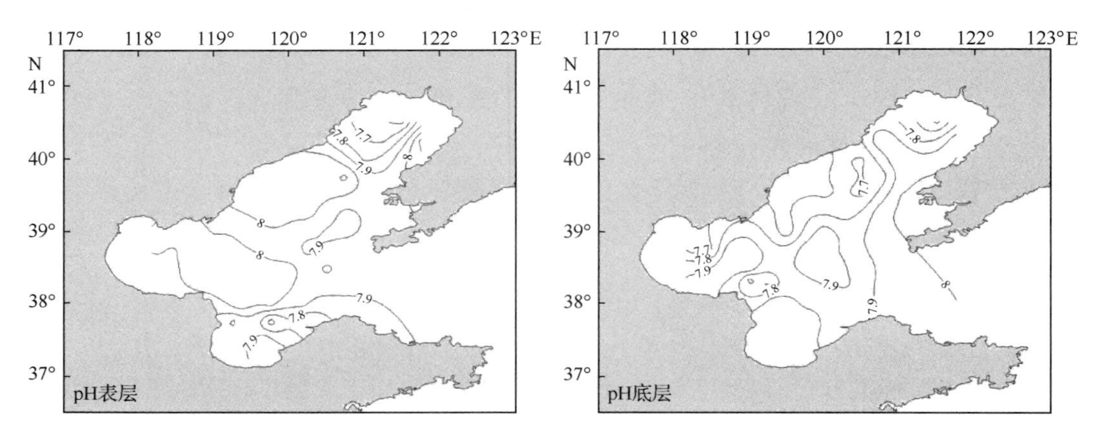

图 1.2.16　2010 年 8 月渤海表、底层 pH 分布

准》(30 μg/L)(图 1.2.17)。10 月,表层磷酸盐为 2.82～32.43 μg/L,平均值为 11.65 μg/L,其高值区主要出现在辽东湾的北部和莱州湾的西南部,低值区出现在渤海中部和

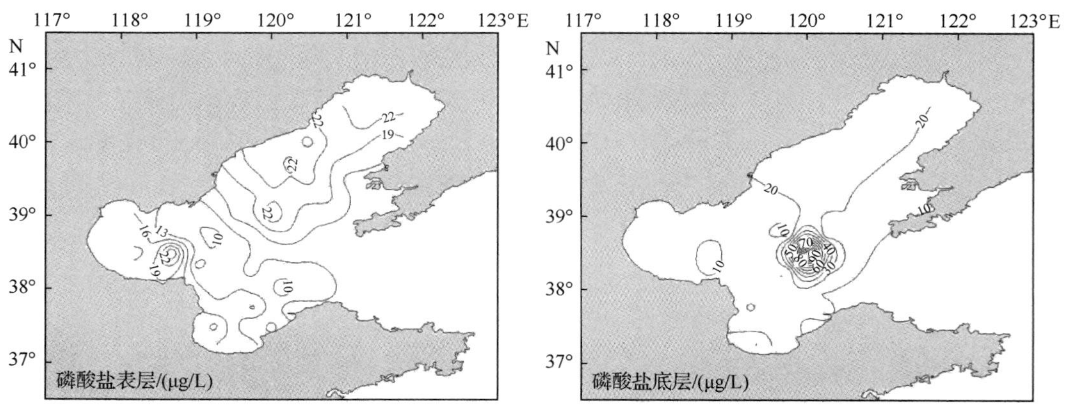

图 1.2.17　2009 年 8 月渤海表、底层磷酸盐分布

渤海湾的东部，部分站超过一类《海水水质标准》，超标率为22.5%；底层磷酸盐为2.82～86.00 μg/L，平均值为13.12 μg/L，渤海中部有一明显的高值区，有1个站超过二、三类《海水水质标准》(图1.2.18)。

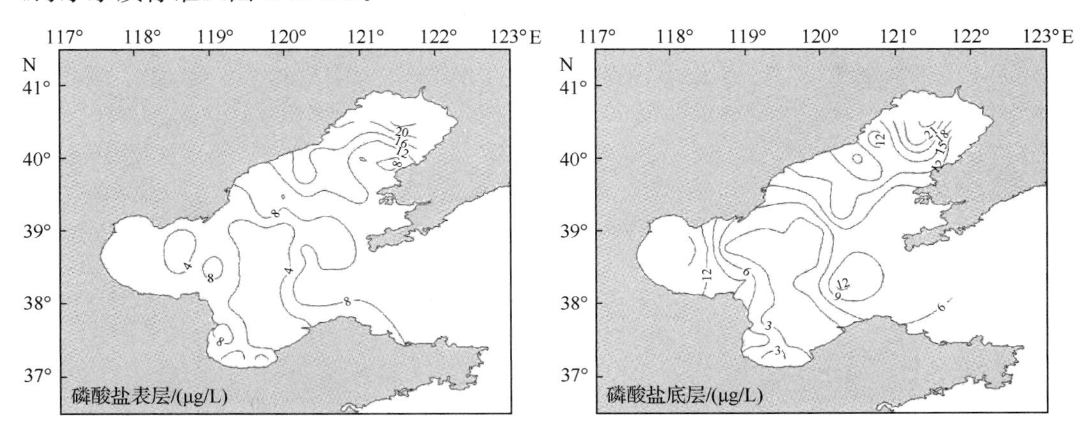

图1.2.18　2009年10月渤海表、底层磷酸盐分布

2010年5月，渤海表层磷酸盐为1.38～41.66 μg/L，平均值为8.53 μg/L，有5个站超过一类《海水水质标准》(15 μg/L)，超标率为10.4%，其他站均符合一类《海水水质标准》；底层磷酸盐为1.38～24.23 μg/L，平均值为9.43 μg/L，有7个站超过一类《海水水质标准》(15 μg/L)，超标率为14.6%，其他站均符合一类《海水水质标准》，表、底层的高值区都出现在辽东湾的东南部(图1.2.19)。8月，表层磷酸盐为0.08～10.12 μg/L，平均值为3.92 μg/L；底层磷酸盐为未检出到14.43 μg/L，平均值为4.69 μg/L，各站均符合《海水水质标准》，表层高值区出现在莱州湾的底部、渤海湾的中南部和秦皇岛外部水域，底层的高值区出现在莱州湾的东北部和辽东湾的东南部(图1.2.20)。

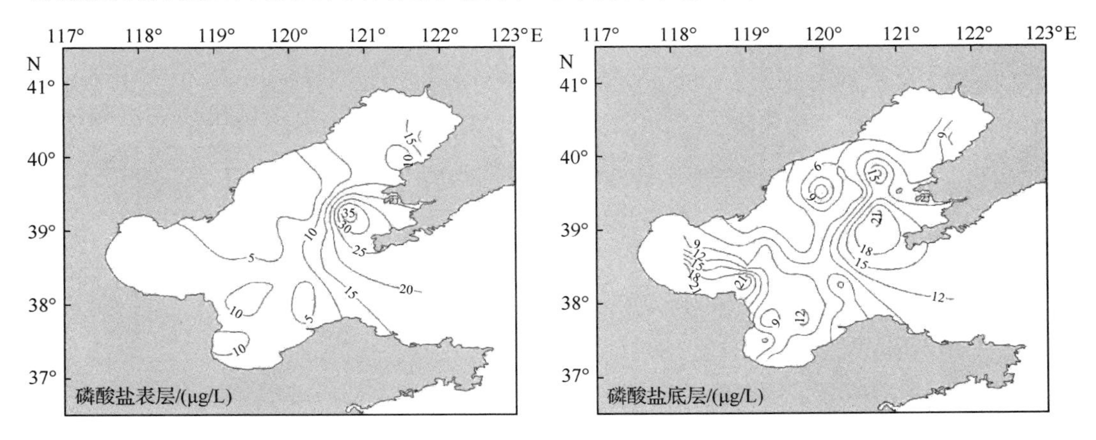

图1.2.19　2010年5月渤海表、底层磷酸盐分布

2）硝酸盐

2009年8月，渤海表层硝酸盐为2.30～47.11 μg/L，平均值为16.30 μg/L，其高值区出现在辽东湾的西北部和莱州湾的西南部，低值区出现在辽东湾的中部和南部；底层硝

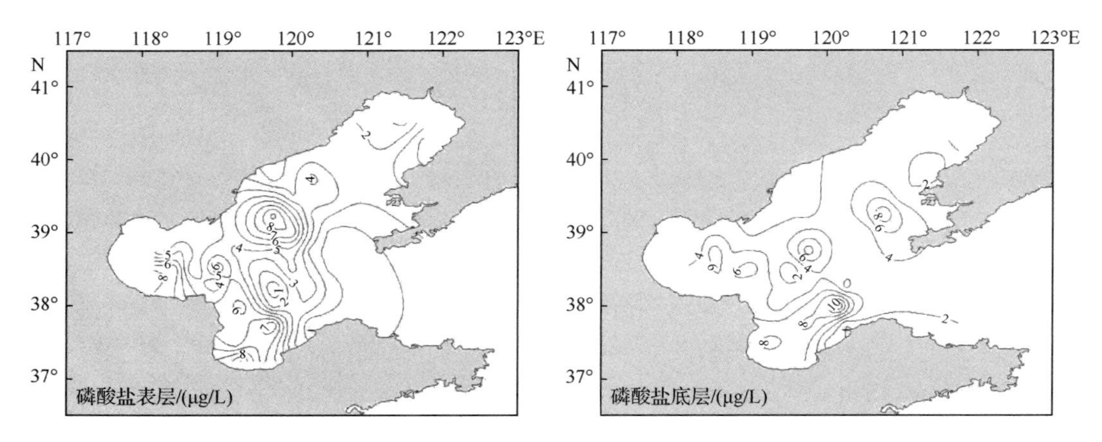

图 1.2.20　2010 年 8 月渤海表、底层磷酸盐分布

酸盐为 4.00～89.65 μg/L,平均值为 18.78 μg/L,其高值区出现在辽东湾的西北部和莱州湾的西南部,低值区出现在辽东湾的中南部及渤海中部的部分区域(图 1.2.21)。10 月,表层硝酸盐为 7.27～262.27 μg/L,平均值为 91.81 μg/L,其高值区出现在黄河口附近海域、辽东湾的东北部,低值区出现在渤海湾的东北部和渤海中部;底层硝酸盐为 12.27～290.92 μg/L,平均值为 87.15 μg/L,其高值区出现在辽东湾的北部、渤海湾的中部及黄河口附近海域,低值区出现在渤海中部(图 1.2.22)。

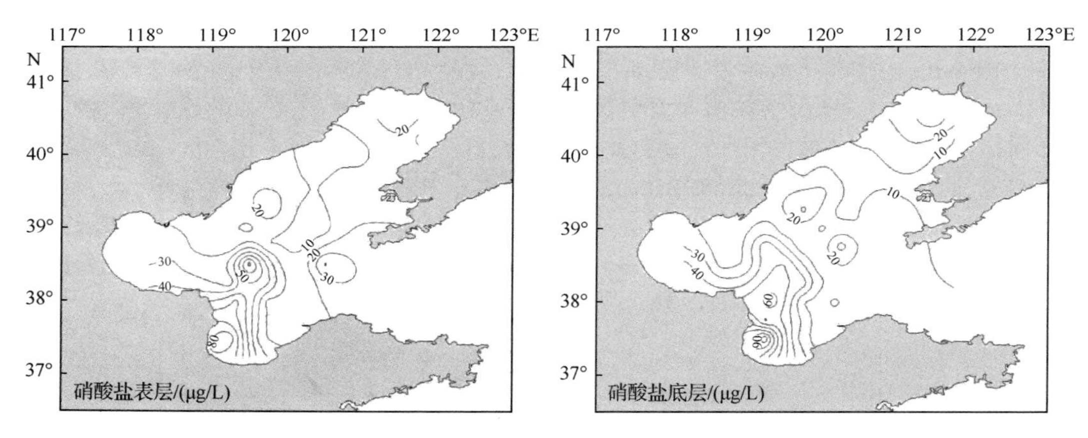

图 1.2.21　2009 年 8 月渤海表、底层硝酸盐分布

2010 年 5 月,渤海表层硝酸盐为 26.88～261.98 μg/L,平均值为 96.26 μg/L;底层硝酸盐为 28.13～375.96 μg/L,平均值为 97.18 μg/L,表、底层的高值区基本相似,都出现在渤海湾、莱州湾和辽东湾的东南部(图 1.2.23)。8 月,渤海表层硝酸盐为未检出到 295.22 μg/L,平均值为 45.26 μg/L;底层硝酸盐为未检出到 181.30 μg/L,平均值为 49.84 μg/L,表、底层的高值区基本相似,都出现在黄河口及莱州湾大部水域(图 1.2.24)。

3) 亚硝酸盐

2009 年 8 月,渤海表层亚硝酸盐为 0～35.06 μg/L,平均值为 5.47 μg/L,高值区出

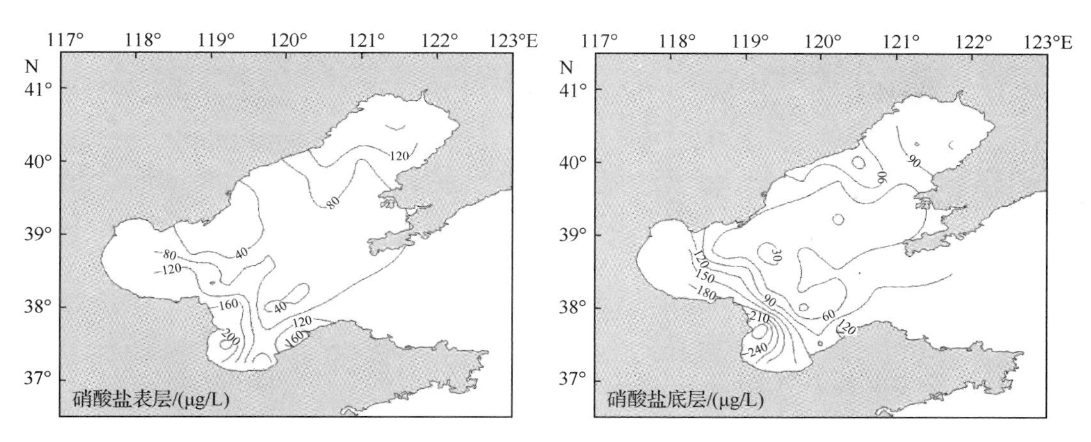

图 1.2.22　2009 年 10 月渤海表、底层硝酸盐分布

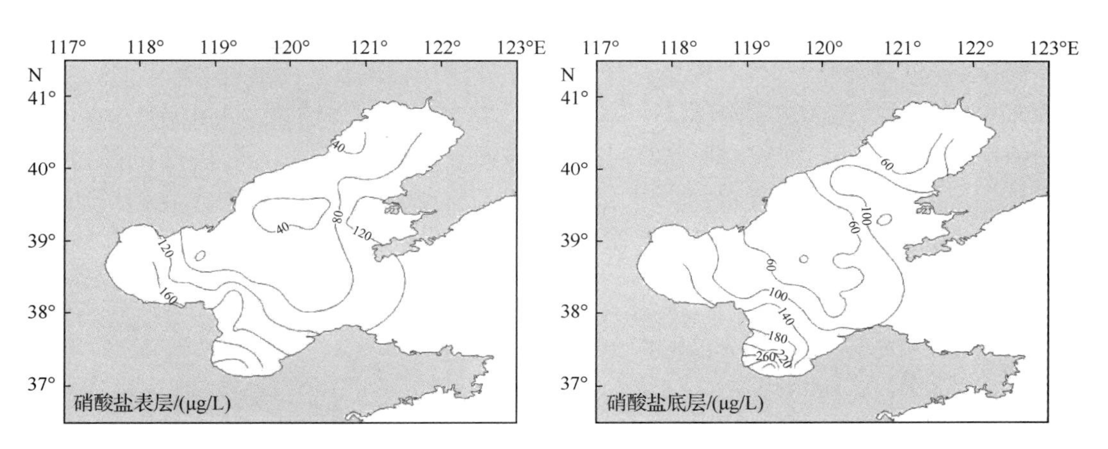

图 1.2.23　2010 年 5 月渤海表、底层硝酸盐分布

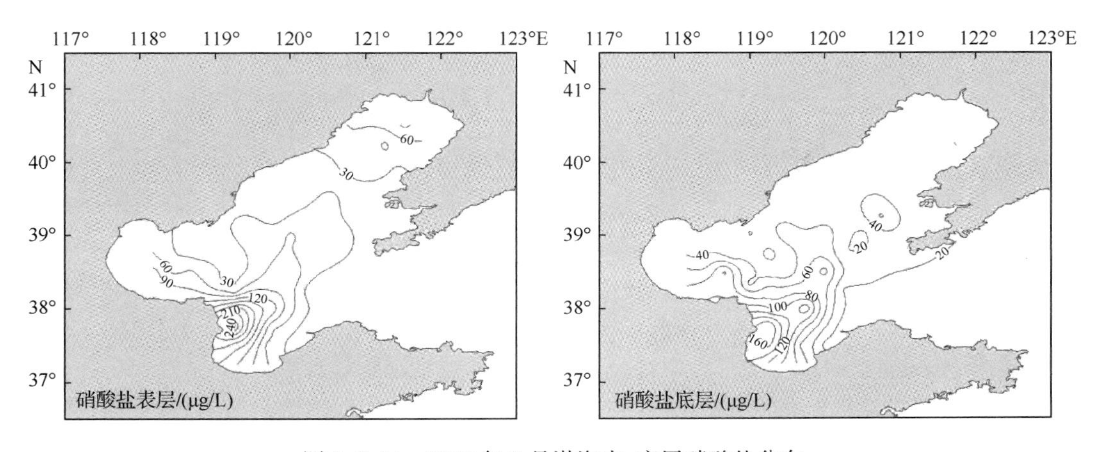

图 1.2.24　2010 年 8 月渤海表、底层硝酸盐分布

现在渤海中部和莱州湾的西南部；底层亚硝酸盐为 0～36.91 μg/L，平均值为 6.38 μg/L，其高值区出现在莱州湾的西北部（图 1.2.25）。10 月，表层亚硝酸盐为 1.07～17.81 μg/L，

平均值为 5.24 μg/L，其高值区主要出现在莱州湾的西南部和渤海中部；底层亚硝酸盐为 0～26.99 μg/L，平均值为 5.76 μg/L，其高值区出现在莱州湾的西南部和渤海中部（图 1.2.26）。

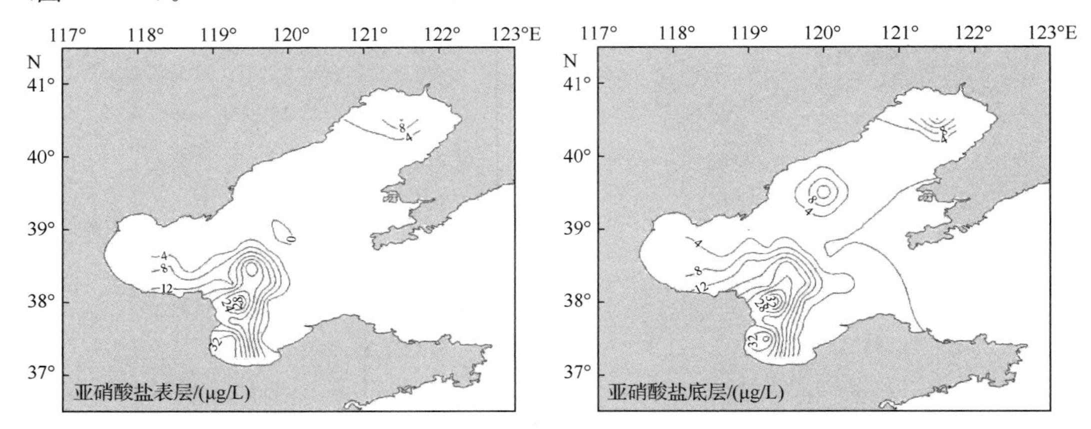

图 1.2.25　2009 年 8 月渤海表、底层亚硝酸盐分布

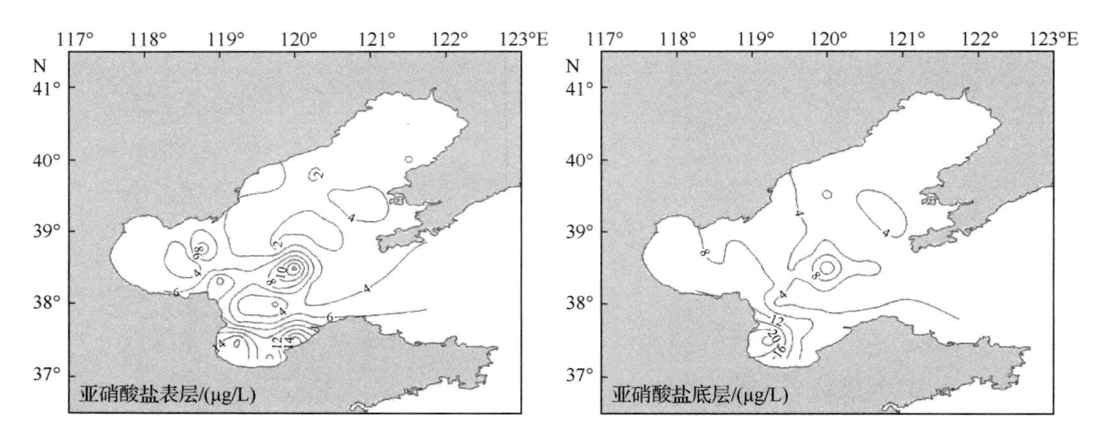

图 1.2.26　2009 年 10 月渤海表、底层亚硝酸盐分布

2010 年 5 月，渤海表层亚硝酸盐为 0.93～43.14 μg/L，平均值为 7.75 μg/L；底层亚硝酸盐为 0.65～42.59 μg/L，平均值为 7.50 μg/L，表、底层的分布趋势一致，高值区出现在渤海湾（图 1.2.27）。8 月，表层亚硝酸盐为 1.21～106.74 μg/L，平均值为 15.51 μg/L；底层亚硝酸盐为 1.49～108.13 μg/L，平均值为 19.38 μg/L，表、底层的分布趋势一致，高值区出现在黄河口邻近水域（图 1.2.28）。

4）氨氮

2009 年 8 月，渤海表层氨氮为 0.11～42.42 μg/L，平均值为 10.10 μg/L，其高值区出现在莱州湾的东南部；底层氨氮为 0.23～50.37 μg/L，平均值为 12.83 μg/L，其高值区出现在辽东湾的东北部和莱州湾的南部（图 1.2.29）。10 月，渤海表层氨氮为 0～24.81 μg/L，平均值为 2.05 μg/L，其高值区出现在渤海湾的东北部；底层氨氮为 0～18.63 μg/L，平均值为 2.13 μg/L，其高值区出现在渤海湾的东北部（图 1.2.30）。

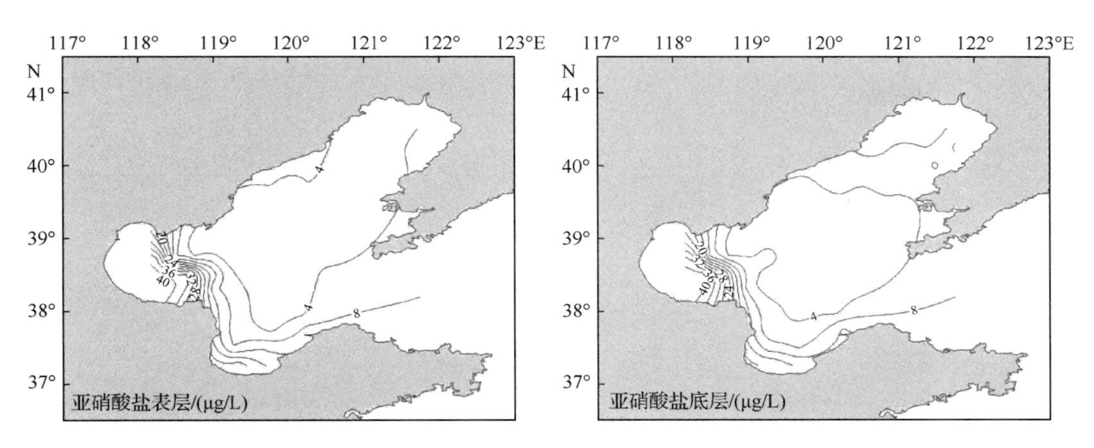

图 1.2.27　2010 年 5 月渤海表、底层亚硝酸盐分布

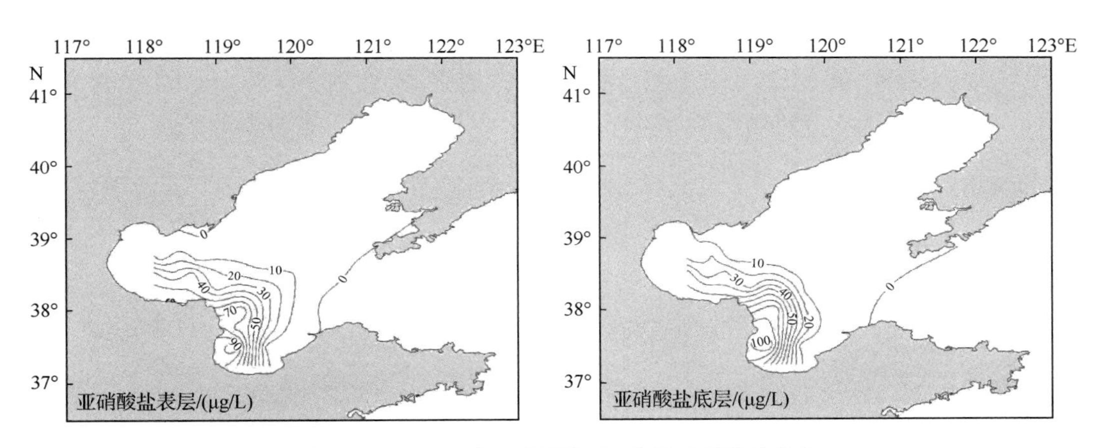

图 1.2.28　2010 年 8 月渤海表、底层亚硝酸盐分布

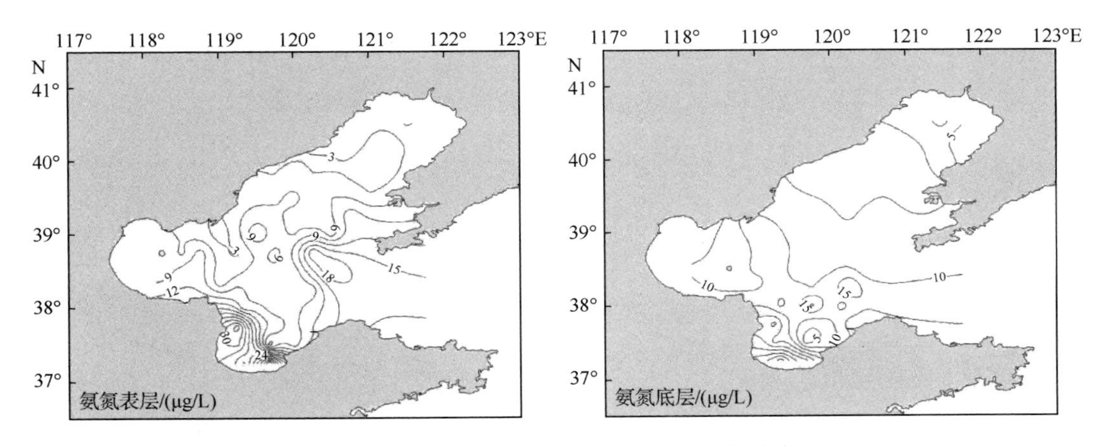

图 1.2.29　2009 年 8 月渤海表、底层氨氮分布

2010 年 5 月，渤海表层氨氮为未检出到 35.33 μg/L，平均值为 2.56 μg/L；底层氨氮为未检出到 24.54 μg/L，平均值为 2.36 μg/L，表层在黄河口北侧水域和莱州湾的东南部

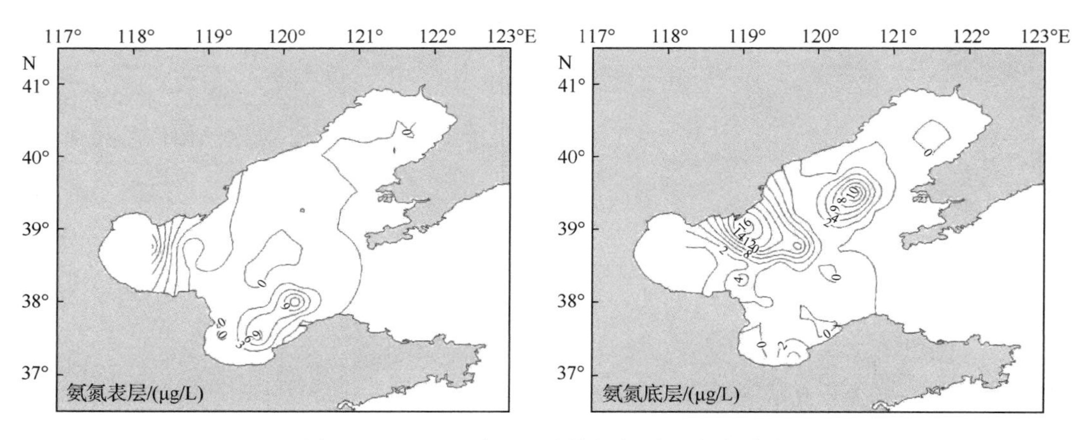

图 1.2.30　2009 年 10 月渤海表、底层氨氮分布

含量较高，底层高值区分布在莱州湾的底部（图 1.2.31）。8 月，渤海表层氨氮为 1.34～89.83 μg/L，平均值为 30.00 μg/L；底层氨氮为未检出到 87.35 μg/L，平均值为 27.83 μg/L，表、底层分布相似，以莱州湾和渤海中部含量较高（图 1.2.32）。

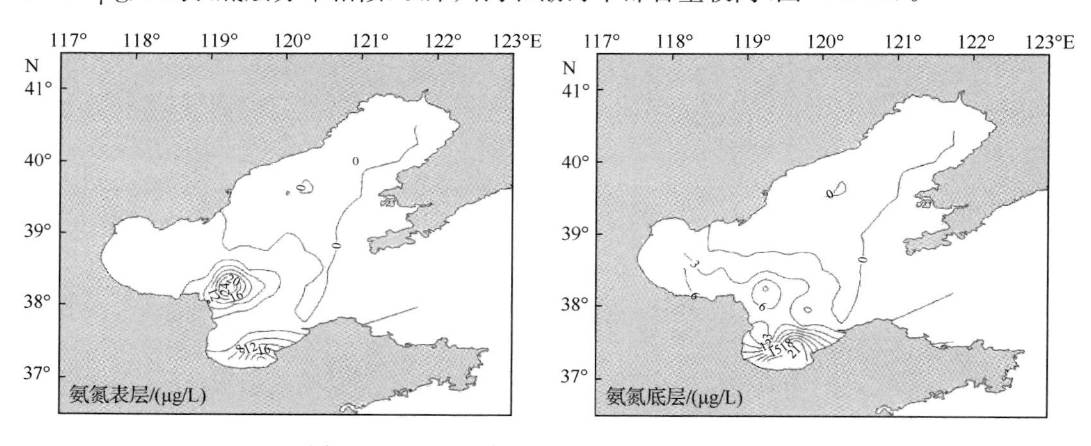

图 1.2.31　2010 年 5 月渤海表、底层氨氮分布

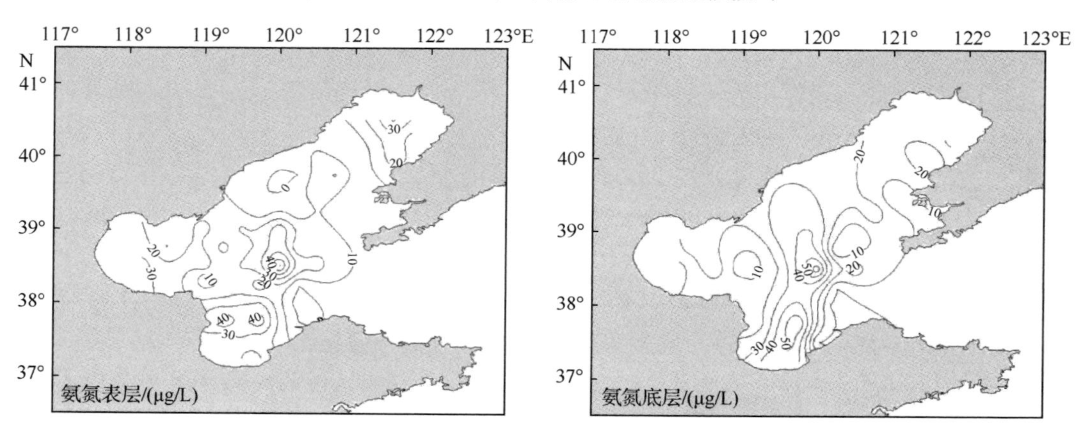

图 1.2.32　2010 年 8 月渤海表、底层氨氮分布

5）无机氮

无机氮(DIN)为硝酸盐、亚硝酸盐和氨盐之和，是浮游植物生长不可缺少的营养要素。

2009 年 8 月，渤海表层无机氮为 6.94～112.62 μg/L，平均值为 31.86 μg/L，其高值区出现在辽东湾的东北部和莱州湾的西南部，低值区出现在辽东湾的南部和渤海中部；底层无机氮为 9.03～145.97 μg/L，平均值为 37.99 μg/L，其高值区出现在辽东湾的东北部和莱州湾的西南部，低值区出现在辽东湾的南部和渤海中部(图 1.2.33)，所有站均符合一类《海水水质标准》。10 月，渤海表层无机氮为 10.95～278.73 μg/L，平均值为 99.10 μg/L，其高值区主要出现在辽东湾的西北部、莱州湾的西部和东部，低值区出现在辽东湾的南部，极少数站超过一类《海水水质标准》(200 μg/L)，超标率为 6.1%；底层无机氮为 20.98～305.22 μg/L，平均值为 94.60 μg/L，其高值区出现在辽东湾的北部、渤海湾的西部、莱州湾的南部等近岸海域，低值区出现在渤海中部，绝大多数站符合一类《海水水质标准》，2 个站超过一类《海水水质标准》，超标率为 4.1%(图 1.2.34)。

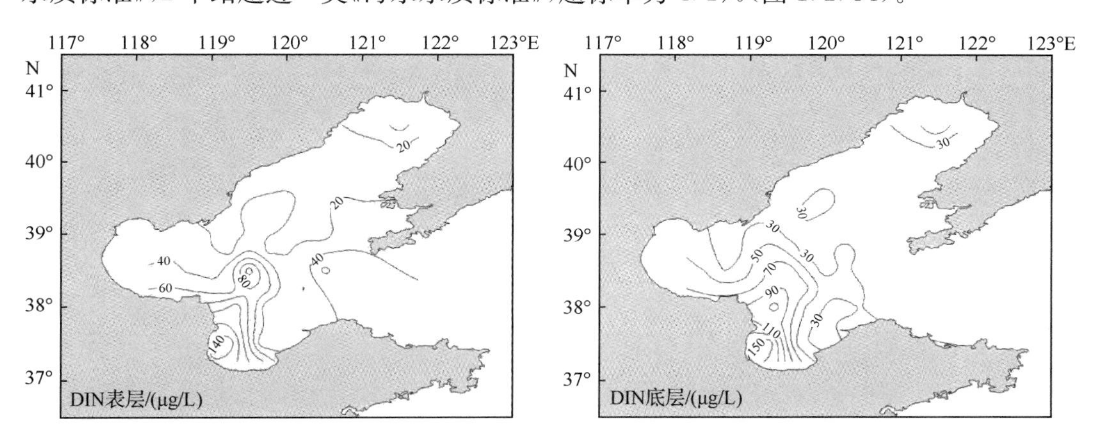

图 1.2.33　2009 年 8 月渤海表、底层无机氮分布

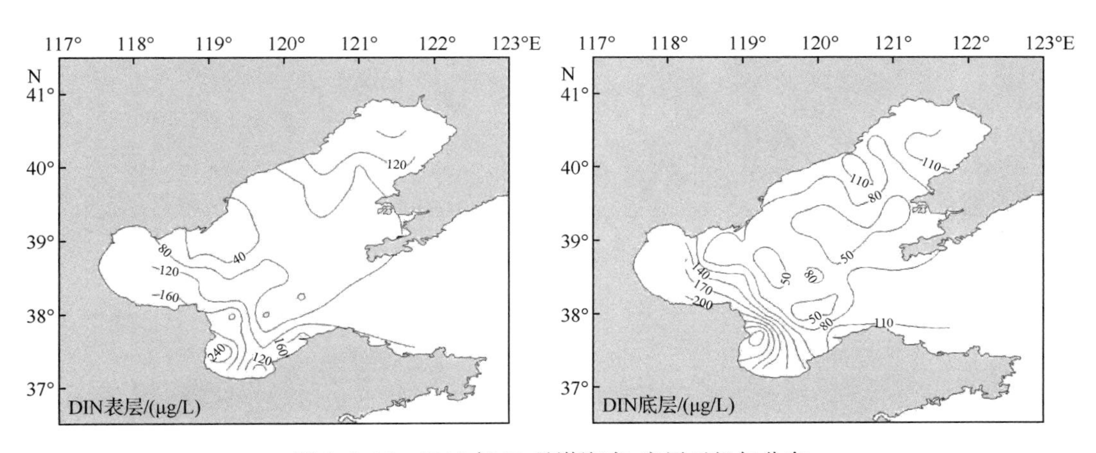

图 1.2.34　2009 年 10 月渤海表、底层无机氮分布

2010 年 5 月，渤海表层无机氮为 28.09～294.80 μg/L，平均值为 106.57 μg/L，有 5

个站无机氮含量超过一类《海水水质标准》(200 μg/L)，超标率为 10.4%，其他站均符合一类《海水水质标准》；底层无机氮为 30.45～419.08 μg/L，平均值为 107.03 μg/L，有 4 个站超过一类《海水水质标准》(200 μg/L)(图 1.2.35)，超标率为 8.3%，其他站均符合一类《海水水质标准》。8 月，表层无机氮为 15.33～412.11 μg/L，平均值为 90.77 μg/L，有 4 个站超过一类《海水水质标准》(200 μg/L)，超标率为 6.8%，其他站均符合一类《海水水质标准》；底层无机氮为 13.96～300.17 μg/L，平均值为 97.05 μg/L，有 3 个站超过一类《海水水质标准》(200 μg/L)，超标率为 5.2%，其他站均符合一类《海水水质标准》(图 1.2.36)。

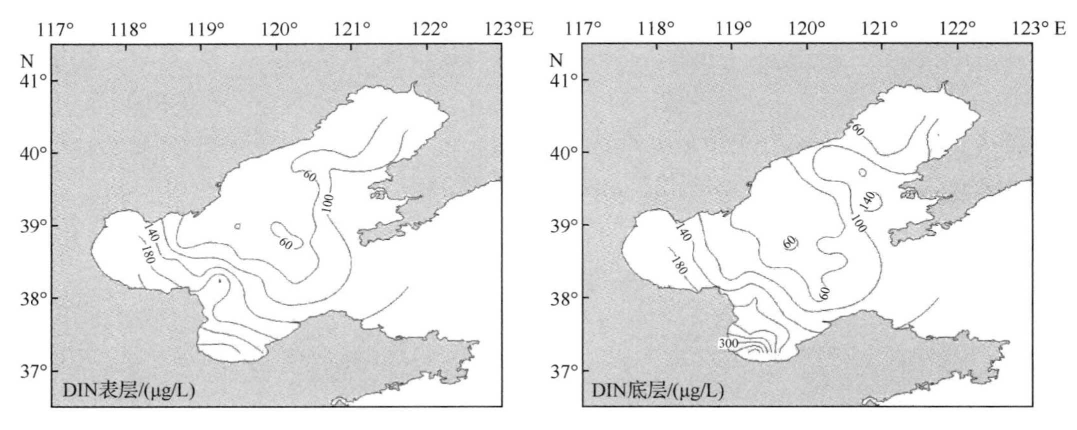

图 1.2.35　2010 年 5 月渤海表、底层无机氮分布

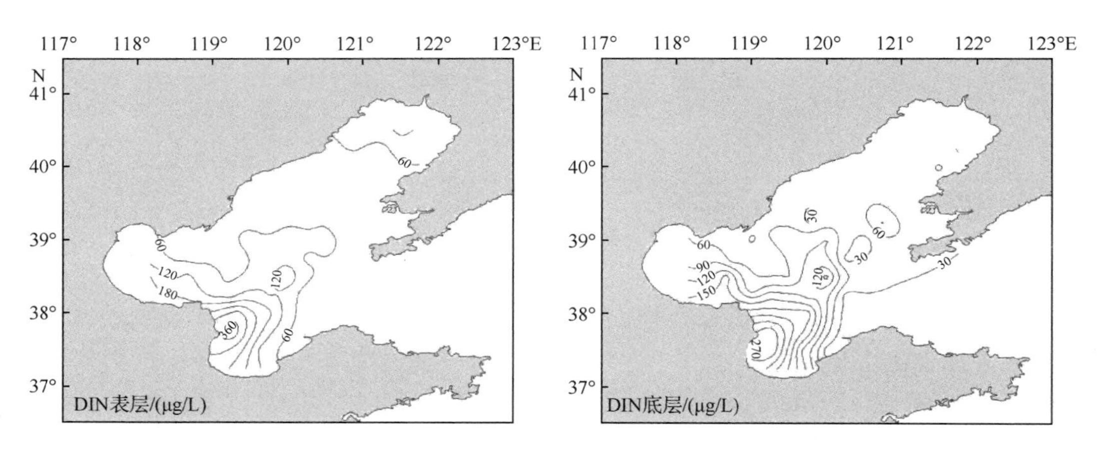

图 1.2.36　2010 年 8 月渤海表、底层无机氮分布

6）硅酸盐

2009 年 8 月，渤海表层硅酸盐为 39.66～710.00 μg/L，平均值为 270.59 μg/L，其高值区出现在辽东湾的东北部、秦皇岛近岸和莱州湾的南部，低值区出现在渤海中部；底层硅酸盐为 120.84～1006.89 μg/L，平均值为 333.49 μg/L，莱州湾的南部有一明显的高值区，低值区主要出现在渤海中部和渤海湾的东部(图 1.2.37)。10 月，表层硅酸盐为 7.97～368.01 μg/L，平均值为 137.53 μg/L，其高值区出现在辽东湾的西北部，低值区出

现在渤海湾的南部和莱州湾的西南部；底层硅酸盐为 7.97～422.55 μg/L，平均值为 135.74 μg/L，其高值区出现在辽东湾的西北部，低值区出现在渤海湾的南部和莱州湾的西南部（图 1.2.38）。

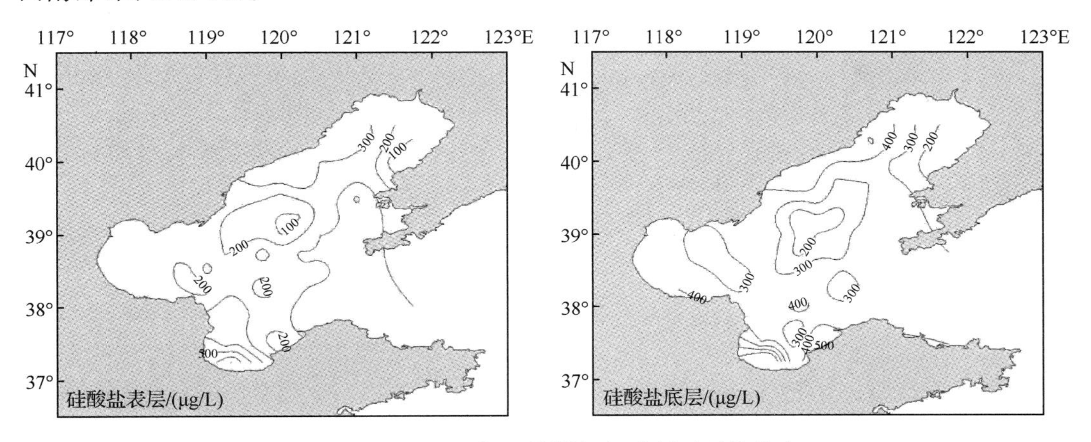

图 1.2.37　2009 年 8 月渤海表、底层硅酸盐分布

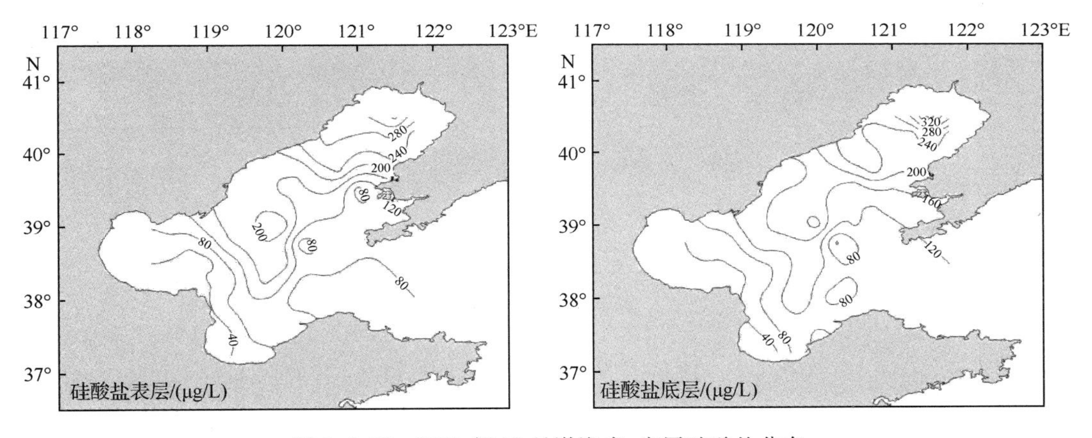

图 1.2.38　2009 年 10 月渤海表、底层硅酸盐分布

2010 年 5 月，渤海表层硅酸盐为未检出到 468.24 μg/L，平均值为 131.30 μg/L；底层硅酸盐为未检出到 501.43 μg/L，平均值为 139.10 μg/L，渤海湾、莱州湾和秦皇岛外部水域含量较高，表、底层的分布趋势一致（图 1.2.39）。8 月，表层硅酸盐为 48.62～973.20 μg/L，平均值为 340.86 μg/L；底层硅酸盐为 110.26～842.81 μg/L，平均值为 389.17 μg/L。高值区分布于莱州湾的西部、近黄河口水域，低值区出现在莱州湾口的东北部（图 1.2.40）。

3. 水环境质量现状基本评价

（1）营养盐结构

氮、磷的原子比（N/P）是衡量氮和磷对水体富营养化的重要性指标，一般海水中的 N/P 为 16∶1，近岸为（5～8）∶1。浮游植物从海水中摄取的 N/P 也约为 16∶1，过高或

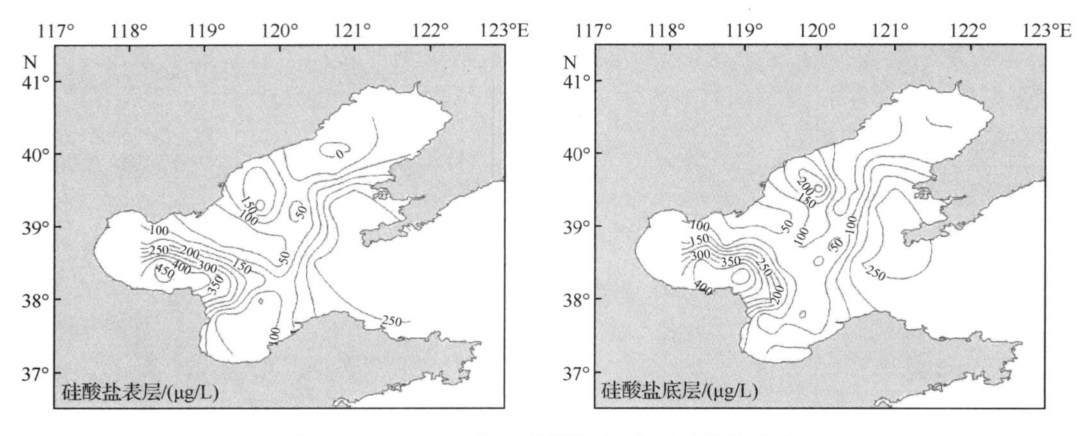

图 1.2.39　2010 年 5 月渤海表、底层硅酸盐分布

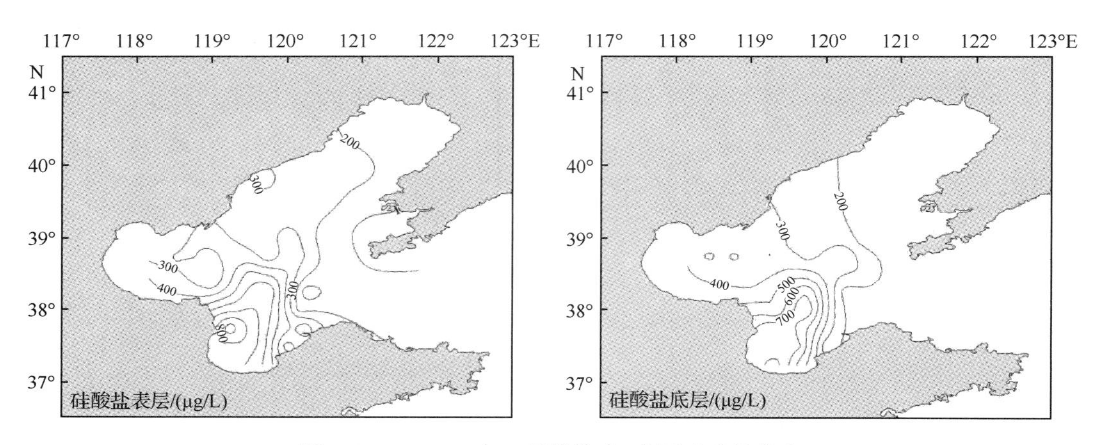

图 1.2.40　2010 年 8 月渤海表、底层硅酸盐分布

过低都可能引起浮游植物受到某一相对低含量元素的限制。

在总结前人工作的基础上，Justic 等(1985)和 Dortch(1992)等，提出了一个系统评估每一种营养盐化学计量限制的标准：①若 N/P＞22 和 Si/P＞22，则磷酸盐为限制因素；②若N/P＜10 和 Si/N＞1，则无机氮为限制因素；③若 Si/P＜10 和 Si/N＜1，则硅酸盐为限制因素。

根据各营养盐因子比值计算的结果，运用上述 Redfield 比值和营养盐化学计量限制的标准，从对渤海各季节总体营养水平进行的评价可看出：2009 年 8 月，调查海域 N/P 平均比值(4.13)较小于 Redfield 比值，符合氮限制条件；10 月，调查海域 N/P 比值(17.36)略高于 Redfield 比值。这表明 2009 年 8 月，渤海海域无机氮可能成为该水域浮游植物生长的限制因子之一，而 10 月，调查水域向磷限制演变。2010 年 5 月，N/P 平均比值(26.36)和 8 月的 N/P 平均比值(48.02)均较高于 Redfield 比值，符合磷限制条件。这表明 2010 年，渤海的无机磷显得相对缺乏，为该水域浮游植物生长的限制因子之一。

(2) 有机污染状况分析

根据化学耗氧量、无机氮、无机磷及溶解氧的实测值，利用有机污染综合指数法获得的计算结果，按照有机污染评价分级标准：2009 年 8 月，表、底层有机污染指数(A)平均为 1.18，有机污染程度属 2 级，水质质量评价属开始受污染；2009 年 10 月，表、底层有机污染指数(A)平均为 0.68，有机污染程度属 1 级，水质质量评价属较好水平。2010 年 5 月，表、底层有机污染指数(A)均小于 1.0，平均值分别为 0.32 和 0.65，有机污染程度属 1 级，水质质量评价属较好水平。

二、黄海

1. 水文环境

(1) 水温

2010 年 5 月，在黄海北部，表层水温为 6.33～11.78 ℃，平均值为 8.88 ℃；底层水温为 4.88～9.10 ℃，平均值为 7.25 ℃，分布趋势见图 1.2.41。8 月，表层水温为 20.73～25.82 ℃，平均值为 23.68 ℃，分布趋势见图 1.2.42。

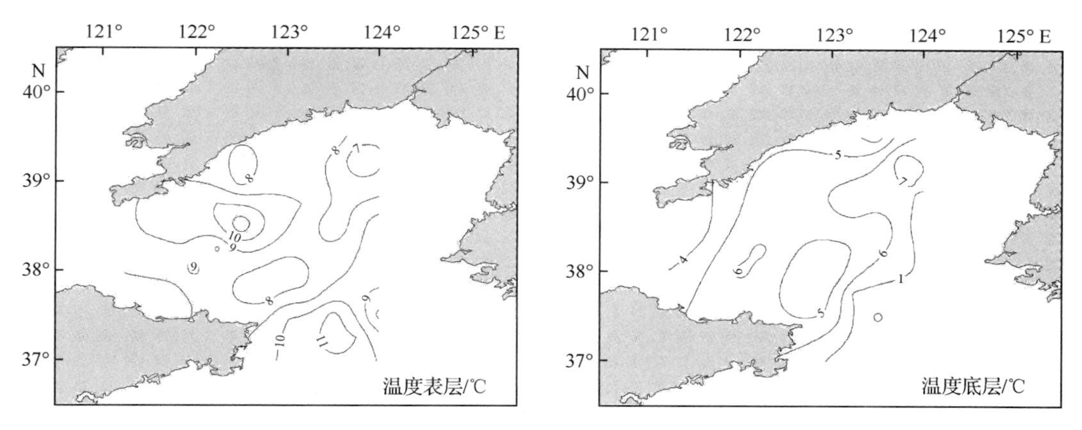

图 1.2.41　2010 年 5 月黄海北部表、底层水温分布

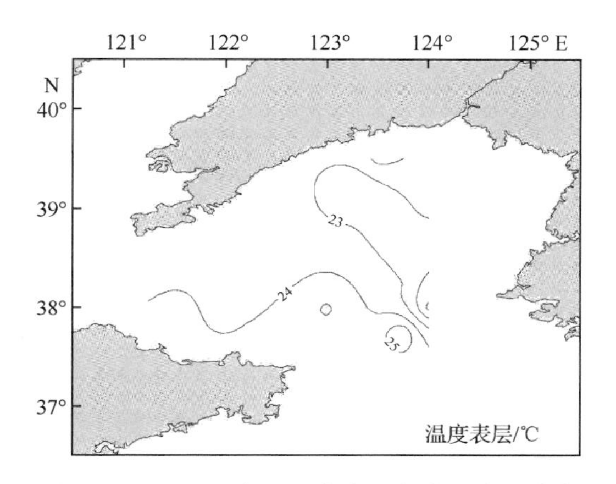

图 1.2.42　2010 年 8 月黄海北部表层水温分布

(2) 盐度

2010 年 5 月，在黄海北部，表层盐度为 28.89～31.79，平均值为 31.39；底层盐度为 30.25～31.79，平均值为 31.50，表层盐度的高值区出现在黄海北部的大部分水域，低值区出现在辽东半岛南岸近海，底层相对均匀(图 1.2.43)。8 月，表层盐度为 30.41～31.77，平均值为 31.18，除山东半岛与辽东半岛之间的中部水域较低外，大部分水域的盐度高于 31(图 1.2.44)。

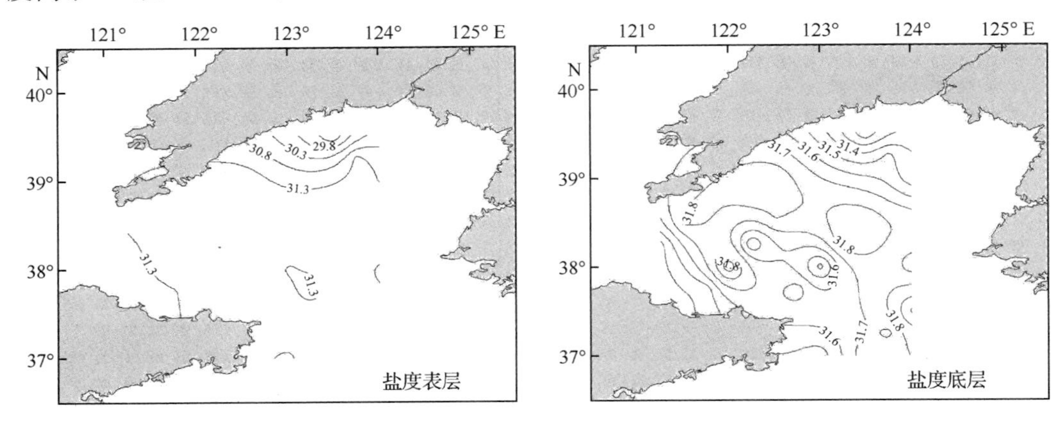

图 1.2.43　2010 年 5 月黄海北部表、底层盐度分布

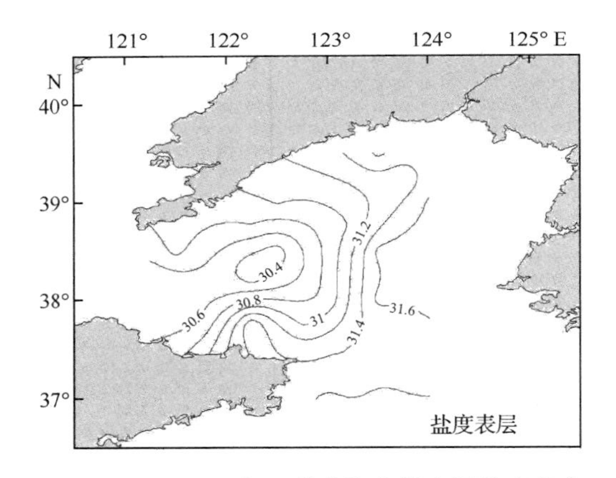

图 1.2.44　2010 年 8 月黄海北部表层盐度分布

2. 水化学环境

(1) 溶解氧

2010 年 5 月，黄海北部表层溶解氧为 9.77～12.80 mg/L，平均值为 11.09 mg/L；底层溶解氧为 10.08～13.06 mg/L，平均值为 11.46 mg/L，溶解氧分布在表、底层都比较均匀，含量差别不大(图 1.2.45)。8 月，其表层溶解氧为 6.02～8.20 mg/L，平均值为 6.92 mg/L，较春季明显降低，分布仍较均匀(图 1.2.46)。

(2) pH

2010 年 5 月，黄海北部表层 pH 为 7.63～7.91，平均值为 7.76；底层 pH 为 7.68～

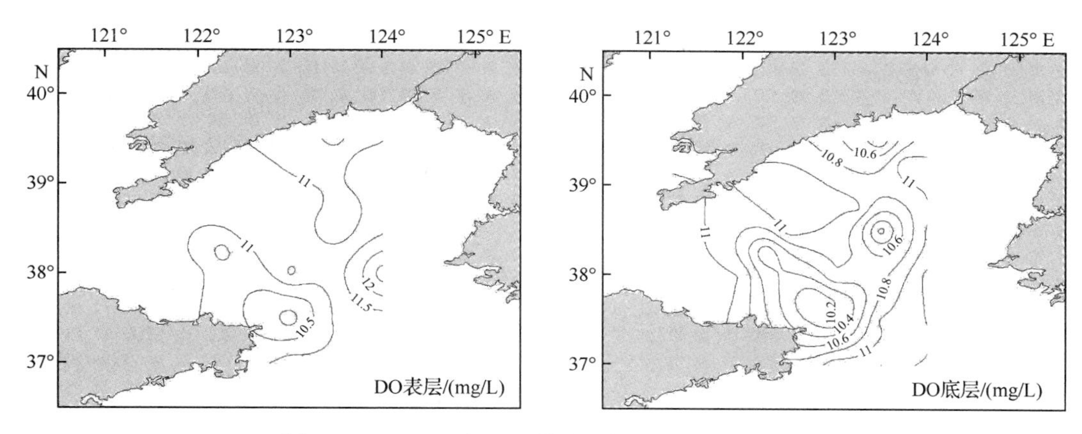

图 1.2.45　2010 年 5 月黄海北部表、底层 DO 分布

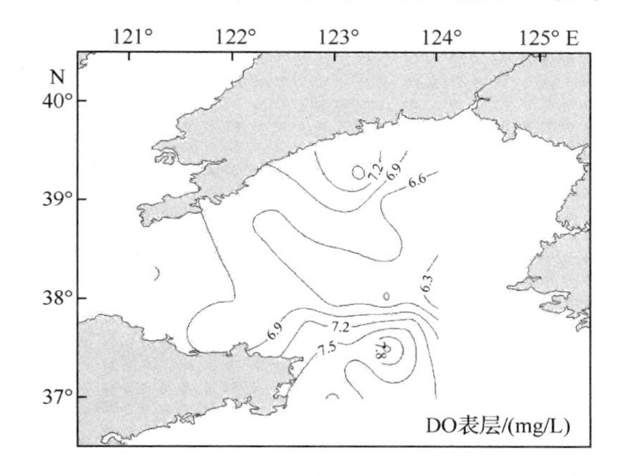

图 1.2.46　2010 年 8 月黄海北部表层 DO 分布

7.85，平均值为 7.77。表层低于底层，但分布趋势一致，中部水域的 pH 较低(图 1.2.47)。8 月，其表层 pH 为 7.54～8.44，平均值为 8.19，表层的 pH 自渤海海峡向东逐渐升高(图 1.2.48)。

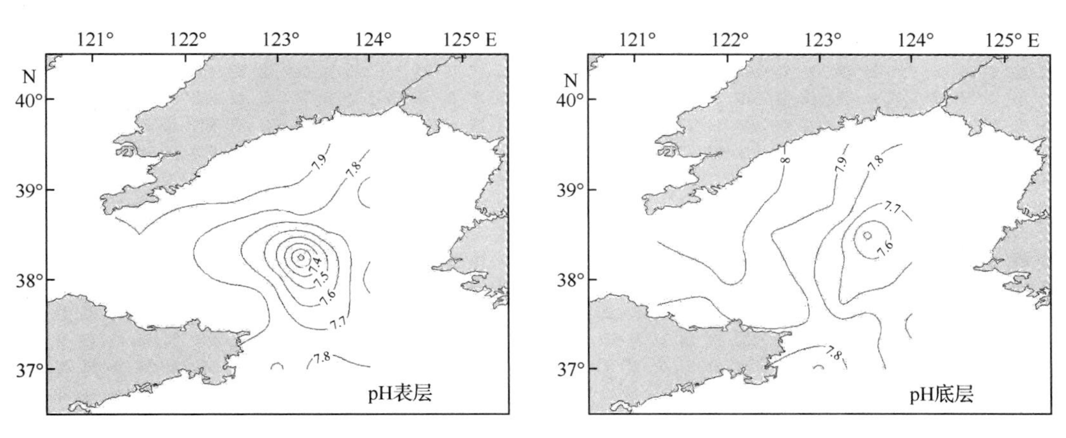

图 1.2.47　2010 年 5 月黄海北部表、底层 pH 分布

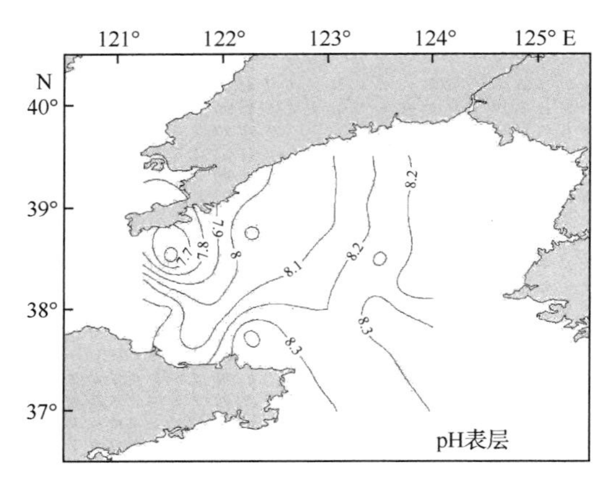

图 1.2.48　2010 年 8 月黄海北部表层 pH 分布

(3) 营养盐

1) 磷酸盐

2010 年 5 月，黄海北部表层磷酸盐为 10.08～56.61 μg/L，平均值为 20.65 μg/L，有 22 个站超过一类《海水水质标准》(15 μg/L)，超标率为 91.7%；中层磷酸盐为 10.08～44.98 μg/L，平均值为 19.98 μg/L，有 16 个站超过一类《海水水质标准》(15 μg/L)，超标率为 66.7%；底层磷酸盐为 13.40～41.66 μg/L，平均值为 24.10 μg/L，有 22 个站超过一类《海水水质标准》(图 1.2.49)，超标率为 66.7%。从 5 月的垂直变化来看，表层磷酸盐平均值为 20.65 μg/L，中层磷酸盐为 19.98 μg/L，底层磷酸盐为 24.10 μg/L，底层的含量高于表层。8 月，表层磷酸盐为 0.80～16.58 μg/L，平均值为 5.40 μg/L，有 1 个站超过一类《海水水质标准》(15 μg/L)，超标率为 3.5%；中层磷酸盐为 1.52～17.30 μg/L，平均值为 7.21 μg/L，有 2 个站超过一类《海水水质标准》(15 μg/L)，超标率为 6.9%；底层磷酸盐为 3.67～17.30 μg/L，平均值为 10.12 μg/L，有 2 个站超过一类《海水水质标准》(图 1.2.50)，超标率为 6.9%。从 8 月的垂直变化来看，表层磷酸盐平均值为 5.40 μg/L，中层为 7.21 μg/L，底层为10.12 μg/L，底层的含量高于表层。

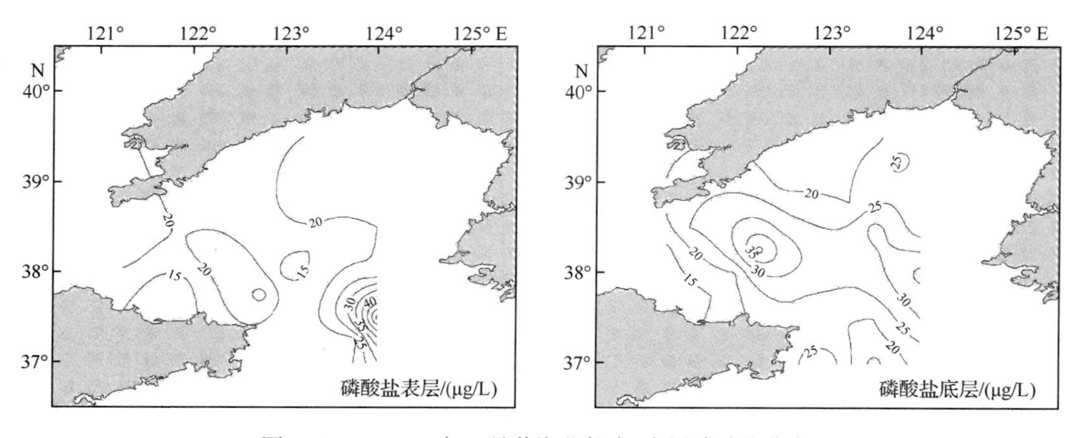

图 1.2.49　2010 年 5 月黄海北部表、底层磷酸盐分布

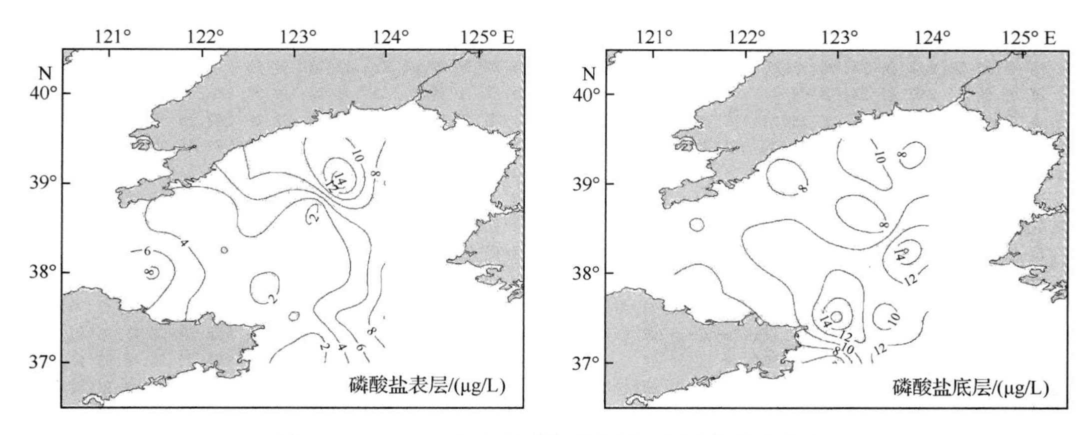

图 1.2.50　2010 年 8 月黄海北部表、底层磷酸盐分布

2）硝酸盐

2010 年 5 月，黄海北部表层硝酸盐为 16.66～191.52 μg/L，平均值为 71.17 μg/L；中层硝酸盐为 22.25～135.58 μg/L，平均值为 76.38 μg/L；底层硝酸盐为 9.52～156.26 μg/L，平均值为 87.35 μg/L。从 5 月的垂直变化来看，表层硝酸盐平均值为 71.17 μg/L，中层硝酸盐为 76.38 μg/L，底层硝酸盐为 87.35 μg/L，以底层含量为最高，中层次之，表层最低。山东半岛东部与朝鲜半岛之间水域的表层含量较高，底层的分布略向北偏移（图 1.2.51）。8 月，表层磷酸盐为 5.05～81.99 μg/L，平均值为 41.10 μg/L；中层磷酸盐为 8.80～88.10 μg/L，平均值为 37.44 μg/L；底层磷酸盐为 15.30～123.85 μg/L，平均值为 47.78 μg/L。高值区分布于成山角以东靠近韩国一侧水域，低值区分布于渤海海峡近辽宁一侧（图 1.2.52）。从 8 月的垂直变化来看，其表层硝酸盐平均值为 41.10 μg/L，中层为 37.44 μg/L，底层为 47.78 μg/L，以底层含量最高，表层次之，中层最低。

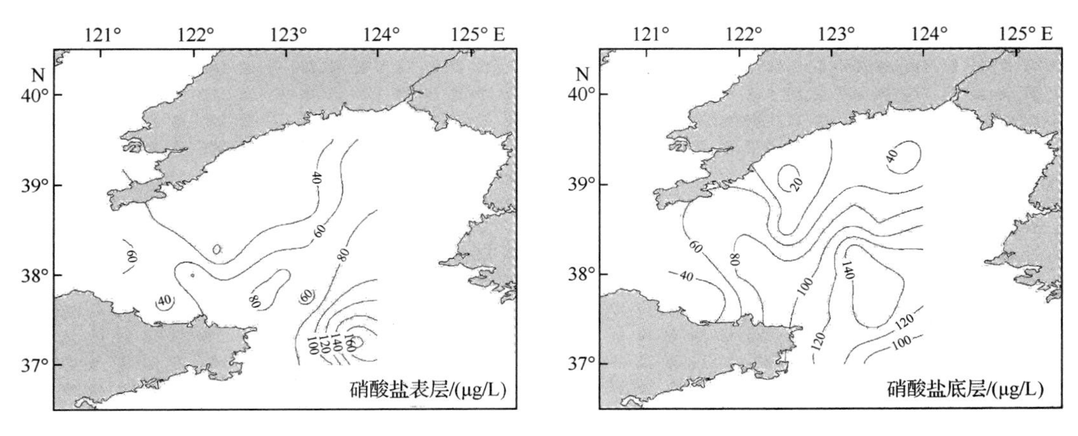

图 1.2.51　2010 年 5 月黄海北部表、底层硝酸盐分布

3）亚硝酸盐

2010 年 5 月，黄海北部表层亚硝酸盐为 0.93～3.99 μg/L，平均值为 1.94 μg/L。中层亚硝酸盐为 0.65～3.71 μg/L，平均值为 1.95 μg/L；底层亚硝酸盐为 0.93～7.87 μg/L，

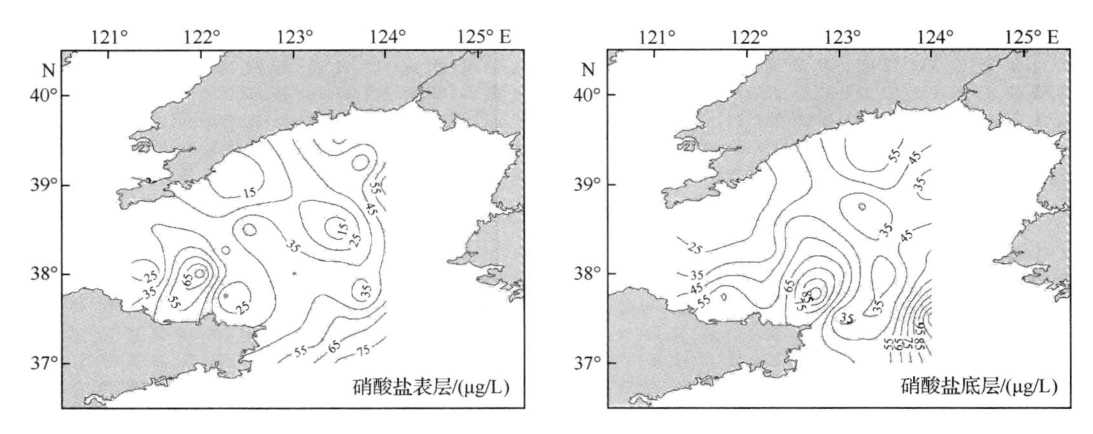

图 1.2.52　2010 年 8 月黄海北部表、底层硝酸盐分布

平均值为3.18 μg/L。表层以渤海海峡偏东水域和山东半岛东部水域较高，底层以鸭绿江口外部水域较高(图 1.2.53)。从 5 月的垂直变化来看，底层的含量最高，中层次之，表层最小。8 月，表层亚硝酸盐为 0.38～13.43 μg/L，平均值为 2.61 μg/L；中层亚硝酸盐为 0.93～4.82 μg/L，平均值为 2.62 μg/L；底层亚硝酸盐为 0.93～7.87 μg/L，平均值为 3.97 μg/L。表层以调查水域东侧较高，底层相对均匀(图 1.2.54)。8 月的垂直变化，同样是底层含量最高，中层次之，表层最小。

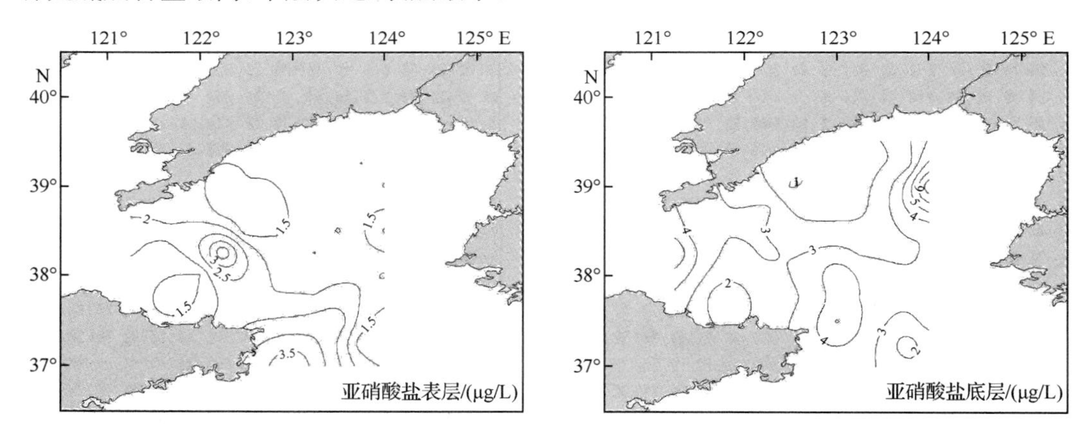

图 1.2.53　2010 年 5 月黄海北部表、底层亚硝酸盐分布

4）氨氮

2010 年 5 月，黄海北部表层氨氮为未检出到 32.65 μg/L，平均值为 9.41 μg/L；中层氨氮为未检出到 34.26 μg/L，平均值为 6.74 μg/L；底层氨氮为未检出到 57.92 μg/L，平均值为 6.60 μg/L。表层高值区分布在烟威渔场和黄海北部中间水域，底层则出现在成山头近海(图 1.2.55)。8 月，表层氨氮为未检出到 72.30 μg/L，平均值为 29.01 μg/L；中层氨氮为 9.14～49.31 μg/L，平均值为 29.55 μg/L；底层氨氮为 6.03～57.58 μg/L，平均值为26.81 μg/L。氨氮分布比较均匀，表、底层的低值区都出现在成山头近海(图 1.2.56)。

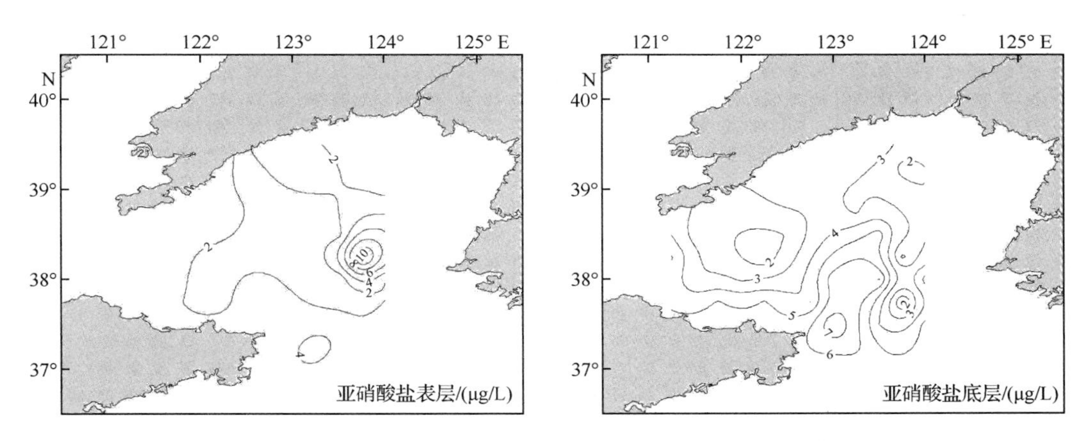

图 1.2.54　2010 年 8 月黄海北部表、底层亚硝酸盐分布

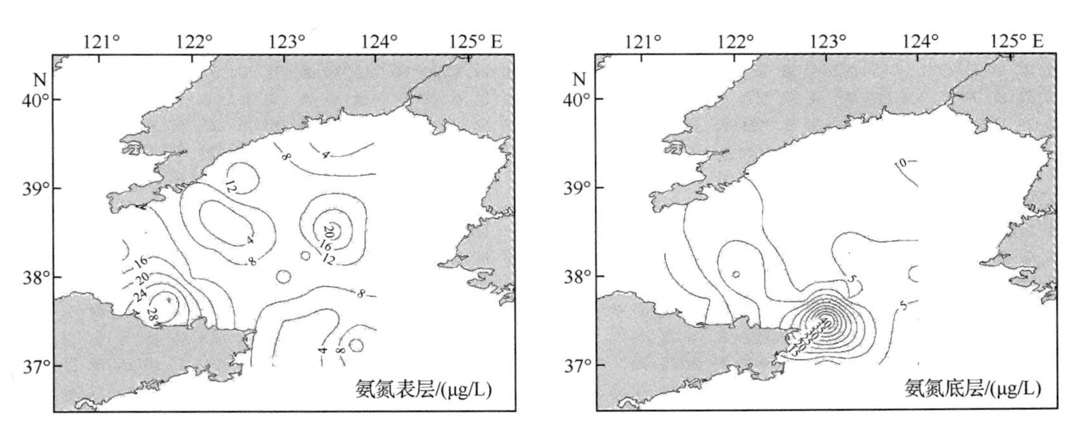

图 1.2.55　2010 年 5 月黄海北部表、底层氨氮分布

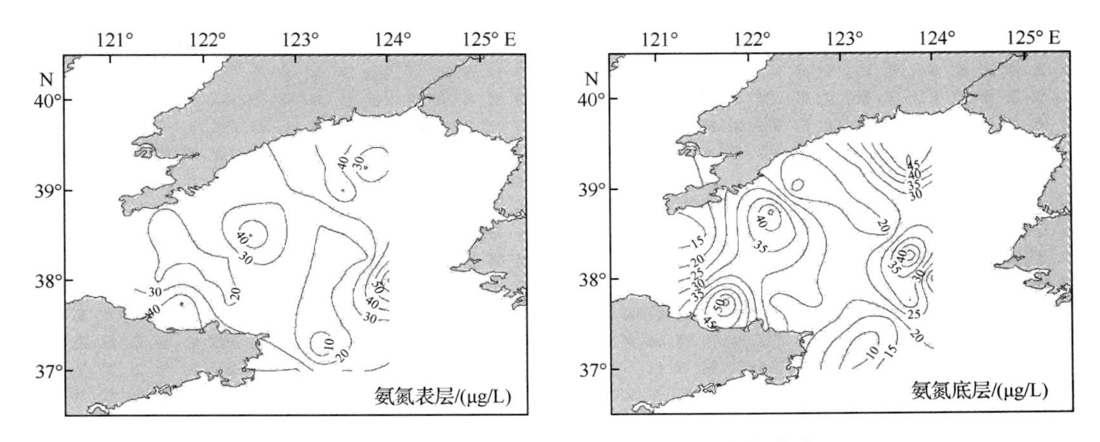

图 1.2.56　2010 年 8 月黄海北部表、底层氨氮分布

5）总无机氮

2010 年 5 月，黄海北部表层总无机氮（DIN）为 29.66～206.51 μg/L，平均值为

82.51 μg/L；中层无机氮为 34.42～144.92 μg/L，平均值为 85.08 μg/L；底层无机氮为 13.87～183.23 μg/L，平均值为 97.13 μg/L。表层大部水域低于 100 μg/L，但在山东半岛与朝鲜半岛之间出现明显的高值区，底层的分布趋势相似(图 1.2.57)。从 5 月的垂直变化来看，无机氮平均含量以底层最高，中层次之，表层最低，且各站均符合一类《海水水质标准》(200 μg/L)。8 月，表层无机氮为 25.87～125.09 μg/L，平均值为 72.71 μg/L；中层无机氮为 29.00～115.78 μg/L，平均值为 69.60 μg/L；底层无机氮为 31.32～151.53 μg/L，平均值为 78.56 μg/L。表层无机氮分布比较均匀，底层在烟威渔场、成山头外水域及鸭绿江口附近水域有明显的高值区(图 1.2.58)。8 月，无机氮的垂直变化，以底层平均含量最高，表层次之，中层最小，且各站均符合一类《海水水质标准》(200 μg/L)。

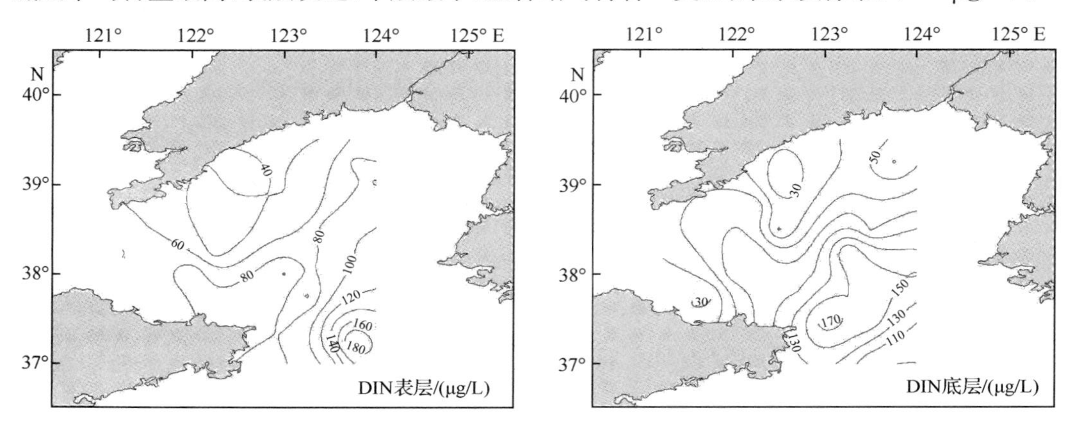

图 1.2.57　2010 年 5 月黄海北部表、底层无机氮分布

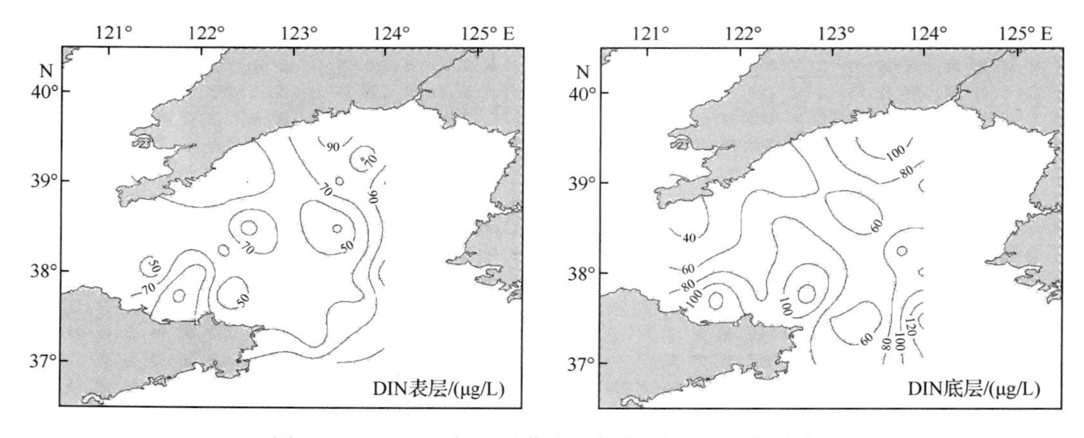

图 1.2.58　2010 年 8 月黄海北部表、底层无机氮分布

6）硅酸盐

2010 年 5 月，黄海北部表层硅酸盐为 15.43～231.17 μg/L，平均值为 86.84 μg/L；中层硅酸盐为 34.40～162.42 μg/L，平均值为 75.89 μg/L，高值区在成山头附近水域；底层硅酸盐为 24.92～231.17 μg/L，平均值为 89.97 μg/L，高值区出现在大连附近水域和山东半岛以东水域(图 1.2.59)。5 月，硅酸盐的垂直变化，以底层平均含量最高，表层次

之，中层最低。8 月，表层硅酸盐为 65.22～257.24 μg/L，平均值为 154.32 μg/L；中层硅酸盐为 67.59～280.95 μg/L，平均值为 155.71 μg/L；底层硅酸盐为未检出到 418.45 μg/L，平均值为241.26 μg/L。表层以鸭绿江口附近水域含量较高，底层则以黄海北部中间水域最高(图 1.2.60)。硅酸盐的垂直变化，以底层平均含量最高，中层次之，表层最小。

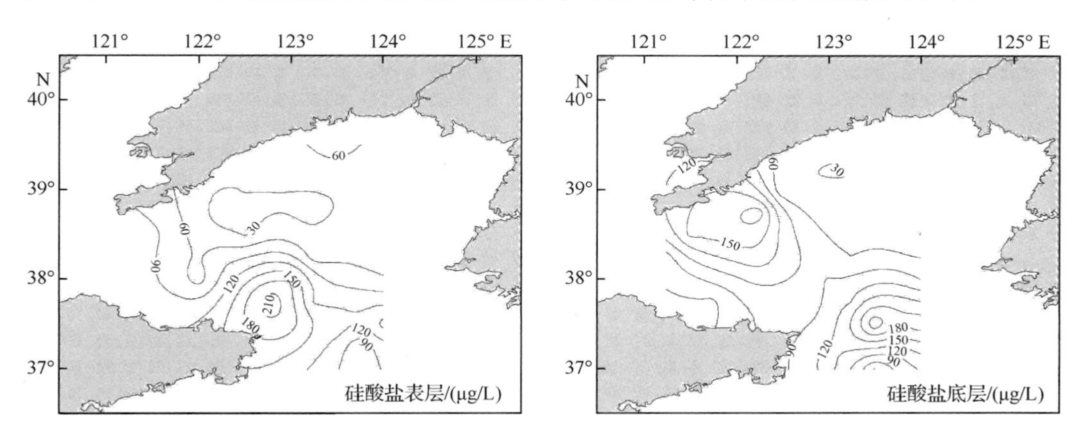

图 1.2.59　2010 年 5 月黄海北部表、底层硅酸盐分布

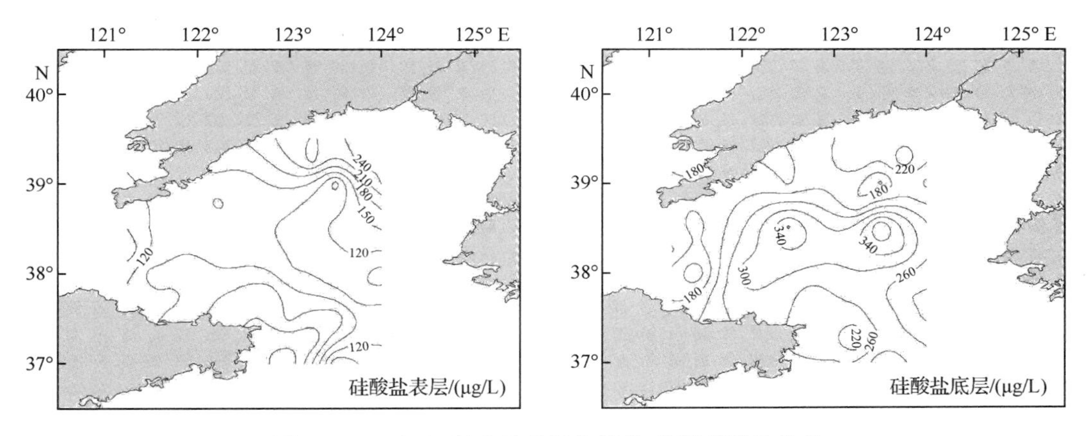

图 1.2.60　2010 年 8 月黄海北部表、底层硅酸盐分布

3. 水环境质量现状基本评价

(1) 营养盐结构

根据各营养盐因子表、中、底层比值平均计算结果，运用上述 Redfield 比值和营养盐化学计量限制的标准，对黄海北部 5 月、8 月的营养水平进行评价，可以看出：2010 年 5 月，N/P 平均为 9.13，Si/N 为 0.48，符合硅限制条件；8 月，N/P(21.0)高于 Redfield 比值，Si/P 为 26.16，符合磷限制条件。

(2) 营养状况分析

目前，国内外对海水富营养化尚未有统一的评价标准或模型。常见的有：①单项指标评价；②综合指数评价；③模糊数学综合评价等。这些模式虽然有其合理的一面，但都未完全揭示出营养盐限制对富营养化的影响。根据郭卫东等(1998)以潜在性富营养化的概念为基础,参照我国海水水质标准及有关实验结果,提出了一种新分类分级的营养化评价模式。根据潜在性富营养化评价模式可看出:2010 年 5 月和 8 月,黄海北部海域水质较好,营养级属Ⅰ级。

第三节 生 物 环 境

与渔业资源及其栖息理化环境调查同步,进行了浮游植物、浮游动物和底栖生物的调查。其中,浮游动物采用大型浮游生物网水柱垂直采集,网长 280 cm、网口内径80 cm,网口面积 0.5 m^2,网筛绢规格 0.507 mm;浮游植物采用小型浮游生物网水柱垂直采集,网长 280 cm、网口内径 37 cm,网口面积 0.1 m^2,网筛绢规格 0.077 mm;底栖生物采用 0.05 m^2的箱式采泥器,每站取样 2 次,合并为一个样品,用 0.5 mm 孔径的网筛分选样品,同时,用网口宽度为 1.5 m 的阿氏拖网进行底栖生物的采集,每站拖网时间为15 min。样品的采集、保存、运输和分析按照《海洋调查规范》(GB 12763—2007)中的相关规定执行。

一、浮游植物

1. 种类组成

(1) 渤海

2009 年 8 月,采集鉴定浮游植物 65 种(含未定种),其中,有硅藻 22 属 56 种,甲藻 4 属 8 种,金藻 1 属 1 种。硅藻是渤海浮游植物的主要类群,占总种数的 22.2%~94.7%,甲藻占 3.6%~77.8%。硅藻中的角毛藻属(*Chaetoceros*)、圆筛藻属(*Coscinodiscus*)的种类较多,分别出现了 19 种、10 种;甲藻中的角藻属(*Ceratium*)出现了 5 种。10 月,采集鉴定浮游植物 69 种(含未定种),其中,有硅藻 27 属 58 种,甲藻 3 属 10 种,金藻 1 属 1 种。硅藻仍然是渤海浮游植物的主要类群,占总种数的 57.1%~92%,甲藻占 4%~41.7%。硅藻中的角毛藻属、圆筛藻属的种数较多,分别出现了 12 种、9 种;甲藻中的多甲藻属(*Peridinium*)出现了 5 种(表 1.3.1)。

2010 年 5 月,采集鉴定浮游植物 46 种(含变型和未定种),其中,有硅藻 22 属 41 种,甲藻 4 属 5 种。硅藻仍然是渤海浮游植物的主要类群,占总种数的 50%~100%,甲藻占 0~50%。硅藻中的角毛藻属、圆筛藻属的种数较多,分别出现了 10 种、6 种;甲藻中的角藻属出现了 2 种。8 月,共采集鉴定浮游植物 52 种(含变型和未定种),其中,有硅藻 21 属 43 种,甲藻 4 属 8 种,金藻 1 属 1 种。硅藻还是渤海浮游植物的主要类群,占总种数的 54.5%~100%,甲藻占 0~45.5%。硅藻中的角毛藻属、圆筛藻属的种数较多,分别出现了 15 种、6 种;甲藻中的角藻属出现了 5 种(表 1.3.1)。

渤海浮游植物生态类型多为温带、近岸种,少数为暖水种和大洋种。

(2) 黄海北部

2010 年 5 月,共采集鉴定浮游植物 50 种(含变型和未定种),其中,有硅藻 21 属 43

种,甲藻 3 属 7 种。硅藻也是黄海北部浮游植物的主要类群,占总种数的 65%～100%,甲藻占 0～35%。硅藻中的角毛藻属、圆筛藻属的种数较多,分别出现了 11 种、7 种;甲藻中的角藻属出现了 4 种。8 月,采集鉴定浮游植物 48 种(含变型和未定种),其中,有硅藻 21 属 39 种,甲藻 4 属 9 种。硅藻还是主要的浮游植物类群,占总种数的 44.4%～100%,甲藻为 0～55.6%。硅藻中的角毛藻属、圆筛藻属的种数较多,分别出现了 12 种、6 种;甲藻中的角藻属出现了 5 种(表 1.3.1)。

黄海北部浮游植物的生态类型同样为温带、近岸种,少数为暖水种和大洋种。

表 1.3.1　渤海与黄海北部不同年份各季节浮游植物种类组成

种类	学名	渤海				黄海北部	
		2009 年 8 月	2009 年 10 月	2010 年 5 月	2010 年 8 月	2010 年 5 月	2010 年 8 月
长柄曲壳藻	*Achnanthes longipes*		+	+			
华美辐裥藻	*Actinoptychus splendens*	+	+		+		
波状辐裥藻	*Actinoptychus undulatus*	+	+	+	+	+	+
日本星杆藻	*Asterionella japonica*		+	+		+	
加拉星杆藻	*Asterionella kariana*			+	+	+	
丛毛幅杆藻	*Bacteriastrum comosum*	+	+		+		
透明幅杆藻	*Bacteriastrum hyalinum*	+					
异常角毛藻	*Chaetoceros abnormis*	+					
窄隙角毛藻	*Chaetoceros affinis*	+	+	+	+	+	+
短孢角毛藻	*Chaetoceros brevis*	+			+		
卡氏角毛藻	*Chaetoceros castracanei*	+	+	+	+	+	+
密聚角毛藻	*Chaetoceros coarctatus*				+		
扁面角毛藻	*Chaetoceros compressus*	+	+	+	+	+	+
缢缩角毛藻	*Chaetoceros constrictus*	+					
扭角毛藻	*Chaetoceros convolutus*					+	+
中肋角毛藻	*Chaetoceros costatus*	+					
旋链角毛藻	*Chaetoceros curvisetus*	+	+		+		
柔弱角毛藻	*Chaetoceros debilis*	+	+	+	+	+	+
密联角毛藻	*Chaetoceros densus*	+	+	+	+	+	+
双突角毛藻	*Chaetoceros didymus*	+			+		+
爱氏角毛藻	*Chaetoceros eibenii*		+				
洛氏角毛藻	*Chaetoceros lorenzianus*	+	+		+	+	+
窄面角毛藻	*Chaetoceros paradoxus*	+			+		+
秘鲁角毛藻	*Chaetoceros peruvianus*		+	+		+	
链刺角毛藻	*Chaetoceros seiracanthus*	+					
暹罗角毛藻	*Chaetoceros siamense*	+	+		+		

续表

种类	学名	渤海				黄海北部	
		2009年8月	2009年10月	2010年5月	2010年8月	2010年5月	2010年8月
相似角毛藻	*Chaetoceros similis*	+		+	+		
冕孢角毛藻	*Chaetoceros subsecundus*	+	+	+	+	+	+
圆柱角毛藻	*Chaetoceros teres*	+	+	+	+	+	+
扭链角毛藻	*Chaetoceros tortissimus*	+		+		+	+
小环毛藻	*Corethron hystrix*		+	+	+	+	+
星脐圆筛藻	*Coscinodiscus asteromphalus*	+	+	+	+	+	+
有翼圆筛藻	*Coscinodiscus bipartitus*	+	+				
中心圆筛藻	*Coscinodiscus centralis*	+	+	+	+	+	+
偏心圆筛藻	*Coscinodiscus excentricus*	+	+	+	+	+	+
格氏圆筛藻	*Coscinodiscus granii*	+	+		+	+	+
线形圆筛藻	*Coscinodiscus lineatus*	+	+		+	+	+
虹彩圆筛藻	*Coscinodiscus oculus-iridis*	+	+	+	+	+	+
辐射圆筛藻	*Coscinodiscus radiatus*	+	+	+	+	+	+
威氏圆筛藻	*Coscinodiscus wailesii*	+	+				
布氏双尾藻	*Ditylum brightwellii*	+	+	+	+	+	+
浮动弯角藻	*Eucampia zoodiacus*	+	+	+	+		
萎软几内亚藻	*Guinardia flaccida*	+	+				
中华半管藻	*Hemiaulus sinensis*	+	+				
细弱明盘藻	*Hyalodiscus subtilis*		+	+	+	+	+
北方劳德藻	*Lauderia borealis*	+		+			+
丹麦细柱藻	*Leptocylindrus danicus*	+	+		+	+	+
舟形藻属	*Navicula*	+	+	+	+	+	+
新月菱形藻	*Nitzschia closterium*	+	+	+		+	+
奇异菱形藻	*Nitzschia paradoxa*	+	+				
长耳齿状藻	*Odontella aurita*	+	+	+		+	
高齿状藻	*Odontella regia*	+	+	+		+	
中华齿状藻	*Odontella sinensis*	+	+	+	+	+	+
具槽帕拉藻	*Paralia sulcata*	+	+	+	+	+	+
斜纹藻属	*Pleurosigma*	+	+	+	+	+	+
佛焰足囊藻	*Podocystis spathulata*		+				
翼鼻状藻印度变型	*Proboscia alata f. indica*		+	+		+	+
琴氏沙网藻	*Psammodictyon panduriforme*		+				
尖刺伪菱形藻	*Pseudo-nitzschia pungens*	+	+	+	+	+	+

续表

种类	学名	渤海				黄海北部	
		2009年8月	2009年10月	2010年5月	2010年8月	2010年5月	2010年8月
距端根管藻	*Rhizosolenia calcar-avis*		+				
柔弱根管藻	*Rhizosolenia delicatula*		+	+		+	+
刚毛根管藻	*Rhizosolenia setigera*	+	+	+		+	+
斯氏根管藻	*Rhizosolenia stolterforthii*	+	+	+		+	+
笔尖形根管藻	*Rhizosolenia styliformis*			+		+	+
优美施罗藻	*Schroederella delicatula*		+				
中肋骨条藻	*Skeletonema costatum*	+		+	+	+	+
掌状冠盖藻	*Stephanopyxis palmeriana*	+	+		+		+
泰晤士扭鞘藻	*Streptotheca thamesis*	+	+		+		
菱形海线藻	*Thalassionema nitzschioides*	+	+	+	+	+	
太平洋海链藻	*Thalassiosira pacifica*		+				
圆海链藻	*Thalassiosira rotula*	+	+	+	+	+	
伏氏海毛藻	*Thalassiothrix frauenfeldii*	+	+		+		+
蜂窝三角藻	*Triceratium favus*		+		+	+	
叉状角藻	*Ceratium furca*	+	+		+		+
梭状角藻	*Ceratium fusus*	+	+	+	+	+	+
粗刺角藻	*Ceratium horridum*	+			+	+	+
大角角藻	*Ceratium macroceros*	+	+		+	+	+
三角角藻	*Ceratium tripos*	+	+	+	+	+	+
具尾鳍藻	*Dinophysis caudata*	+		+	+		+
夜光藻	*Noctiluca scintillans*	+	+	+	+	+	+
多甲藻	*Peridinium*	+	+	+	+	+	+
厚甲多甲藻	*Peridinium crassipes*		+				
扁平多甲藻	*Peridinium depressum*		+				+
叉分多甲藻	*Peridinium divergens*		+			+	
五角多甲藻	*Peridinium pentagonum*		+				
小等刺硅鞭藻	*Dictyocha fibula*	+	+		+		+

2. 细胞丰度

(1) 渤海

2009年8月，渤海浮游植物总丰度为 2.3×10^{3}～2.9×10^{7} 个/m^3，平均为 1.8×10^{6} 个/m^3。总丰度小于 1×10^{4} 个/m^3 的站，出现在辽东湾的东北海域。最大值出现在莱州湾，其次为渤海湾(图1.3.1A)。硅藻的细胞丰度为 2.1×10^{3}～2.89×10^{7} 个/m^3，平均为

1.77×10^6 个/m³，其占浮游植物总丰度的 18.2%～99.9%；甲藻的细胞丰度为 261～6.8×10^5 个/m³，平均 6.4×10^4 个/m³，其占总丰度的 0.09%～81.8%。10 月，渤海浮游植物总丰度为 1.1×10^5～1.85×10^6 个/m³，平均为 4.97×10^5 个/m³。最大值出现在莱州湾(图 1.3.1B)。硅藻的细胞丰度为 4.4×10^4～1.7×10^6 个/m³，平均为 4.1×10^5 个/m³，其占到浮游植物总丰度的 32.3%～99.7%；甲藻的细胞丰度为 1.6×10^3～5.7×10^5 个/m³，平均为 8.9×10^4 个/m³，其占总丰度的 0.25%～67.7%。

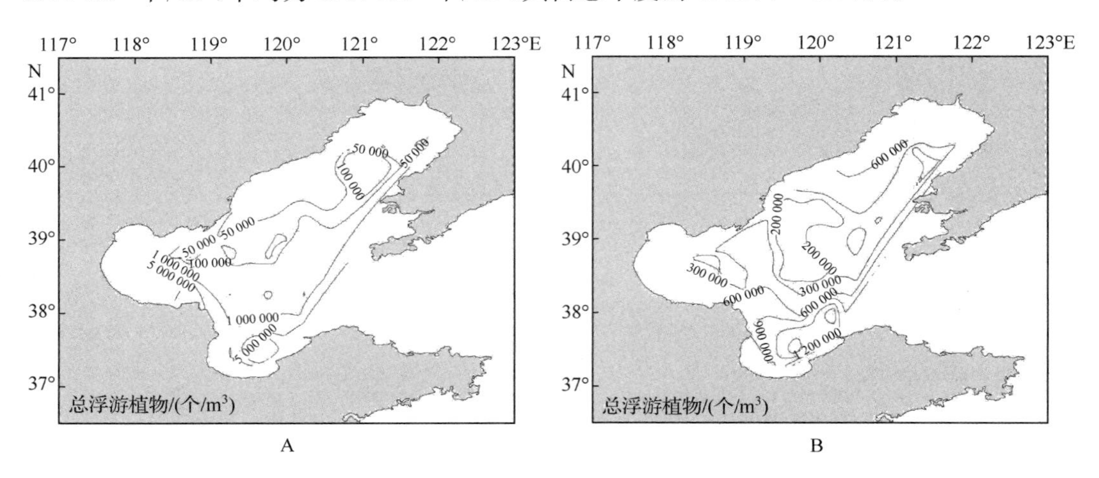

图 1.3.1　2009 年 8 月(A)、10 月(B)渤海浮游植物的数量分布

2010 年 5 月，渤海浮游植物总丰度为 8.4×10^3～1.26×10^9 个/m³，平均为 4.62×10^7 个/m³。小于 1×10^5 个/m³ 的站出现在莱州湾的南海域，最大值出现在渤海中部(图 1.3.2A)。硅藻的细胞丰度为 175～1.26×10^9 个/m³，平均为 4.62×10^7 个/m³，其占浮游植物总丰度的 2.1%～100%；甲藻的细胞丰度为 0～3.76×10^5 个/m³，平均为 3.14×10^4 个/m³，其占浮游植物总丰度的 0～97.9%。浮游植物的细胞丰度，在渤海中部存在 2 个明显的高值分布区。硅藻的丰度分布趋势与浮游植物总丰度的分布趋势相一致，甲藻细胞丰度高值分布区出现在莱州湾。8 月，浮游植物总丰度为 800～1.77×10^6 个/m³，平均为 1.21×10^5 个/m³。辽东湾东北部的丰度较低，高值区出现在渤海湾中部(图 1.3.2B)。硅藻的细胞丰度为 800～1.67×10^6 个/m³，平均为 1.13×10^5 个/m³，其占浮游植物总丰度的 57.1%～100%；甲藻的细胞丰度为 0～1.32×10^5 个/m³，平均为 8.64×10^3 个/m³，其占总丰度的 0～41.9%。浮游植物的细胞丰度，在渤海湾和莱州湾存在 2 个明显的高值分布区。硅藻的丰度分布趋势与浮游植物总丰度的分布趋势相一致，甲藻细胞丰度高值分布区主要出现在渤海湾。

(2) 黄海北部

2010 年 5 月，黄海北部浮游植物总丰度为 5.56×10^4～8.26×10^6 个/m³，平均为 8.33×10^5 个/m³。黄海北部的中部和东北部的丰度较低，最大值出现在西部的渤海海峡附近和东北部海域。硅藻的细胞丰度为 5.51×10^4～8.26×10^6 个/m³，平均为 8.31×10^5 个/m³，其占浮游植物总丰度的 95.1%～100%；甲藻的细胞丰度为 0～2.14×10^4 个/m³，平

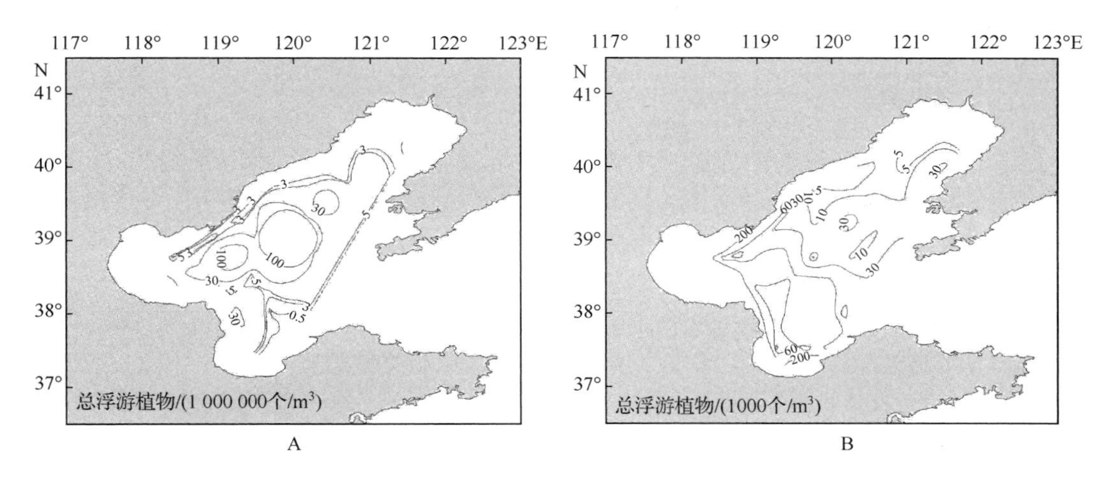

图 1.3.2　2010 年 5 月(A)、8 月(B)渤海浮游植物的数量分布

均为 2.0×10^3 个/m³，其占总丰度的 0～4.9%。甲藻在威海近海水域的细胞丰度所占比例最高，此站的硅藻丰度及所占比例最低。浮游植物的细胞丰度，在黄海北部的西部、东部和东南部存在 3 个高值分布区(图 1.3.3A)。硅藻的丰度分布趋势与浮游植物总丰度的分布趋势相一致，甲藻在西南部海域出现细胞丰度高值分布。8 月，浮游植物总丰度为 1.16×10^3～4.3×10^5 个/m³，平均为 6.53×10^4 个/m³，黄海北部的中部海域的丰度较低，最大值出现在它的东北部。硅藻的细胞丰度为 784～3.03×10^5 个/m³，平均为 4.18×10^4 个/m³，其占浮游植物总丰度的 9.4%～100%；甲藻的细胞丰度为 0～3.73×10^5 个/m³，平均为 2.35×10^4 个/m³，其占总丰度的 0～90.6%。浮游植物的细胞丰度，在黄海北部的东北部、西部和中部存在 3 个明显的高值分布区(图 1.3.3B)。硅藻的丰度分布趋势与浮游植物总丰度的分布趋势相一致，甲藻细胞丰度高值分布区主要出现在东北部和西部海域。

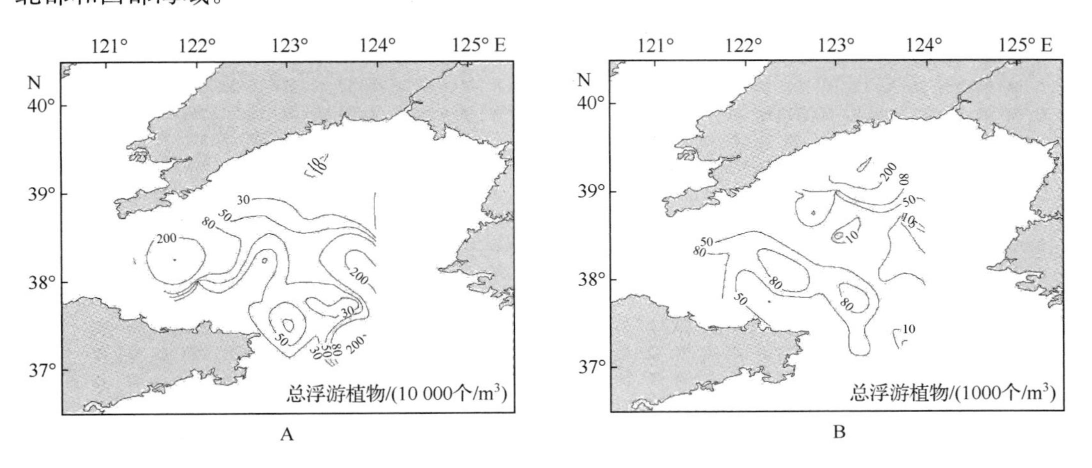

图 1.3.3　2010 年 5 月(A)、8 月(B)黄海北部浮游植物的数量分布

3. 优势种

（1）渤海

2009 年 8 月，渤海浮游植物的优势种为旋链角毛藻、三角角藻、新月菱形藻、柔弱角毛藻、辐射圆筛藻、星脐圆筛藻、伏氏海毛藻、透明幅杆藻、窄隙角毛藻和扁面角毛藻。10 月，渤海浮游植物的优势种为辐射圆筛藻、虹彩圆筛藻、夜光藻、星脐圆筛藻、萎软几内亚藻、具槽帕拉藻、叉状角藻、多甲藻和尖刺伪菱形藻。

2010 年 5 月，渤海浮游植物的优势种为中肋骨条藻、柔弱角毛藻、加拉星杆藻、北方劳德藻、冕孢角毛藻、具槽帕拉藻、圆海链藻、尖刺伪菱形藻和密联角毛藻。8 月，浮游植物的优势种为格氏圆筛藻、具槽帕拉藻、旋链角毛藻、辐射圆筛藻、星脐圆筛藻、多甲藻、偏心圆筛藻、圆柱角毛藻和叉状角藻。

（2）黄海北部

2010 年 5 月，黄海北部浮游植物的优势种为具槽帕拉藻、圆海链藻、丹麦细柱藻、偏心圆筛藻、柔弱几内亚藻、密联角毛藻、翼鼻状藻印度变型和日本星杆藻；8 月，浮游植物的优势种为具槽帕拉藻、夜光藻、窄隙角毛藻、三角角藻、辐射圆筛藻、多甲藻、具尾鳍藻、星脐圆筛藻和密联角毛藻。

二、浮游动物

1. 种类组成

渤海调查共采集鉴定 49 种，其中，有原生动物 1 种，腔肠动物 15 种，甲壳动物的桡足类 24 种、端足类 3 种、十足类 1 种、糠虾类 2 种、涟虫 2 种，毛颚类 1 种，另外，有 8 类浮游幼体，腔肠动物未定种 2 种（表 1.3.2）。季节间，出现的种类数相近，夏、秋季，以小型水母及桡足类种类数较多，而春季，以浮游幼体种类数较多。

表 1.3.2　渤海各年份、季节浮游动物的种类组成

种类	学名	2010 年 5 月	2010 年 8 月	2009 年 8 月	2009 年 10 月
夜光虫	*Noctiluca scintillans*	+			
双高手水母	*Bougainvillia bitentaculata*		+		
真囊水母	*Euphysora bigelowi*		+	+	
卡玛拉水母	*Malagazzia carolinae*		+	+	
带玛拉水母	*Malagazzia taeniogonia*	+			
锡兰和平水母	*Eirene ceylonensis*		+	+	
嵴状镰螅水母	*Zanclea costata*			+	
多手帽形水母	*Tiaropsis multicirrata*	+		+	
半球美螅水母	*Clytia hemisphaerica*				+
不列颠高手水母	*Bougainvillia britannica*				+
六枝管水母	*Proboscidactyla stellata*				+

续表

种类	学名	2010年5月	2010年8月	2009年8月	2009年10月
球形侧腕水母	*Pleurobrachia globosa*			+	+
首要高手水母	*Bougainvillia principis*			+	+
四枝管水母	*Proboscidactyla flavicirrata*			+	+
四手触丝水母	*Lovenella assimilis*			+	+
嵊山秀氏水母	*Sugiura chengshanense*				+
中华哲水蚤	*Calanus sinicus*	+	+	+	+
小拟哲水蚤	*Paracalanus parvus*	+	+	+	+
强额拟哲水蚤	*Paracalanus crassirostris*			+	+
太平洋真宽水蚤	*Eurytemora pacifica*	+			
腹后胸刺水蚤	*Centropages abdominalis*	+	+		
瘦尾胸刺水蚤	*Centropages tenuiremis*	+	+		
背针胸刺水蚤	*Centropages dorsispinatus*		+	+	
火腿许水蚤	*Schmackeria poplesia*	+	+		
海洋伪镖水蚤	*Pseudodiaptomus marinus*				+
汤氏长足水蚤	*Calanopia thompsoni*		+	+	+
双刺唇角水蚤	*Labidocera bipinnata*		+	+	+
真刺唇角水蚤	*Labidocera euchaeta*	+	+	+	+
左突唇角水蚤	*Labidocera sinilobata*		+	+	
刺尾角水蚤	*Pontella spinicauda*			+	
克氏纺锤水蚤	*Acartia clausi*	+	+	+	
双毛纺锤水蚤	*Acartia bifilosa*	+	+		
太平洋纺锤水蚤	*Acartia pacifica*		+	+	
刺尾歪水蚤	*Tortanus spinicaudatus*		+	+	
捷氏歪水蚤	*Tortanus derjuginii*			+	
钳形歪水蚤	*Tortanus forcipatus*			+	
瘦歪水蚤	*Tortanus gracilis*			+	
瘦尾简角水蚤	*Pontellopsis tenuicauda*			+	
拟长腹剑水蚤	*Oithona similis*	+	+	+	
近缘大眼剑水蚤	*Corycaeus affinis*		+	+	
钩虾亚目	*Gammaridea* spp.	+	+		+
日本邻钩虾	*Gitanopsis japonica*	+			
中华蜾蠃蜚	*Corophium sinense*	+			
细长脚蛾	*Themisto gracilipes*	+		+	+
中国毛虾	*Acetes chinensis*	+	+	+	
长额刺糠虾	*Acanthomysis longirostris*	+			
漂浮囊糠虾	*Iiella pelagicus*				+

续表

种类	学名	2010年5月	2010年8月	2009年8月	2009年10月
古氏长涟虫	*Iphinoe gurjanovae*	+			
三叶针尾涟虫	*Diastylis tricincta*	+	+		
强壮箭虫	*Sagitta crassa*	+	+	+	+
长尾类幼体	*Macruran larva*	+			+
糠虾幼体	*Mysidacea larva*	+	+	+	+
无节幼体	*Nauplii larva*	+	+		
多毛类幼体	*Polychaeta larva*	+			
面盘幼体	*Veliger larva*	+	+	+	+
阿利玛幼体	*Alima larva*	+	+	+	
短尾类幼体	*Brachyura larva*	+	+	+	
蚤状幼体	*Zoea larva*		+	+	
仔鱼	*Fish larvae*		+	+	+

2. 生物量和总丰度

2009～2010年，春季、夏季和秋季，渤海的浮游动物生物量和丰度(未计夜光虫)具有明显的季节差异($P<0.05$)。2010年，渤海春季，浮游动物生物量的均值为(955±3140) mg/m³，总丰度为(1604±4851) ind/m³；夏季，生物量均值为(194±327) mg/m³，总丰度为(328±806) ind/m³，不到春季相应值的1/4。2009年夏季，相应的生物量均值为(14.33±21.44) mg/m³，总丰度为(452.12±588.04) ind/m³；秋季，相应的生物量均值为(2.38±2.92) mg/m³，总丰度为(62.68±62.10) ind/m³。

从生物量和丰度的平面分布来看，2009年夏季，渤海大部分水域浮游动物生物量低于20 mg/m³，丰度低于400 ind/m³，生物量的最高值(>50 mg/m³)区位于渤海湾，丰度的高值(>1000 ind/m³)区位于渤海湾及渤海中部。辽东湾及邻近莱州湾沿岸水域为低生物量和低丰度区(图1.3.4)。

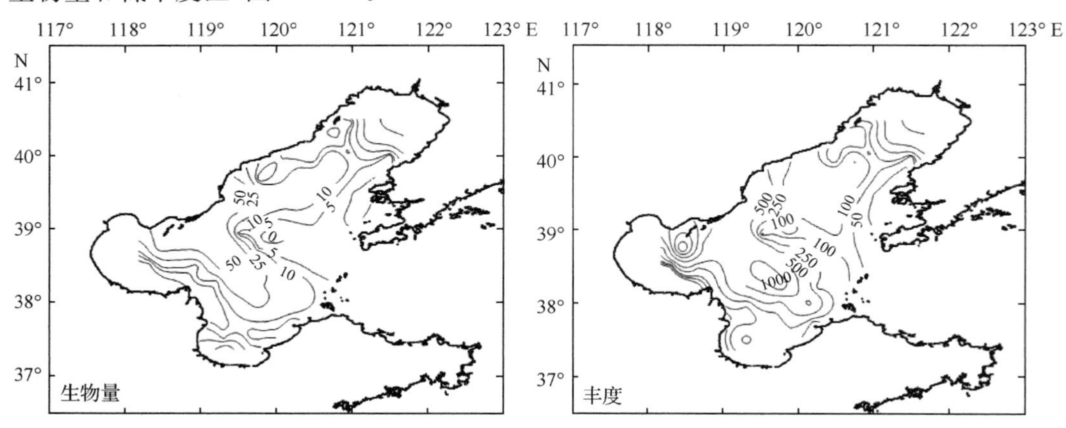

图1.3.4　2009年夏季渤海浮游动物生物量、丰度的分布

2009 年秋季，渤海大部分水域浮游动物生物量低于 4 mg/m³，丰度低于100 ind/m³，生物量的最高值（>10 mg/m³）和丰度的最高值（>120 ind/m³）区位于莱州湾及其邻近水域，此外，在渤海中部也存在一个高丰度区。辽东湾及邻近莱州湾沿岸水域为低生物量和低丰度区（图 1.3.5）。

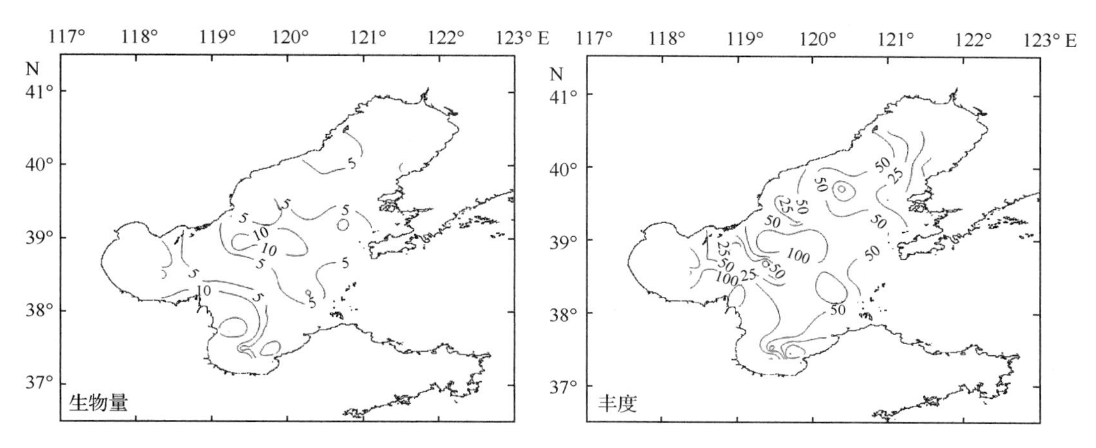

图 1.3.5　2009 年秋季渤海浮游动物生物量、丰度的分布

2010 年春季，渤海大部分水域浮游动物生物量均高于 250 mg/m³，丰度高于500 ind/m³，其中，最高值（生物量>5000 mg/m³、丰度>5000 ind/m³）区位于莱州湾内离岸水域，次高生物量（>1000 mg/m³）和次高丰度（>1000 ind/m³）区则主要位于辽东湾和滦河口近岸水域，以及渤海中部部分水域。紧邻辽东湾及渤海湾沿岸水域为低生物量和低丰度区（图 1.3.6）。

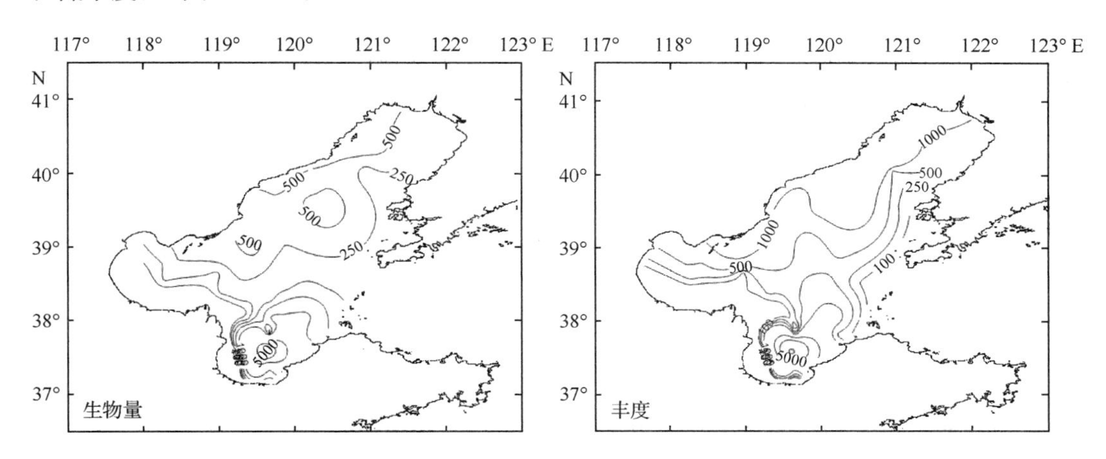

图 1.3.6　2010 年春季渤海浮游动物生物量、丰度的分布

2010 年夏季，渤海的浮游动物的生物量和丰度较春季明显降低。大部分海区的生物量、丰度分别低于 100 mg/m³、100 ind/m³。只有极少区域的生物量、丰度分别大于500 mg/m³、500 ind/m³，大于 1000 mg/m³ 的高生物量值仅出现于辽东湾口北侧，大于1000 ind/m³ 的高丰度值除出现于辽东湾口北侧个别站外，主要在渤海中部部分水域，原

来的春季莱州湾高生物量区成为本季次高生物量（>500 mg/m³）和次高丰度（>500 ind/m³）水域（图 1.3.7）。

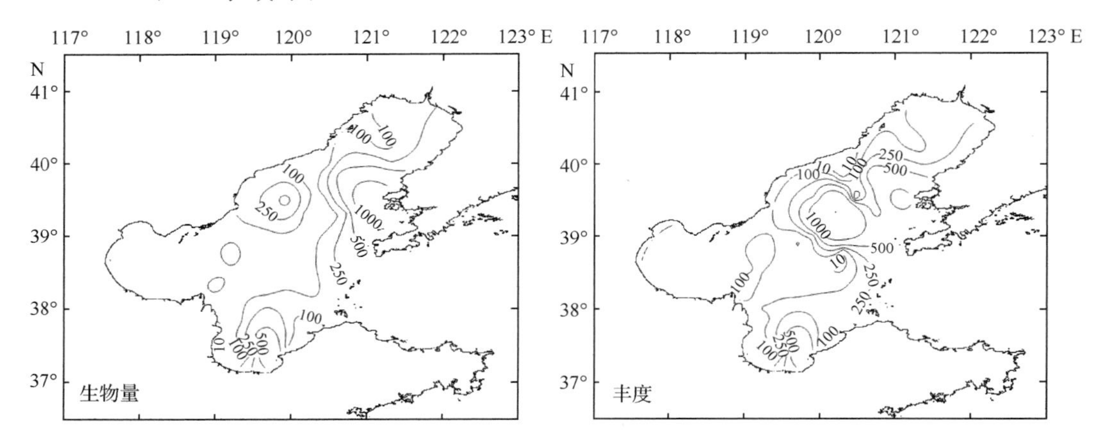

图 1.3.7　2010 年夏季渤海浮游动物生物量、丰度的分布

3. 多样性指数（Shannon-Wiener，H'）和均匀度（Evenness，J'）

渤海的浮游动物多样性水平，2009 年夏、秋季要高于 2010 年春、夏季，但夏季的值要高于其他季节。多样性指数均值，2009 年夏季为 1.91±0.51；2009 年秋季为 1.50±0.47；2010 年春季为 1.07±0.37；2010 年夏季为 1.14±0.33。均匀度，2009 年夏季为 0.50±0.16；2009 年秋季为 0.60±0.14；2010 年春季为 0.5±0.16；2010 年夏季为 0.6±0.13。

2010 年春、夏季，多样性指数的分布均表现为南高、北低的总趋势，但是，在辽东湾内有部分水域，具有相对较高的多样性水平。滦河口沿岸及其向渤海中部延伸的水域，是浮游动物多样性水平较低的区域。2009 年秋季，多样性指数分布与 2010 年相似，夏季虽也表现出南高、北低的趋势，但在黄、渤海交界水域，具有较高的多样性水平。

4. 优势种

考虑网具的采集效率和生物样个体大小，渤海中型和较大型浮游动物数量最多（平均丰度>25 ind/m³）的种类：2010 年春季，主要有中华哲水蚤、腹后胸刺水蚤、双毛纺锤水蚤、强壮箭虫和瘦尾胸刺水蚤；2010 年夏季，主要有小拟哲水蚤、中华哲水蚤和强壮箭虫；2009 年夏季，主要有中华哲水蚤、鸟喙尖头溞、强壮箭虫和球形侧腕水母；2009 年秋季，主要有强壮箭虫、中华哲水蚤、球形侧腕水母和软拟海樽。

从各主要种类所占的数量比例来看：2010 年春季，浮游动物的丰度主要集中于中华哲水蚤和腹后胸刺水蚤，它们构成了总丰度的 85%以上；2010 年夏季，小拟哲水蚤、中华哲水蚤和强壮箭虫 3 种构成总丰度的 84%。腹后胸刺水蚤、双毛纺锤水蚤和瘦尾胸刺水蚤是海区内季节性大量出现的种类，也是构成春季高浮游动物生物量和丰度的重要组成部分。2009 年夏季，中华哲水蚤、鸟喙尖头溞、强壮箭虫和球形侧腕水母占总丰度的

82％；2009 年秋季，强壮箭虫、中华哲水蚤、球形侧腕水母和软拟海樽占总丰度的 93％。

在此需要补充的是，夜光虫在春季也应被认为是优势种，其数量很多，且在大多数站均有分布，莱州湾内为其高密集区（＞10^5 ind/m^3）。

5. 代表种类的数量季节变化

（1）中华哲水蚤

2009 年夏季，渤海中华哲水蚤的数量为 0.14～1133 ind/m^3，平均为 165.97 ind/m^3。此季节，中华哲水蚤的数量分布不均匀，数量相对较高（＞100 ind/m^3）的区域主要位于渤海湾、辽东湾及滦河口近岸；2009 年秋季，渤海中华哲水蚤的数量为 0.08～88.34 ind/m^3，平均为 14.13 ind/m^3。在秋季，丰度均值较其他季节明显降低，主要是该季节海区内，无中华哲水蚤＞100 ind/m^3 的高密集区。数量相对较高（＞40 ind/m^3）的水域主要位于渤海中部，渤海湾有个别站的数量＞40 ind/m^3（图 1.3.8）。

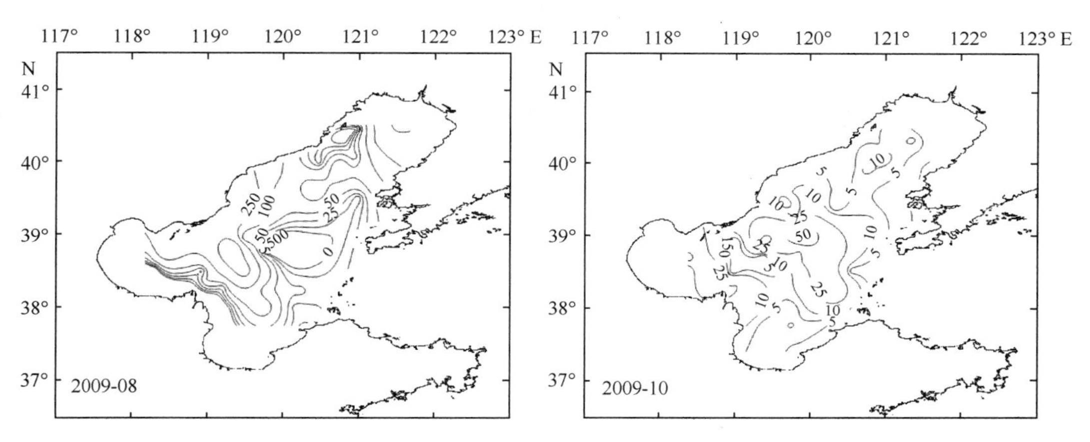

图 1.3.8　2009 年夏季、秋季渤海中华哲水蚤丰度的分布

2010 年春季，渤海中华哲水蚤的数量为 2～24 205 ind/m^3，平均为 807 ind/m^3。此季节，中华哲水蚤的数量分布极不均匀，丰度大于 1000 ind/m^3 的区域主要集中在莱州湾口的少数站。渤海湾至辽东湾的北侧沿岸的丰度相对较高（＞100 ind/m^3），而在渤海中部及近黄海北部的丰度相对较低（＜50 ind/m^3）。2010 年夏季，渤海中华哲水蚤的数量为 2～787 ind/m^3，平均为 98 ind/m^3。夏季丰度均值较春季明显降低，主要是该季节海区内，无中华哲水蚤＞1000 ind/m^3 的高密集区。数量相对较高（＞100 ind/m^3）的水域主要位于辽东湾及滦河口近岸，莱州湾口有个别站的数量大于 100 ind/m^3（图 1.3.9）。

（2）强壮箭虫

强壮箭虫是渤海数量最多的肉食性、较大型浮游动物，它能捕食中国对虾及其他小型浮游幼体，其数量分布对于放流点的选择有一定的参考作用。

2010 年春季，强壮箭虫数量均值为 37 ind/m^3，低于夏季平均值（71 ind/m^3）。从平面分布来看，春季，渤海大部分水域强壮箭虫的丰度为 10～25 ind/m^3，在莱州湾口，有一相对密集分布中心（＞100 ind/m^3）。2010 年夏季，强壮箭虫的丰度多为 50～100 ind/

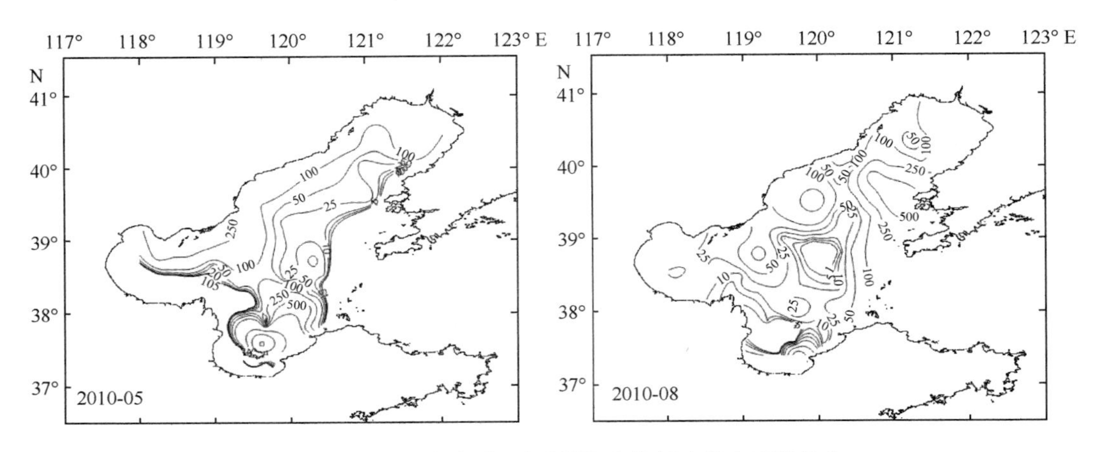

图 1.3.9　2010 年春季、夏季渤海中华哲水蚤丰度的分布

m³，两个分布中心（>100 ind/m³）分别为莱州湾口和旅顺外海。2009 年夏季，强壮箭虫的平均丰度为 69.18 ind/m³，主要集中在渤海中部。2009 年秋季，强壮箭虫的平均丰度为 31.93 ind/m³，大部分水域强壮箭虫的丰度为 18～36 ind/m³，高丰度区主要位于莱州湾及渤海湾外部（>90 ind/m³）（图 1.3.10）。

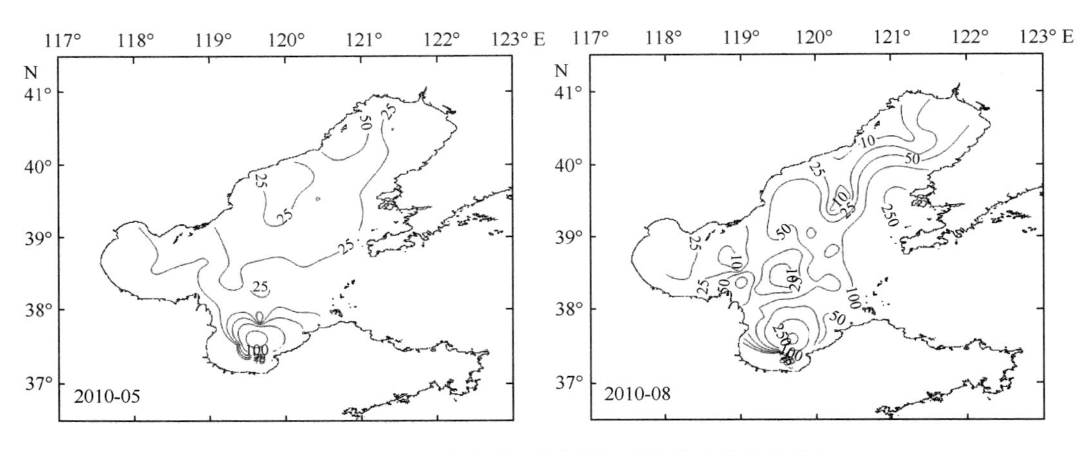

图 1.3.10　2010 年春季、夏季渤海强壮箭虫丰度的分布

从总体上看，春季、夏季，强壮箭虫的数量分布中心与中华哲水蚤各季节的分布中心位置基本一致，秋季，则有所不同。

（3）浮游幼体

2010 年春季，渤海有大量的浮游幼体，平均数量达 44 ind/m³，但其分布较为集中，分布中心（>100 ind/m³）位于 39°N 以南、渤海中部近莱州湾湾口的外海水域。此外，在莱州湾内，有个别站的浮游幼体数量也较多（>50 ind/m³）。在其他水域，浮游幼体相对较少（<10 ind/m³）。

2010 年夏季，渤海浮游幼体数量较春季有明显降低，平均丰度仅为 15 ind/m^3，但分布相对均匀。辽东湾、渤海湾和莱州湾三大湾内的浮游幼体数，均较其湾外的相应值略高。渤海中部，则表现为近岸低、外海较高的趋势。

2009 年夏季，渤海浮游幼体平均丰度为 49.49 ind/m^3，其分布主要集中在渤海中部。

2009 年秋季，渤海浮游幼体数量明显降低，平均丰度为 0.22 ind/m^3，且主要分布于黄、渤海交界处。

分析结果显示，2010 年的渤海浮游动物的丰度及生物量均高于 2009 年。渤海的春季是浮游动物的高丰度和高生物量期。春季浮游动物主要种类包括桡足类及不同的浮游幼体，优势种为中华哲水蚤、腹后胸刺水蚤、双毛纺锤水蚤、强壮箭虫和瘦尾胸刺水蚤。夏季，浮游动物的数量和生物量均较春季有显著降低，优势种为小拟哲水蚤、中华哲水蚤和强壮箭虫。秋季，浮游动物的数量和生物量继续降低，优势种为强壮箭虫、中华哲水蚤、球形侧腕水母和软拟海樽。春季，优势种的丰度与其他种类的极差明显，因此，该季节，海区的多样性水平和均匀度要低于夏、秋季，不同类型种类的数量分布中心具有明显的季节变化。

三、底栖生物

底栖生物是指那些依托水体沉积物底内、底表及以水中物体（包括生物体和非生物体）而栖息的生态类群。在其生活史的全部或大部分时间，生活于水体底部。除定居和活动生活的以外，栖息的形式多为固着于岩石等坚硬的基体上和埋没于泥沙等松软的基底中。此外，还有附着于植物或其他底栖生物体表及栖息在潮间带的底栖种类。在摄食方法上，以悬浮物摄食和沉积物摄食居多。底栖生物是生态学上的名词，不是分类学名词，是一个庞杂的生态类群复合体，包括大部分生物分类系统（门、纲）的代表，如海绵生物、腔肠生物、扁形生物、环节生物、软体生物、节肢生物（甲壳纲）、棘皮生物和脊索生物，也包括底栖鱼类。底栖生物根据其粒径大小，可分为 3 种类型：大型底栖生物、小型底栖生物、微型底栖生物。按其生活方式，可分为 5 种类型：固着型、底埋型、钻蚀型、底栖型和自由移动型。多数底栖生物长期生活在底泥中，具有区域性强、迁移能力弱等特点，对于环境污染及其变化，通常少有回避能力，其群落的破坏和重建需要相对较长的时间。同时，不同种类底栖生物对环境条件的适应性及对污染等不利因素的耐受力和敏感程度不同，根据这些特点，利用底栖生物的种群结构、优势种类、数量等参数可以确切反映水体的质量状况。

底栖动物是多种渔业生物特别是中国对虾、三疣梭子蟹等放流种类的优质饵料，是提高海洋渔业资源量的重要基础生产力之一，同时，也是海洋生态系统的重要的结构组成，是海洋食物网中的重要环节。底栖动物在偶合湖泊底层营养与水层营养、水体生物分解（降低有机污染）和加速物质循环等多方面，具有重要作用，也是海洋生态系统质量评价的重要指示生物类群。在渔业资源调查及其相关研究中涉及的底栖生物均为大型底栖动物（网筛孔径大于 0.5 mm），因此，了解渤海及黄海北部大型底栖动物的生态特点，对拟定该水域渔业生产计划和维护水生态系统健康发展具有积极意义。

1. 种类组成和季节变化

在渤海和黄海北部，共采集到大型底栖动物303种，优势种主要是低温、广盐、暖水种。其中，多毛类有126种，占总种数的41.6%；软体类有60种，占总种数的19.8%；甲壳类有62种，占总种数的20.5%；棘皮动物有24种，占总种数的7.9%；鱼类有20种，占总种数的6.6%，其他动物有11种(腔肠动物5种、纽形动物1种、螠虫动物1种、海绵动物2种、星虫动物2种)，占总种数的3.6%。所采集的大型底栖动物，能鉴定到种的为251种。从丰度来看，多毛类占绝对优势，达1341 ind/m^2，占总平均丰度的52.1%；甲壳类为739 ind/m^2，占28.7%；软体类为313 ind/m^2，占12.1%；棘皮动物为136 ind/m^2，仅占5.3%；而其他类的丰度为46 ind/m^2，占1.8%。在生物量上，棘皮动物占优势，为22.51 g/m^2，占总平均生物量的52.9%；甲壳类为5.88 g/m^2，占13.8%；软体动物为4.83 g/m^2，占11.3%；多毛类为4.54 g/m^2，占10.7%；其他类的生物量为4.83 g/m^2，占11.3%。

各主要类群所占比例，季节性变动比较明显。多毛类所占比例最高，从2009年夏季至2010年春季，呈现逐步增加的趋势，然后，到2010年夏季，回落到35%左右；软体动物和甲壳类，呈现一个犬牙交错的态势，2009年夏季，软体动物的比例要高于甲壳类，但在2010年春季，甲壳类比例升高到25%，高于此时软体动物的比例，到了2010年夏季，又恢复到一个软体动物高、甲壳类低的状态；棘皮动物、鱼类的变化趋势相似，为波峰—波谷—波峰的变动规律，其他种类的变化为波谷—波峰—波谷(图1.3.11)。

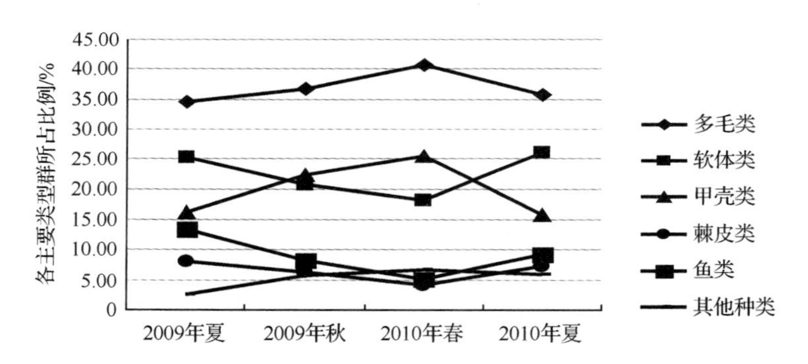

图1.3.11　渤海和黄海北部大型底栖动物主要类群所占比例的季节变化

2. 优势种组成

渤海和黄海北部大型底栖动物群落以多毛类、软体动物和甲壳类为主。表1.3.3列出了出现频率较高、分布较广的优势种。各季节的优势种数量有所变化，夏季最高，为43种，其次是秋季为38种，春季为34种(表1.3.3)。

表 1.3.3　渤海和黄海北部大型底栖动物各年份、季节的优势种和出现频率(%)

类别	优势种	2009 年 8 月	2009 年 10 月	2010 年 5 月	2010 年 8 月
多毛类	不倒翁虫 *Sternaspis sculata*	92.6	94.8	86.4	84.6
	扁蛰虫 *Lotmia medusa*	82.2	78.5	86.5	79.5
	紫臭海蛹 *Travisia pupa*	90.6	84.9	73.4	80.2
	鳞沙蚕 *Aphrodita* sp.	96.0	68.9	70.3	81.3
	中蚓虫 *Mediomastus* sp.	65.2	79.1	74.6	86.6
	双栉虫 *Ampharete. acutifrons*	80.4	86.9	78.1	66.0
软体动物	日本胡桃蛤 *Nucula (Leionucula) nipponica*	85.4	86.2	87.5	90.3
	奇异指纹蛤 *Acila mirabilis*	76.2	78.2	84.5	80.1
	秀丽波纹蛤 *Raetellops fortilirata*	76.8	82.6	90.2	85.2
	紫壳阿文蛤 *Alvenius ojianus*	86.6	87.0	79.2	83.7
	微型小海螂 *Leptomya minuta*	88.3	73.2	87.6	87.0
	江户明樱蛤 *Moerella jedoensis*	79.2	86.2	86.4	89.2
	加州扁鸟蛤 *Clinocardium californiense*	86.4	89.5	88.4	79.6
	薄索足蛤 *Thyasira tokunagai*	88.6	90.2	80.6	83.4
	黄海蛾螺 *Buccinium yokomaruae*	86.2	89.6	81.2	85.4
	口马丽口螺 *Calliostoma koma*	86.5	81.3	77.2	75.1
	皮氏蛾螺 *Buccinum perryi*	77.6	76.8	70.1	73.4
甲壳类	日本鼓虾 *Alpheus jiaponicus*	88.5	85.5	87.4	90.2
	安乐虾 *Eualus* sp.	94.8	86.4	84.6	88.3
	细螯虾 *Leptoehela graeili*	90.2	80.6	83.4	88.2
	长指马尔他钩虾 *Melita longidacyla*	85.4	86.6	87.0	85.3
	纤细长涟虫 *Iphinoe tenera*	85.0	73.4	80.2	83.8
	鲜明鼓虾 *Alpheus heterocarpus*	79.7	82.3	83.4	81.6
	双斑蟳 *Charybdis bimaculata*	85.4	86.2	87.5	80.4
	口虾蛄 *Oratasauilla oratoria*	66.4	86.3	80.8	79.3
棘皮动物	金氏真蛇尾 *Ophiura kinbergi*	89.4	90.3	92.2	91.3
	司氏盖蛇尾 *Stegophiura sladeni*	89.5	88.4	79.6	88.2
	萨氏真蛇尾 *Ophiura sarsii*	86.3	89.4	82.6	83.7
	紫蛇尾 *Ophiopholis mirabilis*	79.7	82.3	83.4	80.2
	沙海星 *Luidia quinaria*	73.4	85.2	71.7	72.2
其他类	海仙人掌 *Cavernulara obesa*	83.5	91.5	81.7	88.2
	柄海鞘 *Styela clava*	77.7	76.9	76.3	80.8

渤海大型底栖动物优势种与黄海北部的有差别:渤海的优势种包括不倒翁虫、扁蛰虫、紫壳阿文蛤、秀丽波纹蛤、薄索足蛤、中蚓虫、口虾蛄、纤细长涟虫、日本鳞缘蛇尾等;黄海北部的优势种包括竹节虫、不倒翁虫、金氏真蛇尾、紫蛇尾、细螯虾、薄索足蛤、微型小海螂等。

大型底栖动物的中、小个体种类，往往在丰度上占有优势，大个体则在生物量上占有优势，因此，单纯以个体数量来判断优势种，会忽视生命周期长、生物量较大的物种。相对重要性指数能兼顾到丰度、生物量和出现频率，如萨氏真蛇尾和心形海胆等，虽然不是黄海北部的优势种，但其相对重要性指数较高，这说明它们在生物群落中也起到重要作用。表 1.3.4 列出了不同年份、季节底栖生物的相对重要性指数居前 10 位的种类。不同年份、不同季节，各种底栖生物的相对重要性指数存在着差异。

表 1.3.4　渤海和黄海北部不同年份、季节大型底栖动物的相对重要性指数

种名	2009 年夏季	种名	2009 年秋季	种名	2010 年春季	种名	2010 年夏季
不倒翁虫	890	薄索足蛤	1211	不倒翁虫	1056	萨氏真蛇尾	1243
薄索足蛤	772	双栉虫	956	中蚓虫	963	秀丽波纹蛤	891
萨氏真蛇尾	702	心形海胆	863	薄索足蛤	914	中蚓虫	763
扁蛰虫	530	不倒翁虫	810	心形海胆	723	薄索足蛤	582
秀丽波纹蛤	360	中蚓虫	726	紫蛇尾	529	心形海胆	480
深沟毛虫	324	萨氏真蛇尾	532	纤细长涟虫	479	不倒翁虫	319
微型小海螂	310	扁蛰虫	398	微型小海螂	360	紫壳阿文蛤	241
中蚓虫	264	秀丽波纹蛤	356	紫壳阿文蛤	278	紫蛇尾	230
双栉虫	246	鳞沙蚕	236	中蚓虫	261	微型小海螂	220
寡节甘吻沙蚕	120	中蚓虫	121	秀丽波纹蛤	221	纤细长涟虫	152

3. 大型底栖动物的分布特征

(1) 丰度和生物量

1) 丰度的分布

2009 年夏季，渤海和黄海北部大型底栖动物的平均总丰度为 1770 ind/m^2。其中，多毛类占绝对优势，为 812 ind/m^2，占平均总丰度的 45.9%；其次是甲壳类，为 523 ind/m^2，占 29.5%；软体动物平均丰度为 315 ind/m^2，占 17.8%；棘皮动物最少，为 63 ind/m^2，占 3.6%；其他动物为 57 ind/m^2，占 3.2%。2009 年秋季，大型底栖动物的平均总丰度为 2276 ind/m^2。其中，多毛类优势明显，为 953 ind/m^2，占平均总丰度的 41.9%；其次是甲壳类，为 728 ind/m^2，占 32.0%；软体动物平均丰度为 463 ind/m^2，占 20.3%；棘皮动物最少，为 56 ind/m^2，占 2.5%；其他动物为 76 ind/m^2，占 3.3%。

2010 年春季，渤海和黄海北部大型底栖动物的平均总丰度为 1353 ind/m^2。其中，多毛类仍然有一定的优势，为 612 ind/m^2，占总平均丰度的 45.2%；软体动物上升为第二位，为 435 ind/m^2，占 32.1%；甲壳类平均丰度为 250 ind/m^2，占 18.5%；棘皮动物最少，为 21 ind/m^2，占 1.5%；其他动物为 35 ind/m^2，占 2.6%。2010 年夏季，大型底栖动物的平均总丰度为 2019 ind/m^2。其中，多毛类占绝对优势，为 878 ind/m^2，占平均总丰度的 43.5%；其次是甲壳类，为 623 ind/m^2，占 30.8%；软体动物平均丰度为 423 ind/m^2，占 20.9%；棘皮动物最少，为 53 ind/m^2，占 2.6%；其他动物为42 ind/m^2，占 2.1%。

大型底栖动物丰度分布的高值区，主要集中在莱州湾、辽东湾、渤海湾及渤海海峡、长岛群岛附近。2009 年夏季，最高值出现在辽东湾的底部，达 5646 ind/m^2，渤海湾和莱州湾的几个站的丰度值也均超过 4000 ind/m^2；2009 年秋季，最高值出现在莱州湾底部的小清河河口外水域，为 4860 ind/m^2（图 1.3.12）。2010 年春季，最高值出现在渤海海峡，为 5020 ind/m^2；2010 年夏季，最高值出现在长岛群岛附近，高达 6032 ind/m^2。在渤海的中央区域及黄海北部的深水区，大型底栖动物的分布偏少（图 1.3.13）。

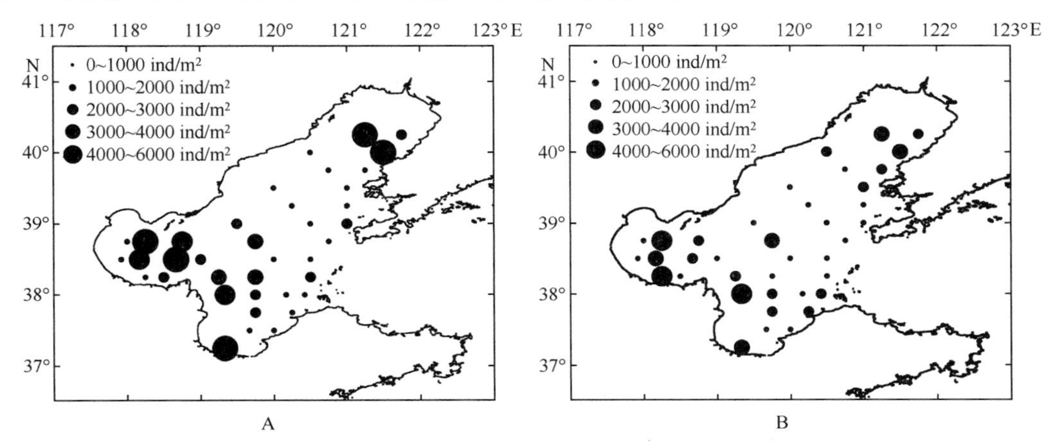

图 1.3.12　2009 年夏季（A）、秋季（B）渤海大型底栖生物丰度的分布

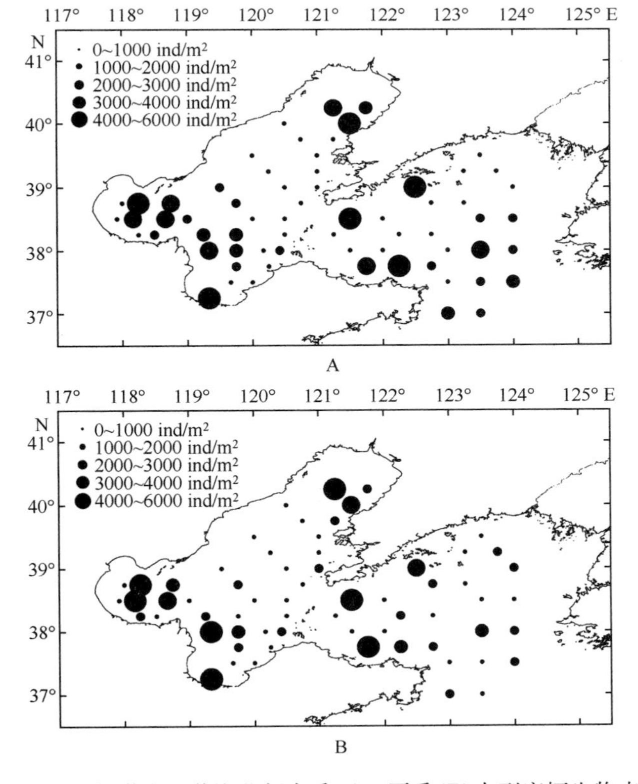

图 1.3.13　2010 年渤海及黄海北部春季（A）、夏季（B）大型底栖生物丰度的分布

2）生物量分布

2009 年夏季，渤海和黄海北部大型底栖动物平均总生物量为 41.31 g/m²。其中，棘皮动物占绝对优势，为 14.90 g/m²，占平均总生物量的 36.2%；其次是多毛类，为 6.80 g/m²，占 16.4%；软体动物平均生物量为 4.35 g/m²，占 10.5%；甲壳动物最少，为 2.6 g/m²，占 6.3%；其他类别的平均生物量为 12.66 g/m²，占 30.6%。2009 年秋季，大型底栖动物的平均总生物量为 42.55 g/m²。其中，软体类占绝对优势，为 12.85 g/m²，占平均总生物量的 30.2%；其次是多毛类动物平均生物量为 9.95 g/m²，占 23.4%；棘皮类，为 6.67 g/m²，占 15.7%；甲壳动物最少，为 1.62 g/m²，占 3.8%；其他类别的平均生物量为 11.46 g/m²，占 26.9%。

2010 年春季，渤海和黄海北部大型底栖动物的平均总生物量为 45.05g/m²。其中，棘皮动物占绝对优势，为 14.45 g/m²，占平均总生物量的 32.1%；其次是多毛类，为 5.67 g/m²，占 12.6%；软体动物平均生物量为 4.95 g/m²，占 11.0%；甲壳动物最少，为 1.52 g/m²，占 3.4%；其他类别的平均生物量为 18.46 g/m²，占 40.9%。2010 年夏季，大型底栖动物的平均总生物量为 56.77 g/m²。其中，棘皮动物占绝对优势，为 27.85g/m²，占平均总生物量的 49.1%；其次是多毛类，为 15.3 g/m²，占 19.7%；软体动物平均生物量为 5.90 g/m²，占 10.4%；甲壳动物最少，为 3.92 g/m²，占 6.9%；其他类别的平均生物量为 10.44g/m²，占 18.4%。

从大型底栖动物生物量分布可以看出：生物量的高分布区与丰度的高分布区有一定的差别。2009 年，莱州湾、渤海湾、辽东湾的生物量较高，但是，最高站出现在滦河口外水域，生物量高达 364 g/m²（图 1.3.14）。滦河口外水域采集到了数量众多的薄索足蛤、紫壳阿文蛤和司氏盖蛇尾，这些种类个体较重，是产生高生物量的主要原因。2010 年，在黄海北部，生物量较高的站位于大连沿岸附近海域及渤海海峡，最高值出现在渤海海峡（图 1.3.15）。渤海海峡出现高值主要是生物量较高的心形海胆和紫蛇尾所致。

渤海和黄海北部调查海区设置的站位可分为 4 部分，第一部分，由莱州湾、渤海湾和辽东湾 3 个海湾内的站位组成；第二部分，是渤海海峡的几个站位；第三部分，指渤海除去

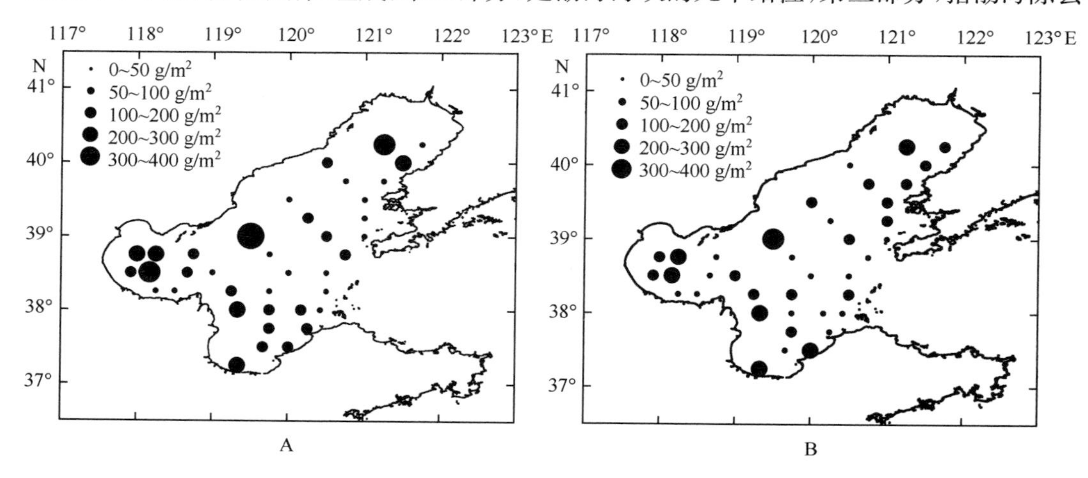

图 1.3.14　2009 年夏季（A）、秋季（B）渤海大型底栖生物生物量分布

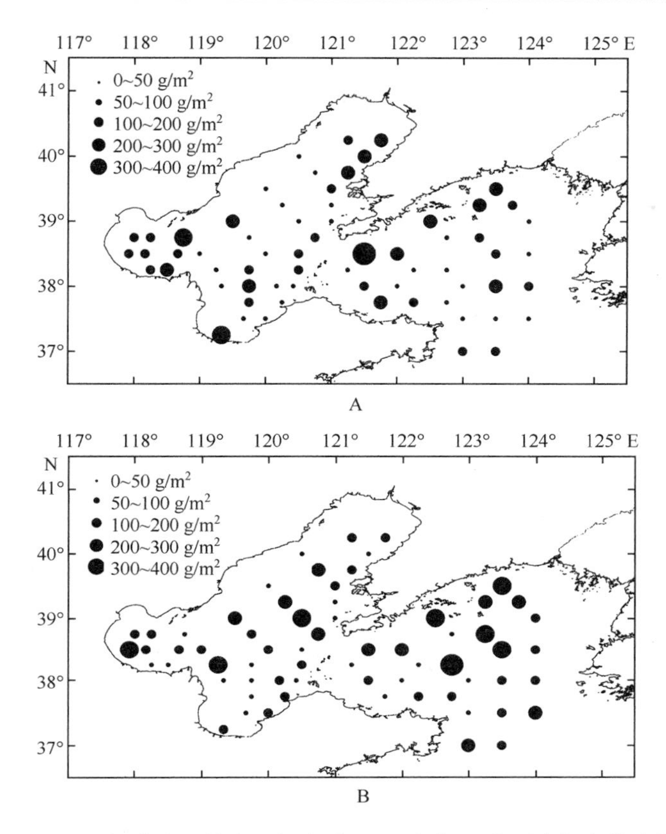

图 1.3.15　2010 年渤海及黄海北部春季(A)、夏季(B)大型底栖生物生物量分布

3 个海湾的剩余站位;第四部分,是由黄海北部深水区的站位组成。通过比较可发现:第一部分和第二部分的大型底栖动物,其生物量和丰度较高。这说明该海域具有种类较多、生产力较高的底栖动物。第三部分和第四部分的大型底栖动物,其生物量和丰度值相对较低(表 1.3.5)。从环境因子来看,海峡口的站普遍较深,含沙量相对较高,水体平均初级生产力也高于其他水域,这些因素均有利于大型底栖动物丰度和生物量的增加。

表 1.3.5　不同海域大型底栖动物种类数、丰度、生物量比较

调查海域	时间	种类数	丰度/(ind/m^2)	生物量/(g/m^2)
渤海	1982 年 7 月	—	343	2.76
渤海	1997～1999 年	306	2575	42.59
渤海	2009 年	261	1030	25.61
黄海北部	1999 年 12 月	178	357	44.65
黄海北部	2007 年 1 月	322	1883	38.86
黄海北部	2010 年	287	1326	34.62
渤海海峡	1997 年 6 月～1998 年 9 月	—	3968	103.27
黄海北部近岸	1997 年 6 月～1998 年 7 月	107	511	106.1
黄海南部	2000～2001 年	272	272	19.23
黄河口及其邻近海域	1982 年 5 月	—	557	35.28

由于在海上取样和室内分选方法上的差异，本项目取得的大型底栖动物的丰度和生物量资料与历史相关的资料进行比较异常困难。与孙道元和刘银城的报道相比，本次调查渤海的平均丰度值有较大幅度的增加，平均生物量虽然也比以前高，但增加幅度相对较小。环境的变化可能会造成上述差异，但使用不同孔径的网筛，可能是造成上述差异的另一个主要原因。例如，1982 年，孙道元在渤海进行底栖动物取样时，使用的是1 mm孔径大小的网筛(孙道远和刘银城，1991)。于子山等(2000)在比较胶州湾北部软底大型底栖动物的丰度和生物量时，同样也发现存在这一问题。从另一方面也可以推测：黄、渤海大部分海区的平均总生物量，在过去 10 年中，可能并未发生大的变化。

(2) 代表种

1) 不倒翁虫

在渤海，不倒翁虫丰度的高值区位于近岸海域，在黄海北部，其分布的规律性不强。春季，高分布区位于长岛群岛和渤海海峡；夏季，高分布区扩展到辽东半岛的近岸及深海区的海域。

不倒翁虫生物量的分布趋势与丰度基本相似。莱州湾、渤海湾、辽东湾及渤海海峡等为生物量的高分布区，但是生物量的最高值出现的站与丰度最高值的站不一致。这可能与不倒翁虫个体差异较大有关。例如，渤海湾湾口水域，不倒翁虫的丰度值在 2009 年的夏季最高，为 210 ind/m^2，生物量的最高值却出现在莱州湾的湾口中间水域，为 1.82 g/m^2。不倒翁虫在渤海湾湾口水域出现的数量较多，但个体较小，因此，其生物量必然不会很高。

2) 中蚓虫

中蚓虫也是一种数量较多、分布较广的优势种。2009 年，中蚓虫的高分布区集中在莱州湾和渤海湾，最高值是 182 ind/m^2，出现在渤海湾底部的北侧水域。2009 年夏季和秋季，中蚓虫在辽东湾有一定的数量，但是，在 2010 年，其中蚓虫的分布明显减少。中蚓虫在黄海北部的分布主要集中在近岸海域，深水区的分布相对较少。

3) 薄索足蛤

软体动物的薄索足蛤的分布同多毛类的不倒翁虫、中蚓虫的分布有较大的差别。在渤海，它的主要分布区较分散，并没有集中分布在三大海湾中；在黄海北部，其高分布主要出现在南侧的北纬 38°线附近的深水区。

(3) 生物群落

环境中的各种理化因子对底栖生物群落结构有着深刻的影响。渤海的封闭性较强，生物群落的分布主要受沉积物类型、陆源径流及人类活动的影响，而黄海北部的大型底栖动物群落分别受到浅海沿岸流、中央冷水团及黄海暖流的影响。综合各种环境因子及底栖生物的分布，把黄海北部大型底栖动物划分为以下几个组群。

组群 1，它分布于 40 m 等深线以内的海域，包括全部山东半岛近岸水域及辽东半岛沿岸、长山群岛以北的水域。此群落所在的区域水浅，主要受山东沿岸流、大陆气候及陆源排放的影响，环境变化较大，底质多为粉砂和极细砂。优势种为不倒翁虫、中蚓虫、寡鳃齿吻沙蚕等，多为小个体、生活周期短、能耐受较大温度和盐度变化的广布种，因此，其平均丰度高而生物量最低。

组群 2，它分布于 40 m 等深线以外的黄海北部的中部，其范围与冷水团大体相当。此群落主要受底层低温、高盐冷水团的影响，而河口径流及沿岸流对其影响较小，水动力条件较稳定，沉积速率较低。底质呈环状分布，中部最细，为粉砂，向外逐渐变粗，该群落的生物量较高，其优势种多为冷水性，优势种有薄索足蛤、纤细长涟虫、金氏真蛇尾等。

组群 3，它分布于黄海北部的东部，该组群落区别于以上两组群落的最显著特征是，其底质均为砂底，多为中砂，底质颗粒粗，水较深，主要受到北上的黄海暖流及鸭绿江等河口径流的影响。群落种类数及丰度十分低。

(4) 生物多样性

分析生物群落的多样性一般从两个方面来考虑：一是群落中物种的丰富性；二是群落中物种的异质性。不同的多样性指数所强调的物种丰富性和异质性的程度不同。分析大型底栖动物生物多样性时，采用以下 3 个指数：种类数丰富度指数（species richness index, D）、香农威纳多样性指数（Shannon-Weiner index, H'）和均匀度指数（Pielou eveness index, J'）。

总体来看，夏季，大型底栖动物群落的多样性最高，然后是秋季，最低的是春季。配对样本 t 检验表明，不同年份、不同季节的多样性指数均没有显著差异（$P>0.05$）。

4. 结论

从对渤海大型底栖动物类群组成的分析中可以看出：目前，渤海大型底栖动物以小个体的软体动物和多毛类占丰度上的优势。渤海大型底栖动物区系贫乏，种类单调，多样性很低，占优势的物种主要是低盐、广温性、暖水种。黄海北部大型底栖动物区系相对复杂，在一些站中，棘皮动物占有绝对的优势。

一些占有优势的多毛类种类，如不倒翁虫、中蚓虫等，主要分布在莱州湾、渤海湾、辽东湾及黄海北部的渤海海峡、长岛群岛等海域，而个体较大的软体类和棘皮类的优势种，主要分布在深水区。

大型底栖动物群落的多样性指数在夏季最高，秋季和春季相对较低，但是，季节间的差异并不显著。

对 1959～1962 年、1982～1983 年和 1992～1993 年渔业资源的研究均表明：作为渤海传统捕捞对象的底层经济鱼类，资源不断衰退，而小型中、上层鱼类的数量，相对略有增加。从新中国成立以后，特别是 1962 年秋捕对虾以来，渤海区的捕捞强度不断增加，直到 1988 年，拖网渔业才退出渤海。这种较长时间的定向、大力捕捞，可能造成了渤海鱼类种群结构的变化，许多以大型底栖动物为食的鱼类，也相应地发生了变化。这种食物链的改变，必然会造成大型底栖动物群落结构的改变。另外，海水养殖业的污染，也影响着渔业资源的变动，这一因素，同样会直接或间接地影响到大型底栖动物的群落结构。

四、饵料生物水平评价

根据《中国专属经济区海洋生物资源与栖息环境》中的饵料生物水平评价标准（唐启升等，2006）见表 1.3.6，渤海及黄海北部底栖生物的饵料水平在不同年份与季节都处于中等水平。渤海浮游动物的饵料水平，年间与季节间变化较大。2009 年夏季（Ⅱ级）和秋季（Ⅰ级），都处于较低的水平，而2010年的春季（Ⅴ级）和夏季（Ⅴ级），都处于高的饵料水平。在渤海，浮游植物在2009年夏季和秋季，均处于高水平，夏季为Ⅴ级，秋季为Ⅳ级；2010年春季为Ⅴ级，达4600×10^4 ind/m^3，而夏季，仅为Ⅰ级，与2009年的夏季相比，有较大的下降。在黄海北部，浮游植物饵料水平，在春季较高，为Ⅳ级；夏季较低，仅为Ⅰ级。

表1.3.6　饵料生物水平分级评价标准

评价等级	Ⅰ	Ⅱ	Ⅲ	Ⅳ	Ⅴ
浮游植物生物量/（$\times 10^4$ ind/m^3）	<20	20～50	50～75	75～100	>100
浮游动物生物量/（mg/m^3）	<10	10～30	30～50	50～70	>100
底栖生物生物量/（g/m^2）	<5	5～10	10～25	25～50	>50
分级描述	低	较低	较丰富	丰富	很丰富

已有研究表明：在不同的生活阶段，中国对虾摄食的饵料种类是有差别的。幼虾以小型甲壳类为主要食物，同时，也摄食软体动物幼体、多毛类及其幼体和鱼类幼体等；成虾则主要以底栖的甲壳类、瓣鳃类、头足类、多毛类、小型鱼类等为食。三疣梭子蟹的食性与中国对虾较为接近，有所不同的是，它还可摄食较大型的生物，包括虾类。调查结果表明，黄海的浮游动物和大型底栖动物较丰富，在种类上，是以个体较小的软体动物和多毛类在丰度上占优势，比较适合中国对虾和三疣梭子蟹的摄食，它们具有一定的增殖潜力。

第二章　渔业资源结构

第一节　调 查 方 法

一、调查区域及材料来源

1. *渤海和黄海北部*

研究资料来自黄海水产研究所于2009年10月、2010年5月和2010年8月，依托“黄渤海生物资源调查与养护技术研究”项目，分别采用“鲁莱渔6802/6836”、“鲁荣渔2491/2492”双拖渔船(275 kW)，对渤海、黄海北部的渔业资源的底拖网调查，调查设置的站位见图2.1.1。底拖网的参数：网口高度为6 m，网口宽度为22.6 m，网口周长为1740目，网目为63 mm，囊网网目为20 mm。每站拖网1 h左右，拖速为3.0海里/h。渔获率标准化为每小时的渔获量。鱼卵、仔稚幼鱼样品的采集，是用网目规格为0.505 mm的筛绢制成的网口内径为80 cm、网长为270 cm、网口面积为0.5 m^2 的大型浮游生物网，在表层水平拖10 min，采集的样品用5%甲醛海水溶液保存，室内进行定性、定量分析。

2. *黄海中南部*

研究资料来自黄海水产研究所于2010年5月和2007年8月，使用“北斗”号科学调查船，在黄海中南部进行的渔业资源底拖网调查，调查站位设置见图2.1.2。底拖网参数：网目836目×20 cm，网口周长为167.2 m，网具总长度为83.2 m，囊网网目为24 mm。

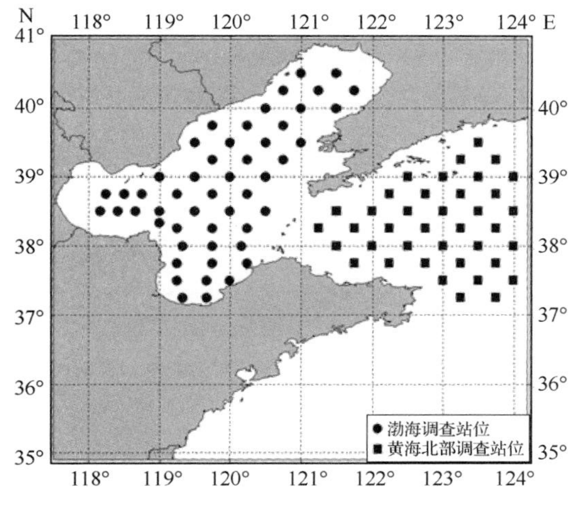

图2.1.1　渤海、黄海北部渔业资源调查站位

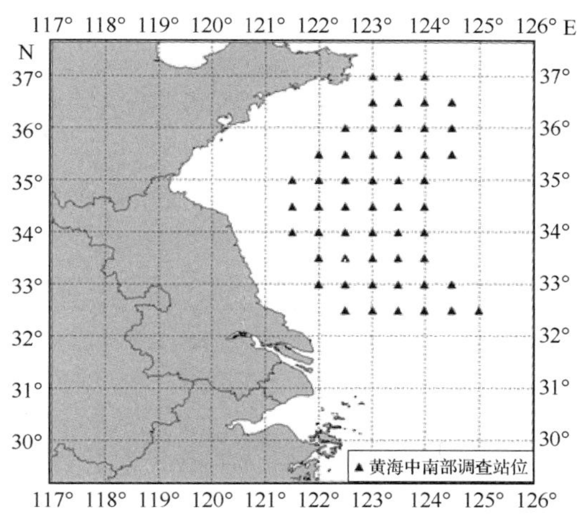

图2.1.2　黄海中南部渔业资源调查站位

每站拖网 1 h，拖速为 3 海里/h。

二、优势种分析

渔业生物群落中物种的优势度是根据 Pinkas 等(1971)提出的相对重要性指数(IRI)确定的。

$$\mathrm{IRI} = (N + W) \times F$$

式中，N 为某一种类的尾数占总尾数的百分率；W 为某一种类的生物量占总生物量的百分率；F 为出现频率，即某一种类出现的站数占调查总站数的百分率。

相对重要性指数(IRI)包含了生物的尾数、生物量及出现频率 3 个重要信息，常被用来研究群落中各物种的生态优势度。IRI 值>1000 为优势种，IRI 值处于 100～1000 为重要种，IRI 值处于 10～100 为常见种，IRI 值<10 为少见种。

第二节　鱼卵、仔稚鱼种类组成及数量分布

一、种类组成

1. 渤海

2009 年 8 月、10 月和 2010 年 5 月、8 月，4 个航次共采集 11 126 粒鱼卵和 991 尾仔稚鱼，经鉴定共 31 种，隶属于 10 目 26 科 31 属，其中，鱼卵为 18 种，仔稚鱼为 19 种，鱼卵和仔稚鱼都出现的有 6 种，为青鳞沙丁鱼、斑鰶、鳀、赤鼻棱鳀、花鲈和多鳞鱚(表 2.2.1、表 2.2.2)。

表 2.2.1　渤海鱼卵、仔稚鱼种类和数量

调查航次	调查站位	鱼卵仔稚鱼	鱼卵				仔稚鱼			
			种数	数量/粒	平均密度/(粒/网)	出现频率/%	种数	数量/尾	平均密度/(尾/网)	出现频率/%
2009 年 8 月	50	20	12	4 280	85.6	62.0	11	370	7.4	54.0
2009 年 10 月	49	3	2	98	2.0	32.7	2	9	0.2	12.2
2010 年 5 月	48	10	6	4 051	84.4	8.3	4	142	3.0	12.5
2010 年 8 月	48	16	6	2 697	56.2	66.7	11	470	9.8	66.7
合计		31	18	11 126			19	991		

2. 黄海北部

2010 年春季(5 月)和夏季(8 月)，调查共采集鱼卵 95 654 粒、仔稚鱼 4205 尾，经鉴定共 12 种，隶属于 6 目 12 科 12 属。其中，鱼卵为 8 种，仔稚鱼为 8 种，鱼卵和仔稚鱼都出现的物种有鳀、油魣、多鳞鱚和绯䲗(表 2.2.3)。

表 2.2.2　渤海鱼卵、仔稚鱼名录

种类	2009年8月		2009年10月		2010年5月		2010年8月	
	鱼卵	仔稚鱼	鱼卵	仔稚鱼	鱼卵	仔稚鱼	鱼卵	仔稚鱼
鲱形目 Clupeiformes								
鲱科 Clupeidae								
青鳞沙丁鱼 *Sardinella zunasi* Bleeker	√	√						
斑鰶 *Konosirus punctatus* Temminck et Schlegel		√			√			√
鳀科 Engraulidae								
鳀 *Engraulis japonicus* Temminck et Schlegel	√	√	√				√	
赤鼻棱鳀 *Thryssa kammalensis* Bleeker		√			√			√
黄鲫 *Setipinna taty* (Valenciennes)	√							
灯笼鱼目 Myctophiformes								
狗母鱼科 Synodontidae								
长条蛇鲻 *Saurida elongata* (Temminck et Schlegel)	√							
银汉鱼目 Atheriniformes								
银汉鱼科 Atherinidae								
白氏银汉鱼 *Allanetta bleekeri* (Günther)		√						√
颌针鱼目 Beloniformes								
鱵科 Hemiramphidae								
沙氏下鱵鱼 *Hyporhamphus sajori* (Temminck et Schlegel)		√						√
飞鱼科 Exocoetidae								
尖头燕鳐 *Cypselurus oxycephalus* (Bleeker)		√						√
刺鱼目 Gasterosteiformes								
海龙科 Syngnathidae								
尖海龙 *Syngnathus acus* Linnaeus								√
日本海马 *Hippocampus japonicus* Kaup								√
鲻形目 Mugiliformes								
魣科 Sphyraenidae								
油魣 *Sphyraena pinguis* Günther	√						√	
鲻科 Mugilidae								
鲮 *Liza haematocheila* (Temminck et Schlegel)	√				√		√	
鲈形目 Perciformes								
鮨科 Serranidae								
花鲈 *Lateolabrax japonicus* (Cuvier)			√	√				
天竺鲷科 Apogonidae								
细条天竺鲷 *Apogon lieatus* Temminck et Schlegel		√						
鱚科 Sillaginidae								
多鳞鱚 *Sillago sihama* Forskàl	√	√					√	√

续表

种类	2009年8月		2009年10月		2010年5月		2010年8月	
	鱼卵	仔稚鱼	鱼卵	仔稚鱼	鱼卵	仔稚鱼	鱼卵	仔稚鱼
石首鱼科 Sciaenidae								
白姑鱼 *Argyrosomus argentatus* (Houttuyn)	√							
叫姑鱼 *Johnius grypotus* (Cuvier et Valenciennes)	√							
鳚科 Blenniidae								
美肩鳃鳚 *Omobranchus elegans* (Steindachner)		√						
锦鳚科 Pholidae								
方氏云鳚 *Enedrias fangi* (Wang et Wang)						√		
䲗科 Callionymidae								
绯䲗 *Callionymus beniteguri* Jordar et Snyder					√			
带鱼科 Trichiuridae								
小带鱼 *Euplerogrammus muticus* Gray	√						√	
鲭科 Scombridae								
蓝点马鲛 *Scomberomorus niphonius* (Cuvier et Valenciennes)					√			
鰕虎鱼科 Gobiidae								
矛尾复鰕虎鱼 *Synechogobius hasta* (Temminck et Schlegel)						√		√
鳗鰕虎鱼科 Taenioididae								
中华栉孔鰕虎鱼 *Ctenotrypauchen chinensis* Steindachner		√						√
鲉形目 Scorpaeniformes								
毒鲉科 Synanceiidae								
鬼鲉 *Inimicus japonicus* (Cuvier et Valenciennes)	√							
六线鱼科 Hexagrammidae								
大泷六线鱼 *Hexagrammos otakii* Jordan et Starks				√		√		
鲬科 Platycephalidae								
鲬 *Platycephalus indicus* (Linnaeus)					√			
杜父鱼科 Cottidae								
松江鲈 *Trachidermus fasciatus* Heckel						√		
鲽形目 Pleuronectiformes								
舌鳎科 Cynoglossidae								
短吻红舌鳎 *Cynoglossus joyneri* Günther	√						√	
鲀形目 Tetraodontiformes								
革鲀科 Aluteridae								
绿鳍马面鲀 *Navodon septentrionalis* (Günther)								√

表 2.2.3　黄海北部海域春季和夏季鱼卵、仔稚幼鱼种类

种类	春季(5月)		夏季(8月)	
	鱼卵	仔稚鱼	鱼卵	仔稚鱼
鲱形目 Clupeiformes				
鳀科 Engraulidae				
鳀 *Engraulis japonicus* (Temminck et Schlegel)	√		√	√
颌针鱼目 Beloniformes				
颌针鱼科 Belonidae				
尖嘴扁颌针鱼 *Ablennes anastomella* (Cuvier et Valenciennes)				√
鲻形目 Mugiliformes				
魣科 Sphyraenidae				
油魣 *Sphyraena pinguis* Günther			√	√
鲈形目 Perciformes				
鱚科 Sillaginidae				
多鳞鱚 *Sillago sihama* Forskål			√	√
鲹科 Carangidae				
竹筴鱼 *Trachurus japonicus* (Temminck et Schlegel)			√	
鲯鳅科 Coryphaenidae				
鲯鳅 *Coryphaena hippurus* Linnaeus			√	√
鰤科 Callionymidae				
绯鰤 *Callionymus beniteguri* Jordan et Snyder			√	
鲭科 Scombridae				
鲐 *Scomber japonicus* (Houttuyn)				√
金枪鱼科 Thunnidae				
圆舵鲣 *Auxis rochei* (Risso)				√
鲉形目 Scorpaeniformes				
六线鱼科 Hexagrammidae				
大泷六线鱼 *Hexagrammos otakii* Jordan et Starks		√		
鲽形目 Pleuronectiformes				
鲽科 Pleuronectidae				
高眼鲽 *Cleisthenes herzensteini* (Schmidt)	√			
舌鳎科 Cynoglossidae				
短吻红舌鳎 *Cynoglossus joyneri* Günther			√	

二、优势种和重要种

1. 渤海

2009 年夏季，鱼卵优势种为短吻红舌鳎，重要种为多鳞鱚、小带鱼、鳀，仔稚鱼优势种为沙氏下鱵鱼，重要种为多鳞鱚；2009 年秋季，鱼卵优势种为花鲈，重要种为鳀，仔稚鱼重要种为鳀；2010 年春季，鱼卵重要种为斑鰶，仔稚鱼重要种为矛尾复鰕虎鱼；2010 年夏季，鱼卵优势种为短吻红舌鳎，重要种为鳀，仔稚鱼优势种为沙氏下鱵鱼，重要种为白氏银汉鱼（表 2.2.4）。

表 2.2.4　渤海鱼卵、仔稚鱼优势种和重要种

种类	2009 年夏季		2009 年秋季		2010 年春季		2010 年夏季	
	鱼卵	仔稚鱼	鱼卵	仔稚鱼	鱼卵	仔稚鱼	鱼卵	仔稚鱼
短吻红舌鳎	3017						2791	
多鳞鱚	285	548					92	
小带鱼	143							
鳀	143		119				176	
油魣	15							
白姑鱼	13							
沙氏下鱵鱼		1116						4654
斑鰶		88			702			
白氏银汉鱼		29						208
尖头燕鳐		24						16
花鲈			2139	726				
大泷六线鱼				23		24		
鲬					35			
绯䲗					18			
鲅					13			
矛尾复鰕虎鱼						376		
方氏云鳚						12		

2. 黄海北部

2010 年春季，仅采集到鱼卵 2 种、89 粒，稚鱼 1 种、2 尾。2010 年夏季，采集到鱼卵 7 种、95 565 粒，仔稚鱼 7 种、4203 尾。卵以鳀为主，占卵总量的 93.7%，其次为竹筴鱼、鲯鳅，分别占 3.7%、2.0%，其余 3 种的数量较少；仔稚鱼仍以鳀为主，占仔稚鱼总量的 99.0%，其余 6 种的数量很少。

三、数量分布

1. *渤海*

(1) 鱼卵分布

1) 春季

2010 年春季,鱼卵出现频率为 8.3%,共采集到 6 种、4051 粒鱼卵,平均密度为 84.4 粒/网(表 2.2.1)。在莱州湾西北部,形成了以斑鰶卵为主,其次为鲬、绯䲗和鮻卵的密集区,平均密度为 1012.8 粒/网(图 2.2.1)。渤海的春季,鱼卵较少,可能与 2009 年末至 2010 年初的气候异常寒冷,2010 年春季,整个渤海水温明显偏低,洄游性鱼类进入渤海产卵时间较晚有关。

2) 夏季

2009 年夏季,共采集鱼卵 4280 粒,出现频率为 62.0%,平均密度为 85.6 粒/网(表 2.2.1)。

鱼卵大致形成 4 个分布区:莱州湾南部,鱼卵的数量占渤海鱼卵总量的 64.3%,形成以短吻红舌鳎、多鳞鱚和小带鱼为主的鱼卵密集区,其平均密度最高为 250 粒/网;渤海湾,鱼卵数量占渤海鱼卵总量的 7.3%,以短吻红舌鳎和白姑鱼为主;秦皇岛外海和辽东湾西部,鱼卵数量占渤海鱼卵总量的 12.1%,以鳀为主;辽东湾东北部,鱼卵的数量占渤海鱼卵总量的 16.1%,以短吻红舌鳎和小带鱼为主。此外,在渤海的中东部,出现少量的小带鱼卵和短吻红舌鳎卵(图 2.2.2)。

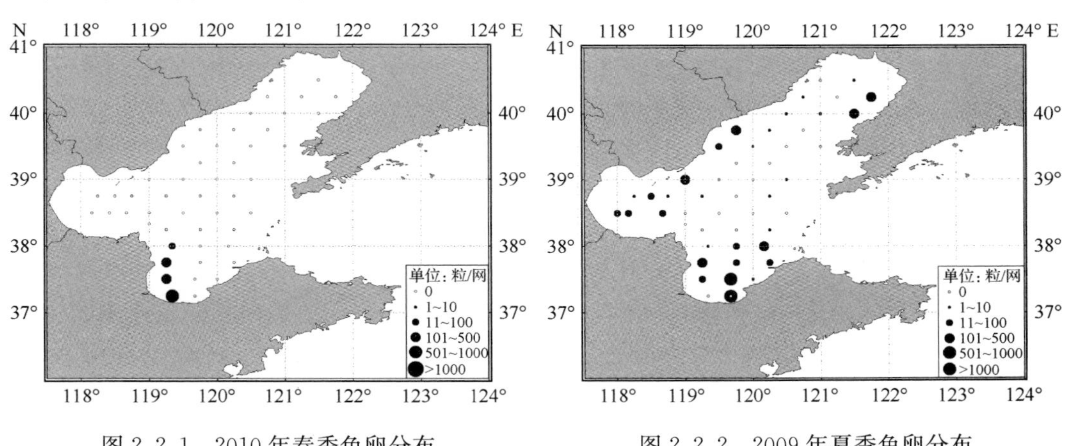

图 2.2.1　2010 年春季鱼卵分布

调查时间：2010 年 5 月

图 2.2.2　2009 年夏季鱼卵分布

调查时间：2009 年 8 月

鱼卵有 12 种,以短吻红舌鳎的数量最多,占鱼卵总量的 62.9%,其次为多鳞鱚、鳀和小带鱼的卵,分别占 15.8%、11.9%和 5.5%。油魣和白姑鱼的卵,数量较少,分别占 1.9%和 1.6%,其余 6 种的数量很少,不足 0.2%。从出现频率来看,仍以短吻红舌鳎最高(48.0%),其次为小带鱼(26.0%)、多鳞鱚(18.0%)和鳀(12.0%),其余 8 种都在 8%以下。

2010 年夏季,共采集 2697 粒鱼卵,出现频率为 66.7%,平均密度为 56.2 粒/网

(表 2.2.1)。

鱼卵大致形成 2 个范围较大的分布区。一是莱州湾的南部、西部和渤海湾，鱼卵数量占渤海鱼卵总量的 76.1%，鱼卵以短吻红舌鳎为主，其次是多鳞鱚，平均密度为 136.9 粒/网；二是辽东湾的北部、西部和渤海中部，鱼卵数量占渤海鱼卵总量的 23.8%，以短吻红舌鳎为主，其次为鳀，平均密度为 42.8 粒/网。此外，在莱州湾东北部，还出现了少量的鳀和鲅的卵(图 2.2.3)。

鱼卵有 6 种，以短吻红舌鳎的最多，占渤海鱼卵总量的 83.7%，其次为鳀、多鳞鱚的卵，分别占 8.5%、7.3%，小带鱼、油魣和鲅的卵，数量很少，还不到 0.3%。卵的出现频率仍然是短吻红舌鳎最高，为 33.3%；其次为鳀、多鳞鱚，分别为 20.8%、12.5%，小带鱼、鲅和油魣的出现频率都很低，分别为 6.3%、4.2%和 2.1%。

3) 秋季

2009 年秋季，仅采集到鳀和花鲈的卵 98 粒，出现频率为 32.7%，平均密度仅为 2.0 粒/网(表 2.2.1)。

该季节鱼卵比较分散，大致形成几个相对较小的密集区。渤海湾、辽东湾北部和辽东湾西南部，形成以花鲈为主的分布区；滦河口外海，形成以鳀为主的分布区，此外，还有少量花鲈卵；在莱州湾东部和渤海中东部，也出现少量的鳀卵和花鲈卵(图 2.2.4)。

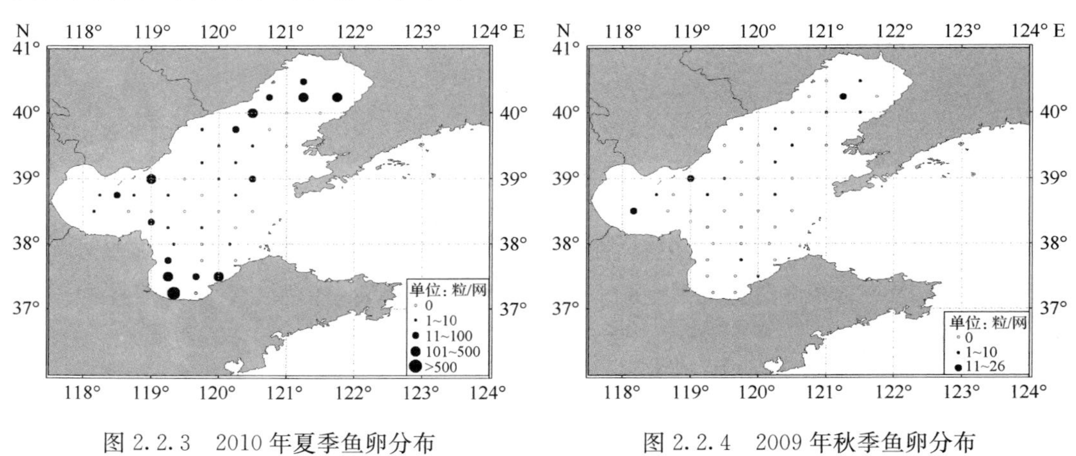

图 2.2.3　2010 年夏季鱼卵分布
调查时间：2010 年 8 月

图 2.2.4　2009 年秋季鱼卵分布
调查时间：2009 年 10 月

(2) 仔稚鱼分布

1) 春季

2010 年春季，共采集到 4 种、142 尾稚幼鱼，出现频率为 12.5%，平均密度为 3.0 尾/网(表 2.2.1)。

稚幼鱼集中分布在莱州湾的西南，平均密度为 65.0 尾/网，以矛尾复鰕虎鱼为主，还有少量的松江鲈。在渤海中部，幼鱼分布范围相对较小，平均密度为 3.0 尾/网，种类是方氏云鳚和大泷六线鱼。在渤海湾西北部，有少量的大泷六线鱼幼鱼(图 2.2.5)。

2) 夏季

2009 年夏季，共采集到 370 尾仔稚鱼，出现频率为 54.0%，平均密度为 7.4 尾/网

(表 2.2.1)。

仔稚鱼大致有 4 个分布区。密集区是在莱州湾东部,其数量占渤海仔稚鱼总量的 88.1%,以多鳞鱚为主,其次,是沙氏下鱵鱼和斑鰶,平均密度为 36.2 尾/网。在秦皇岛外海和渤海中西部,仔稚鱼平均密度为 2.3 尾/网,是沙氏下鱵鱼的分布区。在辽东湾北部,是以沙氏下鱵鱼为主,其次为尖头燕鳐,平均密度为 3.5 尾/网。在辽东湾南部,平均密度为 2.0 尾/网,主要种类是沙氏下鱵鱼和尖头燕鳐。此外,在渤海湾西南部,有少量的沙氏下鱵鱼的稚幼鱼,在莱州湾的西北部,也有少量的沙氏下鱵鱼幼鱼,在莱州湾西南部,出现少量的沙氏下鱵鱼、斑鰶和赤鼻棱鳀的稚鱼(图 2.2.6)。

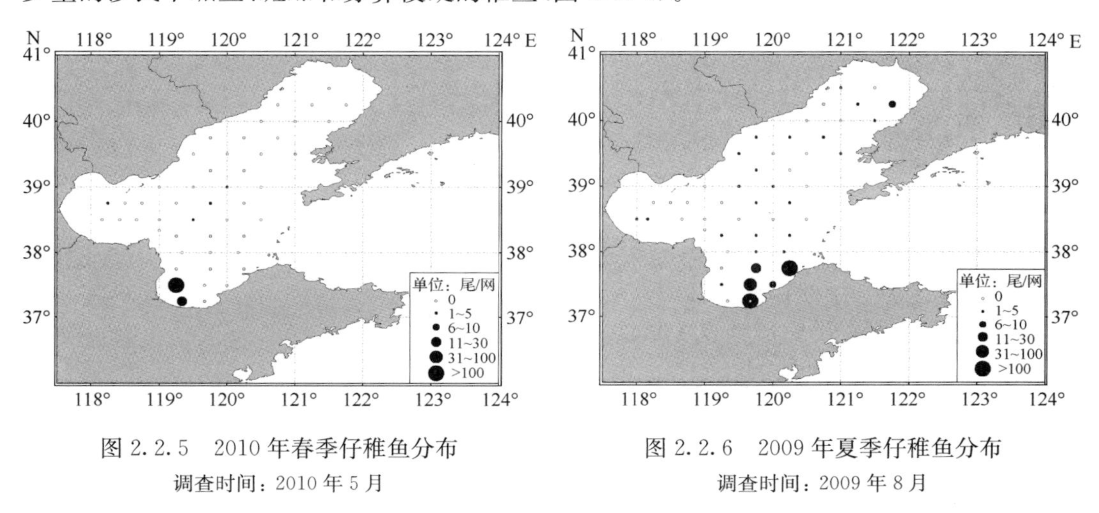

图 2.2.5 2010 年春季仔稚鱼分布
调查时间:2010 年 5 月

图 2.2.6 2009 年夏季仔稚鱼分布
调查时间:2009 年 8 月

仔稚鱼有 11 种,以多鳞鱚最多,占渤海仔稚幼鱼总量的 45.7%,其次是沙氏下鱵鱼、斑鰶,分别占 23.2%、14.6%,其余 8 种的数量较少,所占比例均在 5%以下。出现频率以沙氏下鱵鱼最高,为 48.0%,其次是多鳞鱚、尖头燕鳐,分别为 12.0%、10.0%,其余 8 种比较低,都在 6.0%以下。

2010 年夏季,共采集到 470 尾仔稚鱼,出现频率为 66.7%,平均密度为 9.8 尾/网(表 2.2.1)。

仔稚鱼的分布范围较广,大致形成 5 个区域。在莱州湾南部,其数量占渤海仔稚鱼总量的 70.0%,最为密集,以沙氏下鱵鱼为主,其次为白氏银汉鱼,平均密度为 65.8 尾/网。在辽东湾,仔稚鱼数量占渤海总量的 20.4%,种类以沙氏下鱵鱼为主。在渤海中部,仔稚鱼数量占总量的 3.4%,以沙氏下鱵鱼为主,平均密度为 2.7 尾/网。在莱州湾南部,仔稚鱼数量占总量的 3.8%,形成以沙氏下鱵鱼为主,平均密度为 3.0 尾/网的分布区。在渤海湾北部,仔稚鱼数量占总量的 2.34%,仍然以沙氏下鱵鱼为主,平均密度为 2.2 尾/网(图 2.2.7)。

仔稚鱼有 11 种,以沙氏下鱵鱼最多,占仔稚鱼总量的 74.5%,其次为白氏银汉鱼,占总量的 20.0%,其余 9 种数量很少,所占比例都在 2%以下。出现频率仍以沙氏下鱵鱼最高,为 62.5%,其次为白氏银汉鱼、尖头燕鳐,分别为 10.4%、8.3%,其余 8 种所占比例较低,都在 5%以下。

3）秋季

2009年秋季，共采集到2种（花鲈和大泷六线鱼）、9尾仔稚鱼，出现频率仅为12.2%，平均密度仅为0.2尾/网（表2.2.1）。

仔稚鱼多数分布于辽东湾北部，平均密度为1.8尾/网，主要是花鲈和大泷六线鱼，此外，渤海湾口和渤海中部也有少量花鲈稚鱼分布（图2.2.8）。

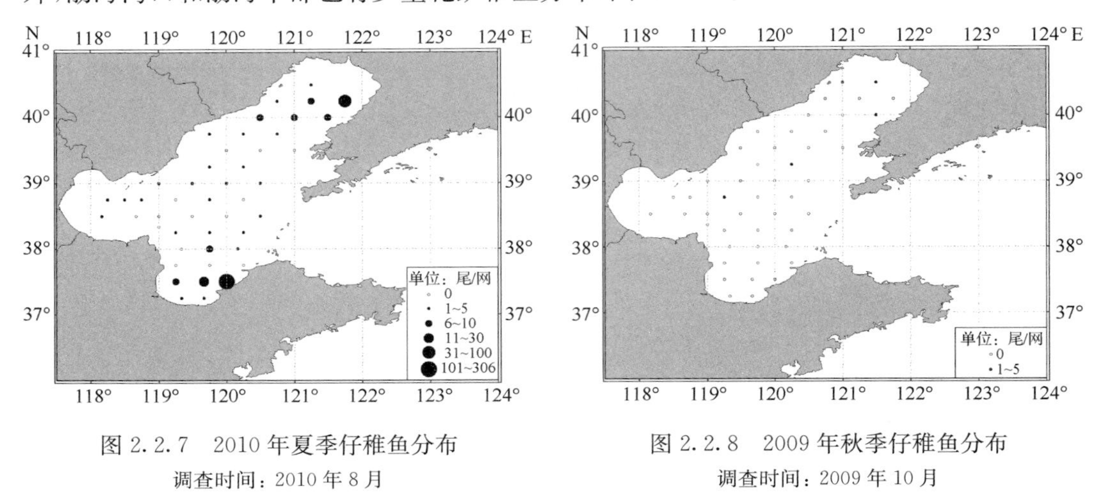

图2.2.7　2010年夏季仔稚鱼分布
调查时间：2010年8月

图2.2.8　2009年秋季仔稚鱼分布
调查时间：2009年10月

（3）卵和仔稚鱼的主要种类分布

1）斑鰶

2010年春季，共采集到3411粒卵，出现频率为8.0%，平均密度为68.2粒/网，分布于莱州湾西部，形成了平均密度为852.8粒/网的密集分布区（图2.2.9）。

2009年夏季，共采集到54尾仔稚鱼，出现频率、平均密度分别为6.0%、1.1尾/网。分布于莱州湾南部，龙口外海1个站的数量较大，为48尾，湾底1个站和湾西部1个站较少，分别为5尾和1尾（图2.2.10）。2010年夏季，在莱州湾中南部1个站（119°40′E、37°30′N）采集到1尾仔稚鱼。

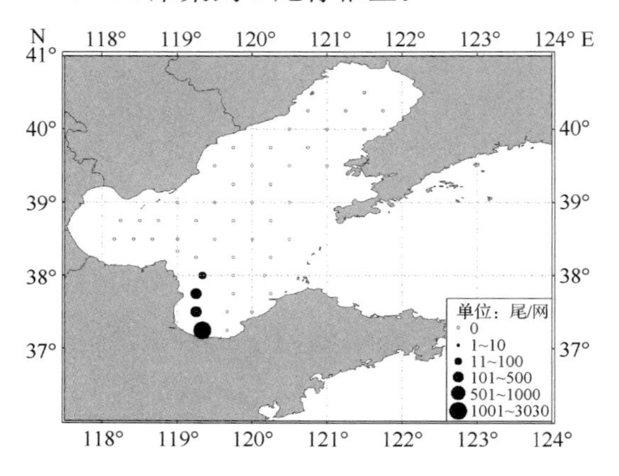

图2.2.9　2010年春季斑鰶卵分布
调查时间：2010年5月

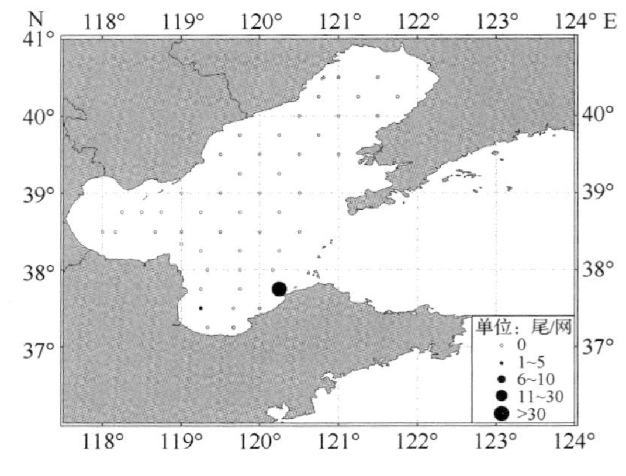

图2.2.10　2009年夏季斑鰶仔稚鱼分布
调查时间：2009年8月

2）鳀

2009 年夏季，共采集到 510 粒卵，在 1 个站采集到 2 尾仔稚鱼，卵出现频率为 12.00%，平均密度为 10.2 粒/网；仔稚鱼出现频率为 2.00%，平均密度为 0.02 尾/网。秦皇岛外海，形成了平均密度为 124.3 粒/网的鱼卵分布区；滦河口外海，有一范围较小的鱼卵分布区，平均密度为 2.5 粒/网(图 2.2.11)；龙口外海 1 个站出现了 2 尾仔稚鱼。

2009 年秋季，共采集到 19 粒卵，卵出现频率为 6.12%，平均密度为 0.4 粒/网。滦河口的 1 个站，卵的数量较多(17 粒)；渤海中部的 1 个站和莱州湾中部的 1 个站，卵的数量较少(图 2.2.12)。

2010 年夏季，共采集到 228 粒卵，卵出现频率为 20.83%，平均密度为 4.8 粒/网，卵集中分布于秦皇岛外海，形成了唯一的、平均密度为 31.7 粒/网的分布区。此外，渤海湾口的 2 个站及莱州湾东部的 1 个站，也有鱼卵分布(图 2.2.13)，但数量很少。

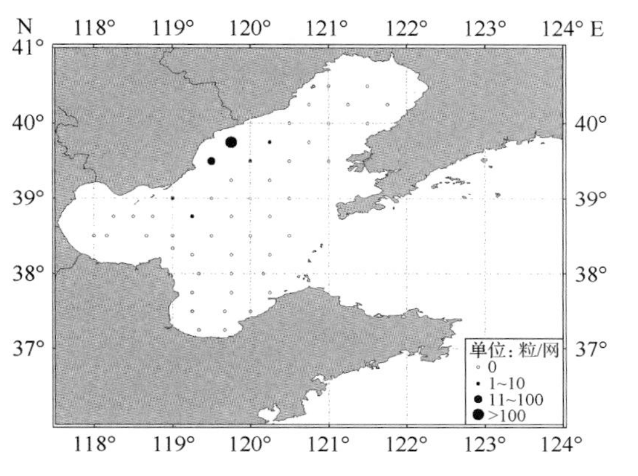

图 2.2.11　2009 年夏季鳀卵分布

调查时间：2009 年 8 月

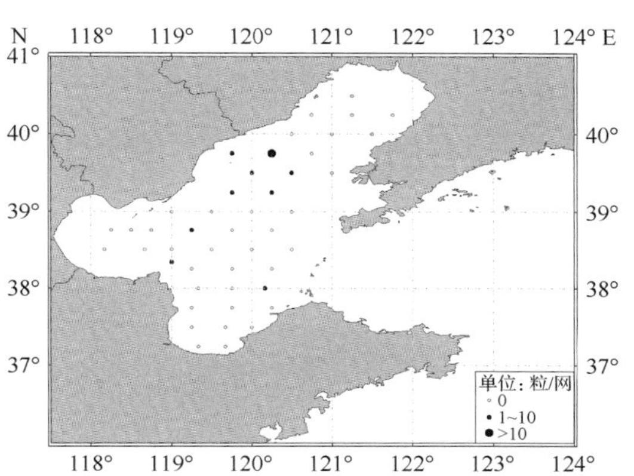

图 2.2.12　2009 年秋季鳀卵分布

调查时间：2009 年 10 月

3）白氏银汉鱼

2009 年夏季，共采集到 18 尾仔稚鱼，出现频率为 6.0%，平均密度为 0.4 尾/网。仔稚鱼集中分布在莱州湾南部沿岸一带(图 2.2.14)。

2010 年夏季，共采集到 82 尾仔稚鱼和 12 尾幼鱼，出现频率为 10.4%，平均密度为 2.0 尾/网，集中分布在莱州湾东南部，范围虽小，平均密度高达 44.0 尾/网。此外，辽东湾东北部 1 个站，出现 3 尾仔稚鱼和 1 尾幼鱼，渤海湾西北部 1 个站和莱州湾西北部 1 个站，也有少量仔稚鱼出现(图 2.2.15)。

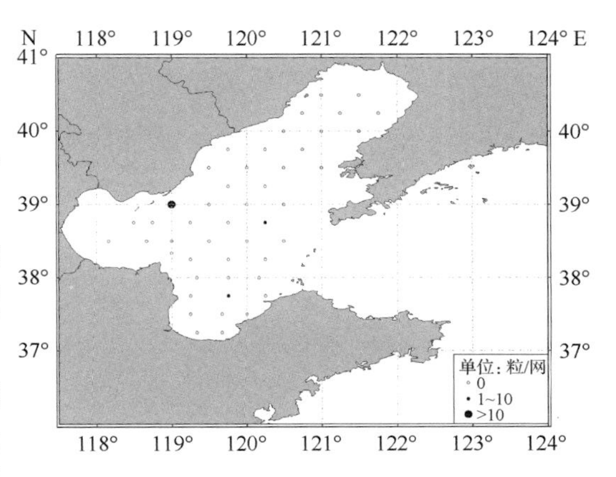

图 2.2.13　2010 年夏季鳀卵分布

调查时间：2010 年 8 月

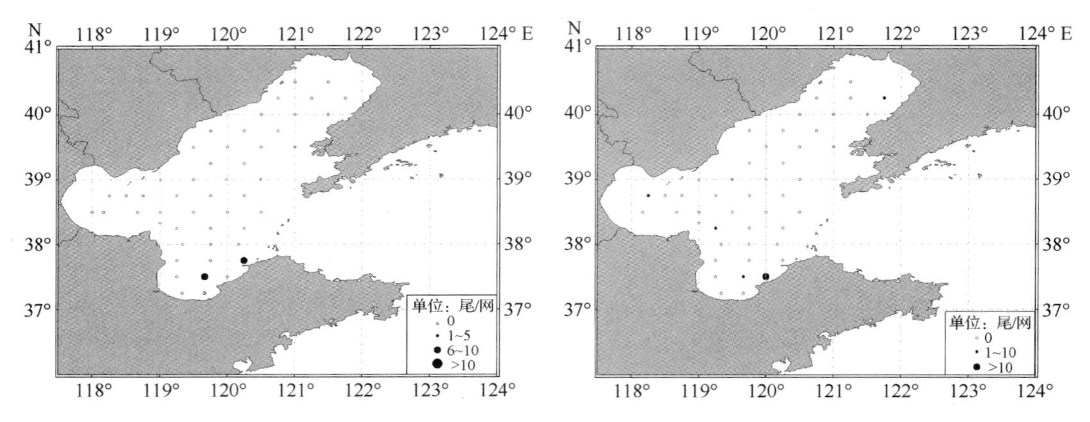

图 2.2.14　2009 年夏季白氏银汉鱼仔稚鱼分布
调查时间：2009 年 8 月

图 2.2.15　2010 年夏季白氏银汉鱼仔稚鱼分布
调查时间：2010 年 8 月

4）沙氏下鱵鱼

2009 年夏季，共采集到 86 尾沙氏下鱵鱼仔稚鱼，出现频率为 48.0%，平均密度为 1.7 尾/网，沙氏下鱵鱼为夏季的优势种。仔稚鱼较为集中地分布在莱州湾，14 个站中有 10 个站采集到仔稚鱼，共 57 尾，其分布范围较大，平均密度为 4.1 尾/网；秦皇岛外海及渤海中部，15 个站中有 10 个站采集到仔稚鱼，共 20 尾，形成另一个范围较大的分布区，平均密度为 1.3 尾/网。此外，辽东湾西北部 1 个站、东北部 1 个站，分别出现了 5 尾、1 尾；渤海湾南部 2 个站，也出现了少量稚幼鱼（图 2.2.16）。

2010 年夏季，共采集到 350 尾仔稚鱼，出现频率为 62.50%，平均密度为 7.3 尾/网，沙氏下鱵鱼也是夏季的优势种。仔稚鱼有 5 个分布区：辽东湾，分布范围最大，平均密度为 9.3 尾/网；莱州湾南部，范围相对较小，但平均密度最大（57.3 尾/网）；莱州湾东部、渤海中部、渤海湾北部，平均密度分别为 3.0 尾/网、2.2 尾/网、1.8 尾/网（图 2.2.17）。

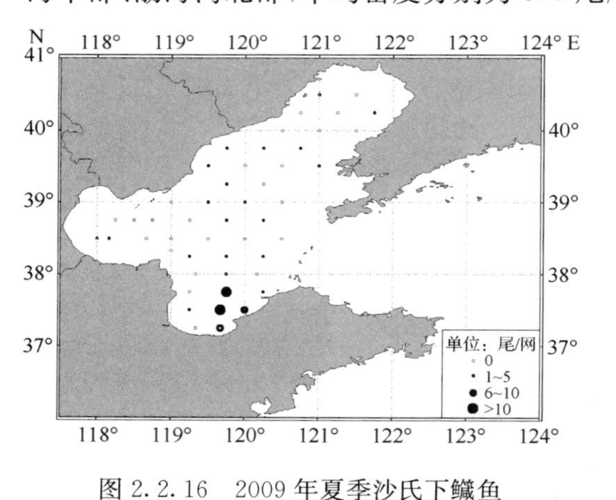

图 2.2.16　2009 年夏季沙氏下鱵鱼仔稚鱼分布
调查时间：2009 年 8 月

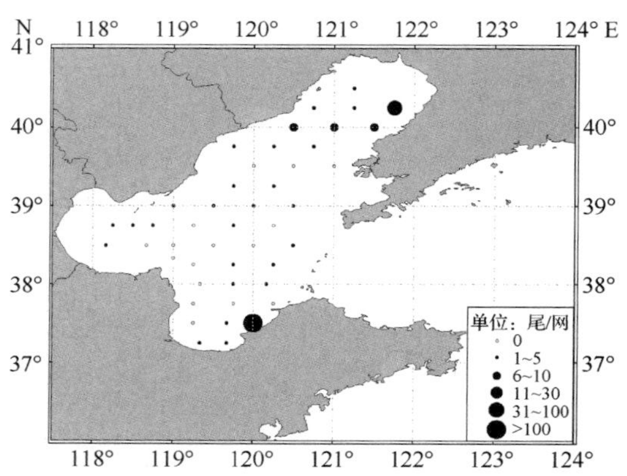

图 2.2.17　2010 年夏季沙氏下鱵鱼仔稚鱼分布
调查时间：2010 年 8 月

5）花鲈

2009 年秋季，共采集到 79 粒鱼卵，5 站采集到 8 尾仔稚鱼，调查范围内，鱼卵的出现频率、平均密度分别为 26.5%、1.6 粒/网；仔稚鱼的出现频率、平均密度分别为 10.2%、0.2 尾/网。

鱼卵分布大致形成了 4 个分布范围较小的分布区。渤海湾西部，平均密度最大，为 10.3 粒/网；辽东湾中部，平均密度次之，为 7.8 粒/网；滦河口外海，平均密度为 3.5 粒/网，分布范围最小（图 2.2.18）。

仔稚鱼仅在辽东湾北部形成平均密度为 2.0 尾/网的分布区，渤海中部 1 个站及滦河口外海 1 个站，出现零星的仔稚鱼分布（图 2.2.19）。

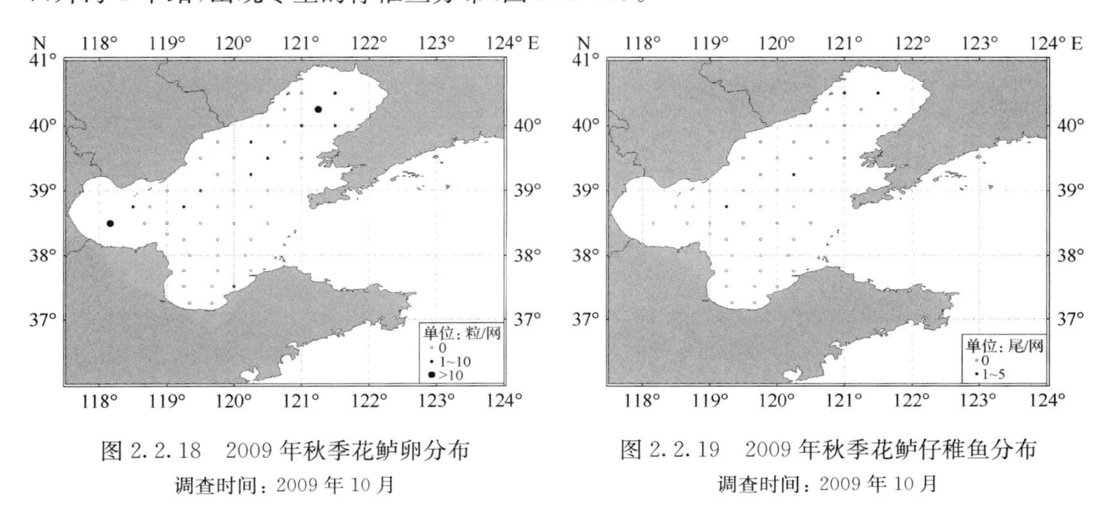

图 2.2.18　2009 年秋季花鲈卵分布
调查时间：2009 年 10 月

图 2.2.19　2009 年秋季花鲈仔稚鱼分布
调查时间：2009 年 10 月

6）多鳞鱚

2009 年夏季，共采集到鱼卵 678 粒，6 个站采集到仔稚鱼 169 尾。鱼卵的出现频率为 18.0%，平均密度为 13.6 粒/网；仔稚鱼的出现频率为 12.0%，平均密度为 3.4 尾/网。在 2009 年夏季，多鳞鱚是重要种。鱼卵集中分布于莱州湾东南部，平均密度为 94.3 粒/网，辽东湾东北部也有一分布区，平均密度为 9.0 粒/网（图 2.2.20）。仔稚鱼也集中分布在莱州湾东南部，平均密度为 33.6 尾/网，辽东湾东北部沿岸 1 个站，也有仔稚鱼出现（图 2.2.21）。

2010 年夏季，共采集到鱼卵 198 粒，2 个站采集到仔稚鱼 2 尾。鱼卵出现频率为 12.5%，平均密度为 4.1 粒/网；仔稚鱼出现频率为 4.2%，平均密度为 0.04 尾/网。在 2010 年夏季，鱼卵以多鳞鱚为主要种。卵集中分布在莱州湾东南部，范围较小，平均密度为 93.5 粒/网。渤海湾西部，有一平均密度为 3.0 粒/网的卵分布区。此外，辽东湾东北部 1 个站，也出现少量鱼卵（图 2.2.22）。秦皇岛外海的 2 个站，有仔稚鱼零星出现（图 2.2.23）。

7）小带鱼

2009 年夏季，共采集到 236 粒鱼卵，卵出现频率为 26.0%，平均密度为 4.7 粒/网，小带鱼卵是 2009 年夏季的重要种。

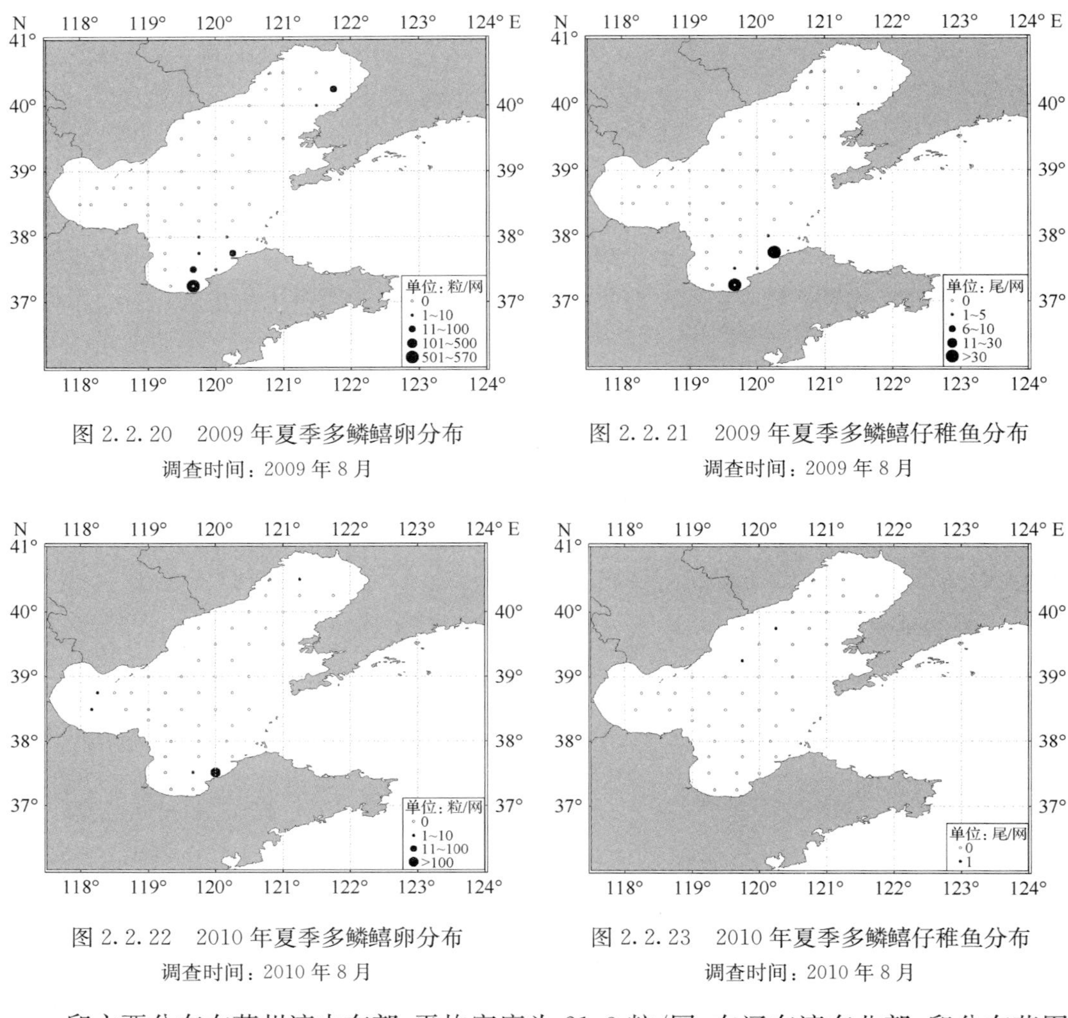

图 2.2.20　2009 年夏季多鳞鱚卵分布
调查时间：2009 年 8 月

图 2.2.21　2009 年夏季多鳞鱚仔稚鱼分布
调查时间：2009 年 8 月

图 2.2.22　2010 年夏季多鳞鱚卵分布
调查时间：2010 年 8 月

图 2.2.23　2010 年夏季多鳞鱚仔稚鱼分布
调查时间：2010 年 8 月

卵主要分布在莱州湾中东部，平均密度为 21.3 粒/网；在辽东湾东北部，卵分布范围较小，平均密度为 38.5 粒/网。此外，渤海中东部的 1 个站，出现 7 粒卵；渤海湾中南部 1 个站、东北部的 1 个站和辽东湾西北部的 1 个站，也有零星鱼卵出现（图 2.2.24）。

2010 年夏季，共采集到鱼卵 9 粒，鱼卵出现频率为 6.3%，平均密度为 0.2 粒/网。卵出现在渤海中部的 2 个站和辽东湾北部的 1 个站（图 2.2.25）。

8）短吻红舌鳎

2009 年夏季，共采集到鱼卵 2690 粒，卵出现频率为 48.0%，平均密度为 53.8 粒/网，短吻红舌鳎为 2009 年夏季卵的优势种。卵主要分布于莱州湾，12 个站中有 9 个站采到鱼卵 1848 粒，分布范围相对较大，平均密度为 154 粒/网；辽东湾东北部（3 个站）的分布范围相对较小，但平均密度最高（198 粒/网）；渤海湾西部和北部（6 个站）的平均密度为 39 粒/网，辽东湾中西部（4 个站）的平均密度为 2.3 粒/网。此外，秦皇岛外海附近的 1 个站和渤海中东部的 1 个站，也出现少量鱼卵（图 2.2.26）。

2010 年夏季，采集到鱼卵 2258 粒，出现频率为 33.3%，平均密度为 47 粒/站。短吻红舌鳎为2010年夏季卵的优势种。鱼卵有5个分布区，主要分布在莱州湾南部，6个站中有5个站采集到鱼卵，共1491粒，平均密度高达249粒/网；辽东湾北部(4个站)的平均密度为82粒/网；渤海湾北部(3个站)的平均密度为99粒/网；莱州湾西北部(2个站)的平均密度为32粒/网；渤海中东部(2个站)的平均密度为40粒/网(图2.2.27)。

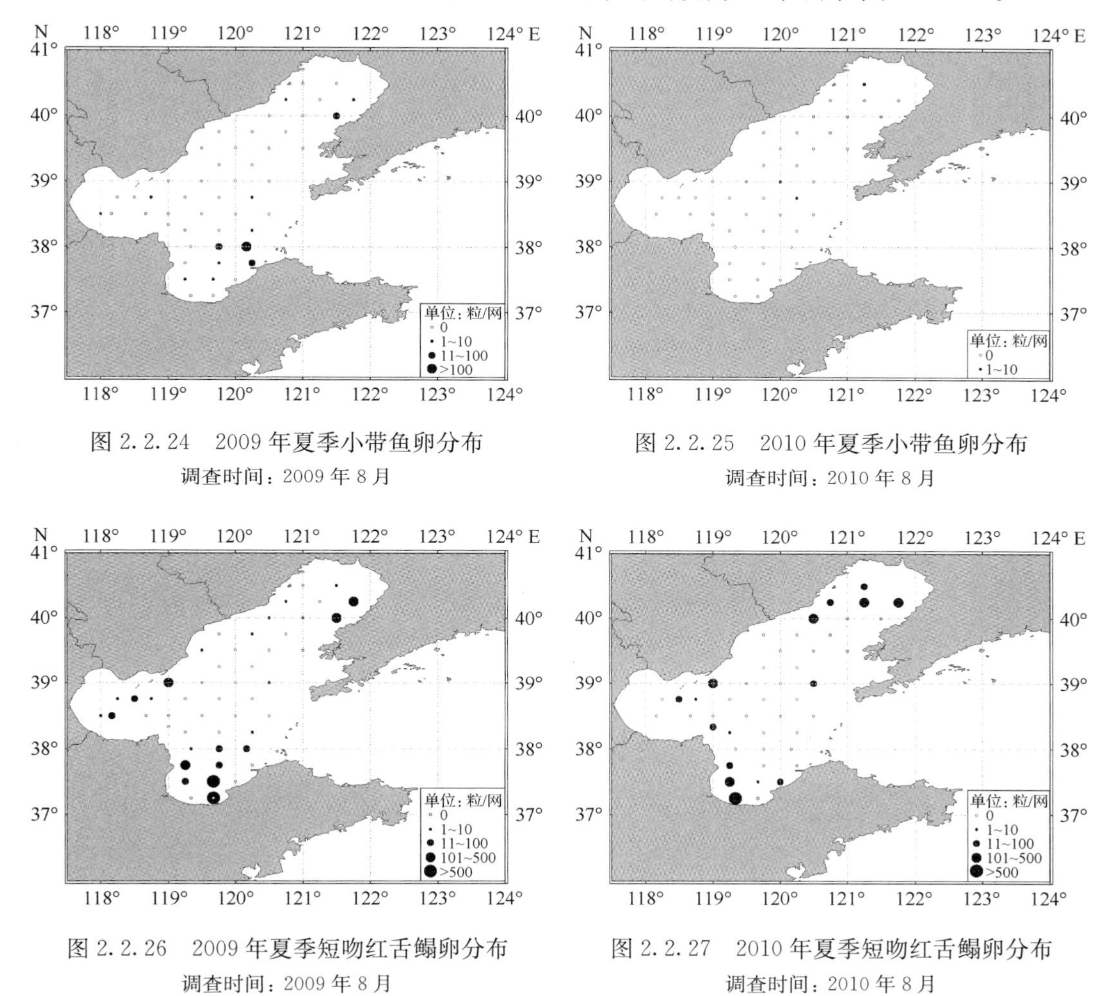

图2.2.24　2009年夏季小带鱼卵分布
调查时间：2009年8月

图2.2.25　2010年夏季小带鱼卵分布
调查时间：2010年8月

图2.2.26　2009年夏季短吻红舌鳎卵分布
调查时间：2009年8月

图2.2.27　2010年夏季短吻红舌鳎卵分布
调查时间：2010年8月

2. 黄海北部

(1) 春季的鱼卵、仔稚鱼分布

调查仅有8个站，采到鱼卵总共2种、89粒；有2个站采集到仔稚鱼，共2尾。卵、仔稚鱼的出现频率分别为20.0%、5.0%，卵、仔稚鱼的平均密度分别为2.2粒/网、0.05尾/网。卵主要分布在海洋岛渔场东南部，平均密度为9.4粒/网，为高眼鲽卵。在烟威渔场东南部和石岛渔场东北部，出现少量的鳀卵(图2.2.28)。海洋岛渔场东南部的1个站、烟威渔场东南部的1个站，分别出现1尾大泷六线鱼的稚鱼。

（2）夏季的鱼卵、仔稚鱼分布

1）鱼卵

41 个站中有 40 个站采到鱼卵 7 种、95 565 粒，出现频率为 97.6%，平均密度为 2331 粒/网。

卵主要分布在海洋岛渔场北部，平均密度为 7200 粒/网，卵有 5 种，以鳀卵占优势，其次为鲯鳅、油䱆、绯䲗和多鳞鱚的卵，但数量较少。在烟威渔场，卵的平均密度为 342 粒/网，卵有 6 种，以竹筴鱼卵最多，其次为鳀和鲯鳅，油䱆、多鳞鱚和短吻红舌鳎数量较少。此外，在石岛渔场东北部，以鳀卵为主，平均密度为 920 粒/网（图 2.2.29）。

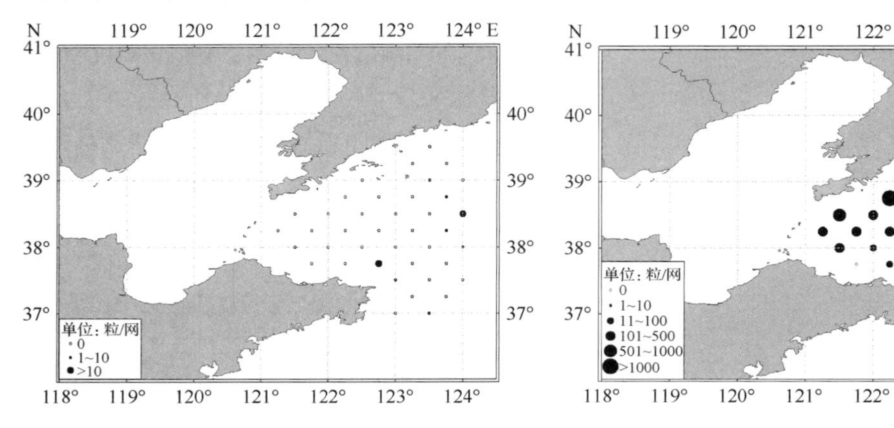

图 2.2.28　2010 年春季黄海北部鱼卵分布
调查时间：2010 年 5 月

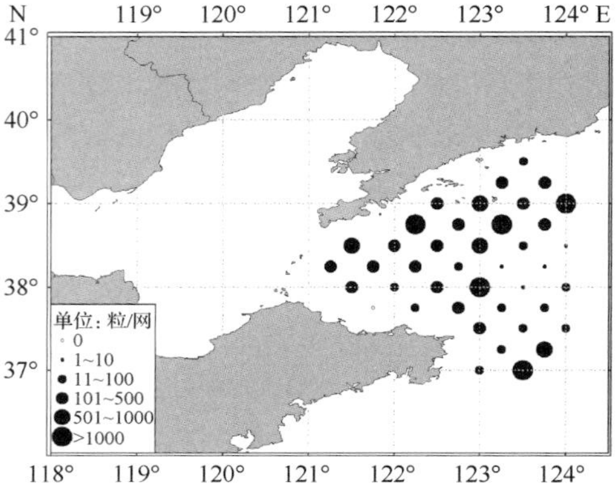

图 2.2.29　2010 年夏季黄海北部鱼卵分布
调查时间：2010 年 8 月

2）仔稚鱼

41 个站中有 23 个站采集到 7 种仔稚鱼、4203 尾，出现频率为 56.1%，平均密度为 103 尾/网。大致有 3 个分布区：海洋岛渔场的西南部和烟威渔场的西部，形成了平均密度为 412.2 尾/网的密集分布中心，共有 7 种，其中以鳀占优势，平均密度为 166 尾/网，其余 6 种数量很少；海洋岛渔场西部和烟威渔场中部，平均密度为 283.8 尾/网，仍以鳀为主，其次为圆舵鲣；石岛渔场东北部，平均密度仅为 3.0 尾/网，这里是鳀的后期仔鱼分布区（图 2.2.30）。

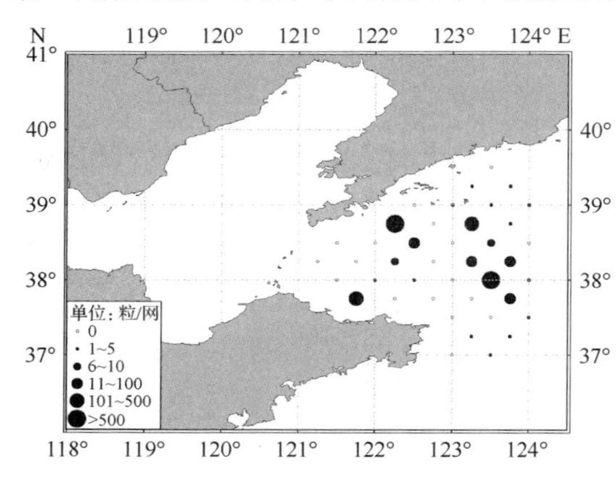

图 2.2.30　2010 年夏季黄海北部仔稚鱼分布
调查时间：2010 年 8 月

（3）主要种类的鱼卵、仔稚鱼分布

1）鳀

夏季，在 41 个站中有 29 个站采到鳀卵，共 89 514 粒；有 19 站采到鳀的仔稚鱼，共 4159 尾（964 尾后期仔鱼和 3195 尾稚鱼）。鳀的卵、仔稚鱼数量分别占夏季鱼卵、仔稚鱼总量的 93.7% 和 99.0%，鳀卵、仔稚鱼的出现频率分别为 70.7%、46.3%，鳀卵、仔稚鱼的平均密度分别为 2183 粒/

网、101 尾/网。

鳀卵有 4 个分布区:海洋岛渔场北部,平均密度高达 6576 粒/网;烟威渔场西北部,平均密度为 345 粒/网;烟威渔场东南部和石岛渔场东北部,平均密度为 247 粒/网;烟威渔场东北部 2 个网,平均密度为 43 粒/网(图 2.2.31)。

鳀仔稚幼鱼有 3 个分布区:海洋岛渔场西部和烟威渔场西部,平均密度为 247 尾/网、281 尾/网;石岛渔场东北部,范围较小,平均密度仅为 3 尾/网(图 2.2.32)。

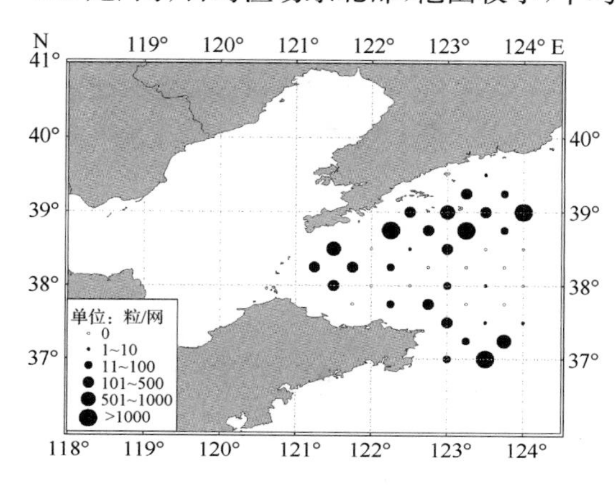

图 2.2.31　2010 年夏季黄海北部鳀卵分布
调查时间：2010 年 8 月

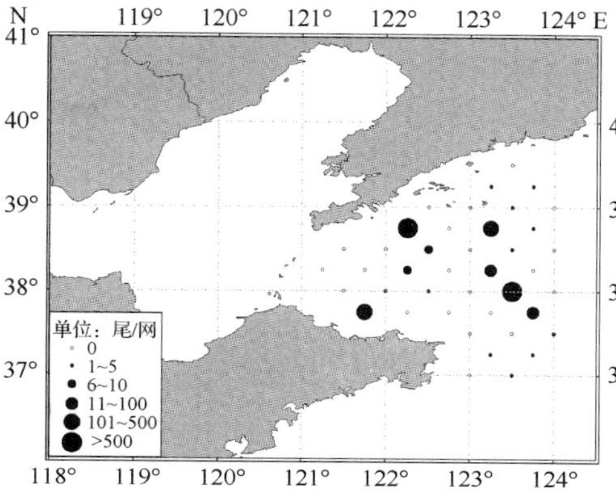

图 2.2.32　2010 年夏季黄海北部鳀仔稚鱼分布
调查时间：2010 年 8 月

2) 竹筴鱼

夏季,41 个站中有 6 个站采到 3501 粒竹筴鱼卵,占夏季鱼卵总量的 3.7%,出现频率为 14.6%,平均密度为 85 粒/网。

竹筴鱼卵集中分布在烟威渔场东部和石岛渔场东北部,平均密度达 584 粒/网,其中烟威渔场东北部的 1 个站(38°00′N、123°00′E),高达 3360 粒(图 2.2.33)。

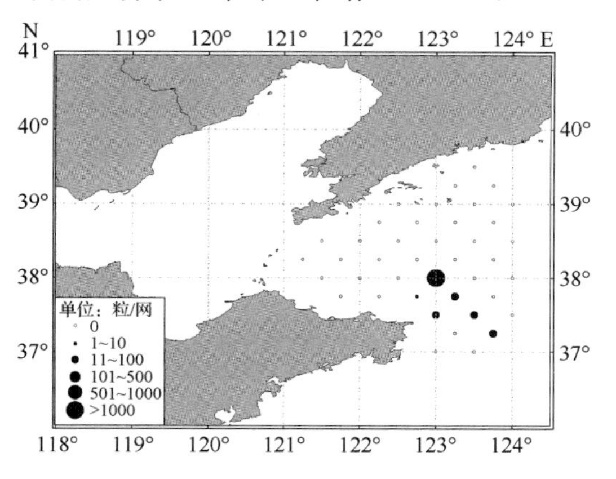

图 2.2.33　2010 年夏季黄海北部竹筴鱼卵分布
调查时间：2010 年 8 月

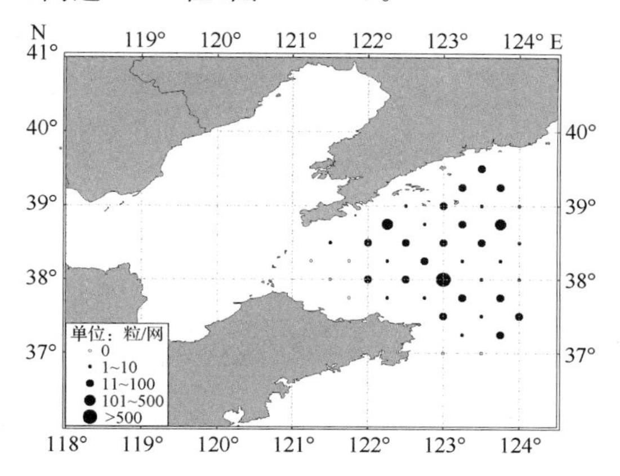

图 2.2.34　2010 年夏季黄海北部鲯鳅卵分布
调查时间：2010 年 8 月

3）鲯鳅

夏季，41个站中有35个站采集到鲯鳅卵，共1865粒，有2个站采集到鲯鳅仔稚鱼，共2尾。鲯鳅卵、仔稚鱼的数量分别占夏季鱼卵、仔稚鱼总量的2.0%和0.1%，其卵、仔稚鱼的出现频率分别为85.4%和4.9%，平均密度分别为46粒/网和0.1尾/网。除了烟威渔场西部的4个站和石岛渔场中北部的2个站没有卵分布外，鲯鳅卵广泛分布于整个调查海域，且分布比较均匀。烟威渔场东北部的站（38°00′N、123°00′E），卵的数量达920粒（图2.2.34）。海洋岛渔场东部的2个站（38°45′N、123°45′E和39°00′N、124°00′E）各出现1尾仔稚鱼。

第三节　渔业资源种类组成与群落结构

一、黄、渤海渔业生物种类组成

黄、渤海水域共捕获渔业生物207种（表2.3.1），其中鱼类140种，隶属于15目、60科、115属，占捕获种类总数的67.6%，其中软骨鱼类6种，占4.3%，硬骨鱼类134种，占95.7%（鲈形目种类最多，其次为鲽形目和鲉形目）；甲壳类为2目、30科、41属、55种，占捕获种类总数的26.6%，其中，虾类28种，蟹类27种；头足类为3目、4科、5属、12种，占捕获种类总数的5.8%。

表2.3.1　黄、渤海渔业生物名录

鱼类	
真鲨目 Carcharhiniformes	
猫鲨科 Scyliorhinidae	
猫鲨属 *Scyliorhinus*	虎纹猫鲨 *Scyliorhinus torazame*（Tanaka）
虎鲨属 *Heterodontus*	狭纹虎鲨 *Heterodontus zebra*（Gray）
鳐目 Rajiformes	
鳐科 Rajidae	
鳐属 *Raja*	孔鳐 *Raja porosa* Günther
	美鳐 *Raja pulchra* Liu
	华鳐 *Raja chinensis* Basilewsky
	网纹鳐 *Raja kafsukii* Tanaka
鲱形目 Clupeiformes	
鲱科 Clupeidae	
斑鰶属 *Konosirus*	斑鰶 *Konosirus punctatus*（Temminck et Schlegel）
鲱属 *Clupea*	鲱 *Clupea pallasi* Cuvier et Valenciennes
沙丁鱼属 *Sardina*	青鳞沙丁鱼 *Sardinella zunasi*（Bleeker）
鳀科 Engraulidae	
黄鲫属 *Setipinna*	黄鲫 *Setipinna taty*（Valenciennes）

续表

鱼类	
鲚属 *Coilia*	凤鲚 *Coilia mystus*(Linnaeus)
	鲚 *Coilia ectenes* Jordan et Seale
棱鳀属 *Thrissa*	赤鼻棱鳀 *Thrissa kammalensis*(Bleeker)
	中颌棱鳀 *Thrissa mystax*(Bloch et Schneider)
鳀属 *Engraulis*	鳀 *Engraulis japonicus*(Temminck et Schlegel)
小公鱼属 *Stolephorus*	康氏小公鱼 *Stolephorus commersonii*(Lacépède)
鲻形目 Mugiliformes	
魣科 Sphyraenidae	
魣属 *Sphyraena*	油魣 *Sphyraena pinguis* Günther
鲻科 Mugilidae	
鲹属 *Liza*	鲹 *Liza haematocheila*(Temminck et Schlegel)
鲻属 *Mugil*	鲻 *Mugil cephalus* Linnaeus
鲉形目 Scorpaeniformes	
杜父鱼科 Cottidae	
绒杜父鱼属 *Hemitripterus*	绒杜父鱼 *Hemitripterus villosus*(Pallas)
小杜父鱼属 *Cottiusculus*	小杜父鱼 *Cottiusculus gonez* Schmidt
六线鱼科 Hexagrammidae	
六线鱼属 *Hexagrammos*	大泷六线鱼 *Hexagrammos otakii* Jordan et Starks
毒鲉科 Synanceiidae	
虎鲉属 *Minous*	虎鲉 *Minous monodactylus*(Bloch et Schneider)
绒皮鲉科 Aploactidae	
虻鲉属 *Erisphex*	虻鲉 *Erisphex potti*(Steindachner)
平鲉属 *Sebastes*	许氏平鲉 *Sebastes schlegeli*(Hilgendorf)
	汤氏平鲉 *Sebastes thompsoni*(Jordan et Hubbs)
菖鲉属 *Sebastiscus*	褐菖鲉 *Sebastiscus marmoratus*(Cuvier et Valenciennes)
鲬属 *Platycephalus*	鲬 *Platycephalus indicus*(Linnaeus)
鲂鮄科 Triglidae	
红娘鱼属 *Lepidotrigla*	短鳍红娘鱼 *Lepidotrigla micropterus* Günther
绿鳍鱼属 *Chelidonichthys*	绿鳍鱼 *Chelidonichthys kumu*(Lesson et Garnot)
圆鳍鱼科 Cyclopteridae	
狮子鱼属 *Liparis*	细纹狮子鱼 *Liparis tanakae*(Gilbert et Burker)
	赵氏狮子鱼 *Liparis choanus* Wu et Wang
鲀形目 Tetraodontiformes	
革鲀科 Aluteridae	
马面鲀属 *Navodon*	绿鳍马面鲀 *Navodon septentrionalis*(Günther)

续表

鱼类	
	黄鳍马面鲀 *Navodon xanthopterus*(Xu et Zhan)
鲀科 Tetraodontidae	
东方鲀属 *Takifugu*	红鳍东方鲀 *Takifugu rubripes*(Temminck et Schlegel)
	黄鳍东方鲀 *Takifugu xanthopterus*(Temminck et Schlegel)
	假睛东方鲀 *Takifugu pseudommus*(Chu)
	墨绿东方鲀 *Takifugu basilevskianus*(Basilewsky)
	星点东方鲀 *Takifugu niphobles*(Jordan et Snyder)
	铅点东方鲀 *Takifugu alboplumbeus*(Richardson)
	菊黄东方鲀 *Takifugu flavidus*(Li,Wang et Wang)
革鲀科 Aluteridae	
前刺单角鲀属 *Laputa*	日本前刺单角鲀 *Laputa japonica*(Tilesius)
细鳞鲀属 *Stephanolepis*	丝背细鳞鲀 *Stephanolepis cirrhifer*(Temminck et Schlegel)
鳗鲡目 Anguilliformes	
康吉鳗科 Congridae	
康吉鳗属 *Conger*	星康吉鳗 *Conger myriaster*(Brevoort)
海鳗科 Muraenesocidae	
海鳗属 *Muraenesox*	海鳗 *Muraenesox cinereus*(Forskàl)
蛇鳗科 Ophichthidae	
豆齿鳗属 *Pisodonophis*	食蟹豆齿鳗 *Pisodonophis cancrivorus*(Richardson)
蛇鳗属 *Ophichthys*	尖吻蛇鳗 *Ophichthys apicalis*(Bennett)
鳗鲡科 Anguillidae	
鳗鲡属 *Anguilla*	日本鳗鲡 *Anguilla japonica*(Temminck et Schlegel)
海鲂目 Zeiformes	
海鲂科 Zeidae	
亚海鲂属 *Zenopsis*	雨印亚海鲂 *Zenopsis nebulosus*(Temminck et Schlegel)
鲈形目 Perciformes	
鲅科 Cybiidae	
马鲛属 *Scomberomorrus*	蓝点马鲛 *Scomberomorus niphonius*(Cuvier et Valenciennes)
鲳科 Stromateidae	
鲳属 *Pampus*	银鲳 *Pampus argenteus*(Euphrasen)
	燕尾鲳 *Pampus nozawae*(*Ishikawa*)
长鲳科 Centrolophidae	
刺鲳属 *Psenopsis*	刺鲳 *Psenopsis anomala*(Temminck et Schlegel)
石鲷科 Oplegnathidae	
石鲷属 *Oplegnathus*	条石鲷 *Oplegnathus fasctatus*(Temminck et Schlegel)

续表

鱼类	
发光鲷科 Acropomidae	
发光鲷属 *Acropoma*	发光鲷 *Acropoma japonicus* Günther
鮨科 Serranidae	
赤鯥属 *Doederleinia*	赤鯥 *Doederleinia berycoides*(Hilgendorf)
花鲈属 *Lateolabrax*	花鲈 *Lateolabrax japonicus*(Cuvier)
尖牙鲈属 *Synagrops*	尖牙鲈 *Synagrops japonicus*(Döderlein)
螣科 Uranoscopidae	
青螣属 *Gnathagnus*	青螣 *Gnathagnus elongatus*(Temminck et Schlegel)
螣属 *Uranoscopus*	日本螣 *Uranoscopus japonicus* Houttuyn
鲾科 Leiognathidae	
鲾属 *Leiognathus*	短吻鲾 *Leiognathus brevirostris*(Cuvier et Valenciennes)
仰口鲾属 *Secutor*	鹿斑鲾 *Secutor ruconius*(Hamilton)
带鱼科 Trichiuridae	
带鱼属 *Trichiurus*	带鱼 *Trichiurus haumela*(Forskal)
小带鱼属 *Eupleurogrammus*	小带鱼 *Eupleurogrammus muticus*(Gray)
鲷科 Sparidae	
鲷属 *Sparus*	黑鲷 *Sparus macrocephalus*(Basilewsky)
真鲷属 *Pagrosomus*	真鲷 *Pagrosomus major*(Temminck et Schlegel)
黄鲷属 *Dentex*	黄鲷 *Dentex tumifrons*(Temminck et Schlegel)
锦鳚科 Pholidae	
缕鳚属 *Azuma*	缕鳚 *Azuma emmnion* Jordan et Snyder
云鳚属 *Enedrias*	方氏云鳚 *Enedrias fangi* Wang et Wang
	云鳚 *Enedrias nebulosus*(Temminck et Schlegel)
鳗鰕虎鱼科 Taenioididae	
狼牙鰕虎鱼属 *Odontamblyopus*	红狼牙鰕虎鱼 *Odontamblyopus rubicundus*(Hamilton)
栉孔鰕虎鱼属 *Ctenotrypauchen*	中华栉孔鰕虎鱼 *Ctenotrypauchen chinensis* Steindachner
	小头栉孔鰕虎鱼 *Ctenotrypauchen microcephalus*(Bleeker)
绵鳚科 Zoarcidae	
长绵鳚属 *Enchelyopus*	长绵鳚 *Enchelyopus elongatus* Kner
鲭科 Scombridae	
鲐属 *Scomber*	鲐 *Scomber japonicus*(Houttuyn)
舵鲣属 *Auxis*	扁舵鲣 *Auxis thazard*(Lacépède)
鲹科 Carangidae	
竹筴鱼属 *Trachurus*	竹筴鱼 *Trachurus japonicus*(Temminck et Schlegel)
圆鲹属 *Decapterus*	蓝圆鲹 *Decapterus maruadsi*(Temminck et Schlegel)

续表

鱼类	
沟鲹属 *Atropus*	沟鲹 *Atropus atropus* (Bloch et Schneider)
黄条鰤属 *Seriola*	黄条鰤 *Seriola aureovittata* Temminck et Schlegel
羊鱼科 Mullidae	
绯鲤属 *Upeneus*	条尾绯鲤 *Upeneus bensasi* (Temminck et Schlegel)
石首鱼科 Sciaenidae	
白姑鱼属 *Argyrosomus*	白姑鱼 *Argyrosomus argentatus* (Houttuyn)
黄姑鱼属 *Nibea*	黄姑鱼 *Nibea albiflora* (Richardson)
黄鱼属 *Larimichthys*	小黄鱼 *Larimichthys polyactis* (Bleeker)
梅童鱼属 *Collichthys*	黑鳃梅童鱼 *Collichthys niveatus* Jordan et Starks
	棘头梅童鱼 *Collichthys lucidus* (Richardson)
叫姑鱼属 *Johnius*	叫姑鱼 *Johnius belengeri* (Cuvier et Valenciennes)
鮸属 *Miichthys*	鮸 *Miichthys miiuy* (Basilewsky)
天竺鲷科 Apogonidae	
天竺鱼属 *Apogonichthys*	细条天竺鲷 *Apogon lineatus* Temminck et Schlegel
	斑鳍天竺鲷 *Apogonichthys carinatus* (Cuvier et Valenciennes)
鳄齿鱼科 Champsodontidae	
鳄齿鱼属 *Champsodon*	鳄齿鱼 *Champsodon capensis* Regan
鱚科 Sillaginidae	
鱚属 *Sillago*	多鳞鱚 *Sillago sihama* Forskål
	少鳞鱚 *Sillago japonica* Temminck et Schlegel
蝴蝶鱼科 Chaetodontidae	
蝴蝶鱼属 *Chaetodon*	朴蝴蝶鱼 *Chaetodon modestus* Temminck et Schlegel
鰕虎鱼科 Gobiidae	
钟馗鰕虎鱼属 *Triaenopogon*	钟馗鰕虎鱼 *Triaenopogon barbatus* (Günther)
缟鰕虎鱼属 *Tridentiger*	暗缟鰕虎鱼 *Tridentiger obscurus* (Temminck et Schlegel)
	纹缟鰕虎鱼 *Tridentiger trigonocephalus* (Gill)
复鰕虎鱼属 *Synechogobius*	矛尾复鰕虎鱼 *Synechogobius hasta* (Temminck et Schlegel)
钝尾鰕虎鱼属 *hexanema*	六丝钝尾鰕虎鱼 *Chaeturichthys hexanema* (Bleeker)
矛尾鰕虎鱼属 *Chaeturichthys*	矛尾鰕虎鱼 *Chaeturichthys stigmatias* Richardson
丝鰕虎鱼属 *Cryptocentrus*	丝鰕虎鱼 *Cryptocentrus filifer* (Cuvier et Valenciennes)
栉鰕虎鱼属 *Ctenogobius*	裸项栉鰕虎鱼 *Ctenogobius gymnauchen* (Bleeker)
吻鰕虎鱼属 *Rhinogobius*	普氏吻鰕虎鱼 *Rhinogobius pflaumi* (Bleeker)
高鳍鰕虎鱼属 *Pterogobius*	横带高鳍鰕虎鱼 *Pterogobius zacalles* Jordan et Snyder
鳕科 Gadidae	
鳕属 *Gadus*	大头鳕 *Gadus macrocephalus* (Tilesius)

续表

鱼类	
玉筋鱼科 Ammodytidae	
玉筋鱼属 *Ammodytes*	玉筋鱼 *Ammodytes personatus* Girard
鲔科 Callionymidae	
鲔属 *Callionymus*	绯鲔 *Callionymus beniteguri* Jordar et Snyder
	短鳍鲔 *Callionymus kitaharae* Bleeker
海龙科 Syngnathidae	
海龙属 *Syngnathus*	尖海龙 *Syngnathus acus* Linnaeus
粗吻海龙属 *Trachyrhamphus*	粗吻海龙 *Trachyrhamphus serratus*(Temminck et Schlegel)
海马属 Hippocampus	海马 *Hippocampus japonicus* Kaup
鲯鳅科 Coryphaenidae	
鲯鳅属 *Coryphaena*	鲯鳅 *Coryphaena hippurus* Linnaeus
鱵科 Hemirhamphidae	
鱵属 *Hemirhamphus*	日本鱵 *Hemirhamphus sajori*(Temminck et Schlegel)
鲑形目 Salmoniformes	
银鱼科 Salangidae	
大银鱼属 *Protosalanx*	大银鱼 *Protosalanx chinensis* Basilewsky
	安氏新银鱼 *Neosalanx andersoni* Rendhal
颌针鱼目 Beloniformes	
颌针鱼科 Belonidae	
扁颌针鱼属 Ablennes	扁颌针鱼 *Ablennes anastomella*(Cuvier et Valenciennes)
鱵科 Hemiramphidae	
鱵属 Hemiramphus	鱵 *Hyporhamphus sajori*(Temminck et Schlegel)
鳕形目 Gadiformes	
鼠鳕科 Macrouidae	
腔吻鳕属 *Coelorinchus*	多棘腔吻鳕 *Coelorinchus multispinulosus* Katayama
鲽形目 Pleuronectiformes	
鲽科 Pleuronectidae	
长鲽属 *Tanakius*	长鲽 *Tanakius kitaharae*(Jordan et Starks)
虫鲽属 *Eopsetta*	虫鲽 *Eopsetta grigorjewi*(Herzenstein)
高眼鲽属 *Cleisthenes*	高眼鲽 *Cleisthenes herzensteini*(Schmidt)
黄盖鲽属 *Pseudopleuronectes*	黄盖鲽 *Pseudopleuronectes yokohamae*(Günther)
木叶鲽属 *Pleuronichthys*	角木叶鲽 *Pleuronichthys cornutus*(Temminck et Schlegel)
石鲽属 *Kareius*	石鲽 *Kareius bicoloratus*(Basilewsky)
星鲽属 *Verasper*	圆斑星鲽 *Verasper variegatus*(Temminck et Schlegel)
舌鳎科 Cynoglossidae	

续表

鱼类	
舌鳎属 *Cynoglossus*	长吻红舌鳎 *Cynoglossus lighti* Norman
	短吻红舌鳎 *Cynoglossus joyneri* Günther
	焦氏舌鳎 *Arelicus joyneri* Günther
	半滑舌鳎 *Cynoglossus semilaevis* Günther
	宽体舌鳎 *Cynoglossus robutus*(Günther)
	紫斑舌鳎 *Cynoglossus puncticeps*(Richardson)
鳎科 Soleidae	
条鳎属 *Zebrias*	带纹条鳎 *Zebrias zebra*(Bloch et Schneider)
牙鲆科 Bothidae	
斑鲆属 *Pseudorhombus*	桂皮斑鲆 *Pseudorhombus cinnamomeus*(Temminck et Schlegel)
牙鲆属 *Paralichthys*	褐牙鲆 *Paralichthys olivaceus*(Temminck et Schlegel)
左鲆属 *Laeops*	矛状左鲆 *Laeops lanceolata* Franz
羊舌鲆属 *Arnoglossus*	多斑羊舌鲆 *Arnoglossus polyspilus*(Günther)
灯笼鱼目 Myctophiformes	
狗母鱼科 Synodidae	
蛇鲻属 *Saurida*	长蛇鲻 *Saurida elongata*(Temminck et Shlegel)
	花斑蛇鲻 *Saurida undosquamis*(Richardson)
龙头鱼属 *Harpodon*	龙头鱼 *Harpodon nehereus*(Hamilton)
灯笼鱼科 Myctophidae	
底灯鱼属 *Benthosema*	七星底灯鱼 *Benthosema pterotum*(Alcock)
鮟鱇目 Lophiiformes	
鮟鱇科 Lophiidae	
黄鮟鱇属 *Lophius*	黄鮟鱇 *Lophius litulon*(Jordan)
黑鮟鱇属 *Lophiomus*	黑鮟鱇 *Lophiomus setigerus*(Vahl)
甲壳类	
十足目 Decapoda	
玻璃虾科 Pasiphaeidae	
细螯虾属 *Leptochela*	细螯虾 *Leptochela gracilis* Stimpson
长臂虾科 Palaemonidae	
长臂虾属 *Palaemon*	葛氏长臂虾 *Palaemon gravieri*(Yu)
	敖氏长臂虾 *Palaemon ortmanni* Ratthbun
	巨指长臂虾 *Palaemon macrodactylus* Ratthbun
白虾属 *Exopalaemon*	脊尾白虾 *Exopalaemon carincauda*(Holthuis)
龙虾科 Palinuridae	
龙虾属 *Panulirus*	龙虾 *Panulirus* sp.

续表

甲壳类	
对虾科 Penaeidae	
赤虾属 *Metapenaeopsis*	戴氏赤虾 *Metapenaeopsis dalei* (Rathbum)
	须赤虾 *Metapenaeopsis barbata* (De Haan)
对虾属 *Penaeus*	日本对虾 *Penaeus* (*Marsupenaeus*) *japonicus* Bate
仿对虾属 *Parapenaeopsis*	哈氏仿对虾 *Parapenaeopsis hardwickii* (Miers)
	细巧仿对虾 *Parapenaeopsis tenella* (Bate)
新对虾属 *Metapenaeus*	周氏新对虾 *Metapenaeus joyneri* (Miers)
明对虾属 *Fenneropenaeus*	中国明对虾 *Fenneropenaeus chinensis* (Osbeck)
粗糙鹰爪虾属 *Trachysalambria*	粗糙鹰爪虾 *Trachysalambria curvirostris* (Stimpson)
拟对虾属 *Parapenaeus*	假长缝拟对虾 *Parapenaeus fissuroides* Crosnier
管鞭虾科 Solenoceridae	
管鞭虾属 *Solenocera*	中华管鞭虾 *Solenocera crassicornis* (H. Milne-Edwards)
鼓虾科 Alpheidae	
鼓虾属 *Alpheus*	日本鼓虾 *Alpheus japonicus* Miers
	鲜明鼓虾 *Alpheus distinguendus* De Man
樱虾科 Sergestidae	
毛虾属 *Acetes*	中国毛虾 *Acetes chinensis* Hansen
	日本毛虾 *Acetes japonicus* Kishinouye
藻虾科 Hippolytidae	
深额虾属 *Latreutes*	海蜇虾 *Latreutes anoplonyx* Kemp
安乐虾属 *Eualus*	中华安乐虾 *Eualus sinensis* (Yu)
鞭腕虾属 *Lysmata*	鞭腕虾 *Lysmata vittata* Stimpson
褐虾科 Crangonidae	
褐虾属 *Crangon*	脊腹褐虾 *Crangon affinis* De Haan
磷虾科 Euphausiidae	
磷虾属 *Euphausia*	太平洋磷虾 *Euphausia pacifica* Hansen
蝼蛄虾科 Upogebiidae	
蝼蛄虾属 *Upogebia*	大蝼蛄虾 *Upogebia major* (De Haan)
关公蟹科 Dorippidae	
关公蟹属 *Dorippe*	日本关公蟹 *Dorippe japonica* von Siebold
	关公蟹 *Dorippe* sp.
宽背蟹科 Euryplacidae	
强蟹属 *Eucrate*	隆线强蟹 *Eucrate crenata* (De Hann)
黄道蟹科 Cancridae	
黄道蟹属 *Cancer*	隆背黄道蟹 *Cancer gibbosulus* (De Haan)

续表

甲壳类	
	两栖黄道蟹 *Cancer amphioetus* (Rathbun)
馒头蟹科 Calappidae	
馒头蟹属 *Calappa*	馒头蟹 *Calappa* sp.
黎明蟹属 *Matuta*	红线黎明蟹 *Matuta planipes* Fabricius
梭子蟹科 Portunidae	
梭子蟹属 *Portunus*	三疣梭子蟹 *Portunus trituberculatus* Yang, Dai et Song
	银光梭子蟹 *Portunus argentatus* (White)
蟳属 *Charybdis*	日本蟳 *Charybdis japonica* (A. Milne Edwards)
	双斑蟳 *Charybdis bimaculata* (Miers)
	斑纹蟳 *Charybdis feriata* (Linnaeus)
圆趾蟹属 *Ovalipes*	细点圆趾蟹 *Ovalipes punctatus* (De Hann)
玉蟹科 Leucosiidae	
栗壳蟹属 *Arcania*	七栗刺壳蟹 *Arcania heptacantha* (De Hann)
	十一刺栗壳蟹 *Arcania undecimspinosa* De Haan
拳蟹属 *Philyra*	杂粒拳蟹 *Philyra heterograna* Ortamnn
蜘蛛蟹科 Epialtidae	
矶蟹属 *Pugettia*	四齿矶蟹 *Pugettia quadridens* (De Haan)
互敬蟹属 *Hyastenus*	慈母互敬蟹 *Hyastenus pleione* (Herbst)
毛刺蟹科 Pilumnidae	
毛刺蟹属 *Pilumnus*	小型毛刺蟹 *Pilumnus spinulus* Shen
弓蟹科 Varunidae	
近方蟹属 *Hemigrapsus*	肉球近方蟹 *Hemigrapsus sanguineus* (De Haan)
	中华近方蟹 *Hemigrapsus sinensis* Rathbun
虎头蟹科 Orithyidae	
虎头蟹属 *Orithyia*	中华虎头蟹 *Orithyia sinica* (Linnaeus)
大眼蟹科 Macrophthalminae	
大眼蟹属 *Macrophthalmus*	日本大眼蟹 *Macrophthalmus* (*Mareolis*) *japonicus* De Haan
长脚蟹科 Goneplacidae	
隆背蟹属 *Carcinoplax*	泥脚隆背蟹 *Carcinoplax vestitus* (De Haan)
豆蟹总科 Pinnotheridae	
	豆蟹 *Pinnotheres* sp.
突眼蟹科 Oregoniidae	
突眼蟹属 *Oregonia*	枯瘦突眼蟹 *Oregonia gracilis* Dana
蜘蛛蟹总科 Majoidea	
	蜘蛛蟹 *Pagurus* sp.
口足目 Stomatopoda	
虾蛄科 Squillidae	
口虾蛄属 *Oratosquilla*	口虾蛄 *Oratosquilla oratoria* De Haan

续表

头足类	
乌贼目 Sepioidea	
耳乌贼科 Sepiolidae	
耳乌贼属 *Sepiola*	双喙耳乌贼 *Sepiola birostrat* Sasaki
四盘耳乌贼属 *Euprymna*	毛氏四盘耳乌贼 *Euprymna morsei* Verrill
微鳍乌贼科 Idiosepiidae	
玄妙微鳍乌贼属 *Idiosepius*	玄妙微鳍乌贼 *Idiosepius paradoxa* (Ortmann)
乌贼科 Sepiidae	
乌贼属 *Sepia*	金乌贼 *Sepia esculenta* Hoyle
	针乌贼 *Sepia andreana* Steenstrup
无针乌贼属 *Sepiella*	曼氏无针乌贼 *Sepiella maindroni* De Rochebrune
枪形目 Teuthoidae	
柔鱼科 Ommastrephidae	
褶柔鱼属 *Todarodes*	太平洋褶柔鱼 *Todarodes pacificus* Steenstrup
枪乌贼科 Loliginidae	
枪乌贼属 *Loligo*	日本枪乌贼 *Loligo japonica* Hoyle
	火枪乌贼 *Loligo beka* Sasaki
	剑尖枪乌贼 *Loligo edulis* Hoyle
八腕目 Octopoda	
章鱼科 Octopodidae	
蛸属 *Octopus*	短蛸 *Octopus ocellatus* Gray
	长蛸 *Octopus variabilis* (Sasaki)
	真蛸 *Octopus vulgaris* Cuvier
水母类	
根口水母目 Rhizostomeae	
根口水母科 Rhizostomatidae	
海蜇属 *Rhopilema*	海蜇 *Rhopilema esculentum* Kishinouye
口冠水母科 Stomolophidae	
口冠水母属 *Stomolophus*	沙海蜇 *Stomolophus meleagris* L. Agssiz
旗口水母目 Semaeostomeae	
霞水母科 Cyaneidae	
霞水母属 *Cyanea*	白色霞水母 *Cyanea nozakii* Kishinouye
洋须水母科 Ulmaridae	
海月水母属 *Aurelia*	海月水母 *Aurelia aurita* (Linnaeus)

底层鱼主要有小黄鱼、细纹狮子鱼、黄鮟鱇、虎鲉、绒杜父鱼、小杜父鱼、绿鳍鱼、红娘鱼、大泷六线鱼、虻鲉、汤氏平鲉、许氏平鲉、鲬、绿鳍马面鲀、海鳗、星康吉鳗、发光鲷、白姑鱼、黄姑鱼、黑鳃梅童鱼、棘头梅童鱼、叫姑鱼、鮸、青鰧、大头鳕、绯䲗、虫鲽、高眼鲽、角木叶鲽、长吻红舌鳎、焦氏舌鳎、带纹条鳎、短吻红舌鳎、七星底灯鱼、多棘腔吻鳕、油魣、带鱼、小带鱼、鳄齿鱼、方氏云鳚、长绵鳚、红狼牙鰕虎鱼、孔鰕虎鱼、中华栉孔鰕虎鱼、细条天竺鲷、多鳞鱚、矛尾鰕虎鱼等。

中上层鱼主要有斑鰶、鳀、银鲳、黄鲫、青鳞沙丁鱼、赤鼻棱鳀、中颌棱鳀、蓝点马鲛等。

甲壳类(包括口足类)主要有细螯虾、葛氏长臂虾、戴氏赤虾、哈氏仿对虾、周氏新对虾、粗糙鹰爪虾、鲜明鼓虾、中华管鞭虾、脊腹褐虾、隆背黄道蟹、三疣梭子蟹、红线黎明蟹、日本蟳、口虾蛄、双斑蟳、细点圆趾蟹、枯瘦突眼蟹、海蜇虾等。

头足类主要有双喙耳乌贼、太平洋褶柔鱼、日本枪乌贼、长蛸和短蛸等。

二、黄、渤海渔业生物种类季节和区域变化

1. 渤海渔业生物种类组成的季节变化

(1) 春季

捕获渔业生物共计 43 种,其中,中上层鱼类 5 种(银鲳、黄鲫、斑鰶、中颌棱鳀、大银鱼),底层鱼类 18 种(有带鱼、小带鱼、方氏云鳚、大泷六线鱼、鲆蝶类、鰕虎鱼类等),虾类 12 种,含口足类(安乐虾、戴氏赤虾、葛氏长臂虾、海蛰虾、脊腹褐虾、口虾蛄、日本鼓虾、中国毛虾等),蟹类 4 种(三疣梭子蟹、日本蟳、寄居蟹、泥脚隆背蟹),头足类 4 种(日本枪乌贼、双喙耳乌贼、长蛸、短蛸)。

(2) 夏季

捕获渔业生物共计 70 种,其中,中上层鱼类 9 种(青鳞沙丁鱼、斑鰶、赤鼻棱鳀、蓝点马鲛、鳀、中颌棱鳀、银鲳、黄鲫、大银鱼),底层鱼类 32 种(白姑鱼、带鱼、叫姑鱼、细纹狮子鱼、小黄鱼、鲬、真鲷、花鲈、黄鮟鱇、东方鲀类、鲆蝶类、大泷六线鱼、方氏云鳚、鰕虎鱼类等),虾类 13 种,含口足类(中国对虾、葛氏长臂虾、脊尾白虾、脊腹褐虾、口虾蛄、日本对虾、日本鼓虾、细螯虾、鲜明鼓虾、中国毛虾等),蟹类 12 种(三疣梭子蟹、双斑蟳、日本蟳、枯瘦突眼蟹、隆背黄道蟹等),头足类 4 种(日本枪乌贼、双喙耳乌贼、长蛸、短蛸)。

(3) 秋季

捕获渔业生物共计 76 种,其中,中上层鱼类 11 种(鲐、青鳞沙丁鱼、银鲳、黄鲫、赤鼻棱鳀、蓝点马鲛、鳀等),底层鱼类 47 种(黄鮟鱇、小黄鱼、白姑鱼、大泷六线鱼、带鱼、小带鱼、细纹狮子鱼、真鲷、马面鲀类、东方鲀类、鲆蝶类、鰕虎鱼类等),虾类 8 种,含口足类(鞭腕虾、中国对虾、葛氏长臂虾、口虾蛄、日本鼓虾、鲜明鼓虾、粗糙鹰爪虾、中国毛虾),蟹类 6 种(三疣梭子蟹、双斑蟳、日本蟳、长手隆背蟹、泥脚隆背蟹等),头足类 4 种(日本枪乌贼、火枪乌贼、长蛸和短蛸)。

2. 黄海北部渔业生物种类组成的季节变化

(1) 春季

捕获渔业生物共计 62 种，其中，中上层鱼类 8 种（鳀、银鲳、赤鼻棱鳀、黄鲫、中颌棱鳀、斑鰶、鲱、凤鲚），底层鱼类 33 种（大头鳕、大泷六线鱼、方氏云鳚、小带鱼、许氏平鲉、鲆鲽类、小黄鱼、长绵鳚、玉筋鱼、黄鮟鱇、细纹狮子鱼、叫姑鱼等），虾类 9 种，含口足类（粗糙鹰爪虾、葛氏长臂虾、脊腹褐虾、鲜明鼓虾、戴氏赤虾、口虾蛄、日本鼓虾等），蟹类 7 种（三疣梭子蟹、泥脚隆背蟹、隆背黄道蟹、枯瘦突眼蟹、细点圆趾蟹、日本蟳等），头足类 5 种（日本枪乌贼、长蛸、短蛸、双喙耳乌贼、毛氏四盘耳乌贼）。

(2) 夏季

捕获渔业生物共计 47 种，其中，中上层鱼类 7 种（鳀、黄鲫、蓝点马鲛、鲐、竹筴鱼、斑鰶、鲱），底层鱼类 27 种（油魣、绒杜父鱼、大头鳕、方氏云鳚、大泷六线鱼、鲆鲽类、带鱼、小黄鱼、黄鮟鱇、细纹狮子鱼、玉筋鱼、许氏平鲉等），虾类 5 种，含口足类（粗糙鹰爪虾、脊腹褐虾、中国毛虾、戴氏赤虾、口虾蛄），蟹类 4 种（三疣梭子蟹、隆背黄道蟹、枯瘦突眼蟹、寄居蟹），头足类 4 种（太平洋褶柔鱼、日本枪乌贼、双喙耳乌贼、毛氏四盘耳乌贼）。

3. 黄海中南部渔业生物种类组成的季节变化

(1) 春季

捕获渔业生物共计 109 种，其中，中上层鱼类 8 种（鳀、银鲳、竹筴鱼、鲐、黄鲫、凤鲚等），底层鱼类 68 种（大头鳕、大泷六线鱼、许氏平鲉、鲆鲽类、小黄鱼、长绵鳚、黄鮟鱇、细纹狮子鱼、叫姑鱼等），虾类 17 种，含口足类（粗糙鹰爪虾、葛氏长臂虾、脊腹褐虾、鲜明鼓虾、戴氏赤虾、口虾蛄、日本鼓虾、周氏新对虾、哈氏仿对虾、中国毛虾、日本毛虾等），蟹类 10 种（三疣梭子蟹、泥脚隆背蟹、隆背黄道蟹、枯瘦突眼蟹、细点圆趾蟹、日本蟳等），头足类 6 种（日本枪乌贼、长蛸、短蛸、双喙耳乌贼、剑尖枪乌贼、太平洋褶柔鱼）。

(2) 夏季

捕获渔业生物共计 93 种，其中，中上层鱼类 14 种（鳀、黄鲫、鲐、竹筴鱼、青鳞沙丁鱼、银鲳、燕尾鲳、鲱、赤鼻棱鳀、蓝点马鲛、康氏小公鱼等），底层鱼类 50 种（大头鳕、方氏云鳚、大泷六线鱼、鲆鲽类、带鱼、小黄鱼、黄鮟鱇、细纹狮子鱼、许氏平鲉、白姑鱼、叫姑鱼、红娘鱼、绿鳍鱼、鮸等），虾类 13 种，含口足类（粗糙鹰爪虾、周氏新对虾、中华管鞭虾、中华安乐虾、葛氏长臂虾、哈氏仿对虾、鲜明鼓虾、脊腹褐虾、中国毛虾、戴氏赤虾、口虾蛄等），蟹类 8 种（三疣梭子蟹、红线黎明蟹、细点圆趾蟹、隆背黄道蟹、枯瘦突眼蟹、日本蟳等），头足类 8 种（太平洋褶柔鱼、日本枪乌贼、双喙耳乌贼、长蛸、短蛸、剑尖枪乌贼、曼氏无针乌贼等）。

在黄、渤海，夏季和秋季渔业生物的种类数比春季显著增加，主要是中上层鱼类和底层鱼类的增加，而头足类和甲壳类种类变化不大。在渤海，春季、夏季和秋季渔业生物种类数的变化趋势与整个黄、渤海的变化趋势一致，但种类总数和各生态类型种类数的增加幅度要高于黄、渤海。

在黄海北部，夏季渔业生物种类数比春季大幅度下降，其中，中上层鱼类和头足类种类数变化不大，主要是由甲壳类和底层鱼类种类数减少引起的；在黄海中南部，夏季渔业生物种类数比春季稍有降低，主要是由底层鱼类和甲壳类种类数的降低引起的，而头足类和中上层鱼类的种类数有小幅度上升。

头足类种类数，无论在整个黄、渤海，还是在渤海、黄海北部和黄海中南部，春季和夏季，均保持相对稳定。

总体来看，春季和夏季，渤海、黄海北部和中南部，各生态类型的种类组成变化不大。夏季，某些放流种类在渤海和黄海北部出现，如中国对虾、真鲷、黑鲷等；春季和夏季，某些放流种类在渤海、黄海北部和黄海中南部均有出现，如三疣梭子蟹等；春季和夏季，褐牙鲆在渤海和黄海北部出现。

三、优势种

1. 鱼类优势种组成

(1) 渤海鱼类优势种组成的变化

1) 春季

在渤海，各种鱼类的 IRI 值均未达到优势种的水平，只有 5 种常见种，包括花鲈、黄鲫、银鲳、中华栉孔鰕虎鱼和丝鰕虎鱼，单位时间渔获量均在 1 kg/h 以下，这些常见种的累积渔获量占鱼类总渔获量的 92.2%。其中，花鲈的单位时间渔获量相对较高，但出现频率较低，仅为 5%。单位时间渔获量超过 0.01 kg/h 的有 5 种，它们的单位时间渔获量累计为 0.305 kg/h。这 7 种主要鱼类的累积渔获量、累积渔获尾数分别占鱼类总渔获量、总渔获尾数的 94.8%、72.8%(表 2.3.2)。

表 2.3.2　渤海春季主要鱼类组成

种类	单位时间渔获量/(kg/h)	个体数百分比/%	质量百分比/%	出现频率/%	相对重要性指数 IRI
花鲈	0.234	0.5	74.9	5.0	377
黄鲫	0.031	14.9	9.8	30.0	739
银鲳	0.014	4.3	4.9	40.0	369
鲬	0.01	0.5	1.5	7.5	15
中华栉孔鰕虎鱼	0.003	27.8	1.4	30.0	876
丝鰕虎鱼	0.003	23.6	1.2	35.0	867
大泷六线鱼	0.01	1.2	1.1	15.0	34

2) 夏季

在渤海，鱼类优势种只有斑鰶 1 种，其单位时间渔获量为 18.88 kg/h，斑鰶的渔获尾数、渔获量分别占鱼类总渔获尾数、总渔获量的 80.2%、85.9%，出现频率超过 30%；鱼类常见种有银鲳、黄鲫、矛尾鰕虎鱼、鳀，单位时间渔获量分别为 1.47 kg/h、0.50 kg/h、0.17 kg/h、0.13 kg/h，出现频率均大于 20%。优势种和常见种的累积渔获量占鱼类总渔获量的 96.2%。另外，蓝点马鲛的渔获量占鱼类总渔获量的 1.8%，出现频率大于

30%。单位时间渔获量超过0.1 kg/h的鱼类有8种，占渤海鱼类种类总数的26.8%。这11种鱼类的单位时间渔获量累积为21.91 kg/h，它们的累积渔获量、累积渔获尾数分别占鱼类总渔获量、总渔获尾数的99.5%和97%（表2.3.3）。

表2.3.3　渤海夏季主要鱼类组成

种类	单位时间渔获量/(kg/h)	质量百分比/%	个体数百分比/%	出现频率/%	相对重要性指数IRI
斑鰶	18.88	85.9	80.2	33.3	5535
银鲳	1.47	6.7	0.3	50.0	346
黄鲫	0.50	2.3	3.5	43.8	251
蓝点马鲛	0.39	1.8	0.2	31.3	61
矛尾鰕虎鱼	0.17	0.8	5.3	85.4	521
鳀	0.13	0.6	5.0	27.1	150
花鲈	0.11	0.4	0.0	2.1	1
小黄鱼	0.12	0.4	0.1	39.6	22
赤鼻棱鳀	0.05	0.2	1.6	29.2	52
青鳞沙丁鱼	0.08	0.2	0.7	20.8	18
矛尾复鰕虎鱼	0.01	0.2	0.1	14.6	3
总计	21.91	99.5	97		

3）秋季

在渤海，鱼类优势种有小黄鱼、银鲳、黄鲫，它们单位时间渔获量分别为7.61 kg/h、4.46 kg/h、2.07 kg/h，它们的累积渔获量、累积渔获尾数分别占鱼类总渔获量、总渔获尾数的74.1%、8.9%，它们的出现频率均超过70%；鱼类的常见种有斑鰶、赤鼻棱鳀、矛尾鰕虎鱼、六丝矛尾鰕虎鱼、小带鱼、鲬、许氏平鲉、青鳞沙丁鱼，其中，斑鰶的单位时间渔获量在1 kg/h以上，占鱼类总渔获量的9.8%。这些常见种的累计渔获量、累计渔获尾数分别占鱼类总渔获量、总渔获尾数的18.2%、27.5%，其他各种类的单位时间的渔获量均在1 kg/h以下（表2.3.4）。

表2.3.4　渤海秋季主要鱼类组成

种类	单位时间渔获量/(kg/h)	质量百分比/%	个体数百分比/%	出现频率/%	相对重要性指数IRI
小黄鱼	7.61	39.9	35.5	90.0	6792
银鲳	4.46	23.4	20.5	77.5	3402
黄鲫	2.07	10.8	12.9	70.0	1662
斑鰶	1.87	9.8	5.1	65.0	971
赤鼻棱鳀	0.10	0.5	8.3	42.5	377
矛尾鰕虎鱼	0.29	1.5	2.4	77.5	303
六丝矛尾鰕虎鱼	0.15	0.8	4.9	50.0	285
小带鱼	0.14	0.7	1.8	77.5	192
鲬	0.30	1.6	0.5	72.5	151

续表

种类	单位时间渔获量/(kg/h)	质量百分比/%	个体数百分比/%	出现频率/%	相对重要性指数 IRI
许氏平鲉	0.34	1.8	1.3	40.0	124
青鳞沙丁鱼	0.27	1.4	3.2	25.0	115
中颌棱鳀	0.04	0.2	0.6	30.0	23
黄鮟鱇	0.26	1.4	0.1	12.5	19
叫姑鱼	0.04	0.2	0.4	27.5	17
蓝点马鲛	0.16	0.8	0.1	17.5	16
长蛇鲻	0.13	0.7	0.4	15.0	15
长吻红舌鳎	0.03	0.2	0.3	30.0	14
总计	18.26	95.7	98.3		

在渤海，春季、夏季和秋季，黄鲫和银鲳均为重要种，夏季和秋季，种类差别不大，春季，与之差别较大。依据以 IRI 值评价优势种的标准：春季，渤海没有优势种；夏季，斑鰶为渤海的优势种；秋季，优势种为小黄鱼、银鲳、黄鲫。春季，花鲈、中华栉孔鰕虎鱼和丝鰕虎鱼为渤海常见种；夏季，矛尾鰕虎鱼和鳀为常见种；秋季，鰕虎鱼类、鳀、赤鼻棱鳀、斑鰶、小带鱼等为常见种。

夏季，单鱼种的单位时间渔获量迅速增加，并且重要种的渔获量占鱼类总渔获量的百分比也在增加；秋季，单鱼种的单位时间渔获量相对于春季在显著增加，相对于夏季则变化不大。在春季，各种类的单位时间渔获量均在 1 kg/h 以下，单位时间渔获量超过 0.01 kg/h的有 5 种，它们的单位时间渔获量累积为 0.305 kg/h，累积渔获量占鱼类总渔获量的 94.8%；在夏季，斑鰶的单位时间渔获量高达 18.88 kg/h，银鲳的单位时间渔获量也在 1 kg/h 以上，单位时间渔获量超过 0.1 kg/h 的有 8 种，它们的单位时间渔获量累积为 21.91 kg/h，占鱼类总渔获量的 99.4%；在秋季，小黄鱼、银鲳、黄鲫和斑鰶的单位时间渔获量均超过 1 kg/h，单位时间渔获量超过 0.1 kg/h 的有 14 种，它们的单位时间渔获量累积为 18.14 kg/h，占鱼类总渔获量的 95.2%。

(2) 黄海北部鱼类优势种组成的变化

1) 春季

在黄海北部，鱼类优势种有小黄鱼、长绵鳚、黄鲫，单位时间渔获量分别为 13.09 kg/h、3.95 kg/h、1.69 kg/h，它们的累计渔获尾数、累计渔获量分别占鱼类总渔获尾数、总渔获量的 86.4%、74.7%，出现频率均在 70%以上。小黄鱼占有绝对优势，其渔获量占鱼类总渔获量的 52.2%，其渔获尾数占鱼类总渔获尾数的 72.5%，出现频率大于 90%。常见种有黄鮟鱇、高眼鲽、大头鳕，单位时间渔获量分别为 1.16 kg/h、1.04 kg/h、0.89 kg/h，出现频率均超过 30%。优势种和常见种的合计渔获量占鱼类总渔获量的 87.0%。单位时间渔获量超过 0.10 kg/h 的有 16 种，占鱼类种类总数的 39.0%，这 16 种的单位时间渔获量累计为 24.39 kg/h，它们的累积渔获量、累积渔获尾数分别占鱼类总渔获量、总渔获尾数的 97.3%、95.33%(表 2.3.5)。

表 2.3.5　黄海北部春季主要鱼类组成

种类	单位时间渔获量/(kg/h)	质量百分比/%	个体数百分比/%	出现频率/%	相对重要性指数 IRI
小黄鱼	13.09	52.2	72.5	90.9	11 332
长绵鳚	3.95	15.8	5.2	72.7	1 522
黄鲫	1.69	6.7	8.7	75.8	1 169
黄鮟鱇	1.16	4.6	0.2	48.5	234
高眼鲽	1.04	4.2	3.4	66.7	501
大头鳕	0.89	3.6	0.1	36.4	132
花鲈	0.67	2.7	0.1	30.3	83
绒杜父鱼	0.44	1.8	0.3	36.4	73
大泷六线鱼	0.35	1.4	0.7	42.4	91
石鲽	0.23	0.9	0.1	18.2	19
玉筋鱼	0.23	0.9	3.0	18.2	70
许氏平鲉	0.16	0.6	0.5	33.3	38
鲬	0.14	0.6	0.2	36.4	26
牙鲆	0.14	0.5	0.03	15.2	9
银鲳	0.11	0.4	0.2	27.3	18
角木叶鲽	0.10	0.4	0.1	39.4	20
总计	24.39	97.3	95.33		

2）夏季

在黄海北部，鱼类优势种有鳀、小黄鱼、细纹狮子鱼，单位时间渔获量分别为45.87 kg/h、19.59 kg/h、11.66 kg/h，它们的渔获尾数、渔获量分别占鱼类总渔获尾数、总渔获量的90.3%、77.9%，出现频率均超过60%。其中，鳀占绝对优势，其渔获量占鱼类总渔获量的46.3%，渔获尾数占鱼类总渔获尾数的66.0%。常见种有大头鳕、长绵鳚、大泷六线鱼、高眼鲽、方氏云鳚，单位时间渔获量分别为7.34 kg/h、3.14 kg/h、2.69 kg/h、1.70 kg/h、1.31 kg/h，出现频率均超过40%。优势种和常见种的合计渔获量占鱼类总渔获量的94.1%。单位时间渔获量超过1 kg/h的有黄鮟鱇、绒杜父鱼，分别为1.26 kg/h、1.23 kg/h；单位时间渔获量超过0.1 kg/h的种类有18种，占鱼类种类总数的52.9%，它们的单位时间渔获量累积为98.84 kg/h，它们的累积渔获量、累积渔获尾数分别占鱼类总渔获量、总渔获尾数的99.8%、99.56%（表2.3.6）。

在黄海北部，春季和夏季，小黄鱼均为优势种。春季的优势种长绵鳚和黄鲫，到夏季从优势种中退出，鳀和细纹狮子鱼进入了夏季优势种的行列。春季和夏季，高眼鲽和大头鳕均为常见种，到了夏季，黄鮟鱇从常见种中消失了，长绵鳚和大泷六线鱼成为常见种。各种类的单位时间渔获量显著增加：小黄鱼单位时间渔获量由春季的13.09 kg/h增至夏季的19.59 kg/h；大头鳕由春季的0.89 kg/h增至夏季的7.34 kg/h；高眼鲽从春季的1.04 kg/h增加至夏季的1.70 kg/h。在夏季，细纹狮子鱼和鳀的单位时间渔获量均超过10 kg/h；鳀的单位时间渔获量高达45.87 kg/h。重要鱼类的渔获量在鱼类总渔获量中所

表 2.3.6 黄海北部夏季主要鱼类组成

种类	单位时间渔获量/(kg/h)	质量百分比/%	个体数百分比/%	出现频率/%	相对重要性指数 IRI
鳀	45.87	46.3	66.0	60.5	6796
小黄鱼	19.59	19.8	19.6	89.5	3525
细纹狮子鱼	11.66	11.8	4.7	89.5	1472
大头鳕	7.34	7.4	0.2	47.4	360
长绵鳚	3.14	3.2	1.7	81.6	399
大泷六线鱼	2.69	2.7	1.7	89.5	392
高眼鲽	1.70	1.7	0.6	71.1	165
方氏云鳚	1.31	1.3	2.0	79.0	262
黄鮟鱇	1.26	1.3	0.03	23.7	31
绒杜父鱼	1.23	1.2	0.1	63.2	87
小杜父鱼	0.60	0.6	1.2	34.2	63
石鲽	0.55	0.6	0.1	44.7	28
黄盖鲽	0.51	0.5	0.1	31.6	19
许氏平鲉	0.47	0.5	0.5	44.7	44
鲐	0.30	0.3	0.3	36.8	23
绯䲗	0.23	0.2	0.5	23.7	17
蓝点马鲛	0.23	0.2	0.03	10.5	3
玉筋鱼	0.16	0.2	0.2	18.4	6
总计	98.84	99.8	99.56		

占的比例也由春季的 87.0%增至夏季的 94.1%。春季,单位时间渔获量超过 1 kg/h 的种类有 5 种,夏季,增加为 10 种;春季,单位时间渔获量超过 0.10 kg/h 有 16 种,夏季增加为 18 种。单位时间渔获量超过 1 kg/h 的种类的累积数,由春季的 24.39 kg/h 增至夏季的 98.84 kg/h,它们在鱼类总渔获量中的比例也由 97.3%增加至 99.8%。

(3) 黄海中南部鱼类优势种的变化

1) 春季

在黄海中南部,鱼类优势种有小黄鱼、黄鮟鱇,单位时间渔获量分别为 2.54 kg/h、1.28 kg/h,渔获尾数、渔获量分别占鱼类总渔获尾数、总渔获量的 49.5%、23.4%,出现频率均在 70%以上。其中,小黄鱼占绝对优势,其渔获量占鱼类总渔获量的 32.9%,渔获尾数占鱼类总渔获尾数的 22.4%,出现频率超过 80%。常见种有方氏云鳚、虻鲉、细条天竺鲷、绿鳍鱼、细纹狮子鱼、鳀、银鲳、星康吉鳗、黄鲫、七星底灯鱼、玉筋鱼和小带鱼,除七星底灯鱼、黄鲫和小带鱼外,其他几种的单位时间渔获量均超过 0.1 kg/h,出现频率均大于 10%。优势种和常见种的累积渔获量占鱼类总渔获量的 91.3%(表 2.3.7)。

2) 夏季

黄海中南部,鱼类优势种有鳀、小黄鱼,其单位时间渔获量分别为 12.55 kg/h、10.75 kg/h,其渔获尾数、渔获量分别占鱼类总渔获尾数、总渔获量的 25.2%、40.7%,出

表 2.3.7　黄海中南部春季主要鱼类组成

种类	单位时间渔获量/(kg/h)	质量百分比/%	个体数百分比/%	出现频率/%	相对重要性指数 IRI
小黄鱼	2.54	32.9	22.4	89.6	4952
黄鮟鱇	1.28	16.6	1.0	72.9	1278
方氏云鳚	0.49	6.3	7.4	62.5	856
虻鲉	0.38	4.9	11.0	52.1	828
细条天竺鲷	0.16	2.1	10.7	64.6	823
绿鳍鱼	0.18	2.3	20.3	31.3	707
细纹狮子鱼	0.17	2.2	5.1	72.9	527
鳀	0.31	4.0	3.9	45.8	361
银鲳	0.27	3.5	0.8	66.7	2891
星康吉鳗	0.30	3.9	0.5	47.9	2131
黄鲫	0.08	1.0	1.7	62.5	1701
七星底灯鱼	0.01	0.2	2.9	45.8	1381
玉筋鱼	0.37	4.8	4.5	12.5	116
小带鱼	0.09	1.2	1.1	45.8	103
高眼鲽	0.14	1.8	0.6	33.3	80
大头鳕	0.15	2.0	0.1	18.8	39
长绵鳚	0.12	1.6	0.3	18.8	36

现频率均在 50%以上。其中，鳀占绝对优势，渔获量占鱼类总渔获量的 21.9%，渔获尾数占鱼类总渔获尾数的 17.6%，出现频率超过 60%。常见种有细纹狮子鱼、带鱼、黄鮟鱇，它们的单位时间渔获量均在 3 kg/h 以上。单位时间渔获量超过 0.1 kg/h 的种类有 20 种，占鱼类种类总数的 31.3%，它们的单位时间渔获量累积为 47.56 kg/h，累积渔获量、累积渔获尾数分别占鱼类总渔获量、总渔获尾数的 83.3%、28.01%(表 2.3.8)。

表 2.3.8　黄海中南部夏季主要鱼类组成

种类	单位时间渔获量/(kg/h)	质量百分比/%	个体数百分比/%	出现频率/%	相对重要性指数 IRI
鳀	12.55	64.6	21.9	17.6	2 551
小黄鱼	10.75	58.5	18.8	7.6	1 542
细纹狮子鱼	8.81	63.1	15.4	0.3	992
带鱼	5.99	33.9	10.5	0.8	381
黄鮟鱇	3.41	53.9	6.0	0.2	334
高眼鲽	0.77	36.9	1.4	0.2	57
绿鳍鱼	0.71	30.8	1.2	0.2	43
银鲳	0.81	20.0	1.4	0.1	31

续表

种类	单位时间渔获量/(kg/h)	质量百分比/%	个体数百分比/%	出现频率/%	相对重要性指数 IRI
大头鳕	0.87	12.3	1.5	0.03	19
刺鲳	0.41	18.5	0.7	0.1	15
黄鲫	0.48	9.2	0.8	0.5	13
竹筴鱼	0.20	24.6	0.4	0.1	11
星康吉鳗	0.17	33.9	0.3	0.02	10
鲐	0.21	20.0	0.4	0.04	8
虻鲉	0.11	24.6	0.2	0.1	7
海鳗	0.51	7.7	0.9	0.03	7
长绵鳚	0.10	29.2	0.2	0.03	6
绒杜父鱼	0.27	12.3	0.5	0.01	6
龙头鱼	0.28	9.2	0.5	0.04	5
蓝点马鲛	0.15	9.2	0.3	0.01	2

在黄海中南部，春季和夏季，小黄鱼均为优势种。春季的优势种黄鮟鱇、银鲳、星康吉曼、七星底灯鱼、黄鲫，在夏季黄鮟鱇不再是优势种，夏季的优势种为鳀和小黄鱼。常见种的变化较大，春季的常见种有 8 种，而夏季仅为 3 种。黄鮟鱇从春季的优势种变为夏季的常见种，但是，其单位时间渔获量却由春季的 1.28 kg/h 增至夏季的 3.41 kg/h；鳀由春季的常见种变为夏季的优势种，其单位时间渔获量由春季的 0.31 kg/h 增至夏季的 12.55 kg/h。重要鱼类的渔获量在总渔获量中的比例，由春季的 85.8%降至夏季的 72.5%。春季，单位时间渔获量超过 0.1 kg/h 的有 14 种，到夏季增至 20 种，并且，超过 0.1 kg/h 的种类的单位时间渔获量的累计数，由7.09 kg/h增至 47.64 kg/h，但是，它们在鱼类总渔获量中的比例却从 93.0%降低至 83.2%。

2. 无脊椎渔业种类的优势种

(1) 渤海无脊椎动物的优势种

1) 春季

优势种有鲜明鼓虾、脊腹褐虾、日本鼓虾和口虾蛄，这 4 个种的生物量占无脊椎动物总生物量的 81.1%，且出现频率均在 60%以上；重要种有中国毛虾、枪乌贼类、葛氏长臂虾和海蜇虾(表 2.3.9)。

2) 夏季

优势种为枪乌贼类和口虾蛄，其生物量占无脊椎动物总生物量的 47.2%，出现频率均在 75%以上；重要种有葛氏长臂虾、三疣梭子蟹、脊腹褐虾、日本蟳、海蜇虾、中国对虾和日本鼓虾(表 2.3.9)。

3) 秋季

优势种有枪乌贼类、口虾蛄、三疣梭子蟹和短蛸，这 4 个种的生物量占无脊椎动物总生物量的 91.7%，出现频率均在 70%以上；重要种仅日本蟳 1 种(表 2.3.9)。

表 2.3.9　渤海主要无脊椎动物种类组成

季节	种类	单位时间渔获量/(g/h)	质量百分比/%	个体数百分比/%	出现频率/%	相对重要性指数 IRI
春季	鲜明鼓虾	178	34.2	15.4	70.0	3472
	脊腹褐虾	46	8.8	23.5	67.5	2176
	日本鼓虾	74	14.2	12.7	62.5	1679
	口虾蛄	125	24.0	2.0	62.5	1623
	中国毛虾	11	2.0	33.4	22.5	797
	枪乌贼类	21	40	1.9	47.5	276
	葛氏长臂虾	15	2.8	2.9	27.5	156
	海蜇虾	3	0.5	5.6	17.5	107
	三疣梭子蟹	24	4.7	0.1	17.5	84
	双喙耳乌贼	3	0.5	1.2	45.0	76
夏季	枪乌贼类	591	27.3	15.0	85.4	3612
	口虾蛄	432	19.9	11.8	75.0	2377
	葛氏长臂虾	140	6.4	23.1	29.2	861
	三疣梭子蟹	228	10.5	1.6	50.0	608
	脊腹褐虾	83	3.8	13.3	35.4	605
	日本蟳	287	13.2	1.1	37.5	538
	海蜇虾	43	2.0	26.0	16.7	466
	中国对虾	236	10.9	1.0	35.4	419
	日本鼓虾	38	1.8	2.0	27.1	103
	枯瘦突眼蟹	22	1.0	0.5	12.5	19
秋季	枪乌贼类	2137	23.2	77.7	72.5	7310
	口虾蛄	2746	29.8	13.8	97.5	4245
	三疣梭子蟹	2555	27.7	2.5	82.5	2492
	短蛸	1022	11.1	2.7	77.5	1066
	日本蟳	527	5.7	1.3	62.5	436
	长蛸	146	1.6	0.1	27.5	47
	粗糙鹰爪虾	23	0.3	0.6	32.5	28
	日本鼓虾	7	0.1	0.7	30.0	23
	中国对虾	21	0.2	0.1	30.0	11
	泥脚隆背蟹	8	0.1	0.1	20.0	4

从春、夏、秋 3 个季节来看，口虾蛄是渤海最稳定的优势种，其次是枪乌贼类、三疣梭子蟹、脊腹褐虾、鼓虾类和葛氏长臂虾。春季的优势种为鲜明鼓虾、脊腹褐虾、日本鼓虾和口虾蛄，夏季的优势种则转变为枪乌贼类和口虾蛄。其主要原因是作为渤海主要虾类的鼓虾类，从 5 月开始陆续到近岸产卵后死亡，亲体数量减少而幼体难以捕获，故夏季鼓虾

类的优势度下降，枪乌贼类和口虾蛄上升为优势种。

(2) 黄海北部无脊椎动物优势种

1) 春季

优势种为枯瘦突眼蟹、脊腹褐虾和寄居蟹，这 3 个种的生物量占无脊椎动物总生物量的 89.5%，其中，枯瘦突眼蟹占绝对优势，其生物量占无脊椎动物总生物量的 70.1%。这 3 个优势种的出现频率均在 55% 以上。重要种有隆背黄道蟹、短蛸和口虾蛄(表 2.3.10)。

2) 夏季

优势种为太平洋褶柔鱼、脊腹褐虾和枪乌贼类，这 3 个种的生物量占无脊椎动物总生物量的 88.6%，其中，以太平洋褶柔鱼占绝对优势，其生物量占总生物量的 76.2%；重要种包括寄居蟹、枯瘦突眼蟹和隆背黄道蟹(表 2.3.10)。

表 2.3.10　黄海北部主要无脊椎动物种类组成

季节	种类	单位时间渔获量/(g/h)	质量百分比/%	个体数百分比/%	出现频率/%	相对重要性指数 IRI
春季	枯瘦突眼蟹	6248	70.1	28.3	59.4	5843
	脊腹褐虾	300	3.4	36.3	71.9	2854
	寄居蟹	1426	16.0	11.5	62.5	1719
	隆背黄道蟹	326	3.7	3.7	46.9	345
	短蛸	185	2.1	0.9	53.1	159
	口虾蛄	173	1.9	2.7	31.3	144
	枪乌贼类	34	0.4	1.3	46.9	78
	粗糙鹰爪虾	35	0.4	1.2	37.5	59
	鲜明鼓虾	20	0.2	4.4	9.4	43
	日本蟳	8	0.1	5.2	6.3	33
夏季	太平洋褶柔鱼	13 696	76.2	11.0	46.2	4026
	脊腹褐虾	1475	8.2	50.3	66.7	3901
	枪乌贼类	756	4.2	31.2	33.3	1180
	寄居蟹	725	4.0	1.7	61.5	353
	枯瘦突眼蟹	839	4.7	1.4	33.3	203
	隆背黄道蟹	286	1.6	0.9	53.9	136
	口虾蛄	106	0.6	0.6	7.7	9
	中国毛虾	57	0.3	2.4	2.6	7
	双喙耳乌贼	11	0.1	0.3	10.3	4
	粗糙鹰爪虾	4	0.02	0.1	18.0	2

从春、夏两个季节来看，脊腹褐虾是黄海北部最稳定的优势种，其次是寄居蟹、枪乌贼类和枯瘦突眼蟹。太平洋褶柔鱼在黄海北部夏季无脊椎动物群落中占绝对优势，原因是在东海产卵场的太平洋褶柔鱼补充群体，其中 1 个分支于 8 月洄游至黄海北部，导致其在

该水域的资源量猛增，从而在黄海北部无脊椎动物群落中占据主导地位。

(3) 黄海中南部无脊椎渔业种类优势种

1) 春季

优势种有脊腹褐虾、中华安乐虾和双喙耳乌贼，这 3 个种的生物量占无脊椎动物总生物量的 49.5%，且出现频率均在 35%以上(表 2.3.11)。

2) 夏季

优势种仅脊腹褐虾 1 种，无论在生物量组成还是在尾数组成中，都占绝对优势，其分别为 61.0%、89.3%(表 2.3.11)。

表 2.3.11　黄海中南部主要无脊椎动物种类组成

季节	种类	单位时间渔获量/(g/h)	质量百分比/%	个体数百分比/%	出现频率/%	相对重要性指数 IRI
春季	脊腹褐虾	1018	31.0	14.2	83.3	3768
	中华安乐虾	268	8.2	50.9	35.4	2092
	双喙耳乌贼	337	10.3	7.0	81.3	1407
	枪乌贼类	230	7.0	0.7	66.7	516
	粗糙鹰爪虾	196	6.0	0.8	58.3	393
	太平洋磷虾	60	1.8	12.1	25.0	349
	双斑蟳	93	2.8	1.7	75.0	337
	葛氏长臂虾	189	5.8	2.3	35.4	286
	三疣梭子蟹	268	8.2	0.1	29.2	241
	戴氏赤虾	80	2.4	3.6	33.3	202
夏季	脊腹褐虾	5476	61.0	89.3	44.2	6639
	双斑蟳	719	8.0	2.7	55.8	595
	中华管鞭虾	601	6.7	1.0	32.6	250
	细点圆趾蟹	745	8.3	0.6	25.6	228
	三疣梭子蟹	341	3.8	0.1	37.2	146
	太平洋褶柔鱼	205	2.3	0.04	34.9	81
	口虾蛄	218	2.4	0.3	27.9	76
	葛氏长臂虾	92	1.0	1.7	23.3	63
	哈氏仿对虾	108	1.2	1.5	11.6	31
	中华安乐虾	30	0.3	1.7	9.3	19

总体来看，脊腹褐虾是黄海中南部无脊椎动物群落中最稳定的种类，同时，也是黄海中南部渔业生态系统中最重要的种类之一。春、夏两季，IRI 值在前 10 位的种类，除脊腹褐虾外，还有中华安乐虾、双斑蟳、葛氏长臂虾和三疣梭子蟹，这些种类都是黄海中南部无脊椎动物的主要种类。

第四节　渔业资源密度分布季节变化

一、渔业资源总密度分布

1. 渤海渔业资源密度分布

(1) 春季

渤海渔业资源平均密度仅为1.034 kg/h,其中,鱼类资源密度为0.314 kg/h,甲壳类为0.67 kg/h,头足类为0.05 kg/h。渔业资源密度分布相对均匀。莱州湾东部、渤海湾西部各有1个资源密度相对较高的站,分别为17.57 kg/h、11.02 kg/h,其渔业资源均以花鲈为主,密度分别为17.03 kg/h、10.29 kg/h。另外,在渤海中部也有1个资源密度为7.06 kg/h的站,以鲜明鼓虾、口虾蛄为主,密度分别为4.41 kg/h、1.14 kg/h(图2.4.1)。

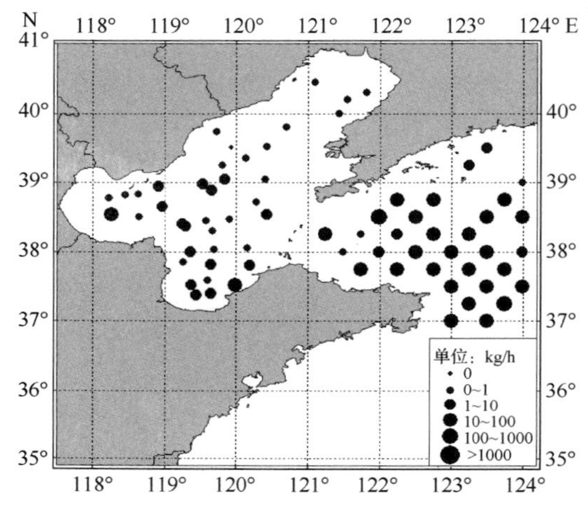

图2.4.1　渤海和黄海北部春季渔业资源密度分布

调查时间：2010年5月

(2) 夏季

渤海的渔业资源密度显著增加,平均密度达25.016 kg/h,其中,鱼类资源密度为21.976 kg/h,甲壳类为2.20 kg/h,头足类为0.84 g/h,海蜇占的比例较高,密度达110.54 kg/h。渤海中,最高渔业资源密度达1979.53 kg/h,分布在莱州湾南部沿岸,斑鰶在该站的密度达1968.00 kg/h。渔业资源密集区主要在莱州湾和渤海湾,其中,密度超过20 kg/h的有9个站,以斑鰶、银鲳、黄鲫、日本枪乌贼和蓝点马鲛为主。斑鰶主要分布在莱州湾南部沿岸水域,密度超过50 kg/h的有3个站;银鲳主要分布在渤海湾中部,密度超过50 kg/h的有1个站;黄鲫主要分布在渤海湾口和渤海中部及辽东湾北部沿岸水域,最高密度为11.01 kg/h;日本枪乌贼主要分布在莱州湾沿岸水域和湾口,最高密度为30.00 kg/h;蓝点马鲛主要分布在莱州湾东部沿岸水域,最高密度为42.00 kg/h。另外,在渤海,有大量海蜇分布,密集区主要在渤海湾中部和湾口,辽东湾口和莱州湾东部沿岸水域,在此密集区内,资源密度超过50 kg/h的有17个站,最高密度达1440.00 kg/h,其分布在辽东湾口北部沿岸水域。从以上可以看出,海蜇和其他渔业资源呈交错分布,海蜇密度较高的水域,其他渔业资源密度较低,特别是辽东湾,渔业资源密度相对较低,均在10 kg/h以下(图2.4.2)。

(3) 秋季

渤海渔业资源密度为28.29 kg/h,秋季高于春季,但低于夏季。其中,鱼类资源密度为16.93 kg/h,甲壳类为8.06 kg/h,头足类为3.30 kg/h。渔业资源主要分布在莱州湾、渤海湾口、辽东湾口和渤海中部。渔业资源密度最高的站是在渤海湾口，且靠近黄河口，该站密度达 147.02 kg/h，渔业资源主要由银鲳、斑鰶、黄鲫组成，其资源密度分别为 72 kg/h、30 kg/h、36 kg/h。资源密度超过 30 kg/h 的有 20 个站，占调查站位数的 50%。渔业捕获量以小黄鱼、银鲳、斑鰶、黄鲫、三疣梭子蟹、口虾蛄和日本枪乌贼为主。小黄鱼主要分布在莱州湾口、渤海湾口、辽东湾口和渤海北部沿岸水域，最高密度为 46 kg/h，密度超过 10 kg/h 的站有 9 个；银鲳主要分布在莱州湾沿岸水域、渤海湾口和渤海中部，最高资源密度为 72 kg/h，密度超过 10 kg/h 以上的站有 3 个；斑鰶主要分布在莱州湾口、渤海湾口且靠近黄河口和渤海中部、北部沿岸水域，最高密度为 30 kg/h；黄鲫主要分布在莱州湾口和渤海湾口，最高密度为 36 kg/h；三疣梭子蟹主要分布在渤海湾口、渤海中部且靠近辽东湾，最高资源密度为 15.98 kg/h；口虾蛄主要分布在辽东湾口和渤海湾口，最高资源密度为 26.67 kg/h；日本枪乌贼主要分布在莱州湾沿岸、黄河口水域、渤海湾口和渤海中部，最高资源密度为 12.7 kg/h(图 2.4.3)。

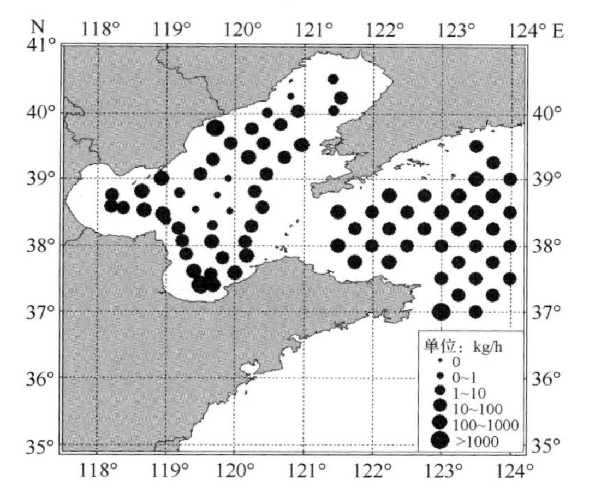

图 2.4.2　渤海和黄海北部夏季渔业资源密度分布
调查时间：2010 年 8 月

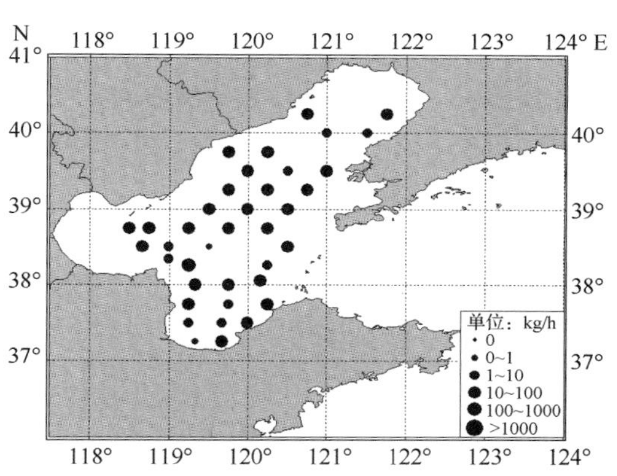

图 2.4.3　渤海秋季渔业资源密度分布
调查时间：2009 年 10 月

2. 黄海北部渔业资源密度分布

(1) 春季

黄海北部渔业资源平均密度为 33.49 kg/h，其中，鱼类为 25.09 kg/h，甲壳类为 8.17 kg/h，头足类为 0.23 kg/h。资源密集区环绕山东半岛和辽东半岛分布，位于 37°～38°05′N、122°～124°E 的海域。该海域的资源密度为 15.21～120.67 kg/h，平均密度为 50.99 kg/h，其中，有 6 个站超过 80 kg/h，山东半岛和辽东半岛沿岸有 2 个站在100 kg/h 以上，分别是 120.67 kg/h、110.88 kg/h。山东半岛东部沿岸水域，资源以小黄鱼、枯瘦突眼蟹和长绵鳚为主，长绵鳚和小黄鱼的密度均超过 40 kg/h。小黄鱼的最高密度为 75.00 kg/h，超过 20 kg/h 的有 6 个站，它们主要分布在沿岸水域。辽东半岛南部沿岸水域，资源以枯瘦突眼蟹、长绵鳚、寄居蟹和隆背黄道蟹为主，枯瘦突眼蟹密度为80.00 kg/h，超过 20 kg/h 的有 3 个站，它们靠近辽东半岛沿岸(图 2.4.1)。

(2) 夏季

黄海北部渔业资源密度有所增加，平均达 120.77 kg/h，其中，鱼类为 101.82 kg/h，甲壳类为 3.70 kg/h，头足类为 15.25 kg/h，此外，海蜇的密度较高，为 64.50 kg/h。资源密集区主要分布在渤海和黄海的交界水域及黄海北部的中部，该区域内有 20 个站的密度超过 50 kg/h，最高密度为 334.67 kg/h。渔业资源主要由小黄鱼和细纹狮子鱼组成，其中，小黄鱼密度达 240 kg/h，细纹狮子鱼也在 60 kg/h 以上。资源密集区的优势种有鳀、小黄鱼、太平洋褶柔鱼、细纹狮子鱼、大头鳕、长绵鳚、大泷六线鱼、高眼鲽和脊腹褐虾等。鳀主要分布在环山东半岛沿岸水域及黄海北部的中部，资源密度超过 20 kg/h 的站有 10 个，最高达 1200 kg/h，位于山东半岛东部石岛附近水域；小黄鱼主要分布在山东半岛北部和东部沿岸水域及黄海北部，密度超过 20 kg/h 的站有 9 个，最高为 240.00 kg/h，位于黄海北部的中部；太平洋褶柔鱼主要分布在黄海北部的中部，密度超过 20 kg/h 以上的站有 6 个，最高为 180.00 kg/h；细纹狮子鱼主要分布在黄海北部的中部及山东半岛北部的水域，密度超过 20 kg/h 的站有 5 个，最高为 60.00 kg/h，位于黄海北部的中部；大头鳕主要分布在辽东半岛南部沿岸水域及黄海北部的中部，密度超过 20 kg/h 的有 3 个站，最高为 120.00 kg/h，位于黄海北部的中部；长绵鳚主要分布在黄海北部的中部和山东半岛北部远离岸边的水域，最高密度为 21.70 kg/h，位于山东半岛北部远离岸边的水域；大泷六线鱼分布在辽东半岛南部沿岸水域，最高密度为 19.20 kg/h，位于辽东半岛南部的遇岩岛附近水域；高眼鲽主要分布在山东半岛北部和辽东半岛南部的沿岸水域，最高密度为 13.71 kg/h，位于山东半岛北部远离岸边的水域；脊腹褐虾分布在远离岸边的水域，最高密度为 20 kg/h，位于辽东半岛南部的外长山列岛附近(图 2.4.2)。

3. 黄海中南部渔业资源密度分布

(1) 春季

黄海中南部渔业资源平均密度仅为 10.99 kg/h，其中，鱼类为 7.71 kg/h，甲壳类为 2.61 kg/h，头足类为 0.73 kg/h。资源分布相对均匀，靠近山东半岛的水域、长江口北部的水域资源密度相对较高，这两个区域的最高密度分别为 34.96 kg/h、39.79 kg/h。山东半岛水域，渔业资源以中华安乐虾、脊腹褐虾、黄鮟鱇、方氏云鳚为主；长江口北部水域，资源以脊腹褐虾、鲜明鼓虾、绿鳍鱼、黄鮟鱇、虻鲉、葛氏长臂虾、脊腹褐虾和三疣梭子蟹为主。渔业资源密度最高的站在黄海中部的外侧，为 45.92 kg/h，资源以小黄鱼为主，密度为 40.00 kg/h(图 2.4.4)。

(2) 夏季

黄海中南部渔业资源的密度显著增加，平均达 57.19 kg/h，其中，鱼类为 48.17 kg/h，甲壳类为 83.75 kg/h，头足类为 0.64 kg/h。资源密度最高的站达 341.30 kg/h，位于黄海中部，该站细纹狮子鱼的密度达 300 g/h，其次是脊腹褐虾、黄鮟鱇、鳀和小黄鱼，资源密度也均超过 5 kg/h。资源密集区主要分布在长江口北部水域、黄海中部靠近岸边的水域及北部外侧水域。其中，资源密度超过 20 kg/h 的有 41 个站，资源以鳀、小黄鱼、细纹狮子鱼、脊腹褐虾、带鱼和黄鮟鱇为主，密度超过 50 kg/h 的有 23 个站，超过 100 kg/h 的有 11 个站，超过 200 kg/h 的有 4 个站，主要分布在黄海中部和长江口外侧水域。长江口外侧水域，资源以带鱼和小黄鱼为主，其中，小黄鱼密度为150.00 kg/h，带鱼密度为50.00 kg/h；黄海中部水域，资源以鳀、细纹狮子鱼、黄鮟鱇和脊腹褐虾为主，鳀的密度为95.92 kg/h，细纹狮子鱼密度为352.05 kg/h，黄鮟鱇密度为56.16 kg/h，脊腹褐虾密度为217.69 kg/h(图2.4.5)。

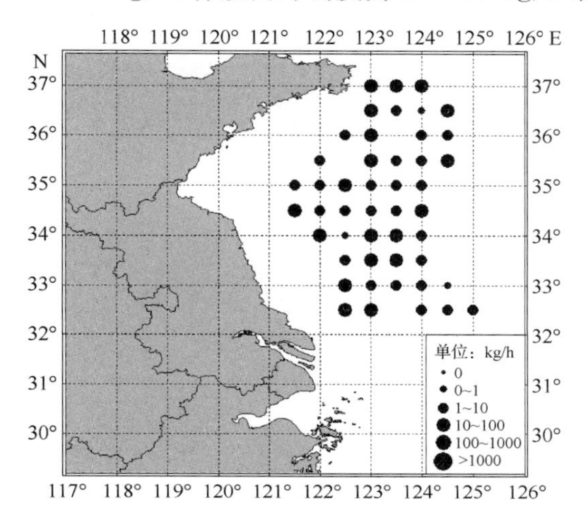

图2.4.4　黄海中南部春季渔业资源密度分布
调查时间：2010年5月

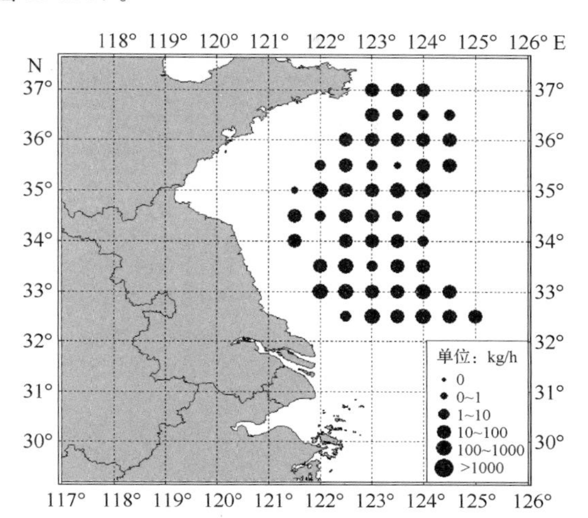

图2.4.5　黄海中南部夏季渔业资源密度分布
调查时间：2007年8月

二、鱼类密度分布

1. 渤海鱼类密度分布

(1) 春季

鱼类平均密度为0.314 kg/h，花鲈的密度最大，为0.234 kg/h，其他鱼类密度都不足0.10 kg/h(图2.4.6)。

(2) 夏季

鱼类平均密度为21.976 kg/h。斑鰶的密度最大，为18.88 kg/h，其密度占鱼类总密度的85.9%；银鲳次之，密度为1.47 kg/h，占6.7%；黄鲫居第三位，密度为0.50 kg/h，占2.3%；蓝点马鲛居第四位，密度为0.39 kg/h，占1.8%。其他种类的密度占鱼类总密度的比例均不足1%(图2.4.7)。

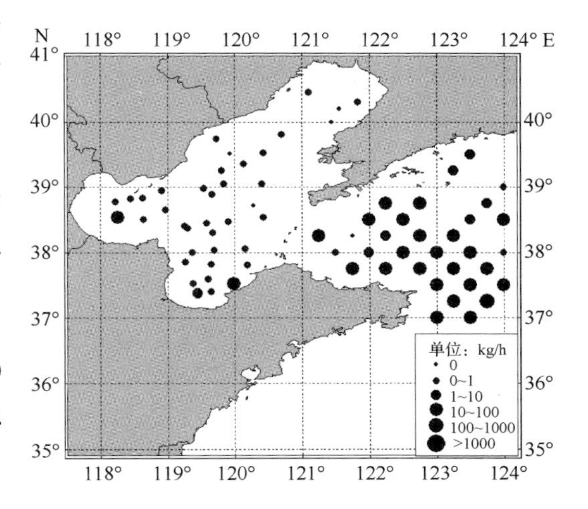

图2.4.6　渤海和黄海北部春季鱼类密度分布
调查时间：2010年5月

(3) 秋季

鱼类平均密度为16.93 kg/h，资源结构与夏季结构类似，但种类组成有所变化。其中，小黄鱼密度最大，为7.61 kg/h，占鱼类密度的39.9%；银鲳次之，密度为4.46 kg/h，占

23.4%；黄鲫居第三位，密度为 2.07 kg/h，占 10.8%；斑鰶居第四位，密度为 1.87 kg/h，占 9.8%。其他种类的密度均不足 1 kg/h，占的比例均小于 2%(图 2.4.8)。

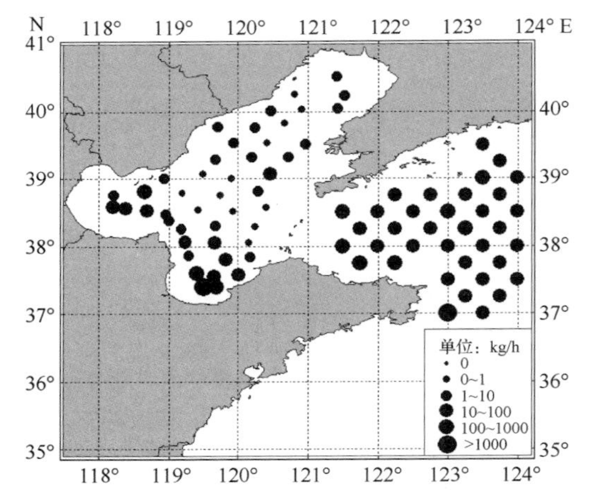

图 2.4.7　渤海和黄海北部夏季鱼类密度分布
调查时间：2010 年 8 月

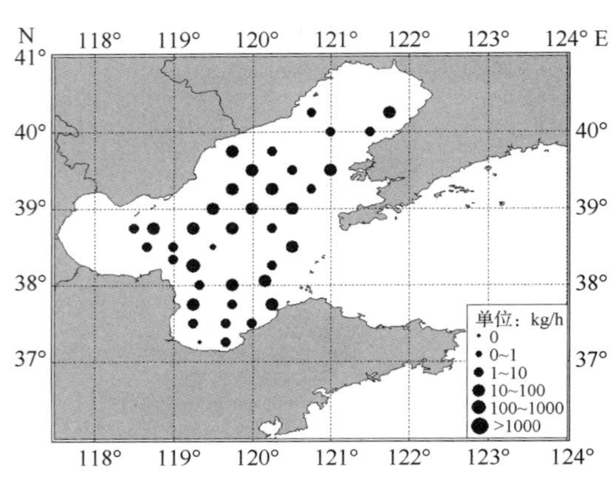

图 2.4.8　渤海秋季鱼类密度分布
调查时间：2009 年 10 月

2. 黄海北部鱼类资源密度分布

(1) 春季

黄海北部鱼类平均密度为 25.09 kg/h，明显高于渤海，其中，小黄鱼占绝对优势，密度为 13.09 kg/h，占 52.2%；其次是长绵鳚，密度为 3.95 kg/h，占 15.8%；黄鲫密度为 1.69 kg/h，占 6.7%，最高密度为 25.00 kg/h，主要分布在山东半岛威海和石岛附近海域、渤海海峡及黄海北部东部水域；黄鮟鱇密度为 1.16 kg/h，占 4.6%，最高密度为 9.45 kg/h，主要分布在山东半岛沿岸水域和黄海北部的中部，部分密度较高的站与黄鲫密度较高的站重合；高眼鲽密度为 1.04 kg/h，占 4.2%，最高密度为 7.50 kg/h，主要分布在辽东半岛沿岸南部外长山列岛附近、山东半岛东部青鱼滩附近水域及黄海北部的中部；其他鱼类密度在鱼类总密度中的比例均小于 4.0%(图 2.4.6)。

(2) 夏季

黄海北部鱼类平均密度为 99.14 kg/h，鳀的密度最大，为 45.87 kg/h，占鱼类总密度的 46.3%；其次是小黄鱼，密度为 19.59 kg/h，占 19.8%；细纹狮子鱼密度为 11.66 kg/h，占 11.8%；大头鳕密度为 7.34 kg/h，占 7.4%；长绵鳚密度为 3.14 kg/h，占 3.2%；大泷六线鱼密度为 2.69 kg/h，占 2.7%；其他鱼类的密度在鱼类总密度中的比例均小于 2.0%(图 2.4.7)。

3. 黄海中南部鱼类密度分布

(1) 春季

鱼类平均密度为 7.87 kg/h，明显高于渤海，但小于黄海北部。鱼类中，小黄鱼占绝对优势，密度为 2.83 kg/h，占鱼类总密度的 32.9%，最高密度为 40.00 kg/h，位于黄海中部的外侧；其次是黄鮟鱇，密度为 1.75 kg/h，占 16.6%，最高密度为 8.33 kg/h，位于黄海中南部的北部靠近山东半岛外侧水域；虻鲉密度为 0.77 kg/h，占 4.9%，最高密度为 3.36 kg/h，位于长江口北部外侧水域。鱼类最高密度为 45.56 kg/h，位于黄海中部的外侧水域，以小黄鱼为主(图 2.4.9)。

(2) 夏季

鱼类平均密度为 48.17 kg/h，小于渤海和黄海北部。鳀的密度最大，为 12.55 kg/h，占鱼类的 26.1%；其次是小黄鱼，密度为 10.75 kg/h，占 22.3%；带鱼密度为 5.99 kg/h，占 12.4%；黄鮟鱇密度为 3.41 kg/h，占 7.1%；细纹狮子鱼密度为 8.81 kg/h，占 18.3%；其他鱼类密度在鱼类总密度中的比例均小于 2.0%(图 2.4.10)。

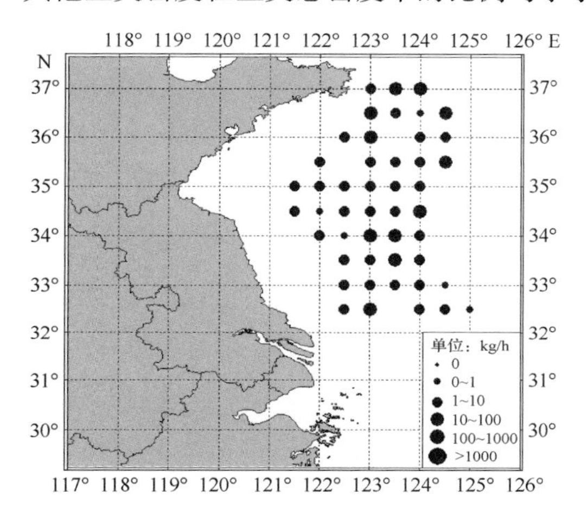

图 2.4.9　黄海中南部春季鱼类密度分布

调查时间：2010 年 5 月

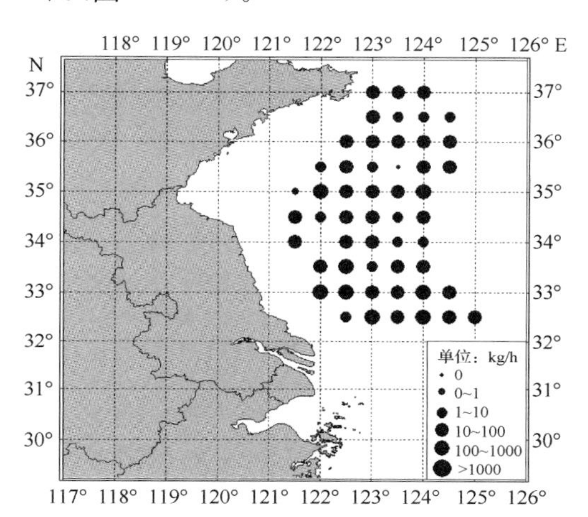

图 2.4.10　黄海中南部夏季鱼类密度分布

调查时间：2007 年 8 月

三、渔业无脊椎动物密度分布

1. 渤海

(1) 春季

无脊椎动物平均密度为 0.52 kg/h。虾类(含口虾蛄)在渤海无脊椎动物群落中占主导地位，密度、尾数分别占无脊椎动物总密度、总尾数的 86.6%、96.6%；其次是头足类，分别占 8.3%和 3.1%，蟹类最少，分别占 5.1%、0.3%。鲜明鼓虾、口虾蛄占优势地位，它们的密度分别占无脊椎动物总密度的 34.2%、24.0%(图 2.4.11)。无论从密度还是尾数看，渤海中北部及黄河口都是密度最高的区域，辽东湾是密度最低的区域(图 2.4.12)。

(2) 夏季

无脊椎动物平均密度为 3.07 kg/h。虾类的密度、尾数分别占无脊椎动物总密度、总尾数的 46.2%、80.9%，头足类分别占 28.1%、18.4%，蟹类分别占 25.7%和 3.7%。枪乌贼类、口虾蛄和日本蟳为密度最高的 3 个种类，它们的密度分别占无脊椎动物总密度的 27.3%、19.9%、13.2%。从密度看，莱州湾中南部的密度最高，其次是渤海湾和莱州湾北部，辽东湾和渤海中部的密度最低(图 2.4.13)；从尾数看，莱州湾西部和渤海湾的密度最高,其次是渤海中北部,辽东湾密度最低(图 2.4.14)。

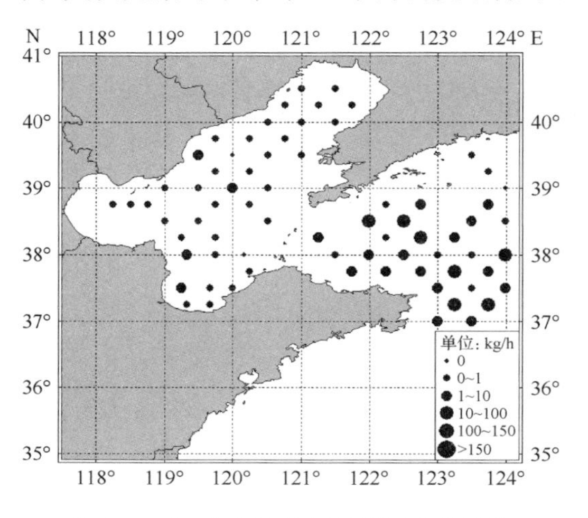

图 2.4.11　渤海和黄海北部春季无脊椎动物密度分布

调查时间：2010 年 5 月

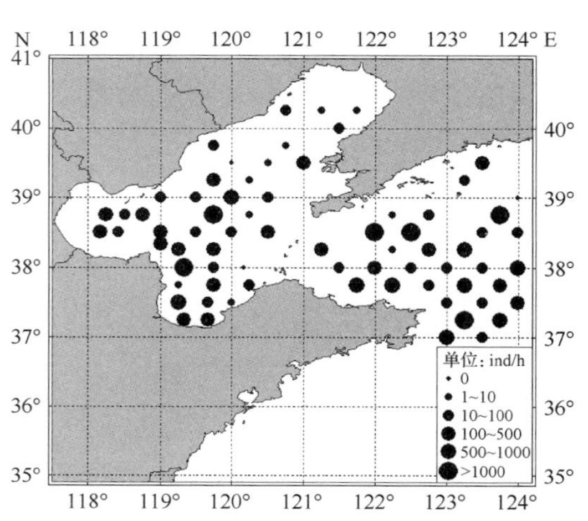

图 2.4.12　渤海和黄海北部春季无脊椎动物尾数分布

调查时间：2010 年 5 月

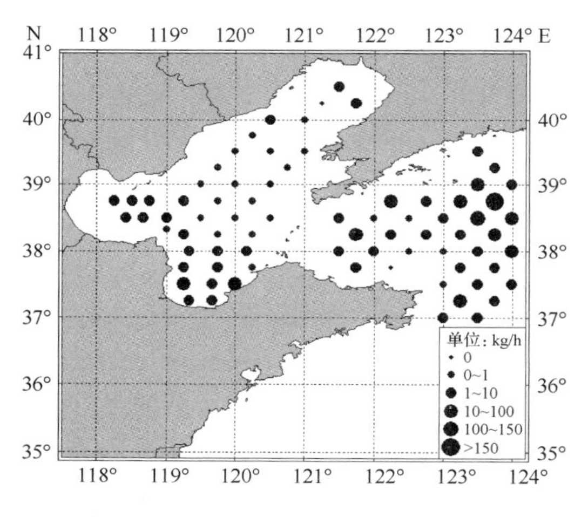

图 2.4.13　渤海和黄海北部夏季无脊椎动物密度分布

调查时间：2010 年 8 月

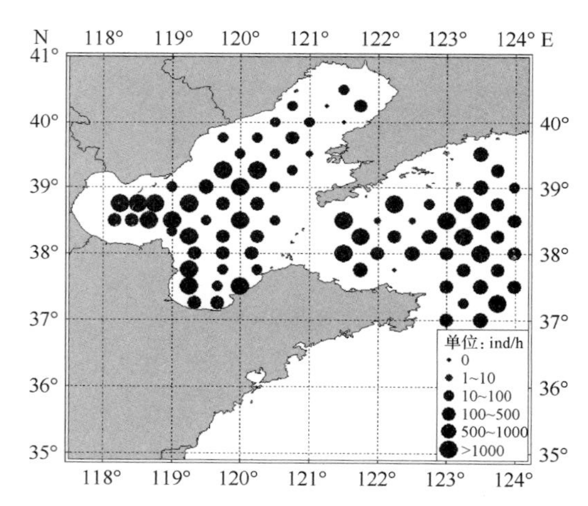

图 2.4.14　渤海和黄海北部夏季无脊椎动物尾数分布

调查时间：2010 年 8 月

(3) 秋季

虾类的生物量、尾数分别占无脊椎动物总密度、总尾数的 30.5%、15.5%,头足类的分别占 35.8%、80.5%,蟹类的分别占 33.7%、4.0%。渤海无脊椎动物的平均密度为 9.23 kg/h。枪乌贼类、口虾蛄、三疣梭子蟹为密度最高的 3 个种类,它们分别占无脊椎动物总密度的 23.2%、29.8%、27.7%。从生物量看,渤海中北部及辽东湾的密度最高,其次是莱州湾和渤海湾(图 2.4.15);从尾数看,渤海中北部、莱州湾西部和黄河口水域的密度最高,其次是渤海湾,辽东湾的密度最低(图 2.4.16)。

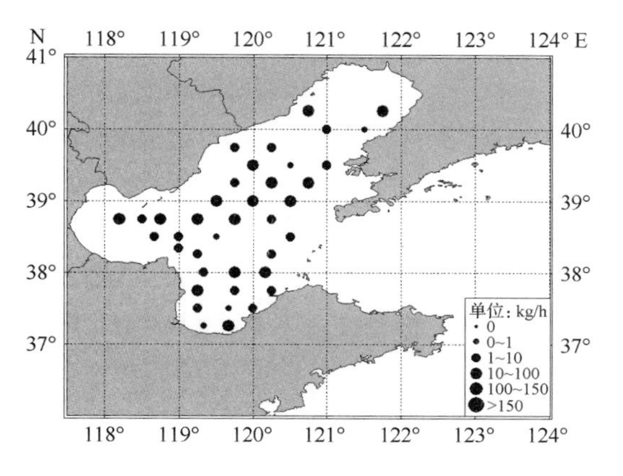

图 2.4.15　渤海秋季无脊椎动物密度分布
调查时间：2009 年 10 月

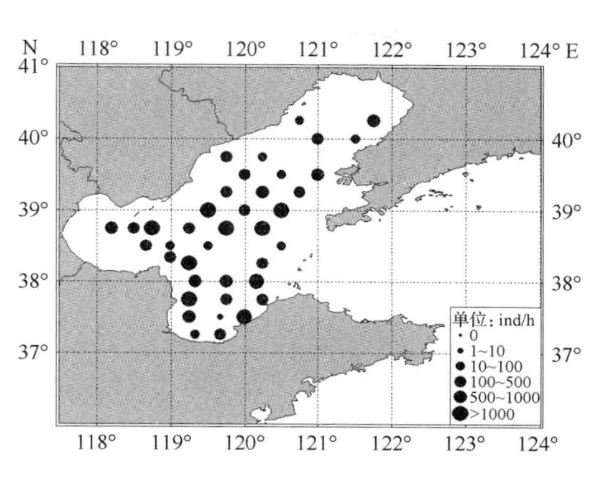

图 2.4.16　渤海秋季无脊椎动物尾数分布
调查时间：2009 年 10 月

2. 黄海北部

(1) 春季

无脊椎动物平均密度为 8.91 kg/h。蟹类在无脊椎动物密度组成中占绝对优势，占 91.1%，其次是虾类，占 6.1%，头足类最少，仅占 2.8%。虾类在尾数组成中的比例最高，占 49.4%，其次是蟹类，占 46.4%，头足类最低，占 4.2%。枯瘦突眼蟹为绝对优势种，占无脊椎动物总密度的 70.1%。从密度看，成山头外海的石岛渔场东北部、烟威渔场东南部和海洋岛渔场西北部的密度较高，海洋岛渔场中部和东北部的密度最低(图 2.4.11)；从尾数看，海洋岛西北部、石岛渔场北部的密度最高(图 2.4.12)。

(2) 夏季

无脊椎动物平均密度为 17.97 kg/h。头足类在密度组成中居绝对优势，占无脊椎动物的 80.4%，其次是蟹类，占 10.4%，虾类最少，占 9.2%；在尾数组成中，虾类的比例最高，占 53.4%，其次是头足类，占 42.5%，蟹类最少，占 41%。太平洋褶柔鱼为绝对优势种，占无脊椎动物总密度的 76.2%。从生物量看，海洋岛渔场的东部和烟威渔场靠渤海海峡水域，特别是 124°E 线附近的密度最高(图 2.4.13)；从尾数看，海洋岛渔场的东部和刘公岛北部水域，特别是 124°E 线附近的密度最高(图 2.4.14)。

3. 黄海中南部

(1) 春季

黄海中南部无脊椎动物平均密度为 3.28 kg/h，平均尾数为 4632 ind/h。虾类密度、尾数分别占无脊椎动物总密度、总尾数的 65.4% 及 90.2%，其次是头足类，分别占 20.0%、7.8%，蟹类最少，分别占 14.6%、2.0%。脊腹褐虾、双喙耳乌贼、三疣梭子蟹为密度最高的 3 个种，它们分别占无脊椎动物总密度的 31.0%、10.3%、8.2%。从密度看，春季，石岛渔场及大沙渔场密度较高(图 2.4.17)；从尾数看，以石岛渔场和连青石渔场较高(图 2.4.18)。

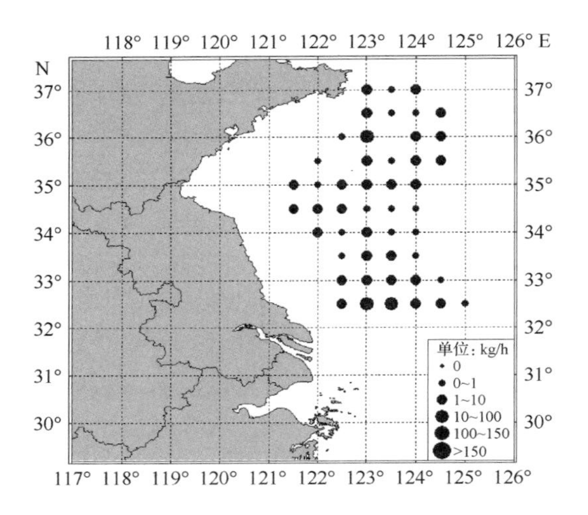

图 2.4.17　黄海中南部春季无脊椎动物密度分布

调查时间：2010 年 5 月

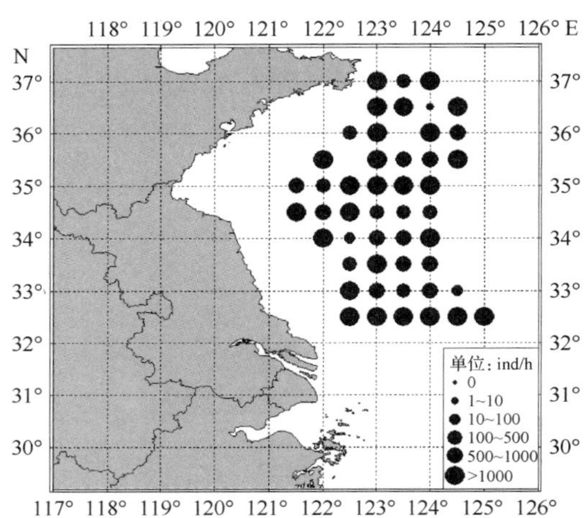

图 2.4.18　黄海中南部春季无脊椎动物尾数分布

调查时间：2010 年 5 月

（2）夏季

黄海中南部无脊椎动物平均密度为 8.98 kg/h，平均尾数为 5329 ind/h。虾类的密度、尾数分别占无脊椎动物总密度、总尾数的 74.3% 和 96.1%，其次是蟹类，分别占 21.2%、3.6%，头足类最少，分别占 4.5%、0.3%。脊腹褐虾为绝对优势种，占无脊椎动物总密度的 61.0%。从密度看，以连青石渔场和连东渔场的北部密度最高（图 2.4.19）；从尾数看，石东渔场和连东渔场较高（图 2.4.20）。

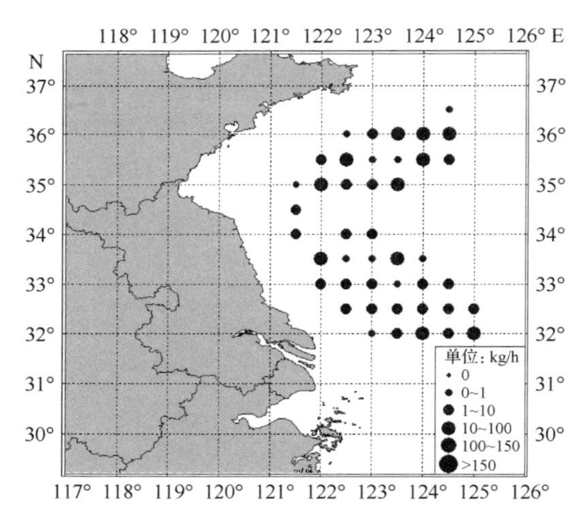

图 2.4.19　黄海中南部夏季无脊椎动物密度分布

调查时间：2007 年 8 月

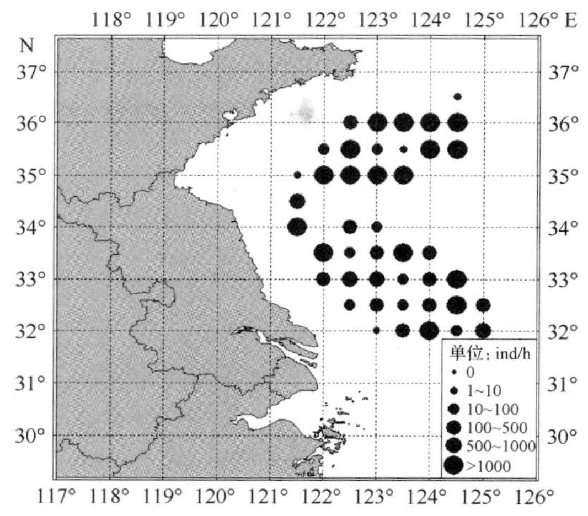

图 2.4.20　黄海中南部夏季无脊椎动物尾数分布

调查时间：2007 年 8 月

第五节　主要种类生物学特征及其资源动态

一、鱼类

1. 银鲳

（1）数量分布

1）渤海和黄海北部

春季，银鲳分布范围广，在渤海和黄海北部的出现频率为 34.2%，密度较低，在莱州湾、辽东湾中部、烟威外海的密度相对较高，平均密度为 0.074 kg/h，平均尾数为 2 尾/h（图 2.5.1）。

夏季，银鲳主要分布在渤海湾、莱州湾、辽东湾，出现频率为 28.6%，平均密度、平均尾数分别为 1.47 kg/h、7 尾/h。其中，渤海湾的密度最高，其最大密度、最高尾数分别为 186.00 kg/h、252 尾/h；在黄海北部，未捕到银鲳（图 2.5.2）。

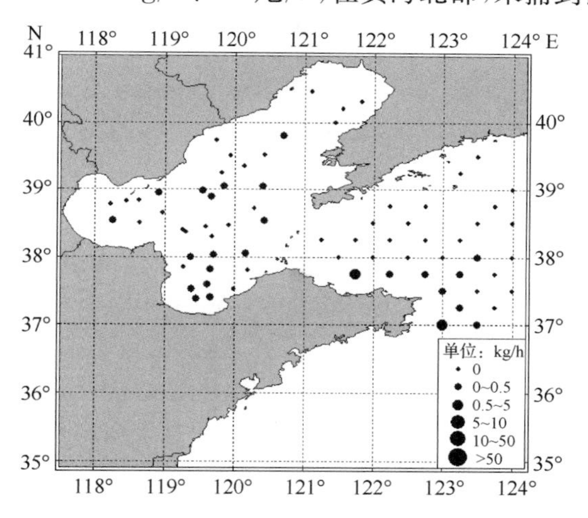

图 2.5.1　渤海和黄海北部春季银鲳密度分布
调查时间：2010 年 5 月

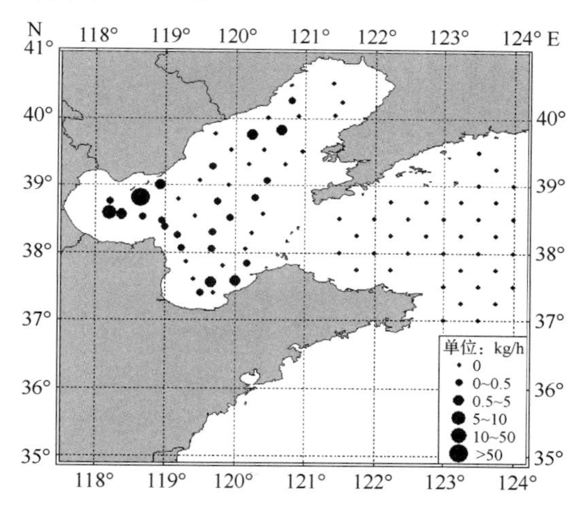

图 2.5.2　渤海和黄海北部夏季银鲳密度分布
调查时间：2010 年 8 月

2）黄海中南部

春季，银鲳遍布整个水域，出现频率为 66.7%，靠近沿岸的密度相对较高，最高密度为 1.60 kg/h，最低为 0.03 kg/h，平均密度为 0.41 kg/h（图 2.5.3）。

夏季，银鲳主要分布在长江口以北的沿岸水域和山东半岛外侧水域，出现频率为 20%，最高密度为 17.92 kg/h，最低为 0.21 kg/h，平均密度为 4.05 kg/h（图 2.5.4）。

（2）生物学特征

1）群体组成

春季，银鲳叉长为 85～228 mm，优势叉长为 90～130 mm，占 79.7%，其中 100～110 mm占 32%，平均叉长为 118 mm；体重为 16.7～320 g，优势体重为 20～60 g，占 81%，平均体重为 48.6 g。

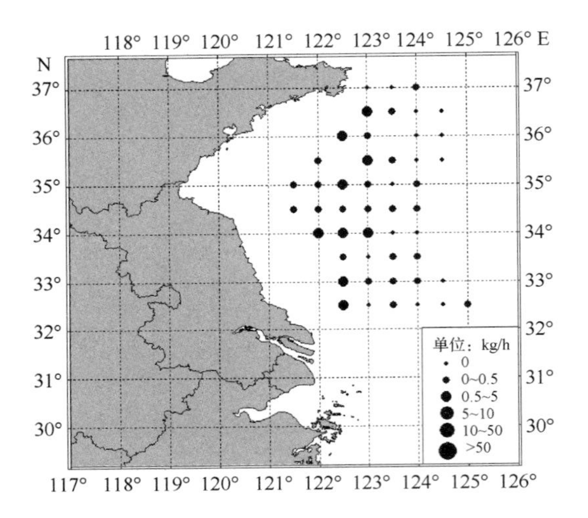

图 2.5.3　黄海中南部春季银鲳密度分布

调查时间：2010 年 5 月

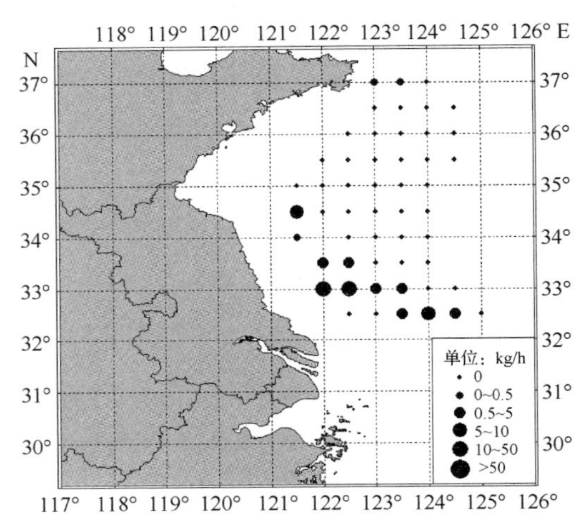

图 2.5.4　黄海中南部夏季银鲳密度分布

调查时间：2007 年 8 月

夏季，银鲳叉长为 34～200 mm，优势叉长为 40～70 mm 和 130～160 mm，均占 34%，平均叉长为 109 mm；体重为 0.8～231 g，优势体重为 0.76～20 g 和 40～100 g，分别占 44%和 34%，平均体重为 56.1 g(图 2.5.5、图 2.5.6)。

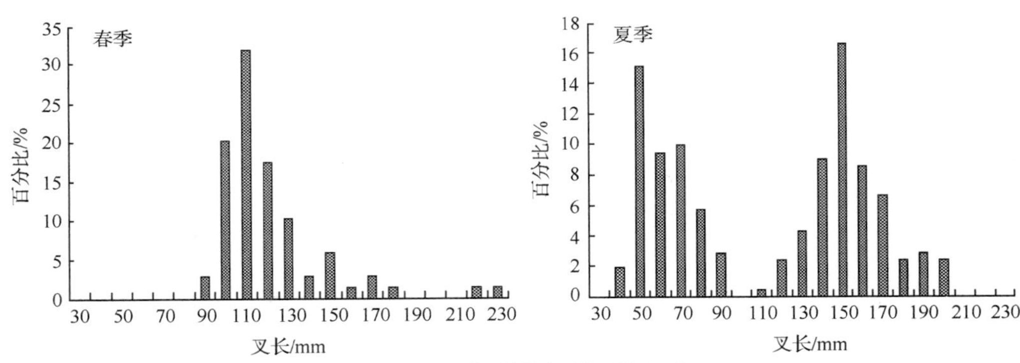

图 2.5.5　黄、渤海银鲳叉长组成

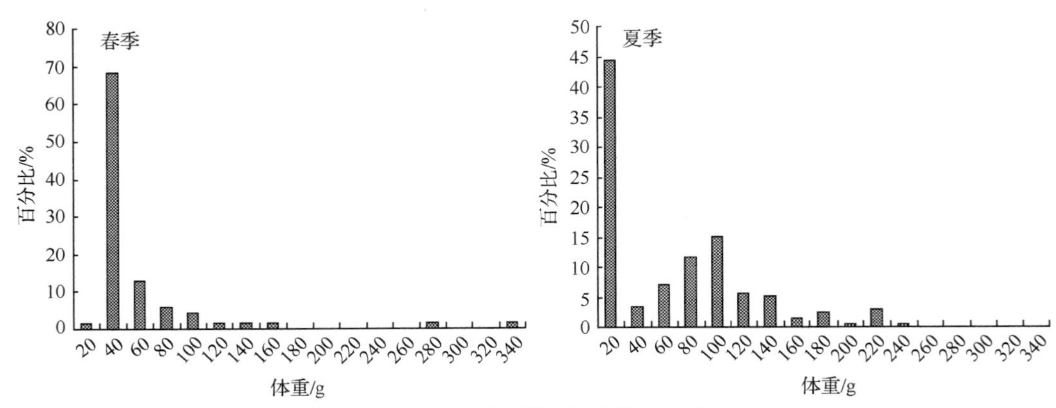

图 2.5.6　黄、渤海银鲳体重组成

2）群体组成变动趋势

1983～1988 年，黄、渤海银鲳最大个体是叉长为 293 mm、体重为 720 g 的 6 龄鱼，银鲳群体的平均叉长为 180 mm，平均体重为 198 g，优势叉长为 150～240 mm，优势体重为 100～450 g，年龄为 1～3 龄（唐启升和叶懋中，1990）。1998～2000 年，银鲳群体的平均叉长为134 mm，平均体重为 78 g，优势叉长为 100～150 mm，优势体重为 30～90 g，主要是幼鱼和 1 龄鱼。2010 年与 1983～1988 年和 1998～2000 年相比，银鲳的叉长和体重范围、优势组、平均值均明显降低，银鲳呈小型化（表 2.5.1）。

表 2.5.1 银鲳叉长和体重组成的年间变化

年代	叉长组成/mm			体重组成/g		
	范围	优势组	平均值	范围	优势组	平均值
1983～1988 年	85～293	150～240	180	10～720	100～400	198
1998～2000 年	67～252	100～150	134	8～546	30～90	78
2010 年	34～228	50～70、110～170	111	0.8～320	10～40	54.2

3）摄食特征

银鲳以摄食浮游生物为主，摄食强度较低，尤其是越冬期和产卵期，空胃率均在 90% 以上。春季，进入产卵场的银鲳生殖群体，其中，约 30%是幼鱼，经过越冬期，体内能量消耗较大，开始摄食，摄食率为 26.9%。秋季是银鲳摄食最旺盛的季节，摄食率为 29.0%，胃摄食等级为 2 级、3 级的占 10.3%。

据韦晟和姜卫民（1992）对银鲳胃含物的分析，其主要摄食海链藻、根管藻和小拟哲水蚤，其次为太平洋纺锤水蚤和真刺唇角水蚤等，营养级为 2.2。邓景耀（1995）用相对重要性指数（IRI）来判定银鲳胃含物中各种饵料的相对重要性，结果表明，银鲳主要摄食涟虫和小拟哲水蚤，其次为近缘大眼剑水蚤、细螯虾和短尾类幼体等。

4）繁殖特性

银鲳最小性成熟叉长在 120 mm 左右，性成熟年龄为 1 龄，产卵盛期在 6～7 月。

（3）渔业状况及资源评价

1980 年以前，黄、渤海渔业以捕大黄鱼、小黄鱼、带鱼和中国对虾等传统经济种类为主，银鲳仅作为兼捕对象，产量不高，不足万吨。改革开放以后，黄、东海的大黄鱼、小黄鱼和带鱼，以及渤海的中国对虾资源相继衰退，对银鲳资源的开发利用引起重视。自 1970 年末，江苏群众渔业在吕泗渔场使用流刺网捕银鲳，取得较好的效果，以后，专捕银鲳的渔船数量迅速增加，产量明显上升。目前，捕捞银鲳的渔具除了流刺网外，底拖网和沿岸的定置网也兼捕银鲳。

根据《全国水产统计年报》，我国银鲳产量，从 1980 年初的 4 万 t 增至 2005 年的 41 万 t，近年来有所下降，但仍维持在 35 万 t 的水平。1980～1992 年，增长较慢，呈波浪式增长，产量在 10 万 t 以内。1993 年，突破 10 万 t，以后一直上升。黄、渤海银鲳的产量（包括天津市、河北省、辽宁省、山东省和江苏省），1980～1995 年处于波动状态，维持在1 万～3 万 t，到 1996 年，突然增到 6 万 t，此后几年，则保持在 5 万～7 万 t 的较高水平（图 2.5.7）。

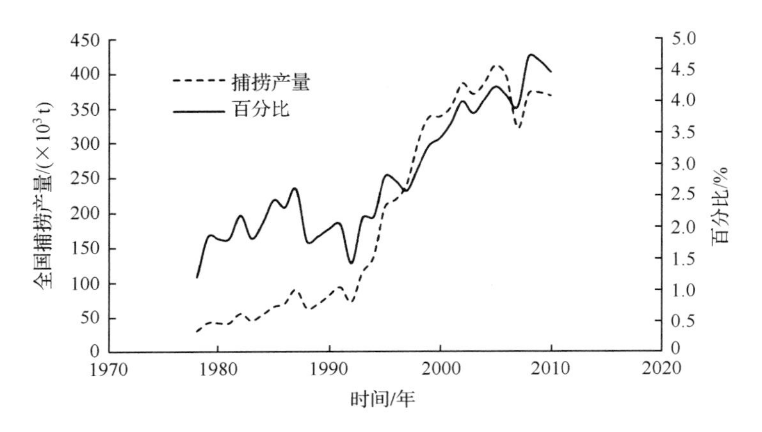

图 2.5.7　银鲳捕捞产量及占海洋捕捞鱼类产量比例的变化

在渤海，春季银鲳的密度从 1959～2004 年呈持续下降趋势，由 1959 年的0.56 kg/h 下降至 2010 年的 0.014 kg/h，但 2010 年其在总渔获量中的百分比最大，为 5%（图 2.5.8）；夏季，渤海银鲳密度从 1959～1982 年，有小幅度上升，1992 年大幅度下降，此后，呈上升趋势，2010 年达到最大值，为 1.47 kg/h。银鲳在总渔获量中的百分比，以 1998 年最高，为 12.7%，但密度仅为0.48 kg/h（图 2.5.8）。在黄海中南部，春季银鲳的密度从 1986 年的 0.84 kg/h 下降至 1998 年的 0.21 kg/h，此后，至 2001 年呈上升趋势，2006 年，其密度达 0.75 kg/h，到 2010 年，仅为 0.27 kg/h。其在总渔获量中的百分比与其资源密度的变化趋势基本一致（图 2.5.9）。在黄海中南部，夏季银鲳的密度从 2000 年的 0.008 kg/h 增至 2007 年的 5.49 kg/h。从银鲳密度及其在总渔获量中比例的变化来看，虽然，近年来银鲳资源有小幅回升，但是应该尽快开展对银鲳资源的保护性研究。目前，银鲳已实现人工育苗，但尚未规模化生产，它是黄、渤海潜在的增殖种类。

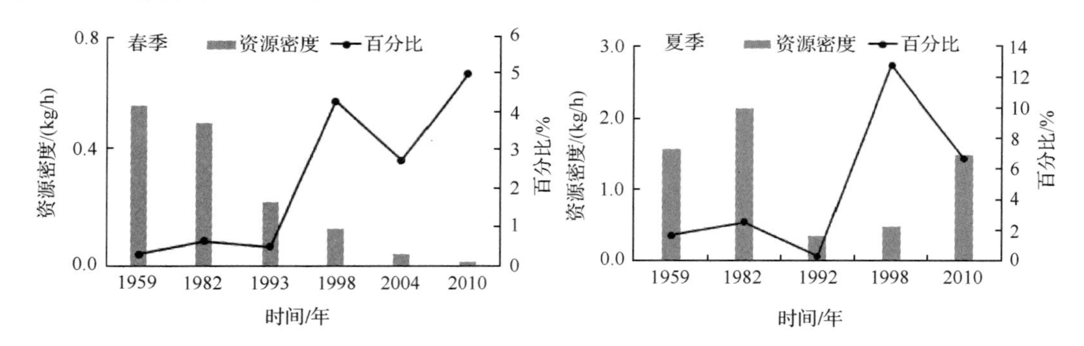

图 2.5.8　渤海银鲳密度及其在总渔获量中所占比例的变化

2. 小黄鱼

(1) 数量分布

1) 渤海和黄海北部

春季，在渤海未捕到小黄鱼。在黄海北部，小黄鱼出现频率为 90.9%，平均密度、平

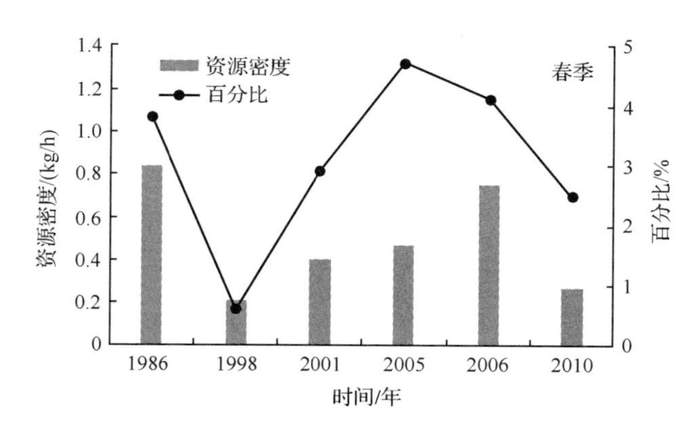

图 2.5.9　黄海中南部银鲳密度及其在总渔获量中所占比例的变化

均尾数分别为 13.10 kg/h、656 尾/h，最高密度、最高尾数分别为 75.00 kg/h、5814 尾/h（图 2.5.10）。

夏季，在渤海，小黄鱼出现频率为 90.9%，平均密度、平均尾数分别为 0.12 kg/h、7 尾/h，最高密度、最高尾数分别为 3.90 kg/h、92 尾/h。小黄鱼分布有 2 个密集区：一个在渤海湾近岸，密度在 0～1 kg/h，另一个在莱州湾，密度在 0～10 kg/h。在黄海北部，小黄鱼出现频率为 90.9%，平均密度、平均尾数分别为 20.12 kg/h、1003 尾/h，最高密度、最高尾数分别为 240.00 kg/h、13 920 尾/h(图 2.5.11）。

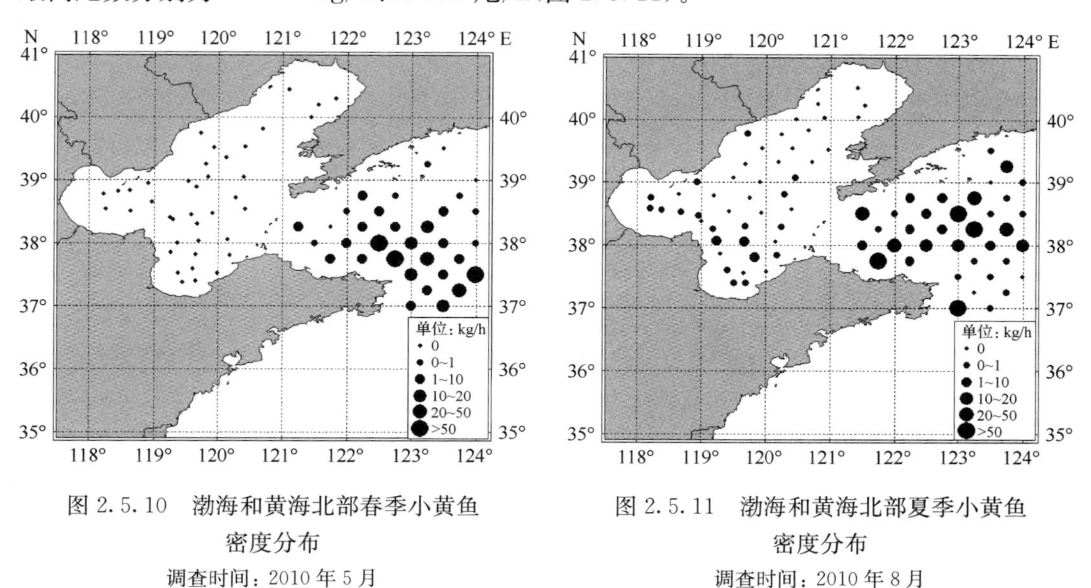

图 2.5.10　渤海和黄海北部春季小黄鱼密度分布
调查时间：2010 年 5 月

图 2.5.11　渤海和黄海北部夏季小黄鱼密度分布
调查时间：2010 年 8 月

2）黄海中南部

春季，小黄鱼主要分布在黄海中部的外侧水域，出现频率为 89.6%，最高密度为 40.00 kg/h，最低为 0.01 kg/h，平均密度为 2.83 kg/h(图 2.5.12）。

夏季，小黄鱼主要分布在长江口及黄海北部的南部水域，出现频率为 58.5%，最高密度为 150.00 kg/h，最低密度为 0.03 kg/h，平均密度为 18.39 kg/h(图 2.5.13）。

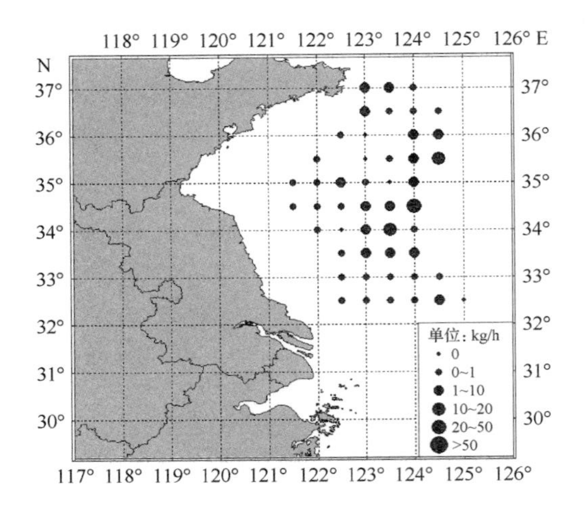

图 2.5.12　黄海中南部春季小黄鱼密度分布
调查时间：2010 年 5 月

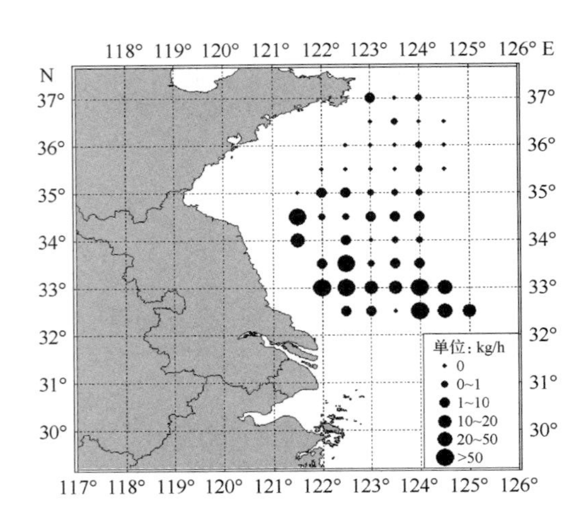

图 2.5.13　黄海中南部夏季小黄鱼密度分布
调查时间：2007 年 8 月

（2）生物学特征

1）群体组成

春季，小黄鱼群体体长为 40～228 mm，优势体长为 100～140 mm，占 74.3%（图 2.5.14），平均体长 124 mm；体重为 5～132 g，优势体重为 10～40 g，占 80.9%（图 2.5.15），平均体重 30 g。

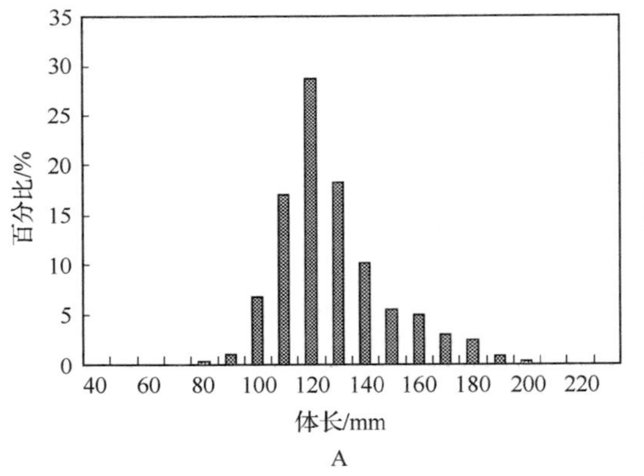

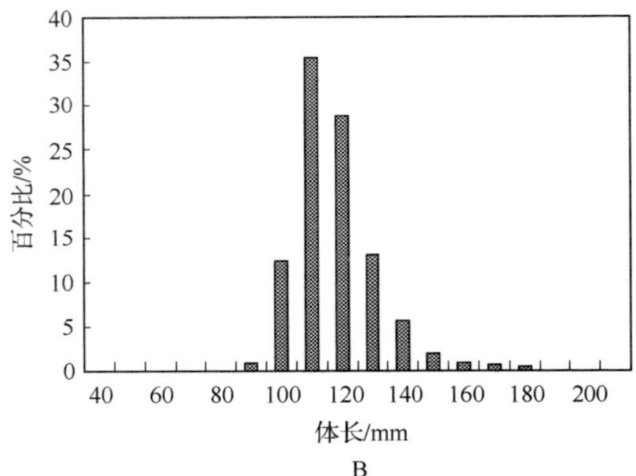

图 2.5.14　黄、渤海小黄鱼的体长组成
A. 春季；B. 夏季

夏季，当年生幼鱼出现，群体体长为 52～185 mm，优势体长为 90～130 mm，占 89.5%，平均体长为 113 mm（图 2.5.14）；体重为 8～94 g，优势体重为 10～40 g，占 94.7%（图 2.5.15）。

近年来，黄海小黄鱼群体的平均体长和年龄呈下降趋势（图 2.5.16）。2007～2010 年，小黄鱼的年平均体长和优势体长都小于 2000 年，特别是产卵群体和越冬群体，但是小于 1985～1990 年小黄鱼的平均体长和优势体长（金显仕，1996），更远远小于 20 世纪 50

年代小黄鱼的平均体长 214～225 mm(水柏年,2003),其优势体长也更为集中。特别是夏季,其优势体长组由双峰型变为单峰型(单秀娟等,2011)。

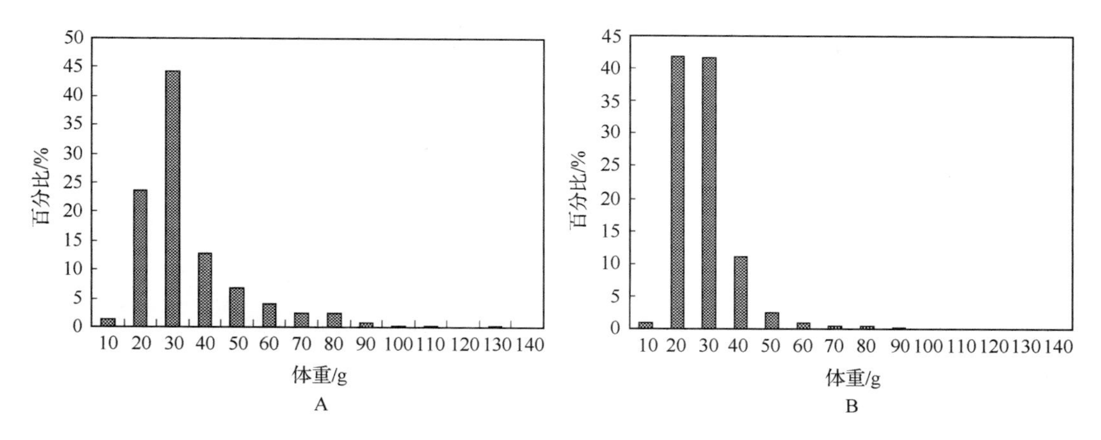

图 2.5.15　黄、渤海小黄鱼的体重组成

A. 春季；B. 夏季

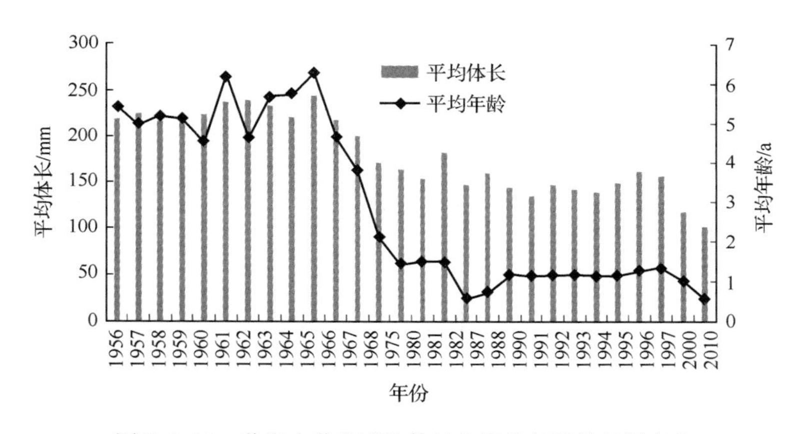

图 2.5.16　黄海小黄鱼平均体长和平均年龄的年际变化

2）群体组成变动趋势

20 世纪 50 年代,小黄鱼群体的平均体长为 200 mm 左右,平均体重在 150 g 以上,由 2～5 龄鱼组成,小于 160 mm 的个体占产卵群体的比例很低,特别是 1955～1957 年,仅占 1.0%～3.9%,体长超过 190 mm 的个体占 51.2%～85.8%。这表明,20 世纪 50 年代,可重复产卵的高龄鱼是主要成分。小黄鱼性成熟为 2 龄。经过近 30 年的捕捞,小黄鱼群体结构发生了很大变化,20 世纪 80 年代中期,平均体长为 151～166 mm,平均体重为 59～80 g,体长小于 160 mm 个体占的比例超过 50%,190 mm 以上的个体不足 18.0%。现在的小黄鱼与 1998～2000 年相比,平均体长和平均体重相差不大,全部为 160 mm 以下个体,目前小黄鱼群体的组成更趋简单,2 龄以上个体很少。

3）摄食特征

小黄鱼属于广食性鱼类,黄、渤海小黄鱼,5 月的空胃率高,为 69.4%;8 月,以 1 级、2

级为主，两者占 67.1%（表 2.5.2）。据林景祺（1965）、刘效舜（1990）、叶昌臣（1991）报道，小黄鱼幼鱼和成鱼食物组成差异明显，且幼鱼在各个发育阶段食物转换现象十分明显。体长 9～20 mm，以双刺纺锤水蚤为主要饵料；体长 16～60 mm，以浮游动物中的太平洋哲水蚤、真刺唇角水蚤、长额刺糠虾、强壮箭虫等为主要饵料，同时，开始吞食小型鱼类；体长在 61～80 mm 时，开始捕食较大型的虾类和小型鱼类，如中国毛虾和鰕虎鱼幼鱼等，但仍摄食浮游生物；体长达 81 mm 以后，以虾类和小型鱼类为主要饵料，具有成鱼的摄食食性。小黄鱼食性具有区域性差异，在渤海主要摄食小型虾类和鱼类，在黄海北部以脊腹褐虾、玉筋鱼、鳀和浮游甲壳类为主。

表 2.5.2　黄、渤海小黄鱼摄食强度百分比组成的变化(%)

摄食等级	0	1	2	3	4
5月	69.4	19.7	8.2	2.0	0.7
8月	14.1	42.6	24.4	11.1	7.7

在小黄鱼的食物组成中，质量百分比大于 1%的种类，1985～2000 年，发生了显著的变化，但是 2000～2010 年，其食物组成变化较小。1985～1986 年，小黄鱼食物组成以鳀为主，占 45.2%，其次是脊腹褐虾和戴氏赤虾，棘头梅童鱼、葛氏长臂虾和粗糙鹰爪虾也占较高的比例。2000 年，黄海小黄鱼的食物组成以太平洋磷虾为主，占 47.3%，其次是赤鼻棱鳀和脊腹褐虾，细螯虾也占较高的比例，但是鳀仅占 4.7%。2009～2010 年，小黄鱼的食物组成以太平洋磷虾(37.2%)、细螯虾(16.4%)和脊腹褐虾(19.7%)为主，鳀在食物组成中也占较高的比例，为 10.6%（单秀娟等，2011）。

4）繁殖特征

小黄鱼属分批产卵类型，主要产卵季节为 4～5 月，由南向北略为推迟。小黄鱼昼夜产卵，主要产卵时间在 17～22 时，以 19 时为产卵高峰期（刘效舜，1990）。刘勇等（2007）发现，东海北部和黄海中南部小黄鱼产卵群体主要分布在冷水团中心，适宜底层水温为 10～12℃，底层盐度为 32～33。林龙山等（2008）发现，小黄鱼在黄海中南部的产卵场，水温为 9.65～12.17℃，最适盐度为 32.25～34.54；东海产卵场，水温为 10.13～16.64℃，盐度为 32.5～34.37。黄海冷水团和其他水团交汇处，更有利于小黄鱼产卵（林龙山等，2008）。

邱望春和蒋定和（1965）研究，1959～1961 年，黄海中南部的小黄鱼，体长为 22～26 cm的个体怀卵量为 5 万～10 万粒/尾，体长为 22～27 cm 个体的相对怀卵量为 250～400 粒/g。水柏年研究结果，1993～1995 年，吕泗渔场和舟山渔场小黄鱼个体绝对繁殖力为 0.4118 万～21.8238 万粒/尾，相对繁殖力为 79.2～1633.7 粒/g，平均 664 粒/g，较 1961 年相同体长的个体高（水柏年，2003）。任一平等（2001）发现，在黄海中南部，小黄鱼怀卵量在 0.2686 万～3.4704 万粒/尾，与 1993～1995 年相比，有所下降。其原因是小黄鱼性早熟（任一平等，2001）。林龙山等（2009）研究结果，2007 年，黄海中南部和东海小黄鱼，其绝对繁殖力为 0.2753 万～4.6657 万粒/尾，相对繁殖力为 85～1307 粒/g，平均为 360 粒/g。其卵径为 0.48～1.15 mm，平均为 0.809 mm。与历史资料相比，小黄鱼的相对繁殖力显著提高，卵径变小（林龙山等，2009）。

曾玲等（2005）发现，2004 年，渤海小黄鱼的个体绝对繁殖力为 0.3126 万～4.8704 万粒/尾，相对繁殖力为 174～773 粒/g，平均为（475±23）粒/g。与 1964 年相比，相同体长小黄鱼的个体绝对繁殖力和相对繁殖力都显著增大，认为这是小黄鱼对环境变化的适应性响应（曾玲等，2005）。

从全年来看，小黄鱼性腺成熟度系数，雌鱼以 9 月最低，10 月至翌年 2 月增长缓慢，3～4 月，增长迅速，5 月，达到高峰；雄鱼是在 3～4 月最高（刘效舜，1990）。现在，春季，小黄鱼的性腺成熟度以Ⅲ期和Ⅳ期所占比例最高，为 69.0%；夏季为恢复期，性腺成熟度为Ⅰ～Ⅱ期，占 95.6%。

（3）渔业状况及资源评价

小黄鱼是我国近海重要的底层经济鱼类，1950～1960 年，其渔业是我国最重要的海洋渔业之一，1962 年前，小黄鱼捕捞产量占全国海洋鱼类捕捞产量的 6.0%～11.6%，以 1957 年最高，产量达 16.3 万 t，占 11.9%（图 2.5.17）。从 20 世纪 60 年代初，小黄鱼的捕捞产量一直下降，直到 1990 年，我国小黄鱼的捕捞产量一直徘徊在 4 万 t，特别是 1989 年，仅 16 万 t。自 20 世纪 90 年代初，小黄鱼产量开始增长，并且超过了历史最高水平，2010 年达到了 40 万 t。由于海洋捕捞总产量的增加，小黄鱼产量在全国海洋捕捞产量中的比例，自 1960 年以来，一直在 5%以下。1964 年前，小黄鱼渔获物以 2 龄以上鱼为主，比例不足 40%。之后，小黄鱼幼鱼比例不断上升，甚至超过 90%。目前，补充群体成为渔业生产的主要对象（金显仕，1996）。

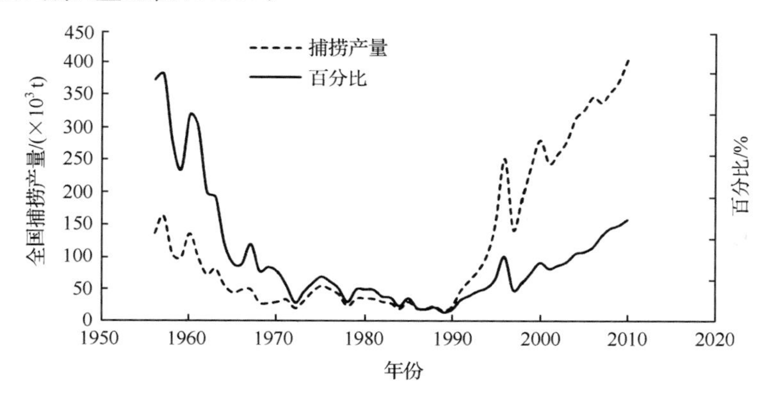

图 2.5.17　小黄鱼全国捕捞产量及在海洋捕捞鱼类产量中所占比例的变化

我国近海小黄鱼的捕捞量居高不下（图 2.5.17），已超过资源的再生能力，其平均体重、平均体长和平均年龄均出现明显下降，资源状况不容乐观。研究发现，2008 年的捕捞量显著高于 2000 年，但是，其平均渔获量显著下降。这充分证明，高渔获量与高强度捕捞有关，加之生产渔具的改进和捕捞船只功率的增大，捕捞死亡系数增加，低龄鱼占渔获物的主要成分，导致补充群体和剩余群体比例失调，单位补充量减少。研究证明，1985 年，小黄鱼在开捕年龄为 0.3 龄，捕捞死亡系数为 1.20 的条件下（当时渔业的现行点），其单位补充量是 45.3 g（金显仕，1996），而 2008 年，小黄鱼在开捕年龄为 0.3 龄，捕捞死亡系数为 1.63 的条件下（当前渔业的现行点），其对应的单位补充量是 15.18 g（张国政等，

2010)，仅为 1985 年单位补充量的 33.5%。1990 年前，在黄、渤海，国家规定的小黄鱼可捕体长是 160～200 mm(唐启升和叶懋中，1990)，中华人民共和国农业部 1991 年颁布的《渤海区渔业资源繁殖保护规定》，小黄鱼可捕体长是 180 mm。2010 年，小黄鱼的平均体长(102 mm)远远小于当时规定的可捕体长，张国政等(2010)曾对黄海小黄鱼进行评估，根据模型预测，认为当前黄海小黄鱼渔业可持续发展的可捕体长应调至 150 mm。虽然，国家和地方政府相继颁布了很多有关保护海洋渔业资源的法规和条例，但是，损害渔业资源的网具仍然在使用，专捕和兼捕小黄鱼幼鱼的现象仍然严重。因此，要严格控制捕捞强度，加强产卵场的保护，在制定各项相关政策的同时，要考虑到小黄鱼种群属性和生活史类型的变化，只有这样，才能实现小黄鱼资源的可持续利用。

根据调查资料分析，在渤海，春季小黄鱼密度从 1959～1982 年急剧下降，由 75.18 kg/h 降至 0.34 kg/h，此后，一直维持在较低水平，均小于 1.0 kg/h，但是，其在总渔获量中的百分比以 1959 年最高，其次是 2004 年(图 2.5.18)；夏季小黄鱼密度从 1959～1982 年急剧降低，由 29.32 kg/h 降至 9.03 kg/h，1992 年，有小幅度回升，为12.93 kg/h，此后，一直处于降低趋势，2010 年仅为 0.12 kg/h，其在总渔获量中的百分比一直处于降低趋势，由 1959 年的 31.5%到 2010 年的 0.4%(图 2.5.18)。在黄海中南部，春季小黄鱼密度从 1986～2001 年呈上升趋势，由 1986 年的 0.24 kg/h 增至 2001 年的 5.25 kg/h，到 2005 年，下降至 1.58 kg/h，2006 年，有小幅度增加，2010 年，又降至 2.54 kg/h，其在总渔获量中所占的比例变化与资源密度变化趋势大体一致(图 2.5.19)；夏季小黄鱼密度由

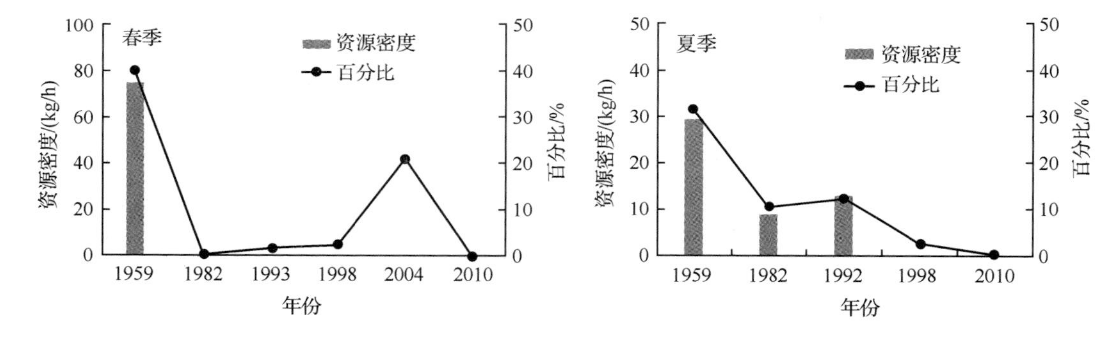

图 2.5.18 渤海小黄鱼密度及其在总渔获量中所占比例的变化

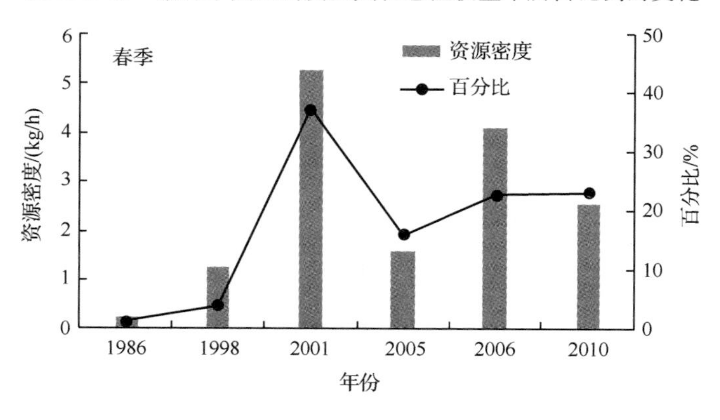

图 2.5.19 黄海中南部小黄鱼密度及其在总渔获量中所占比例的变化

2000 年的 0.13 kg/h 增至 2007 年的 16.36 kg/h，其在总渔获量中的比例也由 0.03%增至 22.4%。目前，小黄鱼在黄、渤海的渔业中，还能维持一定的产量。其人工育苗尚未开展，考虑到其经济价值和在生态系统中的作用，根据其资源变化，必要时可开展其人工育苗和增殖放流的相关研究工作。

3. 鳀

(1) 数量分布

1) 渤海和黄海北部

春季，鳀在黄海北部只出现在 1 个站，资源密度、尾数分别为 0.01 kg/h、1 尾/h，在渤海未捕获(图 2.5.20)。

夏季，鳀的分布范围明显扩大，渤海和黄海北部的平均密度为 20.96 kg/h，平均渔获尾数为 1619 尾/h，最大密度、最高渔获尾数分别为 1200 kg/h、52 800 尾/h，出现频率为 42.9%，其密集区有 4 个，一个在渤海的辽东湾 38°30′～40°00′N，120°00′～121°00′E 海域，密度在 0～1 kg/h，最高密度、最高尾数分别为 8.57 kg/h、3754 尾/h。第二个密集区在烟威渔场 37°30′～38°30′N、121°30′～122°30′E 海域，一般资源密度为 10～100 kg/h，最高密度、最高尾数分别为 140 kg/h、7955 尾/h，该站位在长岛以北。第三个密集区在海洋岛渔场中的38°30′～39°30′N、122°30′～124°00′E 附近，最大密度、最高尾数分别为 125 kg/h、10 125 尾/h，出现在海洋岛以东。第四个密集区在石岛以东的 37°00′N、123°00′E 附近，最大密度、最高尾数分别为 1200 kg/h、52 800 尾/h。此外，滦河口附近也有零星分布，密度多在 0～1 kg/h(图 2.5.21)。

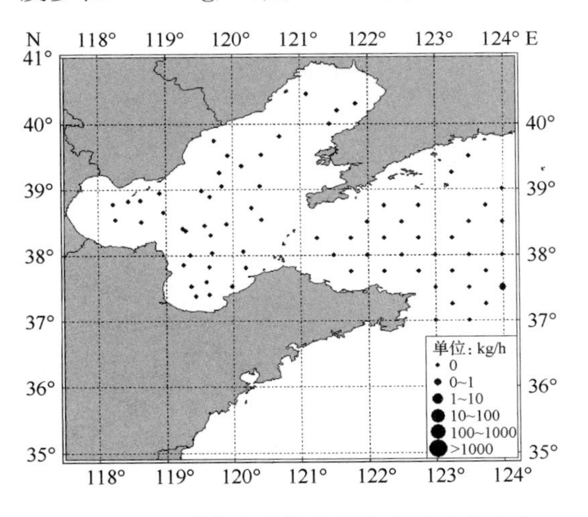

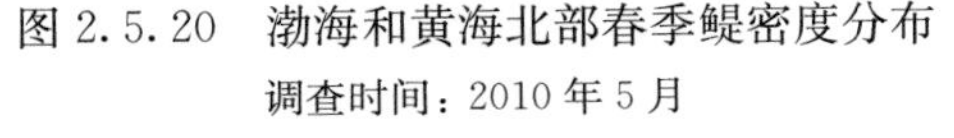

图 2.5.20　渤海和黄海北部春季鳀密度分布
调查时间：2010 年 5 月

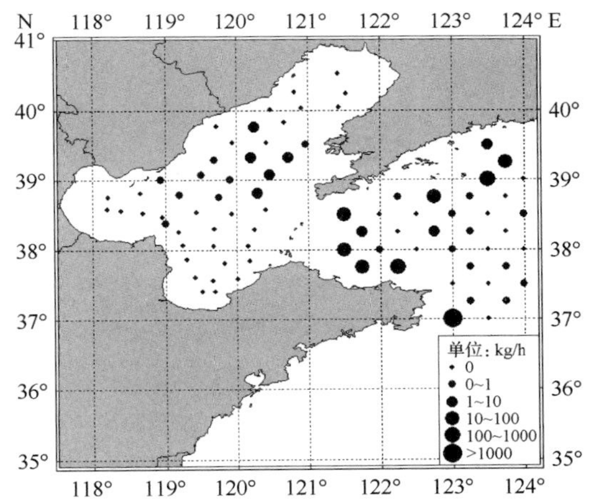

图 2.5.21　渤海和黄海北部夏季鳀密度分布
调查时间：2010 年 8 月

2) 黄海中南部

春季，鳀主要分布在山东半岛以南及黄海中部，出现频率为 45.8%，最高密度为 7.00 kg/h，最低密度为 0.01 kg/h，平均密度为 0.67 kg/h(图 2.5.22)。

夏季，鳀主要分布在长江口以北水域及黄海中部沿岸水域，出现频率为 64.6%，最高密度为 279.33 kg/h，最低密度为 0.01 kg/h，平均密度为 19.42 kg/h(图 2.5.23)。

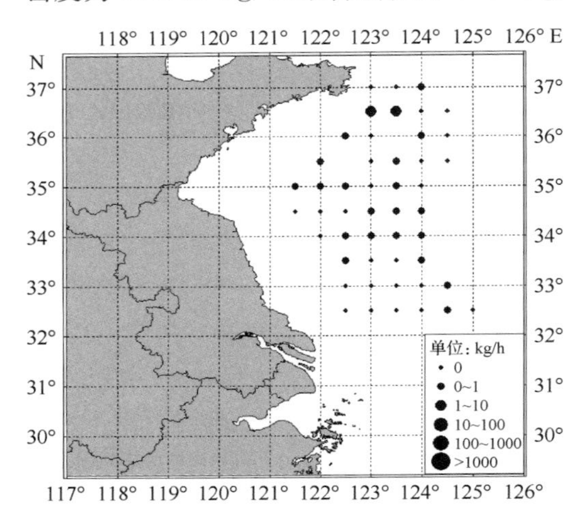

图 2.5.22　黄海中南部春季鳀密度分布
调查时间：2010 年 5 月

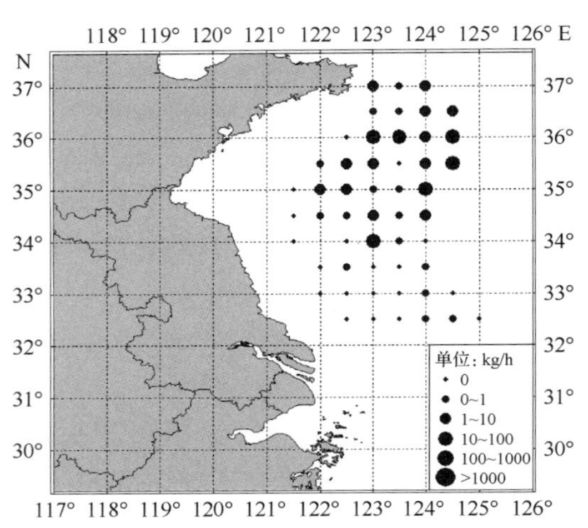

图 2.5.23　黄海中南部夏季鳀密度分布
调查时间：2007 年 8 月

(2) 生物学特征

1) 群体组成

春季，鳀的叉长为 52～150 mm，其中优势叉长为 71～140 mm，占群体的 80.4%，平均叉长为 99.5 mm；群体的体重为 0.9～38.3 g，其中优势体重是 0～15 g，占群体的 69.2%，平均体重是 12.3 g。

夏季，鳀的叉长为 58～138 mm，其中优势叉长为 80～109 mm，占 81.3%，平均叉长是 92 mm；群体的体重为 1.1～20.5 g，其中优势体重是 3～11 g，占 85.3%，平均体重是 6.4 g。

2) 群体组成变动趋势

鳀属生命周期短的小型鱼类，除个别年份出现 5 龄鱼外，一般只有 4 个年龄组。纵观其多年的数量分布，鳀各年龄组的尾数随年龄的增大而减少。1～4 龄，各龄尾数所占比例分别为 41.1%、36.8%、18.9%和 3.1%。各年龄组尾数所占比例的年际变化不显著，只有高龄鱼尾数在近 3 年所占的比例有所降低。

鳀的最大全长为 170 mm，最大体重为 46 g。优势叉长随季节而有所不同，春季，为 120 mm 左右，夏、秋季，则为 100 mm 左右，但年际变化不显著。幼鱼数量的变动趋势随资源状况而变化，近年来呈下降趋势。最小性成熟叉长为 60 mm(性腺Ⅲ期)、90 mm(性腺Ⅴ期)。1987 年，黄海中南部鳀(叉长为 90～127 mm)的个体绝对繁殖力为 600～13 600粒，平均 5500 粒(李富国，1987)。其卵径和初孵仔鱼在近几年均有变小的趋势(万瑞景和姜言伟，2000)。

现在，春季群体中的幼鱼约占 11%，1 龄、2 龄鱼约占 89%，群体中雌雄的比例为 69∶31。性腺几乎全部为Ⅱ期；夏季群体中，雌雄不分的个体占 17.3%，雌雄比例为 52∶48。在雌雄可分的个体中，性腺为Ⅱ期的个体占 5.4%，Ⅲ期的占 28.6%，Ⅳ期的占 64.4%。

3）摄食特性

初冬（12 月下旬至翌年 1 月上旬），鳀主要摄食太平洋磷虾（以幼体为主）、细长脚蛾、中华哲水蚤、墨氏胸刺水蚤等。深冬（2 月），主要摄食太平洋磷虾（幼体）和长额刺糠虾等。春季（5～6 月）是鳀的产卵盛期，大部分鳀分布在近岸较浅水域，饵料以强壮箭虫为主。夏季（8 月）是鳀的索饵期，主要饵料种类依次为太平洋磷虾、中华哲水蚤、细长脚蛾、长额刺糠虾等，当年生幼鱼的饵料以蚤状幼体为主。

现在，鳀的春季群体，0 级胃的个体占 4.0%，1 级占 33.8%，2 级占 54.7%，3 级占 7.1%，4 级占 0.4%；夏季群体，0 级胃的个体占 6.8%，1 级占 41.5%，2 级占 24.2%，3 级占 15.4%，4 级占 12.1%。

4）繁殖特性

鳀的产卵场主要分布在海州湾、山东半岛近海、辽东半岛近海和渤海的沙岩岸近海。在海州湾产卵场，亲鱼、鱼卵和仔鱼主要分布在水深 20 m 左右的海洋潮锋带附近，较深水域也有鳀产卵。鳀的产卵期是在 4 月底至 10 月中下旬，5 月中旬至 6 月下旬为产卵盛期。3 月上旬，其性腺开始发育，10 月中旬产卵结束。生殖期间，雌雄比大致为 50∶50，产卵盛期，雌雄比为 51∶49，盛期过后至 8 月，为 49∶51。10 月中旬至翌年 3 月初，性腺均为Ⅱ期。雌性个体性腺为Ⅴ期者，出现在 4 月底至 10 月上旬，5 月中下旬，Ⅴ期的占 49%，Ⅳ期、Ⅵ期和Ⅲ期的分别占 36%、9%和 6%。本次调查结果：雌雄比为 52∶48，性腺为Ⅴ期的占 47.0%，Ⅱ期、Ⅳ期和Ⅰ期的分别占 29.0%、25.7%和 0.6%。

（3）渔业状况及资源评价

捕捞渔业的主要作业形式为变水层拖网。20 世纪 80 年代以前，只有少量渔船专捕鳀的幼鱼，其资源基本处于未开发状态，20 世纪 90 年代，鳀的产量呈直线上升趋势。1990 年，不到 6 万 t，1995 年，为 45 万 t，其中 80%以上是黄海的产量。1997 年，超过 100 万 t，1998 年，全国的鳀产量高达 150 万 t。其产量的提高与捕捞力量的大量投入有关。在此之前，鳀的资源密度已开始呈下降趋势。1998 年以后，在捕捞力量继续加大的情况下，鳀产量反而下降 20%以上。2000 年，降到 100 万 t 以下，为 96 万 t。目前，仅为 5 万 t 左右。鳀产量在全国海洋鱼类捕捞产量中占的比例与其产量的变化趋势一致，为 1.1%～13.4%（图 2.5.24）。

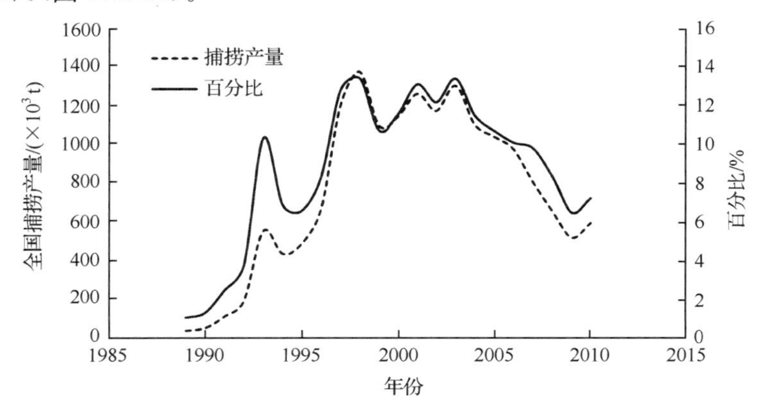

图 2.5.24　鳀全国捕捞产量及其占海洋捕捞鱼类产量比例的变化

鳀的开发，大幅度地提高了我国的海洋捕捞产量，减轻了对其他经济鱼类的捕捞压力，促进了沿海地区的水产加工业（鱼粉、鱼油）的发展，鳀在黄、东海乃至全国渔业中占有重要地位。鳀的主要作业渔场：冬季，在黄海中南部的越冬场；夏、秋季，在黄海中部的索饵场；春、夏之交，在近岸的产卵场。从1995～1999年的分月的生产资料可以看出，1995年，鳀的生产还主要集中在春季和夏季。1996年开始实行伏季休渔，7～8月，产量锐减，冬季，产量显著增加，12月，产量大幅度超过其他月份。1998～1999年，冬季3个月（主要为12月至翌年1月）的产量，远远超过1998年春、夏之交的4个月（3～6月）的产量。越冬场已成为一年中捕捞鳀的主要渔场。2月，部分鳀游离黄海，鱼群也比较分散，夏季为禁渔期，在黄海，鳀几乎是全年生产。

从历史资料来看，1959～1993年，春季，渤海鳀的密度在迅速增加，1993年，达34.21 kg/h，此后，迅速下降，1998年以后，其密度均小于1 kg/h，在2010年调查过程中，未发现鳀，鳀在总渔获量中所占的比例与其资源密度的变化趋势一致（图2.5.25）。夏季，渤海的鳀资源与春季的变化趋势一致，从1959～1992年迅速上升，1992年达24.03 kg/h，此后，也迅速下降，1998年以后，其资源密度小于1 kg/h，2010年，仅0.13 kg/h，其在总渔获量中所占比例与其资源密度的变化呈相同趋势。

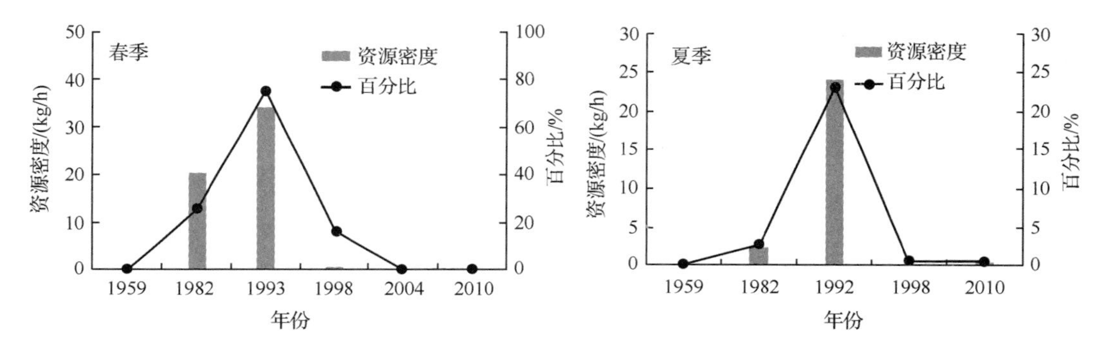

图2.5.25　渤海鳀的密度及其在总渔获量中所占比例的变化

在黄海中南部，春季，鳀的密度从1986～1998年迅速上升，从13.19 kg/h增至19.31 kg/h，此后下降，到2006年，有小幅回升，达4.10 kg/h，2010年，其密度仅为0.31 kg/h，它在总渔获量中的比例先降、后升，然后又降低（图2.5.26）；夏季，鳀由2000

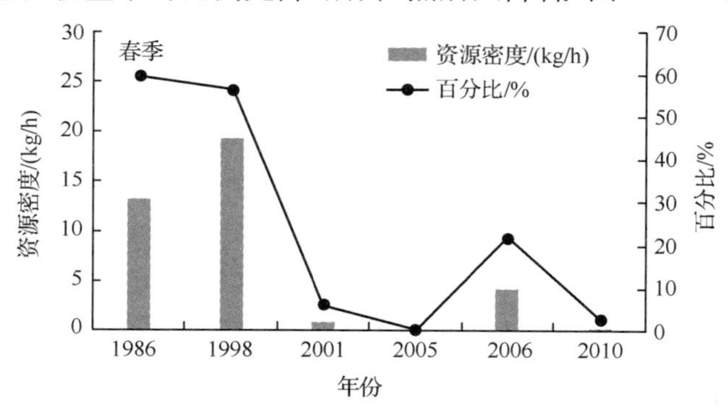

图2.5.26　黄海中南部鳀的密度及其在总渔获量中所占比例的变化

年的 500.94 kg/h 降至 2007 年的 3.77 kg/h，它在总渔获量中的比例也由 96.5%降至 5.2%。从鳀的密度及其在总渔获量中的比例的变动来看，目前，鳀尚具有一定的产量，但相比历史最高产量，显著降低。考虑到鳀在黄、渤海生态系统中的关键作用，建议开展其人工育苗和增殖放流的相关研究，这对科学合理地利用鳀资源有重要的意义。

4. 黄鲫

(1) 数量分布

1) 渤海和黄海北部

春季，黄鲫出现频率为 50.7%，渤海和黄海北部平均密度为 0.81 kg/h，最大密度、最大尾数分别为 25.00 kg/h、1125 尾/h，出现在石岛以东 37°00′N、123°00′E 附近。资源密集分布区在烟威渔场，密度为 0.50～10.00 kg/h。在莱州湾，黄鲫的密度相对较高，在渤海湾和辽东湾，其密度较小(图 2.5.27)。

夏季，在渤海，黄鲫出现频率为 26.2%，平均密度为 0.50 kg/h，最大密度、最大尾数分别为 11.02 kg/h、1968 尾/h，出现在渤海湾。密集区有 3 个，第一个密集区在渤海湾，密度为 2.50～10.00 kg/h；第二个密集区在莱州湾，密度为 0.50～2.5 kg/h；第三个密集区在辽东湾，其中的 2 个站，黄鲫密度分别为 7.59 kg/h、0.36 kg/h，尾数分别为 302 尾/h、15 尾/h。在黄海北部，只有 1 个站出现黄鲫，密度、尾数分别为 0.03 kg/h、1 尾/h (图 2.5.28)。

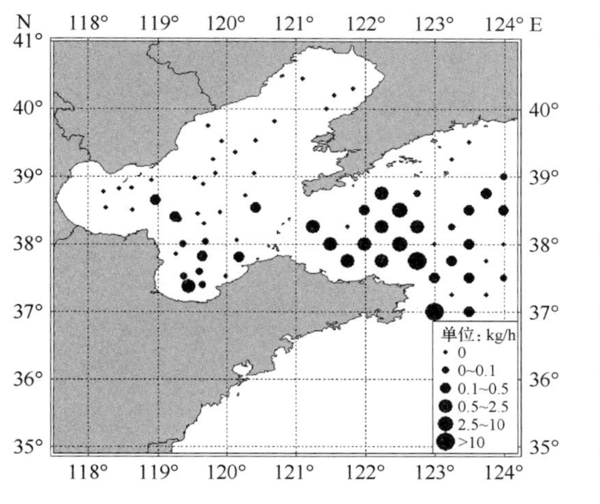

图 2.5.27　渤海和黄海北部春季黄鲫密度分布
调查时间：2010 年 5 月

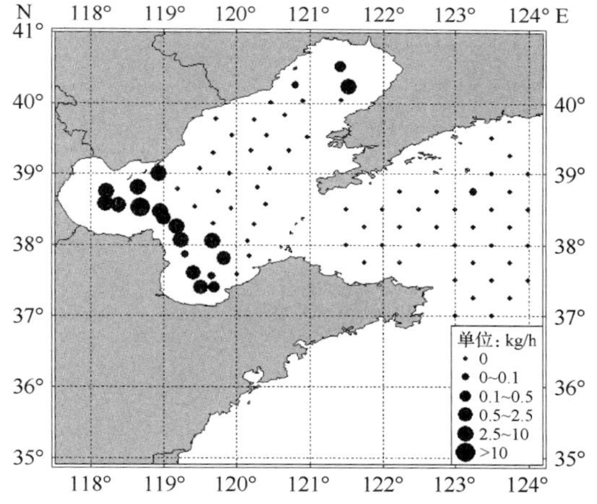

图 2.5.28　渤海和黄海北部夏季黄鲫密度分布
调查时间：2010 年 8 月

2) 黄海中南部

春季，黄鲫遍布黄海中南部，出现频率为 62.5%，沿岸密度相对较高，最高为 1.59 kg/h，最低为 0.01 kg/h，平均密度为 0.12 kg/h(图 2.5.29)。

夏季，黄鲫主要分布在长江口以北的沿岸水域，出现频率为 9.2%，最高密度为 18.00 kg/h，最低为 0.53 kg/h，平均密度为 5.22 kg/h(图 2.5.30)。

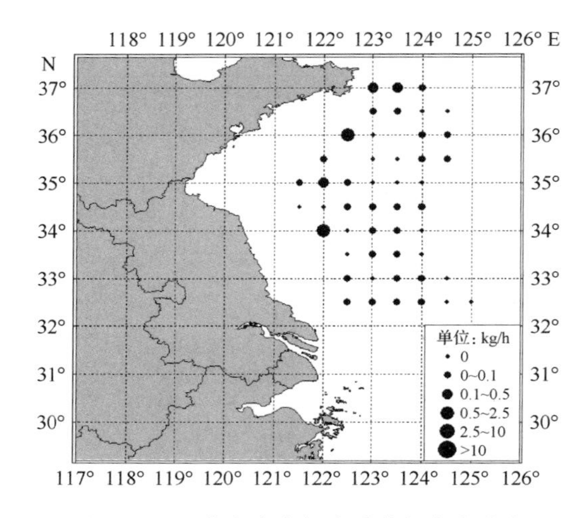

图 2.5.29　黄海中南部春季黄鲫密度分布

调查时间：2010 年 5 月

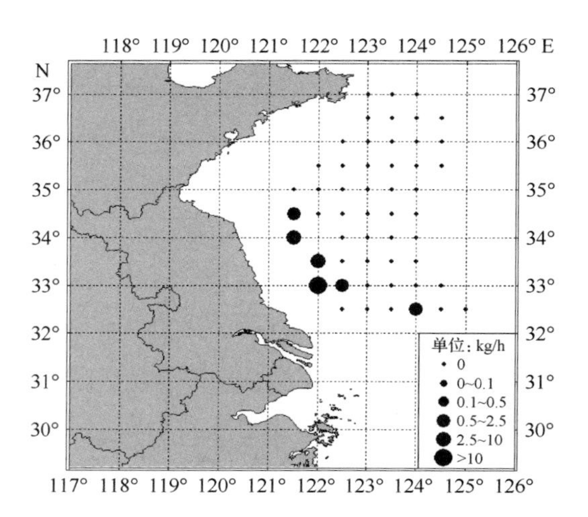

图 2.5.30　黄海中南部夏季黄鲫密度分布

调查时间：2007 年 8 月

（2）生物学特性

1）群体组成

春季，黄鲫叉长为 111～175 mm，优势叉长为 140～160 mm，占 56%，平均叉长为 150 mm；体重为 8.5～38.5 g，优势体重为 20～35 g，占 72%，平均体重为 24.3 g。

夏季，黄鲫叉长为 40～191 mm，优势叉长有 2 个，分别为 70～100 mm、150～170 mm，分别占 45%、27%，平均叉长为 118 mm；体重为 0.4～58.0 g，优势体重有 2 个，分别为 0.4～15 g、20～35 g，分别占 56%、24%，平均体重为 16.8 g。

黄鲫的叉长与体重呈幂函数关系（图 2.5.31），关系式为

$$W = 4 \times 10^{-6} L^{3.1412} (R^2 = 0.968, n = 736)$$

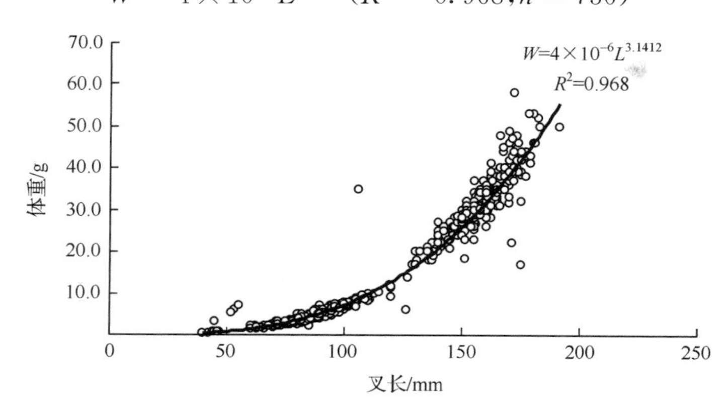

图 2.5.31　黄、渤海黄鲫叉长与体重的关系

2）群体组成的年间变动

1983～1988 年，黄、渤海黄鲫的平均叉长为 146 mm，以 100～180 mm 为优势组；平均体重为 25.8 g，以 5～40 g 为优势组。最大个体的年龄为 4 龄（邓景耀等，1988；唐启升和叶懋中，1990）。1998～2000 年，黄鲫的平均叉长为 113 mm，平均体重为 14.5 g。1～2

龄鱼的优势叉长为 90～150 mm，体重为 5～25 g（金显仕等，2005）。本次调查结果与 1998～2000 年相比，黄鲫的平均叉长变化不大，与 20 世纪 80 年代相比，黄鲫趋于低龄化、小型化，3 龄、4 龄个体所占比例减少。

3）摄食特性

黄鲫主要以浮游动物为食，主要饵料种类有长额刺糠虾、强壮箭虫、中国毛虾和钩虾等，次要饵料种类为中华哲水蚤、脊腹褐虾、细螯虾和口虾蛄，此外，黄鲫还兼食圆筛藻、舟形藻等浮游植物（刘效舜，1990）。黄鲫终年摄食，胃饱满度通常为 1～2 级，但产卵期的空胃率高达 60%～70%。

4）繁殖特性

黄鲫最小性成熟年龄为 1 龄，雌鱼性成熟的最小叉长为 90 mm。其性成熟度的周年变化较有规律，8～12 月，雌鱼的性成熟度处于Ⅱ期，春季，性成熟个体开始进入黄、渤海沿岸产卵场产卵，5 月，在黄海沿岸，雌鱼有 57.1%的个体为Ⅴ期，这时正是产卵盛期。

（3）渔业状况及资源评价

20 世纪 70 年代中期以前，黄、渤海渔业以捕捞大黄鱼、小黄鱼、带鱼和中国对虾等传统经济种类为主，黄鲫仅为底拖网的兼捕对象，黄鲫的年渔获量为 7 万～9 万 t，其中，在黄、渤海的产量占 60%。20 世纪 80 年代中期，山东省的年渔获量约为 2.5 万 t，占海区总渔获量的 3.0%（刘效舜，1990；唐启升和叶懋中，1990）。20 世纪 90 年代，由于鳀资源的开发，黄鲫在海区总渔获量中的比例下降为 1%左右。捕捞黄鲫的主要渔场有烟威渔场、海洋岛渔场和渤海的各渔场，其次为吕泗渔场和海州湾渔场，渔期为 5～11 月。冬季渔期为1～3 月，作业渔场有连青石渔场和大沙渔场，其水深大于 40 m。

从历史资料来看：渤海，春季黄鲫的密度从 1959～1993 年迅速上升，1993 年，达 198.00 kg/h，此后一直处于较低水平，均小于 1 kg/h，它在总渔获量中的百分比也呈相同变化趋势（图 2.5.32）；夏季黄鲫的密度由 1959 年的 9.42 kg/h 增至 1982 年的 14.94 kg/h，到 1992 年，一直保持相对稳定，此后下降。2010 年，其密度为 0.50 kg/h，它在总渔获量中的比例呈先升、后降的变动趋势（图 2.5.32）。

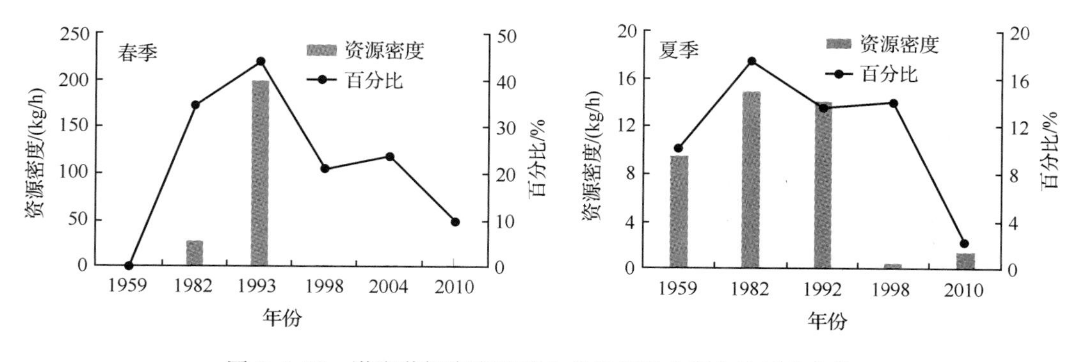

图 2.5.32　渤海黄鲫密度及其在总渔获量中所占比例的变化

黄海中南部，春季黄鲫的密度，自 1986～2005 年，在持续地增加，2005 年达 0.63 kg/h，此后下降，2010 年，仅为 0.08 kg/h，它在总渔获量中所占的比例也呈相同变化趋势（图 2.5.33）；夏季黄鲫的密度，由 2000～2007 年，也在逐渐增加，2007 年，为 0.73 kg/h。

目前，黄鲫尚具有一定产量。考虑到黄鲫在黄、渤海生态系统中的作用，应开展其人工育苗和增殖放流的相关研究，以促进黄、渤海生态系统结构的稳定和健康发展。

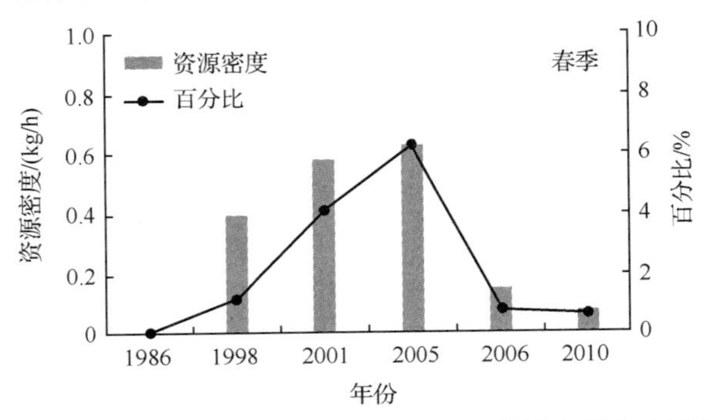

图 2.5.33　黄海中南部黄鲫密度及其在总渔获量中所占比例的变化

5. 蓝点马鲛

(1) 数量分布

1) 渤海和黄海北部

春季，在渤海和黄海北部均未捕获蓝点马鲛(受调查网具和船速的影响)。

夏季，蓝点马鲛的出现频率为 22.6%，最高密度为 42.00 kg/h，最低为 0.06 kg/h，平均为 0.39 kg/h，平均尾数为 6 尾/h。蓝点马鲛主要分布在莱州湾、辽东湾，此外，烟威外海也有分布(图 2.5.34)。

2) 黄海中南部

春季，在黄海中南部也未捕获蓝点马鲛。

夏季，蓝点马鲛主要分布在长江口及黄海北部的南部，出现频率为 9.2%，最高密度为 5.00 kg/h，最低为 0.17 kg/h，平均密度为 1.61 kg/h，平均尾数为 6 尾/h(图 2.5.35)。

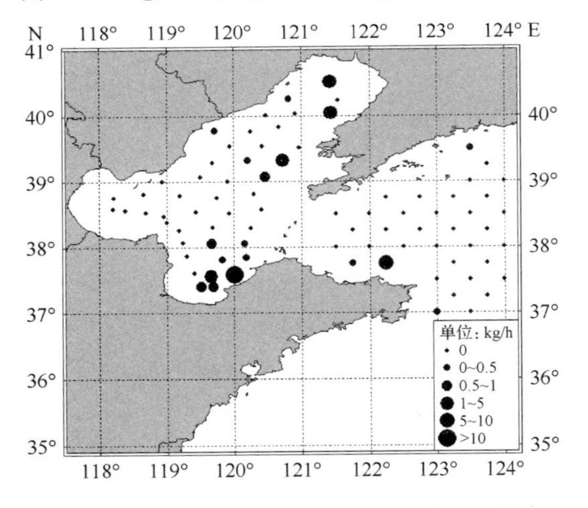

图 2.5.34　渤海和黄海北部夏季蓝点马鲛密度分布

调查时间：2010 年 8 月

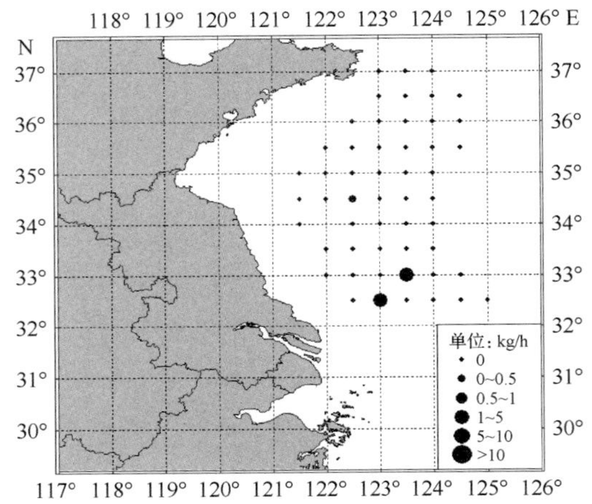

图 2.5.35　黄海中南部夏季蓝点马鲛密度分布

调查时间：2007 年 8 月

（2）生物学特性

1）群体组成

春季，在黄、渤海均未捕获蓝点马鲛。

夏季，蓝点马鲛群体的叉长为 186～342 mm，优势叉长为 190～220 mm，占 44.2%（图 2.5.36），平均叉长为 240 mm；体重为 50～301 g，优势体重为 60～80 g，占 39%（图 2.5.37），平均体重为 121 g。

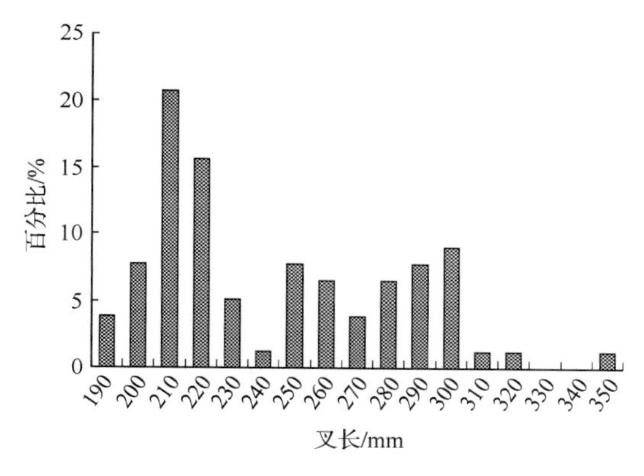

图 2.5.36　黄、渤海蓝点马鲛叉长分布

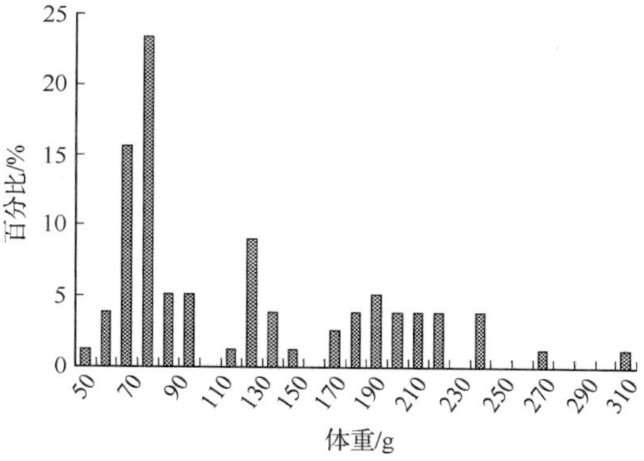

图 2.5.37　黄、渤海蓝点马鲛体重分布

蓝点马鲛叉长与体重的关系式为（图 2.5.38）

$$W = 6 \times 10^{-6} L^{3.0639} (R^2 = 0.9808, n = 77)$$

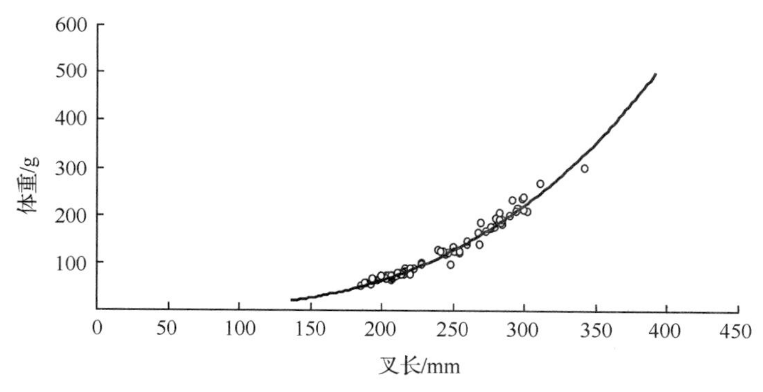

图 2.5.38　蓝点马鲛叉长与体重的关系

2）群体变动趋势

1952～1964 年，蓝点马鲛处于尚未充分利用时期。在捕捞群体中，叉长在 450 mm 以下的小个体所占的比例很小，仅占 6%左右，叉长在 501～550 mm 和 551～660 mm 的个体所占比例最大，两者合计占 50%～70%，其中，叉长大于 600 mm 的个体占 10%～20%。1965～1980 年，蓝点马鲛处于资源充分利用期，其群体组成中，叉长在 450 mm 以下的个体数量增多，所占比例达 10%左右，个别年份达 26%（1978 年），体长为 501～550 mm 和 551～600 mm 的优势叉长合计占 60%～80%，叉长在 600 mm 以上的个体明显减少，已降为 10%左右，701 mm 以上的大个体数量很少。1981～1986 年，蓝点马鲛处于资源过度利用期，叉长在 450 mm 以下的个体所占比例已超过 20%，450～500 mm 和 501～

550 mm 的个体占的比例最大，为 60%～70%，大于 550 mm 的个体显著减少(邓景耀等，1991)。本次调查结果，蓝点马鲛群体的平均叉长为 240 mm，优势叉长为 190～220 mm，占 44.2%，相比 20 世纪 80 年代，其叉长明显减小，小型化严重。

3）摄食特性

蓝点马鲛以小型鱼类为主要饵料，还摄食少量的头足类和甲壳类，鳀是蓝点马鲛常年摄食的主要鱼类，此外，还吃玉筋鱼、青鳞沙丁鱼、天竺鲷、黄鲫、斑鰶、枪乌贼类、曼氏无针乌贼幼体、粗糙鹰爪虾等(邓景耀等，1991)。

4）繁殖特性

20 世纪 70 年代末，雄性 1 龄个体绝大部分性成熟，占 97.5%，2 龄鱼全部性成熟；雌性 1 龄鱼有 10.5%左右性成熟，2 龄鱼有 96.1%性成熟，3 龄鱼全部性成熟。由于过度捕捞，群体组成迅速小型化。当前，1 龄鱼在产卵群体中占绝对优势，2 龄鱼全部性成熟。春汛，1 龄鱼仅极少数、体重在 250 g 左右小型鱼的性腺没有发育，其他全部性成熟。黄、渤海蓝点马鲛的产卵期较 20 世纪 80 年代以前明显滞后。

（3）渔业状况及资源评价

20 世纪 60 年代前，黄、渤海的流刺网具比较落后，渔汛以春汛为主，年渔获量在 3000 t以下。20 世纪 60 年代初，胶丝流刺网作业在青岛市获得成功后，小功率渔船流刺网作业规模逐年扩大，主要渔汛在春夏季，其已成为黄、渤海最大规模的蓝点马鲛渔汛。20 世纪 60 年代末，年渔获量在 2 万～3 万 t。20 世纪 70 年代末期，年渔获量达 4 万 t，渔获量仍以春汛为主，占全年的七成以上，秋汛比例有所上升。20 世纪 70 年代后期，在黄、渤海，秋季的底拖网开始捕捞蓝点马鲛的补充群体，捕捞强度迅速增加，渔获量逐年提高。此后，上下半年的渔获量之比，与 20 世纪 70 年代相比，发生倒置，即秋、冬季渔汛已取代春汛的地位。20 世纪 80 年代后期，随着浮拖网逐年增多及蓝点马鲛的过度利用，生殖群体的数量下降，年龄结构变小，对蓝点马鲛的捕捞已由春季为主转向秋汛，春汛的流网渔业逐年萎缩。定置张网兼捕蓝点马鲛，渔汛期间，其渔场向外围水域移动，渔具密布。自大量疏目浮拖网使用后，以捕捞秋、冬季的补充群体为主，使蓝点马鲛的渔获量更是稳步上升，黄、渤海区 20 世纪末的年渔获量已近 30 万 t(图 2.5.39)。

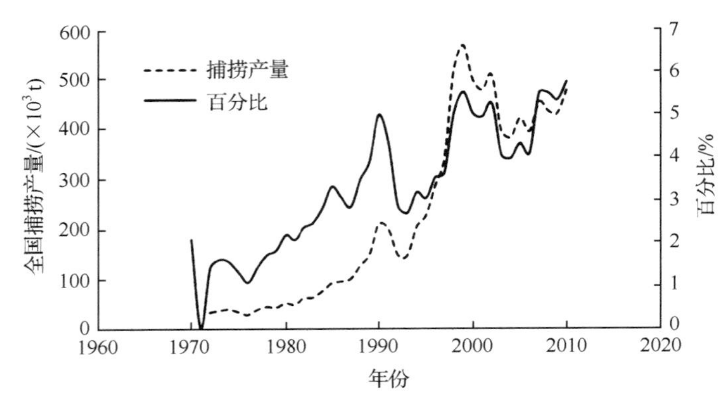

图 2.5.39　蓝点马鲛全国捕捞产量及占海洋捕捞鱼类产量比例的变化

黄、渤海蓝点马鲛渔获量近 20 年来稳步增长，表明对蓝点马鲛资源的开发力度较大，但并不说明资源还有潜力，捕捞强度迅猛增长是渔获量增加的主要原因之一。单位捕捞力量渔获量逐年下降，初次性成熟年龄提前，生殖群体低龄化，这些都证明了蓝点马鲛资源已经充分利用。

因受调查网具的限制，捕获蓝点马鲛的数量偏低，因此，调查所得到的密度变化资料仅作为参考。

在渤海，1959～1982 年，春季蓝点马鲛的密度在急剧降低，到了 1993 年，才有小幅回升，此后，一直处于降低趋势(图 2.5.40)；1959～1982 年，夏季蓝点马鲛的密度在迅速增加，此后降低，一直处于较低水平(图 2.5.40)。

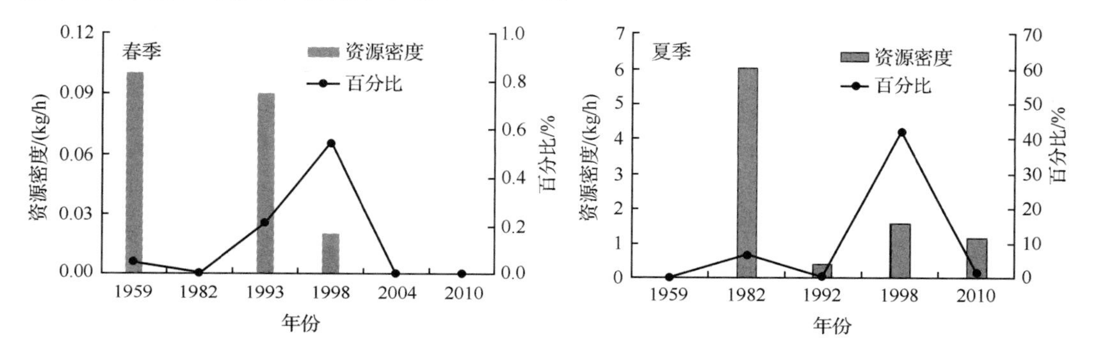

图 2.5.40　渤海蓝点马鲛密度及其在总渔获量中所占比例的变化

在黄海中南部，春季的蓝点马鲛，从 1986 年开始，一直处于降低趋势，2001 年以后，春季调查均未捕获蓝点马鲛(图 2.5.41)；2000～2007 年，夏季蓝点马鲛密度有小幅增加。从蓝点马鲛密度的变动来看，当前，蓝点马鲛资源的繁殖保护与合理利用，必须是当前海区渔业管理的主要任务，作为黄、渤海主要的经济种类，也是潜在的增殖种类，建议开展其人工育苗和增殖放流的相关研究。

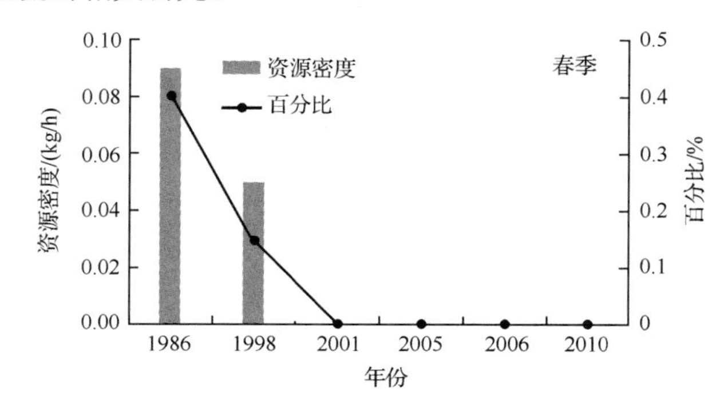

图 2.5.41　黄海中南部蓝点马鲛密度及其在总渔获量中所占比例的变化

6. 带鱼

(1) 数量分布

1) 渤海和黄海北部

春季，渤海和黄海北部的带鱼密度较低，只在莱州湾西部的 1 个站出现，密度为

0.02 kg/h(图 2.5.42)。

夏季,带鱼在渤海和黄海北部的分布范围有所扩大,但密度不大,在 0～1 kg/h,主要有 4 个密集区:第一个是莱州湾 37°30′～38°00′N、119°30′～120°30′E 的海域;第二个密集区在 39°00′N,119°00′E;第三个在辽东湾 39°30′～40°00′N、120°30′～121°30′E 的海域;第四个密集区在黄海北部辽宁沿海海洋岛以东海域(图 2.5.43)。

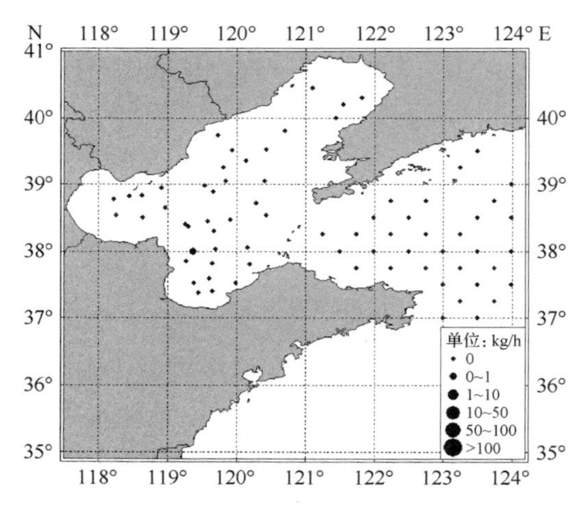

图 2.5.42　渤海和黄海北部春季带鱼密度分布
调查时间:2010 年 5 月

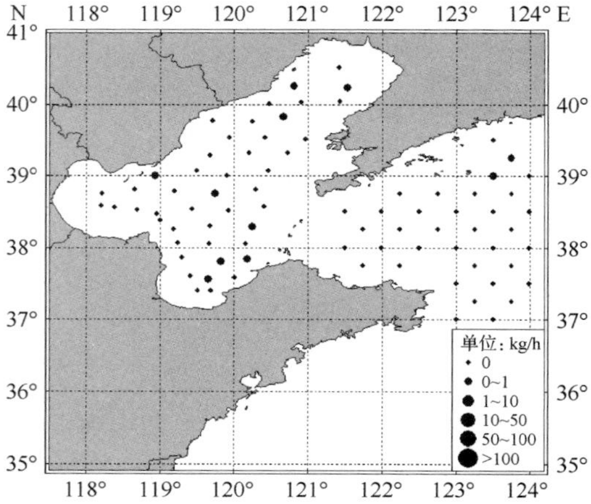

图 2.5.43　渤海和黄海北部夏季带鱼密度分布
调查时间:2010 年 8 月

2) 黄海中南部

春季,黄海中南部带鱼的密度也较低,均小于 1 kg/h,最高密度仅为 0.21 kg/h,主要分布在黄海南部(图 2.5.44)。

夏季,带鱼仍然分布在黄海的中部和南部,密度在 10 kg/h 以上的站有 11 个,密度超过 30 kg/h 以上的有 3 个,最高密度达 160 kg/h,分布在长江口水域(图 2.5.45)。

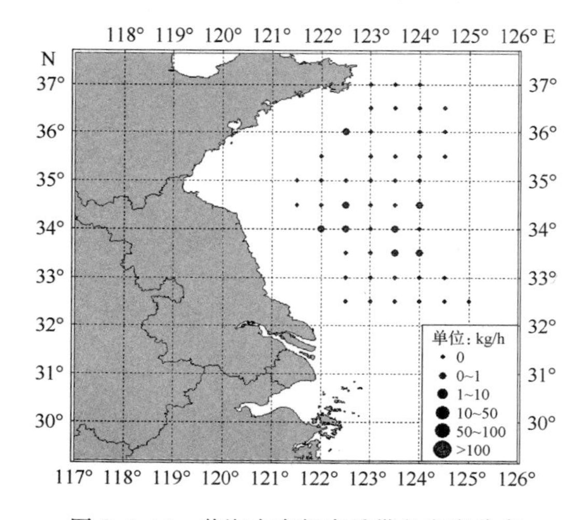

图 2.5.44　黄海中南部春季带鱼密度分布
调查时间:2010 年 5 月

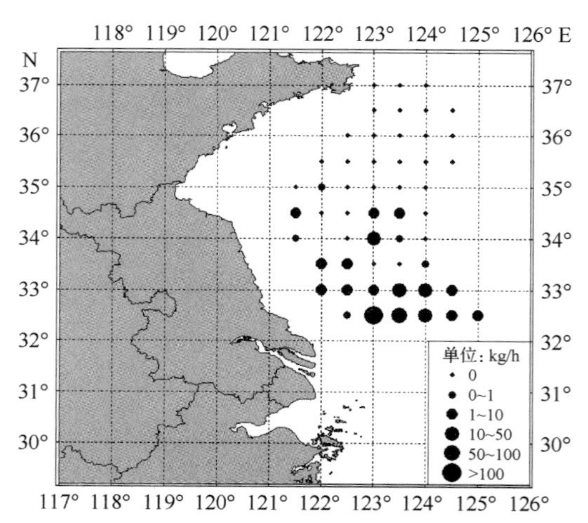

图 2.5.45　黄海中南部夏季带鱼密度分布
调查时间:2007 年 8 月

（2）生物学特性

1）群体组成

春季，渤海和黄海北部仅捕获1尾带鱼，体重10 g，肛长90 mm。

夏季，带鱼的肛长为62～290 mm，平均肛长142 mm；体重为6～466 g，平均体重为101 g。

2）繁殖特性

1961～1962年5～6月，对海州湾带鱼产卵场的研究结果，带鱼为一次排卵，即一个个体在一个产卵季节只排1次卵。个体怀卵量与年龄有关，1龄为0.89万粒，2龄2.0万粒，3龄2.3万粒，4龄3.7万粒，5龄5.0万粒，10龄可达10.6万粒。

由于黄、渤海带鱼群系资源的严重衰退，已不存在产卵群体，分布在黄海的带鱼大多为东海群系北上索饵的个体。带鱼产卵时间很长，黄、渤海带鱼约为2个月。自20世纪60年代以来，随着带鱼资源的衰落，其性成熟年龄也越来越早。

3）摄食特性

带鱼为凶猛鱼类，摄食对象广泛，韦晟（1980）研究结果：在黄海，其饵料包括浮游动物的甲壳类幼体、磷虾、糠虾、毛虾类，近海虾类的粗糙鹰爪虾、鼓虾类、脊腹褐虾、细螯虾、长臂虾类，近岸头足类的枪乌贼类、耳乌贼类，小型鱼类中的青鳞沙丁鱼、黄鲫、梅童鱼类、叫姑鱼、鳀、天竺鲷、玉筋鱼、鰕虎鱼类、七星鱼等。

在黄海，带鱼摄食种类与肛长有很大关系，肛长小于200 mm的带鱼，以浮游动物和小鱼为食。饵料随其生长有明显的变化：肛长在200 mm以上、300 mm以下的个体，以浮游动物为主要饵料，此外，还吞食甲壳类、头足类和鱼类；肛长在350 mm以上，则以大型饵料为主，如日本枪乌贼、玉筋鱼及其他鱼类的幼鱼。

带鱼饵料组成与其分布海区有关系。在黄海，当年生幼带鱼在河口是以糠虾、毛虾、虾蛄幼体和小鱼为主。在浅水区，主要摄食毛虾、脊腹褐虾、粗糙鹰爪虾、中国对虾、葛氏长臂虾、口虾蛄、鳀、青鳞沙丁鱼、黄鲫、梅童鱼类、天竺鲷、日本枪乌贼、太平洋磷虾等。

（3）渔业状况及资源评价

带鱼是我国近海重要中下层经济鱼类，从20世纪50年代起，其渔业便是我国最重要的海洋渔业之一。带鱼捕捞产量在全国海洋鱼类捕捞产量中的比例从20世纪50年代的9%增加至70年代的25%，20世纪80年代中期至今，一直保持在15%左右。20世纪90年代，带鱼捕捞产量迅速增加，从5.0×10^5 t增加至1.4×10^6 t，其产量，在2006年以前，一直处于上升趋势，2006年以后，有小幅度下降，但仍维持在1.0×10^6 t以上，2006年，带鱼产量最高，达到1.4×10^6 t，占全国海洋鱼类捕捞产量的14.7%。当前，全国带鱼捕捞量虽然保持相对较高的水平（图2.5.46），其渔获量基本上是来自东海，渔获物是以1龄鱼和幼鱼为主。

黄海群系的带鱼主要为拖网捕捞，群众渔业的钓钩也捕捞少部分。1962年以前黄、渤海带鱼产量为4.0×10^4～6.5×10^4 t，1964年下降到2.5×10^4 t，1965年又降至1.6×10^4 t，以后每况愈下，沦为兼捕对象。20世纪70年代以后，黄海和渤海的带鱼渔业消失。对春汛带鱼产卵群体和秋汛带鱼索饵群体的过度捕捞是造成黄、渤海带鱼消失的重要原因之一。

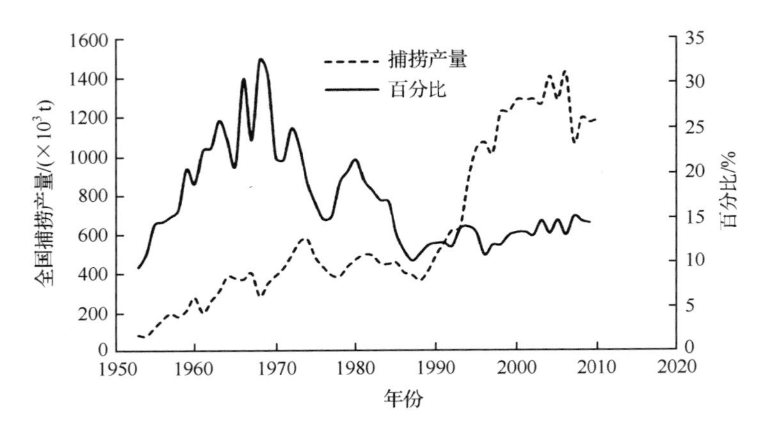

图 2.5.46　带鱼全国捕捞产量占海洋捕捞鱼类总产量比例的变化

从历史资料来看，在渤海，1959 年春季，带鱼密度为 84.74 kg/h，占总渔获量的 45%，此后，资源密度急剧降低，1993 年，密度为 0.07 kg/h，1993 年以后的调查均未捕获带鱼(图 2.5.47)；1959 年夏季，带鱼密度为 15.62 kg/h，占总渔获量的 16.8%，此后，资源密度急剧下降，均小于 1 kg/h，在总渔获量中占的比例也小于 1%(图 2.5.47)。在黄海中南部，1986～2010 年，春季带鱼的密度处于较低水平，均小于 1 kg/h，在总渔获量中的比例也均小于 1%(图 2.5.48)；2000～2007 年，夏季带鱼密度迅速增加，由 3.47 kg/h 增至

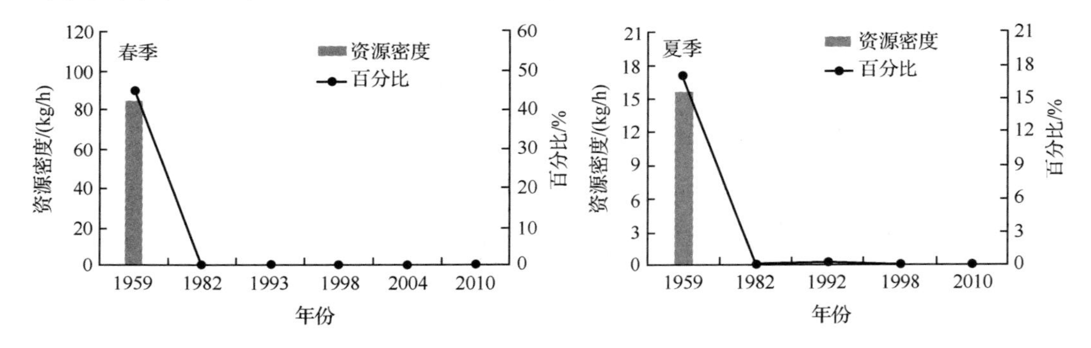

图 2.5.47　渤海带鱼密度及其在总渔获量中所占比例的变化

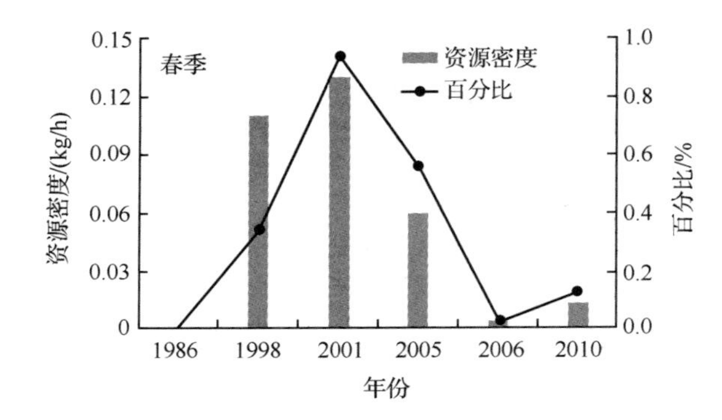

图 2.5.48　黄海中南部带鱼密度及其在总渔获量中所占比例的变化

17.42 kg/h，在总渔获量中的比例也由0.7%增至23.9%。黄、渤海带鱼资源，除黄海中南部夏季外均处于较低水平，作为主要的经济种类和食物链中的高级捕食者，其资源衰退严重，对黄、渤海渔业生态系统造成了严重影响。现在，带鱼养殖的关键技术尚未攻克，建议其作为潜在的增殖种类，开展关于其育苗、养殖、资源修复及保护技术的相关研究。

7. 斑鰶

(1) 数量分布

1) 渤海和黄海北部

春季，斑鰶出现频率为5.5%，平均密度为0.004 kg/h，平均尾数为1尾/h（图2.5.49）。

夏季，在渤海，斑鰶主要分布在渤海湾和莱州湾，其中以莱州湾的斑鰶最为密集，出现频率为20.3%，最大密度为1968.00 kg/h，最小密度为0.07 kg/h，平均密度为18.88 kg/h，平均尾数为2181尾/h，辽东湾未有斑鰶出现。在黄海北部，仅在烟台长岛以东的1个站出现（图2.5.50）。

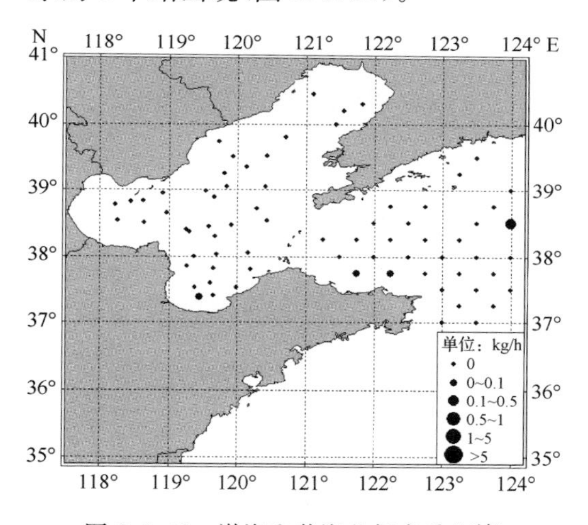

图2.5.49　渤海和黄海北部春季斑鰶密度分布

调查时间：2010年5月

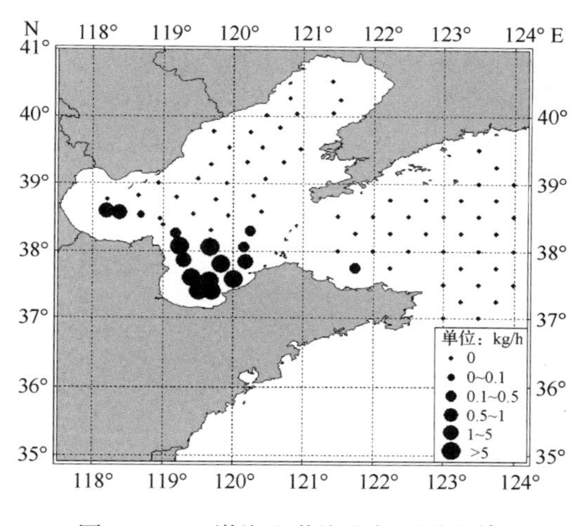

图2.5.50　渤海和黄海北部夏季斑鰶密度分布

调查时间：2010年8月

2) 黄海中南部

春季和夏季调查均未捕获斑鰶。

(2) 生物学特性

1) 群体组成

夏季，斑鰶叉长为58～205 mm，优势叉长为100～120 mm，平均叉长为106 mm，占80.5%；体重为3～76 g，优势体重为10～30 g，平均体重为14.3 g，占99.0%。

斑鰶的叉长和体重之间呈幂函数关系（图2.5.51），其关系式为

$$W = 4 \times 10^{-5} L^{2.7024} (R^2 = 0.6672, n = 565)$$

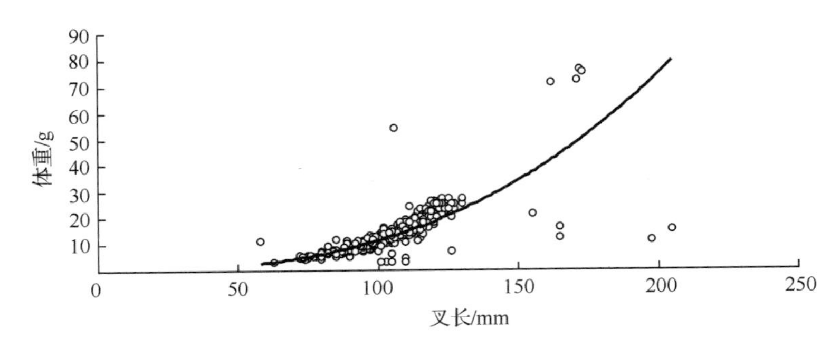

图 2.5.51　黄、渤海斑鰶的叉长与体重的关系

2）繁殖特性

斑鰶1龄部分性成熟，2龄全部性成熟，绝对繁殖力为3.5万～12.5万粒。进入渤海的生殖群体，5月，雌性个体性腺为Ⅳ期的占50.0%，Ⅴ期的占39.0%；6月，性腺为Ⅴ期的占7.0%，Ⅵ期占64.0%（邓景耀等，1988）。

3）摄食特性

斑鰶胃的饱满度一般为2级、3级（刘效舜，1990）。其食性以浮游植物为主，兼食浮游动物和腐殖质。饵料种类以舟形硅藻、菱形硅藻、新月菱形藻、骨条藻和圆筛藻为主，其次为沙壳纤毛虫、轮虫、桡足类、腹足类和短尾类的幼体。

4）群体组成变动趋势

邓景耀等（1988）1982～1983年在渤海的调查结果：斑鰶优势叉长为110～160 mm，平均体重43.7 g。1985年，黄海斑鰶的叉长为105～214 mm，优势叉长为125～164 mm，平均叉长为143 mm；体重为15～140 g，优势体重为25～50 g，平均体重为38.5 g。1983～1988年，山东近海斑鰶生殖群体叉长为115～225 mm，优势叉长为135～190 mm，平均叉长为172 mm；体重为35～141 g，优势体重为45～60 g，平均体重为54.6 g（唐启升和叶懋中，1990）。1998～2000年，夏、冬季斑鰶叉长为98～208 mm，优势叉长为120～150 mm和160～180 mm，平均叉长为141 mm；体重为15～135 g，优势体重为20～40 g和60～90 g，平均体重为43.3 g。现在同20世纪80年代和1998～2000年相比，斑鰶群体组成呈现小型化趋势（表2.5.3）。

表 2.5.3　黄、渤海斑鰶叉长和体重的年间变化

年份	海域	叉长范围/mm	优势叉长/mm	平均叉长/mm	体重范围/g	优势体重/g	平均体重/g
1982～1983	渤海		110～160				43.7
1985	黄海	105～214	125～164	143	15～140	25～50	38.5
1883～1988	山东近海	115～225	135～190	172	35～141	45～60	54.6
1998～2000	黄海、渤海	98～208	120～150 160～180	141	15～135	20～40 60～90	43.3
2010	黄海北部、渤海	58～205	100～120	106	3～76	10～30	14.3

(3) 渔业状况及资源评价

斑鰶只作为黄、渤海拖网和沿岸定置渔具的兼捕捞对象，没有作为目标鱼种进行大规模的专业性捕捞。20 世纪 80 年代以来，天津、河北、辽宁、山东和江苏各省、市的渔船数量，以及拖网、流网和定置网的捕捞产量同步增长，生产渔船从 20 世纪 80 年代的 2 万艘增加到近几年的 10 万余艘，增加了 5 倍，拖网、流刺网和定置网的产量也相应地增加了 5～10 倍。1995 年以来，渔船数量变化不大，保持在 10 万艘的水平。

20 世纪 50 年代，黄、渤海区年产量约 1000 t，80 年代达 5000 t，占海区海捕产量的 0.5%～1.0%，占全国海捕产量的 0.1%～0.2%。90 年代中期，自黄海开发鳀鱼以来，斑鰶占海区海捕产量比例下降为 0.1%～0.2%。近年，黄、渤海的斑鰶群体结构和 20 世纪 80 年代基本相似，产卵群体的年龄结构和鱼体的生长都比较稳定，在渤海禁止底拖网以后，减轻了捕捞压力，斑鰶得以繁衍生息。

根据历史资料分析，在渤海，1959～1993 年，春季斑鰶密度增加，以后，呈降低趋势，资源均处于较低水平。1959～1998 年，其在总渔获量中的比例迅速增加，1998 年后，呈降低趋势(图 2.5.52)；1959～1992 年，夏季斑鰶密度呈上升趋势，由 0.96 kg/h 增加至 10.19 kg/h，此后到 1998 年，下降，2010 年达到最高值，为 18.88 kg/h。其在总渔获量中的比例总体呈上升趋势(图 2.5.52)。在黄海中南部，1986～2010 年，春季斑鰶密度均处于较低水平，2001 年最高，但也仅为 0.4 kg/h(图 2.5.53)；夏季，未捕获斑鰶。当前，在

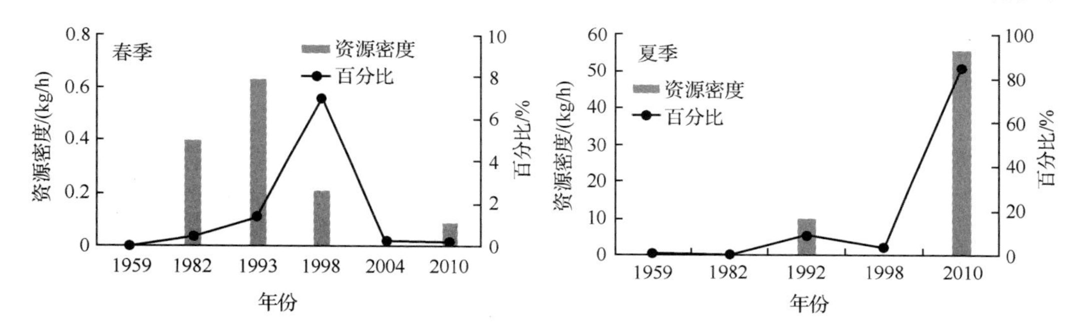

图 2.5.52　渤海斑鰶密度及其在总渔获量中所占比例的变化

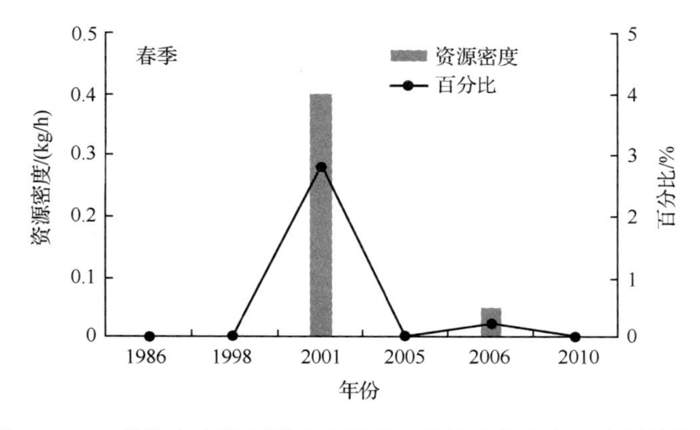

图 2.5.53　黄海中南部斑鰶密度及其在总渔获量中所占比例的变化

渤海，斑鰶还具一定资源，在黄海中南部，仅是零星发现。建议对斑鰶资源进行保护型开发。斑鰶食物链较短，有利于资源的增长，今后有望成为近海人工增养殖的对象，在渔业生物学、资源养护和渔业管理等方面的研究还须进一步加强。

8. 方氏云鳚

(1) 数量分布

1) 渤海和黄海北部

春季，方氏云鳚分布较广，出现频率为 42.5%，平均密度、平均尾数分别为 0.04 kg/h、6 尾/h。烟威渔场是密集区，最大密度、最高尾数分别为 1.32 kg/h、254 尾/h，渤海的莱州湾、辽东湾和黄海的石岛东部海域均有分布，但密度不大，在 0～0.05 kg/h(图 2.5.54)。

夏季，方氏云鳚出现频率为 47.6%，平均密度、平均尾数分别为 0.60 kg/h、45 尾/h。密集区有 2 个，1 个在烟威外海，1 个在 38°00′～39°30′N，123°30′～124°00′E 的黄海北部水域，最大密度、最高尾数分别为 30.00 kg/h、2160 尾/h(图 2.5.55)。

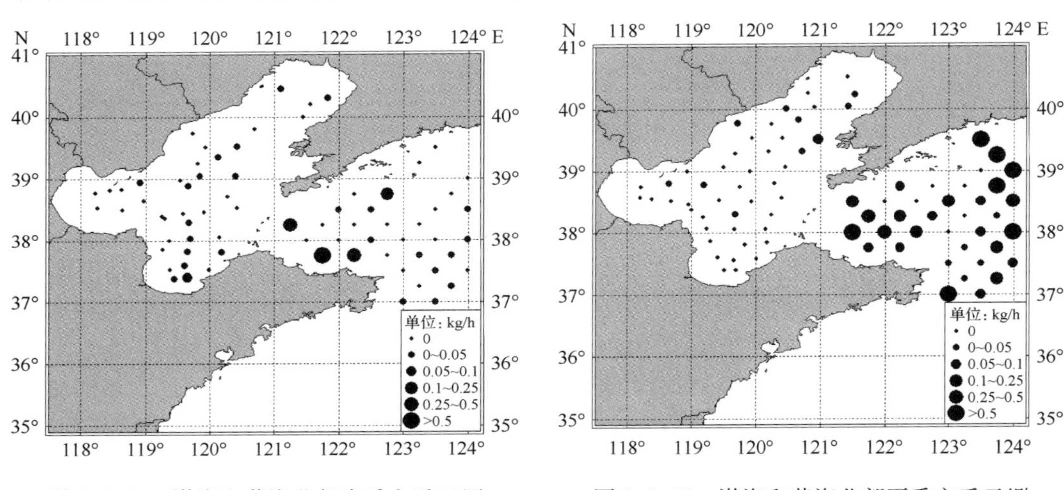

图 2.5.54　渤海和黄海北部春季方氏云鳚密度分布

调查时间：2010 年 5 月

图 2.5.55　渤海和黄海北部夏季方氏云鳚密度分布

调查时间：2010 年 8 月

2) 黄海中南部

春季，方氏云鳚主要分布在黄海中南部的中部、北部，平均密度为 0.49 kg/h，最大密度为 4.15 kg/h，其中有 9 个站超过 1 kg/h，它们主要出现在黄海中部(图 2.5.56)。

夏季，方氏云鳚主要分布在黄海中南部的东北部，山东半岛外侧水域，仅有 4 个站出现，密度均在 1 kg/h 以下，最高密度为 0.22 kg/h(图 2.5.57)。

(2) 生物学特性

1) 群体组成

春季，方氏云鳚的体长为 90～155 mm，优势体长为 100～150 mm，占 89.5%，其中 100～110 mm 和 130～140 mm 两组个体较多，分别占 30%和 21%，平均体长为 122 mm；体重为 2.5～14.1 g，优势体重为 2.5～10 g，占 88%，平均体重为 6.1 g。夏季，方氏云鳚的体长为 79～223 mm，优势体长为 120～160 mm，占 78%，其中 140～160 mm 占 49%，平均体长为 140 mm；体重为 0.5～30.4 g，优势体重为 5～25 g，占 90%，平均体重为 14.4 g(图 2.5.58、图 2.5.59)。

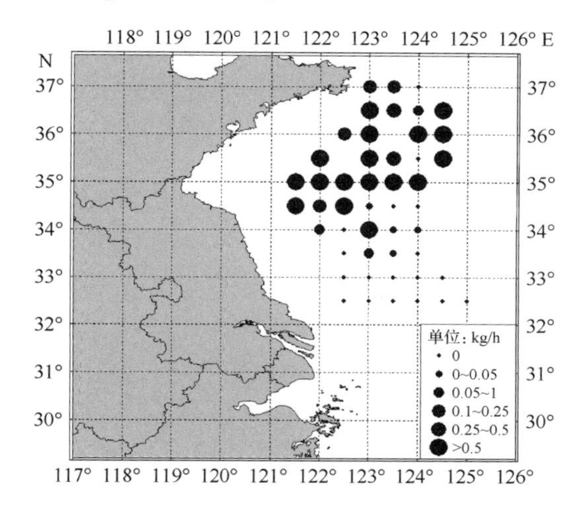

图 2.5.56　黄海中南部春季方氏云鳚密度分布
调查时间：2010 年 5 月

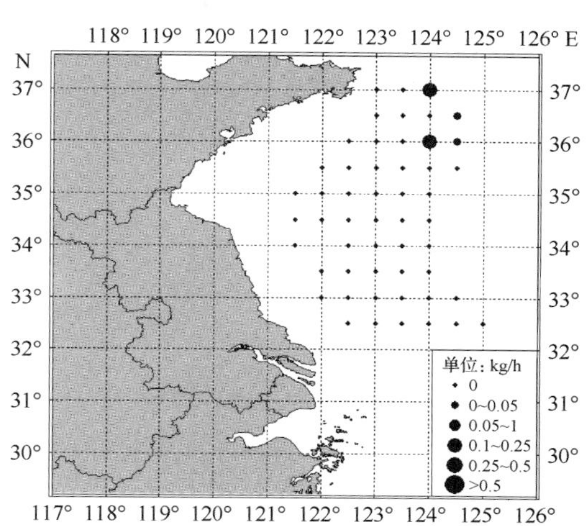

图 2.5.57　黄海中南部夏季方氏云鳚密度分布
调查时间：2007 年 8 月

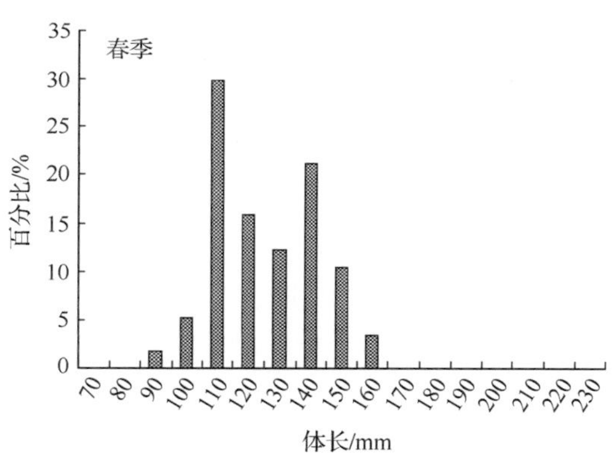

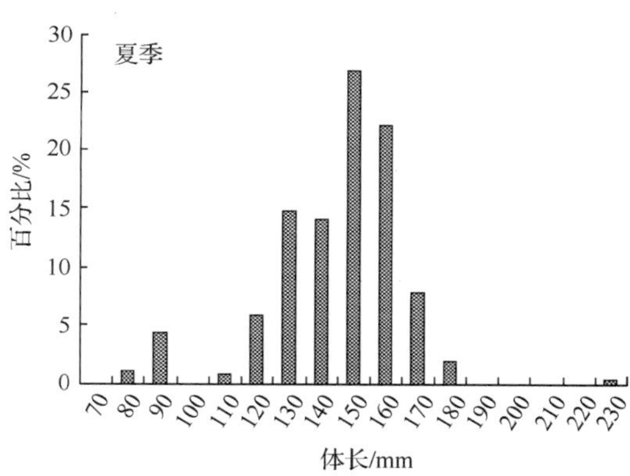

图 2.5.58　黄、渤海方氏云鳚的体长组成

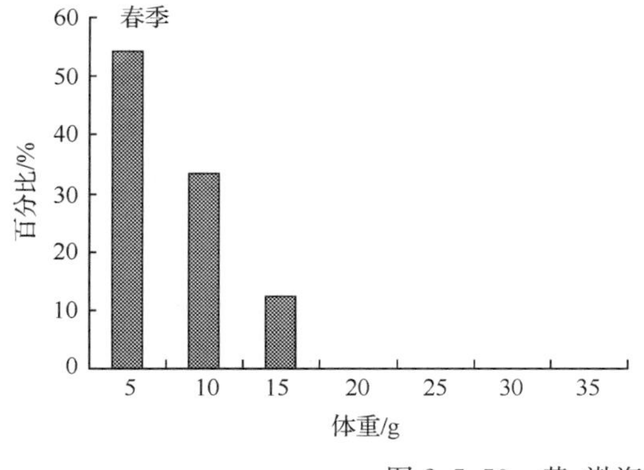

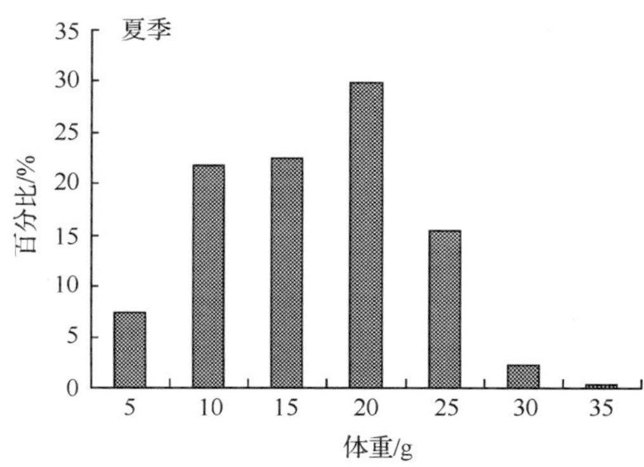

图 2.5.59　黄、渤海方氏云鳚的体重组成

方氏云鳚的体长与体重的关系式为(图 2.5.60)

$$W = 1 \times 10^{-8} L^{4.2275} (R^2 = 0.9091, n = 314)$$

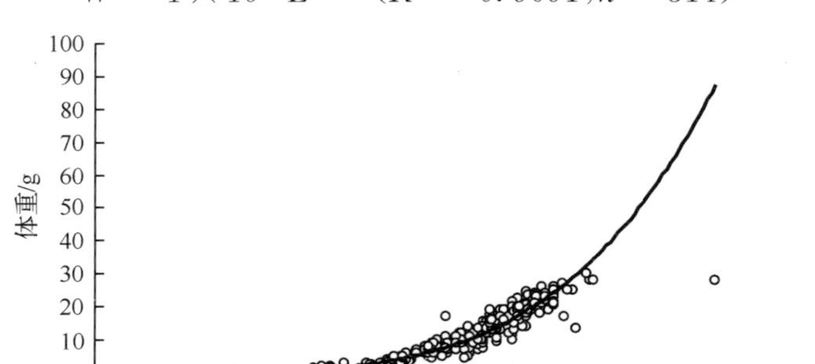

图 2.5.60　黄、渤海方氏云鳚体长与体重的关系

2）繁殖特性

方氏云鳚产卵期为 10～11 月，产卵群体由 1～4 龄组成，以 3 龄为主，占 59.5%，其次为 4 龄，占 23.0%，2 龄最少，占 17.5%。雌雄个体初次性成熟的年龄均为 2 龄。方氏云鳚一般在黄昏时产卵，不喜光，产卵时雄鱼经常追逐雌鱼，有时雌、雄鱼互绞在一起，卵产出后黏在一起，呈长椭圆形块状，雌鱼有护卵的习性。成鱼经常栖息在近岸水深为10～20 m 的区域，是方氏云鳚的产卵场。产卵场的潮流通畅，底质为砂、石砾或岩礁地带。

方氏云鳚的绝对怀卵量为 304～2788 粒，其怀卵量与体长的关系式为

$$R = 0.022\,81 \times L^{4.278\,6}$$

式中，R 为怀卵量(粒)，L 为体长(cm)。

3）摄食特性

方氏云鳚主要摄食浮游动物和底栖动物，对中华蜇水蚤、太平洋磷虾、细长脚蛾和沙蚕比较偏爱，其次为脊尾褐虾、细螯虾、日本鼓虾等，有时胃含物中还发现较多的鱼卵。其摄食强度以春季最高，夏季次之，冬季最低(唐启升和叶懋中，1990)。2003 年 12 月，对其胃含物分析时发现，基本为空胃，腹腔均被鱼卵所占据。

(3) 渔业状况及资源评价

秋季，在黄海北部和渤海，方氏云鳚有集群的特点，开始向近岸进行产卵移动，形成秋季渔汛，密集分布在 38°00′～39°00′N 的近岸水域。在黄海北部，春季，方氏云鳚幼鱼主要分布在黄海的龙汪塘到渤海的营城子沿岸一带，在那里进行索饵生长。3～5 月，是捕捞其幼鱼的汛期，水产品称为面条鱼。6 月以后，汛期结束，鱼群分散索饵，主要栖息在沿岸水域，鱼的体色开始由白色变为浅黄色，产品称为萝卜丝子，产量较低。9 月以后，分散在黄、渤海沿岸的鱼群开始向产卵场集中，形成秋汛，此时的产量较高，拖网最高网产可达 2×10^4 kg。每年除幼鱼与成鱼两个汛期外，其他季节在沿岸定置网均可捕到。

方氏云鳚幼鱼的经济价值较高，主要为沿岸定置网所生产，最高年产可达 5×10^6 kg，近年来的产量维持在 3×10^6～4×10^6 kg。作业渔船有近千条，最高单船年产量可达 8×10^4 kg。渔获物主要以鲜品上市，鱼品洁白透明，当地俗称面条鱼，市场价格一般在

4 元/kg左右，其次为淡干品或盐渍品，当地俗称干面条鱼，市场价格在 20 元/kg 以上。

对方氏云鲥成鱼的利用是近几年才开始的，这是由近海其他渔业资源的衰退所造成的。捕捞成鱼的汛期为每年的 9～12 月，渔场在黄海北部的龙汪塘至铁山水道一带，主要由拖网或扒拉网生产，仅旅顺地区在该汛期作业的渔船就达 800 条，最高网产可达 2×10^4 kg。市场价格在 1 元/kg 左右，鲜品很少上市，主要加工成淡干品与盐渍品，当地俗称凤尾鱼，市场价格在 10 元/kg 左右。另外，方氏云鲥又是其他经济鱼类的重要摄食对象，在花鲈、大泷六线鱼、许氏平鲉等鱼类的胃含物中曾发现大量的方氏云鲥。

近年来，方氏云鲥已成为黄、渤海北部沿岸定置网、拖网和扒拉网的主要捕捞对象，是继鳀和沙氏下鱵鱼之后又一种被渔民高强度开发利用的小型鱼类。目前，仅黄海北部方氏云鲥成鱼的年捕捞量就已超过 20×10^6 kg，资源相对稳定，是近年来在辽宁沿岸能够形成渔汛且产量较大的一种渔业种类。秋、冬汛成鱼产量约 2×10^7 kg，加上其他季节的产量 2×10^7 kg，总产量近 4×10^7 kg，在辽宁沿岸是单种年产量在万吨以上的渔业之一。未来几年的捕捞量有可能超过鳀和沙氏下鱵鱼，成为辽宁沿岸小型渔业的主导产品。

从对其历史资料的分析来看，在渤海，1959～1982 年，春季方氏云鲥的密度在增加，此后，密度降低，其密度均处于较低水平，它在总渔获量中的比例从 1959～2004 年，呈上升趋势，以后迅速下降；1959～1982 年，夏季方氏云鲥密度也在上升，此后，到 1998 年下降，2010 年，有小幅度回升，但其资源密度均小于 1 kg/h，它在总渔获量中的比例变化与资源密度的变化趋势一致(图 2.5.61)。在黄海中南部，春季方氏云鲥的密度呈上升趋势，2010 年，达最大值，为 0.49 kg/h(图 2.5.62)；2000～2007 年，夏季方氏云鲥的密度也

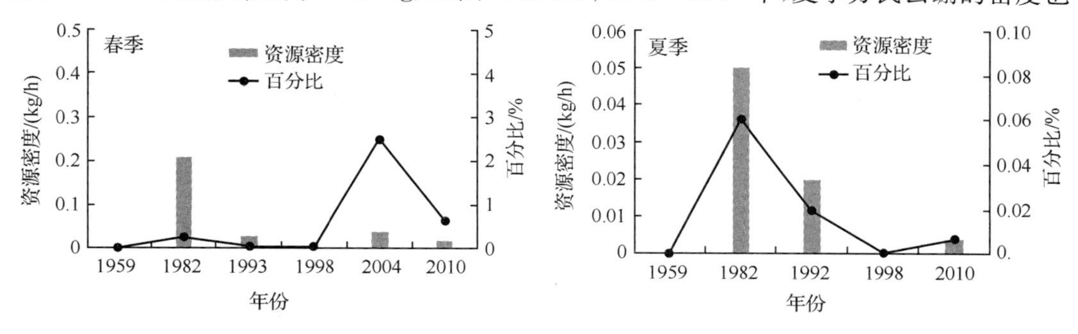

图 2.5.61　渤海方氏云鲥密度及其在总渔获量中所占比例的变化

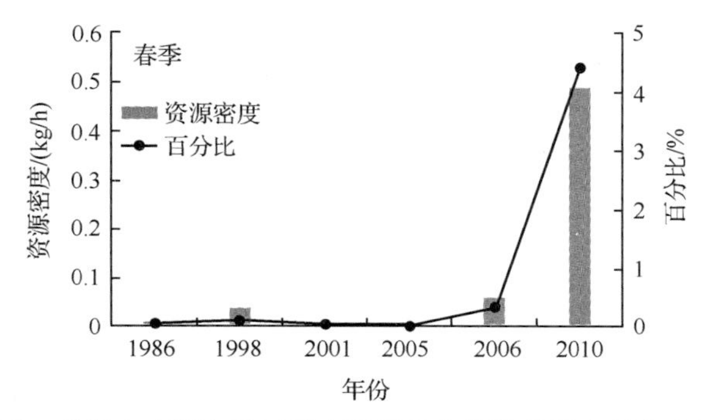

图 2.5.62　黄海中南部方氏云鲥密度及其在总渔获量中所占比例的变化

均小于 1 kg/h。当前,方氏云鳚作为辽宁沿岸的主要渔业之一,其资源已充分利用,因此,要提早对其捕捞量做适当的限制,最好在成鱼产卵前的一段时期,限制捕捞,以利于方氏云鳚资源的持续利用。

9. 大头鳕

(1) 数量分布

1) 渤海和黄海北部

春季,大头鳕主要分布在烟威渔场东部和石岛以东海域,出现频率为 16.4%,平均密度、平均尾数分别为 0.40 kg/h、1 尾/h,在渤海,未见其分布(图 2.5.63)。

夏季,大头鳕的出现频率为 21.4%,平均密度、平均尾数分别为 3.32 kg/h、4 尾/h。其密集区主要在 38°00′~39°00′N,122°00′~123°30′E 和 37°00′~38°00′N,123°00′~124°00′E海域,最大密度、最高尾数分别为 120.00 kg/h、116 尾/h(图 2.5.64)。

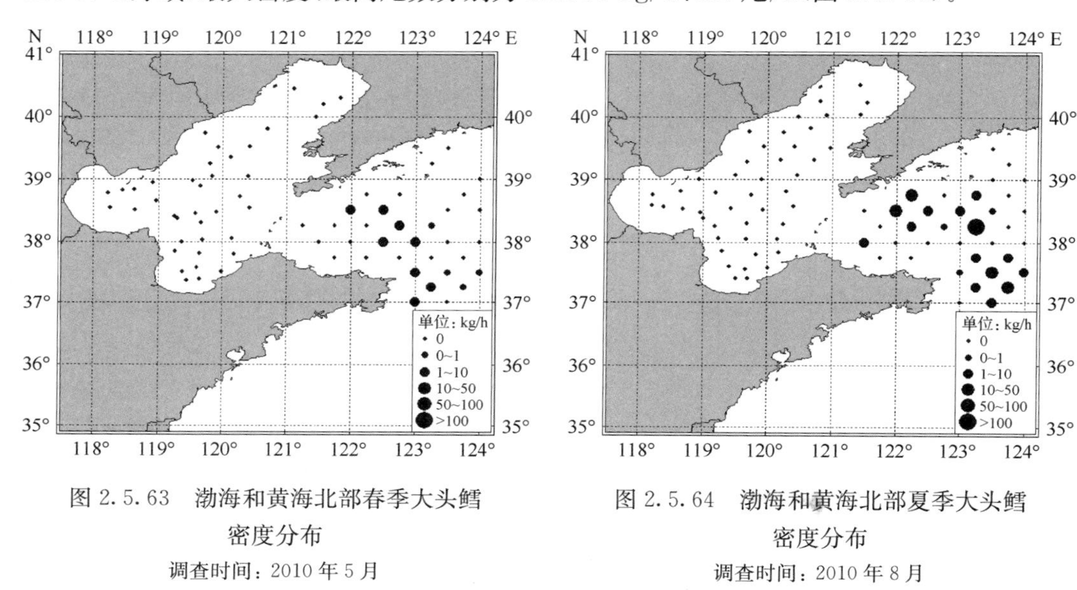

图 2.5.63 渤海和黄海北部春季大头鳕密度分布
调查时间: 2010 年 5 月

图 2.5.64 渤海和黄海北部夏季大头鳕密度分布
调查时间: 2010 年 8 月

2) 黄海中南部

春季,大头鳕主要分布在黄海中南部的中部和北部靠近山东半岛的水域,平均密度为 0.15 kg/h,最高密度为 2.4 kg/h,密度超过 1 kg/h 的站仅有 3 个,主要分布在山东半岛沿岸外侧水域和黄海的中部(图 2.5.65)。

夏季,大头鳕主要分布在黄海中南部的北部山东半岛外侧水域,最高密度为 19.18 kg/h,其次是 11.54 kg/h,超过 1 kg/h 的站有 4 个(图 2.5.66)。

(2) 生物学特征

1) 群体组成

春季,大头鳕体长为 215~810 mm,平均体长为 430 mm;体重为 95~7000 g,平均体重为 1664 g。夏季,其体长为 75~750 mm,优势体长有 3 组,分别为 80~120 mm、260~380 mm、480~580 mm,分别占 29%、35%和 20%,平均体长为 307 mm;体重为 3~

3346 g,优势体重为 3～100 g、300～800 g,分别占 35%、32%,平均体重为 868 g(图 2.5.67、图 2.5.68)。

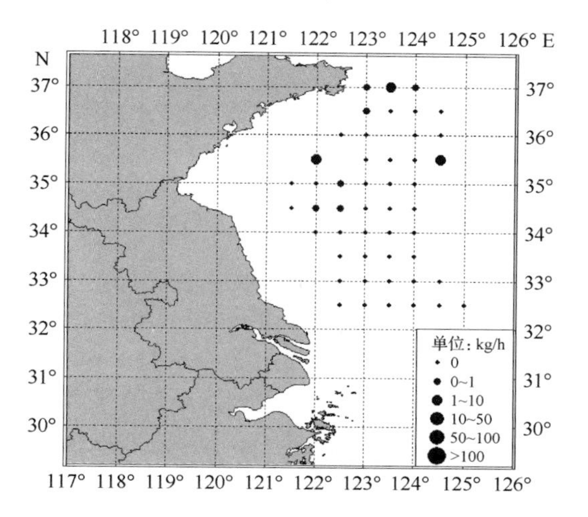

图 2.5.65　黄海中南部春季大头鳕密度分布

调查时间：2010 年 5 月

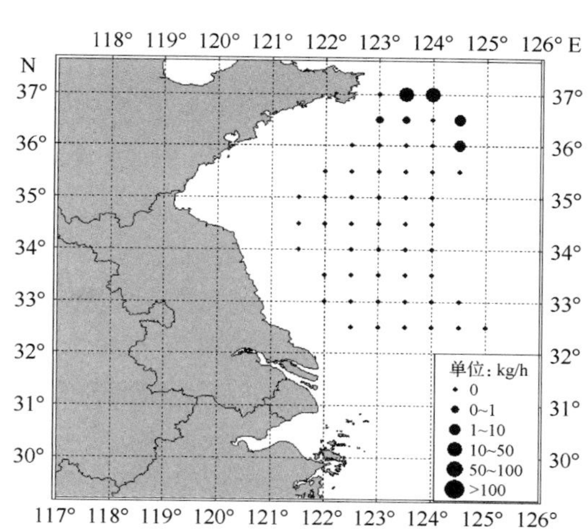

图 2.5.66　黄海中南部夏季大头鳕密度分布

调查时间：2007 年 8 月

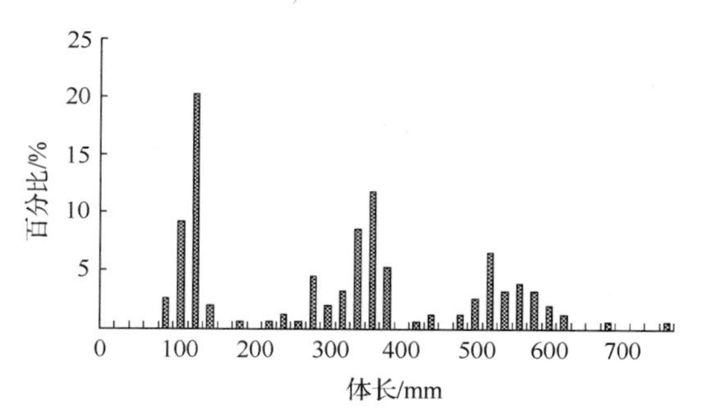

图 2.5.67　夏季黄、渤海大头鳕体长分布

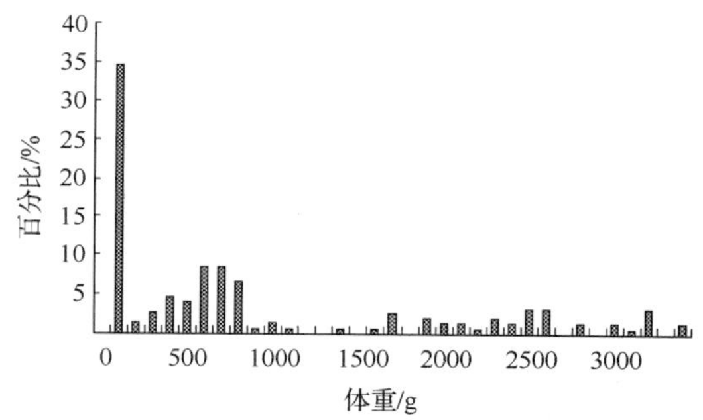

图 2.5.68　夏季黄、渤海大头鳕体重分布

大头鳕的体长与体重呈幂函数关系,其关系式为(图 2.5.69)

$$W = 3 \times 10^{-6} L^{3.295} (R^2 = 0.9895, n = 167)$$

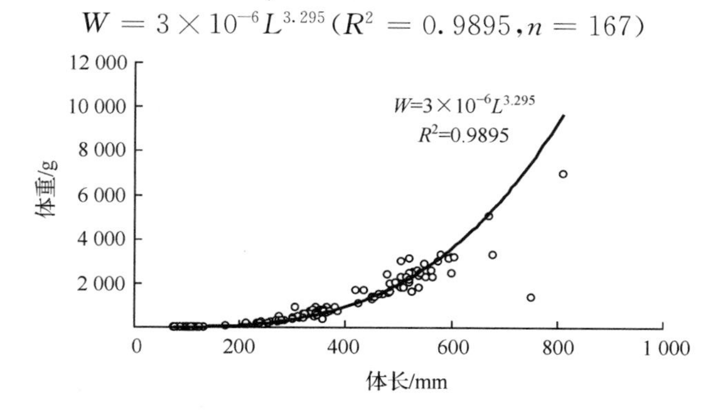

图 2.5.69　黄、渤海的大头鳕体长与体重的关系

2）繁殖特性

大头鳕产球形、沉性卵，卵径为 0.98～1.05 mm。体长为 370～460 mm 的个体怀卵量为 33.9 万～83.2 万粒/尾；体长为 420～500 mm 的个体怀卵量为 56 万～138 万粒/尾（赵传絪等，1990；陈大刚，1991）。

春季，大头鳕性腺成熟度为Ⅳ期的占 50%，Ⅱ期和Ⅲ期的均占 25%，雌雄比为75∶25；夏季，其性腺成熟度以Ⅲ期、Ⅱ期为主，分别占 54%、46%，雌雄比为 60∶40。

3）摄食特性

春季，大头鳕的摄食等级主要为 2 级、3 级；夏季，也以 2 级、3 级为主，合计占 74%。大头鳕以游泳动物为食，属捕食性鱼类，其食谱广泛，食物中出现的主要种类有鱼类、甲壳类、瓣鳃类、头足类、蛇尾类和海绵等 6 个生物类群，共 22 多种，其中，主要有小黄鱼、方氏云鳚、脊腹褐虾、太平洋磷虾等（高天翔等，2003）。

（3）渔业状况及资源评价

根据历史调查资料分析，1986～1998 年，春季，黄海大头鳕密度上升，此后降低，其密度均小于 1 kg/h，在总渔获量中所占的比例也均小于 5%（图 2.5.70）；2000～2007 年，夏季，大头鳕密度也处于较低水平，均小于 1 kg/h。大头鳕曾是黄海重要经济鱼类之一，最高年产量（1959 年）曾达 2.8 万 t。20 世纪 70 年代初，其产量降到 3000～4000 t，80 年代末仅 1000 t。1985 年 3～4 月，黄海资源调查结果，其资源量为 1776 t（唐启升和叶懋中，1990）。黄海大头鳕资源量下降的主要原因是对产卵群体和幼鱼的过度捕捞（唐启升和叶懋中，1990）。陈大刚（1991）建议对其资源进行养护型开发，保护其产卵群体和幼鱼。

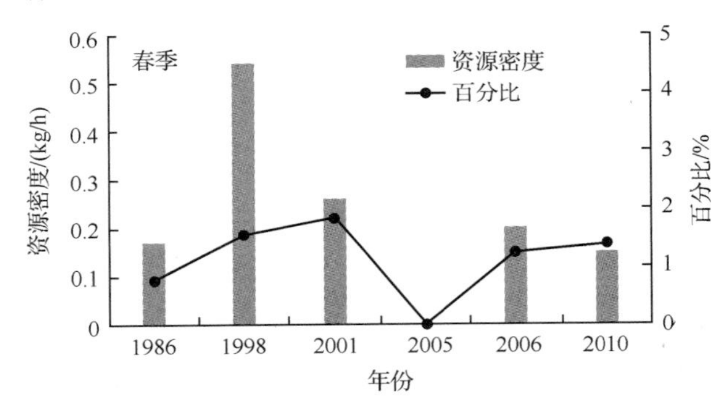

图 2.5.70　黄海大头鳕密度及其在总渔获量中所占比例的变化

10. 细纹狮子鱼

（1）数量分布

1）渤海和黄海北部

春季，细纹狮子鱼广泛分布在石岛东北部海域，出现频率为 30.1%，在渤海仅有 2 个站出现，平均密度、平均尾数分别为 0.04 kg/h、4 尾/h，最低密度为 0.01 kg/h，最高密度为 0.78 kg/h（图 2.5.71）。

夏季，细纹狮子鱼出现频率为 53.6%，平均密度、平均尾数分别为 5.477 kg/h、106 尾/h。密集区在 37°00′～39°00′N、123°00′～124°00′E 海域，最大密度、最高尾数出现在

38°30′N、123°00′E 站，分别为 60.00 kg/h、1080 尾/h，此外，在渤海的辽东湾也有零星分布，但密度不大，在 0～1 kg/h(图 2.5.72)。

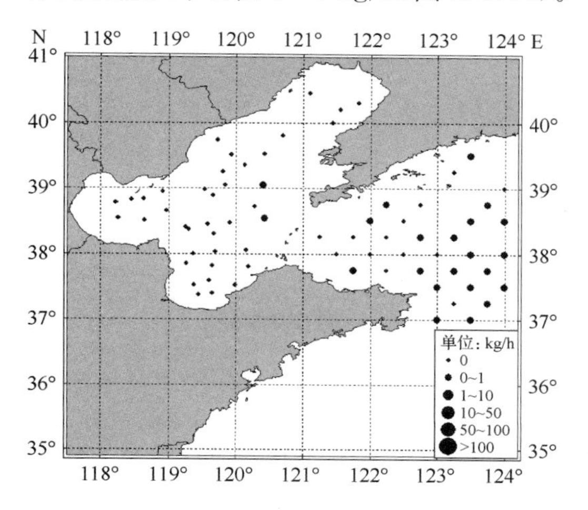

图 2.5.71　渤海和黄海北部春季细纹狮子鱼密度分布

调查时间：2010 年 5 月

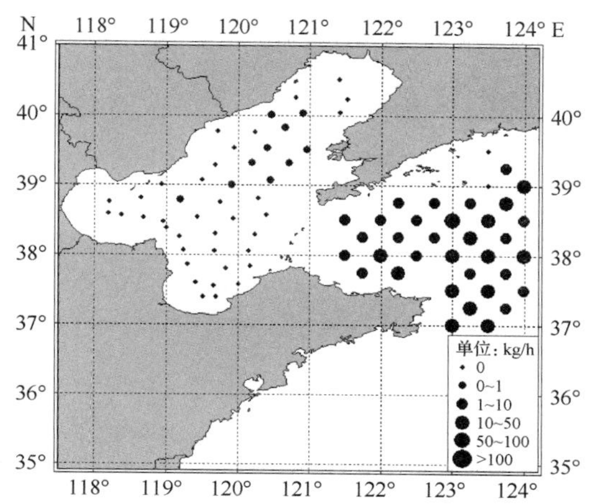

图 2.5.72　渤海和黄海北部夏季细纹狮子鱼密度分布

调查时间：2010 年 8 月

2）黄海中南部

春季，细纹狮子鱼遍布黄海中南部，平均密度为 0.17 kg/h，超过 1 kg/h 的站仅 1 个，在黄海中部的沿岸水域，其余各站的密度均小于 1 kg/h(图 2.5.73)。

夏季，细纹狮子鱼密度迅速增加，平均密度为 9.77 kg/h，超过 5 kg/h 的站有 13 个，10 kg/h 以上的站有 8 个，最高密度达 300 kg/h，密集区分布在黄海中部及沿岸水域，但靠近长江口的密度相对较低(图 2.5.74)。

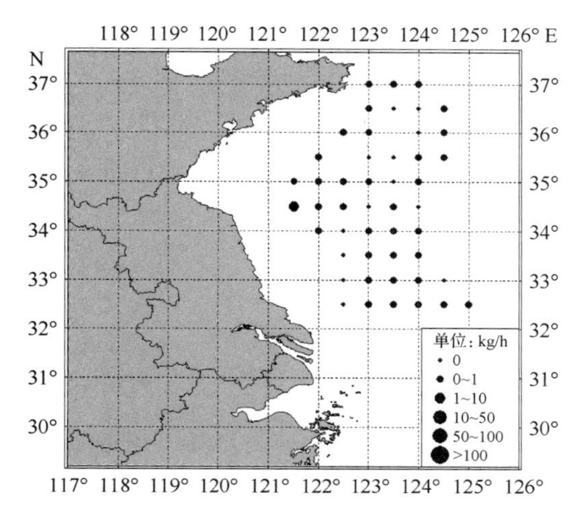

图 2.5.73　黄海中南部春季细纹狮子鱼密度分布

调查时间：2010 年 5 月

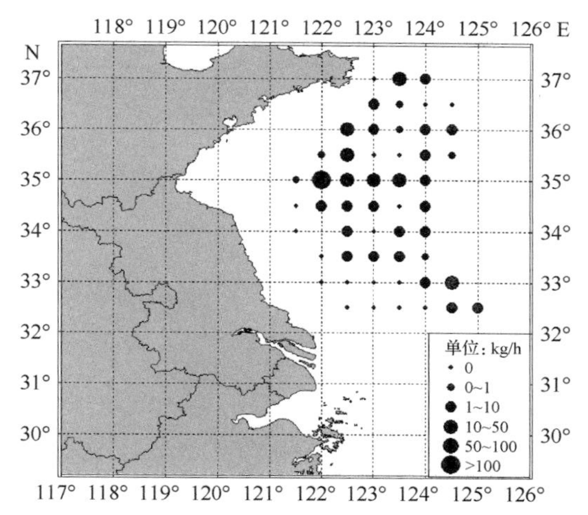

图 2.5.74　黄海中南部夏季细纹狮子鱼密度分布

调查时间：2007 年 8 月

（2）生物学特征

1）群体组成

春季，细纹狮子鱼的体长为 45～180 mm，优势体长为 50～90 mm，优势体长组个体数占总个体数 59%，平均体长为 89 mm；体重为 1.8～98.6 g，优势体重为 1.8～30 g，优势体重组个体数占总个体数 88%，平均体重为 13.8 g(图 2.5.75A、图 2.5.76A)。

秋季，细纹狮子鱼的体长为 60～310 mm，优势体长为 120～160 mm，优势体长组个体数占总个体数 49%，平均体长为 154 mm；体重为 3～644 g，优势体重为 10～60 g，优势体长组个体数占总个体数 61%，平均体重为 72 g(图 2.5.75B、图 2.5.76B)。

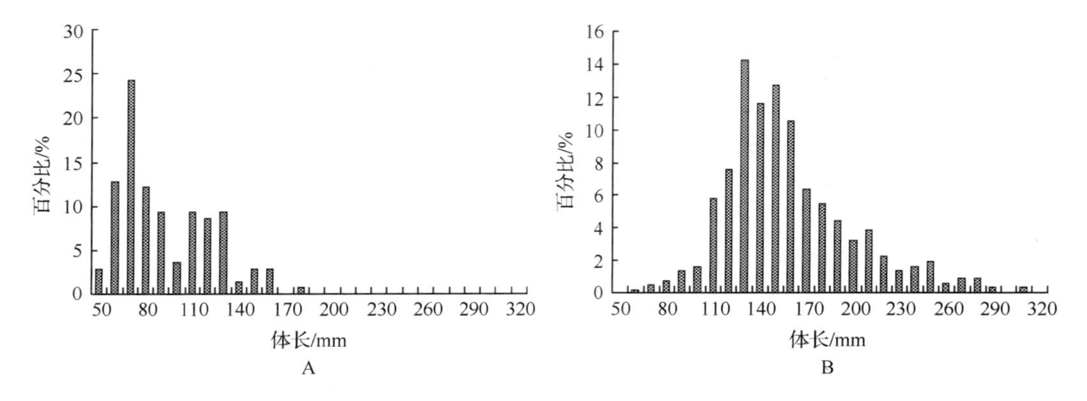

图 2.5.75　黄、渤海细纹狮子鱼春季(A)、秋季(B)的体长组成

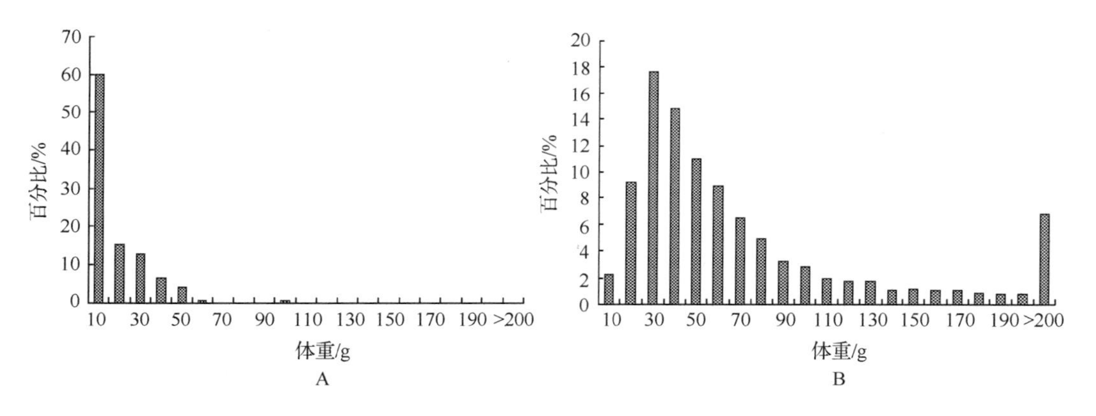

图 2.5.76　黄、渤海细纹狮子鱼春季(A)、秋季(B)的体重组成

细纹狮子鱼的体长与体重呈幂函数关系，其关系式为(图 2.5.77)

$$W = 2 \times 10^{-5} L^{2.9831} (R^2 = 0.9572, n = 816)$$

2）繁殖特性

细纹狮子鱼产卵时间随地域有所差异。在渤海，为 1～4 月(万瑞景和姜言伟，2000)；在黄海北部，为 10 月末至 12 月初(刘蝉馨和秦克静，1987)；在黄海中南部，为 1～3 月(万瑞景和孙珊，2006)；在仙台湾，为 12 月至翌年 2 月，以 12 月至翌年 1 月为主(朱元鼎，1963；DeMartini，1978)。仔稚鱼出现时间，在渤海，为 2～5 月(万瑞景和姜言伟，2000)；

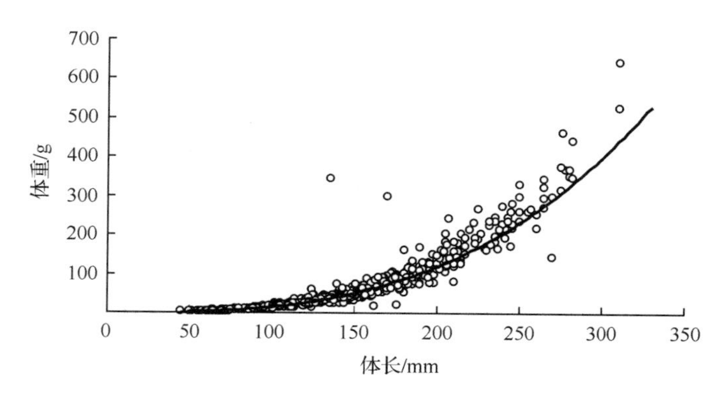

图 2.5.77 黄、渤海细纹狮子鱼体长与体重的关系

在黄海，为 12 月至翌年 4 月(Honda，1985；万瑞景和孙珊，2006)；在仙台湾，为 12 月至翌年 2 月(万瑞景和姜言伟，1998；Takami and Fukui，2012)。

细纹狮子鱼产黏着、沉性卵，产卵场在近海礁石、沙泥底质海区，在黄海中部深水区曾采集到大量卵(陈大刚，1991；山田梅芳等，2007)。体长 195～560 mm 个体的怀卵量为 2.26 万～3.73 万粒(陈大刚，1991)，产卵量为 10 万～50 万(唐启升和叶懋中，1990)，体长为273～396 mm 个体的产卵量为 95 012～212 262 粒(Kawasaki *et al.*，1983)。卵径为 1.08～1.58 mm，有一主峰在 1.25 mm 左右(陈大刚，1991)，成熟卵径为 0.1～2.0 mm，大体分为 3 型，分别为 0～0.6 mm、0.7～1.1 mm、1.2～1.6 mm(Kawasaki *et al.*，1983)。

夏季，细纹狮子鱼的性腺成熟度多为Ⅱ期。雌雄性比为 57∶43。

3) 摄食特性

细纹狮子鱼贪食，摄食强度高，属游泳动物食性(陈大刚，1991)，喜欢夜间进食(Honda，1985)。它为杂食性鱼类，食性很广，饵料种类从浮游动物的太平洋磷虾到底栖动物的萨氏蛇尾，从长尾类的脊腹褐虾到鱼类，捕食的鱼类有鳀、黄鲫、高眼鲽等(韦晟和姜卫民，1992)，还摄食其他鱼类的卵粒(薛莹等，2010)。稚鱼期以桡足类和面盘幼体为食(Plaza-Pasten *et al.*，2002)，食性随体长而变化，体长在 50 mm、100 mm、350 mm，有 3 次食性的转变(张波等，2011)。体长<150 mm 的个体，主要摄食虾类和其他甲壳类，食物个体一般小于 100 mm。在黄海北部，秋季的细纹狮子鱼，主要以虾类和底层鱼类为食，属于底栖动物食性鱼类，主要饵料生物是脊腹褐虾(薛莹等，2010)。

夏季，细纹狮子鱼的摄食等级以 1 级、2 级为主，分别占 42%、35%。

(3) 渔业状况及资源评价

黄、渤海主要底层鱼类资源衰退之后，细纹狮子鱼类的数量却有所增加。在 1976～1983 年的黄海鲱探捕中，1977 年，细纹狮子鱼仅占总渔获量的 0.92%，其出现率为 34.8%，到 1982 年，已增至 25.3%，出现率高达 100%，根据黄海中、北部调查，多数网获量为 20 kg/h，最高为 120 kg/h(赵紫晶，1990)。1985 年夏季，占渔获量的 3.4%，为鱼类第六位；1985 年秋季，占 12.0%，为鱼类第三位；1985 年冬季，高达 31.1%，居鱼类首位，评估黄、渤海细纹狮子鱼的资源量为 2 万 t 左右(唐启升和叶懋中，1990)。

根据历史资料分析：在渤海，1959～2010 年春季，细纹狮子鱼密度均处于较低水平，小于 1 kg/h，在总渔获量中的比例也均小于 5%（图 2.5.78）；1959～1982 年夏季，细纹狮子鱼的密度在上升，1982 年，达 1.01 kg/h，此后，其密度均小于 1 kg/h，在总渔获量中的比例也均小于 1.5%（图 2.5.78）。在黄海中南部，1986～2001 年春季，细纹狮子鱼密度在上升，此后下降，2005 年以后，有小幅回升，但密度均小于 1 kg/h，其在总渔获量中的比例与密度的变化有相同趋势（图 2.5.79）；夏季，细纹狮子鱼的密度，从 2000 年的 3.95 kg/h上升到 2007 年的 10.43 kg/h，在总渔获量中的比例也从 0.8%增至 10.4%。从以上可以看出，除夏季，黄海中南部水域的细纹狮子鱼密度较高外，其他均处于较低水平。细纹狮子鱼为低质鱼类，一直是底拖网的兼捕对象。

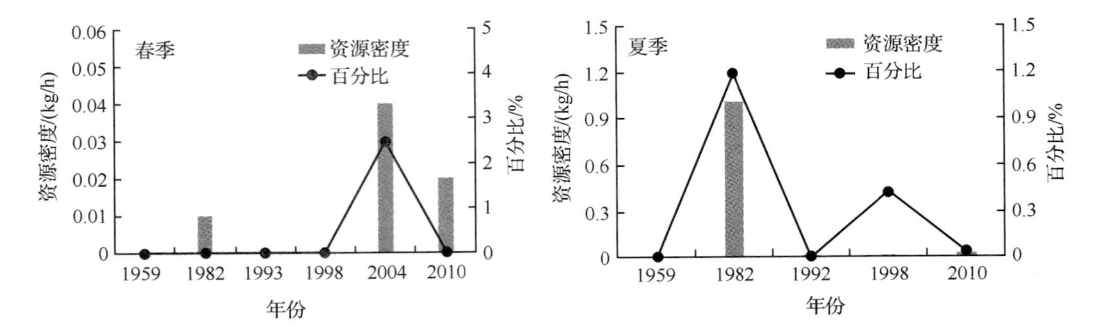

图 2.5.78　渤海细纹狮子鱼密度及其在总渔获量中所占比例的变化

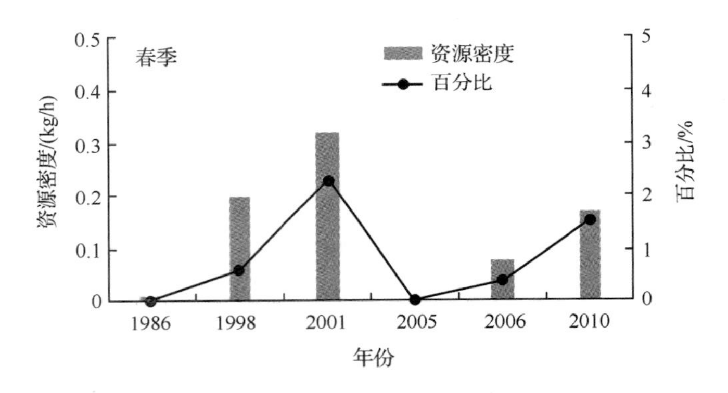

图 2.5.79　黄海中南部细纹狮子鱼密度及其在总渔获量中所占比例的变化

11. 黄鮟鱇

（1）数量分布

1）渤海和黄海北部

春季，黄鮟鱇主要分布于烟威外海，资源密度多在 1～10 kg/h，出现频率为 21.9%，平均密度为 0.52 kg/h，最大密度、最高尾数分别为 9.45 kg/h、14 尾/h。在渤海，未见有黄鮟鱇分布（图 2.5.80）。

夏季，黄鮟鱇在渤海和黄海北部出现频率为 22.6%，平均密度为 0.58 kg/h，平均尾数为 1 尾/h。其主要分布区有 3 个：一个是在黄海北部的鸭绿江口水域，其中，以 39°30′N、123°30′E 站的密度、尾数为最大、最多，分别是 30.00 kg/h、21 尾/h；另一个是在烟威外海，其密度在 1～10 kg/h；第三个是在辽东湾和渤海湾，其密度较小，多在 0～1 kg/h（图 2.5.81）。

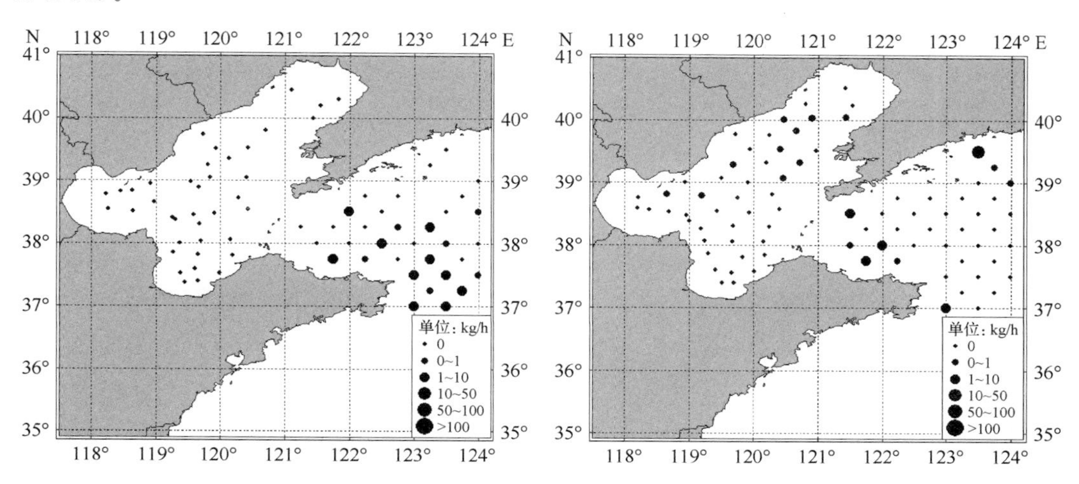

图 2.5.80　渤海和黄海北部春季黄鮟鱇密度分布
调查时间：2010 年 5 月

图 2.5.81　渤海和黄海北部夏季黄鮟鱇密度分布
调查时间：2010 年 8 月

2）黄海中南部

春季，黄鮟鱇遍布黄海中南部，其北部及外侧水域密度较高，平均为 1.28 kg/h，密度在 1 kg/h 以上的站有 19 个，最高密度为 8.33 kg/h（图 2.5.82）。

夏季，黄鮟鱇的平均密度为 3.76 kg/h，略高于春季，最高密度为 30 kg/h，资源密度在 1 kg/h 以上的站有 11 个，超过 10 kg/h 的有 4 个站，主要分布在黄海中南部的北部、中部及南部远离长江口的水域（图 2.5.83）。

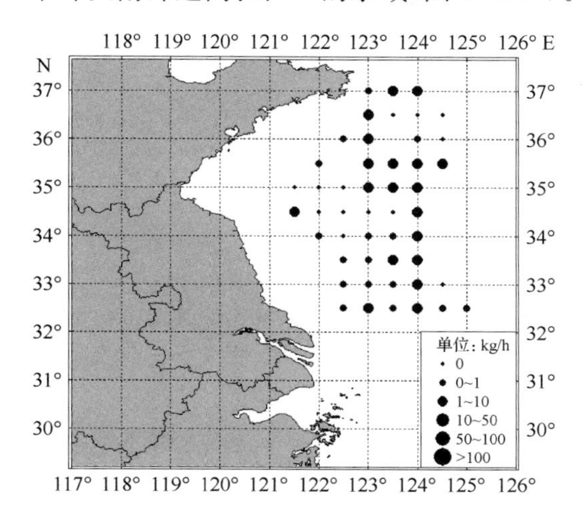

图 2.5.82　黄海中南部春季黄鮟鱇密度分布
调查时间：2010 年 5 月

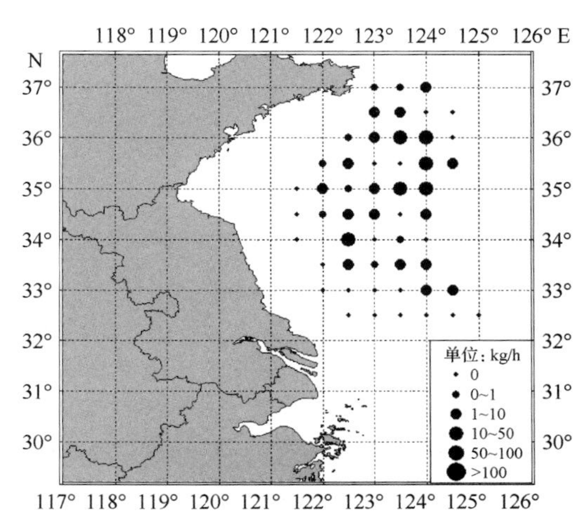

图 2.5.83　黄海中南部夏季黄鮟鱇密度分布
调查时间：2007 年 8 月

(2) 生物学特征

1) 群体组成

春季,黄鮟鱇的体长为200～395 mm,优势体长为200～300 mm,占总尾数的88%,平均体长为257 mm;体重为160～1622 g,优势体重为300～600 g,平均值为469 g。夏季,黄鮟鱇的体长为99～360 mm,优势体长为260～320 mm,占总尾数的70%,平均体长为262 mm;体重为23.8～1674 g,优势体重为500～1000 g,占总数的73%,平均值为668 g(图2.5.84、图2.5.85)。

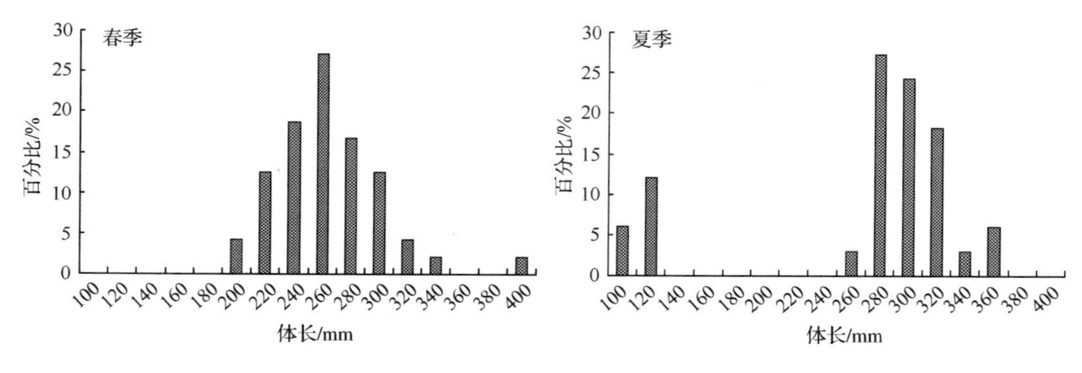

图2.5.84　黄、渤海黄鮟鱇的体长组成

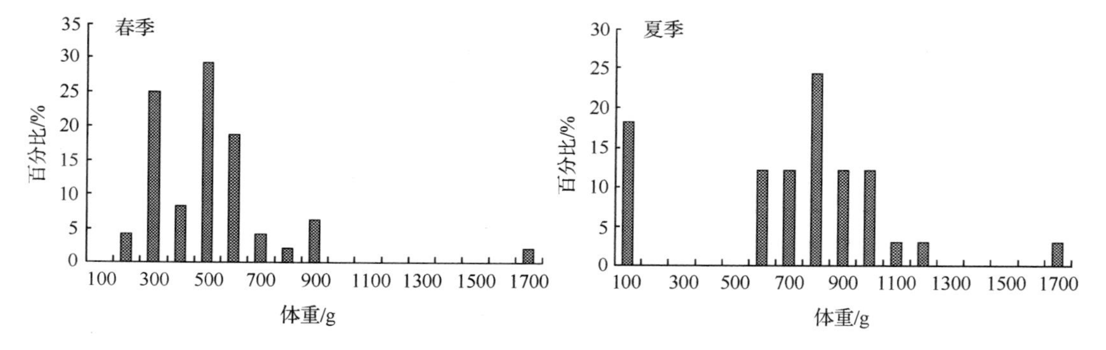

图2.5.85　黄、渤海黄鮟鱇的体重组成

黄鮟鱇体长与体重呈幂函数关系,其关系式为(图2.5.86)

$$W = 2 \times 10^{-5} L^{3.0635} (R^2 = 0.9574, n = 81)$$

2) 繁殖特性

陈大刚(1995)认为,在黄、渤海,黄鮟鱇产卵期为4～5月;万瑞景和姜言伟(2000)认为,在渤海,黄鮟鱇产卵期为5月中旬至6月下旬;张学健等(2011)推测,在黄海中南部,黄鮟鱇产卵期为2～6月,产卵盛期为3～4月。

黄鮟鱇产卵场可能位于东海至九州岛沿岸(Yoneda *et al.*,1998),或位于黄、渤海沿岸的深水区(陈大刚,1991)。雌雄个体初次性成熟体长差异较明显。1991～1997年,雌、雄性成熟50%的个体,全长分别为567 mm、362 mm,其年龄分别为6.2龄、5.4龄(Yoneda *et al.*,1998);2008～2009年,分别为483 mm、332 mm(张学健等,2011)。

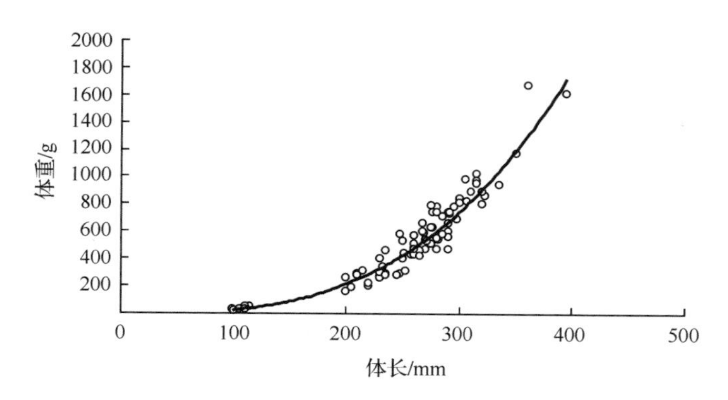

图 2.5.86　黄、渤海黄鮟鱇体长与体重的关系

黄鮟鱇产出的卵彼此黏着在一起，形成缎带状，漂浮于海面（陈大刚，1991；张学健等，2011）。徐开达等（2011）的研究结果：黄鮟鱇卵径为 1.30～1.76 mm，平均为（1.59±0.19）mm，1 个明显的峰值出现在 1.58～1.63 mm，占总卵数的 33.3%。陈大刚（1991）的研究结果：其卵径为 0.67～1.08 mm，有 1 个高峰，在 1 mm 左右。黄鮟鱇体长为485～729 mm 的个体，其绝对繁殖力为 34.178 万～113.3096 万粒/尾，相对生殖力为 167～319 粒/g，平均（244±43）粒/g（张学健等，2011）；体长在 480～680 mm 的个体怀卵量为 108 万～139 万粒/尾（陈大刚，1991）；全长为 578～796 mm 的个体生殖力为 31 万～154 万粒/尾（Yoneda *et al.*，1998）。黄鮟鱇属于一次性产卵类型。

春季，黄鮟鱇性腺成熟度以Ⅱ期为主，占总数的 88%，雌雄比为 55∶45；夏季，性腺成熟度Ⅱ期所占比例较春季有所下降，为 67%，Ⅲ期所占比例为 33%，雌雄比为 52∶48。黄海中南部、东海北部的黄鮟鱇，雌鱼成熟系数在 4 月达到最大，5 月次之，雄鱼成熟系数在 5 月最大。

3）摄食特性

春季，黄鮟鱇摄食等级以 0 级和 1 级为主，空胃率达 33%，1 级占 36%；夏季，以 2 级、3 级为主，分别占 30%、27%。薛莹等（2010）对黄海北部黄鮟鱇的摄食分析表明：秋季，黄鮟鱇主要以底层鱼类和虾类为食，优势饵料生物是矛尾鰕虎鱼和脊腹褐虾，其中，矛尾鰕虎鱼在食物组成中所占比例最高，是最重要的饵料生物。

李忠炉（2011）研究结果：2009 年秋季，在黄海中南部，黄鮟鱇空胃率为 42.2%。其饵料生物包括甲壳类、鱼类、头足类、棘皮动物和瓣鳃类，其中，甲壳类和鱼类是主要饵料生物类群。脊腹褐虾和方氏云鳚是主要饵料生物，又以脊腹褐虾最为重要。此外，细纹狮子鱼、鳀和高眼鲽也是比较主要的饵料生物。黄鮟鱇还存在同类相食的现象。中上层鱼类在饵料生物中也占有一定比例，如鳀和鲐。

4）群体组成变动趋势

不同年代的黄鮟鱇，雌性个体的体长范围和平均体长都较雄性个体大。1985 年和 2005 年，雌、雄个体的平均体长差异显著（$P<0.05$）。将 4 个年份黄鮟鱇的体长和体重组成进行比较显示：雌、雄个体均呈逐渐减小的趋势（表 2.5.4）。其体长频率分布由双峰型转变为单峰型，大个体比例减少，甚至缺失，群体组成呈现简单化。以雌鱼为例，1985 年、

2009 年的平均体长分别为(35.6±11.3) cm、(19.7±5.1) cm,差异极显著($P<0.01$),个体小型化十分明显。1985 年,其体长频率分布有两个优势组,为 20～24 cm、36～40 cm,分别占雌性个体总数的 26.7%、43.3%;2009 年,优势体长组为 18～20 cm,占雌性个体总数的 48.4%。由此可以看出,黄鮟鱇的优势体长组变小,中小个体所占比例增大(李忠炉,2011)。

表 2.5.4 黄海中南部黄鮟鱇体长、体重组成的年际变化

年份	性别	体长/cm			体重/g		
		范围	优势组	平均值	范围	优势组	平均值
1985*	雌	17.5～62	20～24 36～40	35.6±11.3	205～5750	350～450 1450～1650	1679±1431
	雄	17.5～51	20～26 32～36	30.1±8.5	145～3277	350～450 1050～1350	958±731
2000ns	雌	12.7～42	20～22	22.0±5.5	230～2304	250～450	455±456
	雄	17.3～41	18～22	21.9±5.0	192～2086	250～350	418±404
2005*	雌	8.3～55	18～20	21.1±7.6	18～5200	150～250	485±827
	雄	12.2～37	16～20	19.0±4.2	53～1815	150～250	268.7±271
2009ns	雌	12～50.7	18～20	19.7±5.1	47～4200	125～175	276.0±413
	雄	10～37.8	16～20	19.6±5.1	30～1720	75～225	268.9±286

* 该年黄鮟鱇雌、雄个体间平均体长差异显著($P<0.05$)

ns 表示该年雌、雄个体间平均体重差异不显著

近年来,在黄海中南部,黄鮟鱇呈低龄化,种群结构简单。根据黄、东海黄鮟鱇的生长参数估算:1985 年,黄鮟鱇的年龄优势组为 3 龄和 5 龄;2000 年、2005 年和 2009 年的秋季,以 3 龄占优势。2005 年和 2009 年,雄性年龄优势组有向 2 龄转化的趋势,这种变化趋势和徐开达等(2011)的研究结果相同。强大的捕捞压力是黄鮟鱇种群趋向低龄化和简单化的主要原因。

(3) 渔业状况及资源评价

近年来,黄鮟鱇资源呈上升趋势,成为帆张网渔获物中仅次于带鱼、小黄鱼和银鲳的鱼类。由于近海传统底层渔业资源的衰退,黄鮟鱇资源的利用逐渐被重视,其成为出口的主要水产品之一。黄鮟鱇不是传统渔业的捕捞对象,目前,对黄鮟鱇生物学的研究报道较少。由于捕捞过度,中国传统经济鱼类资源衰退,个体小型化、低龄化日趋明显,渔获物质量不断下降,使其渔业价值逐渐显现。

在渤海,1959～2010 年春季和夏季,黄鮟鱇密度一直处于较低水平,均小于 1 kg/h(图 2.5.87)。在黄海中南部,1986～2005 年,黄鮟鱇密度呈下降趋势;2005～2006 年,其密度迅速上升,2006 年达 2.36 kg/h。此后,有小幅度下降,2010 年,为 1.28 kg/h。其在总渔获量中的比例也有相同的变化趋势,2006 年以后,其在总渔获量中的百分比均超过 10%(图 2.5.88)。在黄海中南部,2000～2007 年,夏季黄鮟鱇的密度迅速增加,由 0.94 kg/h增至 3.97 kg/h,其在总渔获量中的百分比也显著增加。从以上结果可以看

出，近年来黄鮟鱇资源呈增加趋势，其在黄海渔业生物群落中占有优势，但资源量仍处于较低水平。虽然，黄鮟鱇一直是兼捕种类，仍建议对其加强养护，减少捕捞量。

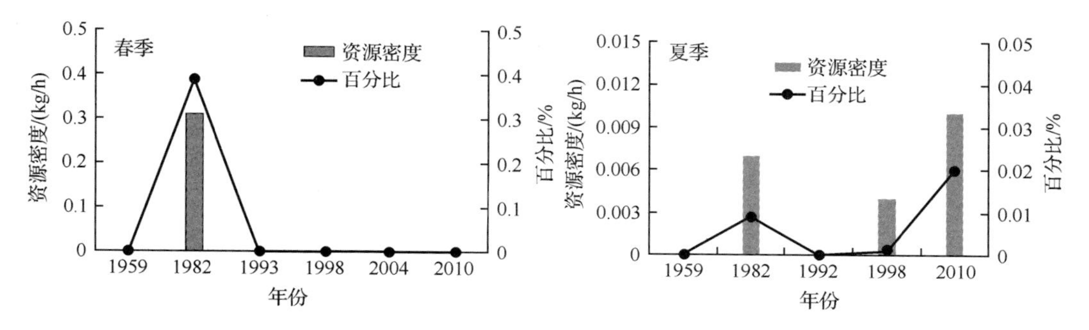

图 2.5.87　渤海黄鮟鱇密度及其在总渔获量中所占比例的变化

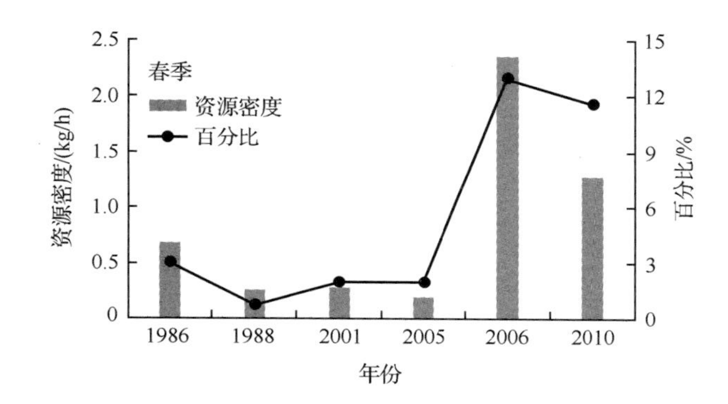

图 2.5.88　黄海中南部黄鮟鱇密度及其在总渔获量中所占比例的变化

12. 青鳞沙丁鱼

（1）数量分布

1）渤海和黄海北部

春季，在渤海和黄海北部，均未有青鳞沙丁鱼出现。

夏季，青鳞沙丁鱼主要分布在渤海湾和莱州湾，出现频率为 11.9%，资源最低密度为 0.01 kg/h，最大密度、最高尾数分别为 3.50 kg/h、1129 尾/h，平均密度为 0.07 kg/h，平均尾数为 18 尾/h（图 2.5.89）。

2）黄海中南部

春季和夏季，在黄海中南部，均未捕获青鳞沙丁鱼。

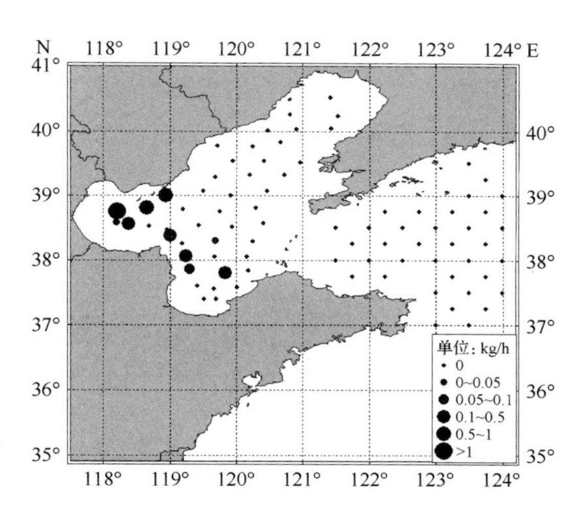

图 2.5.89　渤海和黄海北部夏季青鳞沙丁鱼密度分布

调查时间：2010 年 8 月

(2) 生物学特性

1) 群体组成

春季和夏季,捕获青鳞沙丁鱼的叉长为38～96 mm,优势叉长组为60～100 mm,优势叉长组个体数占总个体数的91.9%,平均叉长为75 mm;体重为0.3～9.9 g,优势体重为2～4 g,占总尾数的46.6%,平均体重为4.9 g。

青鳞沙丁鱼幼鱼生长迅速,孵化后1.5个月的仔鱼体长即可达30～45 mm,体重为1～2 g,到10月中旬,当年生幼鱼体长可达75～98 mm,体重在4～8.5 g(刘效舜,1990)。

青鳞沙丁鱼的叉长与体重呈幂函数关系(图2.5.90),其关系式为

$$W = 1 \times 10^{-5} L^{2.9845} (R^2 = 0.8454, n = 296)$$

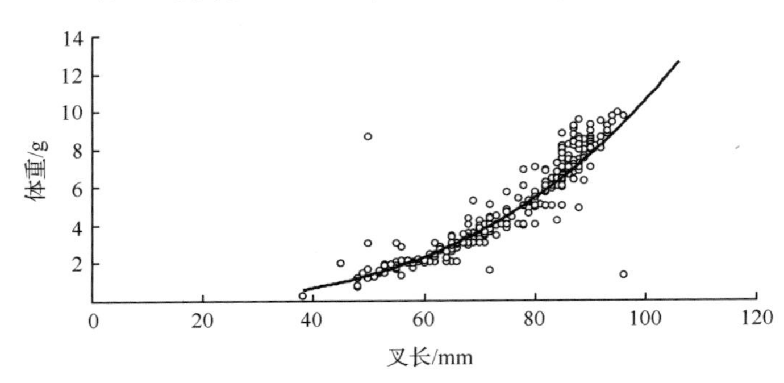

图2.5.90　黄、渤海青鳞沙丁鱼叉长与体重的关系

2) 繁殖特性

青鳞沙丁鱼1龄大部分性成熟,2龄全部性成熟,属一次性排卵类型,怀卵量为3500～5500粒。进入渤海的青鳞沙丁鱼,5月,雌鱼性腺为Ⅳ期的个体占44.0%,Ⅴ期占32.0%,Ⅵ期占14.0%;6月,Ⅴ期的个体占94.0%,Ⅵ期占4.0%;7月,Ⅴ期的个体占82.0%,Ⅵ期占18.0%;8月,Ⅴ期的个体占2.0%,Ⅵ期占80.0%;9月,产卵结束(邓景耀等,1988)。

3) 摄食特性

青鳞沙丁鱼的食性是以浮游动物为主,饵料种类有中华哲水蚤和太平洋磷虾,其次为强壮箭虫、瓣鳃类幼体、腹足类幼体和短尾类幼体,此外,还有底栖的多毛类和硅藻。其摄食强度不大,产卵期空胃率较高,通常为20.0%～75.0%(刘效舜,1990;唐启升和叶懋中,1990)。

4) 群体组成的变动趋势

1982～1983年,渤海青鳞沙丁鱼的年龄组成为1～5龄,优势叉长为90～135 mm,平均体重为17.2 g(邓景耀等,1988)。1983～1988年,山东近海青鳞沙丁鱼生殖群体的年龄组成为1～4龄,叉长为72～171 mm,优势叉长为100～145 mm,平均叉长为123 mm,体重为3～85 g,优势体重为5～45 g,平均体重为26.5 g(唐启升和叶懋中,1990)。1998～2000年,春、夏两季的青鳞沙丁鱼年龄组成为1～3龄,叉长为75～144 mm,优势叉长为90～140 mm,平均叉长为114 mm,体重为6～36 g,优势体重为10～30 g,平均体重为17.8 g。2010年夏季,青鳞沙丁鱼群体的叉长为38～96 mm,平均叉长为74.6 mm,

优势叉长组为 60～100 mm;体重为 0.3～9.9 g,平均体重为 4.9 g,优势体重为 2～4 g。与 20 世纪 80 年代和 20 世纪末相比,近几年,青鳞沙丁鱼趋于小型化(表 2.5.5)。

表 2.5.5　青鳞沙丁鱼群体组成的年间变化

年代	海域	叉长组成/mm			体重组成/g		
		范围	优势组	平均值	范围	优势组	平均值
1982～1983	渤海		90～135				17.2
1983～1988	山东近海	72～171	100～145	123	3～85	5～45	26.5
1998～2000	黄海、渤海	75～144	90～140	114	6～36	10～30	17.8
2010	黄海北部、渤海	38～96	60～100	74.6	0.3～9.9	2～4	4.9

(3) 渔业状况及资源评价

青鳞沙丁鱼经济价值低。20 世纪五六十年代,其产量很低,1975 年以前,山东省的年产量不足 500 t,1979 年以后,黄、渤海青鳞沙丁鱼资源才开始被利用,成为沿岸定置渔具、大拉网、流刺网和近海拖网的捕捞对象,80 年代中期,年产量约 2 万 t(唐启升和叶懋中,1990),占黄渤海区海洋捕捞产量的 3.0%～4.0%,占全国海捕产量的 0.4%～0.6%。从历史资料来看,在渤海,1959～1982 年春季,青鳞沙丁鱼密度迅速增加,1982 年,密度达 3 kg/h,此后降低,一直处于较低水平,密度均小于 1 kg/h,它在总渔获量中的比例与资源密度有相同的变化趋势(图 2.5.91);1959～1992 年夏季,青鳞沙丁鱼密度也迅速上升,1992 年以后,呈下降趋势。在黄海中南部,1986～1998 年,春季,青鳞沙丁鱼呈上升趋势,此后下降,2006 年又有所回升,2010 年未发现青鳞沙丁鱼;夏季,均未捕获青鳞沙丁鱼(图 2.5.92)。

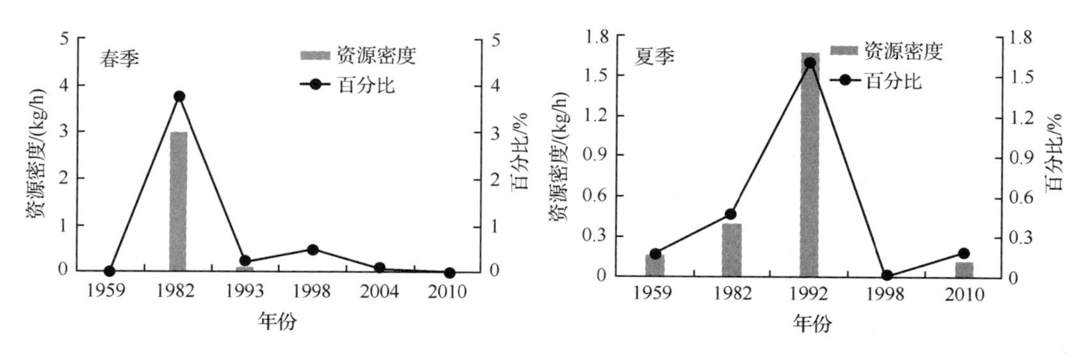

图 2.5.91　渤海青鳞沙丁鱼密度及其在总渔获量中所占比例的变化

13. *花鲈*

(1) 数量分布

1) 渤海和黄海北部

春季,在渤海和黄海北部,花鲈出现频率为 16.4%,平均密度为 0.68 kg/h,最大密度出现在渤海湾,为 17.03 kg/h(图 2.5.93)。

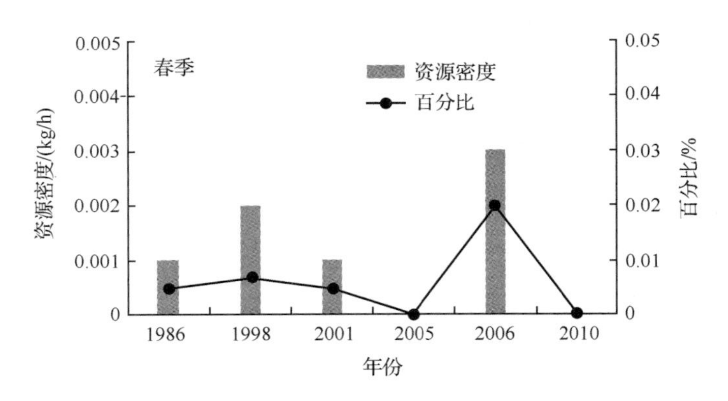

图 2.5.92　黄海中南部青鳞沙丁鱼密度及其在总渔获量中所占比例的变化

夏季，花鲈仅在渤海湾的 1 个站出现，资源密度、尾数分别为 13.44 kg/h、1 尾/h，在黄海北部未捕获(图 2.5.94)。

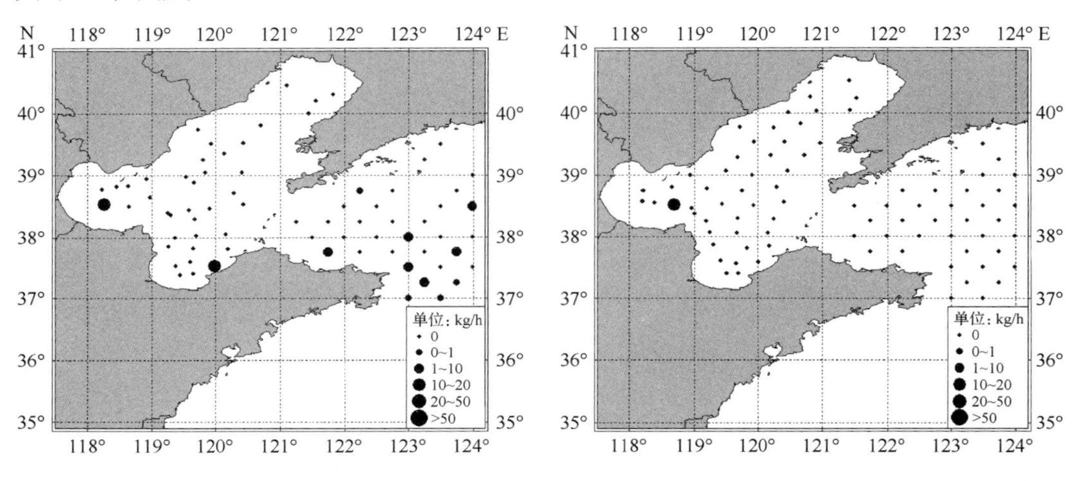

图 2.5.93　渤海和黄海北部春季花鲈密度分布
调查时间：2010 年 5 月

图 2.5.94　渤海和黄海北部夏季花鲈密度分布
调查时间：2010 年 8 月

2）黄海中南部

春季，花鲈的出现频率为 8.3%，平均密度为 0.06 kg/h，最高密度出现在山东半岛外侧的沿岸水域，为 2.10 kg/h(图 2.5.95)。

夏季，在黄海中南部未捕获。

(2) 生物学特性

1）群体组成

花鲈群体体长为 212～750 mm，体重为 154～4000 g。渤海和黄海北部的花鲈，平均体重为 1442 g，黄海中南部的花鲈，平均体重为 738 g。

2）摄食特性

花鲈为游泳生物食性，主要摄食中国对虾和其他虾类，以及鱼类、乌贼等。

3）繁殖特性

花鲈性成熟年龄为 3～4 龄，一般怀卵量在 30 万～200 万粒，产卵期为 12 月至翌年 3 月，产卵水温为 15～20 ℃，每年冬末、春初，在沿岸岩礁或河口处产卵。

（3）渔业状况及资源评价

从历史资料来看，在渤海，1959～1982 年春季，花鲈密度急剧上升，1982 年，密度为 5.26 kg/h，约为 1959 年的 3 倍，其后，密度下降。到 1993 年，密度略低于 1982 年，后来的调查均未捕获花鲈。2010 年，密度有所恢复，达 0.234 kg/h，其在总渔获量中的比例占 76.0%（图 2.5.96）。1959～1982 年夏季，花鲈密度保持相对稳定，此后，资源急剧上升。1992 年，达 5.00 kg/h。1998 年，未捕获花鲈。2010 年，资源有所恢复，为 0.11 kg/h(图 2.5.96)。在黄海中南部，1986～1998 年春季，花鲈密度呈上升趋势，此后，至 2005 年，呈下降趋势，2005 年以后，有小幅度回升，2010 年，为 0.06 kg/h(图 2.5.97)；夏季，未捕获花鲈。从黄、渤海的调查结果来看，其资源的恢复尚存在一定的空间，增殖潜力很大。

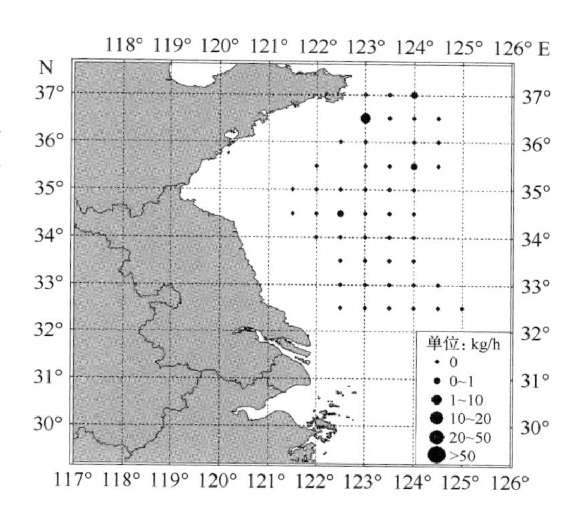

图 2.5.95　黄海中南部春季花鲈密度分布

调查时间：2010 年 5 月

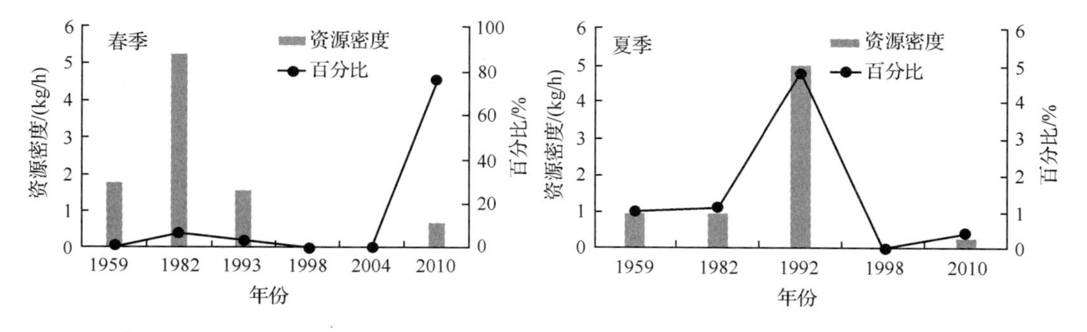

图 2.5.96　渤海花鲈密度及其在总渔获量中所占比例的变化

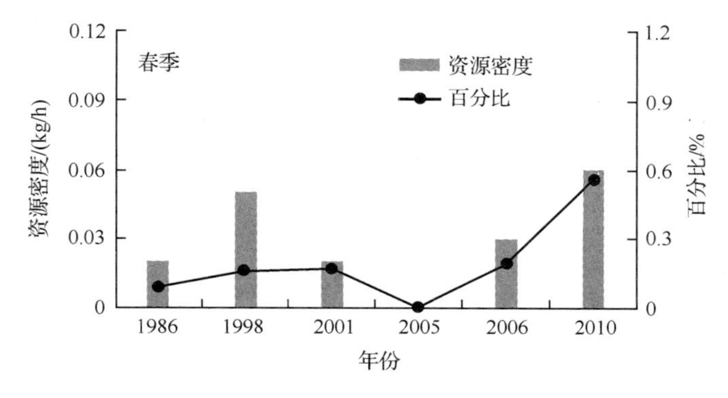

图 2.5.97　黄海中南部花鲈密度及其在总渔获量中所占比例的变化

14. 许氏平鲉

(1) 数量分布

1) 渤海和黄海北部

春季,许氏平鲉的出现频率为16.4%,平均密度为0.07 kg/h,最大密度为1.98 kg/h,主要分布在烟威渔场和石岛以东37°00′～38°00′N、123°00′～124°00′E海域,在渤海,仅有1个站捕获许氏平鲉(图2.5.98)。

夏季,许氏平鲉的出现频率为31.0%,平均密度、平均尾数分别为0.22 kg/h,12尾/h,最大密度、最高尾数分别为13.60 kg/h、452尾/h。许氏平鲉主要集中在烟威外海,此外,在渤海湾、辽东湾、莱州湾和海洋岛附近也有零星分布,但密度较小,多为0～1 kg/h(图2.5.99)。

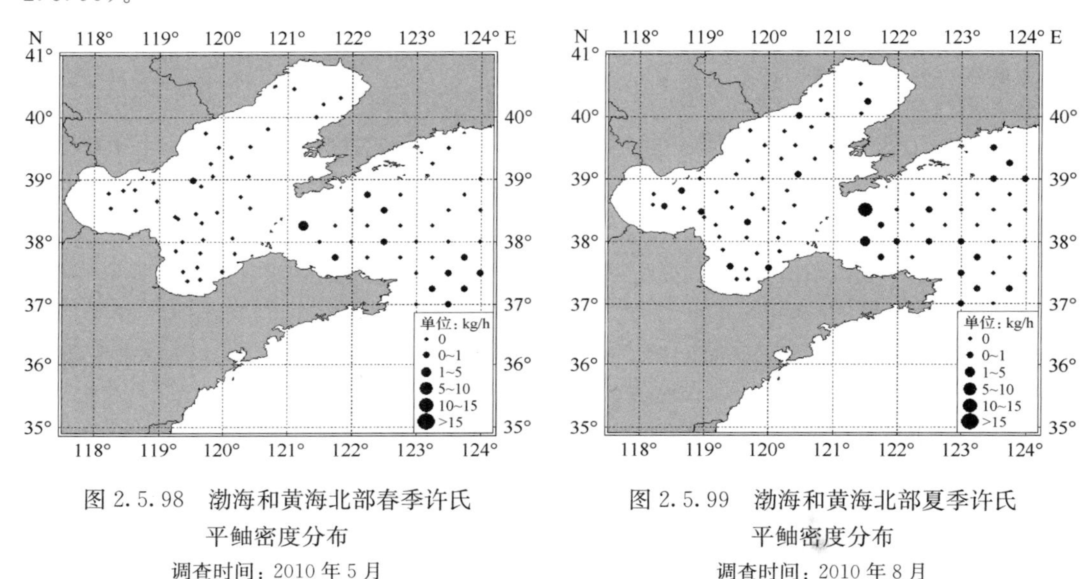

图2.5.98 渤海和黄海北部春季许氏平鲉密度分布
调查时间：2010年5月

图2.5.99 渤海和黄海北部夏季许氏平鲉密度分布
调查时间：2010年8月

2) 黄海中南部

春季,有4个站出现许氏平鲉,主要分布在山东半岛沿岸水域、山东半岛和黄海中部的外侧水域(图2.5.100)。

夏季,仅有1个站出现许氏平鲉,在山东半岛沿岸水域(图2.5.101)。

(2) 生物学特性

1) 群体组成

春季,许氏平鲉体长为70～190 mm,平均体长为109 mm;体重为10～182 mm,平均体重为51 g。夏季,许氏平鲉体长为46～146 mm,优势体长为40～70 mm、90～120 mm,所占比例分别为46%、44%,平均体长为82 mm;体重为2～99 mm,优势体重为2～10 g、20～50 g,所占比例分别为44%、41%,平均体重为23 g(图2.5.102)。

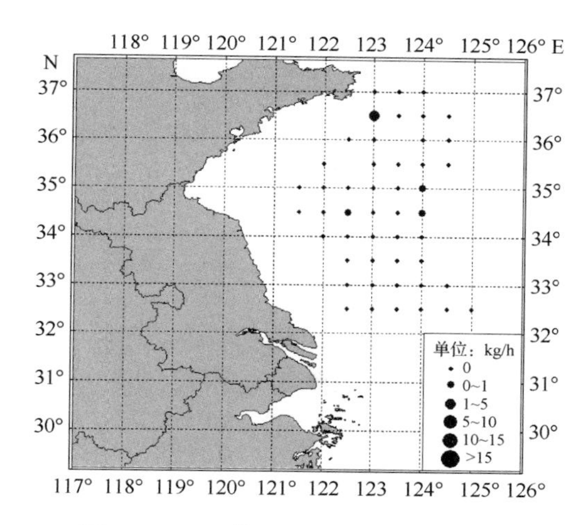

图 2.5.100　黄海中南部春季许氏平鲉密度分布

调查时间：2010 年 5 月

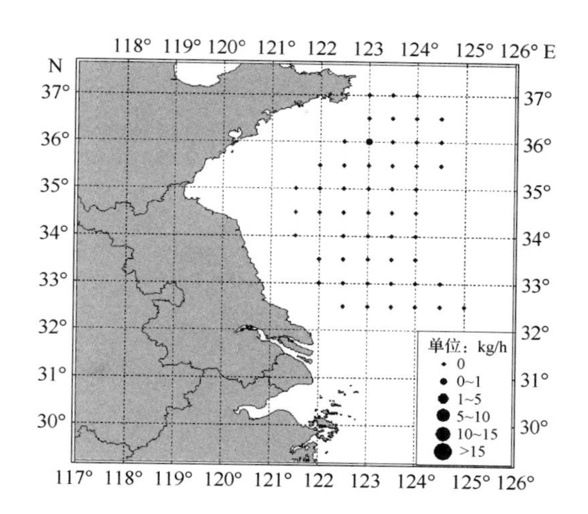

图 2.5.101　黄海中南部夏季许氏平鲉密度分布

调查时间：2007 年 8 月

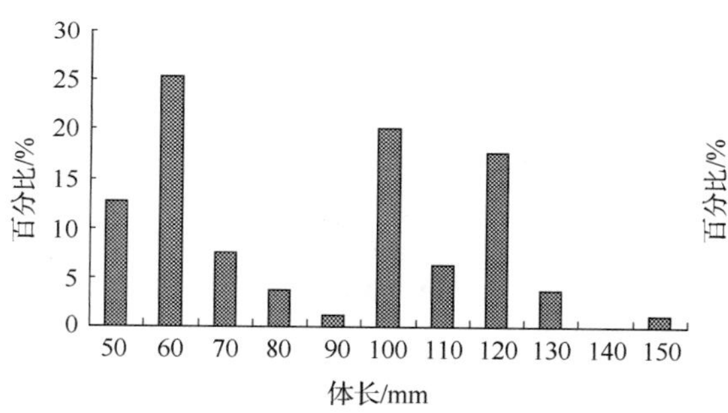

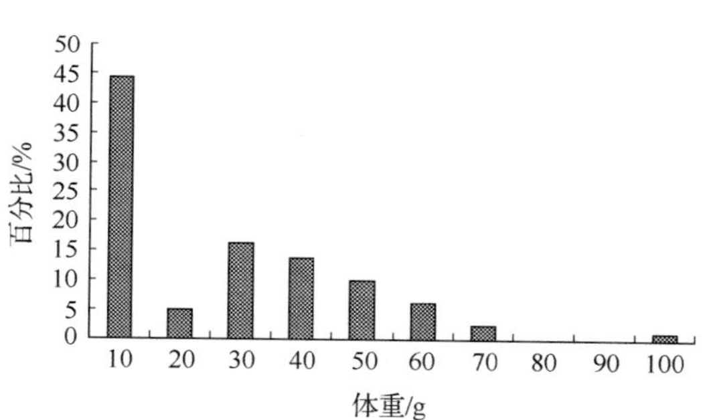

图 2.5.102　黄、渤海许氏平鲉体长和体重组成

黄、渤海许氏平鲉体长与体重的关系式为(图 2.5.103)

$$W = 1 \times 10^{-5} L^{3.1643} (R^2 = 0.9561, n = 101)$$

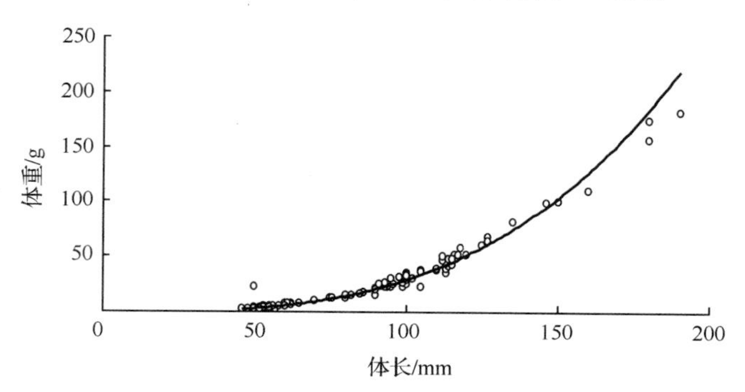

图 2.5.103　黄、渤海许氏平鲉体长与体重的关系

2）繁殖特性

许氏平鲉在山东近岸的产卵期为4～5月，盛期是5月上中旬，繁殖初期水温在12℃左右，盛期水温为14～15℃，产卵场通常在近岸、内湾口外的礁石海域，该海域虽处于近岸变性水团控制，但潮流通畅，水质清新，水深在10～20 m(陈大刚，1991)。

许氏平鲉属于体内受精的卵胎生鱼类，怀仔期1个多月，在水温达11.5℃以上时，开始进入产仔阶段。产出仔鱼的全长为4.3～5.0 mm，形似小蝌蚪状，在水温11.6～20.5℃的条件下，经40天左右的发育变态，进入幼鱼阶段，早期发育至此结束。许氏平鲉性成熟较晚，雄鱼约3龄，雌鱼为4龄，体长分别在200 mm、250 mm左右才开始性成熟，其怀仔量波动于1.52万～31.45万尾(陈大刚等，1994)。其怀卵量与体长、体重呈如下关系：

$$E = -11.5106 + 0.01501L$$

$$E_w = 3.01627 \times 10^{-18} W^{-7.0182}$$

式中，E表示个体繁殖力(万尾)；L表示体长(mm)；W表示纯重(g)。

3）摄食特性

许氏平鲉为游泳生物食性，主要摄食对象为鳀(20.1%)、中国对虾(12.6%)和火枪乌贼(12.1%)，次要摄食对象为短蛸(3.0%)、粗糙鹰爪虾(1.0%)、日本鼓虾(3.0%)、葛氏长臂虾(1.5%)、脊腹褐虾(3.1%)、口虾蛄(1.6%)、青鳞沙丁鱼(1.6%)、黄鲫(4.3%)、细条天竺鱼(5.5%)、黑鳃梅童鱼(2.3%)、小黄鱼(8.3%)、皮氏叫姑鱼(4.9%)、方氏云鳚(2.6%)、矛尾鰕虎鱼(3.8%)、焦氏舌鳎(1.6%)和其他鱼类(7.1%)(杨纪明，2001)，且随着鱼体的生长，鱼类逐渐提高其在饵料中的比例。许氏平鲉摄食量很大，饱食时，可达体重的11%左右(陈大刚，1991)。

(3）渔业状况及资源评价

从历年资料来看，在渤海，1959～1982年春季，许氏平鲉密度在上升，1982年，为0.08 kg/h，此后下降。到2004年，密度有小幅上升，此后，又处于下降趋势。2010年，密度不足0.01 kg/h(图2.5.104)。1959～1998年夏季许氏平鲉密度急剧下降，1998年以后，有小幅回升，密度为0.03 kg/h(图2.5.104)。在黄海中南部，1986～1998年春季，许氏平鲉密度上升，1998年，达0.13 kg/h。此后，至2005年，逐渐下降，2005年以后，又有所回升，2010年，密度为0.06 kg/h，其在总渔获量中的比例与资源密度变化趋势一致

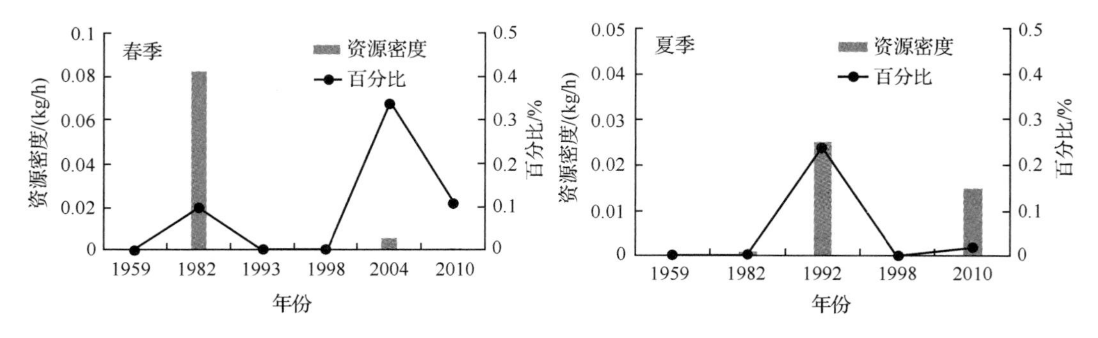

图2.5.104　渤海许氏平鲉密度及其在总渔获量中所占比例的变化

(图 2.5.105)。夏季,未捕获花鲈。从黄、渤海调查的结果来看,其资源有一定程度的恢复。

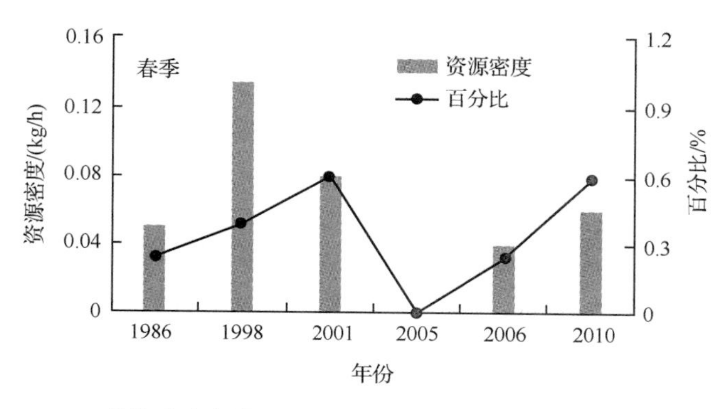

图 2.5.105　黄海中南部许氏平鲉密度及其在总渔获量中所占比例的变化

15. 大泷六线鱼

(1) 数量分布

1) 渤海和黄海北部

春季,在黄海北部,大泷六线鱼出现频率为 27.4%,最高密度为 4.26 kg/h,最低密度为 0.002 kg/h,平均密度为 0.17 kg/h,平均尾数为 3 尾/h。密集区在烟威渔场,为 1～10 kg/h。在渤海,辽东湾口也有分布,但密度较低,为 0～1 kg/h(图 2.5.106)。

夏季,大泷六线鱼主要分布在黄海北部,渤海仅有 1 个站出现,出现频率为 41.7%,平均密度、平均尾数分别为 1.22 kg/h、38 尾/h。密集区主要有 2 个:一个是烟威渔场 38°00′～38°30′N、121°30′～123°30′E 海域,最大密度、最高尾数为 19.2 kg/h、948 尾/h;另一个是黄海北部 38°00′～39°30′N 、123°30′～124°00′E 海域(图 2.5.107)。

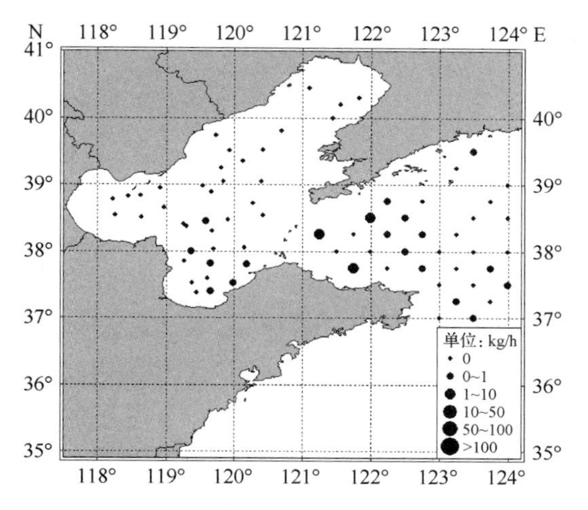

图 2.5.106　渤海和黄海北部春季大泷六线鱼密度分布

调查时间:2010 年 8 月

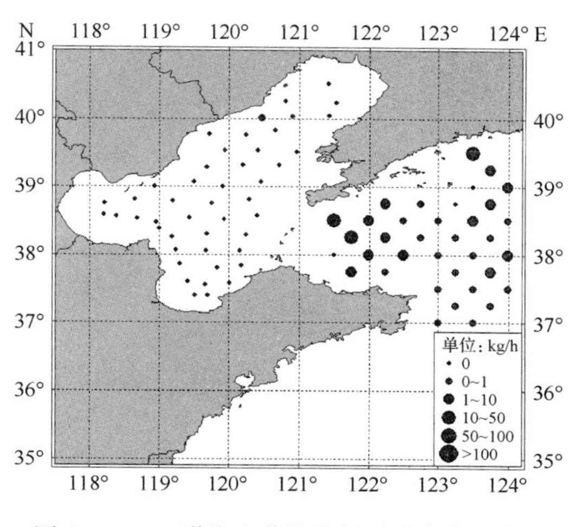

图 2.5.107　渤海和黄海北部夏季大泷六线鱼密度分布

调查时间:2010 年 8 月

2）黄海中南部

春季，大泷六线鱼主要分布在山东半岛以南的水域，最高密度为 0.37 kg/h，最低密度为 0.01 kg/h，平均密度为 0.09 kg/h，平均尾数是 14 尾/h（图 2.5.108）。

夏季，大泷六线鱼主要分布在山东半岛以东的水域，靠近沿岸密度较高，最高密度为 2.30 kg/h，最低密度为 0.03 kg/h，平均密度为 0.58 kg/h，平均尾数为 12 尾/h（图 2.5.109）。

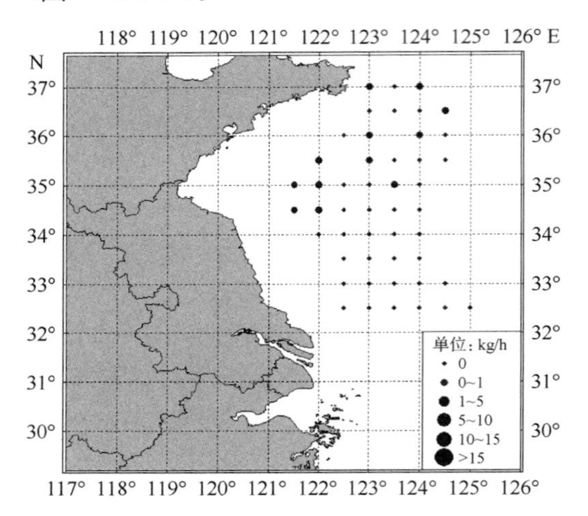

图 2.5.108　黄海中南部春季大泷六线鱼密度分布

调查时间：2010 年 5 月

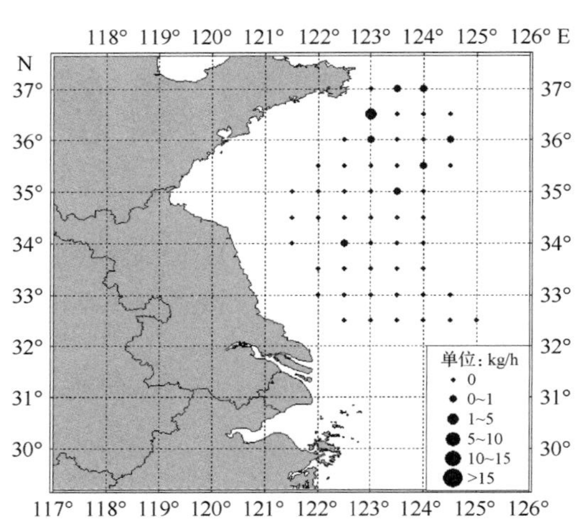

图 2.5.109　黄海中南部夏季大泷六线鱼密度分布

调查时间：2007 年 8 月

（2）生物学特征

1）群体组成

春季，大泷六线鱼体长为 88～225 mm，优势体长为 120～160 mm（图 2.5.110A），占 67%，平均体长为 142 mm；体重为 10.4～177 g，优势体重为 20～70 g，占 79%（图 2.5.111A），平均体重为 56.6 g。夏季，体长为 28～268 mm，优势体长为 70～110 mm、140～180 mm（图 2.5.110B），分别占 44%、26%，平均体长为 123 mm；体重为 2～406 g，优势体重为 2～30 g（图 2.5.111B），占 53%，平均体重为 51 g。

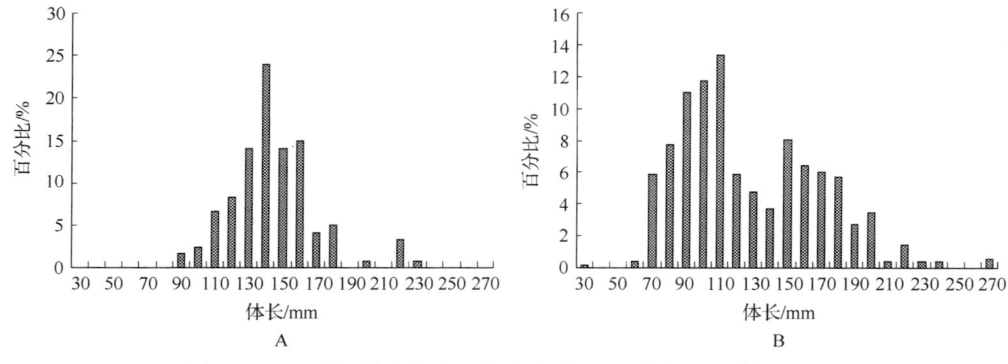

图 2.5.110　黄、渤海大泷六线鱼春季（A）、夏季（B）的体长组成

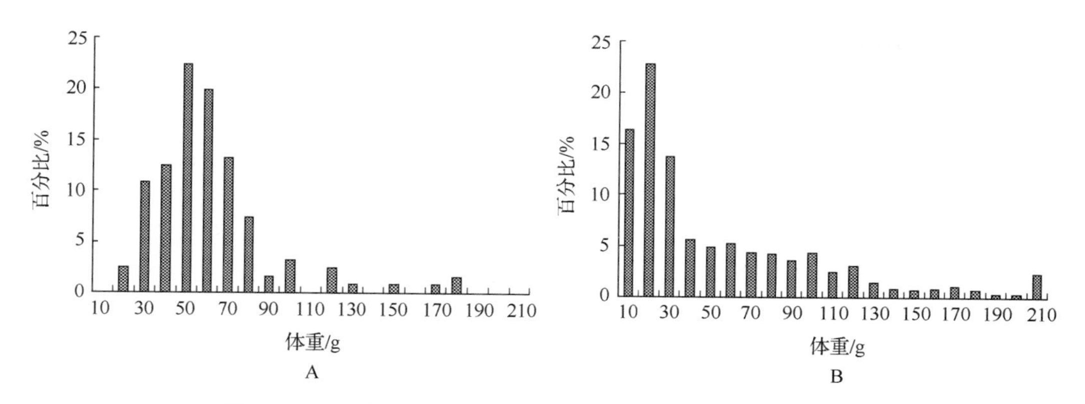

图 2.5.111 黄、渤海大泷六线鱼春季(A)、夏季(B)的体重组成

大泷六线鱼体长与体重呈幂函数关系,其关系式为(图 2.5.112)

$$W = 2 \times 10^{-5} L^{3.035} (R^2 = 0.9533, n = 667)$$

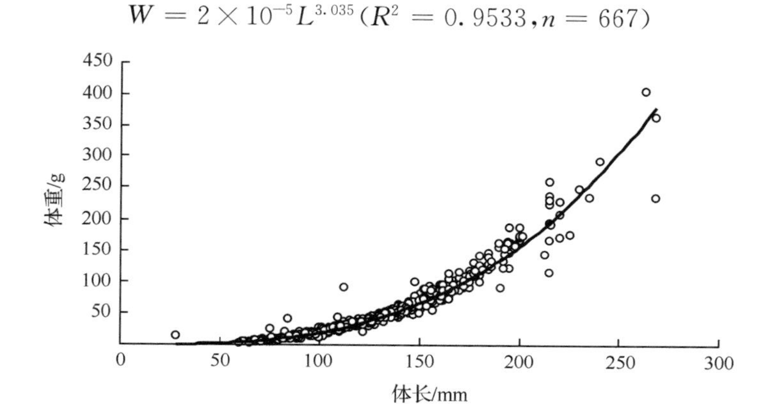

图 2.5.112 黄、渤海大泷六线鱼体长与体重的关系

2) 摄食特性

大泷六线鱼主要摄食中华安乐虾(20.8%)和其他甲壳类(16.7%),方氏云鳚(12.9%)和鳀(10.3%),次要摄食对象为糠虾类(7.8%)、小眼端足类(2.3%)、粗糙鹰爪虾(2.5%)、日本鼓虾(1.8%)、脊腹褐虾(4.6%)、日本美人虾(2.1%)、豆形拳蟹(2.3%)、口虾蛄(6.9%)和其他鱼类(9.0%)等(杨纪明,2001)。

春季,大泷六线鱼的摄食等级:2 级、1 级、3 级分别占 31%、28%、24%;夏季,摄食等级是以 2 级、1 级为主,分别占 45%、33%。

3) 繁殖特性

大泷六线鱼 1～2 龄开始性成熟,雄鱼成熟较早,繁殖季节为 10 月中下旬至 11 月下旬,产卵场在近岸 1～2 m 水深的岩礁区,产卵于扁江篙、松藻上,少数产于礁石上。卵为球形、沉性卵,属端黄卵,卵径为 1.62～2.32 mm,油球小而多,且较分散,卵膜较厚,透明度差。绝对怀卵量为 2000～9000 粒,相对怀卵量为 17～30 粒/mm 和 18～30 粒/g,平均每毫米体长为 22 粒左右,每克体重为 23 粒左右。雌鱼年龄、个体不同,怀卵量也不同。初次性成熟的雌鱼,是体长在 150 mm 左右的 2 龄或 3 龄鱼,其怀卵量在 2000～3000 粒;

体长在 250 mm 以上的 4 龄或 5 龄鱼，怀卵量可达 6000～9000 粒。亲鱼有护卵的习性（冯昭信和韩华，1998）。

（3）渔业状况及资源评价

近年来，随着近海经济鱼类数量的减少，大泷六线鱼价格不断升高，其捕捞量逐渐加大，个体在逐渐变小，资源承受的压力越来越大，资源的破坏日益严重（冯昭信和韩华，1998）。从历史资料来看，在渤海，1959～1982 年，春季大泷六线鱼的密度呈增加趋势，此后，呈下降趋势，但密度均小于 1 kg/h，其在总渔获量中的比例呈波动式上升（图 2.5.113）；1959～1992 年，夏季资源的密度呈上升趋势，此后降低，但其密度及在总渔获量中的比例均处于较低水平（图 2.5.113）。在黄海中南部，1986 年以后，春季大泷六线鱼密度逐渐降低，2006 年以后，有小幅回升，其在总渔获量中的比例与密度的变化趋势相一致（图 2.5.114）；夏季，其密度均处于较低水平。从以上结果可以看出，在渤海，大泷六线鱼资源已经很少，在黄海，尚有一定的资源量。今后，需加强对其资源的养护，开展增殖及其相关的研究。

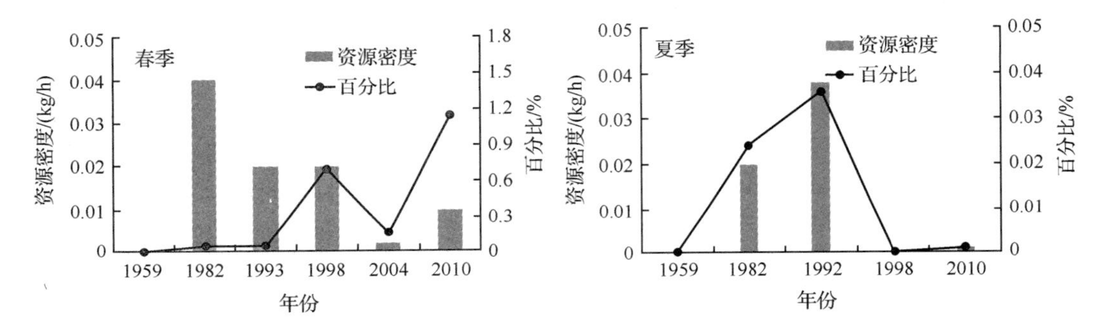

图 2.5.113 渤海大泷六线鱼密度及其在总渔获量中所占比例的变化

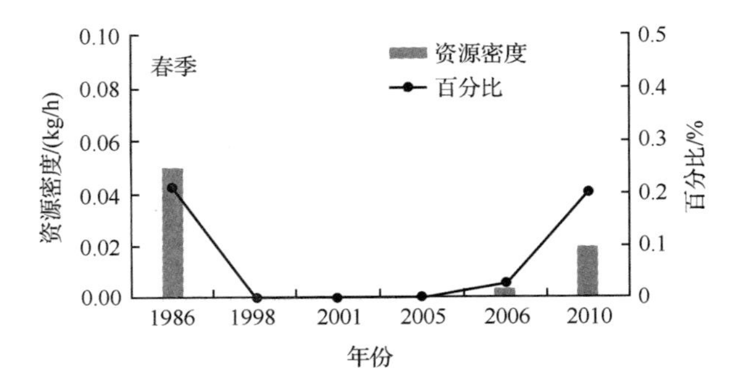

图 2.5.114 黄海中南部大泷六线鱼密度及其在总渔获量中所占比例的变化

16. 玉筋鱼

（1）数量分布

1）渤海和黄海北部

春季，玉筋鱼在 73 个站中只有 6 个站出现，其主要分布在黄海北部 38°30′～39°30′

N、123°00′～124°00′E海域，渤海未见有分布，出现频率为8.2%，总渔获量为7.57 kg，平均密度为0.10 kg/h，最大密度、最高尾数分别为4.80 kg/h、612尾/h(图2.5.115)。

夏季，玉筋鱼的分布与春季相似，黄海北部38°00′～39°30′N、123°30′～124°00′E海域为其主要分布区，出现频率为8.3%，最低密度为0.04 kg/h，最高密度为3.20 kg/h，平均密度为0.07 kg/h，平均尾数为4尾/h(图2.5.116)。

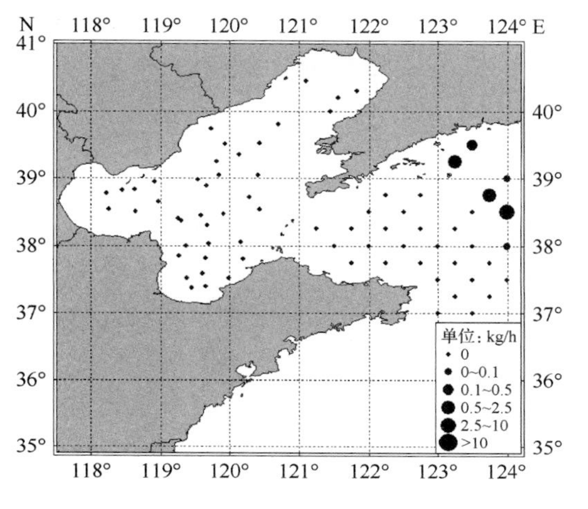

图2.5.115 渤海和黄海北部春季玉筋鱼密度分布
调查时间：2010年5月

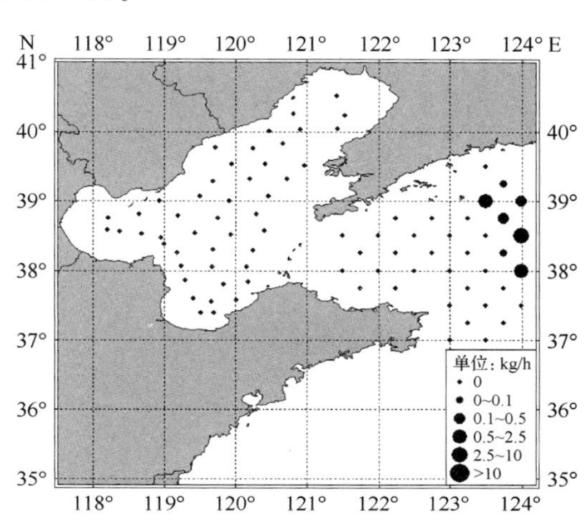

图2.5.116 渤海和黄海北部夏季玉筋鱼密度分布
调查时间：2010年8月

2）黄海中南部

春季，玉筋鱼平均密度为0.37 kg/h，最高密度为16.03 kg/h，其主要分布在黄海山东半岛离岸水域(图2.5.117)。

夏季，未捕获玉筋鱼。

(2) 生物学特性

1）群体组成

春季，玉筋鱼体长为69～182 mm，优势体长为110～140 mm(图2.5.118A)，占总尾数的82%，平均体长为133 mm；体重为4.06～24.7 g，优势体重为5～15 g(图2.5.119A)，占总尾数的92%，其中，又以5～10 g所占比例最高，占78%，平均体重为9.0 g。夏季，玉筋鱼体长为98～185 mm，优势体长为150～180 mm(图2.5.118B)，占总尾数的70%，平均体长为154 mm；体重为2～28 g，优势体重为10～25 g，占总尾数的78%，平均体重为16.1 g(图2.5.119B)。

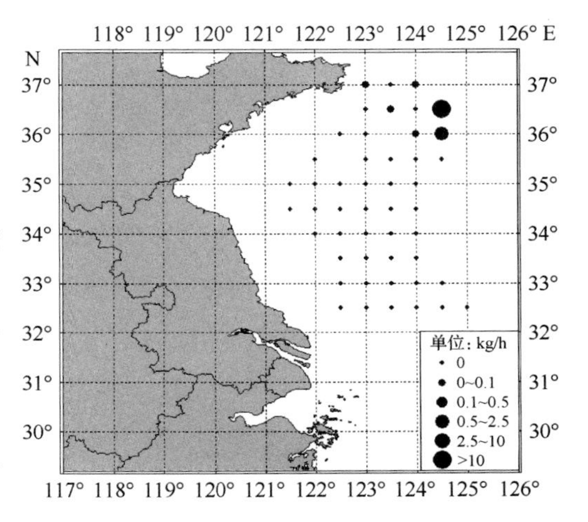

图2.5.117 黄海中南部春季玉筋鱼密度分布
调查时间：2010年5月

玉筋鱼体重与体长呈幂函数曲线关系

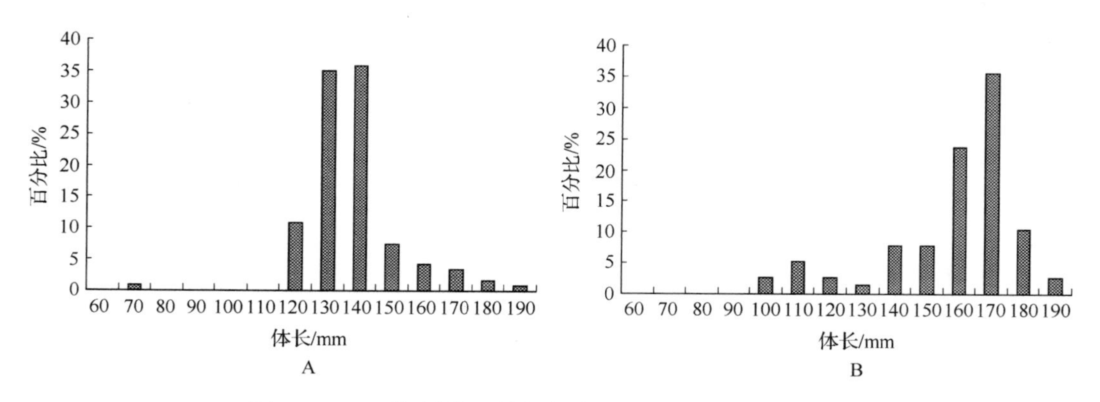

图 2.5.118　黄、渤海玉筋鱼春季(A)、夏季(B)的体长组成

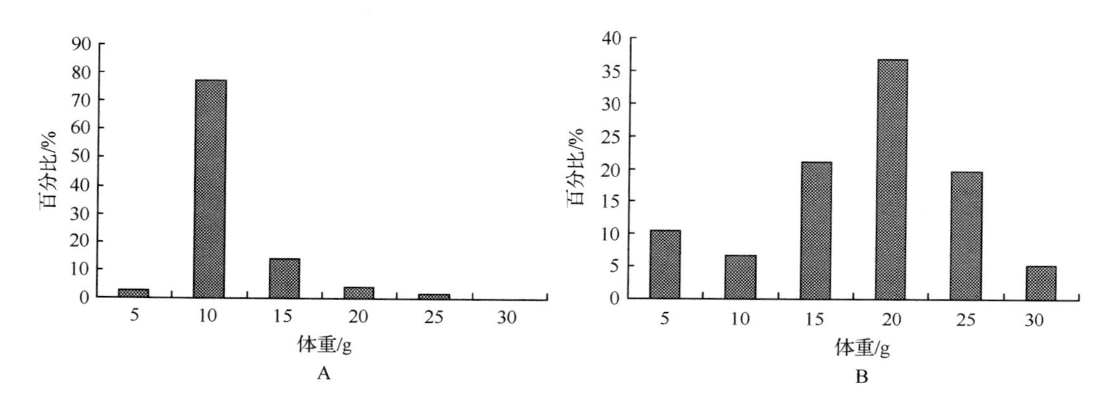

图 2.5.119　黄、渤海玉筋鱼春季(A)、夏季(B)的体重组成

(图 2.5.120),关系式为

$$W = 2 \times 10^{-6} L^{3.1848} (R^2 = 0.8266, n = 196)$$

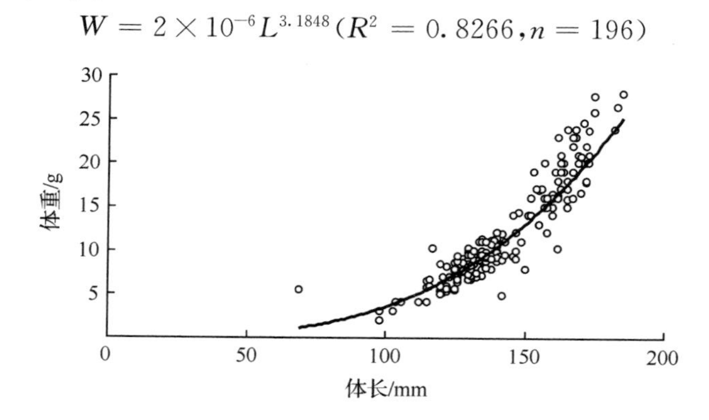

图 2.5.120　黄、渤海玉筋鱼体长与体重的关系

2）繁殖特性

春季生殖群体由 1～3 龄组成,雌雄比为 50∶50,卵径为 0.85～0.95 mm,围卵腔大,卵膜较薄而透明,无龟裂呈鲜黄色,有大油球 1 个,属于沉性卵。在山东半岛近岸水域,每年 11 月,随着北方冷空气的南下,水温下降到 13～15 ℃时,玉筋鱼由深水向浅水移动,在

砂砾底质水域产卵。从近几年近岸定置网和对重点渔区的统计资料来看，12 月以后，定置网捕获的玉筋鱼，多是产卵后的个体。发生的幼鱼生长到翌年 1 月，约为 10 mm 左右；2 月，为 30 mm 左右；3 月，为 50 mm 左右；4 月，为 60～85 mm；5 月，为 65～95 mm；6 月，为 70～100 mm；7～8 月，进入夏眠期，停止生长。

辽东半岛以东近海及朝鲜半岛以西近海的群系，与山东半岛近海群系相比，因水文环境的不同而有所差异。2001 年 5 月，黄海北部玉筋鱼要比山东半岛的产卵期滞后 1～2 个月，于 1 月开始产卵，产卵期为 1～3 月。当年幼鱼滞留在流速较缓、饵料丰富的浅水，水温在 12～16 ℃，产过卵的亲鱼离开近岸向深水移动。近两年发现，春汛捕获的玉筋鱼仍有许多个体怀卵，这在过去是少见的。

陈昌海(2004)对黄海玉筋鱼繁殖力进行过研究：1 龄即可性成熟，1～3 龄个体的绝对繁殖力为 $0.45\times10^4 \sim 5.1\times10^4$ 粒，平均为 1.79×10^4 粒。个体绝对繁殖力 E(粒)与纯重 W(g)或叉长 L(mm)之间均呈幂函数关系，其关系式分别为

$$E = 1867.7W^{1.2100} \quad (R^2 = 0.9855)$$

$$E = 1.755 \times 10^{-5} L^{3.7026} \quad (R^2 = 0.9819)$$

3）摄食特性

玉筋鱼为浮游动物食性，饵料以桡足类为主，此外，还有磷虾类、箭虫类、多毛类幼体、双壳类幼体、端足类、等足类、介形类、糠虾类、虾蟹类幼体和鱼卵等。玉筋鱼的摄食强度季节变化较大，12 月，其摄食强度不高，摄食强度较高的季节是在上半年，5 月，摄食强度大，4 级占 11.9%，3 级占 31.0%，2 级占 31.0%，1 级和 0 级占 11.0%，这时其消化道的脂肪层较厚，胃呈乳白色，肠为橙红色，进入 7～8 月，潜沙，进入夏眠期，完全停止摄食。

(3) 渔业状况及资源评价

20 世纪 90 年代以前，玉筋鱼只是作为沿岸张网和其他定置网的兼捕对象，捕获量不大。渔场在辽东半岛东部沿岸、长山列岛沿海、山东半岛近岸及海州湾沿岸，生产汛期主要在 5 月。随着主要经济鱼类的严重衰退和鳀资源的明显下降，在黄海，1998 年开始对玉筋鱼进行大规模利用。1998 年春季，山东、辽宁两省许多 184 kW 以上大功率拖网渔船，分别在海洋岛南北、格列飞列岛周围及青岛近海捕到玉筋鱼的密集群体，因此，在黄海玉筋鱼也成为主要捕捞对象。黄、渤海三省一市玉筋鱼产量从 1998 年的 25.8 万 t 猛增到 2000 年的 56.5 万 t。玉筋鱼拖网渔业主要以大功率(88～331 kW)渔船为主，渔期在 4～6 月。拖网作业渔场主要有石东渔场、海洋岛渔场、青海渔场。

从历史资料来看，在渤海，1959～1982 年春季，玉筋鱼密度增加，此后降低。2004 年，有小幅回升。2010 年，渤海调查未发现玉筋鱼(图 2.5.121)。夏季，也未捕获到玉筋鱼。在黄海中南部，1986～2006 年春季，玉筋鱼密度一直处于较低水平。2010 年，密度增加至 0.37 kg/h(图 2.5.122)。夏季，未发现玉筋鱼。

17. 鲐

(1) 数量分布

1）渤海和黄海北部

春季，在本区域未捕获鲐。

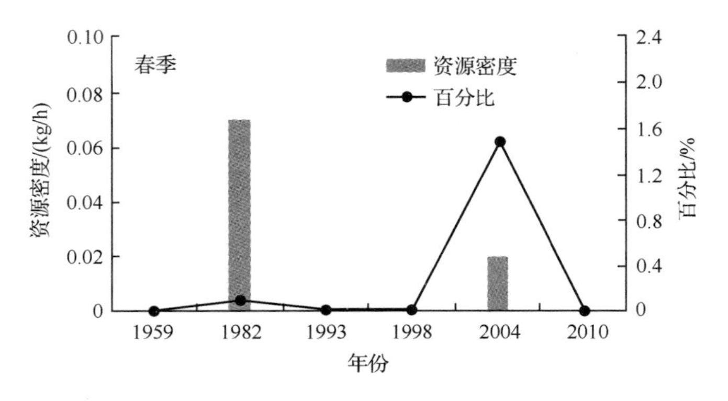

图 2.5.121　渤海玉筋鱼密度及其在总渔获量中所占比例的变化

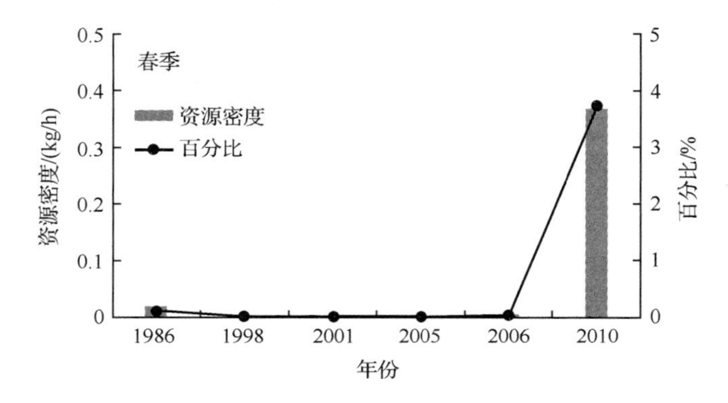

图 2.5.122　黄海中南部玉筋鱼密度及其在总渔获量中所占比例的变化

夏季，鲐出现频率为 16.7%，总渔获量为 11.511 kg，最大密度为 7.06 kg/h，最小密度为 0.04 kg/h，平均密度为 0.14 kg/h，平均尾数为 7 尾/h，鲐主要分布在烟威外海和海洋岛渔场(图 2.5.123)。

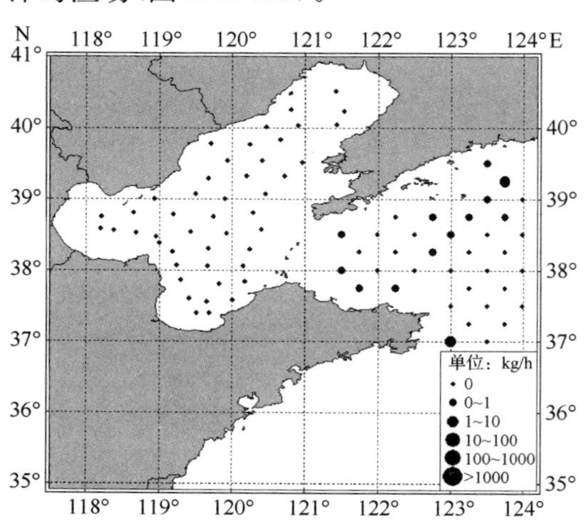

图 2.5.123　渤海和黄海北部夏季鲐密度分布
调查时间：2010 年 8 月

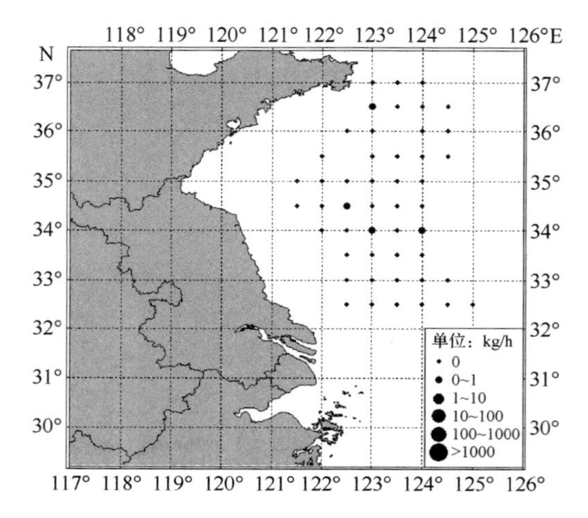

图 2.5.124　黄海中南部春季鲐密度分布
调查时间：2010 年 5 月

2）黄海中南部

春季，仅4个站出现鲐，平均密度为0.004 g/h，最高密度为0.9 g/h，鲐主要分布在黄海中部及山东半岛外侧水域（图2.5.124）。

夏季，平均密度为0.25 g/h，最高密度为3 g/h，超过1 g/h的站有5个，主要分布在黄海中南部的外侧水域（图2.5.125）。

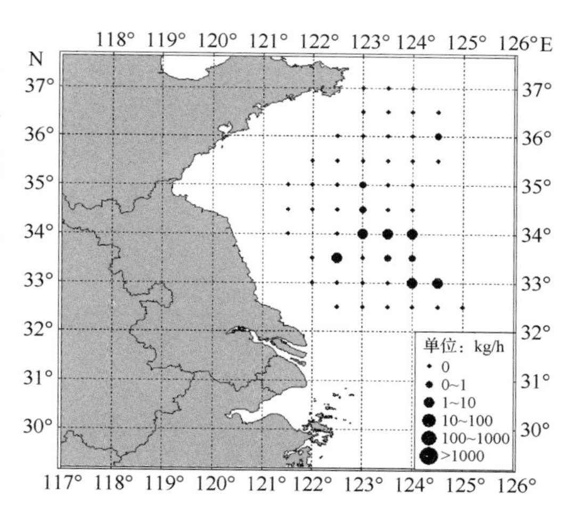

图2.5.125　黄海中南部夏季鲐密度分布

调查时间：2007年8月

（2）生物学特征

1）群体组成

春季，本区域未捕获鲐。

夏季，鲐的叉长为97～200 mm，优势叉长为120～160 mm，占72%，平均叉长为148 mm；体重为8.69～93 g，优势体重为15～40 g，占73%，平均体重为34 g。

鲐的叉长与体重之间呈幂函数关系（图2.5.126），其关系式为

$$W = 3 \times 10^{-6} L^{3.2491} (R^2 = 0.9532, n = 134)$$

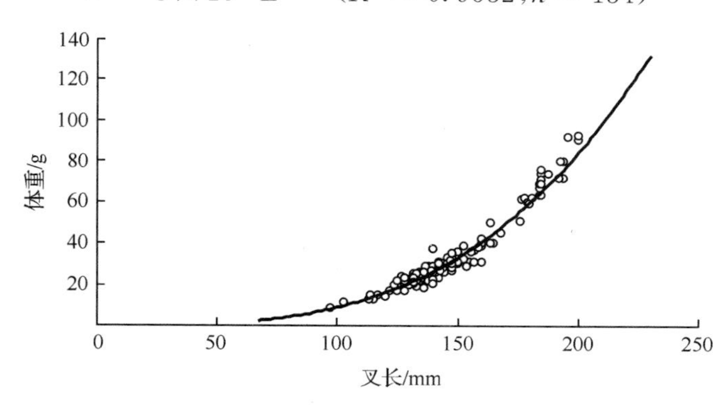

图2.5.126　黄、渤海鲐叉长和体重的关系

2）繁殖特性

鲐性成熟一般为2龄，少数在1龄性成熟。初次性成熟个体叉长一般为250 mm，体重在200 g左右。其个体怀卵量在20万～110万粒，平均70万粒。3月末、4月初，越冬群体由越冬场北上进行产卵洄游，这时，雌鱼性腺大部分为Ⅲ期。5月上中旬，群体先后到达青岛-石岛外海、海洋岛外海、烟台-威海外海，水深在40 m的产卵场，雌鱼性腺大部分为Ⅳ期，小部分为Ⅴ期。5月下旬，很小一部分鱼群进入渤海。5月下旬至6月，为鲐的产卵盛期，雌鱼性腺发育大部分为Ⅴ期，其次为Ⅳ期。7月，仍有部分鱼产卵，雌鱼性腺为Ⅳ、Ⅴ、Ⅵ期。8月，产卵结束，性腺均为Ⅵ期和Ⅱ期。

3）摄食特性

鲐在春季生殖洄游期间强烈摄食，产卵期间摄食强度锐减，产卵后又强烈摄食，摄食

强度为全年最高。夏季为鲐产卵后的索饵期，摄食等级以 2 级、3 级为主，空胃也占一定比例，但以小型鱼为主。12 月，鲐已开始进入越冬海域，摄食等级以 0 级、1 级为主，其余为 2～4 级，越冬期间少量摄食。在黄海，叉长在 35 mm 以上的当年生幼鱼，其饵料以鱼类、头足类和甲壳类为主，其次为多毛类、毛颚类、瓣鳃类、虾蟹幼体和海藻碎屑等。成鱼摄食以细长脚蜮、太平洋磷虾和鳀为主。

根据夏季调查，其摄食等级以 2 级最高，占 38.1%，1 级、3 级分别占 29.8%、21.4%。

4）群体组成的变动趋势

2007～2010 年黄海鲐的最高年龄为 3 龄，1 龄为优势组。在 20 世纪 60 年代初，鲐群体以 2 龄鱼为主；50 年代后期，群体优势年龄组为 3 龄；50 年代初期，则为 3～7 龄。50 年代中后期，由于捕捞力量的增加，鲐的优势叉长连年下降。

（3）渔业状况及资源评价

鲐是黄海主要经济鱼类之一，其他海区也有相当的产量，它在全国经济鱼类中占有重要地位。目前，黄海鲐的主要作业方式为大型灯光围网，其次为拖网和流网所兼捕。20 世纪 80 年代以前，以捕捞近岸产卵、索饵群体的围网和春季的流网生产为主。90 年代以来，随着东海北上群体的衰落，黄海西部春季流网专捕渔业也随之消亡，鲐的捕捞完全转向秋季，在黄海中东部作业。在黄海作业的大型围网船主要是中国和韩国的。70 年代中期，由于鲐资源回升，产量有大幅度提高，到 70 年代后期，单位捕捞努力量产量大幅度下降，总产量的维持是靠捕捞力量的增加所致。80 年代和 90 年代前期，鲐资源处于低水平，到 90 年代中期，鲐资源有所恢复，北方三省一市的年产量达 12 万 t 以上，并且单位捕捞努力量产量也有所提高。

从历史资料来看，在渤海，1959～2010 年春季，调查均未捕获鲐；1959～1982 年夏季，密度呈上升趋势，此后，一直保持较低水平（图 2.5.127）。黄海中南部，1986～2001 年春季，密度有小幅上升，此后下降。2010 年，又有小幅回升，但仅为 0.004 kg/h（图 2.5.128）；夏季，未捕获鲐。

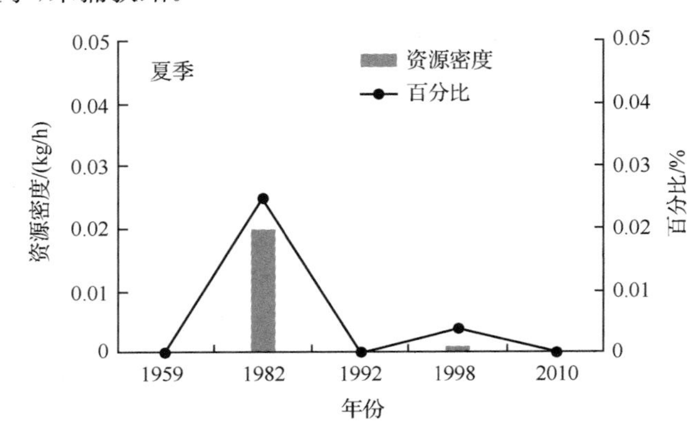

图 2.5.127　渤海鲐密度及其在总渔获量中所占比例的变化

在黄海，鲐渔业主要是秋汛的围网渔业，渔场主要在黄海中部、偏韩国一侧水域，越冬场也是靠近韩国一侧水域，因此，渔业管理要靠国际间的合作。20 世纪 50 年代前期，黄海鲐群体的组成为 3～7 龄，优势组为 4 龄、5 龄，由于大量捕捞，50 年代后期，群体组成发

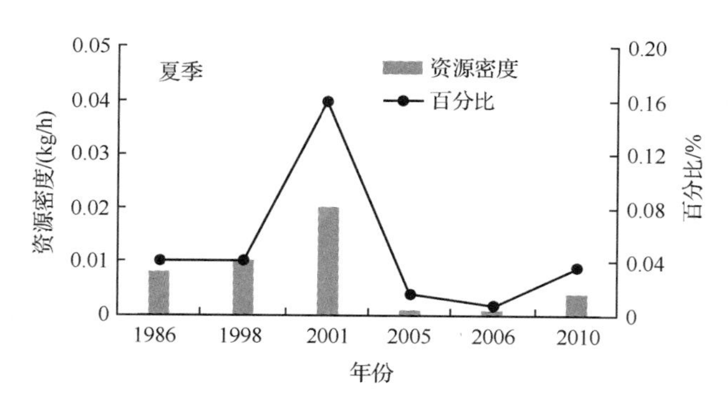

图 2.5.128 黄海中南部鲐密度及其在总渔获量中所占比例的变化

生了较大变化，4 龄、5 龄鱼骤减，3 龄鱼成为优势年龄组，至 60 年代初，以 2 龄鱼为主。2007～2010 年，黄海鲐的群体组成以 1 龄为主，和小黄鱼、带鱼一样，高龄鱼在半封闭的黄海里是经受不住高强度捕捞的，恢复大个体鱼资源的最好办法就是降低捕捞强度。

18. 竹筴鱼

(1) 数量分布

1) 渤海和黄海北部

春季，在渤海和黄海北部，竹筴鱼均未出现。

夏季，竹筴鱼出现频率为 7.1%，平均密度为 0.01 kg/h，平均尾数为 1 尾/h。竹筴鱼主要分布在海洋岛以东 39°00′～39°30′N、123°30′～124°00′E 海域，资源密度在 0～0.05 kg/h，最大密度、最高尾数分别为 0.21 kg/h、8 尾/h。在长岛东北水域，资源密度、渔获尾数分别为 0.05 kg/h、2 尾/h，在石岛以东的 37°00′N、123°00′E 站，资源密度、渔获尾数分别为 0.07 kg/h、4 尾/h(图 2.5.129)。

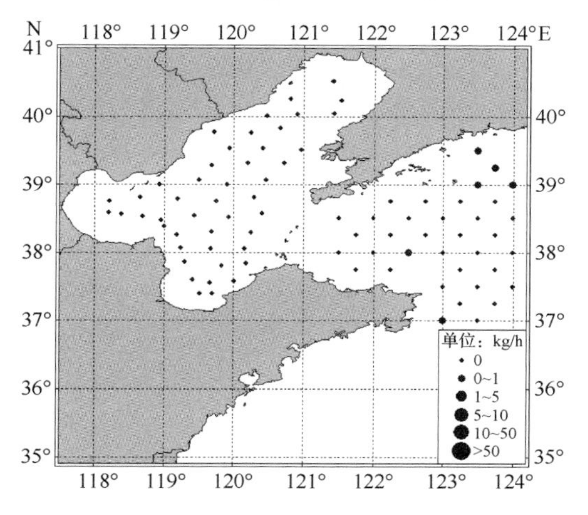

图 2.5.129 渤海和黄海北部夏季竹筴鱼密度分布

调查时间：2010 年 8 月

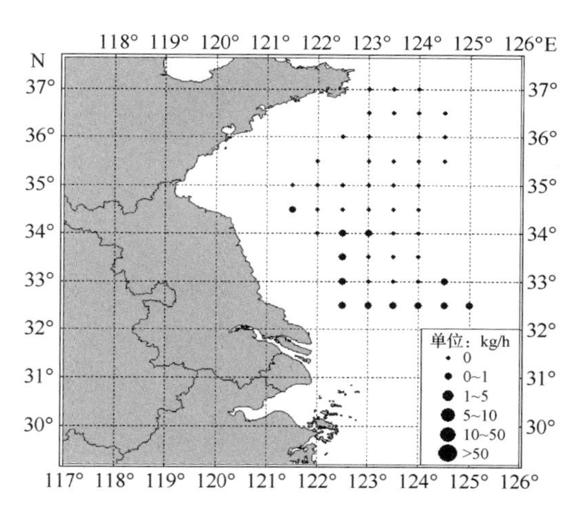

图 2.5.130 黄海中南部春季竹筴鱼密度分布

调查时间：2010 年 5 月

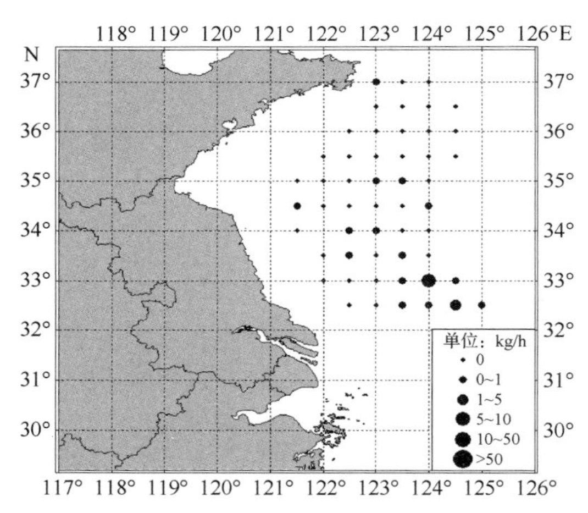

图 2.5.131　黄海中南部夏季竹筴鱼密度分布

调查时间：2007 年 8 月

2）黄海中南部

春季，竹筴鱼平均密度为 0.007 kg/h，最高密度为 0.08 kg/h，主要分布在黄海中南部的南部沿岸及靠近长江口水域（图 2.5.130）。

夏季，竹筴鱼平均密度为 0.52 kg/h，最高密度达 10 kg/h，密度超过 1 kg/h 的站有 2 个，分布在黄海中南部的中部和南部外侧水域（图 2.5.131）。

（2）生物学特征

1）群体组成

春季，未捕获竹筴鱼。夏季，竹筴鱼叉长为 122～130 mm，平均叉长为 125 mm；体重为 21～32 g，平均体重为 25 g。

2）摄食特性

竹筴鱼的摄食强度以春、秋季较高，夏季中等，冬季最低。其主要饵料是磷虾、桡足类、蟹类、端足类、鳀，以及其他小型浮游动物和小鱼。食饵种类随生长阶段有很大变化，2.5～3.5 mm 的仔鱼摄食桡足类和枝角类幼体；到 20 mm，开始捕食鳀和竹筴鱼的仔稚鱼；成鱼期则主食鲱科和鳀科等小型鱼类的稚幼鱼，并大量吞食小型头足类、磷虾、糠虾和毛颚类等。竹筴鱼无明显的食饵选择性，一般小型动物皆可被竹筴鱼摄食。竹筴鱼的日摄食量为体重的 0.8%～2.5%，摄食强度以白天最大，月黑夜则几乎不摄食（崛川博史等，2001）。

3）群体组成变动趋势

1985 年，黄海竹筴鱼的叉长为 92～180 mm，优势叉长为 120～160 mm，平均叉长 138 mm；体重为 8～83 g，优势体重为 30～60 g，平均体重 41 g。1998～2000 年，竹筴鱼的叉长为 88～166 mm，优势叉长组为 130～150 mm，平均叉长为 140 mm；体重为21～77 g，优势体重组为 30～50 g，平均体重为 41 g。与 20 世纪 80 年代和 1998～2000 年比较，近年的竹筴鱼群体组成有减小的趋势。

（3）渔业状况及资源评价

20 世纪五六十年代，竹筴鱼是我国光诱、围网、围缯、拖网和沿岸定置渔具的捕捞对象之一，但在海洋捕捞产量中所占比例不大，1959～1979 年，最高年产量为 1 万 t（赵传絪等，1990）。在黄海和东海，竹筴鱼资源早在 20 世纪 60 年代就被破坏。1982 年起，东、黄海竹筴鱼资源有所回升，但个体比较小。1986 年，东海竹筴鱼资源量的声学法评估结果为 8 万 t。2000 年秋季，黄海竹筴鱼资源量的声学法评估结果为 5.43 万 t。

从历史资料来看，在黄海中南部，1986～2010 年春季，竹筴鱼密度呈上升趋势，但仍处于较低水平，均小于 0.01 kg/h，其在总渔获量中的比例也均小于 1%（图 2.5.132）。目前，在黄海中南部，竹筴鱼只是秋季拖网渔业的兼捕鱼种之一，产量不大。对竹筴鱼资源的养护和管理，必须以保护其生殖群体为主，减少围网船的捕捞量，尤其是减少对其幼鱼的捕获，这样资源才有可能逐步恢复。

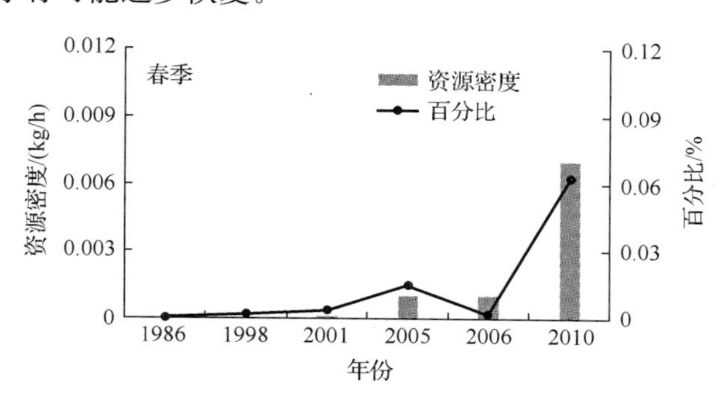

图 2.5.132　黄海中南部竹筴鱼密度及其在总渔获量中所占比例的变化

19. 鲆鲽类

(1) 数量分布

1) 渤海和黄海北部

春季，鲆鲽类种类组成见表 2.5.6，其主要分布在黄海北部，出现频率为 52.1%，平均密度为 0.74 kg/h，平均尾数为 16 尾/h，最大密度为 8.03 kg/h，最高尾数为 336 尾/h(图 2.5.133)。其中高眼鲽，出现频率为 30.1%，平均密度为 0.47 kg/h，平均尾数为 4 尾/h，最大密度为 7.50 kg/h，最高尾数为 330 尾/h。

夏季，鲆鲽类种类组成见表 2.5.6，其主要分布在黄海北部，渤海也有零星分布。其密集区在烟威外海及鸭绿江口水域，鲆鲽类的出现频率为 57.1%，平均密度为 1.31 kg/h，平均尾数为 20 尾/h，最大密度为 15.90 kg/h，最高尾数 389 尾/h(图 2.5.134)，其中高眼鲽出现频率为 32.1%，平均密度为 0.77 kg/h，平均尾数为 14 尾/h，最大密度为 13.71 kg/h，最高尾数为 356 尾/h。

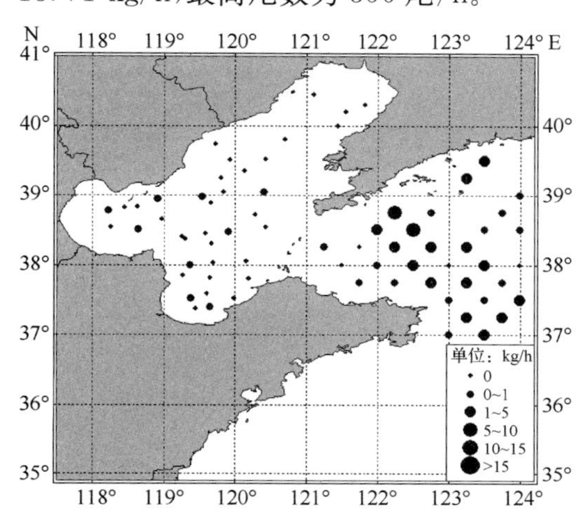

图 2.5.133　渤海和黄海北部春季鲆鲽类资源密度分布

调查时间：2010 年 5 月

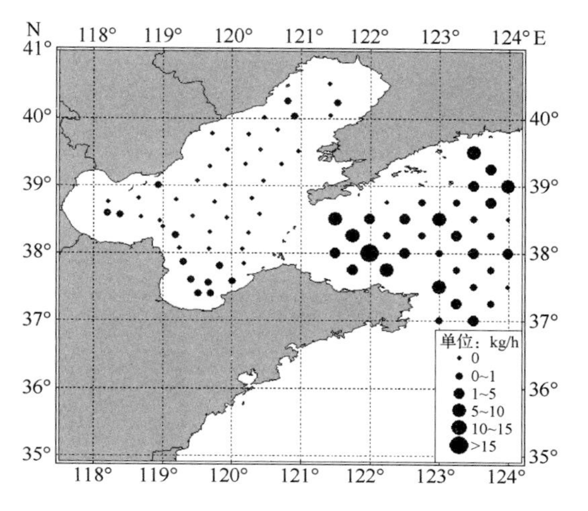

图 2.5.134　渤海和黄海北部夏季鲆鲽类资源密度分布

调查时间：2010 年 8 月

2）黄海中南部

春季，鲆鲽类种类组成见表 2.5.6，其主要分布在黄海中南部的北部和沿岸水域，平均密度为 0.19 kg/h，最大密度为 2.60 kg/h，密度超过 1 kg/h 的站有 2 个（图 2.5.135），其中高眼鲽的平均密度是 0.42 kg/h，最高密度为 2.60 kg/h，主要分布在山东半岛外侧水域，其他种类的密度均小于 1 kg/h。

夏季，鲆鲽类种类组成见表 2.5.6，其主要分布在黄海中南部的北部和沿岸水域，山东半岛外侧水域为密集区，平均密度为 0.74 kg/h，最高密度为 7 kg/h，密度超过 1 kg/h 的有 10 个站（图 2.5.136），其中高眼鲽平均密度为 1.90 kg/h，出现频率为 35%，密度超过 1 kg/h 的站有 11 个，最高密度为 7 kg/h，其他种类的密度均小于 1 kg/h。

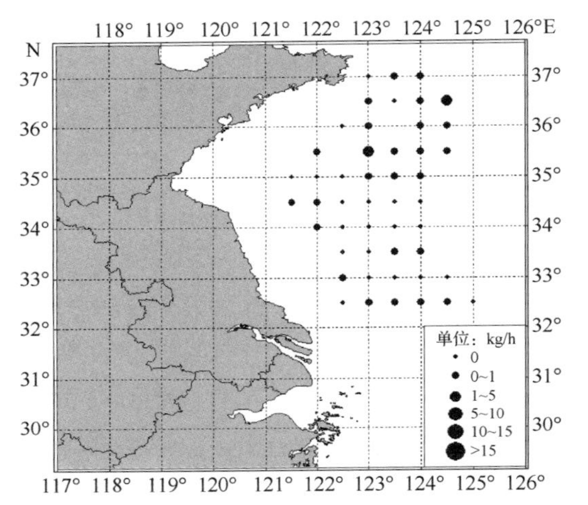

图 2.5.135　黄海中南部春季鲆鲽类密度分布
调查时间：2010 年 5 月

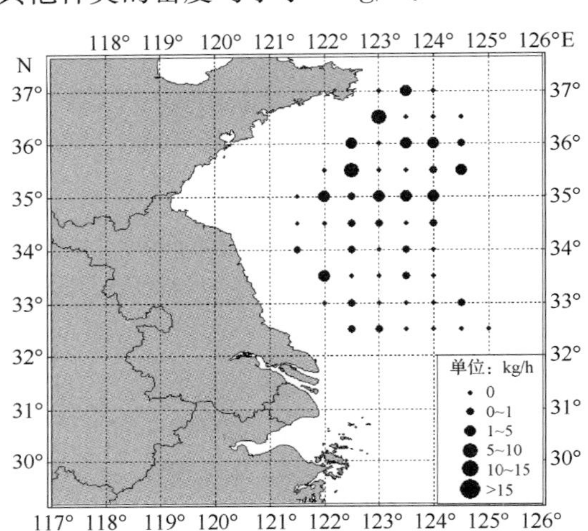

图 2.5.136　黄海中南部夏季鲆鲽类密度分布
调查时间：2007 年 8 月

表 2.5.6　黄、渤海鲆鲽类渔获量及其百分比

种类	春季		夏季	
	质量/kg	百分比/%	质量/kg	百分比/%
黄海北部				
褐牙鲆	4.50	8.3		
高眼鲽	34.36	63.5	64.6	59.0
长鲽	1.35	2.5		
虫鲽			0.10	0.1
黄盖鲽	2.38	4.4	19.24	17.6
角木叶鲽	3.34	6.2	2.48	2.3
石鲽	7.67	14.2	20.80	19.0
桂皮斑鲆	0.04	0.1		
焦氏舌鳎	0.16	0.3	0.09	0.1

续表

种类	春季		夏季	
	质量/kg	百分比/%	质量/kg	百分比/%
渤海				
褐牙鲆			0.16	0.1
长吻红舌鳎	0.18	0.3	2.09	1.9
短吻红舌鳎	0.07	0.1		
焦氏舌鳎	0.04	0.1		
黄海中南部				
高眼鲽	6.76	1.3	50.13	1.4
角木叶鲽	0.23	0.04	1.36	0.04
虫鲽	0.42	0.1		
长吻红舌鳎	0.16	0.03	0.26	0.01
短吻红舌鳎	0.15	0.03	1.29	0.04
半滑舌鳎	0.32	0.1		
石鲽	0.10	0.02		
多斑羊舌鲆	0.001	0.0002		
矛状左鲆	0.009	0.002		
紫斑舌鳎			0.93	0.02
宽体舌鳎			0.29	0.01
带纹条鳎			0.27	0.01

(2) 生物学特征

1) 群体组成

高眼鲽　春季,体长为 82～445 mm,优势体长为 100～140 mm(图 2.5.137A),占 73.8%,平均体长为 138 mm;体重为 7.2～1639 mm,优势体重为 10～40 g(图 2.5.138A),占 77.1%,平均体重为 53.3 g。夏季,体长为 5～304 mm,优势体长为 120～160 mm(图 2.5.137B),占 65%,平均体长为 148 mm;体重为 1～537 g,优势体重为 20～60 g(图 2.5.138B),占 67.0%,平均体重为 67 g。

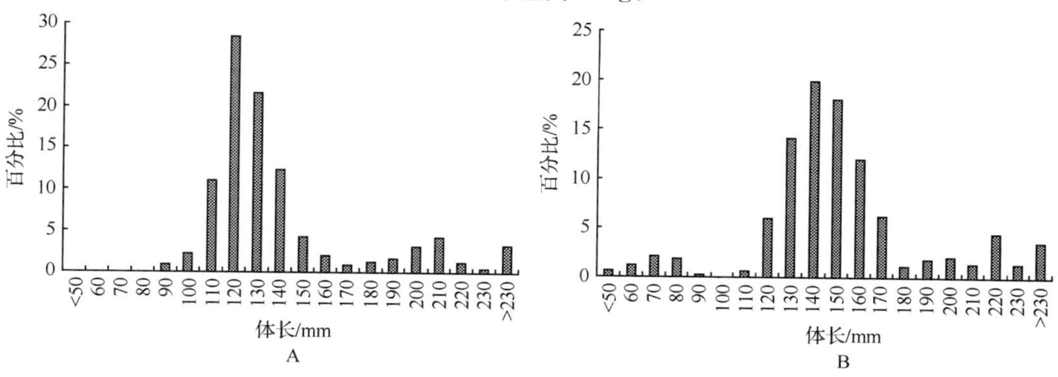

图 2.5.137　黄、渤海高眼鲽春季(A)、夏季(B)的体长组成

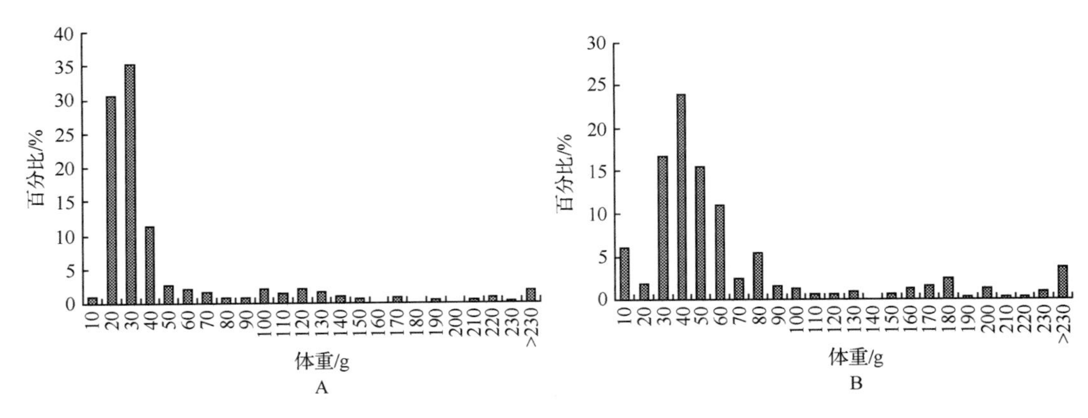

图 2.5.138　黄、渤海高眼鲽春季(A)、夏季(B)的体重组成

其体长与体重关系式为(图 2.5.139)

$$W = 8 \times 10^{-5} L^{2.6405} (R^2 = 0.8224, n = 772)$$

角木叶鲽　春季，体长为 62～205 mm，优势体长为 130～150 mm，占 42.9%，平均体长为 137 mm；体重为 33.3～183.0 g，优势体重为 30～100 g，占 81%，平均体重为 79.4 g。夏季，体长为 26～186 mm，优势体长为 70～100 mm，占 74.7%，平均体长为 92 mm；体重为 2～102 g，优势体重为 0～20 g，占 81.0%，平均体重为 20 g。

其体长与体重关系式为(图 2.5.140)

$$W = 8 \times 10^{-5} L^{2.7096} (R^2 = 0.7765, n = 99)$$

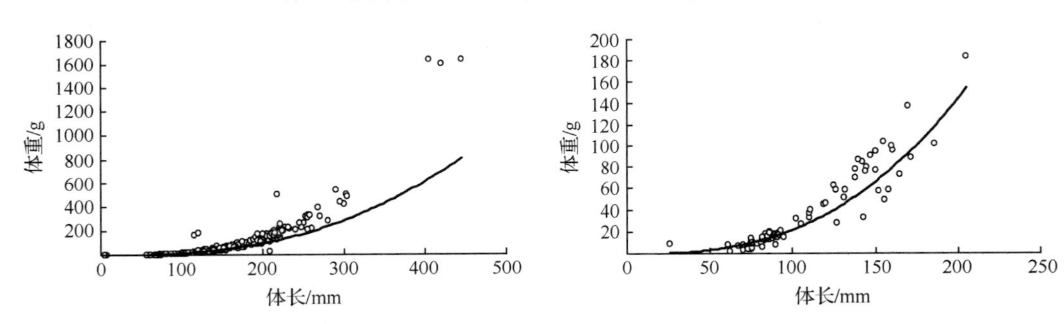

图 2.5.139　黄、渤海高眼鲽体长和体重的关系　　图 2.5.140　黄、渤海角木叶鲽体长和体重的关系

褐牙鲆　春季，体长为 123～480 mm，平均体长为 310 mm；体重为 23.9～1480 g，平均体重为 635 g。夏季，捕获 3 尾，体长分别为 176 mm、147 mm、81 mm，体重分别为 87 g、40 g、5 g。

虫鲽　仅捕获 2 尾，体长、体重分别为 196 mm、91.0 g 和 250 mm、24.0 g。

钝吻黄盖鲽　春季，体长为 100～305 mm，平均体长为 157 mm；体重为 4.0～552 g，平均体重为 120 g。夏季，体长为 68～430 mm，平均体长为 183 mm；体重为 5～1289 g，平均体重为 194 g。

石鲽　春季，体长为 130～370 mm，平均体长为 209 mm；体重为 35.5～1057 g，平均体重为 226 g。夏季，体长为 92～346 mm，平均体长为 196 mm；体重为 14～934 g，平均

体重为 194 g。

长吻红舌鳎 夏季，体长为 112～195 mm，平均体长为 140 mm；体重为 7.8～32 g，平均体重为 16.1 g。

焦氏舌鳎 春季，体长为 100～170 mm，平均体长为 144 mm；体重为 15.5～41.2 g，平均体重为 22.0 g。

2）繁殖特性

除钝吻黄盖鲽产沉性卵之外，其余 11 种鲆鲽类均产浮性卵。它们的产卵场一般都分布在近岸泥质、砂质或泥沙底质水域，石鲽一般在砂砾底质的水域产卵。产卵场主要在近岸水域，半滑舌鳎和短吻红舌鳎经常在河口，如长江口、莱州湾等水域产卵。产卵期因种类而异，褐牙鲆、钝吻黄盖鲽、尖吻黄盖鲽、高眼鲽、虫鲽、短吻三线舌鳎和带纹条鳎一般在春季（4～6 月）产卵，产卵场水温在 10～20℃。角木叶鲽和半滑舌鳎一般在秋季（9～11 月）产卵，产卵场水温在 14～25℃。星鲽和石鲽在冬季（12 月至翌年 2 月）产卵，产卵场水温在 5～12℃。产卵场水深一般不超过 40 m，盐度为 28.00～32.00。产卵时间一般持续 2～3 个月，但短吻红舌鳎的产卵期较长，从 4 月持续到 10 月。鲆鲽类初次性成熟年龄较小，短吻红舌鳎一般在 1 龄，尖吻黄盖鲽一般在 3 龄，其余种类一般在 2 龄性成熟。钝吻黄盖鲽的雄性个体（2 龄）比雌性个体（3 龄）性成熟年龄提早 1 年。

鲆鲽类受精卵孵化后的仔鱼阶段一般为 30～40 天。仔鱼有接岸即向岸边移动的生态习性，在完成变态发育、着底，完全从浮游阶段转入底栖生活以后，稚幼鱼逐渐离开近岸产卵场，在附近较深水域索饵，并随亲体群体逐渐向越冬场移动。

3）摄食特性

鲆鲽类食谱较广，主要以底栖和浮游动物为主，食性因种类不同而有较大差异。黄海高眼鲽摄食的种类很多，有 20 多种，根据 1985～1986 年研究（韦晟和姜卫民，1992）和海洋勘测生物资源补充调查分析，食物种类包括浮游动物、底栖动物和鱼类，主要种类有鳀、脊腹褐虾、太平洋磷虾和头足类等，其中鱼类占 65%以上。

（3）渔业状况及资源评价

鲆鲽类虽然在黄、渤海分布比较普遍，即使是产量最高的高眼鲽也始终未形成重要的经济渔业，仅仅以兼捕形式存在，主要作业方式为底拖网。主要渔场分布在黄、渤海的海洋岛、烟威及石岛等渔场。建国初期，鲆鲽类产量呈上升趋势，由 1952 年的 6000 余 t 增加到 1960 年的 3.2 万 t，在我国北方三省一市海洋捕捞鱼类产量中，所占比例由 2.6%上升到 8.2%。20 世纪 70 年代初，由于黄海鲱渔业的发展，捕捞作业范围随之扩大，并达到水深 80 m 的黄海水槽，使鲆鲽类的兼捕年产量迅速增加，1975 年，达到历史最高水平的 5.3 万 t，主要在冬汛捕捞黄海鲱和乌贼时兼捕。但从 1976 年开始，产量急剧下降。到 80 年代初，略有上升，之后又急剧下降。自 80 年代末期以来，虽然鲆鲽类产量有所恢复，但渔获物主要是小个体鱼类。鲆鲽类是底拖网和钓鱼业的专捕和兼捕对象，特别是黄、渤海的高眼鲽具有较高的产量。

从历史资料来看，在渤海，1959～1993 年春季，鲆鲽类密度呈下降趋势，由 4.83 kg/h 减至 0.16 kg/h，1998 年，又有小幅回升，此后下降。2010 年，密度仅为 0.002 kg/h，其在总渔获量中的比例呈下降趋势（图 2.5.141）。夏季，鲆鲽类密度从 1959 年的 3.60 kg/h

降至1982年的0.28 kg/h。1992年，升至2.25 kg/h，此后，一直呈下降趋势。2010年，密度仅为0.04 kg/h(图2.5.141)。在黄海中南部，1986～2005年春季，鲆鲽类密度呈下降趋势，由1.74 kg/h降至0.02 kg/h，此后，有小幅回升，达0.2 kg/h，其在总渔获量中的比例变化与密度变化趋势一致(图2.5.142)。夏季，鲆鲽类的密度从2000年的0.18 kg/h增至2007年的1.17 kg/h。近年来，近海的鲆鲽类传统渔场难以形成渔汛，产量减少，在海洋渔业中的地位也逐渐下降。现在，鲆鲽类除高眼鲽尚有一定产量外，其他种类只是底拖网渔业中的兼捕种类，褐牙鲆、半滑舌鳎等几乎枯竭。

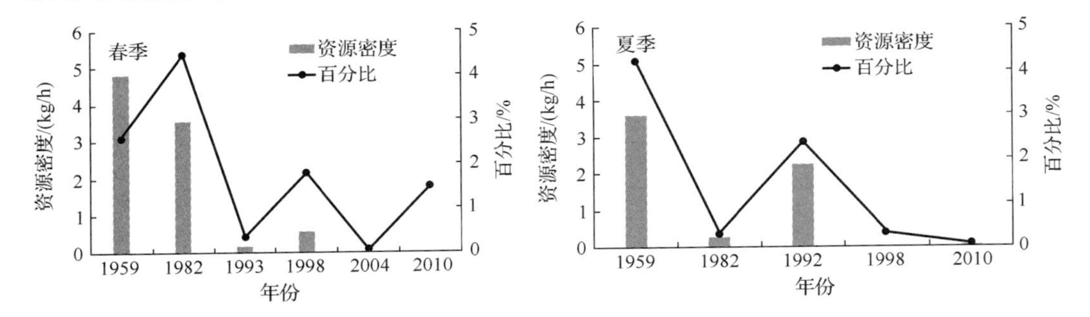

图2.5.141　渤海鲆鲽类密度及其在总渔获量中所占比例的变化

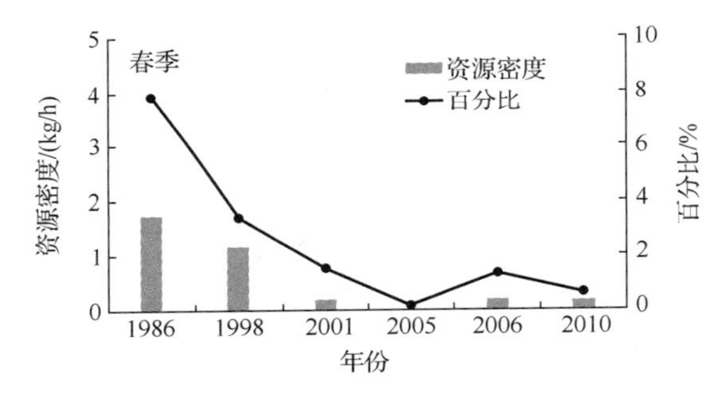

图2.5.142　黄海中南部鲆鲽类密度及其在总渔获量中所占比例的变化

20. 鰕虎鱼类

(1) 数量分布

1) 渤海和黄海北部

春季，鰕虎鱼类的出现频率为39.7%，总渔获量为1.83 kg，平均密度、平均尾数分别为0.03 kg/h、10尾/h，最大密度、最高尾数出现在渤海中部，分别为0.37 kg/h、165尾/h。捕获的鰕虎鱼包括六丝矛尾鰕虎鱼、矛尾鰕虎鱼、矛尾复鰕虎鱼、丝鰕虎鱼和中华栉孔鰕虎鱼5种，它们的出现频率分别为15.1%、15.1%、4.1%、19.2%、16.4%，渔获量分别占鰕虎鱼总量的14.3%、21.2%、5.6%、27.1%、31.8%。鰕虎鱼类密集区在莱州湾的北部和渤海湾，此外，烟威外海和辽东湾也有零星分布(图2.5.143)。

夏季，鰕虎鱼类的出现频率为58.3%，总渔获量为30.83 kg，平均密度、平均尾数分别为0.37 kg/h、156尾/h，最大密度、最高尾数分别为4.55 kg/h、3135尾/h。捕获的鰕虎鱼类包括矛尾鰕虎鱼、矛尾复鰕虎鱼、中华栉孔鰕虎鱼、六丝矛尾鰕虎鱼、红狼牙鰕虎鱼、丝鰕虎鱼和钟馗鰕虎鱼 7 种，它们的出现频率分别为 54.8%、8.3%、8.3%、10.7%、3.6%、2.4%、4.8%。矛尾鰕虎鱼的渔获量占鰕虎鱼类总渔获量的 81.4%，矛尾复鰕虎鱼占 16.1%，居第二位，其他种类所占比例较小(图 2.5.144)。

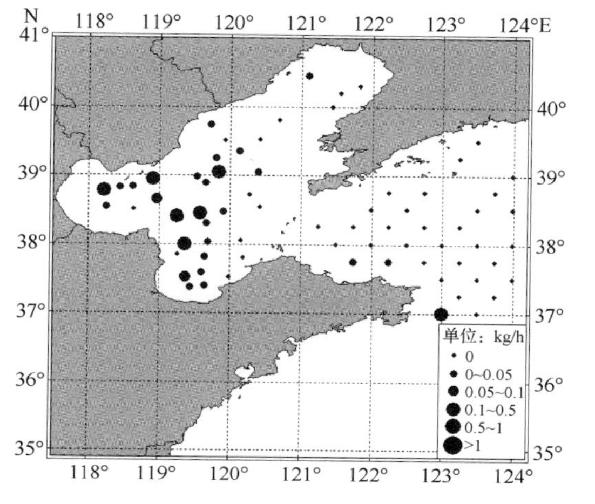

图 2.5.143　渤海和黄海北部春季鰕虎鱼类密度分布
调查时间：2010 年 5 月

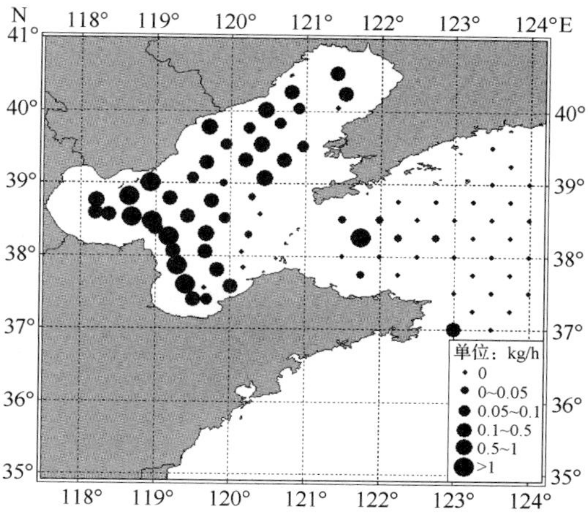

图 2.5.144　渤海和黄海北部夏季鰕虎鱼类密度分布
调查时间：2010 年 8 月

2）黄海中南部

春季，鰕虎鱼类平均密度为 0.03 kg/h，最高密度为 0.4 kg/h，主要分布在黄海中南部的南部、靠近长江口及北部的山东半岛外侧水域(图 2.5.145)。

夏季，鰕虎鱼类平均密度为 0.03 kg/h，最高密度为 0.52 kg/h，主要分布在黄海中南部的南部沿岸、外侧水域及北部的山东半岛外侧水域(图 2.5.146)。

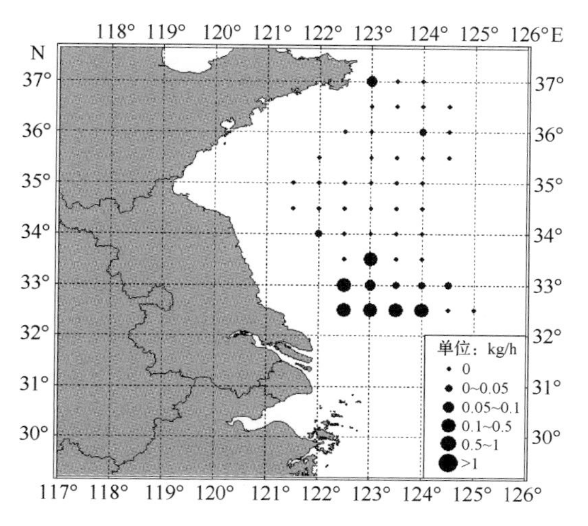

图 2.5.145　黄海中南部春季鰕虎鱼类密度分布
调查时间：2010 年 5 月

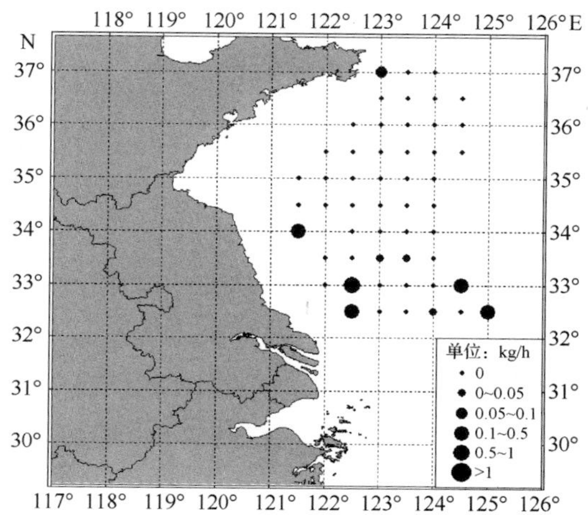

图 2.5.146　黄海中南部夏季鰕虎鱼类密度分布
调查时间：2007 年 8 月

（2）生物学特性

1）体长和体重组成

春季，未捕获矛尾复鰕虎鱼。秋季，矛尾复鰕虎鱼体长为 70～184 mm，优势体长为 110～150 mm（图 2.5.147），占 53.7%，平均体长为 128 mm；体重为 4～77 g，优势体重组为 5～35 g（图 2.5.148），占 69%，平均体重为 29 g。

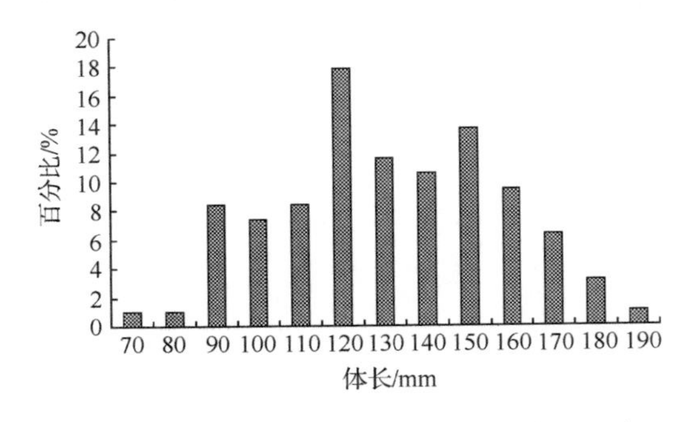

图 2.5.147　黄、渤海矛尾复鰕虎鱼体长组成

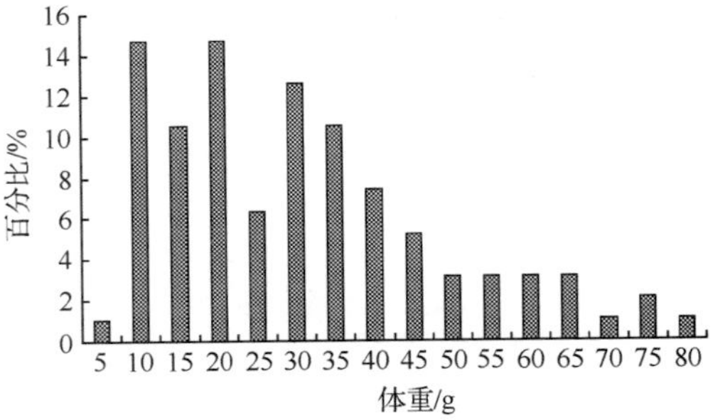

图 2.5.148　黄、渤海矛尾复鰕虎鱼体重组成

2）繁殖特性

渤海湾鰕虎鱼类的产卵期一般在 4～5 月，产卵场在河口和浅海水域，繁殖季节游至该水域，进行生殖活动。4 月中旬至 5 月初，在养殖池的拦网内可常见到鰕虎鱼类的幼苗。

渤海湾矛尾复鰕虎鱼，体长在 220～250 mm 的 1 龄雌鱼的怀卵量，一般在 15 673～28 343 粒，有的可达 6×10^4 粒。夏季，矛尾复鰕虎鱼的雌雄比为 2.8∶1。其性腺成熟度以Ⅱ期为主，占 85%，Ⅲ期次之，为 12%。

3）摄食特性

鰕虎鱼类为肉食性，属于捕食性鱼类，主要摄食对象为日本鼓虾（39.3%）、六丝矛尾鰕虎鱼（14.8%）、鲜明鼓虾（11.0%）和风鲚（11%），次要摄食对象为多毛类（3.5%）、粗糙鹰爪虾（1.2%）、脊腹褐虾（1%）、蛤氏美人虾（1.2%）、泥脚隆背蟹（3.2%）、口虾蛄（2.1%）、青鳞沙丁鱼（6.4%）、黄鲫（2.1%）和矛尾鰕虎鱼（2.9%）等（杨纪明，2001）。夏季，矛尾复鰕虎鱼的空胃率为 48%，4 级所占比例次之，为 21%，1 级、2 级和 3 级所占比例分别为 12%、14%和 5%。

（3）渔业状况及资源评价

鰕虎鱼类属于低质鱼类，除矛尾复鰕虎鱼有一定经济价值外，其他种类个体较小，体长通常在 100 mm 左右，经济价值不大，但它们是海水养殖名贵鱼类和蟹类的饵料生物，也可以制作鱼粉。鰕虎鱼类喜摄食中国对虾的受精卵及其幼体，被列为对虾增养殖的敌害生物。从渤海湾群众渔业的生产情况来看，鰕虎鱼类的年产量居各种鱼类产量之冠。一些体长在 100 mm 左右的小型鰕虎鱼类，如钟馗鰕虎鱼、小头栉孔鰕虎鱼等种类，均分布在 10 m 左右的海域中，而且资源量较大，一条 120 kW 的生产船在盛产季节，一天产量可达数千千克。

从历史资料来看，在渤海，1959～1982 年春季，鰕虎鱼类的密度迅速上升，此后，一直处于较稳定的水平，在总渔获量中所占比例呈增加趋势(图 2.5.149)。1959～2010 年夏季，鰕虎鱼类密度一直呈增加趋势，2010 年，为 0.63 kg/h，在总渔获量中的比例也逐渐增加(图 2.5.149)。在黄海中南部，1986～2005 年春季，鰕虎鱼类密度呈增加趋势，2005 年后降低。2006～2010 年，保持相对稳定，在总渔获量中基本上保持较高比例(图 2.5.150)，夏季，鰕虎鱼类一直保持相对稳定，但密度较低，均小于 1 kg/h。矛尾复鰕虎鱼为一年生，繁殖力强、生长快、肉质鲜嫩，为沿海地区市民所喜食，用它调制的鱼汤，色泽乳白，味鲜可口，营养丰富，是其他鰕虎鱼类所不能比的。矛尾复鰕虎鱼是旅游者垂钓的主要种类之一，也是近岸定置网捕捞的主要对象。随着海洋经济渔业资源的逐渐减少和养殖业的发展，以矛尾复鰕虎鱼为代表的鰕虎鱼类也逐渐为人们所利用。

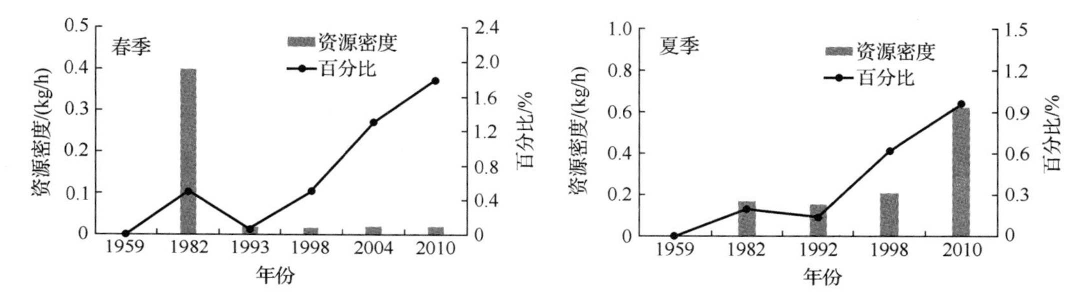

图 2.5.149　渤海鰕虎鱼类密度及其在总渔获量中所占比例的变化

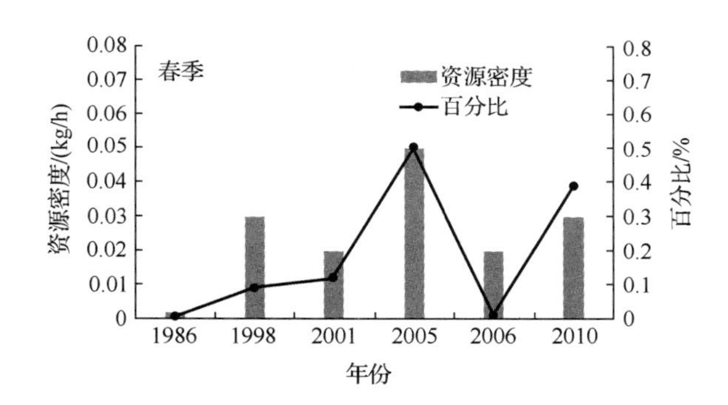

图 2.5.150　黄海中南部鰕虎鱼类密度及其在总渔获量中所占比例的变化

春、夏季，矛尾复鰕虎鱼数量较少，秋季较多，到秋季，其体长和体重都达到了一年中的高峰值，此时是捕捞的最佳时机，深秋以后资源开始下降。近几年，由于高强度开发，矛尾复鰕虎鱼的个体也趋向小型化，资源在逐渐减少，对其资源的保护也开始受到重视。

二、渔业无脊椎动物

1. 中国对虾

(1) 数量分布

1) 渤海和黄海北部

春季，中国对虾的幼体主要分布在河口、浅水区，因此，拖网未能捕获中国对虾。在渤海，夏季中国对虾的平均密度为 0.334 kg/h，主要分布在莱州湾和渤海湾，辽东湾也有零星分布；在黄海北部未有捕获(图 2.5.151)；秋季，中国对虾平均密度为0.022 kg/h，仅莱州湾的东北部和滦河口渔场中部有少量分布(图 2.5.152)。

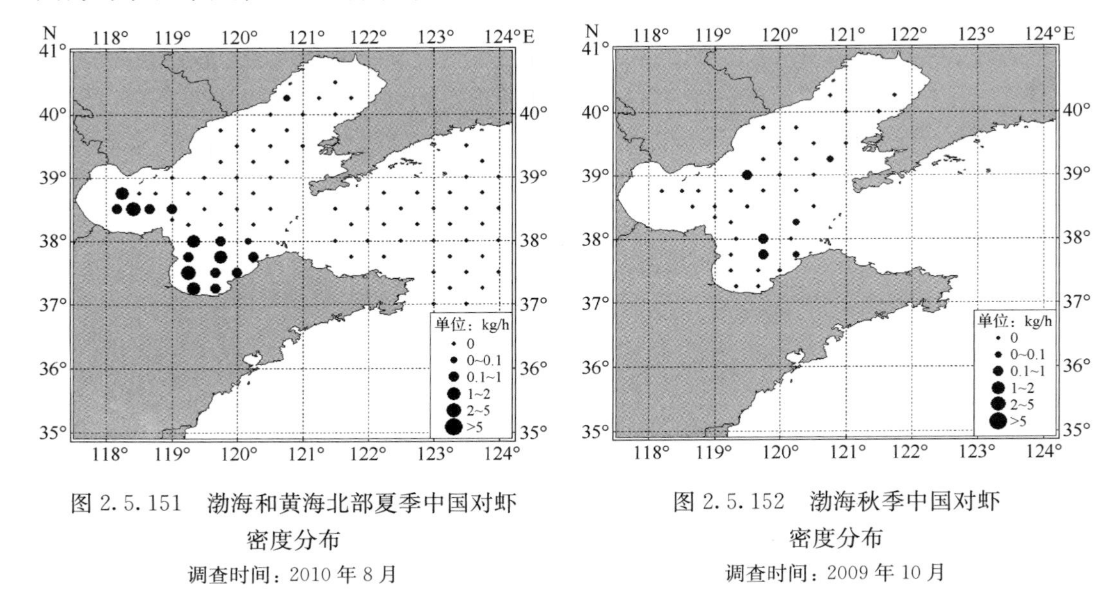

图 2.5.151　渤海和黄海北部夏季中国对虾密度分布

调查时间：2010 年 8 月

图 2.5.152　渤海秋季中国对虾密度分布

调查时间：2009 年 10 月

2）黄海中南部

春、夏季，均未捕获中国对虾。

(2) 生物学特性

2010 年夏季，渤海中国对虾群体的雌雄比例为 55∶45。雄性体长为 115～151 mm，优势体长为 131～140 mm、141～150 mm，分别占总尾数的 48.8%、36.2%，平均体长为 138 mm(图 2.5.153)；雄性个体的体重为 16.6～41.0 g，优势体重为 20～30 g，占总尾数的 81.1%，平均体重为 25.3 g(图 2.5.154)。雌性体长为 118～181 mm，优势体长为 151～160 mm、141～150 mm，分别占总尾数的 44.2%、31.4%，平均体长为 150 mm(图 2.5.155)；雌性体重为 14.7～45.9 g，优势体重为 30～40 g，占总尾数的 67.3%，平均体重为 33.1 g(图 2.5.156)。

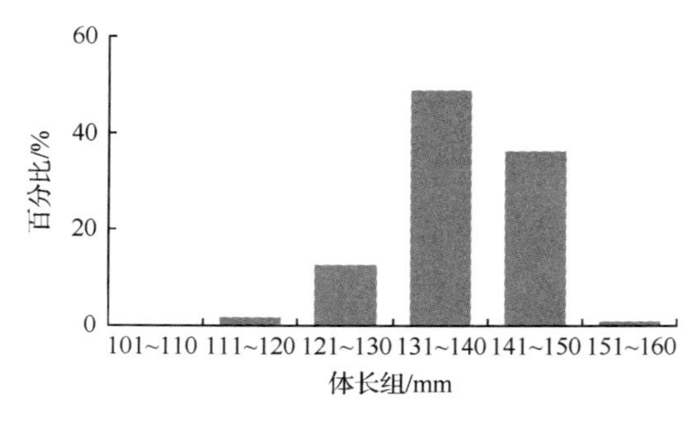

图 2.5.153　渤海夏季中国对虾雄性体长分布

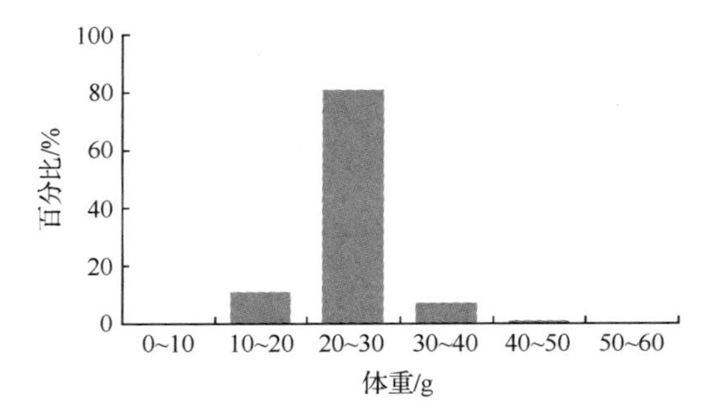

图 2.5.154　渤海夏季中国对虾雄性体重分布

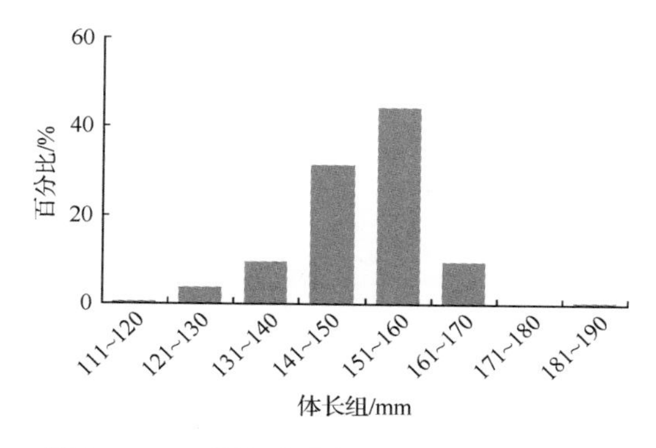

图 2.5.155 渤海夏季中国对虾雌性体长分布

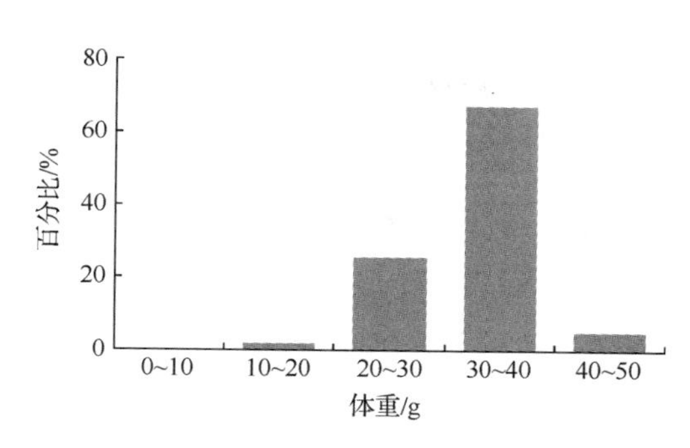

图 2.5.156 渤海夏季中国对虾雌性体重分布

中国对虾的雄虾俗称“黄虾”，一般体长约 155 mm，体重为 30～40 g；雌虾俗称“青虾”，一般体长约 190 mm，体重为 75～85 g。其体色青中衬碧，玲珑剔透，长半尺[①]许，故又称为大虾，平时在海底爬行，有时也在水中游泳。4 月下旬，开始产卵，怀卵量为30 万～100 万粒，雌虾产卵后大部分死亡。卵经过数次变态成为仔虾，仔虾约 18 天经过数十次蜕皮后，变成幼虾，6～7 月，在河口附近摄食成长。5 个月后，即可长成 120 mm 以上的成虾。

中国对虾摄食以小型甲壳类，如介形类、糠虾类和底栖桡足类为主。

(3) 渔业状况及资源评价

中国对虾曾是渤海最重要的捕捞种类，也是黄、渤海最主要的增殖种类，其渔期在 5 月中旬至 10 月下旬，主要捕捞渔具为拖网、锚流网和张网等。

春季，捕获的中国对虾数量较少，从图 2.5.157A 仍可看出，1959～1998 年，无论是资源密度还是在总渔获量中所占的百分比，都呈下降趋势，与 1998 年和 2004 年相比，2010 年，中国对虾的密度有小幅恢复。夏季是中国对虾捕捞量较高的时间，从图 2.5.157B 可以看出，无论从资源密度还是在总渔获量中所占的百分比，以 1959 年最高，达 6.541 kg/h、4.03%。1982 年，密度下降至 0.174 kg/h，所占渔获物百分比下降至 1.2%。1992 年，其密度有所增加。1998 年夏季，未捕获中国对虾。2010 年，其密度为 0.314 kg/h，所占百分比上升至 1.0%。

总之，1959～1998 年，中国对虾密度呈下降趋势，与 1998 年相比，2010 年中国对虾资源有所恢复，这说明，近年来中国对虾增殖放流对其资源的恢复起到了一定效果。但与 1959 年、1982 年和 1992 年相比，2010 年的中国对虾密度仍处于较低水平。

2. 粗糙鹰爪虾

(1) 数量分布

1) 渤海和黄海北部

春季，在渤海，未捕获粗糙鹰爪虾；在黄海北部，粗糙鹰爪虾主要分布于荣成外海和黄海北部的中部(图 2.5.158)，平均密度为 0.035 kg/h。

夏季，在渤海，也未捕获粗糙鹰爪虾；在黄海北部，其数量较少，主要分布于荣成近岸

---

① 1 尺≈0.33 m

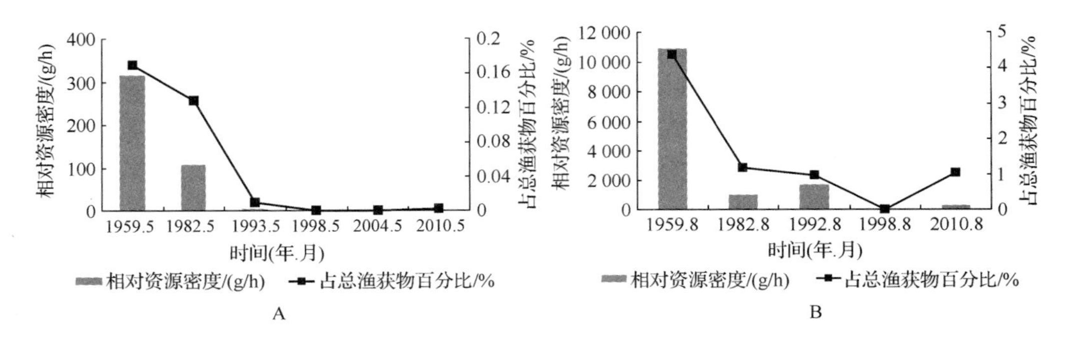

图 2.5.157 渤海中国对虾密度及其在渔获物中所占百分比的年间变化

A. 春季;B. 夏季

和黄海北部的中西部(图 2.5.159),平均密度为 0.004 kg/h。

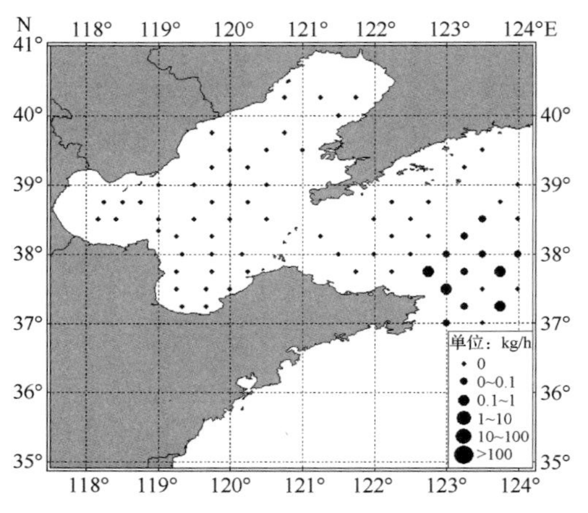

图 2.4.158 渤海和黄海北部春季粗糙鹰爪虾密度分布

调查时间:2010 年 5 月

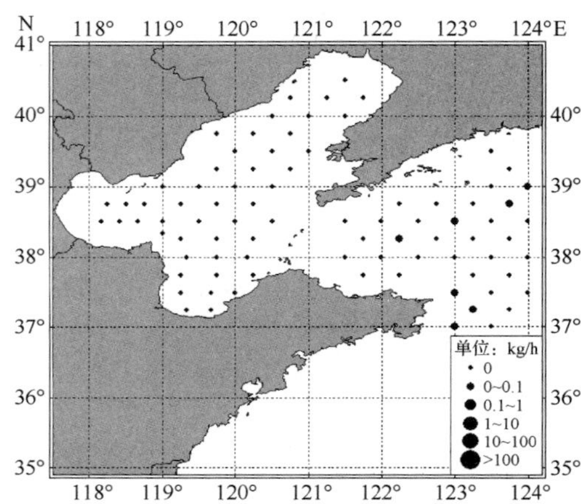

图 2.5.159 渤海和黄海北部夏季粗糙鹰爪虾密度分布

调查时间:2010 年 8 月

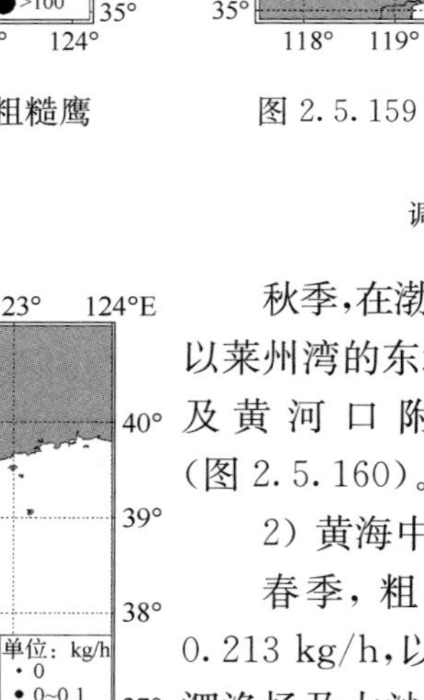

图 2.5.160 渤海秋季粗糙鹰爪虾密度分布

调查时间:2009 年 10 月

秋季,在渤海,其平均密度为 0.023 kg/h,以莱州湾的东北部密度最高,辽东湾的中部及黄河口附近水域也有少量分布(图 2.5.160)。

2) 黄海中南部

春季,粗糙鹰爪虾的平均密度为 0.213 kg/h,以石岛外海和 34°N 以南的吕泗渔场及大沙渔场密度较高(图 2.5.161),为 0.074 kg/h;夏季,以海州湾渔场及吕泗渔场的密度较高(图 2.5.162)。

(2) 生物学特性

在渤海,春、夏季,均未捕获粗糙鹰爪

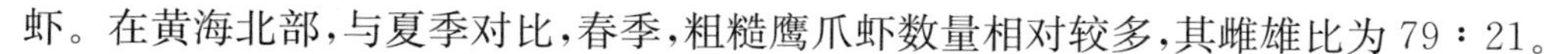

虾。在黄海北部，与夏季对比，春季，粗糙鹰爪虾数量相对较多，其雌雄比为 79∶21。

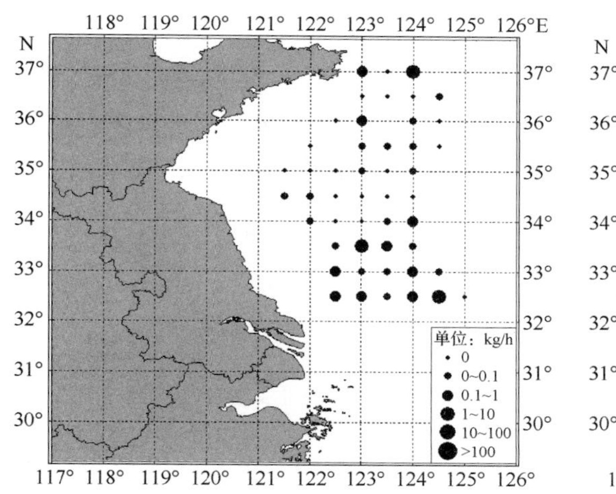

图 2.5.161　黄海中南部春季粗糙鹰爪虾密度分布

调查时间：2010 年 5 月

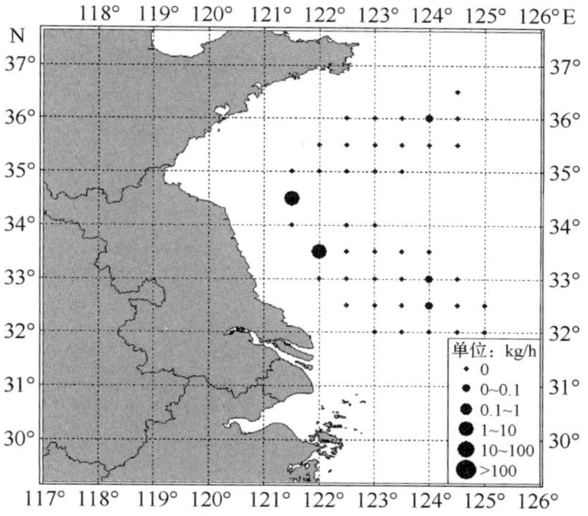

图 2.5.162　黄海中南部夏季粗糙鹰爪虾密度分布

调查时间：2007 年 8 月

雄性个体体长为 54～80 mm，优势体长为 51～60 mm、61～70 mm，它们分别占总尾数的 47.4%、36.8%，平均体长为 63.1 mm(图 2.5.163)；雄性体重为 1.8～5.6 g，优势体重为 2.1～3.0 g，占总尾数的 57.9%，平均体重为 3.13 g(图 2.5.164)。

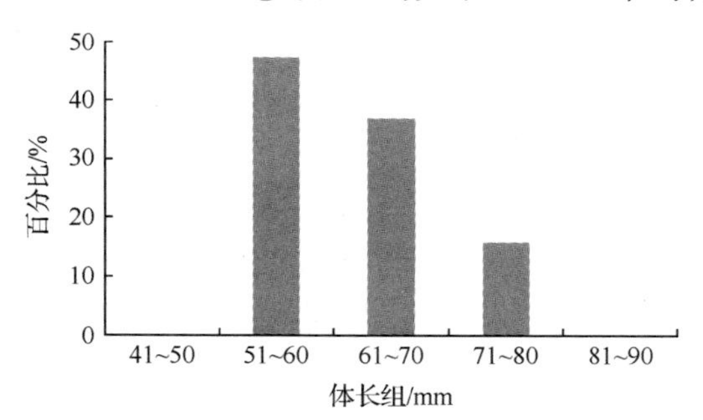

图 2.5.163　黄海北部春季粗糙鹰爪虾雄性体长分布

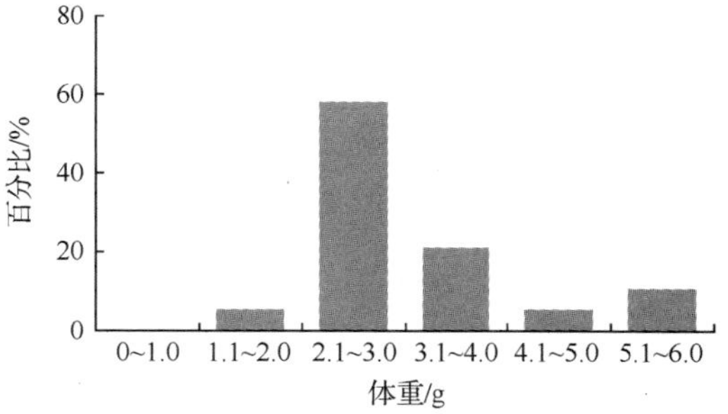

图 2.5.164　黄海北部春季粗糙鹰爪虾雄性体重分布

雌性个体体长为 42～101 mm，优势体长为 81～90 mm、71～80 mm，它们分别占总尾数的 34.3%、30%(图 2.5.165)，平均体长为 81 mm；雌性体重为 0.97～14.0 g，优势体重为 3.1～9.0 g，占总尾数的 64.7%，平均体重为 7.5 g(图 2.5.166)。

粗糙鹰爪虾在近岸浅水、河口附近产卵，产卵期在 7 月初至 9 月初。它的食物种类以腹足类、长尾类和多毛类为主。

(3) 渔业状况及资源评价

从图 2.5.167A 可以看出，在渤海，1982～2010 年春季，粗糙鹰爪虾无论是密度还是占总渔获物的百分比，都呈下降趋势。其密度，从 1982 年的 0.076 kg/h 降至 1993 年的

0.046 kg/h；2010 年，没有捕获。其占渔获物的百分比，从 1982 年的 0.09%降至 1993 年的 0.089%。

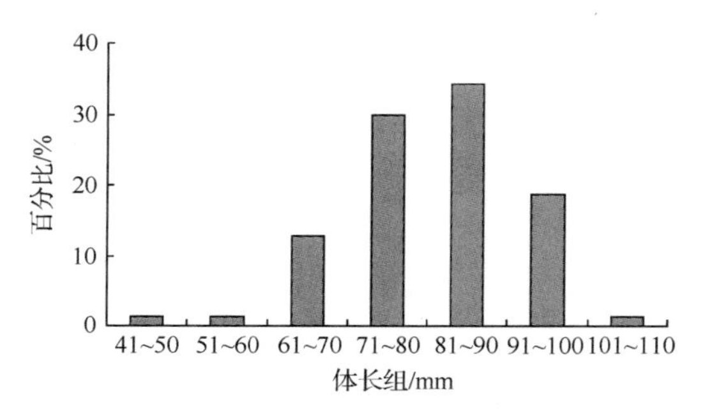

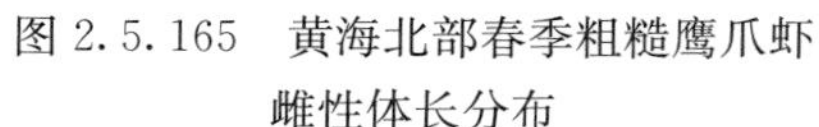
图 2.5.165　黄海北部春季粗糙鹰爪虾雌性体长分布

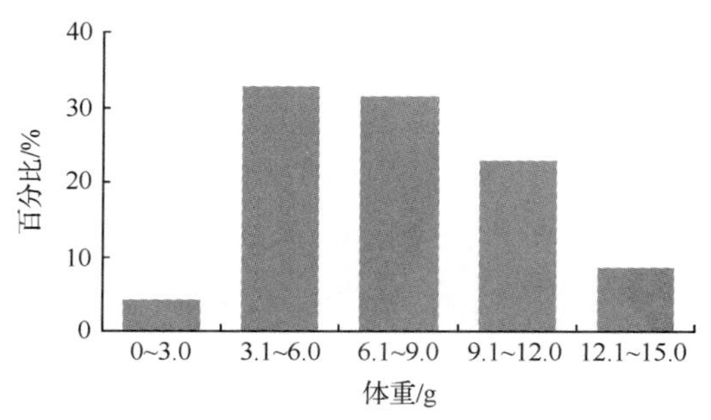

图 2.5.166　黄海北部春季粗糙鹰爪虾雌性体重分布

从图 2.5.167B 可以看出，在渤海，1982～2010 年夏季，粗糙鹰爪虾的密度和所占总渔获物的百分比，也都呈下降趋势。其密度，从 1982 年的 0.344 kg/h 下降至 1992 年的 0.049 kg/h；1998 年，又下降到 0.003 kg/h；2010 年，没有捕获。其占渔获物的百分比，从 1982 年的 0.40%下降至 1993 年的 0.06%。

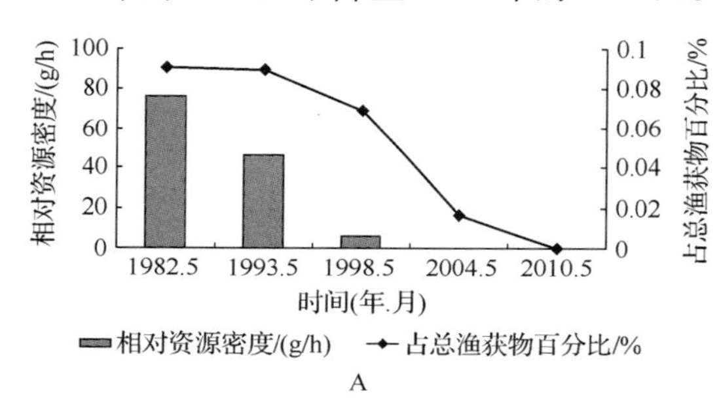

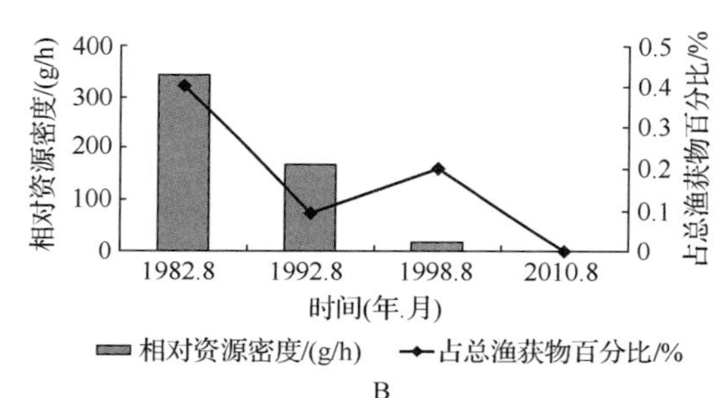

图 2.5.167　渤海粗糙鹰爪虾密度及其在渔获物中所占百分比的年间变化

A. 春季；B. 夏季

3. 脊腹褐虾

(1) 数量分布

1) 渤海和黄海北部

春季，脊腹褐虾的数量较少，分布也比较分散。在渤海，它主要集中分布在莱州湾的中西部和渤海湾的中部，辽东湾东南岸长岭子附近水域，也有少量分布；在黄海北部，主要分布在 123°～124°E 的远岸海域和威海近岸这 2 个区域(图 2.5.168、图 2.5.169)。在渤海，脊腹褐虾的平均密度为 0.056 kg/h，平均尾数为 74 ind/h；在黄海北部，平均密度为 0.356 kg/h，平均尾数为 167 ind/h。

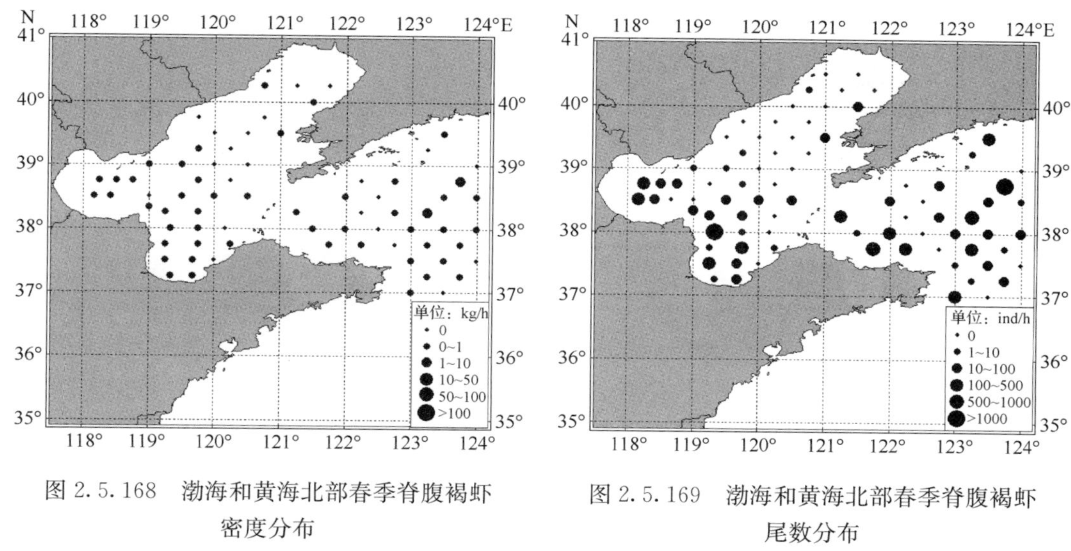

图 2.5.168　渤海和黄海北部春季脊腹褐虾密度分布

调查时间：2010 年 5 月

图 2.5.169　渤海和黄海北部春季脊腹褐虾尾数分布

调查时间：2010 年 5 月

夏季，脊腹褐虾数量较多，分布也比较集中。在渤海，它主要分布在渤海中部且靠近渤海湾，平均密度为 0.113 kg/h，平均尾数为 120 ind/h；在黄海北部，其分布广泛，以 123°～124°N 的深水区最为密集，平均密度为 1.643 kg/h，平均尾数为 790 ind/h（图 2.5.170、图 2.5.171）。

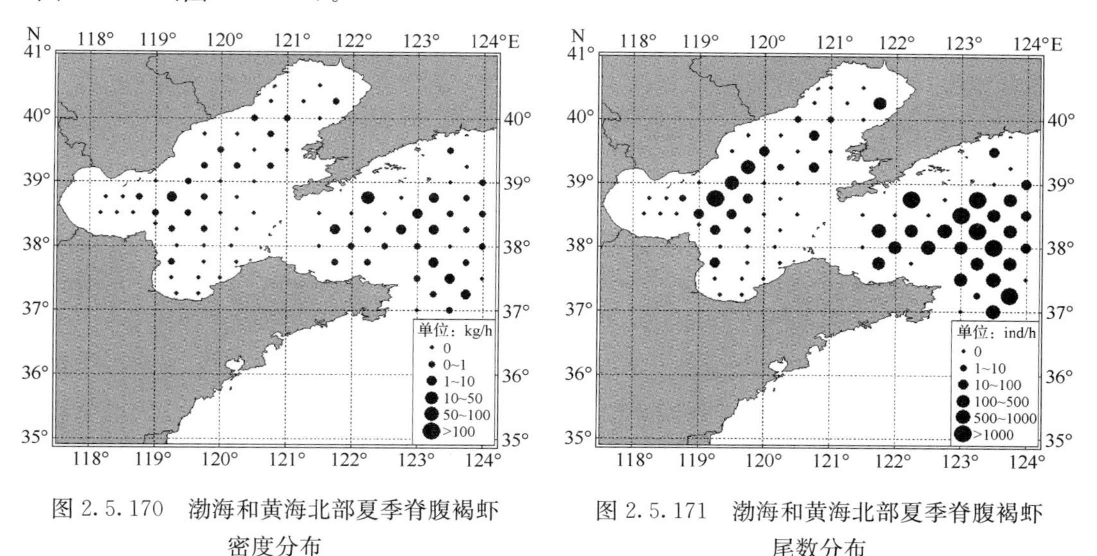

图 2.5.170　渤海和黄海北部夏季脊腹褐虾密度分布

调查时间：2010 年 8 月

图 2.5.171　渤海和黄海北部夏季脊腹褐虾尾数分布

调查时间：2010 年 8 月

无论在渤海还是黄海北部，夏季，脊腹褐虾的密度均高于春季。在渤海，夏季与春季对比可以发现，脊腹褐虾有从渤海近岸向中部深水区迁移的趋势，这与夏季河流淡水的注入所造成的近岸的高温、低盐环境有关。在黄海北部，脊腹褐虾的密度分布，随季节的变化较小，春季，在烟台近岸水域和黄海北部深水区的密度较高，夏季，则以黄海北部深水区的密度较高。

2）黄海中南部

春季，脊腹褐虾的平均密度为 1.018 kg/h，以石岛外海、连青石渔场和大沙渔场南部的密度较高（图 2.5.172）；夏季，脊腹褐虾的平均密度为 5.475 kg/h，35°～36°N 的密度较高（图 2.5.173）。

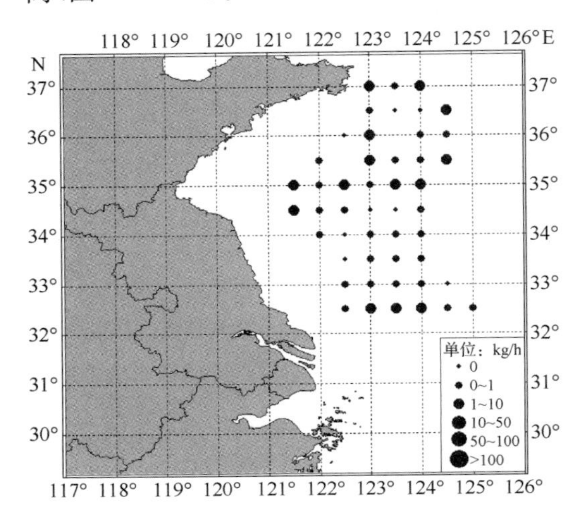

图 2.5.172　黄海中南部春季脊腹褐虾密度分布
调查时间：2010 年 5 月

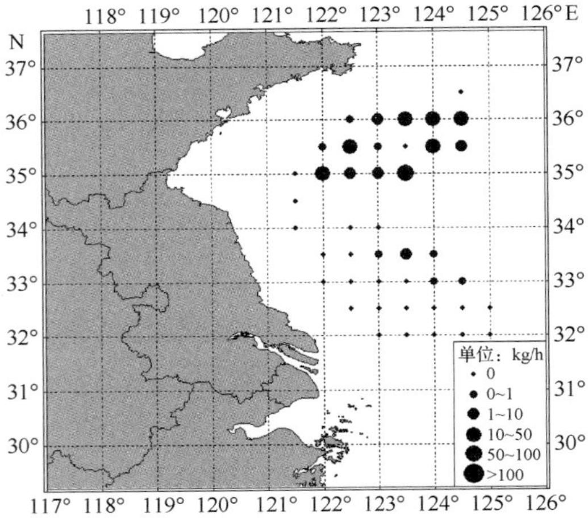

图 2.5.173　黄海中南部夏季脊腹褐虾密度分布
调查时间：2007 年 8 月

（2）生物学特性

1）体长和体重的组成

春、夏两季，渤海和黄海北部脊腹褐虾的雄性个体体长为 36～58 mm，其中优势体长是 41～50 mm，占雄性总尾数的 60%（图 2.5.174），平均体长为 44.2 mm；体重为0.56～2.1 g，优势体重为 0.8～1.2 g，占总尾数的 51.3%，平均体重为 0.95 g（图 2.5.175）。雌性个体体长为 38～73 mm，其中优势体长为 51～60 mm，占雌性总尾数的 57.7%（图 2.5.176），平均体长为 55.1 mm；体重为 0.56～5.6 g，优势体重为 1.0～2.0 g、2.0～3.0 g，分别占总尾数的 42.3%、39.7%，平均体重为 2.1 g（图 2.5.177）。

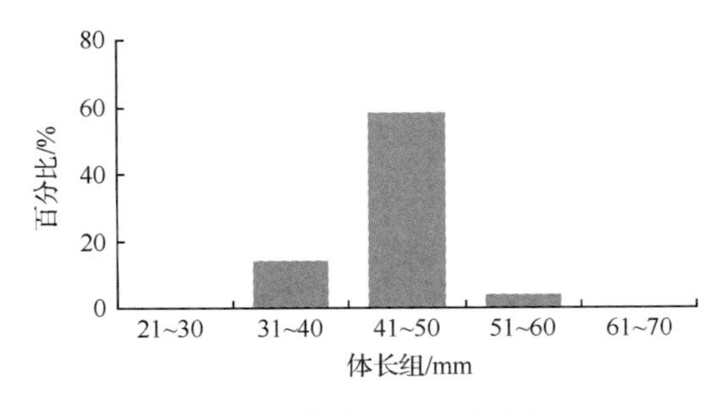

图 2.5.174　脊腹褐虾雄性体长分布

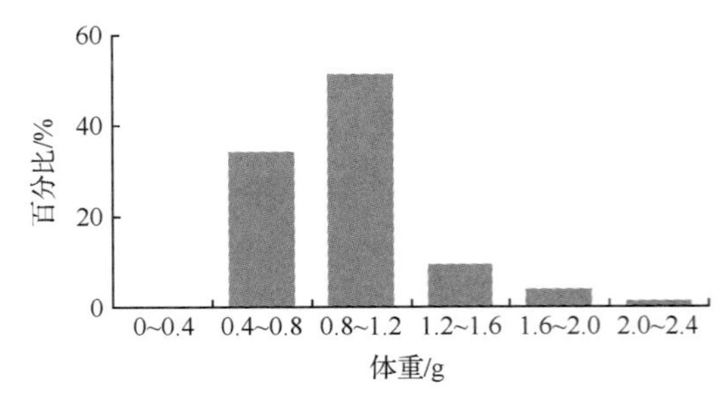

图 2.5.175　脊腹褐虾雄性体重分布

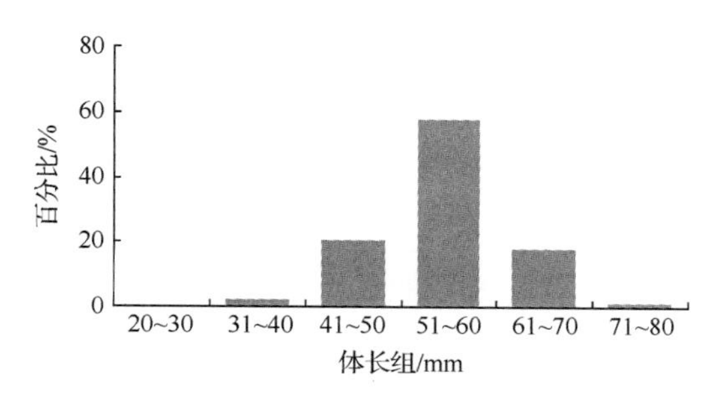

图 2.5.176　脊腹褐虾雌性体长分布

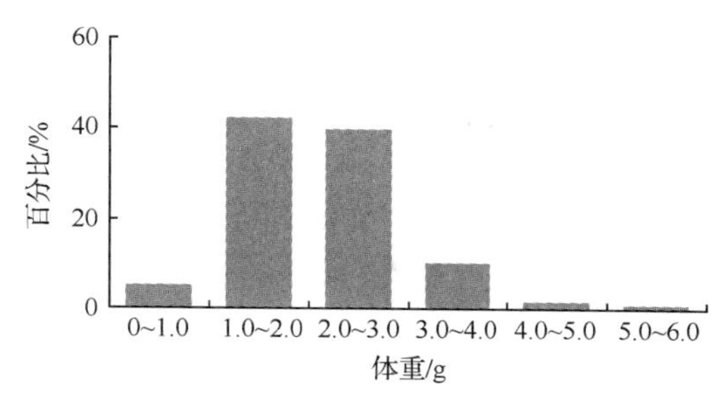

图 2.5.177　脊腹褐虾雌性体重分布

2）体长与体重关系

脊腹褐虾群体的体长与体重之间的关系式为(图 2.5.178)

$$W_{♂} = 4 \times 10^{-5} L^{2.6802} (n = 78, R^2 = 0.8606)$$

$$W_{♀} = 7 \times 10^{-6} L^{3.1331} (n = 227, R^2 = 0.9152)$$

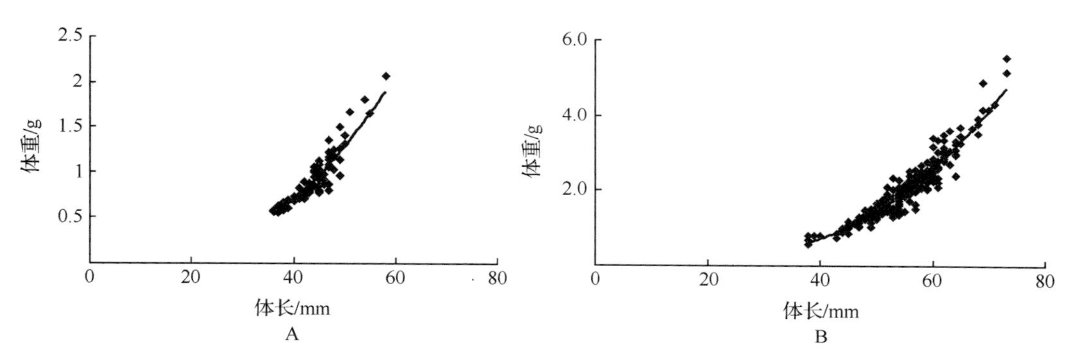

图 2.5.178　脊腹褐虾体重与体长的关系

A. ♂；B. ♀

3）繁殖特性

脊腹褐虾的繁殖季节很长，全年几乎都能捕到抱卵的雌虾。一年之中，有两个抱卵高峰期，一个是在冬末至春季（2～4 月），另一个在夏、秋季（8～9 月）。2010 年，在黄海北部，春、夏两季，均存在脊腹褐虾的抱卵个体，春季抱卵率（86.6%）明显高于夏季（10.5%）。脊腹褐虾的性腺指数、抱卵率和平均抱卵量均随体长的增长而增大。

它以环节动物和软体动物为主食。

（3）渔业状况及资源评价

脊腹褐虾是资源数量较高的虾类之一，也是重要的饵料生物。随着中国对虾等渔业资源的衰退，脊腹褐虾作为黄、渤海未充分利用的资源，尚具备一定的开发潜力（图 2.5.179）。

从图 2.5.179A 可以看出，在渤海，1982～2010 年春季，脊腹褐虾的密度 1982 年最高（0.122 kg/h），其次是 1998 年（0.084 kg/h），1993 年、2004 年和 2010 年，其密度都在 0.040～0.050 kg/h。在渤海，春季脊腹褐虾在总渔获物中所占的百分比，1982 年（0.14%）、1993 年（0.10%）较低，此后逐渐上升，2010 年，占 4.0%。

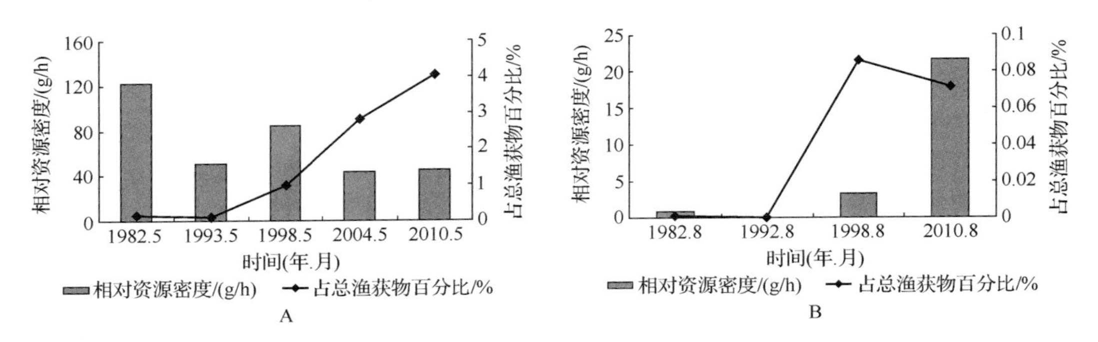

图 2.5.179　渤海脊腹褐虾密度及其占渔获物百分比的年间变化

A. 春季；B. 夏季

从图 2.5.179B 可以看出，在渤海，1982～2010 年夏季，脊腹褐虾的密度 1982 年(0.81 g/h)、1992 年(0.03 g/h)都比较低，此后逐渐升高，1998 年，为 3.22 g/h，2010 年，达 21.6 g/h。夏季，脊腹褐虾在总渔获物中所占的百分比，1982 年(0.001％)、1993 年(0.0001％)都比较低，1998 年，为最高(0.09％)，2010 年，稍有下降(0.07％)。

4. 口虾蛄

(1) 数量分布

1) 渤海和黄海北部

春季，口虾蛄的密度较低，在渤海，其平均密度为 0.125 kg/h，主要分布在渤海湾、莱州湾和渤海中部，在辽东湾，密度较低；在黄海北部，主要分布在烟台、威海近岸，远岸深水区则密度极小(图 2.5.180)，平均密度为 0.173 kg/h。

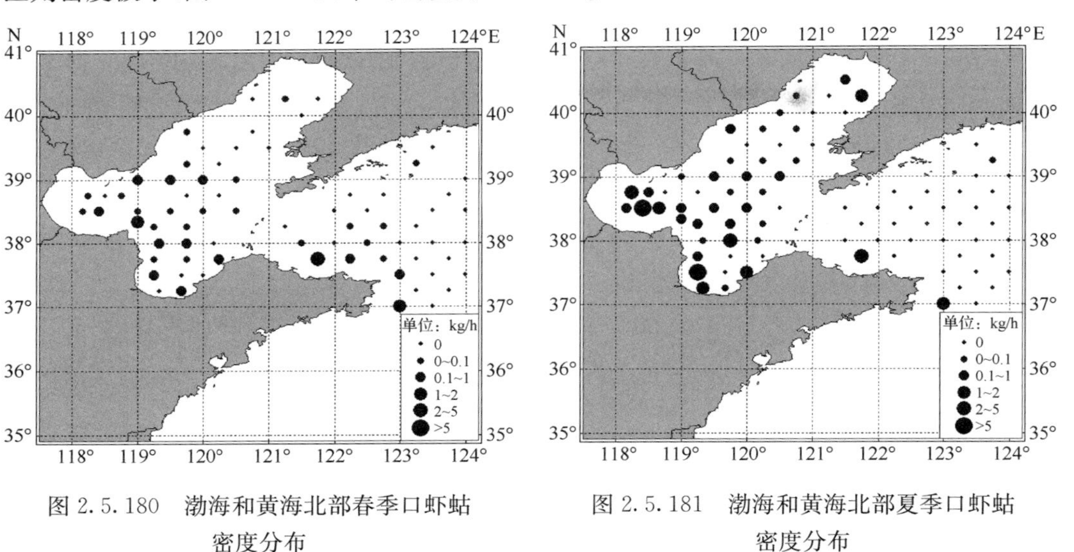

图 2.5.180　渤海和黄海北部春季口虾蛄密度分布

调查时间：2010 年 5 月

图 2.5.181　渤海和黄海北部夏季口虾蛄密度分布

调查时间：2010 年 8 月

夏季，口虾蛄的密度相对较高，在渤海，其平均密度为 0.611 kg/h，分布区与春季相似，以渤海湾、莱州湾及渤海中部的数量最多，辽东湾相对较少；在黄海北部，主要分布在烟台和威海的近岸水域，远岸深水区基本无分布(图 2.5.181)，平均密度为 0.112 kg/h。

秋季，在渤海，口虾蛄平均密度为 2.816 kg/h，以渤海湾的西部、辽东湾的西北部的密度最高，其次是莱州湾的北部及渤海中部(图 2.5.182)。

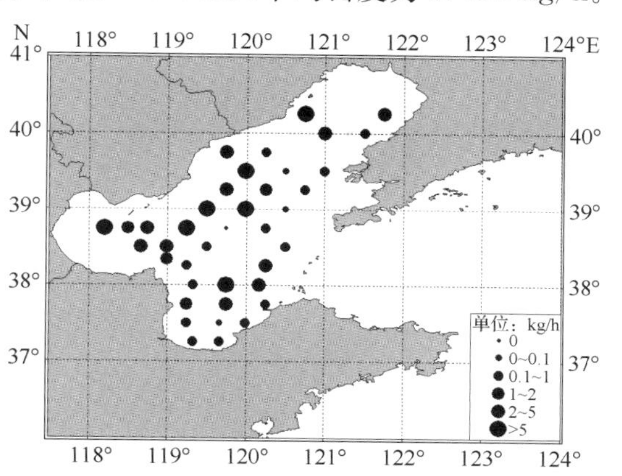

图 2.5.182　渤海秋季口虾蛄密度分布
调查时间：2009 年 10 月

2）黄海中南部

春季，口虾蛄的平均密度为 0.179 kg/h，以大沙渔场的密度最高(图 2.5.183)；夏季，其平均密度为 0.217 kg/h，以海州湾和大沙渔场的密度较高(图 2.5.184)。

(2) 生物学特征

春季，在黄海北部，口虾蛄的雌雄比为 60∶40。雄性个体体长为 88～172 mm，优势体长为 101～120 mm，占总尾数的 56.7%，平均体长为 113 mm(图 2.5.185)；雄性个体体重为 8.0～41 g，优势体重为12～24 g，占总尾数的 64.5%，平均体重为 18.8 g(图 2.5.186)。

口虾蛄雌性个体体长为 85～130 mm，优势体长为 101～120 mm，占总尾数的 71.1%，平均体长为 109 mm(图 2.5.187)；雌性个体体重为 7.4～30 g，优势体重为12～18 g，占总尾数的 57.8%，平均体重为 16.6 g(图 2.5.188)。

夏季，在渤海，口虾蛄体长为 53～161 mm，优势体长为 101～120 mm、81～100 mm，分别占总尾数的 36.4%、31.8%，平均体长为 104 mm(图 2.5.189)；体重为 1.0～47 g，优势体重为 1～10 g、10～20 g，分别占总尾数的 38.8%、38.5%，平均体重为 14.6 g(图 2.5.190)。

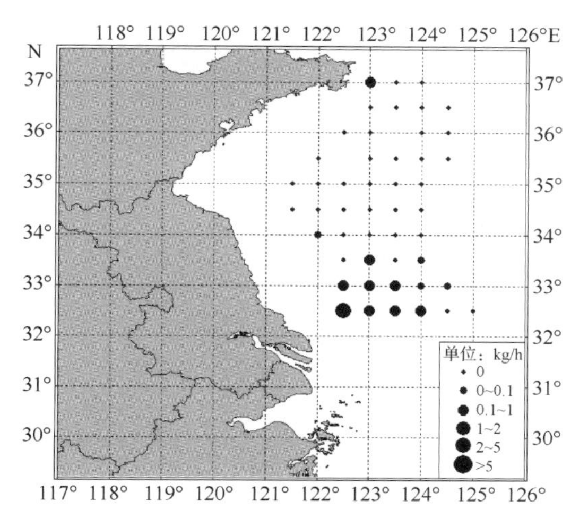

图 2.5.183　黄海中南部春季口虾蛄密度分布
调查时间：2010 年 5 月

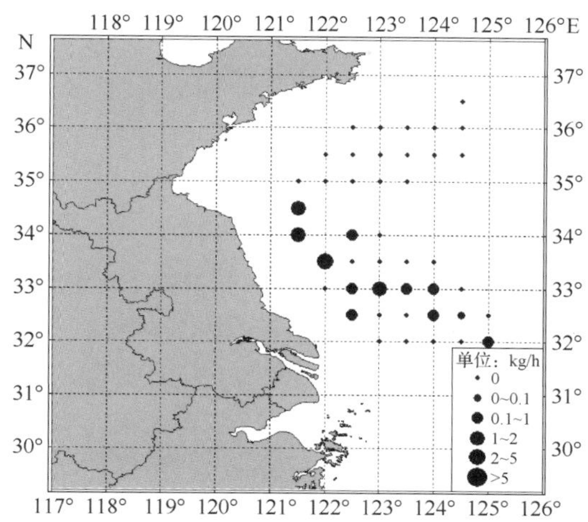

图 2.5.184　黄海中南部夏季口虾蛄密度分布
调查时间：2007 年 8 月

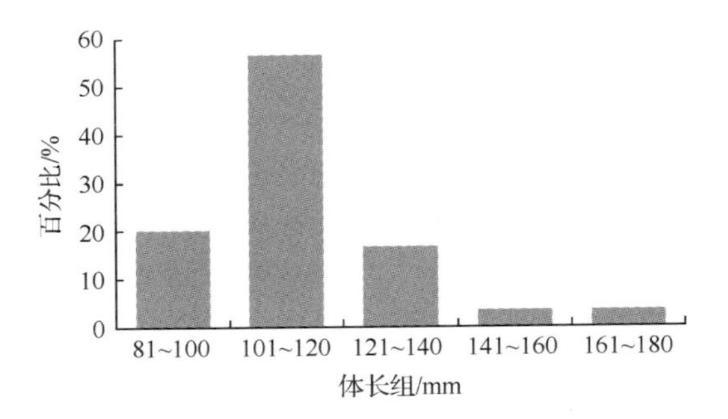

图 2.5.185　黄海北部春季口虾蛄雄性体长分布

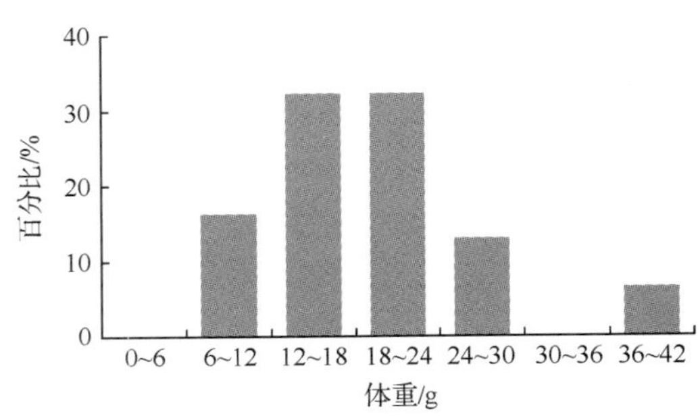

图 2.5.186　黄海北部春季口虾蛄雄性体重分布

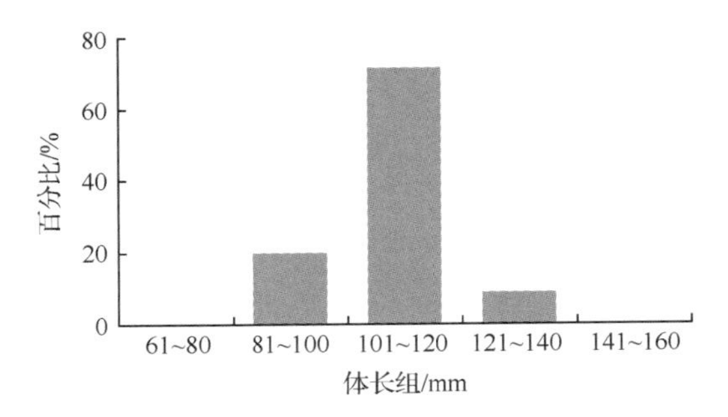

图 2.5.187　黄海北部春季口虾蛄雌性体长分布

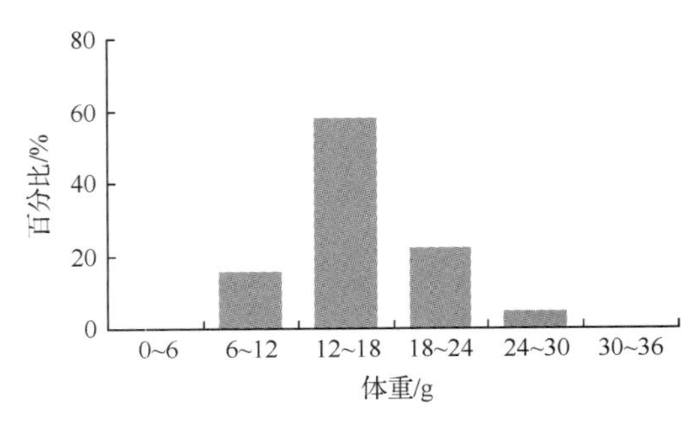

图 2.5.188　黄海北部春季口虾蛄雌性体重分布

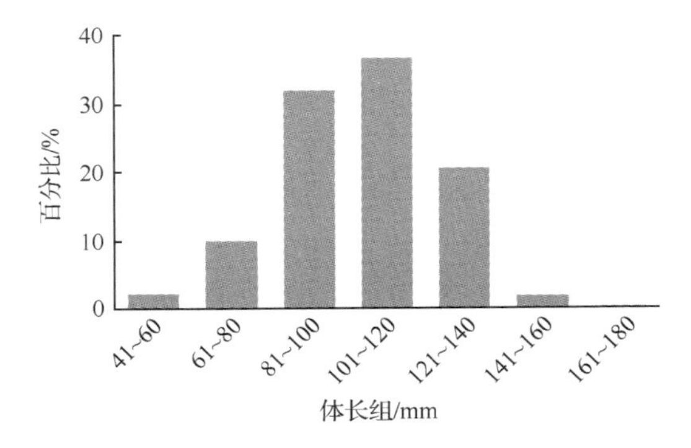

图 2.5.189　渤海夏季口虾蛄体长分布

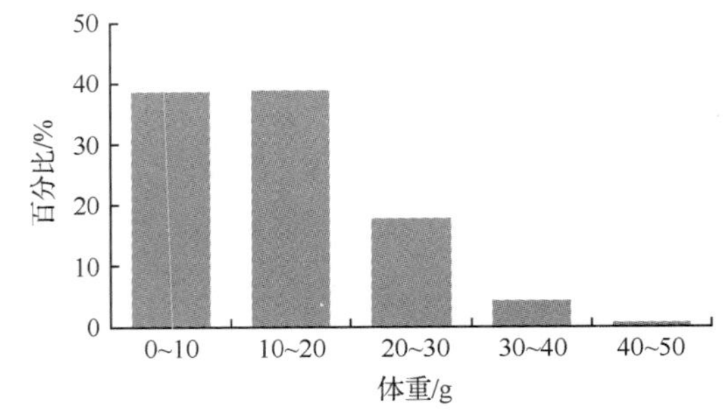

图 2.5.190　渤海夏季口虾蛄体重分布

口虾蛄繁殖期在春季，4～5 月为产卵盛期。它以细螯虾、磷虾及糠虾等小型甲壳类为主食，其次为鰕虎鱼、方氏云鳚等的稚幼鱼。

(3) 渔业状况及资源评价

从图 2.5.191A 可以看出，在渤海，1982 年以后，春季，口虾蛄的密度呈下降趋势，从 1982 年的 1.963 kg/h 降至 1993 年的 1.954 kg/h。1998 年，为 1.178 kg/h。2004 年，为 0.312 kg/h。到 2010 年，仅为 0.124 kg/h。在渤海，春季，口虾蛄在总渔获物中所占的百分比，以 1959 年最低，此后逐年上升，2004 年，达到最高值(20.1%)。2010 年，有所下降(11.1%)。

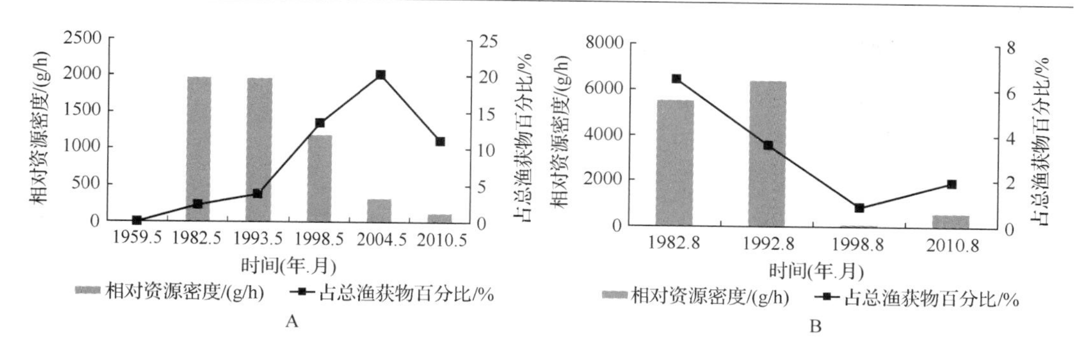

图 2.5.191　渤海口虾蛄密度及其在渔获物中所占百分比的年间变化

A. 春季；B. 夏季

从图 2.5.191B 可以看出，在渤海，夏季，口虾蛄的密度以 1982 年、1992 年较高，1998 年最低，到 2010 年，有所恢复。但无论春季还是夏季，其密度还不足 1982 年的 1/10。它在渔获物中所占百分比的变化趋势与密度的变化一致。

5. 三疣梭子蟹

(1) 数量分布

1) 渤海和黄海北部

春季，三疣梭子蟹的密度较低。在渤海，其平均密度为 0.025 kg/h，主要分布在渤海中部和黄河口附近，辽东湾的白沙山近岸水域及渤海湾的海河口也有少量分布；在黄海北部，其平均密度为 0.094 kg/h，主要分布于海洋岛附近水域，成山头近岸也有少量分布（图 2.5.192）。

夏季，三疣梭子蟹的密度相对春季有所增加，分布范围也更广。在渤海，其平均密度为 0.324 kg/h，以莱州湾密度最高，其次是渤海湾和渤海中部；在黄海北部，仅 1 个站捕获三疣梭子蟹（图 2.5.193），平均密度为 0.018 kg/h。

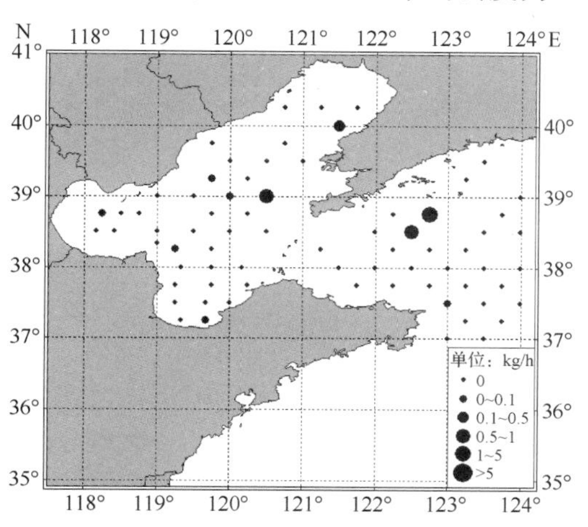

图 2.5.192　渤海和黄海北部春季三疣梭子蟹密度分布

调查时间：2010 年 5 月

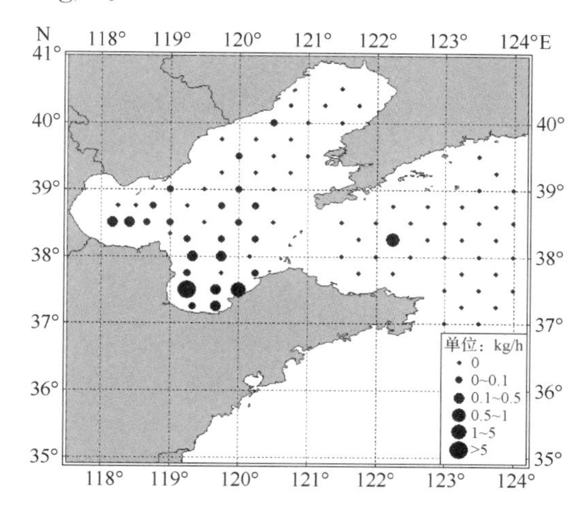

图 2.5.193　渤海和黄海北部夏季三疣梭子蟹密度分布

调查时间：2010 年 8 月

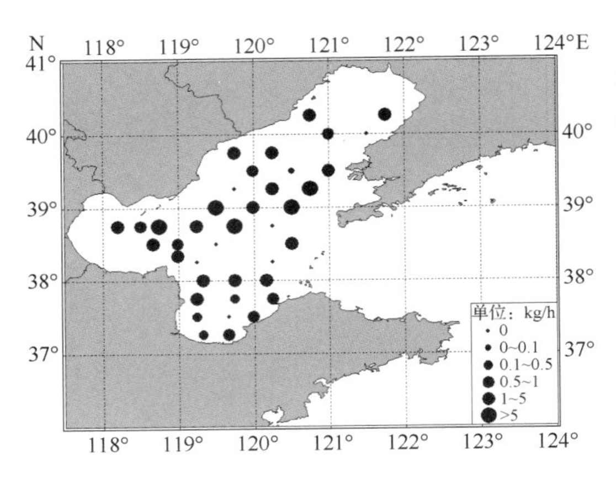

图 2.5.194 渤海秋季三疣梭子蟹密度分布
调查时间：2009 年 10 月

秋季，三疣梭子蟹的密度较高。在渤海，其平均密度为 2.620 kg/h，以渤海中部、渤海湾的东部和莱州湾的北部，密度较高(图 2.5.194)。

2）黄海中南部

春季，三疣梭子蟹的平均密度为 0.268 kg/h，以 32°～33°N 的大沙渔场的密度最高(图 2.5.195)；夏季，其平均密度为 0.341 kg/h，以海州湾和大沙渔场的密度较高(图 2.5.196)。

(2) 生物学特性

春季，在渤海和黄海北部，三疣梭子蟹数量都比较少。

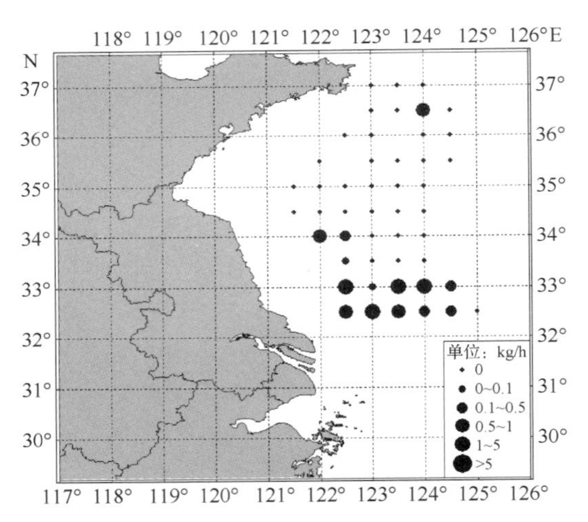

图 2.5.195 黄海中南部春季三疣梭子蟹密度分布
调查时间：2010 年 5 月

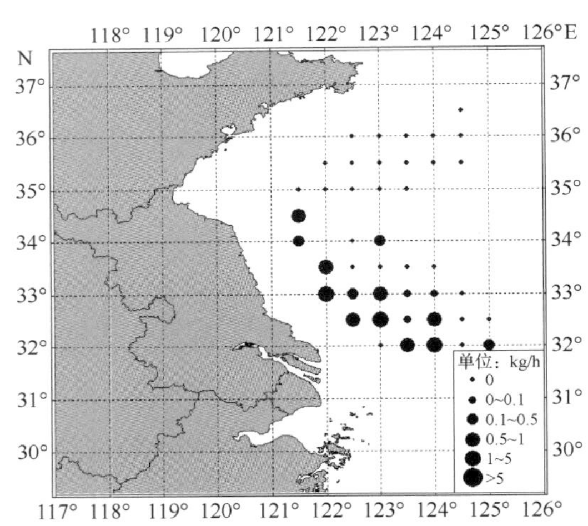

图 2.5.196 黄海中南部夏季三疣梭子蟹密度分布
调查时间：2007 年 8 月

夏季，在渤海，三疣梭子蟹的雌雄比为 52∶48。三疣梭子蟹的壳宽为 10～236 mm，优势壳宽为 10～50 mm，占总尾数的 90.0%，平均壳宽为 39.0 mm(图 2.5.197)；体重为 0.2～214 g，优势体重为 0～50 g，占总尾数的 94.6%，平均体重为 10.4 g(图 2.5.198)。

三疣梭子蟹的繁殖季节，一年之中，有 4～5 月、9～10 月这两个繁殖盛季。它主要摄食底栖的瓣鳃类、腹足类、甲壳类、多毛类及头足类等。

(3) 渔业状况及资源评价

三疣梭子蟹是黄、渤海最主要的经济无脊椎动物之一，与中国对虾一起成为黄、渤海最重要的增殖种类。它是我国最重要的经济蟹类，从南到北，3～5 月和 9～10 月，为其生产旺季，在渤海湾、辽东半岛附近水域，4～5 月，其产量较高。

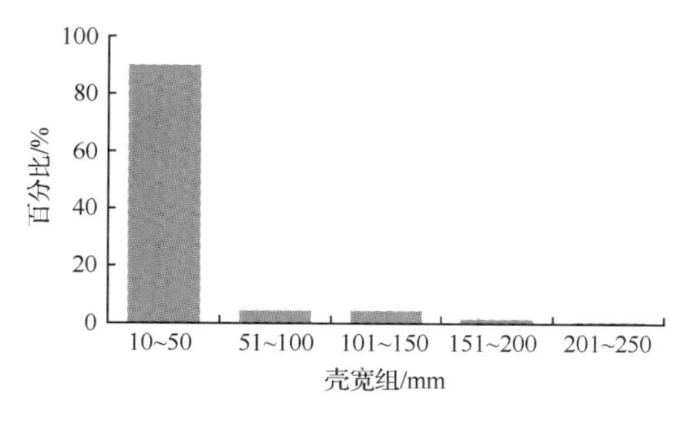

图 2.5.197　渤海夏季三疣梭子蟹壳宽分布

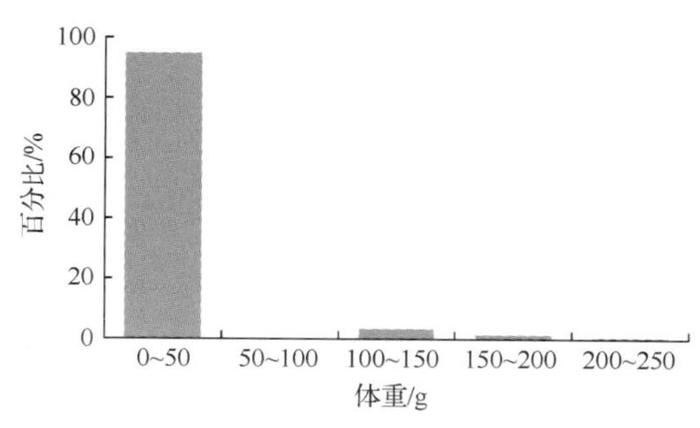

图 2.5.198　渤海夏季三疣梭子蟹体重分布

从图 2.5.199 可以看出，无论春季还是夏季，相对于 1998 年来讲，2010 年，三疣梭子蟹的密度均有小幅升高，但与 1959 年和 1982 年相比，其密度仍处于较低水平。近年来，其增殖放流对渤海三疣梭子蟹资源的恢复发挥了作用，但仍有一定的上升空间。

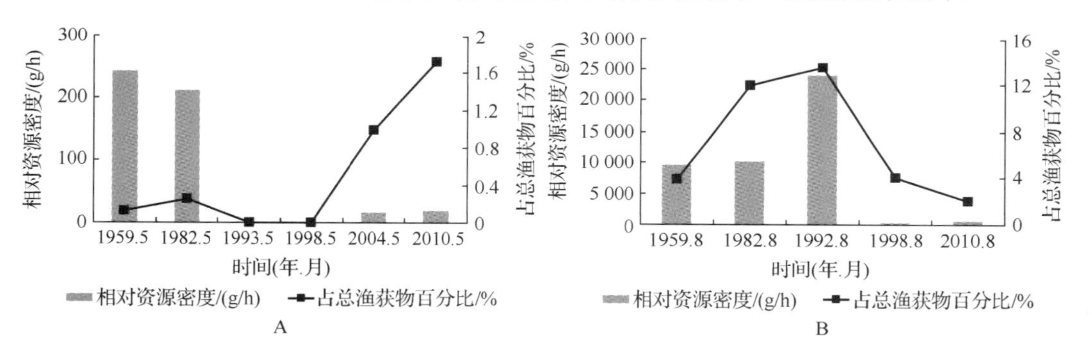

图 2.5.199　渤海三疣梭子蟹密度及其在渔获物中所占百分比的年间变化

A. 春季；B. 夏季

6. 日本蟳

(1) 数量分布

1) 渤海和黄海北部

春季，日本蟳的密度较低，在渤海，其平均密度为 0.002 kg/h，仅莱州湾的三山岛近岸水域有少量捕获；在黄海北部，其平均密度为 0.008 kg/h，只有 1 个站捕到日本蟳（图 2.5.200）。

夏季，日本蟳的密度比春季有所增加，分布范围更广，在渤海，其平均密度为 0.406 kg/h，以莱州湾近岸水域的密度最高，其次是渤海湾和辽东湾近岸水域；在黄海北部，未捕获日本蟳（图 2.5.201）。

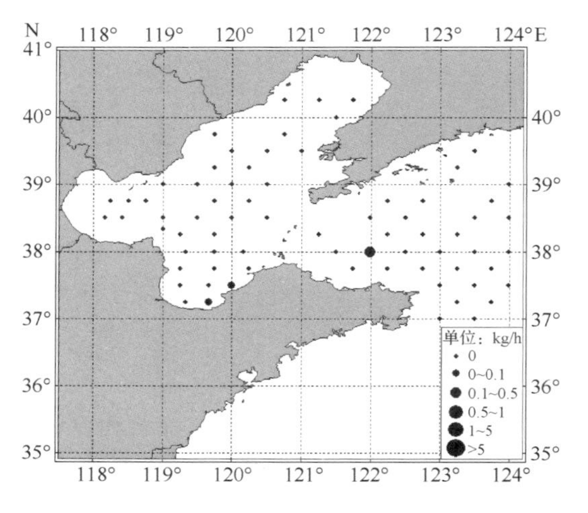

图 2.5.200　渤海和黄海北部春季日本蟳密度分布

调查时间：2010 年 5 月

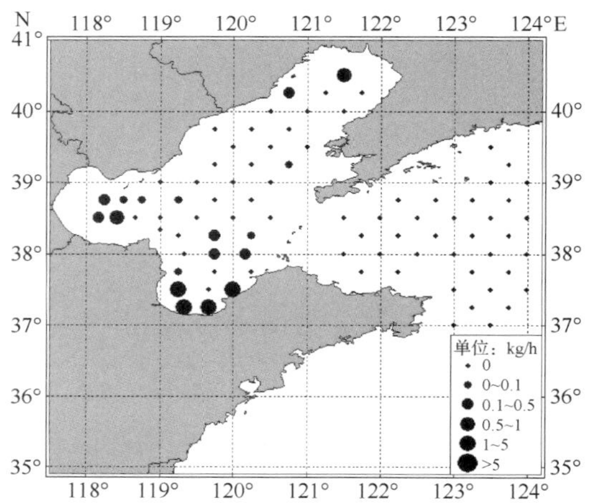

图 2.5.201　渤海和黄海北部夏季日本蟳密度分布

调查时间：2010 年 8 月

秋季，在渤海，日本蟳的平均密度为 0.540 kg/h，以辽东湾和莱州湾近岸水域密度最高，其次是渤海湾的北部和渤海中部临近渤海海峡的水域，渤海中部和黄河口附近的密度最低（图 2.5.202）。

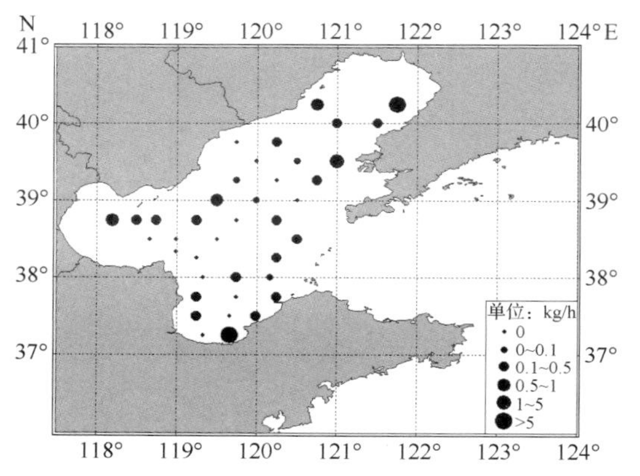

图 2.5.202　渤海秋季日本蟳密度分布

调查时间：2009 年 10 月

2）黄海中南部

春季，日本蟳的平均密度为 0.032 kg/h，以吕泗渔场及其邻近水域的密度较高（图 2.5.203）；夏季，其平均密度为 0.078 kg/h，以海州湾南部和吕泗渔场的密度较高（图 2.5.204）。

（2）生物学特性

春季，在渤海和黄海北部，日本蟳数量较少。

夏季，渤海日本蟳的雌雄比为 50 ∶ 50。雄性个体的壳宽为 53～86 mm，优势壳宽为 61～70 mm，占总尾数的 53.5%，平均壳宽为 65 mm（图 2.5.205）；体重为 31～130 g，优势体重为 30～60 g，占总尾数的 60.3%，平均体重为 61.4 g（图 2.5.206）。雌性个体壳宽为 42～84 mm，优势壳宽为 41～50 mm、51～60 mm，分别占总尾数的 44.7%、38.3%，平均壳宽为 53 mm（图 2.5.207）；体重为 13～76 g，优势体重为 15～30 g，占总尾数的 58.3%，平均体重为 32 g（图 2.5.208）。

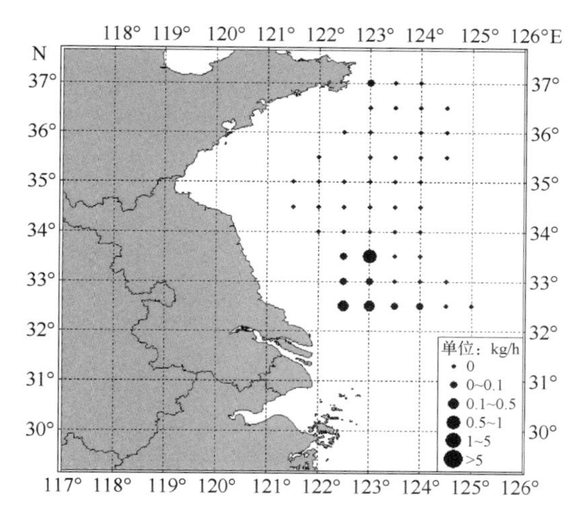

图 2.5.203　黄海中南部春季日本蟳密度分布

调查时间：2010 年 5 月

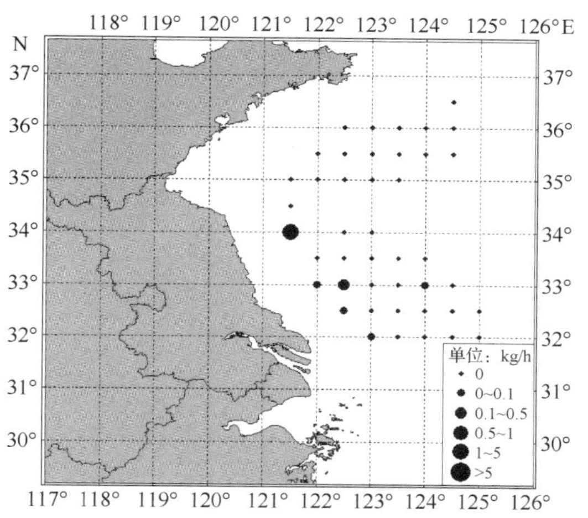

图 2.5.204　黄海中南部夏季日本蟳密度分布

调查时间：2007 年 8 月

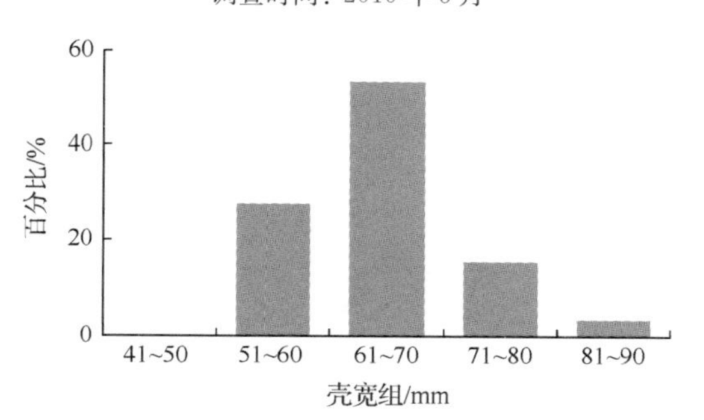

图 2.5.205　渤海夏季日本蟳雄性壳宽分布

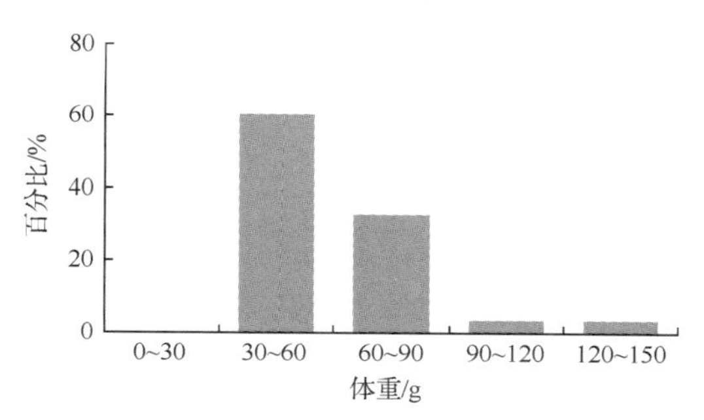

图 2.5.206　渤海夏季日本蟳雄性体重分布

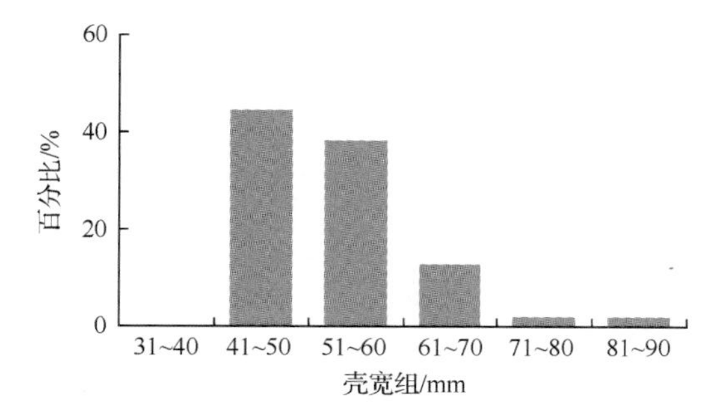

图 2.5.207　渤海夏季日本蟳雌性壳宽分布

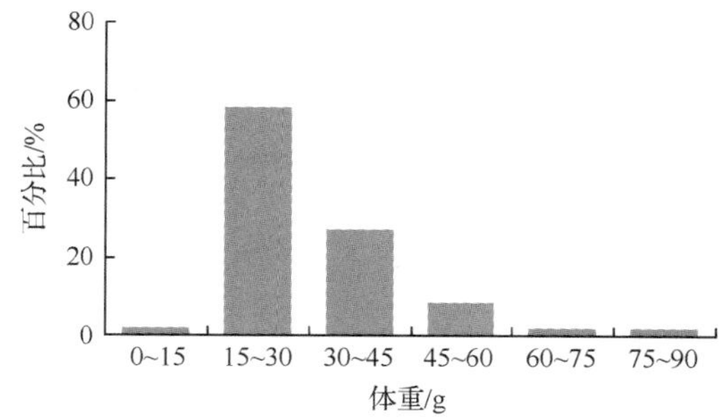

图 2.5.208　渤海夏季日本蟳雌性体重分布

日本蟳的繁殖期在春、夏季，5 月中旬至 7 月下旬，为其繁殖盛期。它主要摄食甲壳类、双壳类和鱼类，兼食腹足类。

(3) 渔业状况及资源评价

日本蟳是黄、渤海主要的经济蟹类之一，随着三疣梭子蟹资源的衰退，日本蟳已成为餐桌上较常见的海产品。目前，日本蟳还不是黄、渤海的增殖种类，但因其经济价值较高，可以作为增殖放流的潜在种类。

图 2.5.209A 可以看出，同 1982 年、1993 年和 2004 年相比，2010 年春季，日本蟳的密度处于较低水平。从图 2.5.209B 可以看出，2010 年夏季，日本蟳的密度同 1982 年和 1998 年接近，同 1992 年相比，其密度仍处于较低水平。

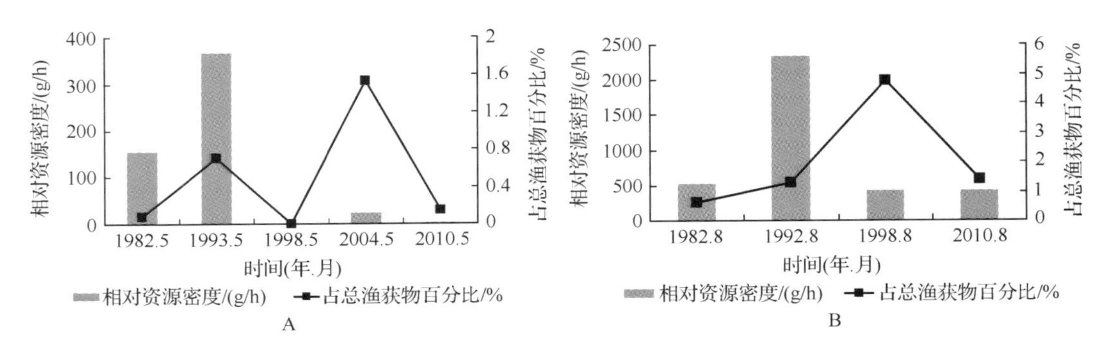

图 2.5.209　渤海日本蟳密度及其在渔获物中所占百分比的年间变化

A. 春季；B. 夏季

7. 枪乌贼类

(1) 数量分布

1) 渤海和黄海北部

春季，枪乌贼类的密度较低，在渤海，其平均密度为 0.021 kg/h，以莱州湾近岸水域密度最高，渤海中部和辽东湾的白沙山近岸水域也有分布；在黄海北部，其平均密度为 0.034 kg/h，分布范围较广，庄河近岸水域、烟台外海和靠近朝鲜一侧的黄海北部海域都有分布(图 2.5.210)。

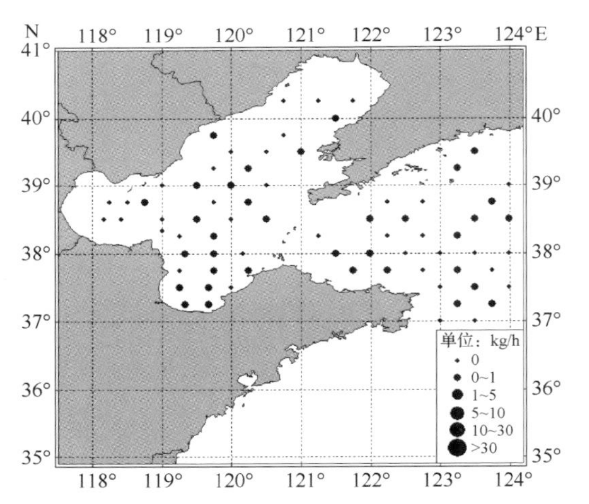

图 2.5.210　渤海和黄海北部春季枪乌贼类密度分布

调查时间：2010 年 5 月

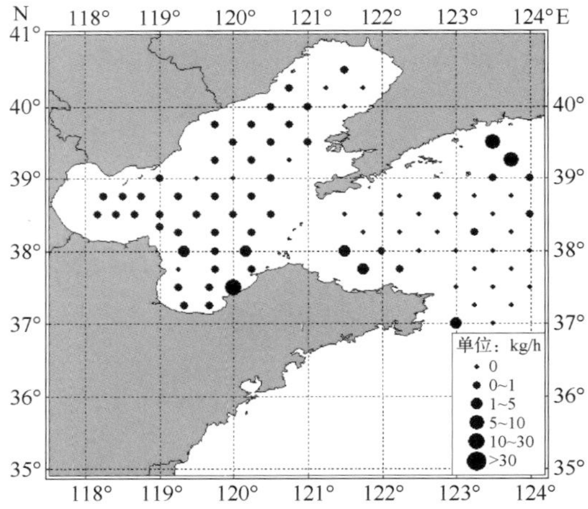

图 2.5.211　渤海和黄海北部夏季枪乌贼类密度分布

调查时间：2010 年 8 月

夏季，枪乌贼类密度比春季有所增加。在渤海，其分布广，尤其以莱州湾的龙口近岸水域和黄河口附近数量最多，平均密度为 0.837 kg/h；在黄海北部，枪乌贼类分布比较集中，主要分布于庄河、烟台和荣成的近岸水域（图 2.5.211），平均密度为 0.797 kg/h。

秋季，枪乌贼类的密度比较高，在渤海，其平均密度为 2.191 kg/h，以渤海湾的东部、莱州湾和渤海中部的密度较高，辽东湾的密度较低（图 2.5.212）。

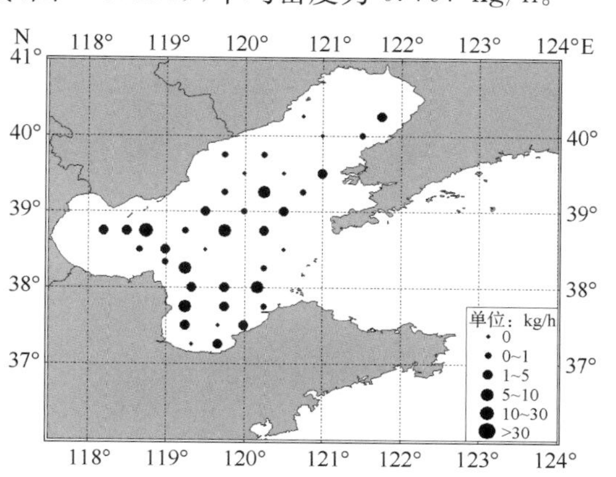

图 2.5.212　渤海秋季枪乌贼类密度分布

调查时间：2009 年 10 月

2）黄海中南部

春季，枪乌贼类的平均密度为 0.231 kg/h，以石岛渔场及连东渔场的密度较高（图 2.5.213）。夏季，平均密度为 0.131 kg/h，以大沙渔场的密度较高（图 2.5.214）。

（2）生物学特性

春季，黄海北部枪乌贼类的雌雄比为 62∶38。枪乌贼类的胴长为 27～77 mm，优势胴长为 41～50 mm，占总尾数的 59.7%，平均胴长为 46 mm（图 2.5.215）；体重为 1.3～23 g，优势体重为 1.0～5.0 g，占总尾数的 69.4%，平均体重为5.2 g（图 2.5.216）。

夏季，黄海北部枪乌贼类的胴长为 60～93 mm，优势胴长为 60～80 mm，占总尾数的 72%，平均胴长为 75 mm（图 2.5.217）；体重为 6.4～43 g，优势体重为 21～30 g，占总尾数的 60%，平均体重为 24 g（图 2.5.218）。

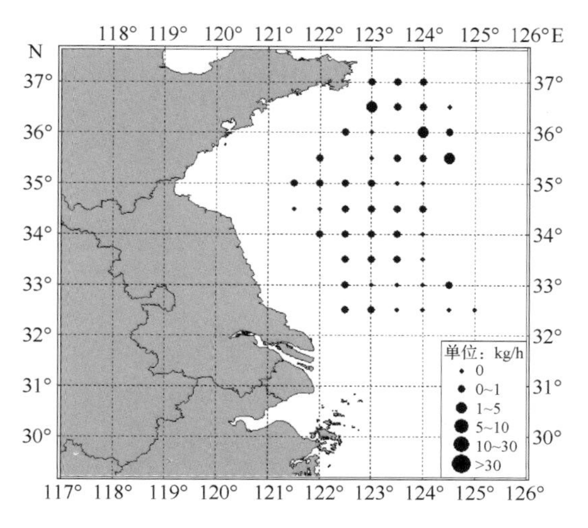

图 2.5.213　黄海中南部春季枪乌贼类密度分布

调查时间：2010 年 5 月

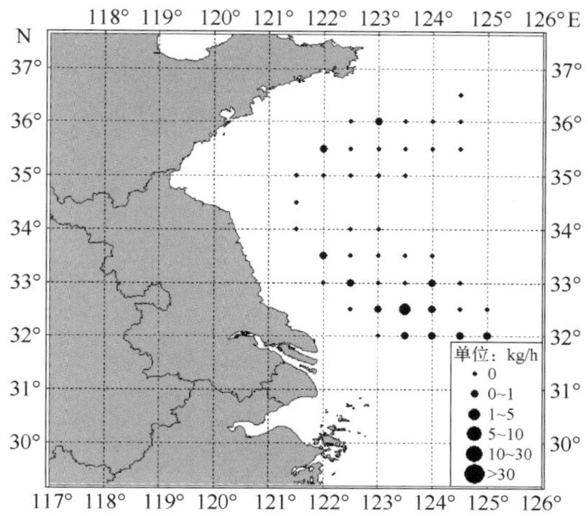

图 2.5.214　黄海中南部夏季枪乌贼类密度分布

调查时间：2007 年 8 月

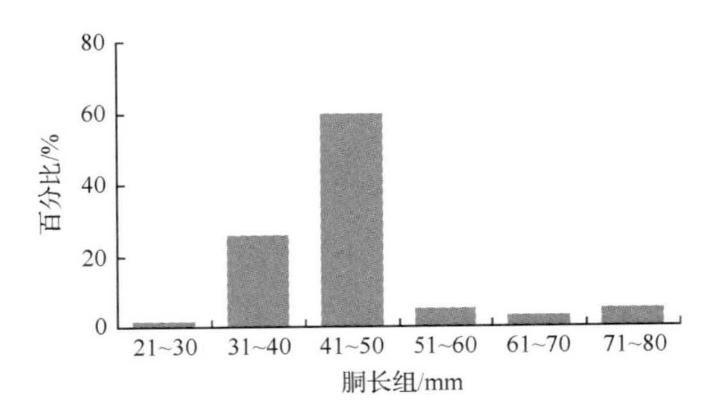

图 2.5.215　黄海北部春季枪乌贼类胴长分布

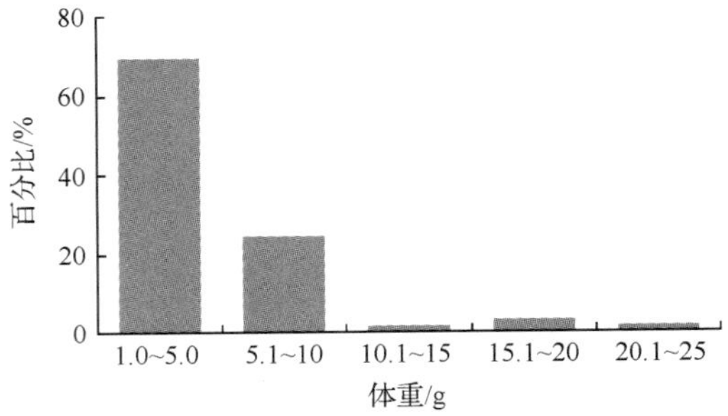

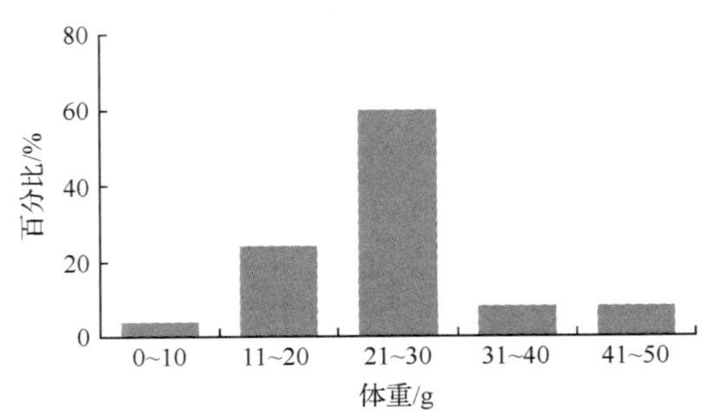

图 2.5.216　黄海北部春季枪乌贼类体重分布

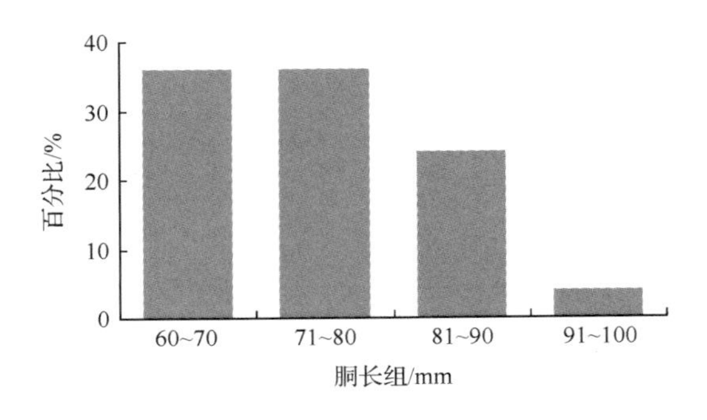

图 2.5.217　黄海北部夏季枪乌贼类胴长分布

图 2.5.218　黄海北部夏季枪乌贼类体重分布

枪乌贼类一年性成熟，产卵期较长，日本枪乌贼是在春季的 3～5 月，火枪乌贼是在春、夏季，产卵后，亲体相继死去。枪乌贼类是肉食性动物，主要摄食小型甲壳类（以磷虾类、桡足类和糠虾类为主）、小公鱼、沙丁鱼、鲹和磷虾等小型中上层鱼类的稚幼鱼，此外，也捕食枪乌贼类。枪乌贼类又是鲐、带鱼和海鸟的重要食饵。

（3）渔业状况及资源评价

枪乌贼类有较高的经济价值，是黄、渤海中的主要头足类，既可鲜食，也可加工成干品和冷冻品。

从图 2.5.219 可以看出，在渤海，枪乌贼类密度呈下降趋势，1998 年后，春季的密度

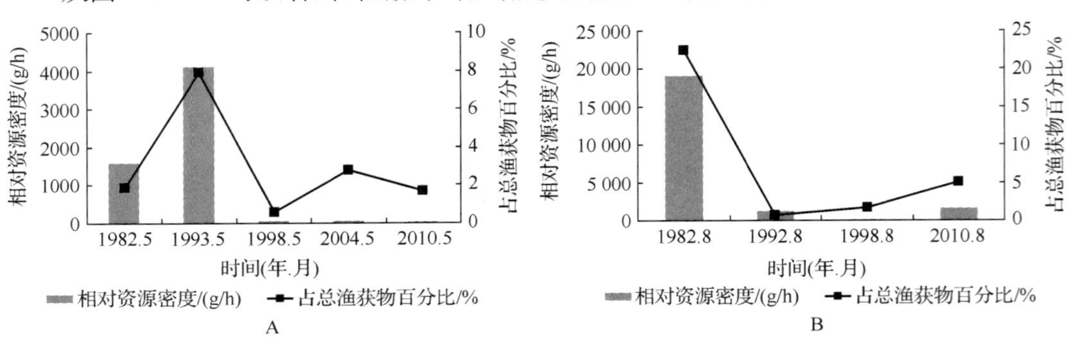

图 2.5.219　渤海枪乌贼类密度及其在渔获物中所占百分比的年间变化

A. 春季；B. 夏季

始终处于较低水平。2010年夏季，其密度较1998年有所增大，与1982年比，仍处于较低水平。枪乌贼类是黄、渤海中数量较多的头足类，经济价值较高。目前，枪乌贼类不是增殖种类，但考虑到其分布广、数量大的特点，可作为潜在的增殖种类。

8. 长蛸

（1）数量分布

1）渤海和黄海北部

春季，长蛸的密度较低。在渤海，其平均密度为0.007 kg/h，仅在渤海湾和成山头近海有少量捕获（图2.5.220）；在黄海北部，平均密度为0.022 kg/h。

夏季，长蛸密度比春季的还要低，平均密度为0.004 kg/h，仅在辽东湾里1个站捕获长蛸（图2.5.221）。

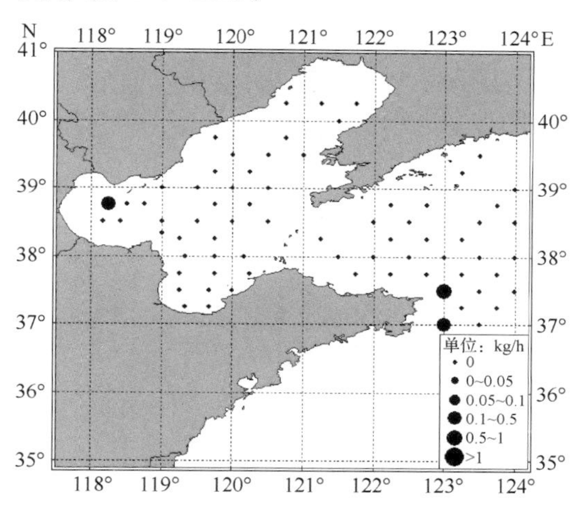

图2.5.220　渤海和黄海北部春季长蛸密度分布
调查时间：2010年5月

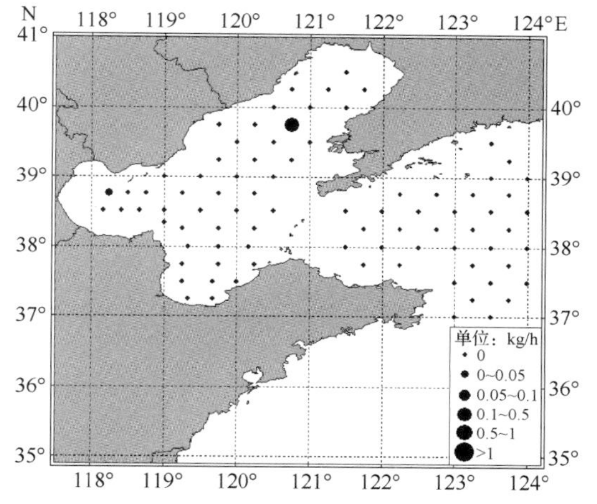

图2.5.221　渤海和黄海北部夏季长蛸密度分布
调查时间：2010年8月

秋季，长蛸的密度较高。在渤海，其平均密度为0.150 kg/h，以渤海中部的北部、渤海湾的东部和辽东湾的南部密度较高（图2.5.222）。

2）黄海中南部

春季，长蛸平均密度为0.075 kg/h，以大沙渔场南部的密度较高（图2.5.223）；夏季，其平均密度为0.035 kg/h，仅大沙渔场有少量分布（图2.4.224）。

（2）渔业状况及资源评价

长蛸在黄、渤海是数量较多的头足类之一，经济价值较高。目前，长蛸不是增殖种

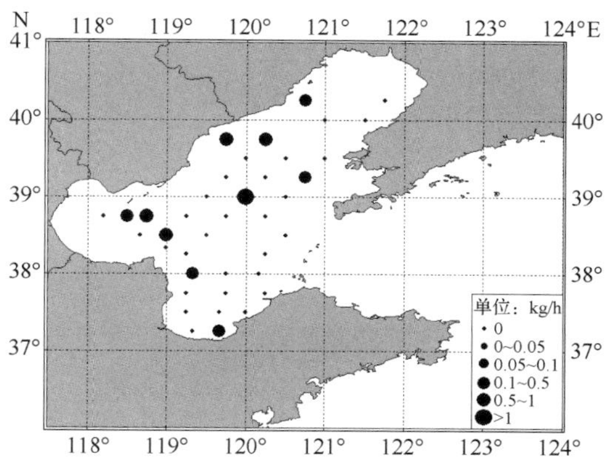

图2.5.222　渤海秋季长蛸密度分布
调查时间：2009年10月

类，但考虑到其分布广、数量丰富的特点，可作为潜在的增殖种类。从图 2.5.225 可以看出，在渤海，长蛸密度呈下降趋势，1982 年起，春季，其密度逐渐下降，到 2010 年，稍有恢复。夏季，1982～1992 年，其密度呈增长趋势，此后逐渐下降，2010 年夏季，为最低水平。

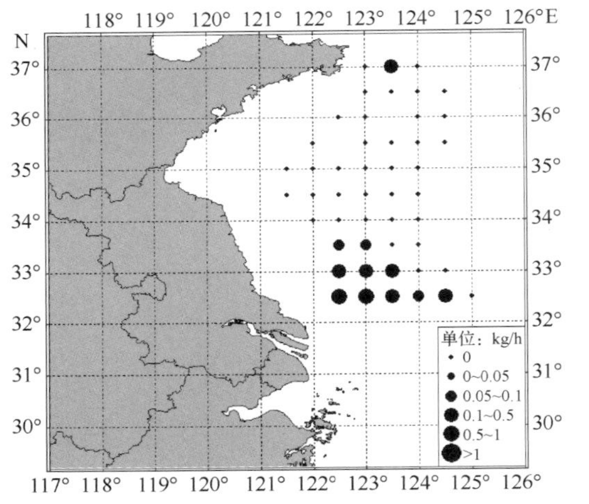

图 2.5.223　黄海中南部春季长蛸密度分布

调查时间：2010 年 5 月

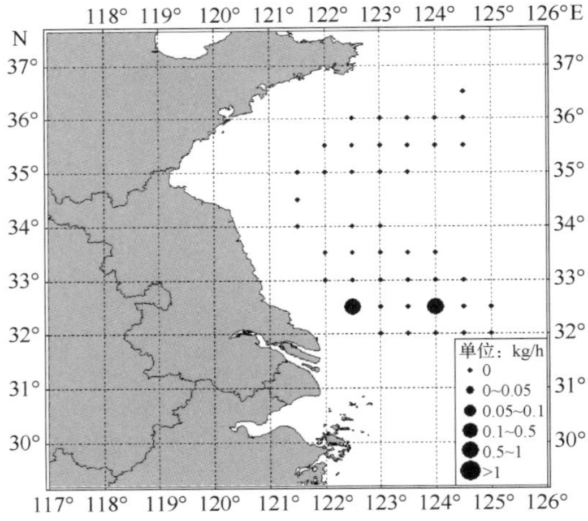

图 2.5.224　黄海中南部夏季长蛸密度分布

调查时间：2007 年 8 月

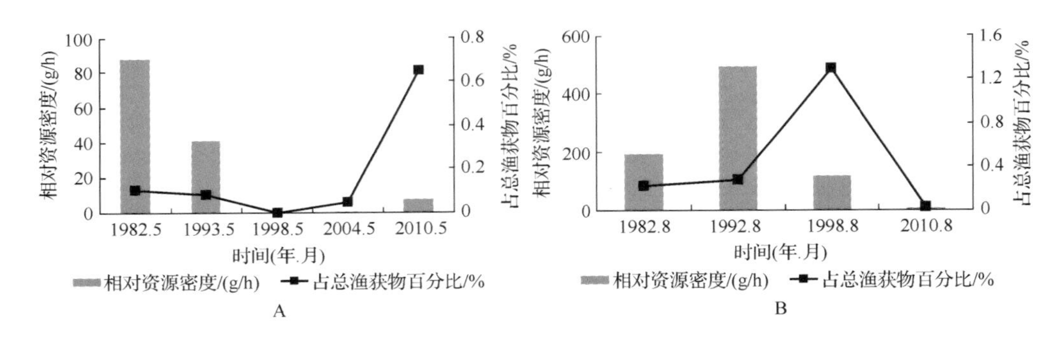

图 2.5.225　渤海长蛸密度及其在渔获物中所占百分比的年间变化

A. 春季；B. 夏季

9. 短蛸

(1) 数量分布

1) 渤海和黄海北部

春季，短蛸密度较高。在渤海，其平均密度为 0.013 kg/h，主要分布在黄海北部的海洋岛及其以东、成山头外海，莱州湾和乐亭近岸也有少量分布(图 2.5.226)；在黄海北部，其平均密度为 0.185 kg/h。

夏季，短蛸密度较低。在渤海，其平均密度为 0.018 kg/h，分布比较集中，分布在莱州湾的小清河口和黄河口附近水域(图 2.5.227)；在黄海北部，未捕获短蛸。

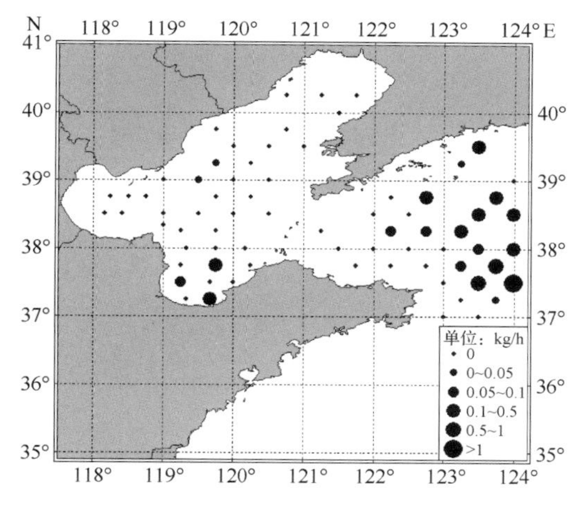

图 2.5.226　渤海和黄海北部春季短蛸密度分布

调查时间：2010 年 5 月

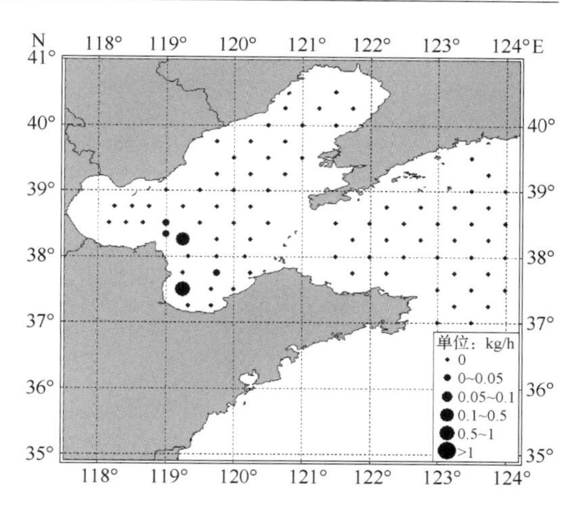

图 2.5.227　渤海和黄海北部夏季短蛸密度分布

调查时间：2010 年 8 月

秋季，短蛸密度较高。在渤海，其平均密度为 1.042 kg/h，以渤海中部的东北部、渤海湾的东北部和莱州湾近岸的密度较高，辽东湾较低（图 2.5.228）。

2）黄海中南部

春季，仅海州湾有少量短蛸分布（图 2.5.229），平均密度仅为 0.004 kg/h。

夏季，未捕获短蛸。

（2）渔业状况及资源评价

短蛸作为黄、渤海数量较多的头足类之一，经济价值很高。目前。短蛸不是增殖种类，但考虑到其分布广、数量丰富的特点，可作为潜在的增殖种类之一。从图 2.5.230 可以看出，在渤海，短蛸密度呈下降趋势。1982 年起，春季，资源逐渐下降，2004 年，达到最低，2010 年，稍有恢复；1982～1998 年，夏季，短蛸密度呈下降趋势，此后继续降低，2010 年，为最低水平。

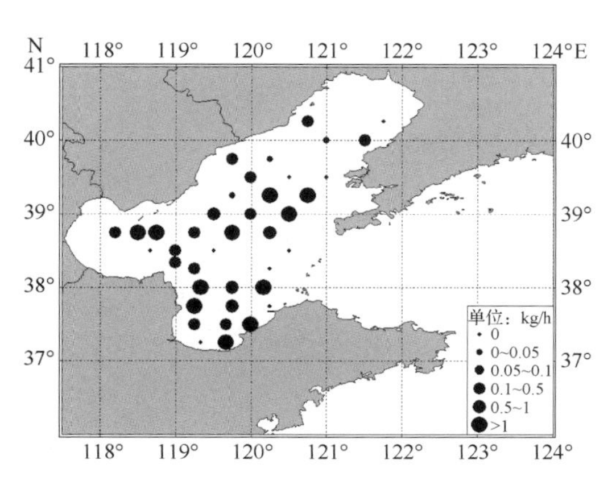

图 2.5.228　渤海秋季短蛸密度分布

调查时间：2009 年 10 月

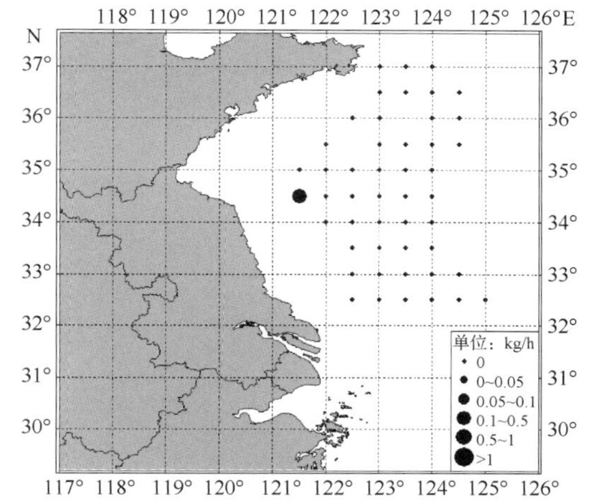

图 2.5.229　黄海中南部春季短蛸密度分布

调查时间：2010 年 5 月

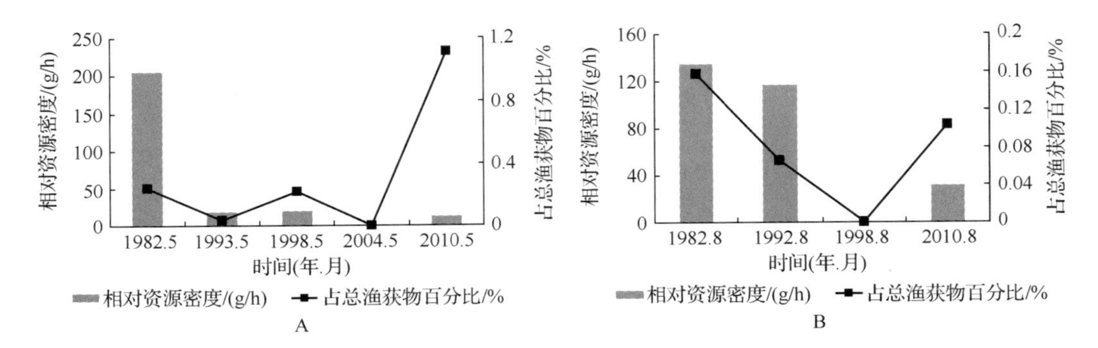

图 2.5.230　渤海短蛸密度及其在渔获物中所占百分比的年间变化

A. 春季；B. 夏季

10. 曼氏无针乌贼

(1) 数量分布

在渤海和黄海北部，春季（2010 年 5 月）和夏季（2010 年 8 月）均未捕到曼氏无针乌贼。在黄海中南部，春季（2010 年 5 月）也未捕获曼氏无针乌贼；夏季（2007 年 8 月），仅在吕泗渔场北部捕到 1 尾，其体重为 537 g（图 2.5.231）。

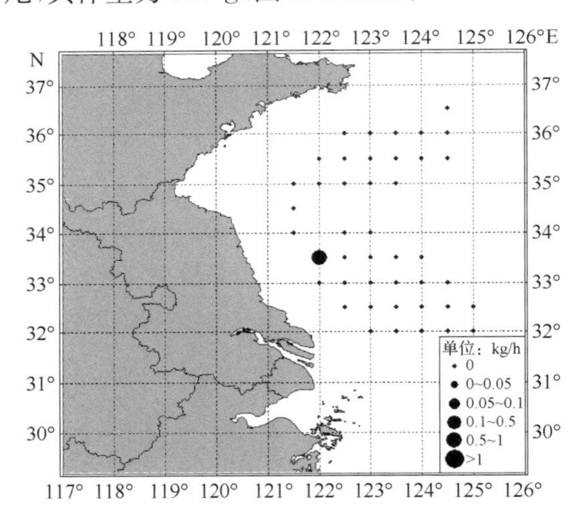

图 2.5.231　黄海中南部夏季曼氏无针乌贼密度分布

调查时间：2007 年 8 月

(2) 生物学特性

曼氏无针乌贼的产卵盛期，由南至北，顺次推移，闽东为 2～3 月，山东南部则为 6～7 月。它主要摄食幼鱼和小型鱼类，其次为甲壳类。

(3) 渔业状况及资源评价

曼氏无针乌贼曾是我国“四大海产品”之一，经济价值很高，由于过度捕捞及环境的影响，目前数量已很少。20 世纪七八十年代，它曾是中国沿海产量最大的一种乌贼。从图 2.5.232 可以看出，在渤海，曼氏无针乌贼密度呈下降趋势，春季，以 1993 年的密度最高，此后再无捕获；1959～1982 年，夏季，密度呈上升趋势，1992 年以后，也再没有捕到过曼氏无针乌贼。

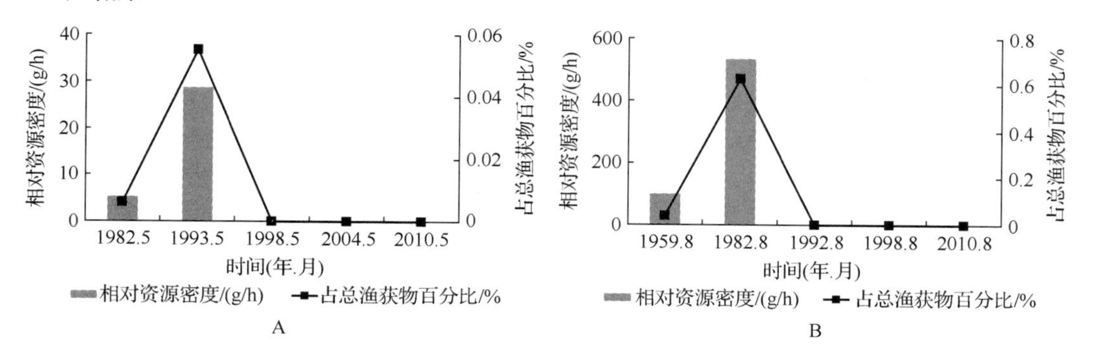

图 2.5.232　渤海曼氏无针乌贼密度及其在渔获物中所占百分比的年间变化

A. 春季；B. 夏季

第三章　增殖放流种类基础生物学

黄、渤海许多经济渔业种类因捕捞过度资源相继衰退，渔业资源结构发生了较大的变化，转向以小型、低值种类为主。为了改善渔业资源品质，增加捕捞产量，在黄、渤海相继选择了经济价值高、易于种苗培育的种类进行增殖放流，并取得了显著效益。

第一节　鱼　　类

黄、渤海有重要经济鱼类80多种，现已确定开展增殖放流的种类有褐牙鲆、黄盖鲽、半滑舌鳎、大泷六线鱼、许氏平鲉、真鲷、黑鲷、花鲈、鲮等。同时，石鲽、圆斑星鲽、高眼鲽、角木叶鲽、斜带髭鲷、银鲳、黄姑鱼、鮸、黄条鰤、红鳍东方鲀、假睛东方鲀、条纹东方鲀、绿鳍马面鲀、鲻、海鳗、斑鰶、刀鲚、大头鳕、鳓等种类，根据其潜在的增殖放流价值，也将逐步投入实践。

一、当前增殖种类

1. 褐牙鲆 *Paralichthys olivaceus*（Temminck *et* Schlegel）

（1）分类地位与分布

褐牙鲆俗称：牙片、比目鱼、油牙鲆、左口、沙地、牙片、偏口等，隶属鲽形目 Pleuronectiformes，鲆科 Bothidae，牙鲆属 *Paralichthys*（图 3.1.1）。主要分布于北太平洋西部的中国、朝鲜半岛和日本等地的周边海域，在中国，主要分布在渤海和黄海，东海和南海有少量分布(张春霖等，1955)。

图 3.1.1　褐牙鲆

（2）形态学特征

体呈椭圆形、扁平，头部不大，两眼均在头的左侧，上眼靠近头的背缘。口大，前位，口裂斜，左右对称。鳃孔长，鳃盖膜不与颊部相连。肛门稍偏在无眼侧。背鳍约始于胸鳍基底后端，两鳍中部鳍条长，仅后部数鳍条分支。中部鳍条最长。有眼侧胸鳍较大，居侧线弯曲部内，中部鳍条分支。左右腹鳍略对称。尾鳍后缘呈双截形。鳞小，有眼侧被小栉鳞，无眼侧被圆鳞。有眼侧体色灰褐色，具暗色或黑色斑点，无眼侧白色，奇鳍均有暗色斑纹，胸鳍有暗点或横条纹。

（3）生物学特征

在我国的黄、渤海沿岸，褐牙鲆的繁殖期为4～6月，盛期为5月；在东海和南海，其繁殖期要早些。各地繁殖期的不同主要是由水温决定的，褐牙鲆适宜产卵水温为11～21℃，最适水温为15℃。在自然海域生活的褐牙鲆，年满2周龄，体长在350 mm以上的雌性个体方能达到性成熟，雄性略早，因此，自然海域的繁殖群体主要是 3 龄、4 龄。褐牙鲆的繁殖力较大，体长为 400～680 mm 个体的怀卵量在 25 万～600 万粒（金显仕等，2006）。

自然水域的褐牙鲆稚鱼至幼鱼期，以摄食轮虫、桡足类、糠虾类、端足类、十足类等小型甲壳类为主，随着生长，食性逐步转变以摄食小鱼为主，兼捕虾类、头足类等。褐牙鲆具有潜沙习性，白天不大活动，夜间积极摄食。刚孵出的仔鱼两眼对称，营漂浮生活，一旦变态完毕，即营底栖生活。

（4）生态习性

褐牙鲆属近海、暖温性底层鱼类，多栖息在靠近沿岸、水深为 20～50 m、潮流畅通的海域，底质多为砂泥、砂石或岩礁地带。幼鱼多生活在水深在 10 m 以上、有机质少、易形成涡流的河口地带。未成年鱼可在近海深水区过冬。仔鱼生活的最适水温为 17～20 ℃，成鱼生活水温为 13～24 ℃，最适水温为 21 ℃。褐牙鲆为广盐性鱼类，能在盐度低于 8 的河口地带生活，对低溶氧的耐受能力较强，致死溶解氧为 0.6～0.8 mg/L。

（5）经济价值

褐牙鲆是名贵的海产鱼类，又是重要的增养殖鱼类之一。它的个体硕大，肉质细嫩、鲜美，是做生鱼片的上等材料，深受消费者喜爱，市场十分广阔，经济价值很高。此外，它还有调理脾胃、解毒之功效。褐牙鲆在我国的传统渔业上占有一定的地位，是底拖网的重要捕捞对象之一，在养殖鱼类中仅次于真鲷与石斑鱼，是比较有前途的增殖种类。

褐牙鲆是工厂化、池塘养殖的重要鱼种。我国的褐牙鲆人工育苗始于 20 世纪 50 年代末，至 70 年代，已经能够进行规模性育苗，随着褐牙鲆苗种生产技术突飞猛进，育苗厂家遍布山东、河北、辽宁等。目前，褐牙鲆已经在山东省烟台、威海，河北省秦皇岛等地开展大规模放流，是我国北方海域的主要增殖种类之一。

2. 黄盖鲽 *Pseudopleuronectes* yokohamae (Günther)

（1）分类地位与分布

黄盖鲽俗称：底生、小嘴、黄盖、沙板、小口、沙盖等，隶属鲽形目 Pleuronectiformes，鲽科 Pleuronectidae，黄盖鲽属 *Pseudopleuronectes*（图 3.1.2）。它是太平洋西北部的特有种，从俄罗斯的鞑靼海峡、日本的北海道南部至九州，到渤海、黄海及包括朝鲜半岛在内的东海北部都有分布（张春霖等，1955），且具有地域性群系的分布特征。

图 3.1.2　黄盖鲽

（2）形态学特征

体呈卵圆形，尾柄较长。吻短于眼径，眼颇小、突出，眼间隔颇窄。口小，斜形，左、右侧不甚对称。牙颇小而侧扁，上鳃盖边缘略呈游离。肛门在无眼侧。鳞颇小，通常有眼侧为栉鳞，无眼侧为圆端，左右侧为圆鳞。左、右侧线同等发达，前部，在胸鳍上方有一较低的弓状弯曲部。有眼侧为褐色或黄褐色，有时，有大小不等的暗色斑纹散布体部，背鳍及臀鳍上有时也有暗色斑纹，尾鳍后缘为黑色。

（3）生物学特征

黄盖鲽的雄性比雌性成熟早，雄鱼 2 龄、雌鱼 3 龄性腺开始成熟。在黄、渤海，黄盖鲽的繁殖季节在 3～4 月，4 月上旬为盛期，产卵水温为 8～12℃。一年性成熟 1 次，一次性产卵。它具有较高的繁殖能力，个体繁殖力为 14.6 万～204 万粒，平均 78.25 万粒。其卵为沉性卵，成熟时呈半透明、球形，具黏性（金显仕等，2006）。

黄盖鲽主要摄食底栖生物，包括腔肠动物、纽虫类、多毛类、软体动物、甲壳类、棘皮动物、原索类和鱼类。

（4）生态习性

黄盖鲽为近岸、冷温性、底层鱼类，喜欢在光线微弱、水质清新的海藻丛生处活动，生活在泥沙底质海区，多数时间潜入泥沙。春、夏季，它分布于烟台、威海外海、半岛近海；冬季，在济州岛西部越冬。它适温很广，终年在近海生活，是在黄海内洄游、分布的种类。当水温为 6～24℃时，它生长良好；水温低于 6℃时，生长缓慢；高于 26℃、低于 3℃时，死亡率开始明显上升。其适宜生长的盐度为 26～33。

（5）经济价值

黄盖鲽肉质细嫩，深受国内外消费者欢迎。该鱼种适应能力强，杂食性，能耐低温，有较高的经济价值，是黄、渤海的常见鱼类，产量在黄、渤海鲆鲽类中仅次于高眼鲽，是重要的经济鱼类。

黄盖鲽在黄海大部分海域都有分布，资源量较大，是出口品种之一，主要销往日本和韩国。目前，国内对黄盖鲽的繁殖生物学和遗传多样性研究较多，并且在山东蓬莱、长岛、牟平等地已开展较大规模的人工育苗生产，在烟威渔场已经开展较大规模的放流，是渔业资源增殖的理想鱼种。

3. 半滑舌鳎 *Cynoglossus semilaevis* Günther

（1）分类地位与分布

半滑舌鳎俗称：鳎米、鳎目、鳎板等，隶属鲽形目 Pleuronectiformes，舌鳎科 Cynoglossidae，舌鳎属 *Cynoglossus*（图 3.1.3）。分布于渤海、黄海、东海及厦门附近，朝鲜半岛及日本沿海也有分布，在黄、渤海比较常见（张春霖等，1955）。

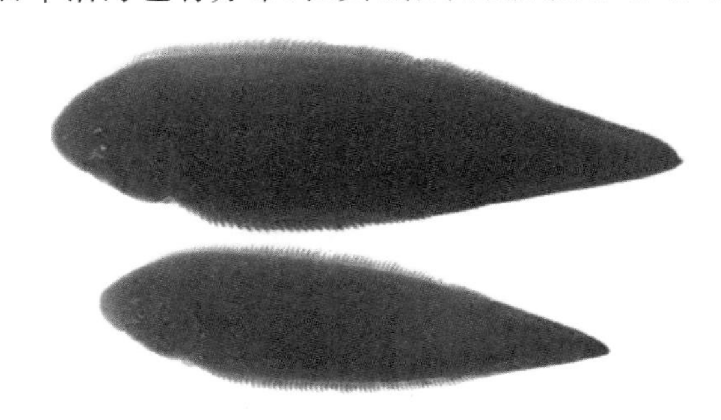

图 3.1.3　半滑舌鳎

（2）形态学特征

身体背腹扁平，呈舌状。鳞小，背鳍及臀鳍与尾鳍相连续，鳍条均不分支，无胸鳍，仅有眼侧具腹鳍，以膜与臀鳍相连，尾鳍末端尖。雌雄个体差异非常大。成鱼无鳔、无胸鳍，在其早期发育期间，具有鳔泡和胸鳍。

（3）生物学特征

半滑舌鳎最小性成熟年龄是 2 龄，3 龄全部性成熟，绝对繁殖力为 5.1 万～311.7 万粒。雌雄个体差异较大，雄鱼个体小，雌雄性比有季节差异。在黄、渤海其产卵期为 8 月下旬至 9 月。卵子为球形、浮性卵。主要摄食日本鼓虾、鲜明鼓虾和泥脚隆背蟹。半滑舌鳎除在水温极低的3月外,全年均摄食,而且摄食强度较高(金显仕等,2006)。

(4) 生态习性

半滑舌鳎是一种近海、暖温性底层鱼类,有伏底、潜沙习性,栖息于黄河三角洲、莱州湾、山东半岛沿岸和内湾水域。冬季,它游往深水,行潜泥越冬。栖息水域的底质为沙底、岩礁底或泥沙底。其中心产卵场,在河口附近水深为10～15 m海区,但避开河水直接冲积、水质浑浊的河口浅水区。半滑舌鳎具有广温、广盐和适应多变环境条件的特点,适温为3.5～32℃,最适水温为14～24℃,适盐为14～33(金显仕等,2006)。

(5) 经济价值

半滑舌鳎资源少,活鱼价格很高,味道非常鲜美,出肉率很高,深受广大消费者青睐,是名优增养殖品种。加之,它生长速度快,食物营养层次低,能耐低氧,病害少,特别适合近海增殖,目前,已经进行规模性育苗,苗种年生产量达2500多万尾,在秦皇岛外海、莱州湾、山东半岛南部等海域已经开展较大规模的增殖放流。

4. 大泷六线鱼 *Hexagrammos otakii* Jordan *et* Starks

(1) 分类地位与分布

大泷六线鱼俗称:黄鱼、六线鱼等,隶属鲉形目Scorpaeniformes,六线鱼科Hexagrammidae,六线鱼属*Hexagrammos*(图3.1.4)。分布于北太平洋西部的中国、朝鲜半岛和日本等地周边海域,在我国,主要分布在黄海(张春霖等,1955)。

图3.1.4　大泷六线鱼

(2) 形态学特征

体中长,侧扁,亚流线型。头中大而尖。吻尖突,长于眼径。背鳍和臀鳍较长,头部棘棱退化,眶下骨和前鳃盖骨,以及鳃盖骨的棘和棱几乎消失。体被小栉鳞,头部、胸鳍基底和鳍条下部及尾鳍均被小圆鳞。体黄褐色,背侧较暗,约有9个暗色斑块。当雄性性成熟时有鲜艳的婚姻色。

(3) 生物学特征

大泷六线鱼主要摄食小型鱼类、甲壳类、多毛类。雌鱼产卵后,雄鱼护卵,在护卵至仔鱼孵出期间亲鱼不摄食。雄性1龄,雌性2龄,均可达性成熟。生殖期10～11月。体长一般为150～250 mm,最大可达570 mm。

(4) 生态习性

大泷六线鱼为近海、暖温性、底层鱼类,常年栖息于沿岸水深 50 m 之内的岛屿和岩礁附近水域的底层。适温为 3.5～32 ℃,最适水温为 14～24 ℃,适盐为 28～33。

(5) 经济价值

大泷六线鱼肉味鲜美,深受国内外消费者欢迎,是重要的经济鱼类之一。目前,已经在莱州湾、烟威渔场和山东半岛南部等海域增殖放流。

5. 许氏平鲉 *Sebastes schlegeli* (Hilgendorf)

(1) 分类地位与分布

许氏平鲉俗称:黑鱼、黑头、黑石鲈、黑寨、黑鲪等,隶属鲉形目 Scorpaeniformes,绒皮鲉科 Aploactidae,平鲉属 *Sebastes* (图 3.1.5)。分布于西太平洋的中部和北部,在东海和黄海,朝鲜半岛和日本沿海,鄂霍次克海南部均有分布(张春霖等,1955)。

图 3.1.5 许氏平鲉

(2) 形态学特征

体亚流线型。头部背棱较低,其后端具尖棘。眼间隔宽平,约等于眼径。两颌、眶前骨下缘无棘,眶前骨下缘有一鱼屯棘。下下颌、犁骨及腭骨均有细齿带。背鳍鳍棘 12 根,胸鳍鳍条常为 18 根。体侧有 5 条暗色、不规则的横纹。

(3) 生物学特征

雄性 3 龄、雌性 4 龄初次性成熟,为卵胎生,生殖期在 4～5 月。产卵群体的体长一般为 230～470 mm、体重为 300～4000 g,年龄为 3～14 龄。繁殖力为 1.52 万～31.45 万尾(金显仕等,2006)。

(4) 生态习性

许氏平鲉是一种近海、温水性、底层鱼类,常年栖息于沿岸水深 50 m 之内的岛屿和岩礁附近水域底层。适温为 3.5～32 ℃,最适水温 14～24 ℃,适盐为 28～33。

(5) 经济价值

许氏平鲉个体较大,肉味甚美,在山东半岛沿海,有黑石斑的美誉,具有较高的经济价值。目前,其育苗技术已经成熟,苗种达到规模化生产。它适合于人工鱼礁或岩礁区的增殖放流,现已经在秦皇岛外海、莱州湾、烟威渔场、山东半岛南部等海域开展放流,成为主要增殖种类之一。

6. 真鲷 *Pagrosomus major*（Temminck *et* Schlegel）

（1）分类地位与分布

真鲷俗称：加吉、红加吉等，隶属鲈形目 Perciformes，鲷科 Sparidae，真鲷属 *Pagrosomus*（图 3.1.6）。广泛分布于北太平洋西部沿海，黄海和东海是著名的真鲷渔场（张春霖等，1955）。

图 3.1.6　真鲷

（2）形态学特征

身体侧扁，长椭圆形。背面隆起，腹面平钝。头大，口小而低。体被栉鳞，侧线完全，成弧形与背缘平行。背鳍Ⅻ-9～10，呈连续状，鳍棘强大；臀鳍短，与背鳍鳍条相对；胸鳍低位，尖形；腹鳍较小，胸位；尾鳍叉形，边缘淡黑色。体淡红色，体侧偏背部散布若干鲜蓝色小圆点。

（3）生物学特征

性成熟年龄一般为 3 龄、4 龄，随地域或种群不同而有差异，黄、渤海种群多为 5～6 龄成熟，福建种群的雌鱼 3 龄性成熟，雄鱼 2 龄性成熟。自然海域真鲷产卵群体，通常以 3 龄以上个体占优势，繁殖盛期以 5～8 龄为主，末期以 3～4 龄为主。产卵期，在黄、渤海，为 5～7 月；福建，为 11～12 月。真鲷性腺在一年的生殖周期内，分批成熟、分批产卵，每次产卵 3 万～10 万粒（金显仕等，2006）。卵在不同盐度下的浮、沉状态不一。其食性较杂，以底栖生物为主，包括甲壳类、螺贝类、多毛类、棘皮动物、小鱼和藻类等。

（4）生态习性

真鲷为近海、暖温性、底层鱼类，喜结群，游泳迅速，有季节性洄游习性。生殖期和索饵期在水深 20～40 m 的近海活动，越冬场在水深超过 100 m 的外海。它洄游于黄、渤海沿岸与济州岛西部海域之间。真鲷平时喜生活于底质为礁石、沙泥、砂砾或贝藻丛生的近海水域。它的适宜水温为 4～30 ℃，最适生长水温为 20～28 ℃。其产卵场盐度存在地域差异，在黄海，约为 19；在福建，为 32～34。

（5）经济价值

真鲷是海水经济鱼类中的名贵鱼类，由于其自然资源严重衰减，产量下降。日本在 20 世纪五六十年代，就进行了其苗种生产的大量研究，目前，苗种生产量已近亿尾。近年来，我国真鲷的人工养殖发展也很快，现已遍及沿海各省、市，人工育苗技术已经成熟，已成为主要增殖种类之一。

7. 黑鲷 *Sparus macrocephalus*（Basilewsky）

（1）分类地位与分布

黑鲷俗称：黑加吉、海鲋、青鳞加吉等，隶属鲈形目 Perciformes，鲷科 Sparidae，鲷属 *Sparus*（图 3.1.7）。广泛分布于黄海、渤海、东海和南海，以及朝鲜半岛南部和日本沿海（张春霖等，1955）。

图 3.1.7　黑鲷

(2) 形态学特征

体侧扁,呈长椭圆形。头大,前端钝尖,第一背鳍有硬棘 11~12,软条 12。两颌前部各有 3 对门状犬齿,其后为很发达的臼齿,上颌侧部 4~5 列,下颌侧部 3~4 列,锄骨部各有 3 对门状犬齿,其后为很发达的臼齿,上颌侧部 4~5 列,下颌侧部 3~4 列,锄骨及口盖骨上无齿。两眼之间与前鳃盖骨后下部无鳞。侧线上鳞 6~7 枚,体青灰色,侧线起点处有黑斑点,体侧常有黑色横带数条。

(3) 生物学特征

黑鲷个体发育过程中有明显的性逆转现象。雄性先成熟,在低龄鱼中,雄性占优势,高龄鱼中,雌性居多。它的产卵期因生活的海区不同而有差异。在黄、渤海,其产卵期为 5 月;在东海,为 4~5 月;在福建沿海,为 3 月中旬至 4 月。产卵水温为 14.5~24℃。黑鲷有较强的繁殖力,怀卵量为几十万粒至百余万粒(金显仕等,2006)。在一个生殖周期内,卵分批成熟,分批产出,为浮性卵。黑鲷食性广,是典型的杂食性鱼类,以软体动物、小鱼、虾为主食,有时也食海藻,而且比较贪食。

(4) 生态习性

黑鲷为近海、暖温性、底层鱼类,喜结群,游泳迅速,进行季节性洄游。它喜在多岩石礁和河泥底质浅海生活。它常栖息在近岸、内湾礁岩区、海藻繁茂的水域,生殖期和索饵期常活动在水深 20~40 m 的近海。越冬场在水深大于 100 m 的外海。其生存温度为 3.5~35.5℃,水温 8℃以下不摄食,生长适宜水温为 17~25℃。它可生活在盐度为 30 以上的海水中,也能生活在盐度为 4 的低咸淡水中,以半咸淡水(盐度为 10~25)最为适宜。

(5) 经济价值

黑鲷肉质鲜美,是名贵的海产鱼类之一。在我国,人工育苗技术已经成熟,已经在莱州湾、长岛、烟威渔场、山东半岛南部等海域开展增殖放流,是主要增殖鱼类之一。

8. *花鲈 Lateolabrax japonicus* (Cuvier)

(1) 分类地位与分布

花鲈俗称:鲈鱼、花寨、板鲈、鲈板等,隶属鲈形目 Perciformes,鮨科 Serranidae,花鲈属 *Lateolabrax*(图 3.1.8)。分布于中国、朝鲜半岛及日本的近海,在我国沿海均有分布(张春霖等,1955)。

图 3.1.8　花鲈

（2）形态学特征

体延长，侧扁，背腹面皆钝圆。头中等大，略尖。吻尖，口大，端位，斜裂，上颌伸达眼后缘下方。两颌、犁骨及口盖骨均具细小牙齿。前腮盖骨的后缘有细锯齿，其后角下缘有3个大刺，后鳃盖骨后端具1个刺。鳞小，侧线完全、平直。背鳍两个，仅在基部相连，第一背鳍为12根硬刺，第二背鳍为1根硬刺和11～13根软鳍条。体背部灰色，两侧及腹部银灰。体侧上部及背鳍有黑色斑点，斑点随年龄的增长而减少。

（3）生物学特征

雄鱼2龄开始性成熟，初次性成熟的最小叉长为477 mm，4龄鱼全部性成熟。5～6龄鱼的怀卵量在90万～190万粒。初孵仔鱼全长为6 mm，体长为5 mm。其最大年龄可达10龄，生产中捕捞的花鲈主要由3～6龄组成。秋天，流刺网兼捕花鲈幼鱼的数量较多，体长由165～300 mm组成，其中，以500～650 mm的个体居多；体重由65～7000 g组成，其中，以1900～3050 g的个体居多（唐启升和叶懋中，1990）。

（4）生态习性

花鲈是鮨科中最耐低温的种类，终年栖息在近海水域，不进行长距离洄游。冬季，主要在渤海湾、辽东湾和莱州湾的较深海域及烟威渔场、石岛渔场一带越冬，连云港外海的深水区，也有部分花鲈越冬。越冬场的水深为20～50 m，底层水温为0～4 ℃，底层盐度为31～32。越冬期在12月至翌年2月。从早春开始，花鲈逐渐游向近海、河口附近索饵、产卵。索饵区的底层水温为2～26 ℃，底层盐度为29.5左右。主要索饵期为3～8月。秋季，花鲈产卵场的范围比较广，产卵场水深为15～50 m，底层水温为12.7～22 ℃，底层盐度为26.8～31.7，底质以细粉砂为主，粉砂质、黏土软泥底和粗粉砂底也有分布。产卵期主要在秋季（9～11月），其次，在春季（4～6月）。产卵后的花鲈进入深水区越冬。

（5）经济价值

花鲈生长迅速，最大个体可达15 kg以上，是我国沿海的重要经济种类之一。其肉佳味美，富含微量元素，鳃、肉都可入药，有止咳化痰、健脾益气之功效。目前，其育苗技术已经成熟，主要在黄骅附近海域增殖放流，是目前河北省主要的增殖放流鱼类之一。

9. 鮻 *Liza haematocheila*（Temminck *et* Schlegel）

（1）分类地位与分布

鮻俗称：梭鱼、红眼鱼、肉棍子等，隶属鲻形目 Mugiliformes，鲻科 Mugilidae，鮻属

图 3.1.9　鲅

Liza（图 3.1.9）。分布于北太平洋西部，我国南海、东海、黄海、渤海四大海域均有产出（张春霖等，1955）。

（2）形态学特征

体纺锤形，细长，头短而宽，有大鳞。脂眼睑不甚发达，仅遮盖眼边缘。体被圆鳞。背侧青灰色，腹面浅灰色，两侧鳞片有黑色的竖纹。背鳍 2 个，相距颇远。

（3）生物学特征

鲅性成熟年龄，雄鱼为 2 龄、3 龄，雌鱼为 3 龄、4 龄。其繁殖季节各地有所差异：在渤海，为 4 月底到 6 月初；在浙江沿海，为 4 月初至 5 月初。绝对繁殖力为 37 万～311 万粒（金显仕等，2006），产浮性卵。鲅食性很广，属于以浮游植物为主的杂食性鱼类，主要是刮食沉积在底泥表面的底栖硅藻和有机碎屑，也食一些丝状藻类、多毛类、软体类和小型虾类等。

（4）生态习性

鲅为近海、广温、广盐、暖温性种类，常栖息在河口、海湾或咸淡水交汇处，只进行短距离移动，随季节、水温和本身的发育状况进行小范围的迁移。它每年定期结成大群到港湾、河口处产卵，6～7 月，在黄、渤海沿岸会出现大量当年生幼鱼，并进入江河口处，天寒时，游至较深海区越冬。其产卵场底质多为岩礁和沙泥。它对 0～35 ℃的水温都能忍受，以 18～28 ℃最适，从 35 的高盐度海水到 5 的淡水都能生存。其最适生长的 pH 为 7.6～8.5，可适 pH 为 7.6～9.3。

（5）经济价值

鲅肉质鲜美，食性杂，对环境适应性强，是海水、港湾、低盐咸淡水的重要养殖对象，也是重要的增殖对象。鲅在河口附近的资源量较高，鲅人工育苗技术已经成熟，目前已经在黄骅、乳山等海域开展增殖放流。

二、具备增殖潜力种类

1. *石鲽 Kareius bicoloratus*（Basilewsky）

（1）分类地位与分布

石鲽俗称：二色鲽、石板、石镜、石夹、石江等，隶属鲽形目 Pleuronectiformes，鲽科 Pleuronectidae，石鲽属 *Kareius*（图 3.1.10）。分布于北太平洋沿岸水域，在我国主要分布在黄、渤海到东海的西北部，此外，朝鲜半岛、日本、俄罗斯库页岛及千岛群岛以南附近海域也有分布（张春霖等，1995）。

图 3.1.10　石鲽

（2）形态学特征

石鲽呈卵圆形，头部稍大、略扁，背

面稍凸起。眼中等大，均在右侧。口前位、斜形，左右侧稍不对称。两颌的牙齿小而略扁，上、下颌各有1行，无眼侧的牙较为发达。前鳃盖边缘稍呈游离。身体无鳞，完全光滑，稍大的鱼体右侧线及其上下，常有纵行粗糙的骨板伴列，沿背鳍基底下方有大形骨板1行，沿背鳍基底下方有较小骨板1行，沿侧线上下也有散在小行骨板1列，鳃盖上也有分散的小骨板。无眼侧完全光滑，侧线呈直线状或前部微微高起。鳍条不分支，背鳍起点在无眼侧。臀鳍起于胸鳍基底稍后下方，起点前方有一短前向棘。有眼侧的胸鳍较长且宽，无眼侧的呈圆形。左、右腹鳍近于对称。尾鳍后缘呈弧形或截形。有眼侧为褐色或黄褐色，有时体表及鳍上有小型暗色斑纹。

（3）生物学特征

石鲽生长到体长在150 mm以上时，2龄初次性成熟。秋季，当水温低于13 ℃时，性腺开始发育，低于10 ℃时，可以达到成熟、排卵。产卵期，在黄海北部，为10～11月；在南部，略晚，为11～12月。12月、1月，石鲽在石岛、乳山等地水质清澈、潮流畅通的水域产卵。仔鱼、稚鱼、幼鱼阶段，是在浅海区度过，稚鱼常聚集于河口区索饵。冬季，于石岛东南深水区越冬。石鲽属于秋季、降温型产卵鱼类，一个产卵季节可分批、多次产卵。卵呈浮性。个体产卵量为2.8万～32万粒（金显仕等，2006）。性成熟之后，石鲽仍继续生长，雌鱼生长速度高于雄鱼，因此，性成熟后的同龄鱼在体形上雌鱼明显大于雄鱼。

石鲽属于底栖生物食性。在渤海，石鲽主要摄食软体动物（以枪乌贼和双壳贝类为主）和甲壳类（以鼓虾类为多），此外，还摄食少量鱼类和棘皮动物。

（4）生态习性

石鲽为冷温性、底层鱼类，是黄、渤海的洄游种，营底栖生活。平时分布在砂底或泥沙底质的沿岸海域，喜欢水质清新且水流较缓的环境，适宜生长水温为12～20 ℃，适宜生长盐度为15～32，pH为7.5～8.5。

（5）经济价值

石鲽是我国北方重要的经济鱼类，是出口到日本、韩国的主要种类之一。其肉质、口味和营养价值均可与褐牙鲆媲美，对低温的耐受力明显优于褐牙鲆。石鲽在我国北方沿海可自然越冬、度夏，抗逆性较强，耗氧低，饵料转化率高，商品鱼的规格较低，重250～300 g即可达到上市规格。目前，年产量大约为1000 t。现在，石鲽的育苗已经突破，并已开展小规模的人工放流试验。

2. 圆斑星鲽 *Verasper variegatus*（Temminck *et* Schlegel）

（1）分类地位与分布

圆斑星鲽俗称：星鲽、花片、花斑宝、花边爪、花里豹子、花瓶鱼等，隶属鲽形目 Pleuronectiformes，鲽科 Pleuronectidae，星鲽属 *Verasper*（图3.1.11）。分布于渤海、黄海和东海北部，此外，朝鲜半岛、日本北海道以南至九州沿海也有分布（张春霖等，1955）。

图3.1.11　圆斑星鲽

(2) 形态学特征

体呈卵圆形,较高,口中等大,近前位,斜裂,两颌齿短小,钝圆锥形。有眼侧为强栉鳞,无眼侧为圆鳞。体两侧均有发达的侧线,侧线前部在胸鳍上方有一较低的弓状弯曲部。背鳍基底很长,起点与上眼瞳孔相对,无棘。臀鳍始于胸鳍基底下后方,起点前方有一向前棘。两侧胸鳍不对称,有眼侧较长。尾鳍后缘近弧形。有眼侧体为暗褐色,也带灰绿,无眼侧为白色,具分散的小黑斑。背鳍有6～8个黑色大圆斑,臀鳍有5～6个黑色大圆斑,尾鳍有3～4个较小的圆斑。

(3) 生物学特征

圆斑星鲽体长一般为300～500 mm,体重一般为3000～5000 g。性成熟年龄在3龄左右。生殖期,各地有差异:在黄海北部,为12月至翌年2月;在日本北海道一带,也是12月至翌年2月产卵。也有人认为:在黄、渤海水域,圆斑星鲽产卵期为4～5月。其怀卵量为5.2万～40万粒,平均怀卵量在19万粒左右(金显仕等,2006)。该鱼性腺为分批成熟、多次排卵类型,排卵间隔一般为2～4天,多者可达10天以上。圆斑星鲽属杂食性鱼类,主要以鲜明鼓虾、口虾蛄、日本鼓虾和枪乌贼为饵料,沙蚕类及鱼类为偶然性食物。

(4) 生态习性

圆斑星鲽为地方性、底层鱼类,主要生活在近岸、海湾,喜欢沙、泥沙底质或海藻繁盛的礁石区域,栖息水深为10～30 m。2～3月,它在黄海中部越冬;4月,向近岸移动;5～9月,在鸭绿江口、海洋岛以北水域和辽东湾,都有其索饵鱼群分布;12月,广泛分布于海洋岛以南至成山头附近海区,之后,向越冬场移动。其产卵场一般在沿岸砂底或生长海藻的岩礁附近,产卵场水深为10～30 m。它对温度的适应性较强,生活水温为4～25℃,适宜水温为15～23℃,适宜盐度为23～32,适宜pH为7.5～8.5。

(5) 经济价值

圆斑星鲽品质优良,肉质细嫩。它的鳍边胶质厚而有韧性,富含多种维生素、微量元素,营养丰富,易于烹饪,美味可口。在我国北方沿海,圆斑星鲽是人们喜爱的高档水产品。它的生长速度较快,市场前景广阔,经济价值较高。近年来,其自然资源衰退明显,难以形成产量,已接近濒危程度。目前,其育苗技术已基本成熟,但尚未形成大规模生产。

3. 高眼鲽 *Cleisthenes herzensteini* (Schmidt)

(1) 分类地位与分布

高眼鲽俗称:长脖、偏口、片口、高眼、比目、地鱼、扁鱼等,隶属鲽形目 Pleuronectiformes,鲽科 Pleuronectidae,高眼鲽属 *Cleisthenes*(图3.1.12)。在我国主要分布于黄、渤海和东海,在朝鲜、日本、俄罗斯库页岛附近海域也有分布(张春霖等,1955)。

图3.1.12　高眼鲽

(2) 形态学特征

体呈卵圆形,侧扁。一般,体长200 mm左右,体重200 g左右。两眼均位于头部右侧，大而突出，上眼位高，位于头背缘中线上。口大，前位，两侧口裂稍不等长，两颌均有尖细牙齿，前鳃盖边缘游离。侧线完全，在胸鳍上方无弯曲。有眼一侧，被弱栉鳞，体呈黄褐色或深褐色、无斑纹；无眼一侧白色，被圆鳞，头部及两眼间鳞片均细小而密。背鳍由眼部直至尾柄前端；胸鳍一对、较小；腹鳍由胸鳍后部起至尾部前端；尾鳍双截形。尾柄长。

(3) 生物学特征

高眼鲽最小性成熟雄鱼为2龄，雌鱼为3龄。4月中旬至6月上旬是其生殖期，卵浮性，圆形，绝对繁殖力为2.1万～123.8万粒(金显仕等，2006)。高眼鲽属于底栖动物食性，主要摄食小鱼，其次为虾类、头足类、棘皮类和多毛类。

(4) 生态习性

高眼鲽为西北太平洋浅海冷温性底层鱼类，属于黄海洄游、分布种。它营底栖生活，常栖息于泥、泥沙底质海区，适温为8～10℃。

(5) 经济价值

高眼鲽肉味鲜美，富含蛋白质，深受国内外消费者欢迎，为我国重要的鲆鲽类经济种，以黄海和渤海产量最多，是冬季的主要捕捞对象之一。其资源比较丰富，约占鲆鲽类总产量的70%。因生长慢，不宜养殖，主要依靠其自然资源。

4. 角木叶鲽 *Pleuronichthys cornutus* (Temminck *et* Schlegel)

(1) 分类地位与分布

角木叶鲽俗称：鼓眼、砂轮、溜仔、蚝边、右鲽、猴子鱼等，隶属鲽形目 Pleuronectiformes，鲽科 Pleuronectidae，木叶鲽属 *Pleuronichthys* (图 3.1.13)。分布于西北太平洋，在渤海、黄海、东海、南海均有分布，是黄、渤海的常见种，此外，在朝鲜半岛附近和日本北海道东南侧，也有分布(张春霖等，1955)。

图 3.1.13　角木叶鲽

(2) 形态学特征

体呈卵圆形，高而扁。两眼突出，均在头的右侧。有眼一侧，体褐色或红褐色，分布有不规则的黑色斑点，两颌均无牙。无眼一侧，为白色，两颌各有2～3行尖细牙齿。背、腹面均被小圆鳞，体表黏液多而滑。口小、两侧口裂不等长、眼间隔窄，呈脊状隆起，前后各有小棘，背鳍长，由眼部直至尾柄前端。腹鳍由胸鳍后部起至尾柄前端；胸鳍一对、很小；尾鳍楔形。

(3) 生物学特征

角木叶鲽为肉食性鱼类，其饵料以甲壳类、贝类和小型鱼类为主。在黄、渤海，它的产卵期为9～10月，产浮性卵。绝对繁殖力为3.8万～21.8万粒。

(4) 生态习性

角木叶鲽属于近海、暖温性、底层鱼类，喜泥沙底质，常栖息于海底，并将鱼体埋藏于泥沙中，能随环境略微改变体色，游泳能力不佳。其黄、渤海群体，洄游于石岛东南70 m

水深的越冬场与近岸、内湾之间。

(5) 经济价值

角木叶鲽肉质细嫩、味道鲜美,刺少,尤其适宜老年人和儿童食用,有较好的市场前景。其资源一般,生长慢,苗种培育也尚未进行研究,但具有较好的增殖前景。

5. 斜带髭鲷 *Hapalogenys nitens* Richardson

(1) 分类地位与分布

斜带髭鲷俗称:唇唇、黑加吉(辽宁、山东)、乌鲛薯、包公鱼(广东)、打铁鱼、乌过、黑鳃嫂(福建),隶属鲈形目 Perciformes,石鲈科 Pomadasyidae,髭鲷属 *Hapalogenys* (图 3.1.14)。在我国沿海均有分布,此外,在朝鲜半岛和日本沿海也有分布(张春霖等,1955)。

图 3.1.14　斜带髭鲷

(2) 形态学特征

体侧扁而高,背部隆起。眼大,颐部具一丛密生小突起。体呈暗灰色,具 2 条暗色斜带。尾鳍圆形,略透明。

(3) 生物学特性

斜带髭鲷 3 龄达到性成熟。产卵期为 5～7 月。生殖力为 3 万～10 万粒。其食性较杂,以底栖生物为主,包括甲壳类、螺、贝类、多毛类、棘皮动物、小鱼和藻类等。

(4) 生态习性

斜带髭鲷属于近海、暖温性、底层鱼类,多在岩礁和泥底海区生活,无明显集群洄游习性,是一种喜嗜食活饵的鱼类。

(5) 经济价值

斜带髭鲷生长迅速,肉质细嫩,尤其产卵前,其肉味更加鲜美,市场售价颇高。该鱼自然资源较少,野生苗种也很匮乏,因此,增加斜带髭鲷资源,就变得尤为重要。斜带髭鲷苗种在室外水池中培育成功(叶金聪等,2006),为增殖放流打下了基础。

6. 银鲳 *Pampus argenteus* (Euphrasen)

(1) 分类地位与分布

银鲳俗称:鲳鱼、白鲳、镜鱼、平鱼等,隶属于鲈形目 Perciformes,鲳科 Stromateidae,鲳属 *Pampus* (图 3.1.15)。分布于渤海、黄海、东海、台湾海峡和南海(张春霖等,1955)。

图 3.1.15　银鲳

(2) 形态学特征

体呈卵圆形,侧扁,一般体长200～300 mm,体重 300 g 左右。头较小,吻圆钝略突出。口小,稍倾斜,下颌较上颌短，两颌各有细牙一行，排列紧密。体被小圆鳞，易脱落，侧线完全。体背部微呈青灰色，胸、腹部为银白色，全身具银色光泽并密布黑色细斑。无腹鳍，背鳍与臀鳍呈镰刀状，尾鳍深叉。雌鱼比雄鱼大，腹部膨大，臀鳍前端尖形，鲜红色；雄鱼臀鳍前端钝圆，色泽浅。

（3）生物学特征

银鲳1龄即达性成熟，最小性成熟叉长120 mm，属多次排卵类型，产浮性卵。个体繁殖力1.8万～24万粒。捕捞群体由1～4龄组成，平均年龄1.18龄。叉长分布于62～225 mm，平均叉长为118 mm，以70～150 mm为优势组。体重变化于6～285 g，平均体重为56.3 g，以30～80 g为优势体重组。

（4）生态习性

银鲳属暖水性、中上层经济鱼类。黄、渤海银鲳越冬场分布于中国、朝鲜沿岸流与黄海暖流交汇区的边性混合水团内，越冬期1～3月，水温10～18℃，盐度33～35。产卵期4～7月，产卵期5月上旬至7月上旬，产卵场分布于河口浅海混合海水的高温低盐区，即海州湾、青岛至石岛近海、烟威近海、海洋岛和渤海各湾，产卵场水深10～20 m，水温12～23℃，盐度27～31。索饵鱼群比较分散，深水区和浅水区均有分布，其中以水深40 m以内的沿岸流较强的水域为主要索饵场，7～11月为主要索饵期。

（5）经济价值

银鲳是经济价值较高的海产鱼类，肉多，骨刺少、味鲜美。近年来，其市场价格大幅度走高，已经成为上等海产品。随着大黄鱼、小黄鱼、乌贼类和中国对虾等优质种类资源的相继衰竭，银鲳作为现存几种大宗优质经济鱼类之一，是近海机动渔船捕捞的主要对象，产量较高，在海洋捕捞渔业中，占有举足轻重的经济地位。目前，银鲳已实现人工育苗，但尚未规模化生产，是潜在的增殖种类。

7. 黄姑鱼 *Nibea albiflora* (Richardson)

（1）分类地位与分布

黄姑鱼俗称：铜鱼、黄姑子、罗鱼、铜罗鱼、花蜮鱼、黄鲞、皮蜮、春水鱼、黄婆等，隶属鲈形目Perciformes，石首鱼科Sciaenidae，黄姑鱼属*Nibea*（图3.1.16）。在渤海、黄海、东海及南海均有分布(张春霖等，1955)。

（2）形态学特征

体长、侧扁，背部稍隆起，略呈弧形。头钝尖，吻短钝、微突出，无颏须，也无犬牙，上颌牙细小，下颌内行牙较大。颏部有5个小孔。尾部稍短。体背部浅灰色，两侧浅灰色，胸、腹及臀鳍基部略带红色或橙黄色，有多条黑褐色波状细纹，斜向前方，尾鳍呈楔形。

图3.1.16　黄姑鱼

（3）生物学特征

黄姑鱼2龄即达性成熟。雌雄性比为1∶1。个体繁殖力为51万～174万粒，属多次排卵类型，产浮性卵。黄姑鱼具有发声能力，特别是在生殖盛期(6月下旬至7月)。它主要摄食底栖动物。捕捞群体由1～5龄组成。体长分布于130～410 mm，以210～360 mm为优势组。体重变化于80～1600 g，以100～300 g为优势组。

(4) 生态习性

黄姑鱼为暖温性、中下层鱼类。越冬期为12月至翌年3月，越冬场分布于黄海东南部小黑山西部、济州岛西南至苏岩以北的海域，水深为60～80 m，水温为8.5～12℃。产卵期为5～6月，产卵场主要有海州湾、莱州湾的黄河口、辽东湾的大凌河口、滦河口、鸭绿江口等，产卵场水温为13～21℃，盐度为27～31。

(5) 经济价值

黄姑鱼是黄、渤海的重要经济鱼类，渔汛期在5～7月。它刺少，肉质坚实呈蒜瓣型，但口感不如大黄鱼、小黄鱼嫩滑和鲜美。其肉和鳔均可入药，有补肾、消肿之功效。黄姑鱼育苗技术已经获得成功(谢忠明，2002)，它是潜在增殖鱼类。

8. 鮸 *Miichthys miiuy* (Basilewsky)

(1) 分类地位与分布

鮸俗称：敏子、敏鱼等，隶属于鲈形目Perciformes，石首鱼科Sciaenidae，鮸属*Miichthys*(图3.1.17)。分布在北太平洋西部，中国沿海及朝鲜半岛均有分布(张春霖等，1955)。

图3.1.17 鮸

(2) 形态学特征

体长而侧扁，背、腹部浅弧形。头小、尖突，吻短、钝尖，口大而微斜，端位，上下颌等长。体被栉鳞，鳞片细小，表层粗糙，头部被圆鳞，颏孔4个，无颏须。中央颌孔及内侧颌孔呈四方形排列，无颌须。上颌外行牙和下颌内行牙扩大，呈犬牙状，内面小牙成带状群。眼圈大，眼膜透明度高红而明亮。体背和上侧面灰褐色，腹部为灰白色。背鳍2个连在一起，中间有一深缺刻，鳍棘上缘为黑色，鳍条部中央有一纵行黑色条纹；胸鳍基部黄色，边缘黑色；臀鳍具2棘；尾鳍呈楔形，基部为黄色，边缘颜色稍浅。

(3) 生物学特征

鮸体长一般为450～550 mm、体重500～1000 g，大的个体超过10 kg。主要产卵场在舟山北部岛屿，产卵期在6～8月。它属于捕食性鱼类，以小型鱼类、头足类和十足类为食。

(4) 生态习性

鮸属于近海、暖温性、近底层鱼类，喜欢小群、分散活动。其性凶猛，产卵季节，鱼群相对集中，常栖息于水深15～70 m的泥或泥沙底质的海区，喜欢浑浊度较高的水域，且能用鱼鳔发声。

(5) 经济价值

鮸为经济价值较高的鱼类之一。其肉质细腻、鲜美，在中国、日本及东南亚国家尤受青睐。除鲜食外，肉是制作鱼丸的上等原料，全鱼还可制作罐头，鱼鳔可制鱼胶，有较高的药用价值，具养血、补肾、润肺健脾和消炎作用。鱼鳞可制鳞胶；内脏、骨可制鱼粉、鱼油；

耳石有清热去瘀、利尿的作用。鮸是我国的主要经济鱼类资源，目前，在浙江、福建一带已经广泛开展了人工繁殖，是我国南方重要的经济养殖种类，并已开展小规模的增殖放流。

9. 黄条鰤 *Seriola aureovittata* Temminck *et* Schlegel

（1）分类地位与分布

黄条鰤俗称：黄鲣、黄健牛、黄健子等，隶属于鲈形目 Perciformes，鲹科 Carangidae，鰤属 *seriola*（图 3.1.18）。分布于北太平洋西部，在我国，主要出现在黄海（张春霖等，1955）。

（2）形态学特征

体呈纺锤形，稍侧扁。头部略钝，第一背鳍棘 6 根（幼鱼 7 根）。上颌骨后端仅达眼的前部下方，且后上角呈圆形。体侧有一较明显的黄色纵带。尾柄较短。侧有隆起脊。尾鳍基部上下各有一缺刻。体被小圆鳞。背部青蓝色，腹部银白色。

图 3.1.18　黄条鰤

（3）生物学特征

黄条鰤体长一般在 600～800 mm，大者近 2 m，生长速度快。1 龄体长为 450 mm 左右，2 龄体长在 600 mm 左右。其卵为浮性、球形。产卵期在春、夏季。

（4）生态习性

黄条鰤属暖温性、中上层鱼类，游泳迅速，有洄游习性。成鱼通常在离岸较远的岩礁区生活，适宜在表层水温为 20～25℃以上的水域活动。主要摄食鳀、玉筋鱼等小型鱼类，还有头足类和甲壳类。幼鱼（小于 300 mm）喜欢在海中漂浮物、水母、褐藻类植物的阴影下游动、觅食。成鱼（大于 400 mm）通常以数十条或近百条聚群、索饵。

（5）经济价值

黄条鰤是肉味鲜美，可生、烤、炖吃。夏季，其味道最佳，是人工养殖种类之一。在黄、渤海，它是正在开发利用的资源，为垂钓对象之一。日本等国家已经开展黄条鰤的网箱养殖，但国内苗种培育技术尚未研究成功。黄条鰤是极具潜力的增殖种类，在开展大规模放流之前，首先，需要解决苗种培育技术。

10. 红鳍东方鲀 *Takifugu rubripes*（Temminck *et* Schlegel）

（1）分类地位与分布

红鳍东方鲀俗称：河鲀、廷巴鱼等，隶属鲀形目 Tetraodontiformes，鲀科 Tetraodontidae，东方鲀属 *Takifugu*（图 3.1.19）。在中国分布于渤海、黄海和东海，此外，朝鲜半岛和日本沿海也有分布（张春霖等，1955）。

图 3.1.19　红鳍东方鲀

（2）形态学特征

体呈亚圆筒状，向后渐尖。头胸部粗圆。口裂大，口前位，齿尖利，唇发达，上下颌各有 2 个板状齿。眼小，侧上位。无耳石，体无鳞片。体呈褐色或带暗褐色斑纹。身体背部为青黑色，常具黑白花点。胸上方背部有一对对称的圆圈状“大圆斑”，皮上具刺。臀鳍为白色，尾鳍圆或稍尖，基部上端有一带白色的大型黑色眼状斑。

（3）生物学特征

红鳍东方鲀捕捞群体体长一般为 300～400 mm，体重为 1000～3000 g，最大体长为 670 mm，体重为 10 000 g。雌鱼最小性成熟年龄为 3 龄，一般为 4 龄、5 龄；雄鱼最小性成熟年龄为 2 龄，一般 3 龄、4 龄。雄性成熟早于雌性。怀卵量随体长、体重的增加而增大，一般个体怀卵量为 50 万～80 万粒。产卵水温为 10～15 ℃，盐度在 33 左右。

红鳍东方鲀属于近肉食性鱼类，性凶残、贪食，主要摄食底栖性的节肢动物、软体动物、环节动物、棘皮动物及小型鱼类。

（4）生态习性

红鳍东方鲀属于冷温性、底层鱼类。越冬期为 1～3 月。越冬场在黄海中央海域、济州岛附近及东海，底层水温在 10 ℃以上，盐度为 33～35。它的产卵场分布较广：在黄海，主要有吕泗洋、射洋河口、灌河口、五垒岛、鸭绿江口等产卵场；在渤海，主要有黄河口、小清河口、潍河口、滦河口、新开河、菊花岛及长兴岛等产卵场。产卵期为 4～5 月。它的索饵场与底质关系较大，常分布于砂泥、砂砾及贝壳底的海区，底层的适温为 12.0～17.0 ℃，最适水温为 14 ℃左右。11 月中旬，当底层水温降为 12 ℃以下时，鱼群即迅速向外海移动，开始进行越冬洄游。红鳍东方鲀主要栖息于底层，在近海底游动。遇敌时，其气囊迅速充气，使腹部膨胀成球状，浮于水面。

（5）经济价值

红鳍东方鲀个体较大，肉质细腻，味道鲜美，历来有“鱼中之王”的美称，是国内外畅销的食用鱼类，尤其是日本市场，出口需求量较大。红鳍东方鲀内脏提取的毒素是最高级镇痛药物，在医疗上具有重要用途。由于其经济价值巨大，近年来红鳍东方鲀已成为新兴养殖种类之一。红鳍东方鲀的苗种培育技术已经获得成功，大连海域也已经开展小规模增殖放流试验。

11. 假睛东方鲀 *Takifugu pseudommus* (Chu)

（1）分类地位与分布

假睛东方鲀俗称：河鲀、廷巴鱼等，隶属于鲀形目 Tetraodontiformes，鲀科 Tetraodontidae，东方鲀属 *Takifugu*（图 3.1.20）。分布在北太平洋西部，在我国沿海均有捕获（张春霖等，1955）。

图 3.1.20　假睛东方鲀

(2) 形态学特性

头部与体的背、腹部均被粗强小刺。背刺区始于鼻孔之后，背鳍之前；腹刺区始于鼻孔下侧之前。背、腹刺区不在体侧相连。背面和上侧面青黑色，腹面白色。体色花纹变异大，幼体背部常具灰白色小圆点，随个体增长，白斑渐不明显直至消失。体侧具不规则黑斑。胸斑大，黑色具淡黄白边。背鳍基部也具一个黑色大斑。胸斑后方黑色花纹不明显。臀鳍、尾鳍黑色，其余各鳍灰褐色。

(3) 生物学特性

假睛东方鲀雌鱼最小性成熟年龄为3龄，一般是4龄、5龄；雄鱼最小性成熟年龄为2龄，一般是3龄、4龄，雄性成熟早于雌性。怀卵量随亲鱼大小而有所不同：体重为1500～3000 g的亲鱼，个体怀卵量在20万～30万粒；体重为6000～7000 g的亲鱼，在150万～200万粒。它属一次排卵类型。产卵水温为14～18℃，盐度在33左右。卵孵化的时间随水温高低而有所不同：在13～15℃时，约需15天；在15～17℃时，只需10天。孵化后6～8天的仔鱼，体长为3.0～3.6 mm；1个月的，体长达9～10 mm；2个月的，体长为54～63 mm。一般过冬后，满1年的鱼，体长可达200 mm以上。出生后的第二年，生长情况良好的个体即达性成熟，此时，体长在360 mm左右。捕捞群体一般体长为250～330 mm，体重为500～1500 g，最大体长为500 mm，体重为3000 g。

假睛东方鲀为肉食性鱼类，性凶残、贪食，板齿坚强，噬断力强，摄食底栖性甲壳类(如虾蛄、蟹类、虾类)、软体动物(如乌贼、偏顶蛤、小明镜蛤等)、环节动物(沙蚕等)、棘皮动物(如海胆、蛇尾等)及小型鱼类。

(4) 生态习性

假睛东方鲀属于暖温性、底层鱼类，常贴近海底移动。越冬期为1～3月，越冬场在黄海中央海域、济州岛附近海区及东海。其底层水温在10℃以上，盐度为33～35。假睛东方鲀产卵场分布较广：在黄海，主要有吕泗洋、射洋河口、灌河口、五垒岛、鸭绿江口等产卵场；在渤海，主要有黄河口、小清河口、潍河口、滦河口、新开河、菊花岛及长兴岛等产卵场。产卵期为5～7月。它的索饵场与底质关系较大，常分布于砂泥、砂砾及贝壳底的海区。其底层适温为12.0～17.0℃，最适水温为14℃左右。11月中旬，当底层水温降为12℃以下时，鱼群即迅速向外海移动，开始进行越冬洄游。它遇敌害时，可急剧吞气，腹部膨大，使敌害生物望而却步。

(5) 经济价值

假睛东方鲀个体较大，肉质细腻，味道鲜美，是国内外畅销的食用鱼类。其内脏提取的毒素是最高级镇痛药物，在医疗上具有重要用途。由于其经济价值巨大，近年来，它已成为新兴养殖种类之一，但增殖放流尚未开展。

12. *黄鳍东方鲀 Takifugu xanthopterus* (Temminck *et* Schlegel)

(1) 分类地位与分布

黄鳍东方鲀俗称：条纹东方鲀、花廷巴、乖鱼、花河豚、花龟鱼等，隶属于鲀形目 Tetraodontiformes，鲀科 Tetraodontidae，东方鲀属 *Takifugu* (图3.1.21)。在我国沿海及江河口均有分布(张春霖等，1955)。

图 3.1.21　黄鳍东方鲀

(2) 形态学特征

体形似暗色东方鲀。上下颌各具齿 2 枚。体背及腹面均被密生小刺。体上半部具蓝、白两色相间的波状条纹。背鳍及胸鳍基部各有一蓝黑色斑块。腹面为白色。上下唇、鼻囊及各鳍条均呈艳黄色。背鳍、臀鳍几乎相对。无腹鳍,尾鳍截形或稍内凹。

(3) 生物学特征

黄鳍东方鲀体长一般为 250～340 mm,体重为 500～1500 g。因季节和海区的不同,其群体组成也有差异。一般来说,黄海北部的个体要比黄海中部的大。6～7 月,黄海中部,个体平均体长为 220 mm,平均体重为 350 g;黄海北部,个体平均体长为 240 mm,平均体重为 530 g。产卵水温为 14～18 ℃,盐度在 33 左右。

黄鳍东方鲀为肉食性鱼类,性凶残、贪食,板齿坚强,噬断力强,摄食底栖甲壳类、软体动物、环节动物、棘皮动物及小型鱼类。

(4) 生态习性

黄鳍东方鲀属于暖温性、底层鱼类,常贴近海底移动。越冬期为 1～3 月,越冬场在黄海中央海域、济州岛附近海区及东海。其底层水温在 10 ℃以上,盐度为 33～35。产卵期 5～7 月。索饵场底层的适温为 12.0～17.0 ℃,最适水温为 14 ℃左右。当遇敌害时,它可急剧吞气,腹部膨大,使敌害生物望而却步。

(5) 经济价值

黄鳍东方鲀个体较大,肉质细腻,味道鲜美,是国内外畅销的食用鱼类。其内脏提取的毒素是最高级镇痛药物,在医疗上具有重要用途。增殖放流尚未开展。

13. 绿鳍马面鲀 *Navodon septentrionalis* (Günther)

(1) 分类地位与分布

绿鳍马面鲀俗称:扒皮狼、橡皮鱼、剥皮鱼、猪鱼、皮匠鱼等,隶属鲀形目 Tetraodontiformes,革鲀科 Aluteridae,马面鲀属 *Navodon* (图 3.1.22)。分布于太平洋西部,在我国主要产于东海和黄、渤海,以东海产量较大(张春霖等,1955)。

图 3.1.22　绿鳍马面鲀

(2) 形态学特征

体较侧扁,呈长椭圆形,一般体长 100～200 mm、体重 40 g 左右。头短,口小,牙门齿状。眼小、位高，近背缘。鳃孔小，位于眼下方。鳞细小，绒毛状。体呈蓝灰色，无侧线。第一背鳍有 2 个鳍棘，第一鳍棘粗大并有 3 行倒刺；腹鳍退化成一短棘，附于腰带骨末端，不能活动；臀鳍形状与第二背鳍相似，始于肛门后附近；尾柄长，尾鳍截形，鳍条墨绿色。第二背鳍、胸鳍和臀鳍均为绿色，故而得名。

(3) 生物学特征

绿鳍马面鲀由于捕捞过度，其性成熟提前。在外海，绿鳍马面鲀体长在 100 mm 左右即可达到性成熟。卵为黏性，卵径为 0.6～0.7 mm，有油球。个体怀卵量在 5 万～33 万粒。孵化后不久的稚鱼，以小虾、小蟹和桡足类等为食。体长在 50 mm 左右时，以横虾为食，之后，以甲壳类和贝类为主食。食性较杂，主要摄食浮游生物，兼食软体动物、珊瑚、鱼卵等。

(4) 生态习性

绿鳍马面鲀属于外海、暖水性、底层鱼类，喜栖息于水深为 50～120 m 的海区。一般情况下，越冬水深为 90～140 m，越冬的适宜温度为 13～18 ℃，适宜盐度为 33.5～34.5；产卵期的栖息水深为 100～200 m，适宜温度为 16～25 ℃，适宜盐度为 34～35；索饵期的生活水深为 60～120 m，适宜温度为 13～25 ℃，适宜盐度为 33.5～35。它喜集群，在越冬和产卵期间，有明显的昼夜垂直移动现象，白天起浮、夜间下沉。索饵期间，昼夜垂直移动不显著。绿鳍马面鲀的产卵期为 5～7 月。当其体长达 50 mm 左右时，就游于岸边海藻之间，以后，则移到 8～30 m 深的岩礁地带栖息。

(5) 经济价值

绿鳍马面鲀营养丰富，除鲜食外，经深加工制成的美味烤鱼片畅销国内外，是出口的水产品之一。它是我国重要的海产经济鱼类之一。目前，其规模化全人工繁育技术已获突破，苗种来源有保证，是潜在的大规模增殖放流种类之一。

14. 鲻 *Mugil cephalus* Linnaeus

(1) 分类地位与分布

鲻俗称：乌支、九棍、葵龙、田鱼、乌头、乌鲻、脂鱼、白眼、丁鱼、黑耳鲻，隶属于鲻形目 Mugiliformes，鲻科 Mugilidae，鲻属 *Mugil*（图 3.1.23）。它是温带、热带、浅海、中上层鱼类，广泛分布于大西洋、印度洋和太平洋，中国沿海均产之，在浅海区河口、咸淡水交界的水域均有分布，以南方沿海较多（张春霖等，1955）。

图 3.1.23　鲻

(2) 形态学特征

体较长，前部近圆筒形，后部侧扁，体长为体高的 4.1～4.8 倍，为头长的 3.8～4.1 倍。头中等大小，两侧略隆起，背视宽扁，吻宽短。眼中大，圆形，位于头的前半部。前后脂眼睑发达，伸达瞳孔。鼻孔每侧 2 个，位于眼前上方，中央有一突起。两颌具绒毛状齿，单行排列。舌较大，圆形，位于口腔后部，不游离。鳃孔宽大，鳃耙细长，鳃盖膜不与峡部相连，前鳃盖骨及鳃盖骨边缘无棘，假鳃发达。鳞大，体鳞为栉鳞，头部为圆鳞，除第一背鳍外，各鳍均有小圆鳞，第一背鳍基部两侧、胸鳍腋部、腹鳍基底上部和两腹鳍中间各有一长三角形腋鳞。侧线不明显，体侧鳞片中央有一不开口小管。两背鳍短且相距远。第一背鳍有 4 根硬棘；第二背鳍较大，形同臀鳍，具 1～2 根硬棘；腹鳍腹位，具一硬棘 5 鳍条。尾鳍叉形，上叶稍长于下叶。体腔大，腹膜黑色。胃管状，幽门部特化为球形肌胃。肠细长，多弯曲，约为体长的 7 倍。幽门盲囊大，2 个。鳔大，壁薄。体青灰色，腹部颜色较浅，体侧上半部有几条暗色纵带。鳍条浅灰色，腹鳍基部有一黑色斑块。

(3) 生物学特征

一般来说，鲻在 4 龄鱼、体重达 2～3 kg 以上，性腺便成熟。它属于杂食性鱼类，以食硅藻和有机碎屑为主，也食小鱼、小虾和软体动物。人工饲养时，喜食动植物性颗粒饲料，如合成饲料、麦麸、花生饼、豆饼等，故食物来源广。

(4) 生态习性

鲻为浅海、广盐、暖水性、中上层鱼类，生命力较强。生活盐度从 38 到咸淡水，直至纯淡水，都能正常生活。其适温为 3～35 ℃，致死低温为 0 ℃。它喜欢在外海浅滩或岛屿周围产卵。

(5) 经济价值

鲻肉质鲜美，食性杂，对环境适应性强，是海水、港湾、低盐咸淡水的重要养殖对象，也是重要的增殖对象。

15. *海鳗 Muraenesox cinereus*（Forskål）

(1) 分类地位与分布

海鳗隶属于鳗鲡目 Anguilliformes，海鳗科 Muraenesocidae，海鳗属 *Muraenesox*（图 3.1.24）。广泛分布于西北太平洋、印度洋及非洲东部，中国沿海均产之，东海为主产区（张春霖等，1955）。

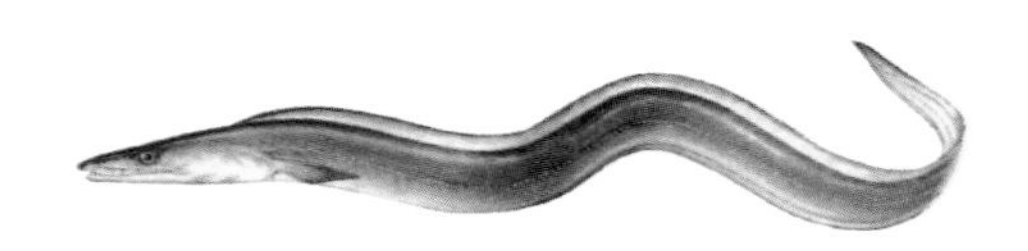

图 3.1.24　海鳗

(2) 形态学特征

体呈长圆筒形，尾部侧扁。尾长大于头和躯干长度之和。头尖长，眼椭圆形。口大，舌附于口底。上颌牙强大、锐利，3 行，犁骨中间具 10～15 个侧扁大牙。体无鳞，具侧线孔 140～153 个。背鳍和臀鳍与尾鳍相连。体黄褐色，大型个体沿背鳍基部两侧各具一暗褐色条纹。脊椎骨 142～154 个。

(3) 生物学特征

体长一般为 0.5～1.5 m，体重为 1～1.5 kg，大的可达 2 m。个体怀卵量为 18 万～120 万粒。卵球形，卵径为 1.64～1.67 mm。仔鱼、稚鱼的发育有显著变态，从叶状体变为幼鳗，在水温 20℃时约 15 天完成，这时体长约为 70 mm。它属于凶猛、贪食、肉食性鱼类，喜摄食虾、蟹、鱼类和乌贼等，摄食强度以 7～9 月较高。

(4) 生态习性

海鳗为暖水性、底层鱼类，常栖息于水深为 50～80 m 的泥沙或沙泥底质海区，有明显季节洄游现象。在东海和黄海，它可分为 3 群：第 1 群为黄、渤海群，洄游于济州岛西南越冬场与海州湾或渤海之间，5～6 月，进入海州湾或北上，10 月以后，向东南洄游；第 2 群是洄游于长江口与济州岛西南越冬场之间的鱼群；第3群是沿浙江沿海作南北洄游的鱼群，鱼群的数量较大。这3个鱼群之间具有相当复杂的季节性交互重合现象。晴天、风平浪静、海水透明度大时，它多栖居泥洞内，很少取食活动，在浪大、水浊时，常出动觅食，傍晚和凌晨更为活跃。其生殖期为3～7月，产卵场多为泥或泥沙底质。

（5）经济价值

海鳗是凶猛性鱼类，营养价值高，目前苗种培育和增殖放流技术尚未开展，它是潜在的增殖放流鱼类。

16. 斑鰶 *Konosirus punctatus*（Temminck *et* Schlegel）

（1）分类地位与分布

斑鰶俗称：海鲫，隶属于鲱形目 Clupeiformes，鲱科 Clupeidae，斑鰶属 *Konosirus*（图3.1.25）。广泛分布于中国、朝鲜、韩国和日本各国近海，在渤海、黄海、东海和南海均有分布，此外，在印度也有其踪迹（张春霖等，1955）。

（2）形态学特征

体呈长卵圆形，侧扁。腹缘具锯齿状的棱鳞，18～20＋14～17个。头中大。吻短而钝。眼侧位，脂眼睑发达。口略为亚端位，略向下倾斜，无齿。上颌略突出于下颌，前上颌骨中间有凹陷，上颌骨末端不向下弯曲，向后延伸至眼中部下方。鳃盖光滑。体被较小圆鳞，不易脱落，纵列鳞53～58；背鳍前中线鳞不为棱鳞；胸鳍和腹鳍基部具腋鳞。背鳍位于体中部前方，具软条15～18，末端软条延长如丝；臀鳍起点于背鳍基底后方，具软条20～26；腹鳍软条8；尾鳍深叉。体背部绿褐色，体侧下方和腹部银白色。鳃盖后上方具一大黑斑，其后有8～9列黑色小点状纵带。尾鳍黄色，其余鳍淡黄色。

图3.1.25　斑鰶

（3）生殖特性

斑鰶在近海、河口、有适量淡水注入的内湾处产卵。其产卵期，在黄海北部和渤海，为4～6月；在福建沿海，为2～4月；在南海北部，为11月至翌年1月。适应产卵的盐度为18～25，底层水温为14.5～18.5℃，水深在7～15 m，底质为软沙质泥。它的个体怀卵量为6.2万～24.6万粒。卵内的胚体在水温20℃左右的孵化条件下，从受精时起48 h后发育为仔鱼并脱膜，这时全长3.0～4.5 mm；4～5天后，进入稚鱼期，开始摄食，这时全长5～6 mm；45～60天后，进入幼鱼期，这时全长21～29 mm，其外部形态与成鱼相似。

（4）渔业与增殖

在我国沿海各地，全年均可捕获，以春、夏两季为盛渔期。近几年，黄、渤海的斑鰶群体结构与20世纪80年代的基本相似，产卵群体的年龄结构和鱼体的生长都比较稳定。在渤海，禁止底拖网，减轻了捕捞压力，斑鰶得以繁衍生息。随着渔业管理力度的加大及生态环境的综合治理，在其他主要经济鱼种资源普遍衰退的情况下，斑鰶有望成为资源增长较快的鱼种之一。它的食物链较短，有利于资源的增长，今后，有望成为近海人工增养殖的对象。在渔业生物学、资源养护和渔业管理等方面的研究，还须进一步加强。

(5) 经济价值

斑鲦是近海小型中上层鱼类,是黄、渤海的主要渔业种类。斑鲦的苗种培育技术已经成熟,目前我国即将在渤海开展增殖放流。

17. 鲚 *Coilia ectenes* Jordan *et* Seale

(1) 分类地位与分布

鲚俗称:刀鲚、刀鱼、鲚鱼、长颌鲚、梅鲚等,隶属于鲱形目 Clupeiformes,鳀科 Engraulidae,鲚属 *Coilia*(图 3.1.26)。分布在西北太平洋,包括渤海、黄海、东海,韩国和日本的近海(张春霖等,1955)。

图 3.1.26 鲚

(2) 形态学特征

体形长,侧扁,背部较平直,胸、腹部具棱鳞。头侧扁,口大而斜,半下位。体长为体高的 5.6～6.7 倍,为头长的 6.6～7.1 倍。头长为吻长的 4.2～5.9 倍,为眼径的 5.5～7.9 倍,为眼间距的 3.5～3.9 倍,为上颌长的 1.3～1.4 倍。上颌骨游离,超过鳃盖后缘,延伸至胸鳍基部。上下颌骨、口盖骨和犁骨上均有细齿。眼较小,侧位,鳃孔大,鳃膜不与峡部相连。背鳍起点距吻端较距尾鳍基近。胸鳍前有 6 根鳍条为游离的丝状体。臀鳍甚长,与尾鳍基相连。腹鳍、尾鳍均较短小。体被薄而大的圆鳞,无侧线。头部、体背部呈灰黑色,身体其他部分银白色,体侧具有蓝色光泽。

(3) 生物学特征

在黄海,鲚肛长在 60～300 mm,优势肛长为 140～190 mm,其中,又以 150～180 mm 为主。春季,小个体相对较多,优势肛长组为 80～130 mm;夏季,大个体开始增加,优势肛长组为 130～170 mm;秋季,群体中大个体进一步增加,优势肛长组变成 170～200 mm;冬季,群体组成偏小,有 2 个优势肛长组,一个为 90～110 mm,另一个为 150～160 mm。黄海的鲚,大多为东海群系北上索饵的个体,所以性腺成熟度多为Ⅱ期。根据历史资料,海州湾鲚为一次排卵,一个产卵季节只排一次卵。个体怀卵量,1 龄为 0.89 万粒,2 龄为 2.0 万粒,3 龄为 2.3 万粒,4 龄为 3.7 万粒,5 龄可达 5.0 万粒,到 10 龄可达 10.6 万粒。鲚产卵时间很长,在黄、渤海,约为 2 个月。20 世纪 60 年代,海州湾,其雌鱼第一次性成熟年龄为 1～4 龄,大量成熟在 3 龄,而后,随着鲚资源的衰落,性成熟年龄越来越早。

黄海鲚的摄食强度较低。春季,胃摄食等级,0 级占 51.2%,1 级占 30.2%,2 级占 7.0%,3 级占 11.6%,总体来说,81.4%的鲚是空胃或仅有极少量食物;夏季,0 级占 45.0%,2 级占 30.0%,3 级占 10.0%,4 级占 15.0%;冬季,摄食强度较低。

鲚为凶猛鱼类,摄食对象很广。在黄海,其饵料种类包括浮游动物的甲壳类幼体、磷虾、糠虾、毛虾类,虾类的粗糙鹰爪虾、鼓虾类、脊腹褐虾、细螯虾、长臂虾类,头足类的枪乌贼、耳乌贼,小型鱼类的青鳞沙丁鱼、黄鲫、梅童鱼、叫姑鱼、鳀、细条天竺鲷、玉筋鱼、鰕虎鱼类、七星鱼等。

(4) 生态习性

鲚为洄游性鱼类，平时生活在海里，每年2～3月，亲鱼由海入江，并溯江而上进行生殖洄游。产卵群体沿长江进入湖泊、支流或就在长江干流进行产卵活动。当年幼鱼顺流而下，聚集在长江开港一带，育肥生长到第二年再回到海中生活。

(5) 经济价值

鲚经济价值高。由于沿海、江河生态环境污染和捕捞过度，鲚的资源量急剧下降，资源几近绝迹。在苗种培育和增殖放流技术成熟以后，鲚是河口区域增殖放流的首选种类。

18. 大头鳕 *Gadus macrocephalus* (Tilesius)

(1) 分类地位与分布

大头鳕俗称：大头腥、大口鱼，隶属于鳕形目 Gadiformes，鳕科 Gadidae，鳕属 *Gadus* (图 3.1.27)。它分布于太平洋北部，在我国产于黄海和东海北部(张春霖等，1955)。

(2) 形态学特征

背鳍3个，臀鳍2个，各鳍均无硬棘，完全由鳍条组成。背鳍软条37～57个，臀鳍软条31～42个。下颌颏部有一须，下巴触须长，须长等于或略长于眼径。两颌及犁骨均具绒毛状牙。鳞很小，侧线鳞不显著。背部棕色或灰色，腹侧白色。

图 3.1.27　大头鳕

(3) 生物学特征

捕捞群体体长一般为250～670 mm。大头鳕主要摄食食物中出现的主要种类有小黄鱼、方氏云鳚、脊腹褐虾、太平洋磷虾等鱼类、甲壳类、瓣鳃类、头足类、蛇尾类和海绵类。2龄性成熟，繁殖力为5万～10万粒。

(4) 生态习性

大头鳕为冷水性、底层鱼类，在我国黄海密集分布区是在北纬35°以北海域。产卵场主要分布在石岛附近海域和烟威渔场东部海域，产卵期在2月。

(5) 经济价值

大头鳕为北方沿海出产的海洋经济鱼类之一，肉质白细鲜嫩，清口不腻、世界上不少国家把鳕鱼作为主要食用鱼类。除鲜食外，它还被加工成各种水产食品，此外，大头鳕肝大而且含油量高，富含维生素A和维生素D，是提取鱼肝油的原料。主要渔场在黄海北部、山东高角东南偏东和海洋岛南部及东南海区。渔期有冬、夏两汛，冬汛是12月至翌年2月；夏汛为4～7月。由于捕捞过度，大头鳕的资源量急剧下降。在苗种培育技术成熟以后，可开展增殖放流。

19. 鳓 *Ilisha elongate* (Bennett)

(1) 分类地位与分布

鳓俗称：鳓鱼、鲞鱼、白鳞鱼、力鱼、曹白、鲙鱼等，隶属于鲱形目 Clupeiformes，锯腹鳓科 Pristigasteridae，鳓属 *Ilisha* (图 3.1.28)。在中国沿海均有分布，还分布于日本南部

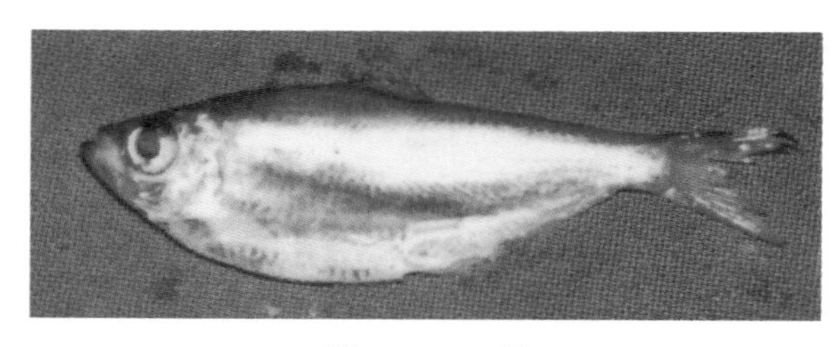

图 3.1.28　鳓

到印度的海域(张春霖等,1955)。

(2) 形态学特征

体长椭圆形,侧扁。头后部略凸。腹缘有锯齿状棱鳞。头前端尖,吻上翘。眼略大。两颌、腭骨和舌上密布细小牙齿。体被中等大的圆鳞,无侧线。尾鳍分叉深。全身银白色,仅吻端、背鳍、尾鳍和体背侧为淡黄绿色。

(3) 生物学特征

叉长一般为 225～330 mm,最大可达 600 mm,以头足类、虾类、鱼类、糠虾类和毛颚类为食。

(4) 生态习性

鳓生活在亚热带和暖温带的近海,为洄游性、中上层鱼类,在有大黄鱼分布的海区,常伴有其出现。4～6 月,是它的产卵期。

(5) 经济价值

鳓是黄、渤海传统经济鱼类,肉质鲜嫩,经济价值高。由于捕捞过度,鳓渔业资源在 20 世纪 50 年代末就已严重衰退,资源量一直未得到恢复。在苗种培育和增殖放流技术成熟以后,将可开展增殖放流。

第二节　虾、蟹　类

黄、渤海的经济甲壳类有 60 余种,尽管一些甲壳类是贝类的天敌,同时,也是鱼类的天然饵料。甲壳类作为海洋生物群落食物网中的重要一环,对于海洋碳汇渔业的发展具有重要作用,因而,发展虾、蟹类增殖所带来的经济效益和生态效益都是巨大的。

根据沿海的生态环境条件和苗种生产技术进行分析,可以开展增殖放流的虾、蟹类主要有中国对虾、日本对虾、脊尾白虾、粗糙鹰爪虾、周氏新对虾、口虾蛄、三疣梭子蟹和日本蟳等。

一、当前增殖种类

1. 三疣梭子蟹 *Portunus trituberculatus* Yang, Dai *et* Song

(1) 分类地位与分布

三疣梭子蟹俗称:梭子蟹、枪蟹、海虫、水蟹、门蟹、小门子等,隶属十足目 Decapoda,梭子蟹科 Portunidae,梭子蟹属 *Portunus*(图 3.2.1)。广泛分布于太平洋西岸,北起日本北海道、朝鲜半岛,南至越南、泰国、菲律宾等地的沿海,在我国周围海域均有分布(刘瑞玉,1955)。

图 3.2.1　三疣梭子蟹

（2）形态学特征

头胸甲呈梭形，稍隆起，表面有 3 个显著的疣状隆起，1 个在胃区，2 个在心区。其体形似椭圆，两端尖尖如织布梭，故有三疣梭子蟹之名。两前侧缘各具 9 个锯齿，第 9 锯齿特别长大，向左右伸延。额缘具 4 枚小齿。额部两侧有一对能转动的带柄复眼。有胸足 5 对。螯足发达，长节呈棱柱形，内缘具钝齿。第 4 对步足指节扁平宽薄如桨，适于游泳。腹部扁平俗称蟹脐，雄蟹腹部呈三角形，雌蟹呈圆形。雄蟹背面茶绿色，雌蟹紫色，腹面均为灰白色。

（3）生物学特征

三疣梭子蟹雌雄异体，生殖活动包括交配和产卵两个环节。交配期在 7～11 月，盛期在 9～10 月。产卵期为 2～7 月，盛期在 4～6 月，个体产卵量为 10 万～200 万粒。

（4）生态习性

三疣梭子蟹属暖温性、大型、多年生、经济蟹类。在渤海，越冬场位于水深为 20～25 m 海域，在黄海，位于水深为 20～40 m 的软泥底海域，越冬期为 12 月至翌年 3 月。越冬期间，群体分散，蛰伏在泥中。4 月上旬开始，向浅水进行生殖洄游，4 月中下旬，抵达 10 m 水深以内的河口区域产卵。产卵后，亲体和幼体一起在近岸索饵。秋后，随着水温不断下降，分布范围逐渐扩大，12 月返回越冬场。三疣梭子蟹昼伏、夜出，多在夜间觅食，有明显趋光性。在春、夏繁殖季节，雌蟹到近岸 3～5 m 的浅海产卵，而大型雄蟹，停留在较深海区。幼蟹多栖息在潮间带的沙滩中。其生活水温为 2～31 ℃，盐度为 13～38，pH 为 7.5～8.6，透明度为 30～40 cm，溶解氧大于 4.8 mL/L。

（5）经济价值

三疣梭子蟹是我国沿海重要的经济蟹类和传统的名贵海产品。其肉和内脏，在医药上有清热、散血、滋阴的作用，蟹壳有清热解毒、消瘀止痛作用。它是渤海、黄海的主要渔业资源之一，是蟹笼钓、梭子蟹流刺网的主要捕捞对象，也是拖网、定置网、锚流网的主要兼捕对象。莱州湾是三疣梭子蟹的主要产区之一。2005 年以后，山东省相继在莱州湾及渤海湾南部、山东半岛南部沿海、烟威渔场开展增殖放流，有效地恢复了其资源。

2. 中国对虾 *Fenneropenaeus chinensis*（Osbeck）

（1）分类地位与分布

中国对虾俗称：对虾、大虾、肉虾、黄虾（雄）、青虾（雌）等，隶属十足目 Decapoda，对虾科 Penaeidae，明对虾属 *Fenneropenaeus*（图 3.2.2）。在渤海和黄海广有分布，此外，在长江口、舟山群岛、广东沿海、珠江口，以及朝鲜半岛、日本沿海也都有其踪迹（刘瑞玉，1955）。

图 3.2.2　中国对虾

（2）形态学特征

个体较大，体形侧扁。甲壳薄、光滑透明。通常雌虾个体大于雄虾。全身由 20 节组成，头部 5 节、胸部 8 节、腹部 7 节，除尾节外，各节均有附肢一对。有 5 对步足，前 3 对呈钳状，后 2 对呈爪状。头胸甲前缘中央突出形成额角。额角上下缘均有锯齿。

(3) 生物学特征

成虾雌雄个体大小差异悬殊。雄虾体长为130～170 mm,平均体长为155 mm,体重为30～40 g;雌虾体长为180～240 m,平均体长为190 mm,体重为75～85 g。成熟卵子的卵径为0.24～0.32 mm,近乎圆球形,属沉性卵。中国对虾的生长为蜕皮生长。

(4) 生态习性

中国对虾属一年生、暖水性、长距离洄游的大型虾类。在黄海中南部水深60～80 m的海域分散越冬。越冬期为12月至翌年2月。中国对虾的生殖活动分两个阶段进行,每年10月中旬至11月初进行交尾,交尾期的底层水温为17～20℃,盛期为18～19℃。产卵期为5月至6月上旬,产卵场的底层水温为13～23℃,盐度为27～31。6月至11月中下旬,当年出生的仔虾、幼虾和成熟交配的成虾在渤海索饵肥育,仔虾有溯河的习性。9月以后,渤海各内湾的虾群游向并混栖在辽东湾中南部和渤海中部。11月初,当渤海水温降至12～13℃时,虾群即全部游出渤海。11月中下旬,经过烟威外海后,于11月末或12月初,绕过成山头,沿黄海中部向南和东南、水深60 m左右的海沟洄游。

(5) 经济价值

中国对虾壳薄、肉嫩、味道鲜美,是虾中珍品,经济价值很高。1979年,中国对虾捕捞产量曾经达4.27万t。中国对虾是我国最早开展大规模增殖的物种,1984年以来,先后在山东半岛南部沿海、黄海北部、渤海等海域进行放流,目前,中国对虾已经开展大规模增殖放流,捕捞产量主要来自增殖的资源。

3. 日本对虾 *Penaeus*(*Marsupenaeus*)*japonicus* Bate

(1) 分类地位与分布

日本对虾俗称:车虾、竹节虾、斑节虾等,隶属十足目Decapoda,对虾科Penaeidae,对虾属*Penaeus*(图3.2.3)。广泛分布于印度-西太平洋沿海水域,在我国主要分布在江苏南部以南海区,以福建沿海为多(刘瑞玉,1955)。

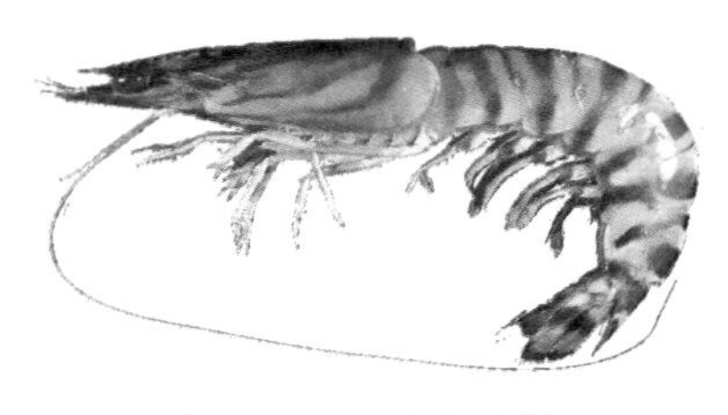

图3.2.3　日本对虾

(2) 形态学特征

体表淡褐色至黄褐色,具深褐色垂直条斑,头胸部条斑斜至头胸甲腹侧缘。步足和腹肢黄色间蓝色。尾肢颜色由基部向外依次为浅黄、深褐、艳黄、蓝色,具红色缘毛。头胸甲表面光滑无毛,具额胃脊、眼胃脊、触角脊、颈脊、肝脊等。额角平直,上缘具6～11齿,下缘具1～2齿;额角侧沟宽,向后延伸至头胸甲后缘;额角后脊宽,具中央沟,向后延伸至头胸甲后缘。尾节背缘具中央脊,侧缘具3对可动刺。

(3) 生物学特征

日本对虾体长一般为150～220 mm,最大可达300 mm。春季孵出的虾苗,生长至当年秋季,性腺即开始发育,性成熟的雄虾与雌虾进行交配。翌年春季,雌虾性腺发育迅速,成熟的个体即行产卵。其产卵期较长,在2～10月,均有性成熟个体出现,由北向南逐步推迟，5～9 月，为其产卵盛期。产卵量与个体大小呈正比，一般在 20 万～50 万粒。

其早期幼体的食物，以单细胞藻类为主，后转为小型甲壳类，随着生长，日本对虾主要摄食底栖生物，兼食底层浮游生物与游泳动物。其主要摄食类群为小型软体动物、底栖小型甲壳类、多毛类、棘皮动物及有机碎屑等。

（4）生态习性

日本对虾有较强的潜沙习性，并且，随着生长，逐渐形成昼伏、夜出的生活习性。由于季节及水温的变化，日本对虾会进行有规律的洄游，秋、冬季，体长在 100 mm 以上的虾群，游向深水越冬，春季，又返回浅海进行繁殖。

在东海，主要分布在 40～100 m 水深，喜欢栖息于沙泥底质海域。洁净而松散的沙泥底的透水性好，适合其潜居。在这种海区，其渔获量最高，纯沙底质海区则次之，泥底海区的渔获量最低。日本对虾为广盐性虾类，适宜的盐度为 15～30。高密度养殖时，其适应低盐能力较差，一般不能低于 7%。日本对虾生活的最佳温度为 25～30℃，在 8～10℃停止摄食，5℃以下死亡，高于 32℃，生活不正常。其忍受溶氧的临界点是 2 mg/L(27℃时)。对 pH 的适应值为 7.8～9.0。

（5）经济价值

日本对虾肉质鲜嫩、味道鲜美，具有极强的耐干能力，易于干运，因此，市场价格高。由于日本对虾耐低温，适应能力强，生长迅速，已成为许多国家的养殖对象。我国于 20 世纪 90 年代开始在山东半岛南部沿海、烟威渔场、黄海北部等海域进行移植放流，年产量在 1000 t 左右。

二、具备增殖潜力种类

1. 日本蟳 *Charybdis japonica* (A. Milne Edwards)

（1）分类地位与分布

日本蟳俗称：赤甲红、海红、沙蟹、石蟹、石奇爬等，隶属十足目 Decapoda，梭子蟹科 Portunidae，蟳属 *Charybdis*（图 3.2.4）。在渤海、黄海、东海和南海均有分布，此外，在朝鲜半岛、日本近海也有出现（刘瑞玉，1955）。

（2）形态学特征

头胸甲呈横卵圆形，宽约为长的 1.45 倍。表面隆起，幼小个体的头胸甲密具绒毛，成体后半部光滑。胃、鳃区常具微细的横行颗粒隆线。额稍突，具 6 锐齿，中间 2 齿较突出。前侧缘拱起，具有 6 齿，各齿外缘明显拱曲并长于内缘。末齿最尖，但不比其他各齿大，伸向侧方。两螯壮大，稍不对称。

图 3.2.4　日本蟳

（3）生物学特征

日本蟳捕捞群体由 1 龄个体组成，壳长为 23～45 mm，体重为 5～27 g，平均壳长、平均体重分别为 30.4 mm、90.6 g。

（4）生态习性

日本蟳广泛分布于黄、渤海近海，洄游距离短。春季，由较深水域向近岸各产卵场移动、产卵，秋后，返回到较深水域越冬。

（5）经济价值

日本蟳是黄、渤海的中型、经济蟹类，是人们喜食的海鲜水产品之一，经济价值较高。它耐干、耐露，适合长途运输，是沿岸蟹笼、蟹流刺网的主要捕捞对象，也是拖网、定置网、锚流网的主要兼捕对象，年产量为4万～6万t。在山东半岛南部沿海和日照，可进行阶段性养殖。目前，它还不是黄、渤海的增殖对象，今后，可以作为增殖放流的潜在种类。

2. 脊尾白虾 *Exopalaemon carincauda*（Holthuis）

（1）分类地位与分布

脊尾白虾俗称：白虾、青虾、籽虾等，隶属十足目 Decapoda，长臂虾科 Palaemonidae，白虾属 *Exopalaemon*（图3.2.5）。分布于我国沿海，以黄、渤海产量最大，此外，朝鲜半岛西海岸也有分布（刘瑞玉，1955）。

图3.2.5　脊尾白虾

（2）形态学特征

额角侧扁、细长，基部1/3具鸡冠状隆起，上下缘均具锯齿，上缘具6～9齿，下缘具3～6齿。尾节末端尖细，呈刺状。体色透明，微带蓝色或红色小斑点。腹部各节后缘颜色较深。其余都是白色，故称“白虾”。

（3）生物学特征

脊尾白虾体长一般为50～90 mm。其繁殖期在3～10月。3月、4月，当水温达12～13℃时，成熟虾即蜕皮、交配、产卵，受精卵黏附于前4对游泳足上，当水温在25℃左右时，其受精卵经10～15天，孵化成溞状幼体，再经数次蜕皮成为仔虾。通常，幼体经3个月，即可长成40～50 mm的成虾，此时，雌虾可产卵。在适宜的环境下，产卵能连续进行。50 mm以下雌虾的抱卵量，通常为600粒左右，50～70 mm的可达2000～4000粒。

脊尾白虾属于杂食性虾类，幼体时，以浮游生物为主，幼虾之后，以底栖动物为主，兼食有机腐屑及底栖藻类。养殖时，可喂以豆粕、花生粕、米糠、麸皮、配合饲料等。

（4）生态习性

脊尾白虾属于广温、广盐、河口种类。它常居于潮下带至水深10 m的河口、内湾、沙泥底质海区，不进行长距离洄游。冬天低温时，它有钻洞冬眠的习性。脊尾白虾分布在水温为3～35℃的海域，最适水温为24～28℃；盐度为2～35，最适盐度为10～28。如果经缓慢地过渡，它还可在淡水中生存。其可适应的pH为5.1～10，最适pH为7.9～8.6。脊尾白虾对硫化氢的耐受力较强，当水中H_2S含量为1.0～1.5 mg/L时，能正常活动，仍可摄食；H_2S含量升至2.2 mg/L时，则停止摄食，活动异常；当H_2S浓度达3.3 mg/L时，会失去平衡，呈昏迷状态，随时间延长逐步死亡；当H_2S浓度达4.2 mg/L时，立即死亡。

（5）经济价值

脊尾白虾为中小型虾类，是主要经济虾类之一。其产量仅次于中国对虾和中国毛虾。

它的肉质细嫩,除供鲜食外,还可加工成海米。因其呈金黄色,故也有“金钩虾米”之称。其卵可制成虾籽,也是上乘的海味干品。目前,脊尾白虾苗种培育技术已经成熟,有望成为河口水域的增殖虾类。

3. 粗糙鹰爪虾 *Trachypenaeus curvirostris* (Stimpson)

(1) 分类地位与分布

粗糙鹰爪虾俗称:英虾、红虾、立虾等,隶属十足目 Decapoda,对虾科 Penaeidae,鹰爪虾属 *Trachypenaeus*(图 3.2.6)。它是印度-西太平洋的广分布种,在我国沿海均有分布,以黄、渤海和东海的数量较大(刘瑞玉,1955)。

(2) 形态学特征

因腹部弯曲,形如鹰爪而得名鹰爪虾。体较粗短,甲壳厚,表面粗糙不平。额角上缘有锯齿。头胸甲的触角刺具较短的纵缝。腹部背面有脊。尾节末端尖细,两侧有活动刺。体红黄色,腹部各节前缘白色,后背为红黄色,弯曲时颜色的浓淡与鸟爪相似。成长的雌虾,额角末端向上弯曲,雄虾或幼虾则平直前伸。尾节后部两侧各具 3 对活动刺。雄性生殖器对称,呈锚形。

图 3.2.6 粗糙鹰爪虾

(3) 生物学特征

粗糙鹰爪虾生殖群体的体长为 33～104 mm,以 50～80 mm 为优势组,占 67%～77%。越冬虾群的体长为 13～96 mm,优势体长组为 45～75 mm,占 41%～75%。年龄组成主要是 1 龄、2 龄。雌雄个体的性腺发育不一致:雄性性成熟较早,一般在 5 月、6 月,即可达性成熟;雌虾要到 6 月以后才开始成熟。交尾活动从 5 月开始,主要集中在 6 月、7 月进行,雌虾交尾的最小体长为 52 mm。交尾时,雄虾借助于“雄性交接器”将精荚送入雌虾的纳精囊内。交尾后,雌虾的纳精囊口一般均出现几丁质栓将囊口封闭,精子储存在纳精囊内,直到产卵时方可开封,排出体外与卵受精。第一次性成熟的年龄是 2 龄,雌虾性成熟的最小体长为 56 mm,体重为 2.1 g,雄虾性成熟的最小体长为 45 mm,体重为 1.2 g。个体繁殖力为 5 万～30 万粒。

(4) 生态习性

粗糙鹰爪虾属于暖水性、底栖、中型虾类。在黄、渤海,粗糙鹰爪虾的越冬场位于石岛东南外海,水深为 60～80 m,粗粉砂质、细粉砂质、黏土软泥底质的海区。越冬期为 1～3 月,越冬场的底层水温为 4.5～9.5℃,底层盐度为 31.8～33.3。产卵期为 6～9 月,产卵盛期在 7 月、8 月。在黄海,产卵场有胶州湾、乳山湾、石岛湾、烟威、旅大近海浅水区及鸭绿江口;在渤海,有莱州湾和金复湾。产卵场的底层水温一般为 20～26℃,而较适底层水温为 23～25℃。黄海北部近海产卵场的底层盐度为 30～31,渤海产卵场的底层盐度为 28～30。

(5) 经济价值

粗糙鹰爪虾为中型虾类,是定置网、拖网的主要捕捞对象。其出肉率高,肉味鲜美,以鲜销为主，运销内地则多数加工成冻虾仁，除鲜食外还可加工成海米。粗糙鹰爪虾是黄、渤海主要虾类资源，1996 年，山东省产量达 5.11 万 t，是潜在的增殖放流对象。

4. 周氏新对虾 *Metapenaeus joyneri* (Miers)

(1) 分类地位与分布

周氏新对虾俗称：黄虾、麻虾、芝虾、新对虾等，隶属十足目 Decapoda，对虾科 Penaeidae，新对虾属 *Metapenaeus*（图 3.2.7）。分布于黄海、东海和南海，此外，在朝鲜半岛和日本沿海也有出现(刘瑞玉，1955)。

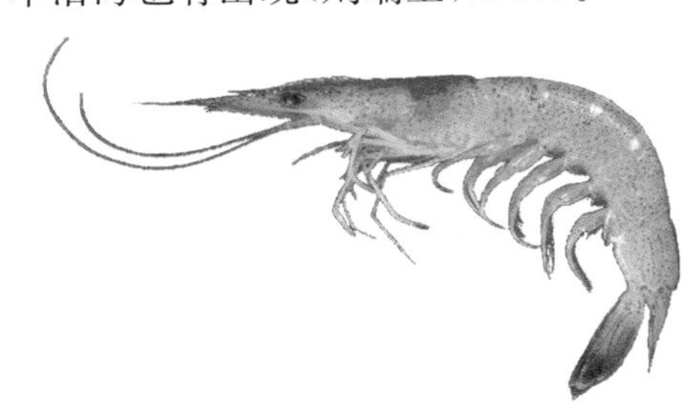

图 3.2.7　周氏新对虾

(2) 形态学特征

甲壳薄，表面光滑，体色淡黄，表面散布许多小点，有许多凹下部分着生短毛。额角比头胸甲短，伸至第 1 触角柄第 3 节末端附近。雌性比雄性略长，末端略向上升起。齿式 6～8/0。额角后脊延伸至头胸甲后缘附近，额角侧沟延伸至胃上刺前方。头胸甲不具纵缝，心鳃沟十分明显。腹部第 1～6 节背中央具脊。尾节稍长于第 6 节，背面具纵沟，侧缘无刺。第 1 步足不具座节刺。

(3) 生物学特征

周氏新对虾雌虾体长为 65～95 mm，平均体长为 82.8 mm，体重为 2.0～8.5 g，平均体重为 4.9 g；雄虾体长为 55～107 mm，平均体长为 81.4 mm，体重为 1.5～10.4 g，平均体重为 4.6 g。产卵期为 5～7 月。周氏新对虾属于杂食性虾类，幼体以浮游生物为主，幼虾之后，以底栖动物为主，兼食有机腐屑及底栖藻类。

(4) 生态习性

周氏新对虾常栖息于沙底海域。春、夏季，其在沿岸水域、内湾、岛屿周围产卵；秋季，分布于水深 40～50 m 的海区；冬季，移向较深海区越冬。

(5) 经济价值

周氏新对虾是中型经济虾类，壳薄，为虾中上品，有较高的经济价值。20 世纪 80 年代中后期，年产量达 3 万～4 万 t，90 年代以后，资源开始衰退，目前，产量降到 1 万 t 以下，可以作为增殖储备种类。

5. 口虾蛄 *Oratosquilla oratoria* De Haan

(1) 分类地位与分布

口虾蛄俗称：爬虾、螳螂虾、皮皮虾、琵琶虾等，隶属口足目 Stomatopoda，虾蛄科 Squillidae，口虾蛄属 *Oratosquilla*（图 3.2.8）。它的分布范围广，在我国的南、北沿海均有分布(刘瑞玉，1955)。

图 3.2.8　口虾蛄

（2）形态学特征

头胸部和腹部共有 20 节。头胸甲的中央脊近前端成“Y”形，体表不被网状脊突起。复眼呈梨形，具柄。口器由大颚、第 1 小颚、第 2 小颚及上下唇各 1 片组成。第 2 颚足（掠足、捕足）长节的前下角不尖锐而圆钝，腕节背缘有 1～3 齿，掌节呈栉状齿，指节具 6 齿。第 5 胸节侧突分前后两瓣，前部侧突狭而曲向前方。第 7 胸节的侧突前部不发达，仅现微凸。第 8 胸节的前侧突比较短。腹部平扁而强大，第 2、第 5 腹节的背中部各有一黑斑纹。尾肢的外肢第 2 节的后部也有黑斑。尾部与尾肢组成尾扇。除尾节外，每 1 体节均有 1 对附肢，共 19 对。

（3）生物学特征

口虾蛄群体由 1～4 龄组成，以 2 龄、3 龄为主。捕捞群体体长为 52～210 mm，平均体长为 112 mm，以 90～140 mm 为优势组，占 91.6%；体重为 4～50 g，平均体重为 21.6 g，以 15～35 g 为优势组。当年生个体体长为 30～70 mm，1 龄体长为 70～110 mm，2 龄为 90～150 mm，3 龄以上体长在 150 mm 以上。

口虾蛄生殖活动分两个阶段进行。9 月底至 10 月，进行交尾，10 月中下旬，大个体的口虾蛄已全部交尾。交尾雌性个体的最小体长为 80 mm。交尾后，性腺即开始迅速发育，10 月下旬，性腺成熟系数为 42‰；翌年 4 月中旬，性腺成熟系数达 100‰；5 月中旬，性腺成熟系数增至 116‰。个体繁殖力为 717×10^3～1651×10^3 粒。产卵期为 4 月底至 7 月下旬，产卵盛期在 5～6 月。产卵时，口虾蛄用颚足将产出的卵团抱在口上，并且随时都可将所抱卵团抛掉，抱卵的时间比较短暂，即使在产卵盛期也很少在渔获物中发现抱卵的个体。雌雄比例为 59∶41。

口虾蛄的食性随生长发育阶段的变化而有所不同。第Ⅰ相，假溞状幼体以卵黄营养为生，不摄食；第Ⅱ相，假溞状幼体后，体内卵黄已耗尽，开口摄食小型浮游动物，主要以桡足类、枝角类和卤虫等浮游动物为主，也摄食一些浮游幼体。成体阶段食性很杂，主要以底栖的甲壳类、多毛类、小型鱼类、双壳贝类、头足类和蛇尾类为食。

（4）生态习性

口虾蛄属暖温性、地方性、多年生、大型甲壳类。渤海口虾蛄终生生活在渤海。越冬场在渤海和黄海的较深水域。越冬期为 12 月中旬至翌年 3 月中旬，营穴居生活，越冬水深为 10～40 m，水温为 3～12℃，盐度为 28～33。3 月下旬，开始向近岸洄游，5～7 月，集中于近岸浅水区产卵。整个黄、渤海沿岸水域，均为口虾蛄的产卵场。产卵水温为 12～18℃。秋后，水温下降到 12℃以下时，开始向深水区行越冬移动。

口虾蛄分布区，自潮间带下界起，最深可达 270 m。它喜欢生活于浅海泥质、泥沙质的海底，是穴居性虾类，昼伏、夜出，有较明显的 1 穴 1 尾的领地行为。夏季，它喜欢待在滩面无积水的洞穴中，并用泥块堵住洞口的一部分，以保持洞内适宜的水温与湿度；冬季，在“U”形洞穴最低处，垂直向下再挖掘一段距离，使洞穴变成了“Y”形，有利于保温、越冬。

（5）经济价值

口虾蛄肉质松软，易消化，为饭桌上的佳肴。它含有丰富的镁，镁对心脏具有重要的调节作用，能很好地保护心血管系统。口虾蛄是近岸定置网、拖网、流刺网等作业的常年捕捞对象，渔汛主要分 4～7 月的春汛和 10～11 月的秋汛。目前，口虾蛄已成为年产量超过 10 万 t 的大宗渔获物。在苗种培育和增殖放流技术成熟以后，可以作为近岸海域的增殖放流种类。

第三节　头　足　类

黄、渤海头足类经济种类有 10 余种，根据近海生态环境条件和苗种生产技术分析，可以开展增殖放流的主要有金乌贼、曼氏无针乌贼、针乌贼、短蛸、长蛸等 5 种，当前已进行增殖的只有金乌贼 1 种。

一、当前增殖种类

1. 金乌贼 *Sepia esculenta* Hoyle

(1) 分类地位与分布

金乌贼俗称：乌鱼、墨鱼，隶属乌贼目 Sepioidea，乌贼科 Sepiidae，金乌贼属 *Sepia*（图 3.3.1）。广泛分布于俄罗斯远东海域，日本本州、四国、九州附近海域，在渤海、黄海、东海、南海及菲律宾群岛附近海域均有分布（董正之，1988）。

图 3.3.1　金乌贼

(2) 形态学特征

胴部盾形，雄性胴背有较粗的横条斑，间杂有致密的细点斑，雌性胴背的横条斑不明显，或仅偏向两侧，或仅具致密的细点斑。胴背黄褐色，腹部呈金黄色。肉鳍较窄，位于胴部左右两侧全缘，末端分离，两侧鳍的基部，都有一条白线和 6 或 7 个细长膜状的肉质突起。腕长略有差异，吸盘 4 行，各腕吸盘大小相近，雄性左侧第 4 腕茎化，在生殖时用以传送精荚，其特征是全腕中部吸盘骤然变小并稀疏。触腕穗半月形，具吸盘，小而密，约 10 行，大小相近。视觉发达，眼球由巩膜、视网膜等被膜及晶状体组成。内壳为长椭圆形，长度约为宽度的 2.5 倍，后端骨针粗壮。

(3) 生物学特征

金乌贼雌雄异体，产卵前先行交配，体内受精。产卵适宜水温为 13～16℃，盐度在 31 左右。大多数在夜间产卵，个体产卵量约 2000 个。体内卵子分批成熟，每次产卵至少 1 个，最多可连续产 21 个，日产卵量 130～150 个。卵子排出时在口膜处受精，产出卵子外部包有卵膜，略呈葡萄状。卵的长径为 16～21 mm，短径为 12～14 mm。在水温为 6～26 ℃时，卵子均可正常发育。水温为 17 ℃时，卵子孵化时间约 35 天；20 ℃时，需 30 天；22.5 ℃时，只需 26 天即可孵化。卵的孵化率在 70%以上。幼体发育在卵膜内进行，刚孵出的仔乌贼胴长为 5～6 mm，能游动和捕食，形态与成体基本相同。

仔、稚金乌贼以端足类和其他小型甲壳类为食；幼体多捕食小鱼，如鳀、黄鲫、梅童鱼等；成体主要摄食甲壳类，以长尾类的戴氏赤虾、粗糙鹰爪虾、葛氏长臂虾和细螯虾，樱虾类的毛虾，短尾类的双斑蟳和口足类的口虾蛄等为主，也捕食稚幼鱼。金乌贼有同类相残的习性。

(4) 生态习性

金乌贼寿命为1年,生殖期在5~7月,喜欢在水深5~10 m、盐度较高、水清流缓、底质较硬、藻密礁多的岛屿附近产卵,产卵时,有喷沙、穴居的习性,生殖后的亲体相继死亡。金乌贼是一种广温性、洄游种类,洄游季节性明显,群体回归性强。在我国,以黄海的数量较多,其越冬场位于黄海中南部水深70~90 m的水域。春季,向沿岸浅水区进行生殖洄游,4月中旬至5月底,它在日照沿海集群、产卵,5月初至6月底,在青岛附近的胶州湾也有少量金乌贼产卵。它主要生活在水质清澈、藻类繁茂的近岸水域,喜集群,有趋光习性和昼沉、夜浮的活动节律。秋季,其幼体由沿岸浅水向深水移动,初冬季,开始陆续返回越冬场。

(5) 经济价值

金乌贼个体大、肉层厚,既可鲜食,又可加工干制,干品叫"墨鱼干"。它既是美味佳肴,又是上好补品,有"北脯"之美称,肝脏可做"乌鱼酱"、"乌鱼油"。雄性生殖腺干品叫"乌鱼穗",卵巢可加工成"乌鱼饼";雌性缠卵腺干品叫"乌鱼蛋",为海味一绝。其墨汁在日本为保健食品的主要原料。

金乌贼具有生长迅速、食性广等特点。当年出生的幼乌贼,秋后,即可加入捕捞群体,翌年春末、夏初性成熟,成为生殖亲体。它是我国北方沿海产量最大的一种乌贼。现在,其资源衰退比较严重。1991年开始,连续多年在海州湾进行了金乌贼的资源增殖,年渔获量维持在3000~6000 t。

二、具备增殖潜力种类

1. 短蛸 *Octopus ocellatus* Gray

(1) 分类地位与分布

短蛸俗称:蛸、八带、短腿蛸、风蛸等,隶属八腕目 Octopoda,蛸科 Octopodidae,蛸属 *Octopus*(图3.3.2)。分布于我国近海,主要产于北部海域,在日本列岛海域也有分布(董正之,1988)。

(2) 形态学特征

胴部卵圆形,体表具很多近圆形颗粒,每个眼的前方,在第2对和第3对腕之间,各生一个近椭圆形的大金圈,圈径与眼径相近,背面两眼间生有一个明显的近纺锤形的浅色斑。短腕型,腕长为胴长的3~4倍,各腕长度相近,腕吸盘2行。雄性右侧第3腕茎化,较左侧对应腕短,端器锥形,约为全腕长度的1/10;阴茎略呈"6"形,膨胀部近圆形,甚大,约与阴茎部的长度相近。漏斗器"W"形。鳃片数7~8个。中央齿为五尖形,第1侧齿甚小,齿尖居中,第2侧齿基部边缘略凹,两端约等距,齿尖居中,第3侧齿近似弯刀状。

图3.3.2 短蛸

（3）生物学特征

短蛸为一年生头足类。产卵适温为6～10℃，全长为160～180 mm的雌体，个体怀卵量在300～400粒。卵分批成熟，分批产出。卵呈米饭粒状，长径为4.5～6.3 mm，短径为2.8～3.0 mm，成穗状结附在一起。产出卵的孵化期40～50天。主要捕食蟹类、虾蛄和双壳类等。食无定时，夜间或傍晚摄食更为活跃。

（4）生态习性

短蛸为浅海、底栖性种类，主要分布在沿岸潮下带3～5 m的泥或泥沙底质海区，仅进行季节性深、浅水的迁移。越冬水深为40～60 m。早春，它从较深水域集群向浅水区和内湾移动，进行交配、产卵。在黄、渤海近岸水域，其产卵期为3～5月，4月为盛期，喜在砂砾的海底产卵，产卵时有钻壳、钻砂的习性。繁殖后，亲体相继死去。其分布海域的盐度多在35左右，最低盐度为27。短蛸能短暂游泳，主要是在海底和岩礁间爬行或划行，显现负趋光性，行隐居生活，有入洞穴的习性。

（5）经济价值

短蛸是黄、渤海的重要经济种类之一，可鲜食，也可晒成干，此外，还可入药，是出口品种之一。在苗种培育和增殖放流技术成熟以后，可以作为近岸海域的增殖物种。

2. 长蛸 *Octopus variabilis*（Sasaki）

（1）分类地位与分布

长蛸俗称：长腿蛸、马蛸、石拒、长爪章等，隶属八腕目Octopoda，蛸科Octopodidae，蛸属*Octopus*（图3.3.3）。分布于我国南、北海域的沿岸，主产于北部海域，此外，在日本列岛海域也有其踪迹（董正之，1988）。

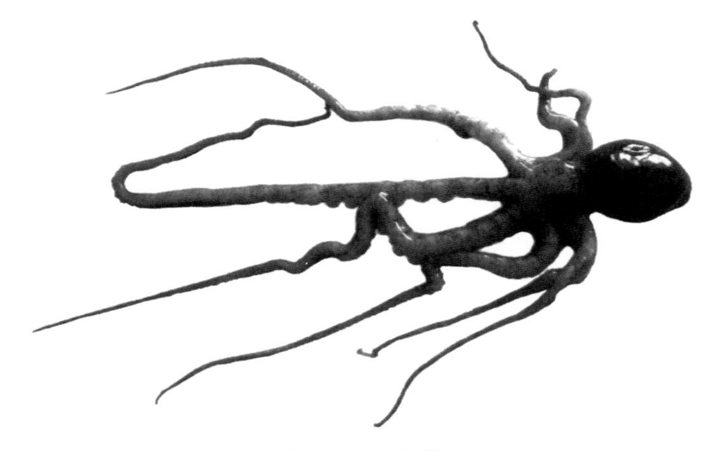

图3.3.3　长蛸

（2）形态学特征

胴部呈卵形，胴长约为胴宽的2倍。体表光滑，具极细的色素点斑。长腕型，腕长约为胴长的六七倍，各腕长度不等。第1对腕最长、最粗，其腕茎约为其他腕茎的2倍。腕式为1>2>3>4。腕吸盘2行。雄性右侧第3腕茎化，甚短，仅约为左侧对应腕长度的1/2。端器匙形，大而明显，约为全腕长度的1肛。阴茎略呈“6”形，膨胀部卷成螺旋状，阴茎部较短。漏斗器 W 形。鳃片 9～10 个。中央齿为五尖型，第 1 侧齿甚小，齿尖居中，第 2 侧齿基部边缘较平，齿尖略偏一侧，第 3 侧齿近似弯刀状。

(3) 生物学特征

长蛸一年生。全长为 540～560 mm 的雌体，其怀卵量在 140～160 粒。卵子略呈长茄状，长径为 21.1～22.1 mm，短径为 7.0～7.9 mm。其幼体生长迅速，半年后，全长可达 200 mm。主要以蟹类、虾类、贝类和底栖鱼类为食，其摄食凶猛，通常在夜间进行摄食活动。

(4) 生态习性

长蛸营底栖生活，为沿岸种类，常栖息在沿海、沙泥底质海区，栖息水深较短蛸略深，越冬水深可达 20 m 左右。春季，长蛸多在低潮线以上活动；夏、秋两季，多在潮间带中区生活；冬季，则在潮下带深潜。它只进行短距离的生殖和越冬移动，深水与浅水之间的洄游不明显，在浅海、内湾潮间带之间进行的上下移动较为明显。它利用腕足在海底爬行，也能凭借漏斗喷水的反作用，短暂游行于底层海水中，遇敌害或受到惊扰时，会喷射墨状液体掩护其逃走。长蛸可用腕足挖洞、栖居，尤其是在繁殖季节。长蛸在春季进行繁殖，在山东半岛近岸水域，产卵期为 4～6 月。大多数将卵产在自挖的洞穴中，进行孵化，少数产在礁石缝隙及海螺壳中。适应的盐度为 16.3～27.3，最适盐度为 18.3～24.3；生存的温度为 10～31 ℃，最适温度为 12～27 ℃。其临界上限温度为 35 ℃，临界下限温度为 6 ℃。它适应的 pH 为 6.2～9.7，最适 pH 为 6.7～9.2。长蛸对环境有较高的耐受性。

(5) 经济价值

长蛸是渤海、黄海的经济种类之一，个体较大，肉质肥厚，富含蛋白质和氨基酸，可食部分占总体的 90%以上，除鲜食外，还可加工成干制品，因而，长蛸具有较高的经济价值。它在黄、渤海数量较多，目前，尚未开展增养殖。在苗种培育技术成熟以后，它可以作为近岸海域的增殖种类。

第四节　海　　蜇

在远东海域，迄今已有 7 种食用水母被不同程度地开发利用，主要种类有海蜇 *Rhopilema esculentum* Kishinouye、黄斑海蜇 *Rhopilema hispidum* (Vanhoffen)、沙蜇(口冠水母)*Stomolophus meleagis* (L. Agassiz)、叶腕水母 *Lobonema smithi* (Mayer)和拟叶腕水母 *Lobonemoides gracilis* (Light)5 种。

(1) 分类地位与分布

海蜇俗称：面蜇、碗蜇，隶属腔肠动物门 Coelenterata，钵水母纲 Scyphomedusae，根口水母目 Rhizostomeae，根口水母科 Rhizostomatidae，海蜇属 *Rhopilema*（图 3.4.1）。它在热带、亚热带及温带沿海都有分布，在我国，广布于南、北各海区（陈介康，1985）。

图 3.4.1　海蜇

(2) 生物学特征

海蜇属低等动物，其生殖方式与高等动物有所不同。它的一生包括有性世代水母型和无性世代水螅型两种形态。水母型通过有性生殖产生水螅型，水螅型通过无性生殖(横裂生殖)产生水母型，两种生殖方式交替进行，即所谓世代交替生殖。水母型营浮游生活，水螅型营固着生活。海蜇雌雄异体，秋季性成熟。雌体怀卵量为数千万粒。成熟卵子和精子分批排放，在海水中受精。受精卵呈球形，卵径为 95～120 μm，外被梨形膜，在 21～25 ℃条件下，经 6～8 h 孵化为浮浪幼虫。浮浪幼虫呈长圆形或卵圆形，长度为 100～150 μm，全身布满纤毛，游动活泼，多数在 4 天内下沉，变态为螅状幼体。早期螅状幼体具有 4 条细长的触手，体长为 0.2～0.3 mm，经 5～20 天的发育，螅状幼体长成具有 16 条触手，形成高脚杯状，体长为 1～3 mm，乳白色，固着在礁厂、贝壳等坚硬的基质上生活，以小型浮游生物为食。从秋季开始，直到第二年的春末、夏初，一直保持螅状幼体形态，附着于海域底层。在此期间，螅状幼体能够以一种无性生殖方式形成足囊，足囊萌发，产生许多螅状稚幼体。随着春末、夏初的到来，当海水温度上升到 15 ℃以上时，螅状幼体以横裂生殖方式产生碟状幼体，每个螅状幼体平均产生 7～8 个碟状幼体。初生碟状幼体直径为 1.5～4.0 mm，无色半透明，能自由地浮游和摄食，生长非常迅速，半个月后，长成伞径达 20 mm 的幼海蜇，在 3 个月内，伞径达 300～500 mm，体重在 10 kg 以上，达到性成熟，又开始进行有性生殖。

(3) 生态习性

海蜇的适温为 15～28 ℃，适盐为 12～35，喜欢栖息在低盐海域。

(4) 经济价值

海蜇为大型食用水母，虽然在黄、渤海沿岸都有分布，但近年来，黄海沿岸的海蜇已形不成渔汛。海蜇渔业主要在渤海的辽东湾、渤海湾和莱州湾。辽东湾的海蜇，一般年份的产量为 2 万～4 万 t(鲜品)，2003 年，产量达 10 万 t；渤海湾的海蜇，一般年份的产量为 0.4 万～0.6 万 t，最好年份为 8 万 t(1992 年)；莱州湾的海蜇，一般年份的产量为 3 万～8 万 t，最好年份为 9 万 t(成品)，折算鲜品为 45 万～50 万 t(1992 年)。1984 年，辽宁省开始在辽东湾开展增殖放流试验，1993 年，山东省相继在莱州湾、渤海湾南部和山东半岛南部沿海，开展生产性放流。海蜇是目前黄、渤海的主要增殖种类之一。

第四章 食物网结构与敌害关系

第一节 渤 海

渤海为我国内海，是黄渤海主要渔业种类的产卵场和索饵场，也是我国海洋渔业生产的重要渔场。当前，由于过度捕捞和环境退化，渤海生态系统稳定性转差，部分食物网被毁坏。曾是渤海最重要渔业种类的中国对虾、小黄鱼和带鱼的资源已经严重衰退，小型中上层鱼类成为渤海的优势种，这些小型中上层种类也在不断更替中（邓景耀等，1988；金显仕等，1998；金显仕，2001）。渤海渔业生物生殖群体的组成也在向小型化、低质化转变，这不仅直接影响到该区域的渔业资源，对黄海渔业资源的补充和恢复也构成了重大威胁（李显森等，2008）。渤海渔获物的平均营养级，从1959～1960年的4.06下降到1998～1999年的3.41，以平均每10年降0.17的速度下降，高于全球平均每10年降0.03～0.10的速度（Zhang *et al.*，2007）。当前的食物网结构，与邓景耀等（1986；1997）和孟田湘（1989）研究的结果，已有了很大的变化。因此，有必要重新认识渤海生态系统的食物网结构，为更好地开展渤海生物资源养护提供参考。

一、鱼类群落的功能群组成

1．样品的分析与数据处理

样品来源见第二章。采用传统的胃含物分析方法，对占渤海鱼类群落90%以上的鱼类（包括小黄鱼、蓝点马鲛、斑鰶、黄鲫、长蛇鲻、长吻红舌鳎、短吻红舌鳎、赤鼻棱鳀、大泷六线鱼、黄鮟鱇、六丝矛尾鰕虎鱼、矛尾鰕虎鱼、青鳞沙丁鱼、皮氏叫姑鱼、许氏平鲉、鲬、白姑鱼、褐菖鲉、石鲽、细纹狮子鱼、绯䲗、长绵鳚和油魣）的胃含物样品进行了分析。由于银鲳消化系统的特殊性，难以用传统的胃含物分析方法研究其摄食习性，因此，银鲳的食物组成引自韦晟和姜卫民（1992）的研究结果。

根据对胃含物的分析结果，将各鱼种的食物组成归为以下饵料类群：浮游植物、桡足类、磷虾类、毛虾类、糠虾类、蛾类、底层虾类、蟹类、蛇尾类、腹足类、双壳类、多毛类、钩虾类、头足类、鱼类和其他类（包括不可辨认的饵料生物，以及在食物中出现频率百分比组成未达1%的饵料类群）。采用PRIMER v5.0对各鱼种食物组成的出现频率百分比组成进行聚类分析，用60%的Bray-Curtis相似性系数为标准来划分功能群。由于8月捕获的小黄鱼中的幼鱼占一半以上，而且，小黄鱼的摄食有明显的随体长转换的现象（Xue *et al.*，2005；郭斌等，2010），因此，将8月小黄鱼的摄食分为小黄鱼幼鱼和成鱼进行聚类分析。根据各种类的渔获量，确定各月鱼类群落的主要功能群，以及各功能群的主要种类。

$$出现频率百分比组成(FO\%) = \frac{某饵料生物的出现频率}{各饵料生物出现频率的总和} \times 100$$

$$出现频率=\frac{含有某饵料生物的实胃数}{总实胃数}\times 100$$

2. 鱼类群落的功能群组成

(1) 8月

聚类分析表明：在渤海，8月的鱼类群落由7个功能群组成，包括浮游动物食性功能群、杂食性功能群、底栖动物食性功能群、虾食性功能群、虾/鱼食性功能群、鱼食性功能群和广食性功能群(图4.1.1)。虾食性功能群摄食的相似性水平为62.3%，包括皮氏叫姑鱼、六丝矛尾鰕虎鱼和大泷六线鱼，它们摄食62.5%的底层虾类和8.7%的口足类，同时，还摄食一定比例的底栖动物和鱼类(图4.1.2-1)。虾/鱼食性功能群摄食的相似性水平为62.9%，包括2个亚功能群：小黄鱼成鱼、褐菖鲉和蓝点马鲛是一个亚功能群，摄食的相似性水平为68.4%，它们摄食23.2%底层虾类和43.9%的鱼类，同时，还摄食21.6%的浮游动物，其中，毛虾类占摄食浮游动物的60.9%；细纹狮子鱼、白姑鱼和许氏平鲉是一个亚功能群，摄食的相似性水平为73.8%，它们摄食54.7%的底层虾类和30.8%的鱼类，同时，还摄食蟹类、口足类和头足类(图4.1.2-2)。广食性功能群摄食的相似性水平为64.0%，包括鲬和矛尾鰕虎鱼，它们摄食底层虾类、蟹类、口足类、双壳类、钩虾类、头足类和鱼类(图4.1.2-3)。鱼食性功能群摄食的相似性水平为82.6%，包括长蛇鲻和黄鮟鱇，它们摄食96.55%的鱼类(图4.1.2-4)。浮游动物食性功能群摄食的相似性水平为67.7%，包括2个亚功能群。小黄鱼幼鱼和赤鼻棱鳀是一个亚功能群，摄食的相似性水平为72.1%，它们摄食69.4%的浮游动物，主要摄食桡足类、磷虾类和蛾类，同时还摄食较大比例的底层虾类；青鳞沙丁鱼和黄鲫是一个亚功能群，摄食的相似性水平为83.3%，它

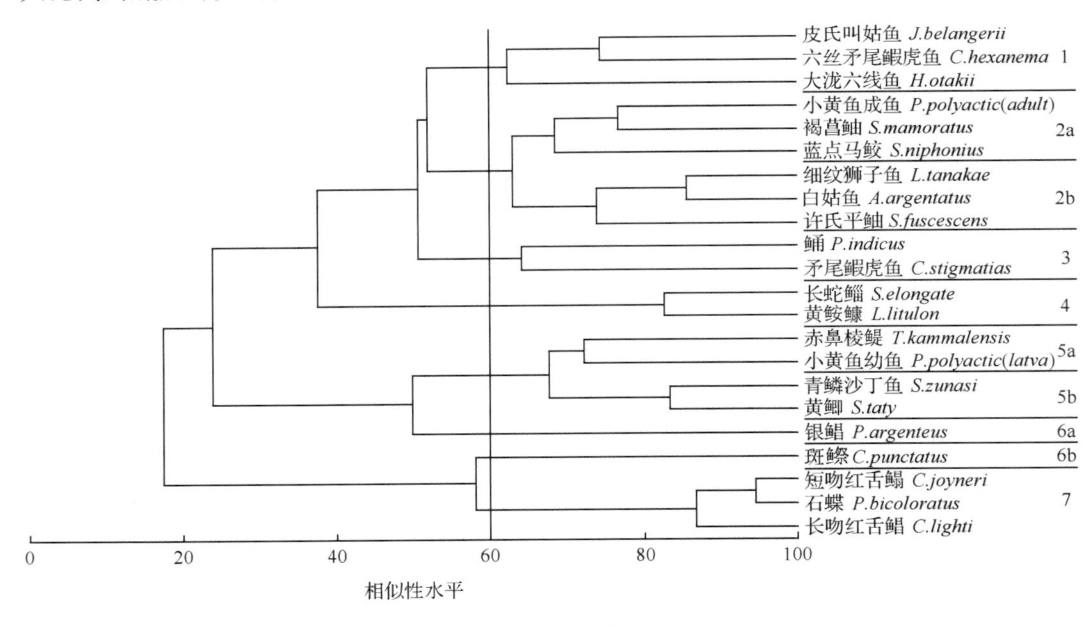

图4.1.1　渤海8月鱼类群落功能群的聚类分析图

1. 虾食性；2a～2b. 虾/鱼食性；3. 广食性；4. 鱼食性；5a～5b. 浮游动物食性；6a～6b. 杂食性；7. 底栖动物食性

们摄食97.6%的浮游动物，主要摄食桡足类、毛虾类、磷虾类和甲壳类幼体(图4.1.2-5)。杂食性鱼类功能群包括2个亚功能群，兼食浮游植物和其他动物性饵料，由于摄食的动物性饵料差异较大，摄食的相似性水平很低。银鲳是一个亚功能群，主要摄食浮游植物和桡足类；斑鰶是另一个亚功能群，除摄食浮游植物和浮游动物外，还摄食25.43%的腹足类和36.0%的双壳类(图4.1.2-6)。底栖动物食性功能群摄食的相似性水平为86.7%，包括短吻红舌鳎、石鲽和长吻红舌鳎，它们摄食61.3%的双壳类和31.2%的钩虾类(图4.1.2-7)。

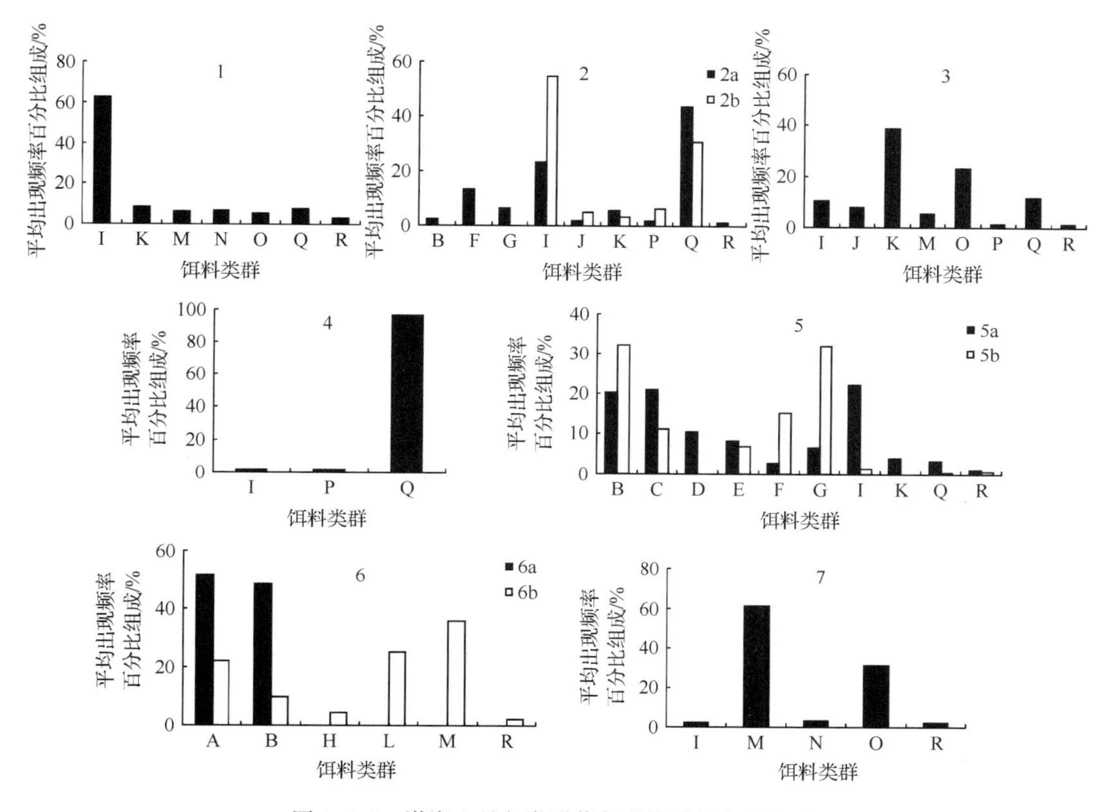

图4.1.2　渤海8月鱼类群落各功能群的食物组成

1. 虾食性；2. 虾/鱼食性；3. 广食性；4. 鱼食性；5. 浮游动物食性；6. 杂食性；7. 底栖动物食性；A. 浮游植物；B. 桡足类；C. 磷虾类；D. 蛾类；E. 糠虾类；F. 毛虾类；G. 甲壳类幼体；H. 介形类；I. 底层虾类；J. 蟹类；K. 口足类；L. 腹足类；M. 双壳类；N. 多毛类；O. 钩虾类；P. 头足类；Q. 鱼类；R. 其他

(2) 10月

聚类分析表明，在渤海，10月的鱼类群落由6个功能群组成，包括浮游动物食性功能群、杂食性功能群、底栖动物食性功能群、虾/鱼食性功能群、鱼食性功能群和广食性功能群(图4.1.3)。虾/鱼食性功能群摄食的相似性水平为74.3%，包括鲬、许氏平鲉、小黄鱼和皮氏叫姑鱼，它们摄食51.1%的底层虾类和23.8%的鱼类(图4.1.4-1)。广食性功能群摄食的相似性水平为66.2%，包括2个亚功能群，摄食底层虾类、蟹类、底栖动物和鱼类。矛尾鰕虎鱼和长吻红舌鳎是一个亚功能群，摄食的相似性水平为76.0%；六丝矛尾鰕虎鱼、短吻红舌鳎和大泷六线鱼是一个功能群，摄食的相似性水平为 79.9%（图 4.1.4-2）。底栖动物食性功能群摄食的相似性水平为 89.2%，包括绯䲗和长绵鳚，它们摄食 95.5%的钩虾类（图 4.1.4-3）。鱼食性功能群摄食的相似性水平为 66.5%，包括 2 个亚功能群。蓝点马鲛、长蛇鲻和油魣是一个亚功能群，摄食的相似性水平为 77.6%，它们摄食 94.1%的鱼类；黄鮟鱇是一个亚功能群，它摄食 60.5%的底层虾类，同时摄食 34.2%的底层虾类（图 4.1.4-4）。杂食性功能群摄食的相似性水平为 74.9%，包括 2 个亚功能群。银鲳和青鳞沙丁鱼是一个亚功能群，摄食的相似性水平为 88.8%，它们主要摄食浮游植物和桡足类；斑鰶为一个亚功能群，它除摄食浮游植物和桡足类外，还摄食 12.8%的底栖动物饵料（图 4.1.4-5）。浮游动物食性功能群摄食的相似性水平为 78.3%，包括黄鲫和赤鼻棱鳀，它们摄食 86.1%的浮游动物，主要包括桡足类、毛虾类、糠虾类和磷虾类（图 4.1.4-6）。

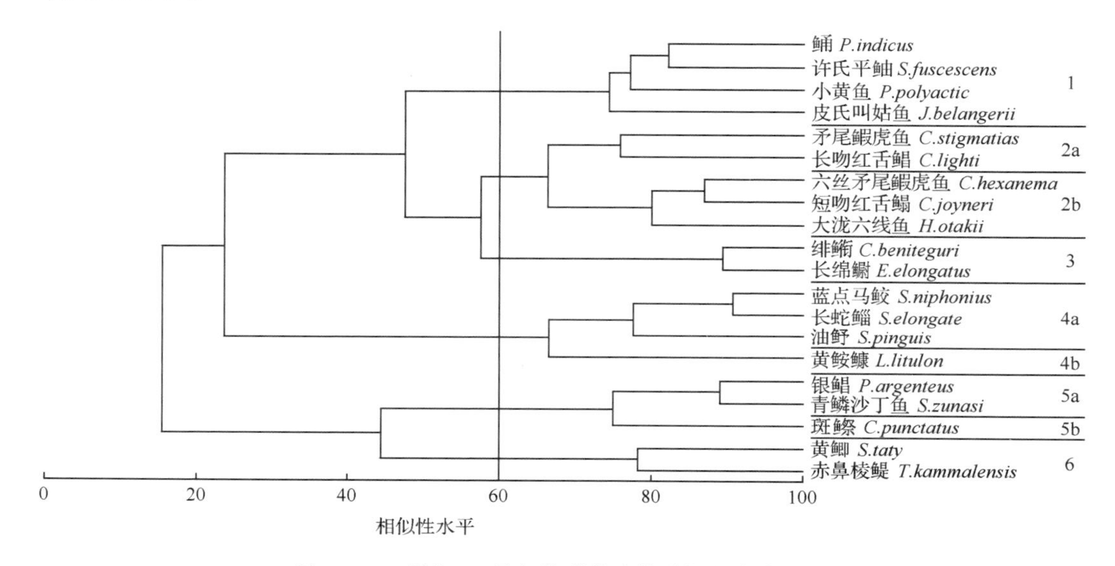

图 4.1.3　渤海 10 月鱼类群落功能群的聚类分析图

1. 虾/鱼食性；2a～2b. 广食性；3. 底栖动物食性；4a～4b. 鱼食性；5a～5b. 杂食性；6. 浮游动物食性

3. 主要功能群及主要种类

根据各功能群的渔获量（表 4.1.1）来划分，在渤海，8 月鱼类群落的主要功能群为虾/鱼食性功能群、浮游动物食性功能群和杂食性功能群，其中，虾/鱼食性功能群和浮游动物食性功能群所占比例最大，占总渔获量的 86.93%。其次是杂食性功能群，占 10.46%。其余 4 种功能群，底栖动物食性功能群、虾食性功能群、鱼食性功能群和广食性功能群，所占的比例很小，共占 2.60%。按照各种类渔获量排序（表 4.1.2），在渤海，8 月鱼类群落的主要种类包括小黄鱼、蓝点马鲛、斑鰶、银鲳和黄鲫，它们占总渔获量的 94.49%，其中小黄鱼所占比例最大，为 71.19%。

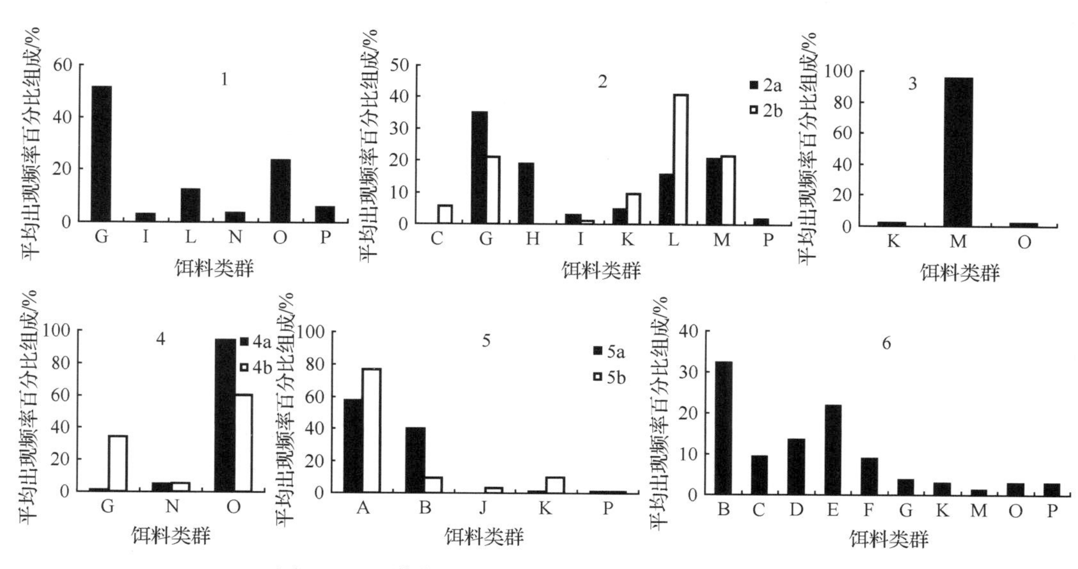

图 4.1.4 渤海 10 月鱼类群落各功能群的食物组成

1. 虾/鱼食性;2. 广食性;3. 底栖动物食性;4. 鱼食性;5. 杂食性;6. 浮游动物食性;
A. 浮游植物;B. 桡足类;C. 磷虾类;D. 糠虾类;E. 毛虾类;F. 甲壳类幼体;G. 底层虾类;H. 蟹类;
I. 口足类;J. 腹足类;K. 双壳类;L. 多毛类;M. 钩虾类;N. 头足类;O. 鱼类;P. 其他

表 4.1.1 渤海鱼类群落各功能群的渔获量组成

食性	渔获量	
	8 月	10 月
浮游动物食性	41.14	24.96
杂食性	10.46	27.96
底栖动物食性	0.71	0.22
虾食性	0.58	0.00
鱼食性	0.30	4.17
虾/鱼食性	45.79	40.38
广食性	1.01	2.32

表 4.1.2 渤海鱼类群落的主要种类

8 月			10 月		
鱼种	占渔获量的比/%	所属功能群	鱼种	占渔获量的比/%	所属功能群
小黄鱼	36.15(幼鱼)	浮游动物食性	小黄鱼	35.0	虾/鱼食性
	35.04(成鱼)	虾/鱼食性			
蓝点马鲛	8.8	虾/鱼食性	赤鼻棱鳀	16.6	浮游动物食性
斑鰶	5.9	杂食性	银鲳	16.3	杂食性
银鲳	4.4	杂食性	斑鰶	8.7	杂食性
黄鲫	4.2	浮游动物食性	黄鲫	7.5	浮游动物食性

同样，按照各功能群的渔获量(图 4.1.5)来划分，在渤海，10 月鱼类群落的主要功能群为虾/鱼食性功能群、浮游动物食性功能群和杂食性功能群，它们占总渔获量的 93.30%。与 8 月相比，浮游动物食性功能群的比例下降，杂食性功能群的比例上升。其余 3 种功能群，底栖动物食性功能群、鱼食性功能群和广食性功能群所占比例较小，共占 6.71%，其中鱼食性功能群和广食性功能群的比例有所增加，分别从 8 月的 0.30% 和 1.01%增加到 10 月的 4.17%和 2.32%。按照各种类渔获量排序(表 4.1.1)，在渤海，10 月鱼类群落的主要种类包括小黄鱼、赤鼻棱鳀、斑鰶、银鲳和黄鲫，它们占总渔获量的 84.10%，其中小黄鱼所占比例仍是最大的。

二、营养结构与敌害关系

通过对渤海鱼类群落功能群的划分表明：在渤海，夏、秋季鱼类群落包括 7 个功能群，浮游动物食性功能群、杂食性功能群、底栖动物食性功能群、虾食性功能群、虾/鱼食性功能群、鱼食性功能群和广食性功能群。按照渔获量组成，在渤海，夏、秋季的主要功能群为浮游动物食性功能群、杂食性功能群和虾/鱼食性功能群。如果将浮游生物食性功能群进一步划分为浮游动物食性功能群和杂食性功能群(兼食浮游动物和浮游植物)，东海(张波等，2007)、黄海(张波等，2009a)和长江口(张波等，2009b)的鱼类群落均包括 7 个功能群，其中的浮游动物食性功能群、底栖动物食性功能群、虾食性功能群、鱼食性功能群和广食性功能群是中国近海 4 个典型海域共有的 5 个功能群。黄海鱼类群落的功能群组成与渤海的相同。在东海，鱼类群落有虾蟹食性功能群和虾/鱼食性功能群，没有杂食性功能群。长江口鱼类群落有蟹食性功能群和杂食性功能群，没有虾/鱼食性功能群。杂食性鱼类功能群从长江口鱼类群落开始出现，到了黄、渤海，成为鱼类群落的主要功能群。从营养结构的角度来分析，中国近海的 4 个海域，鱼类群落可分为黄、渤海生态系统，东海生态系统，长江口生态系统。这也充分说明：黄、渤海是一个大海洋生态系，渤海渔业资源与黄海渔业资源的兴衰休戚相关。在渤海，8 月的鱼类群落包括 7 个功能群，而 10 月的鱼类群落只有 6 个功能群，缺少了虾食性功能群。尽管渤海 8 月和 10 月鱼类群落的主要功能群均是浮游动物食性功能群、杂食性功能群和虾/鱼食性功能群，但存在显著的季节变化。夏季鱼类群落以幼鱼为主，浮游动物食性功能群所占的比例较大，鱼食性功能群所占的比例很小；秋季鱼类群落个体大，浮游动物食性功能群所占比例大幅下降，杂食性功能群的比例增加，鱼食性功能群和广食性功能群的比例也有所增加。根据万瑞景和姜言伟(2000)对渤、黄海硬骨鱼类产卵期的研究，一年中产卵期集中在 5～8 月，产卵盛期为 6 月。可见，渤海鱼类群落功能群的季节差异主要是由鱼类处于不同生长发育阶段引起的。由于渤海的渔业资源多属洄游性种类，它们春季进入渤海，秋末离开(刘效舜，1990)，因此，要研究渤海鱼类群落功能群组成的变化还应进一步研究鱼类季节性洄游这一因素的影响。

从复杂的海洋生态系统中选择在食物关系、营养层次转化中发挥重要功能作用的关键种和重要种来开展研究，可以简化食物网结构，更容易把握生态系统物质和能量流动的特征(唐启升，1999)。在夏季，渤海鱼类群落的主要种类有小黄鱼、蓝点马鲛、斑鰶、银鲳和黄鲫；秋季的主要种类有小黄鱼、赤鼻棱鳀、银鲳、斑鰶和黄鲫。鳀仅分别占 8 月和 10 月渔获量的 0.08%和 0.03%，不是当前渤海鱼类群落的主要种类。邓景耀等(1986)的研究表明浮游动物、鼓虾、六丝矛尾鰕虎鱼、矛尾鰕虎鱼、鳀、短尾类和软体动物是渤海鱼类食物网中的几个主要环节。作者对主要功能群和主要种类摄食的分析表明浮游植物、浮游动物、底层虾类、底栖动物和鱼类是当前渤海鱼类摄食的主要饵料类群。其中，浮游植物的圆筛藻，浮游动物中的中华哲水蚤、太平洋磷虾、长额刺糠虾、中国毛虾和甲壳类幼体，底层虾类中的日本鼓虾，底栖动物中的双壳类和腹足类，以及鱼类中的六丝矛尾鰕虎鱼和小黄鱼，是当前渤海鱼类的主要饵料种类。曾经是渤海鱼类食物网重要环节的鳀，因其自身资源量大，同时又是近40种捕食者的饵料，过去在生态系统中起着承上启下的关键作用(邓景耀等，1986；1997)。由于资源量的持续下降，以鳀为主要捕食对象的蓝点马鲛资源不佳，导致了食物网的改变。另外，作为半滑舌鳎和孔鳐等鱼类主要摄食的饵料种类——短尾类(邓景耀等，1986)，随着这些鱼种资源量的大幅下降，也不再是渤海的主要饵料种类。

同本研究结果一样，邓景耀等(1986)对渤海54种主要鱼类食物关系的研究也没有发现：捕食性鱼类对中国对虾等增殖种类有明显的危害。唐启升等(1997)的研究表明：花鲈幼鱼、黄姑鱼幼鱼、长绵鳚和鰕虎鱼类的幼鱼，都是捕食渤海中国对虾、鲮等增殖种类幼体的主要敌害生物，其危害性主要是在近岸水域，其中，花鲈的危害性较为严重，主要危害期为7月，被捕食的幼中国对虾的长度以3～7 cm为主。鉴于敌害生物大量捕食增殖种类主要是发生在近岸水域和两者密集分布区的重叠区域，因此，在放流区的选择上，采取对敌害生物进行“回避”的策略，是保护放流种类的可行性措施。同时，根据唐启升等(1997)的观点“应采集水深小于5 m的内湾、河口附近的浅水区和定置网密布海区内的渔获物，才能进一步研究渔业资源增殖种类的敌害生物及其对增殖种类的危害程度”，只有通过在增殖放流点周边海域进行放流后的跟踪调查，才能摸清食物关系和饵料基础，同时，结合多学科的调查，对最佳放流地点和时间进行选择，才能切实有效地保证增殖放流的最佳效果。

第二节　黄海北部

黄海北部是我国辽宁省海洋捕捞业传统渔场之一，也是开展资源放流增殖活动的重要海域。历史上，该海域的中国对虾、小黄鱼和带鱼等大宗经济种类资源丰富，随着捕捞强度的不断加大，资源严重衰退，大宗经济种类已不能形成渔汛(陈钰，2002)。一些研究者针对在该海域开展的资源放流增殖活动进行了探讨(陈介康等，1994；董婧等，1999；2000；李树林和李润寅，2000；王建芳等，2002)，但有关黄海北部渔业资源的调查和研究还较少，也未见对该海域鱼类群落食物关系的报道。通过放流前后对黄海北部生物资源和生态环境进行的大面积综合调查，初步弄清该海域资源增殖的生态背景场，为海洋生物资源养护提供了技术支撑。

一、鱼类群落的摄食生态及其变化

1. 样品的分析与数据处理

样品来源见第二章。选择占总渔获量90%左右的种类进行胃含物分析，并采用一般多数的原则，即以出现频率百分比组成超过60%的饵料为主要摄食对象来划分食性类型（张波和唐启升，2003）。为了与以往的研究结果进行比较，将食性类型划分为4种类型，即浮游动物食性、底栖动物食性、游泳动物食性和广食性。

根据资源量评估和胃含物分析结果，用Overholtz等（2000）的方法估算黄海北部鱼类群落对主要饵料生物的摄食量：

$$FC_{ij} = N_i \times C_i \times P_{ij} \times t$$

式中，FC_{ij}为鱼种i摄食饵料j的摄食量；N_i为鱼种i的资源量；C_i为鱼种i的日摄食率；P_{ij}为饵料j在鱼种i食物中所占的质量百分比；t为天数。采用扫海面积法评估黄海北部鱼类群落重要种类的资源量（N_i）（金显仕等，2005），日摄食率（C_i）采用Eggers公式计算（Eggers，1977）。

黄海北部鱼类群落的营养级（$\overline{TL_k}$）根据下列公式计算：

$$\overline{TL_k} = \sum_{i=1}^{m} TL_i Y_{ik} / Y_k$$

式中，TL_i表示i种类的营养级；Y_{ik}表示i种类在k年的生物量，Y_k表示k年m个种类的总生物量。

为了比较黄海北部鱼类群落营养级的年间变化，选取1985年、2000年和2010年该区域的优势种（底拖网调查中占总渔获量前5位的鱼类）进行比较。1985年和2000年，黄海北部鱼类群落优势种的生物量资料来源于徐宾铎等（2003），优势种的食性类型和营养级资料取自韦晟和姜卫民（1992）、张波和唐启升（2004）（表4.2.1）。2010年，优势种的营养级是根据张波和唐启升（2004）的计算公式和修正后的基础饵料的营养级进行计算。

表4.2.1　1985年和2000年黄海北部鱼类群落优势种及其食性类型

年份	优势种	食性类型	营养级	占生物量的比/%
1985	鳀	浮游动物食性	3.60	15.3
	细纹狮子鱼	底栖动物食性	4.30	19.1
	蓝点马鲛	游泳动物食性	4.80	19.9
	华鳐	广食性	4.20	9.4
	石鲽	底栖动物食性	4.10	5.6
2000	鳀	浮游动物食性	3.27	28.0
	细纹狮子鱼	底栖动物食性	4.23	39.0
	小黄鱼	广食性	3.65	5.9
	绿鳍鱼	底栖动物食性	4.30	7.2
	大泷六线鱼	底栖动物食性	3.59	6.4

2. 重要种类及其摄食

根据各鱼种渔获量占总渔获量的百分比进行分析，在黄海北部，5月、8月，这两个月鱼类群落的重要种类组成有所不同（表4.2.2）。5月，重要种类有7种，包括小黄鱼、长绵鳚、黄鲫、黄鮟鱇、高眼鲽、大头鳕和花鲈，合计占总渔获量的89.7%；8月，重要种类有5

种，包括鳀、细纹狮子鱼、小黄鱼、长绵鳚和大头鳕，合计占总渔获量的 88.5%。小黄鱼、长绵鳚和大头鳕在这两个月的鱼类群落中都是重要种类，它们的食性类型也没有变化，但根据对胃含物的分析结果，摄食的食物种类有一定差异。尽管小黄鱼是广食性鱼类，在 5 月，它摄食浮游动物和底栖动物，但在 8 月，摄食浮游动物、底栖动物和游泳动物，饵料的多样性增加了；长绵鳚是底栖动物食性鱼类，在 5 月，摄食较多的底层虾类，而 8 月，主要摄食双壳类；大头鳕是底栖动物食性鱼类，在 5 月，主要摄食小黄鱼、脊腹褐虾和中华安乐虾，但在 8 月，主要摄食鳀和脊腹褐虾。

表 4.2.2　黄海北部鱼类群落的重要种类及其食性类型

时间	鱼种	浮游动物	底栖动物	游泳动物	食性类型	营养级
5 月	黄鲫	85.7	14.3	—	浮游动物食性	3.36
	小黄鱼	50.0	50.0	—	广食性	3.75
	花鲈	—	60.0	40.0	广食性	4.41
	长绵鳚	—	100	—	底栖动物食性	3.71
	高眼鲽	—	98.7	1.3	底栖动物食性	3.89
	大头鳕	—	63.6	36.4	底栖动物食性	4.39
	黄鮟鱇	—	7.4	92.6	游泳动物食性	4.41
8 月	鳀	88.9	11.1	—	浮游动物食性	3.18
	小黄鱼	48.6	31.4	20.0	广食性	3.78
	细纹狮子鱼	—	96.3	3.7	底栖动物食性	4.31
	长绵鳚	—	100	—	底栖动物食性	3.28
	大头鳕	—	68.1	31.9	底栖动物食性	4.37

3. 营养结构的变化

在黄海北部，鱼类群落的优势种在不同年份有较大的变化（表 4.2.1、表 4.2.2），1985 年，曾是优势种的蓝点马鲛，2000 年，不再是优势种。从食性类型的组成上看，2000 年，黄海北部鱼类群落的优势种没有游泳动物食性，与 1985 年相比，底栖动物食性鱼类比例大大增加（图 4.2.1A、B）。2010 年 8 月，黄海北部鱼类群落的优势种没有游泳动物食性鱼类，与 5 月相比，广食性鱼类的比例从 62.6%下降到 22.4%，但浮游动物食性鱼类的比例从 8.0%升至 52.3%，比例大大增加（图 4.2.1C、D）。8 月，黄海北部鱼类群落的平均营养级为 3.57，低于 5 月的平均营养级（3.75）。1985～2010 年的 25 年里，黄海北部鱼类群落的营养层次大幅下降（图 4.2.2）。平均营养级从 1985 年的 4.26 下降到 2000 年的 3.84，以平均每 10 年下降 0.28 的速度下降；2000～2010 年，以平均每 10 年下降 0.18 的速度下降，下降速度略有放慢。

4. 对主要饵料生物的摄食量

根据胃含物分析结果，黄海北部鱼类群落摄食的浮游动物饵料有磷虾类、桡足类、蛾类和甲壳类幼体；底栖动物饵料有虾类、蟹类、蛇尾类、双壳类、腹足类、多毛类和钩虾类；

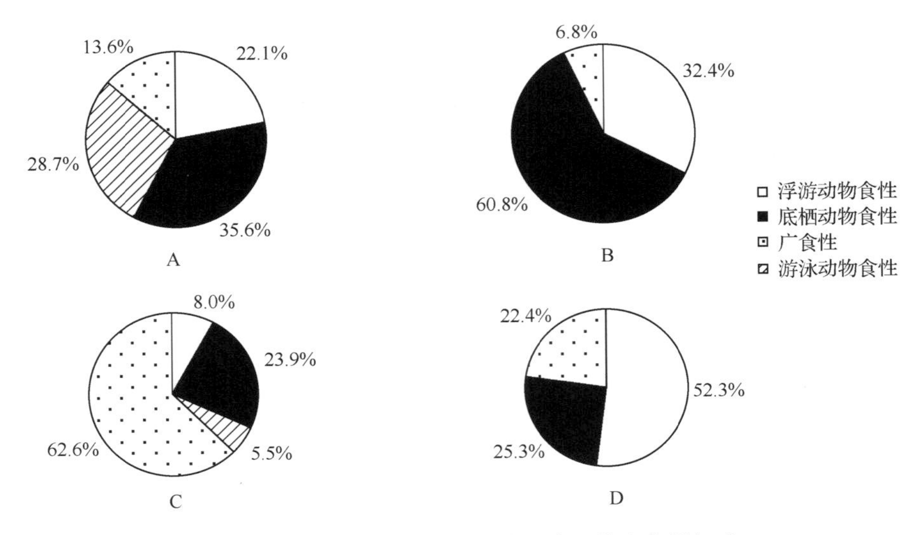

图 4.2.1　黄海北部优势鱼种食性类型的生物量组成

A. 1985 年;B. 2000 年;C. 2010 年 5 月;D. 2010 年 8 月

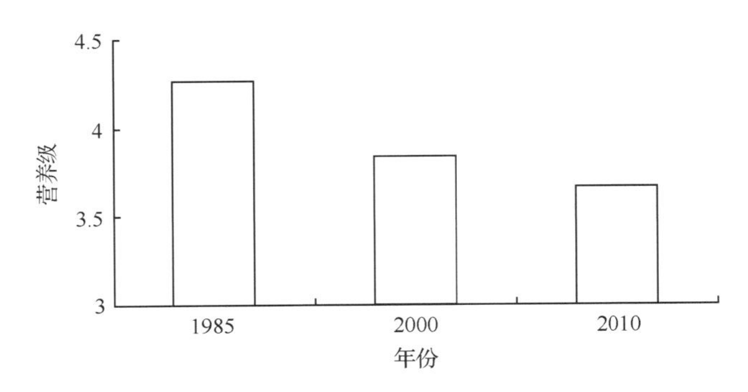

图 4.2.2　黄海北部鱼类群落平均营养级的变化

游泳动物饵料有鱼类。将摄入的质量百分比超过总摄食量 10％的饵料类群和饵料种类视作主要饵料类群(表 4.2.3)和主要饵料种类(表 4.2.4)。

从表 4.2.3 可以看出,5 月、8 月,黄海北部鱼类群落摄食的主要饵料类群分别是 8 种、9 种,对饵料生物的总摄食量分别是 0.5 万 t、19.6 万 t。5 月,黄海北部鱼类群落中长绵鳚的摄食量最高,其摄食量占总摄食量的 35.6％,其次,是花鲈(25.4％)和大头鳕(24.6％);8 月,鳀的摄食量最高,其摄食量占总摄食量的 48.3％,其次,是细纹狮子鱼(23.5％)和大头鳕(22.6％)。5 月,黄海北部鱼类群落主要摄食鱼类、虾类,其被摄食量分别占总摄食量的 46.9％、39.2％,摄食的底栖动物、浮游动物较少,仅占总摄食量的 8.8％、1.8％。8 月,黄海北部鱼类群落主要摄食鱼类、虾类、浮游动物,它们的被摄食量分别占总摄食量的 33.9％、31.4％、30.8％,其中,被摄食的桡足类占浮游动物的 66.1％,被摄食的底栖动物仅占总摄食量的 1.4％。在黄海北部,在鱼类群落所摄食的底栖动物中,虾类占的比例最大,5 月、8 月,被摄食的虾类分别占所摄食底栖动物的 81.7％、95.6％。

表 4.2.3　主要饵料类群被各鱼种捕食的生物量及其在食物总量中所占的百分比

时间	鱼种	主要饵料类群																				生物量合计/t
		磷虾类		桡足类		蝛类		甲壳类幼体		虾类		蛇尾类		双壳类		多毛类		鱼类		其他类别		
		生物量/t	百分比/%	生物量/t	百分比/%	生物量/t	百分比/%	生物量/t	百分比/%	生物量/t	百分比/%	生物量/t	百分比/%	生物量/t	百分比/%	生物量/t	百分比/%	生物量/t	百分比/%	生物量/t	百分比/%	
5月	小黄鱼	13.0	4.0			2.6	0.8	63.9	19.9	243	75.3											322.5
	长绵鳚									1 278	72.4	83.7	4.7	57.4	3.3	224	12.7			122	6.9	1 765.1
	黄鲫	1.4	11.5			1.2	9.9	9.0	74.0	0.6	4.7											12.2
	黄鮟鱇																	185	99.6	0.8	0.4	185.8
	高眼鲽									95.5	49.2	65.2	33.5	4.3	2.2	1.2	0.6	12.2	6.3	16	8.2	194.4
	大头鳕									28.2	2.3							1 168	95.7	24.4	2.0	1 220.6
	花鲈									296	23.5							962	76.5			1 258
	合计	14.4				3.8		72.9		1 941.3		148.9		61.7		225.2		2 327.2		163.2		4 958.6
8月	鳀			40 005	42.2	10 471	11.0	9 513	10.0									34 845	36.7			94 834
	小黄鱼	516	6.2			10.9	0.1			2 991	35.8							4 847	58.0			8 364.9
	细纹狮子鱼									39 403	85.2	259	0.6					3 449	7.5	3 125	6.8	46 236
	大头鳕									19 298	43.5							23 412	52.8	1 623	3.7	44 333
	长绵鳚											17.1	0.7	2 493	96.1	53.2	2.1			31.1	1.2	2 594.4
	合计	516		40 005		10 481.9		9 513		61 692		276.1		2 493		53.2		66 553		4 779.1		196 362.3

表 4.2.4　主要饵料种类被各鱼种捕食的生物量及其在食物总量中所占的百分比

时间	鱼种	主要饵料种类											
		脊腹褐虾		中华安乐虾		太平洋磷虾		小黄鱼		皮氏叫姑鱼		萨氏蛇尾	
		生物量/t	百分比/%	生物量/t	百分比/%	生物量/t	百分比/%	生物量/t	百分比/%	生物量/t	百分比/%	生物量/t	百分比/%
5月	小黄鱼	189	58.5	52.1	16.2	13.0	4.0						
	长绵鳚	233	13.2	1 004	56.9							73.1	4.1
	黄鲫			0.6	4.7	1.4	11.5						
	黄鮟鱇							59.4	32.0	64.1	34.5		
	高眼鲽	81.8	42.1	12.0	6.2							61.7	31.8
	大头鳕	14.2	1.2	13.9	1.1			178	14.5				
	花鲈	238	18.9					937	74.4				
	合计	756		1 082.6		14.4		1 174.4		64.1		134.8	

时间	鱼种	脊腹褐虾		中华安乐虾		细长脚蛾		中华哲水蚤		鳀	
		生物量/t	百分比/%	生物量/t	百分比/%	生物量/t	百分比/%	生物量/t	百分比/%	生物量/t	百分比/%
8月	鳀					10 471	11.0	38 962	41.1		
	小黄鱼					2 698	32.3			2 191	26.2
	细纹狮子鱼	33 851	73.2	5 446	11.8						
	大头鳕	17 769	40.1	75.4	0.2					12 059	27.2
	合计	51 620		5 521.4		13 169		38 962		14 250	

从表 4.2.4 可以看出,5 月,黄海北部鱼类群落摄食的主要种类有脊腹褐虾、中华安乐虾、太平洋磷虾、小黄鱼、叫姑鱼和萨氏蛇尾,它们被摄食的量约为 0.3 万 t,占摄食总量的 65%。8 月,黄海北部鱼类群落摄食的主要种类有脊腹褐虾、中华安乐虾、细长脚蛾、中华哲水蚤和鳀,它们被摄食的量约为 12.4 万 t,占摄食总量的 62.9%。

二、营养结构与敌害关系

通过 5 月和 8 月黄海北部的调查,发现黄海北部鱼类群落有 9 个重要种类,但这两个月的重要种类的组成有所不同。虽然小黄鱼、长绵鳚和大头鳕在这两个月都是该海域鱼类群落的重要种类,但 8 月的鳀和细纹狮子鱼,取代了 5 月的黄鲫、黄鮟鱇、高眼鲽和花鲈,成为重要种类。在黄海北部鱼类群落摄食的主要饵料种类中,尽管脊腹褐虾和中华安乐虾都是主要饵料种类,但 5 月的黄海北部生态系统中,中华安乐虾显得更重要些,而脊腹褐虾在 8 月的生态系统中却显得更重要些。5 月,小黄鱼不仅是鱼类群落中的重要种类,同时,也是主要饵料种类,小黄鱼被摄食的量占小黄鱼资源量(1.02 万 t)的 12%;8 月,鳀变成鱼类群落中的重要种类和主要饵料种类,鳀被摄食的量占其资源量(7.07 万 t)的 20%。可见,小黄鱼、长绵鳚和大头鳕在这两个月摄食种类的差异,是由黄海北部饵料生物的季节变化所引起的,这一结果,与许多研究者的结论是一致的(Schafer *et al.*, 2002;薛莹等,2004)。5 月,黄海北部鱼类群落以广食性鱼类和底栖动物食性鱼类为主,平均营养级较高,但总摄食量仅 0.5 万 t;8 月,鱼类群落以浮游动物食性鱼类为主,广食性鱼类大大减少,平均营养级下降,但总摄食量高达 19.6 万 t,约为 5 月的 40 倍。这主要是由于 5 月鱼类群落的多数种类处于繁殖阶段,摄食量较少,而 8 月鱼类群落中的幼鱼增多,摄食量加大,摄食的浮游动物也增多。

太平洋磷虾、中华哲水蚤和细长脚蛾作为黄海浮游动物中的优势种,在黄海生态系统中起着不可忽视的关键作用。尤其是太平洋磷虾,它为黄海中南部的中上层鱼类提供了一半以上的食物来源,是黄海中南部海域的关键饵料生物(薛莹等,2007;张波和金显仕,2010)。但黄海北部鱼类群落摄食太平洋磷虾的量并不大,5 月,摄食的浮游动物主要是甲壳类幼体,而 8 月,主要是中华哲水蚤和细长脚蛾 ,其被摄食的量占该月被摄食的浮游动物总量的 86.1%。薛莹等(2007)发现,黄海中南部底层鱼类的关键饵料生物是脊腹褐虾和鳀,它们为底层鱼类提供了 55.5%的食物来源。5 月,黄海北部的脊腹褐虾、中华安乐虾和小黄鱼为底层鱼类提供了 60.9%的食物来源;8 月,脊腹褐虾、中华安乐虾和鳀提供了 70.3%的食物来源。因此,与黄海中南部的主要饵料生物略有不同,在黄海北部,细长脚蛾 、中华哲水蚤、脊腹褐虾、中华安乐虾、小黄鱼和鳀是被摄食量最高的 6 种饵料生物。

近年来,我国各海域渔获物种类的营养级均呈下降趋势。在渤海,渔获物种类的平均营养级,从 1959 年的 4.1 下降到 1998~1999 年的 3.4(平均每 10 年下降 0.17);在黄海中南部,渔获物种类的平均营养级,从 1985~1986 年的 3.7 下降到 2000~2001 年的 3.4(平均每 10 年下降 0.14),这两个海域,平均营养级的下降幅度,均高于全球的下降趋势(平均每 10 年下降 0.03~0.10)(Pauly *et al.*, 2001;Zhang *et al.*, 2007)。在黄海北部,鱼类群落的平均营养级,从 1985 年的 4.26 下降到 2010 年的 3.66,以平均每 10 年下降

0.24的速度下降，远远高于黄海中南部和渤海的下降速度。与黄海中南部和渤海的渔获物种类营养级下降原因有所不同的是，在黄海北部，鱼类群落优势种组成的不断更替，是导致鱼类群落营养级下降的主要原因。在黄海北部的鱼类群落中，优势种中的高营养级、高经济价值的鱼类，被低营养级、低经济价值的鱼类所替代，游泳动物食性的鱼类在减少，广食性的鱼类在增多。近年来，由于采取了一系列资源保护措施，黄海北部鱼类群落平均营养级的下降速度有所放慢，每10年平均营养级的下降值，从1985～2000年的0.28，减慢到2000～2010年的0.18。但这一下降速度仍远远高于渤海和黄海中南部，因此，进一步加强资源养护是非常必要的。

在本次黄海北部放流前后进行的调查中，捕获的主要放流品种有许氏平鲉和褐牙鲆。放流前，许氏平鲉的生物量占总渔获量的0.6%，放流后占0.5%；放流前，褐牙鲆的生物量占总渔获量的0.5%，放流后的调查未捕获褐牙鲆。可以看出，当前，在黄海北部放流的鱼种对资源的补充还是十分有限的，放流种类对黄海北部鱼类群落食物网结构的影响也不大。对胃含物分析的结果表明，放流的许氏平鲉主要摄食底层虾类(占摄入食物的出现频率百分比的84.6%)，属于底栖动物食性，主要摄食脊腹褐虾、中华安乐虾、日本鼓虾和七腕虾等虾类。根据韦晟和姜卫民(1992)对黄海鱼类食物网的研究，真鲷是广食性鱼类，主要摄食脊腹褐虾、壳蛞蝓、鳀、安乐虾和桡足类等；半滑舌鳎为底栖动物食性鱼类，主要摄食底层虾类和双壳类等；褐牙鲆为游泳动物食性鱼类，主要摄食鳀、皮氏叫姑鱼、黄鲫和玉筋鱼等；鲮是浮游植物食性鱼类(线薇薇和朱鑫华，2001)。由此可见，在这些放流品种之间，不存在严重的食物竞争。黄海北部鱼类群落中的重要种类和放流鱼种之间也不存在严重的敌害关系。

从对黄海北部鱼类群落重要种类胃含物的分析来看，尚未出现过放流的中国对虾、三疣梭子蟹、真鲷、褐牙鲆、半滑舌鳎、许氏平鲉和鲮的幼苗。但放流前，在重要种类的胃含物里，甲壳类的幼体占浮游动物性饵料的80%，由此可见，仍然存在着对放流的中国对虾幼体、三疣梭子蟹幼体进行捕食的潜在威胁。根据放流种类敌害生物的分布(图4.2.3、图4.2.4)，应尽量避免在其数量较多的区域内放流，以减少放流种苗的死亡率。

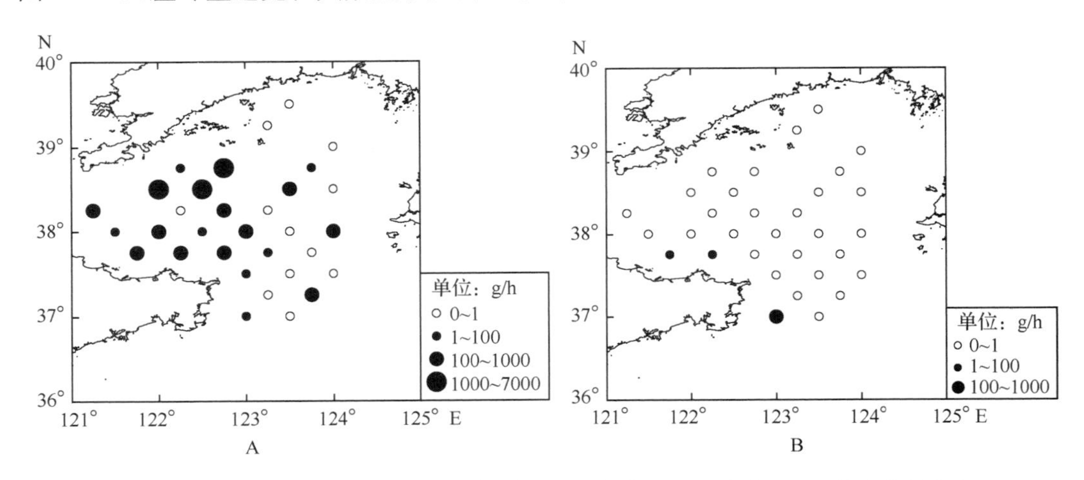

图4.2.3　黄海北部放流前中国对虾敌害——蟹类(A)、鰕虎鱼类(B)的生物量分布

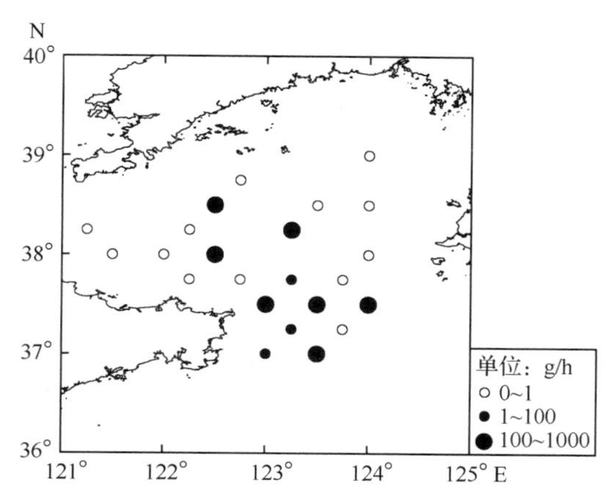

图 4.2.4　黄海北部放流前三疣梭子蟹主要敌害——鳗类的生物量分布

第三节　莱　州　湾

莱州湾作为渤海的三大海湾之一，是当前增殖放流的重要海域。现已开展放流的种类包括鱼类（褐牙鲆、黄盖鲽、半滑舌鳎、大泷六线鱼、许氏平鲉、真鲷、黑鲷、花鲈和鲮），虾蟹类（三疣梭子蟹、中华虎头蟹、中国对虾和日本对虾），头足类（金乌贼）和海蜇，拟增加的放流的种类包括鱼类（石鲽、圆斑星鲽、高眼鲽、木叶鲽、斜带髭鲷、银鲳、黄姑鱼、鮸、黄条鰤、红鳍东方鲀、假睛东方鲀、条纹东方鲀、绿鳍马面鲀、鲻、海鳗、斑鰶、刀鲚、大头鳕、鳓等），虾蟹类（日本蟳、脊尾白虾、鹰爪虾、周氏新对虾、口虾蛄等）和头足类（曼氏无针乌贼、针乌贼、短蛸和长蛸等）。通过对莱州湾放流前鱼类群落摄食生态的研究，弄清主要放流种类的敌害生物，为进一步在莱州湾开展增养殖和进行有效的渔业管理提供科学依据。

样品来源见第二章。所选的主要种类的累计渔获量占该月莱州湾鱼类总渔获量的90%以上，共分析了 14 种鱼类的胃含物样品（表 4.3.1）。

表 4.3.1　莱州湾用于分析胃含物的鱼种

鱼种	5 月平均体长/mm	6 月平均体长/mm
矛尾鰕虎鱼	104.87±19.17	116.09±14.41
矛尾复鰕虎鱼	174.28±20.64	192.19±25.38
六丝矛尾鰕虎鱼	59.31±7.24	—
中华栉孔鰕虎鱼	79.24±11.81	—
短吻红舌鳎	95.23±36.92	111.86±26.81
绯䲗	81.50±11.06	85.86±6.76
鲬	—	204.68±25.12
小黄鱼	—	129.04±9.52
斑鰶	138.57±12.78	—
方氏云鳚	124.49±14.88	136.01±17.37
赤鼻棱鳀	—	88.99±10.74

续表

鱼种	5月平均体长/mm	6月平均体长/mm
皮氏叫姑鱼	—	105.67±8.79
长绵鳚	97.07±47.86	—
石鲽	—	167.43±6.97

胃含物分析结果(图4.3.1)表明，5月，莱州湾鱼类群落有9个主要种类，其中，矛尾鰕虎鱼、六丝矛尾鰕虎鱼、中华栉孔鰕虎鱼、短吻红舌鳎、绯䲗和长绵鳚这6种，均摄食60%以上(66.7%～91.3%)的底栖动物，主要是钩虾类，其次为涟虫类、双壳类和腹足类。此外，矛尾鰕虎鱼还摄食30.8%的浮游动物，主要是糠虾类。矛尾复鰕虎鱼和方氏云鳚摄食的种类较广。矛尾复鰕虎鱼摄食22.2%的糠虾、29.6%的底层虾蟹类、22.2%的底栖动物、14.8%的鱼类和11.1%的头足类；方氏云鳚摄食50.5%的浮游动物(糠虾类占39.1%)和48.6%的底栖动物(34.3%钩虾类、11.4%双壳类)。斑鰶属于杂食性鱼类，摄食29.5%的浮游植物(主要是各种圆筛藻)、47.5%的浮游动物(桡足类占41.1%)和23.3%的底栖动物(双壳类占14.0%)。

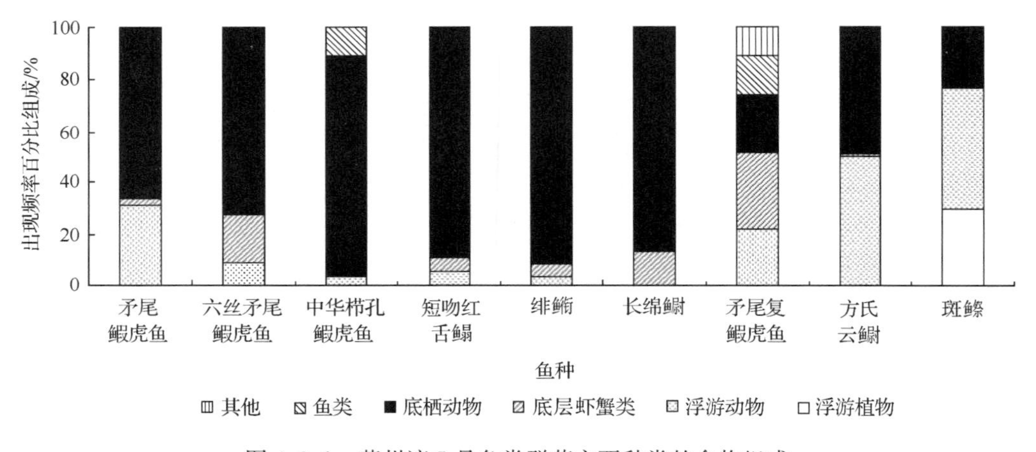

图4.3.1　莱州湾5月鱼类群落主要种类的食物组成

胃含物分析结果(图4.3.2)表明，6月，莱州湾鱼类群落中的主要种类，矛尾鰕虎鱼、短吻红舌鳎和绯䲗，摄食60%以上(66.7%～88.2%)的底栖动物，主要是钩虾类和双壳类，其次是多毛类和蛇尾类；石鲽、皮氏叫姑鱼、矛尾复鰕虎鱼和鲬，摄食80%以上(83.3%～100%)的底栖虾蟹类。小黄鱼和方氏云鳚摄食的种类较广。小黄鱼摄食44.7%的浮游动物和50%的底层虾类；方氏云鳚摄食55.1%的浮游动物和38.6%的底栖动物(其中钩虾类占25.3%)。赤鼻棱鳀摄食浮游动物，主要是甲壳类幼体和糠虾类。

5月，由于矛尾复鰕虎鱼摄食鱼类和头足类，6月，赤鼻棱鳀摄食的甲壳类幼体占浮游动物饵料的一半以上，因此，在放流初期，它们对莱州湾所放流的鱼类幼苗、头足类幼苗、虾蟹类幼苗，皆存在潜在的捕食威胁。在放流时间的选择上，应考虑避开敌害生物数量较高的时间段放流。同时，根据唐启升等(1997)提出的“在增殖放流区选择上，对敌害生物采取‘回避’策略，是保护增殖放流种类的可行策略”的观点，在莱州湾，应选择矛尾复

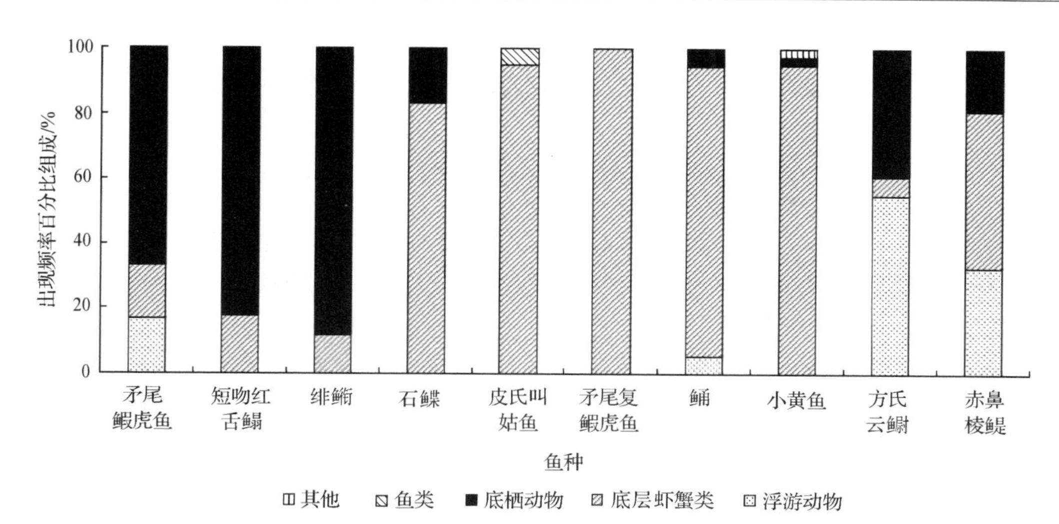

图 4.3.2　莱州湾 6 月鱼类群落主要种类的食物组成

鰕虎鱼数量较少的水域(图 4.3.3A)放流鱼类幼苗和头足类的幼体,选择赤鼻棱鳀数量较少的水域(图 4.3.3B)放流虾蟹类的幼体,以确保增殖放流的效果。

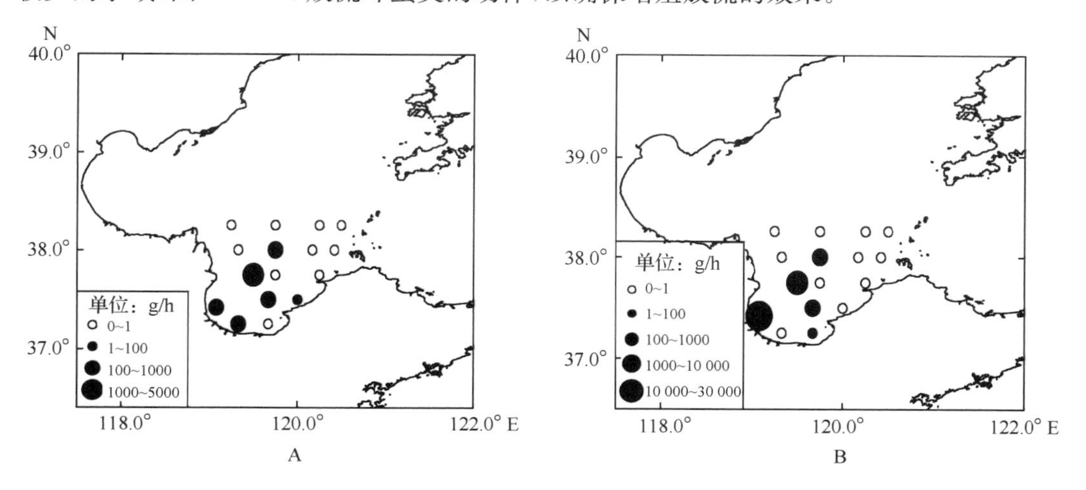

图 4.3.3　2011 年 5 月莱州湾矛尾复鰕虎鱼(A)、2011 年 6 月莱州湾赤鼻棱鳀(B)的生物量分布

第五章　增殖放流与追踪技术

随着人类社会活动的日益频繁和临港工业的快速发展等带来的海洋生态环境污染的加剧，我国近海生物资源不断衰退。因此，开展人工增殖放流以恢复渔业资源、提高渔业产量和质量是我国今后渔业发展的大趋势。我国从20世纪80年代初期，就已开始了近海资源的增殖试验和大规模人工繁育苗种的放流及海珍品的底播增殖，取得了较好的经济效益。目前，全国沿海大规模的海洋生物增殖放流工作蓬勃开展，放流地区覆盖我国沿海所有水域，放流品种包括鱼、虾、贝、藻等诸多种类。然而，如何评价大规模、大范围的增殖放流活动是否取得了预期的资源增殖效果，成为业界广泛关注的问题。现在，国际上通用的评价方法为标志放流(tagging release)。标志放流是指采用可以肉眼观察或借助科学仪器识别的特殊标签或者记号，对拟放养入自然海区的水生生物个体进行标记，然后放流至指定海域，并持续追踪其分布、生长、行为和种群变动规律的过程，从而评估海洋资源增殖的效果，这也成为对放流生物进行追踪、回捕和效果评估的唯一依据。

第一节　国内外水生生物标志放流技术发展现状

随着世界范围内渔业资源衰退和环境的恶化，人类开发利用渔业资源，更加注重科学性和可持续性，对渔业资源的增殖放流等生态修复工程的认识也不断深化。在大规模的增殖放流工作中，开展标志放流是评价放流效果和掌握放流种类移动及分布规律的有效而重要的途径(周永东等，2008)。标志放流，不仅可用于鱼类和甲壳类，对于贝类及棘皮动物等海洋动物同样也适用，因此，标志放流技术的研究，也日益引起各国学者的兴趣和重视，成为渔业资源研究领域中的热点之一(林元华，1985)。

标志放流技术，是指采用专用器具或者方法，将可识别的标签或者记号锚定在放流生物体表特定部位或者体内的技术方法。该技术是研究动物生活史(如年龄、生长率、死亡率、栖息地)和资源评估与管理的重要工具(通过标志研究资源时空分布)。标志放流技术，最初起始于19世纪80年代，1886年，Petersen等通过给鱼作标志的方法，来估算封闭水体中鱼类种群的大小和死亡率，其后，标志放流技术逐渐被用于研究鱼类的洄游路径的监测和追踪、生长监测、产卵场和育肥场分布、种群数量变动、行为生态生理等方面(洪波和孙振中，2006)。近些年，随着标志理论的研究与产品的创新完善，标志放流技术也取得了较大突破，通过先进的标志手段，能够详细地研究动物生活史、自然行为、生理变化(Cooke *et al.*，2004)等，为资源增殖放流研究提供了有效的技术手段和可靠的评价方法。

标志技术有体外标记和体内标记2种。体外标记包括切鳍、剪棘、颜料标记(具体有染色法、入墨法、荧光色素标记法等)、体外标(包括穿体标、箭形标和内锚标)等；体内标记法包括金属线码标记(coded wire tag，CWT)法、植入式可见橡胶标志(VIE tag)、被动整合雷达(passive integrated tag，PIT)法、档案式标记法、分离式卫星标记法、生物遥测标记法等。表 5.1.1 列举了当前渔业中采用的标记方法及其优缺点的比较(洪波和孙振中,2006)。由表 5.1.1 可以看出,体外标记法费用低廉,国内对多数放流品种都采用该方法,国外主要将其应用于鲑鳟鱼类,而体内标记法费用昂贵,适合于经济价值较高的金枪鱼等鱼类及国家重点保护鱼类中华鲟等。

表 5.1.1　国内外渔业资源增殖放流中采用的标记方法及其优缺点比较

	标记方法	优点	缺点	应用种类
体外标记法	切鳍法	操作简单、费用低	发现较困难、对鱼体损伤较大	小冠太阳鱼 *Lepomis microlophus* (Günther) 鳟 *Salmo trutta* Linnaeus 真鲷 *Pagrosomus major* Temminck *et* Schlegel
	剪棘法	方法简单、费用低	标记易随个体生长而消失	三疣梭子蟹 *Portunus trituberculatus* (Miers)
	体外标	费用低、易发现、易回收	操作复杂、对鱼体损伤较大、保存率低、对小个体不适用	裸头鱼 *Anoplopoma fimbria* (Pallas) 北极红点鲑 *Salvelinus alpinus* Linnaeus 真鲷 *Pagrosomus major* Temminck *et* Schlegel 黑鲷 *Sparus macrocephalus* (Basilewsky) 大黄鱼 *Larimichthys crocea* (Richardson) 小黄鱼 *Pseudosciaena polyactis* (Bleeker) 中华鲟 *Acipenser sinensis* Gray 中国对虾 *Penaeus chinensis* (Osbeck) 三疣梭子蟹 *Portunus trituberculatus* (Miers)
	入墨法	方法简单、费用低	标记易褪色、保存率低	石斑鱼 *Cephalopholis formosanus* Tanaka 真鲷 *Pagrosomus major* Temminck *et* Schlegel 褐牙鲆 *Paralichthys olivaceus* (Temminck *et* Schlegel)
	荧光色素标记法	方法简单、可大规模标记	适用范围广、保存率高、标记易于发现、对鱼体损伤较小	硬头鳟 *Salmo gairdneri* Richardson 银大麻哈鱼 *Oncorhynchus kisutch* (albaum) 罗非鱼 *Tilapia mossambica* Peters 真鲷 *Pagrosomus major* Temminck *et* Schlegel 黑鲷 *Sparus macrocephalus* (Basilewsky) 大黄鱼 *Larimichthys crocea* (Richardson) 中华鲟 *Acipenser sinensis* Gray
体内标记法	金属线码标记法	适用于很小的个体、对鱼类影响很小、保存率较高	不易发现、标记装置昂贵	大口黑鲈 *Micropterus salmoides* (Lacepède) 金体美鳊 *Notemigo crysoleucas* (Mitchill) 蓝鳃太阳鱼 *Lepomis macrochirus* Rafinesque 真鲷 *Pagrosomus major* Temminck *et* Schlegel 大黄鱼 *Larimichthys crocea* (Richardson)
	被动整合雷达标志法、档案式标志法、分离式卫星标志法、生物遥测标记法	保存率较高、所含信息量大	费用高、操作较复杂、难以发现、不适于大规模标记	眼斑拟石首鱼 *Sciaenops ocellata* (Linnaeus) 条纹狼鲈 *Morone saxatilis* (Walbaum) 中华鲟 *Acipenser sinensis* Gray 金枪鱼 *Thunnus* sp.

20 世纪 50 年代以来,我国在相继突破了中国对虾、鲮、真鲷、褐牙鲆等诸多种类的人

工繁育技术之后，开展了鱼类、甲壳类、软体动物等的标志放流技术研究，包括黄海水产研究所在内的诸多水产科研单位积极参与其中，为我国渔业资源增殖放流研究的发展奠定了坚实的基础。现将我国近年来水生生物标志放流情况统计如表 5.1.2 所示。

表 5.1.2　我国近年来水生生物标志放流情况统计

标志生物	标志体长/cm	标志方法	放流时间	放流尾数	标记效果及回捕数量	参考文献
黑鲷	9.5～16.5	金属线码标记	2004 年 10 月	9 108	成功标志率 99.6%，回捕率 0	徐开达等，2008
	9.9～17.3	荧光标记	2005 年 7 月	5 535	成功标志率 99.6%，回捕率 0.16%	徐开达等，2008
	10.4～19.5	挂牌标记	2006 年 7 月	3 316	成功标志率 89.7%，回捕率 0.64%	徐开达等，2008
	5～8	挂牌标记	1986 年	5 000	挂牌彼此缠绕在一起，影响成活率	汤建华等，1998
	7～12	入墨法、剪一侧尾鳍	1992 年	10 000	入墨法颜色随鱼体长大逐渐消失	汤建华等，1998
	4～7	剪一侧尾鳍	1993 年	5 000	尾鳍随时间长出，不易分辨	汤建华等，1998
	平均 10.1 及 5.2～9.6	剪一侧腹鳍	1994～1997 年	16 000	—	汤建华等，1998
	1.4～3.1	剪腹鳍	1990 年 6 月	2 800	—	汤建华等，1998
	6.9	入墨法	1990 年 10 月	6 141	回捕率 8.5%	汤建华等，1998
	15.6	入墨法	1991 年 10 月	3 424	回捕率 4.4%	汤建华等，1998
	2.3～3.3	剪腹鳍	1992 年 6 月	2 000	—	汤建华等，1998
	12.5	入墨法	1992 年 10 月	11 260	回捕率 6.1%	汤建华等，1998
	5.1～8.5	挂牌标记	1997 年 5 月	11 986	回捕率 8.0%	林金錶等，2001b
真鲷	5.7～7.1	挂牌标记	1997 年 3 月	2 000	暂养成活率 100%，掉牌率 0.7%，回捕率 16.2%	林金錶等，2001a
草鱼	11～17	挂牌标记	2010 年	1 000	暂养 10 天标志牌保持率 82.4%，土塘饲养 70 天的成活率为 91.5%，标记保持率为 79.9%	罗新等，2011
	11～17	切鳍标记：用眼科剪沿鱼苗左腹鳍基部完全剪除	2010 年	1 000	暂养 10 天标志保持率 100%，土塘饲养 70 天的成活率为 83.6%，标记保持率为 19.3%	罗新等，2011
岱衢族大黄鱼	4.9～5.3	挂牌标志	2001～2009 年	62 680	暂养期间平均死亡率 1.5%，平均脱标率 6.2%，平均回捕率 2.7%	丁爱侠和贺依尔，2011
大黄鱼	6.0～10.1	挂牌标志	1987 年 1 月	6 126	回捕率 7.9%	刘家富等，1994

续表

标志生物	标志体长/cm	标志方法	放流时间	放流尾数	标记效果及回捕数量	参考文献
鮸	9.7±0.9	挂牌标志	2006年7～8月	40	成活率92.5%，标志成功率90%	孙忠等，2007
	9.7±0.9	切腹鳍：切除鱼体一侧2/3的腹鳍	2006年7～8月	40	成活率97.5%，标志成功率97.5%	孙忠等，2007
	9.7±0.9	荧光标志：将红色荧光色素注射于鳃盖表皮下	2006年7～8月	40	成活率100%，标志成功率75%	孙忠等，2007
石斑鱼	11～34	挂牌	1980年	100	12～48天后回捕率为10%	薄治礼和周婉霞，2002
	4.5～22.1	挂牌	1987年	1 051	—	薄治礼和周婉霞，2002
	3.5～17.3	入墨法	1990年	451	282～358天后的回捕率为3.1%；651天后的回捕率为0.67%	薄治礼和周婉霞，2002
	3.0～17.7	入墨法	1991年	67	15天后的回捕率为4.5%；309～326天后的回捕率为13.4%	薄治礼和周婉霞，2002
	10.0～21.2	入墨法	1991年	418	41天后的回捕率为1.4%	薄治礼和周婉霞，2002
双斑东方鲀	11.3	挂牌	2005年12月	3 192	1年后回捕率2.82%	方民杰和杜琦，2008
褐牙鲆	2.0～3.0	荧光标记：茜红素S(ARS)和茜素络合指示剂(AC)浸泡染色	试验时间60天	ARS：300 AC：198	ARS和AC各处理组总死亡率分别为6.33%和0，ARS、AC最好的标记浓度分别为400 mg/L和300 mg/L，在此浓度下，耳石标记肉眼可见，鳞片和各部位鳍条标记通过荧光显微镜观察，荧光标记质量良好	刘奇，2009
中华鲟	82～93	PAT标志	2006年8月	6	3枚成功回收信息	陈锦辉等，2011
	145～165	PAT标志	2008年11月	8	6枚成功回收信息	陈锦辉等，2011
	78～98	挂银质标志牌	1998年12月	400	1998年12月21日～1999年5月10日，误捕到带有标志的中华鲟幼鱼5尾，其中2尾标志牌脱落，但其背鳍基部仍可见明显的电钻穿孔的挂牌痕迹	林金忠等，1999
	290～330	超声波遥测	1995年	5	仅1尾回到产卵场，中定位65次	危起伟等，1998

续表

标志生物	标志体长/cm	标志方法	放流时间	放流尾数	标记效果及回捕数量	参考文献
中华鲟	246～342	超声波遥测	1996年	10	全部返回了产卵场。每日对各尾标志鲟均可进行定位,较完整地记录了中华鲟在产前、产卵和产后的迁移轨迹或分布情况,各尾鱼持续定位6～48天,平均19.8天,总定位次数达573次	危起伟等,1998
金乌贼	胴背长8～10	荧光标记	2006年5月～12月	70	成活率100%,210天后内壳骨针部仍清晰保留初染时的半椭圆形淡紫色圆圈	郝振林等,2008
中国对虾	5～8	挂牌标志	1983～1990年	200 000	平均回捕率0.1%	刘瑞玉等,1993
	3～9	剪尾扇、挂牌	1983～1985年6～8月	123 572	剪尾扇再生短厚小尾,不易发现,效果不好。共回捕1 233尾,其中回捕率最高达3.3%	薛洪法等,1988
海蜇	伞径4～8	体色标志法	1986～1989年	6 506.42万	共回收标志蚕430只,伞径为60～420 mm	王永顺等,1994

一、鱼类标志放流技术

20世纪50年代,我国就开始渔业资源放流增殖活动,但较为成功的是80年代进行的黄、渤海的资源放流增殖,包括真鲷、褐牙鲆等多个种类。例如,黄海水产研究所在胶南积米崖基地进行的真鲷、黑鲷、河鲀和褐牙鲆等种类的人工放流及追踪调查试验。每年,放流黑鲷和褐牙鲆苗种10万尾,采用传统的铜丝塑料标记牌手工标记方法,标志放流黑鲷、褐牙鲆苗种10 000尾,统计回捕率达5.6‰,同时,放流无标记的真鲷苗种1万尾,假睛东方鲀苗种24万尾。初步探明了上述苗种的放流规格、标记方法和追踪调查技术,为今后海水鱼类增殖放流技术积累了经验。“八五”期间,黄海水产研究所在实施国家重点攻关项目“渤海主要经济鱼类、三疣梭子蟹、海蜇增养殖技术研究”和中、日合作“小麦岛水产增殖项目”过程中,在黄、渤海开展了真鲷、鲮的人工增殖放流及追踪调查试验。在苗种大规模培育成功的基础上,采用锚形编码塑料标志牌,开发应用标记枪标志法,系统进行了标志放流和追踪调查研究,摸清了真鲷的适宜标志规格、放流地点和放流方法。在渤海的莱州湾和北戴河附近海域和黄海的胶州湾,共放流真鲷苗种98万尾,其中,每年放流大规格标志苗种3万尾,采用渔船海上作业捕获和渔民渔获物回收等回捕方法,累计统计回捕率达6.8‰,在国内首次形成了真鲷苗种生产—中间培育—标志放流—跟踪回捕的规范化技术工艺,在黄、渤海,取得了良好的增殖放流效果。90年代末,全国水产技术推广总站与日本合作进行了“日照水产增殖项目”,在黄海南部实施了褐牙鲆人工放流及追踪调查研究。“八五”和“九五”期间的真鲷、褐牙鲆等增殖放流技术研究，大大推进了我国海水鱼类资源增殖放流技术的发展，其研究成果“渤海渔业增养殖技术研究”获国家科技进步二等奖、农业部科技进步一等奖。自2006年我国颁布《中国水生生物资源养护行动纲要》以来，我国的渔业资源增殖工作取得了显著成就。在海水鱼类增殖放流方面，每年放流鲮、真鲷、黑鲷、大黄鱼、褐牙鲆、半滑舌鳎等海水鱼类苗种累计千万尾以上。2009年以来，在农业部公益性行业专项“黄渤海生物资源调查与养护技术研究”的支撑下，开展了海水鱼类的标志技术研究，开发了适合于真鲷、褐牙鲆和半滑舌鳎的体外挂牌标志技术和荧光标志技术及半滑舌鳎耳石染色标志技术等，为这些海水鱼类的资源增殖效果评估提供了技术支持。

20世纪八九十年代，我国的其他科研单位也开展了一些海水鱼类增殖放流工作。中国科学院海洋研究所自80年代以来，在胶州湾实施了海洋农牧化研究课题，对褐牙鲆资源增殖的生态学基础及种苗放流技术开展了试验研究，为褐牙鲆增殖放流研究打下了基础。90年代以来，宁德市水产技术推广站、长江水产研究所等单位的渔业科技工作者，开展了大黄鱼(刘家富等，1994)、中华鲟(林金忠等，1999)等的标志技术研究。进入21世纪，随着环境污染的加剧和自然资源的不断下降，资源增殖研究重新引起国家和各地方政府的重视，增殖放流工作相继开展。同时，对放流生物的标志技术研究也有了较大进展，相继开展了真鲷(林金錶等，2001a)、黑鲷(林金錶等，2001b)、石斑鱼(薄治礼和周婉霞，2002)、鮸(孙忠等，2007)、黑鲷(徐开达等，2008)、双斑东方鲀(方民杰和杜琦，2008)、褐牙鲆(刘奇，2009)、草鱼(罗新等，2011)等多种鱼类的标志放流工作，多采用体外挂牌标志、入墨法等标志方法，为这些鱼类的大规模增殖放流和增殖效果评价奠定了基础。

二、中国对虾标志放流技术

20世纪80年代以前，中国对虾资源丰富，据统计，秋汛产量最高年份1979年，为39 499 t，春汛产量最高年份1974年，为4898 t。20世纪80年代以后，随着捕捞强度的不断加大和生态环境变迁，水域污染、病害频发及人工养殖业对野生亲虾个体的盲目需求等综合因素的影响，中国对虾野生资源量迅速萎缩。1998年的统计数据表明，当年秋汛产量已经下降到500 t，而春汛，则在1989年之后已经消失。为保护、恢复中国对虾资源，我国于1981年开始，在特定海区进行中国对虾移植和增殖放流试验。在山东省附近海域，1981年7月中旬，黄海水产研究所和下营增殖站，首先在莱州湾的潍河口进行了370万尾中国对虾种苗放流试验。1982～1984年，先后在桑沟湾、乳山湾和胶州湾，开展试验性中国对虾增殖放流，在象山港进行了其苗种的移植放流试验。回捕统计数据表明，通过增殖/移植放流，进行中国对虾资源恢复及移植是可行的(邓景耀，1997)。此后，在我国北方沿海，开始实施了大规模生产性增殖放流。据1984～1992年的统计数据，全国累计放流190.24亿尾其幼虾，共捕获放流中国对虾36 097 t，平均每放流1亿尾幼虾，约产成虾190 t(李文抗等，2009)。据统计，“七五”期间，在象山港、东吾洋、胶州湾进行的以中国对虾增殖为主体的水产开发，取得了很大的成效，5年间，共向3个港、湾放流中国对虾暂养苗13.6亿尾，出场苗为7亿尾，回捕3444.2 t，回捕率高达5.0%～9.1%，新增产值1.05亿元。“八五”期间，在象山港和东吾洋，又放流了中国对虾9.51亿尾，共回捕其成虾和亲虾1344.9 t，回捕率达6.8%～9.4%，产生了显著的经济效益和社会效益，直接推动了我国海洋人工放流增殖事业的发展。这期间，我国水产科研人员，从对自然海域的中国对虾分布调查到海域环境生态容纳量、放流时间和地点、适宜放流数量、放流苗种规格、暂养与计数方法、回捕率等方面，对中国对虾增殖放流技术开展了系统的研究，掌握了放流中国对虾生长、移动、分布、洄游、越冬和回归的规律，根据其资源生物学研究、生态学能流动态和生态经济综合因素等的变动情况，开发了眼柄标志技术，提出了以全长3 cm的中国对虾作为放流的适宜规格，制订了放流海域适宜放流的数量，优化了渔业资源的结构。

随着国家对资源保护、增殖的重视及中国对虾繁养、增殖技术水平的提高，近年来，中国对虾增殖放流规模逐步扩大，增殖效果日益凸显，到2007年，增殖放流中国对虾达22.07亿尾。在中国对虾近乎绝迹的形势下，渤海周围省、市加大了对中国对虾的增殖力度，并取得了明显效果。2007年，在渤海，放流中国对虾约12亿尾。目前，在我国沿海地区，每年都开展大规模的中国对虾增殖放流活动，年放流量达数百亿尾，这不仅对恢复中国对虾资源起到了积极的作用，对野生种群的保护和渔民的增产、增收也有显著的效果。目前，中国对虾标志放流工作的相对欠缺，不利于增殖效果的评估，下一步应加强其标志技术的研究。

三、蟹类标志放流技术

我国有关蟹类的标志放流研究较少。20世纪90年代，陈永桥(1991)采用切除侧棘法、扎孔法和穿线法等3种方法，对第Ⅲ期到第Ⅵ期的仔蟹进行了标志试验，结果表明，穿线法可作为三疣梭子蟹长期标志的首选，使用的标志线可采用不同颜色，或多种颜色相间，或在其上面做上其他记号，并标志在不同部位，这样能准确地区分出不同的放流地点、时间及规格等，同时，提出处于第Ⅳ期以上的稚蟹可作为标志的最小个体。近年来，随着增殖放流工作的开展，对蟹类的标志技术研究逐渐增多。目前，国内多采用挂牌标志和金属线码标志方法标记蟹类。挂牌标志法适宜的标志部位在游泳足的基部，而金属线码的标记部位一般为游泳足的基部或螯足的基部。2002年，辽宁省海洋岛渔场资源养殖管理委员会办公室，在东港市北井子镇外海域，首次放流体重为44 g的三疣梭子蟹幼蟹3282只，并在其第五泳足打上标牌。2009年，东海区渔政渔港监督管理局，采用金属线码标志法标记三疣梭子蟹，在东海，实施了大规模增殖放流行动。2010年，东海水产研究所，在上海开展了中华绒螯蟹的标志放流研究，采用有编码的贴标和环标标志技术，成功放流亲蟹5000只。

四、贝类标志放流技术

目前在我国，对贝类标志常用的方法包括以下3种。

1. 贴牌标志法(labelled tag)

将标志牌粘贴在贝体可见部位的方法，如利用强力胶水将标志牌粘贴在贝类壳顶附近。2008年，浙江省海水养殖研究所采用贴牌法标志放流厚壳贻贝(图5.1.1)和管角螺1万余颗。2008年，东海区渔政局在江苏吕泗开展了缢蛏标志工作，采用贴牌标志技术共标记缢蛏 6600 只，标记的缢蛏平均壳长为 6.14 cm、壳宽为 2.13 cm。标志是采用新颖的粉红色贴牌标记，标记保持率高，死亡率小于 1%，标志效果良好(图 5.1.2)。

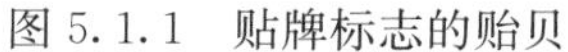

图 5.1.1　贴牌标志的贻贝

图 5.1.2　贴牌标志的缢蛏

2. 打孔标志法(stiletto tag)

将孔打在贝壳特定部位(如螺类的螺口)，多适用于螺类，利用打孔机在螺口无厣的部位打孔。

3. 挂牌标志法(hanging label tag)

将标志牌挂在贝体可见部位，多适用于螺类，在螺口无厣的部位打孔，然后挂上标志牌。

五、海蜇和乌贼标志放流技术

20 世纪 80 年代起，我国开始进行海蜇的增殖放流工作，浙江、辽宁、山东各省的海洋水产研究所及天津市塘沽区水产局丰南县增殖站，都先后开展了海蜇放流技术的研究。关于标志技术的研究，因海蜇没有内外骨骼，身体为胶质，用常规的鱼、虾标志方法难以奏效，因此，一直没有有效的标志放流技术。王永顺等(1994)采用体色区分标志方法标志海蜇放流群体，得到了满意的效果。1986～1989 年，放流了伞径为 4～8 mm 的标志海蜇 6506.42 万只，共回收标志海蜇 430 只，其伞径为 60～420 mm。

2010 年，日照市水产研究所和中国海洋大学合作，在日照市任家台近海进行了我国首次金乌贼标志放流，采用荧光染色标志技术，共标志放流了 1.5 cm 以上金乌贼苗种 2 万尾。在乌贼幼体生长至 0.8 cm 左右时，通过特定的荧光指示剂对其内壳进行标志，随着个体的生长，放流时，由于新长出的内壳没有染色，因此标志染色处清晰可见，这种标志方式具有高效、简便、易操作且终生保持、易识别的特点。

第二节　标志技术方法

目前，国际上已报道的、用于水生生物放流的标志方法主要有挂牌标记法、切鳍法、入墨法、荧光染色法、金属线码标志、生物标志、遗传标志、生物遥感标志等。有关海水鱼类体外标志放流技术，国外已经开展了广泛的研究，其中以日本为多，主要研究对象包括真鲷、鲑鱼、褐牙鲆等(Kitada and Kishino,2006)，多使用体外标志牌标志，相关研究集中在标志类型、标志部位、成活率与脱标率、行为学、回捕检标等方面，为增殖效果评估提供依据。以下就各种标志类型及其应用进展情况分别予以介绍。

一、体外挂牌标志

体外标志是使用最广的标志方法(Bergman *et al.*,1992)，包括外部形态标志和外部标签标志。早在 16 世纪，就有将红绸带系于鲑体上进行放流的记载，到了 19 世纪，则改为采用切鳍、挂环、打标签等方法来标志鲑。1893 年，苏格兰渔业委员会采用印有数字的鱼钩来标志太平洋鲱(*Clupea pallasi*)(Jackobsson,1970)。外部形态标志包括剪鳍、冷冻烙印、色素染色等，外部标签标志主要是标志牌。体外标志的优点在于费用低廉、操作简单且易于鉴别，便于渔民对渔获物的识别。近年来，经济鱼、虾和蟹类的放流，多采用该种方法(Nielsen,1992)，包括大黄鱼、石斑鱼、真鲷、中国对虾、半滑舌鳎、褐牙鲆等种类的标志放流。

以下就各种体外标志技术进行分类介绍。

1. 挂牌标志种类及标志方法

放流用的体外标志牌多为塑料牌，可在标牌上面印制文字等(林元华,1985)。对标志牌的要求：材料质地轻，对标记动物行动无影响，标志易被发现，其形状可以多样(图 5.2.1)。标志牌的穿刺材料多用白色涤纶线，也有的采用椭圆形铝合金薄牌。穿刺材料用铜丝(罗新等,2011)、不锈钢丝(薄治礼和周婉霞,2002)或银丝(林金錶等,2001a;2001b)。鱼类的穿刺部位通常位于背鳍前缘的基部(林金忠等,1999;徐开达等,2008)，大批量的鱼类标志可以采用标志枪快速挂牌标志。中国对虾的穿刺部位通常位于头胸甲和第一腹甲之间的肌肉带，也有位于第一腹甲和第二腹甲之间的，挂牌暂养时的成活率通常都达 90%以上，脱标率不超过 5%(刘瑞玉等,1993)。放流回捕率因放流海域的海流状况及人为捕捞情况的不同而各异，真鲷和大黄鱼的放流回捕率分别达 16.2%(林金錶等,2001a)和 2.7%(丁爱侠和贺依尔,2011)，而中国对虾的回捕率为 0.48%(范延琛,2009)～3.3%(薛洪法等,1988)。

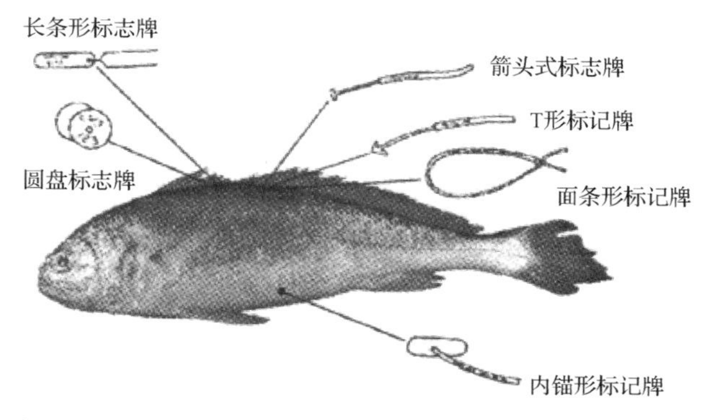

图 5.2.1　几种标志牌挂牌标志部位示意图(周永东等,2008)

目前，常见的体外标牌包括：①挂牌(disc)，如彼得逊牌、标志海龟的镍合金标志牌和可粘于双壳类壳面并印有标识码的粘贴。早在1894年，国际上就有使用彼得逊牌(Petersen disc)标志鲽科鱼类和鳕(*Gadous macrocephaius*)的记载；②锚型标(anchor tag)，如"T"形标(T-bar)；③带状标(streamer tag)，通常标志在甲壳类第一、第二腹节上(Howe and Hoyt，1982)；④箭型标(dart tag)。标志保持率的高低及保持时间的长短与标志牌的类型、标志动物的种类、标志的部位等都有很大的关系(Bergman *et al.*，1992)。塑料标志牌重一般为0.1～0.6 g，有白色、红色、蓝色等多种颜色，可用于鱼、虾、蟹类的标志。杨德国等(2005)用银质标志牌标志14月龄中华鲟幼鱼，标志牌规格为27 mm×10 mm，两端银丝直径为0.5 mm，长80 mm，重约1.5 g，结果显示标志效果良好。

2. 挂牌标志实例

(1) 真鲷挂牌标志实例

"八五"期间，黄海水产研究所在黄、渤海开展了真鲷、鲮人工增殖放流及追踪调查试验，采用锚形编码塑料标志牌，开发应用标记枪标志法，在渤海的莱州湾和北戴河外海、黄海的胶州湾，共计放流真鲷苗种98万尾，其中，每年放流大规格标志苗种3万尾，采用渔船海上作业捕获和渔民渔获物回收等回捕方法，累计回捕率达6.8‰，在黄、渤海取得了良好的增殖放流效果。

林金錶等(2001a)采用薄椭圆型铝合金标志牌标志真鲷(体长为57～71 mm)，标志牌规格为11 mm×5 mm×0.2 mm，用银丝穿孔系牌，牌与银丝共重10.7 mg。挂牌后，将试验鱼置于事先准备好的网箱中暂养，并观察其游泳、成活和脱牌情况，在大亚湾标志放流回捕率可达16.2%，标志放流效果较好。

(2) 褐牙鲆标记牌标志研究与放流实例

20世纪90年代末，中日联合在日照实施了"中日水产增殖技术开发合作项目"，在黄海南部实施了褐牙鲆人工放流及追踪调查研究。1998～2003年，经过反复试验，研究选择了一整套适合当地环境条件的褐牙鲆健康苗种培育技术和方法，在研究不同时间、地点的放流效果方面取得了大量科学数据，标志放流褐牙鲆4万尾。

2010年，黄海水产研究所对褐牙鲆体外标志牌标记技术进行了研究，研发了4种不同规格的T形标志牌(表5.2.1)，建立了适宜褐牙鲆的挂牌标志技术。试验用T形标志牌的主要结构包括锚定端、连接线和标志牌3个部分，各部分量度数据如图5.2.2B所示，T-A、T-B、T-C和T-D等4种标志牌的规格见表5.2.1。

表5.2.1　试验用T形标志牌的规格特征

标志牌	标志牌总长/cm	锚定端长/cm	连接线长/cm	标志牌长/cm	T端直径/mm	整体质量/g	标志牌质量/g
T-A	2.8	0.6	1.2	1.6	0.5	0.02	0.012
T-B	3.2	0.8	1.6	1.6	0.8	0.034	0.021
T-C	3.4	0.85	1.3	2.1	0.85	0.041	0.022
T-D	3.7	0.9	1.4	2.3	1.05	0.087	0.069

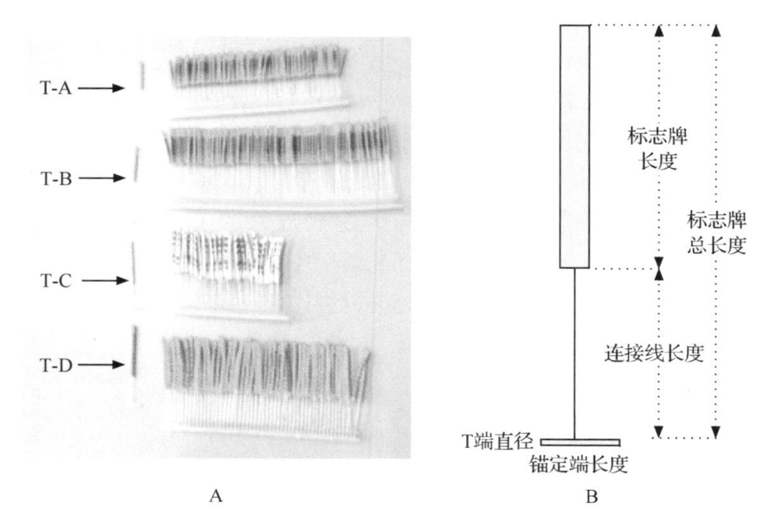

图 5.2.2　标志试验使用的标志牌规格示意图

A. 标志牌；B. T 形标志牌规格示意图

标志操作前，将试验鱼用 MS-222 进行麻醉，以专用标志枪进行背部挂牌标记操作。标志枪枪头用 70％乙醇消毒后再使用。挂牌标记的部位选择被标记鱼背鳍基部下方的背部肌肉最厚的部位（一般距头部约 2 cm 处），标记枪与鱼体呈 45°～60°角。标记枪头自鳞下间隙处插入，倾斜入肌肉 5 mm 左右，标志枪针头不穿透鱼体。标记完成后，以手指轻压标志部位，轻轻快速抽出标记枪，使得标志牌锚定端留在试验鱼体内。标志操作后，对标志部位用碘液等方式进行消毒处理，以防止伤口感染。挂牌标志完成后，将试验鱼在室内玻璃钢水槽里暂养。

试验用褐牙鲆苗种的平均体长为 5 cm、7 cm 和 9 cm，标志试验使用的标志牌规格特征同图 5.2.2B 和表 5.2.1。标志具体标志部位如图 5.2.3 所示。根据鱼苗规格的不同，结合标志牌的规格，对 5 cm 的苗种，利用 T-A、T-B、T-C 标志牌进行标志试验。共设置了 3 个试验组，每组试验鱼为 50 尾，每个试验组设置一个重复；对于 7 cm 和 9 cm 的苗种，都使用 4 种规格的标志牌进行标志试验，共设置 8 个试验组，每组试验鱼 100 尾，每组

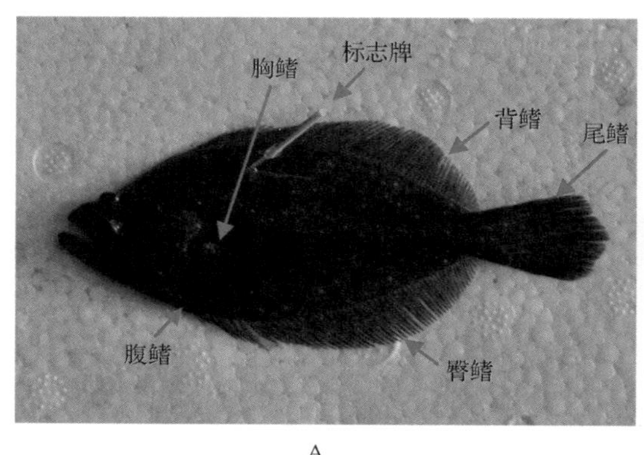

图 5.2.3　褐牙鲆苗种挂牌标记部位示意图（A）及实际标志效果（B）

设置一个重复。试验用苗种，按照规格的不同，分别于 4 个 20 m^3 的水泥池中暂养 3 天后，再用于标志试验。

用不同规格的标志牌对褐牙鲆苗种进行标记后，10 天的脱牌率和存活率情况见表 5.2.2。本研究发现：以 T-A 标志牌标记后，平均全长 5 cm 苗种脱牌率相对较低，为 17%，成活率达 79%，而平均全长 9 cm 的褐牙鲆苗种的脱牌率仅为 6%，存活率达 96%；以 T-B 标志牌标志后，平均全长 5 cm 的苗种脱牌率达 28%，而存活率仅为 37%，平均全长 7 cm 以上的苗种对 T-B 标志牌的适应力较强，脱牌率仅 6%～8%，存活率达 90%～93%；以 T-C 标志牌标志后，平均全长 5 cm 的苗种脱牌率达 34%，而存活率仅为 4%，效果较差，平均全长 7 cm 以上的苗种相对较好，脱牌率为 9%～11%，成活率达 85%～87%；以 T-D 标志牌标记后，平均全长 7 cm 的苗种脱牌率达 26%，而存活率仅为 54%，平均全长 9 cm 的苗种脱牌率为 15%，存活率为 61%。以上结果表明：T-A 和 T-B 标志牌，适宜于平均全长为 7 cm 以上的褐牙鲆苗种的标志放流；T-C 标志牌，可用于平均全长在 7 cm 以上的褐牙鲆苗种的标志，但效果低于 T-B 标志牌；T-D 标志牌，不适宜平均全长在 9 cm 以下的褐牙鲆苗种的标志放流。

表 5.2.2　不同规格的褐牙鲆苗种以不同规格 T 形标志牌标记后 10 天的脱牌率和存活率

科目	3 cm 苗种	5 cm 苗种			7 cm 苗种				9 cm 苗种			
	T-A	T-A	T-B	T-C	T-A	T-B	T-C	T-D	T-A	T-B	T-C	T-D
脱牌率/%	39	17	28	34	6	8	11	26	5	6	9	15
存活率/%	14	79	37	4	93	90	85	54	96	93	87	61

近年来，“黄渤海生物资源调查与养护技术研究”项目团队在北戴河开展了全长在 7 cm 以上褐牙鲆苗种的大规模标志放流试验，利用 T-B 标志牌标志放流褐牙鲆苗种 17.0 万尾。2011 年，标志放流了 9.4 万尾；2012 年，标志放流了 7.6 万尾。在标志放流过程中，使用 T-B 标志牌对褐牙鲆苗种进行标记后，在室内的圆形水泥池（规格为 6 m×6 m×1 m）进行流水暂养 24 h 后，放入大海。2011～2012 年，标志牌标记暂养成活率达 98%，脱牌率为 3.1%，标记效果较好。

（3）半滑舌鳎标记牌标志研究与放流实例

在半滑舌鳎体外标志牌标记技术方面，黄海水产研究所研制了 4 种不同规格的 T 形标志牌（表 5.2.3），建立了适宜半滑舌鳎的挂牌标志技术。试验用的 T 形标志牌主要结构包括锚定端、连接线和标志牌 3 个部分，各部分的量度数据如图 5.2.2B 所示。T-A、T-B、T-C 和 T-D 等 4 种标志牌的规格见表 5.2.3。选择色泽正常、大小规则整齐、健康、无损伤、无病害、无畸形、无白化、游动活泼、摄食良好的半滑舌鳎苗种。选用平均全长分别为 5 cm、8 cm、12 cm、16 cm 的苗种用于试验。利用 4 种不同规格的 T 形标志牌（T-A、T-B、T-C、T-D）进行了挂牌标记。全长 5 cm 的苗种仅以 T-A 标志牌标记，其他 3 个规格的苗种，以 4 种标志牌标记。各种标志牌的总质量和标志牌的质量与试验鱼体湿重的比值（R）按照如下公式计算：$R=W_T/W_F\times100$（W_T 为不同规格标志牌的总质量，W_F 为试验鱼的体湿重），4 种规格的标志牌与试验鱼体重的比值见表 5.2.3。

表 5.2.3　标志牌质量占半滑舌鳎试验鱼体湿重的比值

牌类型		试验鱼规格			
		5 cm	8 cm	12 cm	16 cm
比值(R)	T-A	1.66～2.5	0.43～0.63	0.21～0.28	0.09～0.11
	T-B	2.83～4.25	0.74～1.06	0.35～0.47	0.15～0.19
	T-C	3.42～5.13	0.89～1.28	0.42～0.57	0.19～0.23
	T-D	7.25～10.88	1.89～2.78	0.89～1.21	0.39～0.48

不同规格的 T 形标志牌，对不同规格的半滑舌鳎苗种进行标志后，暂养 15 天的脱牌率和存活率见表 5.2.4。平均全长为 5 cm 的苗种，以 T-A 标志牌标记，脱牌率高达 47% 以上，且试验鱼在标记后 3 天内全部死亡。平均全长为 16 cm 的苗种，以 T-A 和 T-B 标志牌标记后，成活率为 100%，未出现脱牌的情况；以 T-C 和 T-D 标志牌标记后，脱牌率高于 15%，成活率低于 32%，T-D 标记成活率仅 5%。对于平均全长为 12 cm 的苗种，以 T-A 标志牌标记后，成活率为 100%，未发现脱牌；以 T-B 标志牌标记后，脱牌率为 7%，但成活率仅为 80%；以 T-C 和 T-D 标志牌标记后，脱牌率高于 30%，成活率低于 18%，T-D 标记组全部死亡。平均全长为 8 cm 的苗种，以 T-A 标志牌标记后，成活率为 92%，脱牌率为 7%；以 T-B 标志牌标记后，脱牌率为 20%，但成活率仅为 57%；以 T-C 和 T-D 标志牌标记后，脱牌率高于 45%，成活率低于 5%，T-D 标记组试验鱼在标记后 3 天内全部死亡。

表 5.2.4　不同规格的半滑舌鳎苗种以 T 形牌标记后 15 天的脱牌率和成活率

科目	8 cm 苗种				12 cm 苗种				16 cm 苗种			
	T-A	T-B	T-C	T-D	T-A	T-B	T-C	T-D	T-A	T-B	T-C	T-D
脱牌率/%	7	20	45	69	0	7	33	67	0	0	15	45
成活率/%	92	57	5	0	100	80	18	0	100	100	32	5

由此可见，全长在 5 cm 以下的苗种，不适宜以标志牌标记放流，对于全长在 8 cm 以上的苗种，标记应使用 T-A 标志牌，对于 16 cm 以上苗种的标志，可使用 T-A 和 T-B 标志牌(图 5.2.4)。

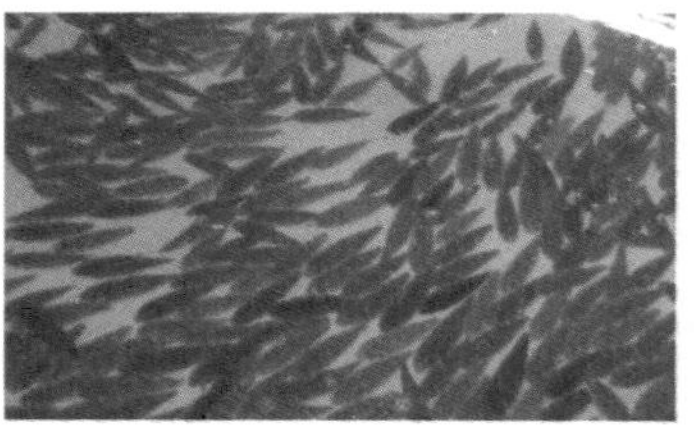

图 5.2.4　半滑舌鳎 T 形标志牌标记部位及标志后暂养

全长为 12 cm 的半滑舌鳎苗种挂牌标记后，经 15 天室内暂养，放入室外池塘培育，观察其标记效果。共放入标记试验苗种 180 尾，同等规格、未标记的试验鱼 180 尾，经 2 个月的池塘养殖后，将试验鱼出池，计数得出：带标记牌的试验鱼为178尾，不带标记牌的试验鱼为182尾，试验池塘养殖成活率达100%。标记试验鱼的平均全长为(17.37±1.97) cm，平均体重达(23.83±3.02) g，未标记鱼的平均全长达(18.07±2.02) cm，平均体重达(24.59±3.64) g。其结果表明：挂牌标记鱼的生长与未标记苗种的生长，无显著差异($P>0.05$)，标记效果较好。

2011年11月，在莱州三山岛近海，进行了半滑舌鳎标志放流试验，利用T-A标志牌标记放流了平均全长为12 cm的半滑舌鳎苗种1万尾。标志放流流程：根据上述试验结果，使用T-A标志牌，对平均全长为12 cm的半滑舌鳎苗种进行了标记，标记后在室内圆形水泥池(规格为6 m×6 m×1 m)流水暂养24 h后，出池、打包后，装船放入大海。出池时，计数池中苗种死亡个体数量及脱落的标志牌数量，统计得出该标志牌标记暂养成活率达99%，脱牌率为1.2%，表明标记效果较好。

挂牌标志法的最大优点是操作简单，不需要专门装置检测，回捕率高，实施的费用低，可以大规模使用，标志易被发现及标志回收简便。可以通过标志牌上的编号，在标志个体上留下可供辨认的标记，为人们估算各生物群体的自然生长特性及渔具的选择等，提供可靠依据。

(4) 草鱼挂牌标志放流实例

罗新等(2011)用椭圆形、塑料、透明标牌标志草鱼，标志用的草鱼体长为11～17 cm，体重为50～70 g。所用标牌的规格为8 mm×5 mm×1 mm，用细铜丝(直径为0.14 mm，长约50 mm)固定于草鱼背鳍基的前部，标牌和铜丝的平均总质量为0.04 g，标牌位于背鳍基的前方，铜丝从第一和第二鳍骨之间的间隙穿过，将塑料标牌固定于背鳍基的前方。标志后，对试验鱼进行暂养观察，并转入土塘进行食性转化驯养等试验。结果显示：挂标志牌试验组成活率为99.8%，暂养期间脱标率为17.6%，标牌保持率为82.4%。土塘饲养70天的标志鱼的成活率为91.5%，标记保持率为79.9%。试验标志的草鱼，经暂养和土塘饲养后，成活率和标志保持率较高，生长情况良好，获得了理想的试验效果，可为草鱼的标志放流工作提供指导。

(5) 中国对虾标志放流实例

1983～1990年，中国科学院海洋研究所科研人员，在胶州湾放流挂牌标志幼虾16批，共放流标志幼虾200 000余尾，回收标志虾200尾，平均回捕率为0.1%(刘瑞玉等，1993)。各批次放流的标志幼虾，其回收情况有很大差异。1984年8月上旬，在胶州湾，以虾拖网捕获自然幼虾群体，系好标志牌后立即放流，由于幼虾比较健壮，因此回收率较高(8.65‰)。其他标志虾均为取自就近养虾池中饲养的个体，此类虾放入海中后，有一段适应新环境的过程，其回收率明显低于前者。另外，随着围捕幼虾压力的急剧增长，违章作业者捕获的标志虾，一般难以回收到，所以，标志虾的回收率明显下降。1983年和1984年，在红石崖养虾场就地放流的标志幼虾，回捕率为2.02‰～4.78‰，而1989年，在同一地点放流的标志幼虾，回捕率只有0.3‰。1989年7月中旬，分别在胶州湾的东北部上马镇养虾场，海湾西南部的红石崖养虾场和黄岛后湾的养虾场及汇泉湾，分别放流幼虾20 000尾、20 000尾、10 000尾和1000尾，回捕的结果表明：有季节性径流注入的海湾的东北角和西南角，在软底质海域放流虾的回捕率明显高于沙底质、清水区的黄岛后湾放流虾的回捕率。

二、切鳍标志

1. 切鳍标志方法

切鳍标志法(fin clipping)是指切除鱼类的一个或多个鳍条的全部或部分,作为标志的一种方法。日本曾在真鲷等鱼类的放流中应用该标志方法(立石贤埸等,1985)。全部切除会阻碍鳍的生长,从而产生永久的标志,但可能影响动物的游泳能力,而部分切除则因鳍条的再生,只能产生短期的标志(Nielsen,1992;张堂林等,2003)。汤建华等(1998)的试验表明:对真鲷采用切一侧尾鳍和切一侧腹鳍的方法,结果腹鳍基本不再生长,而尾鳍却可以再生长,甚至经过一段时间的生长后,被切的尾鳍已经基本复原,无法进行明确的判断。为了尽量减少对鱼类游泳的影响,切除部位一般为一侧腹鳍(周永东等,2008),也有的鱼类切除部位为脂鳍(如鲑鳟鱼类)、胸鳍(如花鲈)、背鳍(如鳟鱼)、臀鳍(如鳟鱼和花鲈)、尾鳍等。切鳍标志法操作简单、成本低廉,具有可作为群体标记的优点,缺点就是时间长久后较难分辩,辨认的准确率低。该方法只适于大量的、短时间内的标志,不适于个体标志,同时,组织器官的损伤易引起感染,造成运动能力下降。

2. 切鳍标志实例

(1) 细鳞大麻哈鱼切鳍标志实例

20 世纪 70 年代中期,苏联为了研究人工养殖细鳞大麻哈鱼(*Oncorhynchus gorbuscha*)的效果,曾采用切除脂鳍的方法来标志幼鱼(林元华,1985),对脂鳍的形态、大小及在自然条件下变形的脂鳍鱼的出现频率作了较为详细的观察研究,认为采用切除脂鳍标志鲑科鱼类的方法可以获得比较可靠的资料。有时,为了提高回捕的准确性,可同时切除任何两鳍,这样也便于区别同地、异时或者同时、异地放流的标志鱼类。

(2) 黑鲷切鳍标志实例

汤建华等(1998)采用剪一侧尾鳍的方法对黑鲷(*Sparus macrocephlus*)幼鱼进行标志放流研究,剪鳍后在池中暂养,进行观察,约 4 个月后,体长已长到 13~14 cm,平均体重达 66.7 g,被剪尾鳍已经长出,再经一段时间后,被剪的一侧尾鳍与另一侧基本对称,说明该标志方法效果不理想。后来,又采用剪一侧腹鳍的方法标志黑鲷,并进行池塘养殖对比试验,至 11 月,平均体长为 16.2 cm,平均体重为 112.5 g,一年后,体重增至 300~350 g,发现腹鳍基部关节处剪干净的个体,没有重新长出腹鳍,没有剪干净的个体,两侧腹鳍差异明显,表明该种标志方法基本可行,但缺点是标志不易被发现。

(3) 鮸切鳍标志实例

孙忠等(2007)对鮸(*Miichthys miiuy*)采用部分切除腹鳍的方法进行标志技术研究,切除鱼体一侧 2/3 的腹鳍,经过 14 天的饲养,成活率为 95%,到试验结束时,试验鱼所切除的腹鳍均出现再生现象。由于饲养时间短,再生的腹鳍明显小于另一侧正常的腹鳍,且色素浅,为半透明状,肉眼能很容易识别,故脱标率为 0。从试验结果看,切鳍法只适合用于短期标志。此法应用于稚鱼时,操作需特别谨慎小心,并且动作要迅速,以防引起大量死亡。有相关研究表明:鱼体越小,鳍条的再生能力越强,保留切鳍标志的时间就短。因此，在切除鳍条时，一定要完全彻底剪除，防止所剪鳍条再生（林元华，1985）。

（4）许氏平鲉切鳍标志实例

日本水产综合研究所（野田勉，2007）的最新研究表明：在日本九州宫古湾（Miyako bay）的许氏平鲉标志放流，使用了切鳍法，切鳍部位为腹鳍，将全长为 100 mm 的许氏平鲉一侧腹鳍从根部连根拔除，使其再生速度很慢，从而达到标志的目的。完全拔除腹鳍标志，3 年后，还能回捕到标志鱼。1 龄鱼的回捕率为 12%～20%，2 龄鱼的回捕率为 1.5%～4%，3 龄鱼的回捕率为 0.4%左右，平均回捕率为 18%（14%～23%）。但采用切除腹鳍 70%～80%的标志方法，许氏平鲉腹鳍的恢复速度为一年后再生。

三、烙印标志

烙印法就是在鱼体或其他动物身体上烙出可辨认的印记。烙印法有两种方式：热烙印（hot branding）和冷烙印（freeze branding）（Nielsen，1992）。其原理是，用冷的或热的金属板，短暂接触动物身体表面几秒钟，使动物体表被冻伤或烫伤，从而留下易于辨认的伤痕。产生热烙印的方法包括热水、激光、乙炔、电子枪；产生冷烙印的方法包括液氮、干冰等。通常冷烙印比热烙印更有效（Bryant *et al.*，1990；Knight，1990），所以，一般在实际生产中较多采用的是冷烙印法。烙印部位一般选择在鱼体上易于观察且比较明亮的区域，如体侧和头部（Knight，1990）。烙印技术为鱼类提供了优良的短期标志，这些标志能够在鱼体上保留几个月，适用于短期研究（短期标志回捕评估或者鱼类区域性活动的研究）（Nielsen，1992）。烙印法操作简单、快速，对动物的生长、存活、行为无明显影响，但这种方法使用范围有限，只适用于无鳞或细鳞鱼类。标志保持时间的长短与所采用的烙印方法有关。Knight（1990）采用液氮冷烙印标志大西洋鲑（*Salmo salar*），烙印保持时间可达一年。研究表明，鱼体上烙印的清晰度和持续的时间也与海水温度有关。

四、化学标志法

化学标志是目前较为常用的标志方法，此方法是采取投喂、注射、浸泡等手段，使鱼类、贝类、棘皮动物等留下能够被人们所识别的标记。目前，常用的化学标记主要有 2 种，包括染料标志和荧光颜料标志。

1. 染料标志

常用的染料有 2 种：一种是普通元素标志，如锶和镧系元素，另一种是荧光染料（陈锦淘和戴小杰，2005）。因为锶和镧系元素属于放射性元素，所以现在很少使用。目前，使用较多的是荧光染料。标志放流中常用的荧光染料包括：茜素络合指示剂（alizarin complexone，AC）、茜素红 S（alizarin red S，ARS）、钙黄素（calcein）、盐酸四环素（oxytetracycline）（Eckmann，2003）。茜素络合指示剂和茜素红 S 是目前被用于化学标志较多的 2 种染料，这 2 种染料相比较，茜素红 S 价格更低，适于大规模标志使用（Baer and RÖsch，2008）。鱼类耳石、鳍条及其他骨组织的荧光标记，可以使用荧光显微镜检测，有时，肉眼都可以识别荧光标记。钙黄素产生的背景荧光太过强烈，标记效果不如茜素络合指示剂和茜素红 S 好。盐酸四环素作为一种化学染料已经使用了 40 多年（Weber and Ridgway,1962),同时它也是一种抗生素,在作为化学染料时,若使用剂量过高则对水产品安全构成威胁。有研究结果显示:盐酸四环素能使水生动物活动减少,甚至停止摄食(Monaghan,1993)。Weber 和 Ridgway(1967)通过喂养、注射、浸泡等方法,对太平洋鲑进行荧光标记,标志保持时间可达 3.5 年,在其他鱼类中,标志保持时间最短的为 5 个月,最长的为 24 个月(Bilfon,1986;Behrene and Mulligan,1987;Loreon and Mudrak,1987)。Willis 等(1998)用荧光染料标志金赤鲷,14 天后的保持率可达 92%。今后,采用荧光染料用于标记放流时,除了要预先选择合适的标记染料、浸泡时间,评估标记对鱼体生长的影响,同时,也需要评估染料在体内的代谢、分解的效果。Brown 等(2002)报道:使用 OTC 标记黄金鲈(*perca flavescens*)时,在其肌肉中发现 OTC 残留,但染色 2 h 后,残留已经代谢到安全水平。虽然有报道表明:茜素红 S 和茜素络合指示剂染料无毒、安全性高,然而,到目前为止,还未见 ARS 和 AC 染料代谢的相关报道。关于茜素红 S 和茜素络合指示剂浸染后的代谢动力学,有待进一步研究。当前,利用荧光染色标志技术对放流生物进行标志,包括鮸(孙忠等,2007)、褐牙鲆(刘奇,2009)等。

2. *荧光颜料标志*

植入式可见橡胶标志(visible implant elastomer tag,VIE tag)是指在水生动物的体表,注入可识别的荧光胶体。荧光胶体由可与生物兼容的两组特制的荧光胶体组成,当两种液体荧光胶体混合后,用注射器注入鱼体表皮,在室温下 24 h 内可以凝固,从而形成可以识别的外部标志。液体胶体共有 9 种颜色,其中红色、橙色、黄色、绿色是带荧光的,蓝色、黑色、紫色、白色和棕色不带荧光(周永东等,2008)。与挂牌标志法相比,VIE Tag 是一种更为有效的标志方法。因为标志鱼主要通过渔民回收,所以标志位置需要醒目,容易被渔民发现。一般注射在鱼体头顶部、眼眶后部或背鳍和胸鳍之间、靠近胸鳍的部位,可提高保持率和可视性。荧光色素标志法具有操作简单、标志明显且成本低、保持率高、死亡率低等优点,同时,该标志法对动物的生存、生长、行为影响限度很小,检测直观,发荧光使可见度大大增强,在夜晚,用蓝色发光二极管可以明显观察到标志。然而,荧光标记也存在一些缺陷,例如,标记承载信息有限,不能作为区分个体的标志,也很难作为不同养殖场放流群体鉴别的标志。此外,通过荧光标记只能获得回捕信息,并不能说明标记群体在放流期间的行为、生理、生态变化。因此,应该根据不同研究目的,结合使用其他标记、标志方法,达到放流追踪的效果。

荧光色素可见标志(VIE Tag)已经在多种鱼类的标志放流上应用,其保持率可能与鱼种有关。Crook 和 White(1995)在南乳鱼前鳃盖骨注入荧光染料,结果表明:标志后 4 天、131 天的保持率分别达 100%、92%。Pierson 等(1983)对不同鱼类进行荧光标志的研究结果:斑点叉尾鮰(*Ictalurus punctatus*)经标志后 387 天,标志保持率为 93%;罗非鱼经标志后 110 天,标志保持率为 78%;草鱼经过标志后 238 天,保持率为 80%;鲢(*Hypophthalmichthys molitrix*)经过标志后 174 天,保持率为 0。将荧光色素注射到虹鳟的眼睑里,标志 29 天后的保持率为 96.1%(Hale,1998);湖红点鲑(*Salvelinus namaycush*)294 天后的保持率为 41%(Kincaid and Catkins,1992)。Catalano 等(2001)研究了荧光物质在大口黑鲈(*Micropterus salmoides*)(Catalano *et al.*,2001)和蓝鳃太阳鱼(*Lepomis* macrochirus)(Catalano *et al.*, 2001)两种大规格鱼类的应用效果，主要比较了注入式发光染料(injectable photonic dye, IPD)在大口黑鲈鳍条中的保持时间，结果发现存在很大差异。有报道称，荧光色素可见标志的保持率除与鱼种有关外，可能还受标志个体大小的影响，并通过试验发现，个体较大的虹鳟的保持率比个体较小的明显偏高。该种标志技术在点南乳鱼(*Galaxias truttaceus*)(Crook and White, 1995)、虹鳟(*Salmo gaidnerii*)1龄幼鱼(Close and Jones, 2002)、拟雀鲷(*Sparus pagrus pagrus*)(Frederick, 1997)、鰕虎鱼(Maloney and Heifetz, 1997)、金赤鲷(*Pagrus auratus*)(Willis and Babcock, 1998)等鱼种的标志放流中也广泛应用。对回捕鱼的统计结果表明：标记的完好率达90%以上，标记鱼与未标记鱼在生长和存活率上没有明显差异。目前，该种标志技术仍广泛应用于水生生物的标志放流。

3. 化学标志放流实例

(1) 半滑舌鳎耳石荧光染色标志技术研究

2011年，黄海水产研究所采用茜素络合指示剂(AC)溶液浸泡法，对半滑舌鳎小规格苗种(全长为3～5 cm)进行了耳石标记试验，结果表明：AC对半滑舌鳎苗种耳石的染色效果明显，AC最适标记浓度为150 mg/L，染色时间24 h，试验鱼的成活率为100%(表5.2.5)，摄食和生长与对照组无差异。染色完成后，连续取样4个月，结果发现：至120天，荧光信号强度未见消退，另外，在染色过程中，鳍条也吸收AC，而且染色120天取样观察时，未发现染色消退现象。这表明：AC除对耳石有较好的染色效果外，对鳍条的染色效果也较为理想(图5.2.5)。该种染色标记方法能应用于不同规格的半滑舌鳎苗种，生活史中各个时期的个体均可标志，同时，可通过浸泡或投喂等方式，大批量标志鱼类，因此，标志效率高，成本较低。

表5.2.5　茜素络合指示剂(AC)溶液标记半滑舌鳎苗种耳石的结果

浓度/(mg/L)	样本尾数/尾	浸泡时间/h	死亡率/%	矢耳石				微耳石			
				标记率/%		标记强度		标记率/%		标记强度	
				可见	荧光	可见	荧光	可见	荧光	可见	荧光
0	30	0	0	0	0	—	—	0	0	—	—
50	30		0	0	12	—	+	0	11	—	+
100	30	12	0	23	50	—	+	28	57	+	+
150	30		0	65	90	+	++	65	85	+	++
200	30		100	100	100	++	+++	100	100	+	++
50	30		0	0	33	—	+	0	23	—	+
100	30	24	0	51	76	+	++	52	79	+	++
150	30		3.3	100	100	++	+++	100	100	++	++
50	30		0	0	41	+	++	0	46	—	+
100	30	36	0	100	100	++	+++	81	100	++	+++

续表

浓度/(mg/L)	样本尾数/尾	浸泡时间/h	死亡率/%	矢耳石				微耳石			
				标记率/%		标记强度		标记率/%		标记强度	
				可见	荧光	可见	荧光	可见	荧光	可见	荧光
150	30		10	100	100	++	+++	100	100	++	+++
0	30	0	0	0	0	—	—	0	0	—	—
50	30		0	0	6	—	+	0	6	—	+
100	30	12	0	26	54	—	+	19	51	—	++
150	30		10	52	83	+	++	60	83	+	++
200	30		100	100	100	+	+++	89	100	+	++
50	30		0	0	29	—	+	0	31	—	+
100	30	24	0	48	74	+	++	45	75	+	++
150	30		16.7	100	100	+	+++	100	100	++	++
50	30		0	0	43	—	+	0	46	—	+
100	30	36	0	89	100	+	++	100	100	+	++
150	30		26.7	100	100	++	+++	100	100	++	+++

注："—"表示无可见标记;"+"表示较弱标记强度;"++"表示中等标记强度;"+++"表示高标记强度

（2）褐牙鲆耳石荧光染色标志技术研究

刘奇(2009)采用不同浓度的茜素红 S(ARS)和茜素络合指示剂(AC)浸染标记褐牙鲆幼鱼,并评价了标记后褐牙鲆的生长状况、死亡率和耳石、鳞片及鳍条的标记质量。试验设置 ARS 染色浓度分别为 0 mg/L、200 mg/L、250 mg/L、300 mg/L、400 mg/L,AC 的试验浓度为 0 mg/L、50 mg/L、100 mg/L、150 mg/L、200 mg/L、300 mg/L。试验用褐牙鲆幼鱼染色浸泡 24 h,观察染色后 72 h 的急性死亡率。为检测 ARS 和 AC 浸泡染色对褐牙鲆幼鱼成活率、生长率的影响,将浸泡标志后的试验鱼进行养殖试验。养殖 60 天后,分别将 ARS 和 AC 标记的褐牙鲆解剖,取出矢耳石、鳞片,并取鳍条观察。样品直接

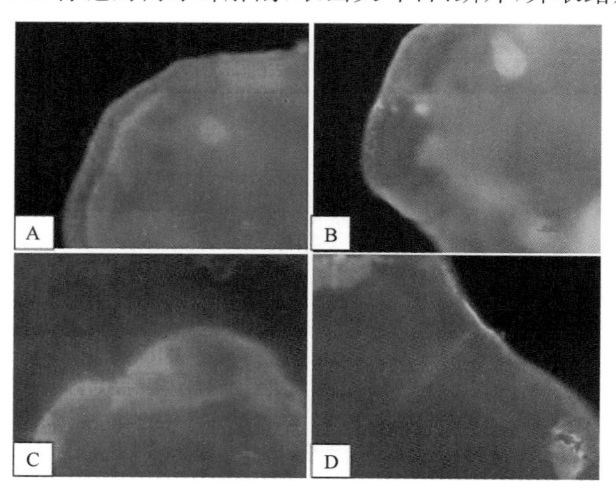

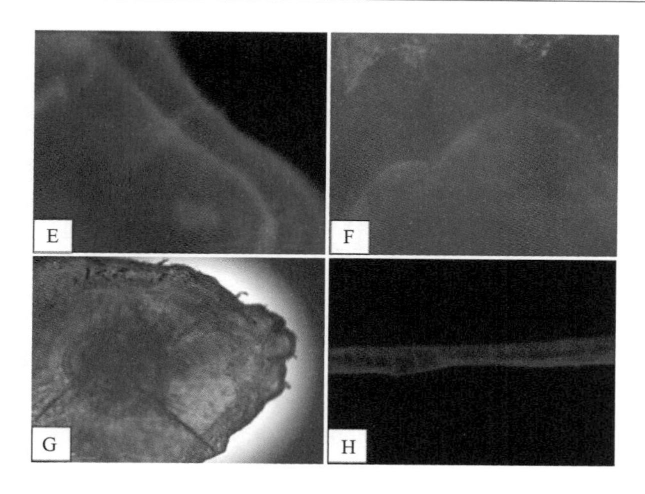

图 5.2.5　半滑舌鳎幼鱼耳石与鳍条 AC 染色效果

A. 染色后 1 个月耳石染色效果(黄绿光激发);B. 染色后 1 个月耳石染色效果(蓝光激发);C. 染色后 3 个月耳石染色效果(黄绿光激发);D. 染色后 3 个月耳石染色效果(蓝光激发);E. 染色后 4 个月耳石染色效果(黄绿光激发);F. 染色后 4 个月耳石染色效果(蓝光激发);G. 未染色耳石染色效果(可见光);H. 鳍条染色效果(黄绿光激发)

处理,解剖的样品避光保存,防止荧光衰退。标记质量设定为 5 级:0 级,荧光显微镜观察标记不可见;1 级,荧光显微镜观察标记模糊、昏暗;2 级,荧光显微镜很容易观察到标记;3 级,荧光显微镜观察标记明亮;4 级,透射光线下标记肉眼可见;5 级,透射光线下标记肉眼观察清晰、鲜明。

试验结果显示:在 ARS 染色 24 h 过程中,仅 300 mg/L 浓度组有 1 尾幼鱼死亡;在 AC 染色过程中,300 mg/L 浓度组仅 1 尾死亡。在 72h 急性死亡试验中,所有染色浓度组均未出现死亡。在 60 天养殖试验中,AC 所有处理组无死亡,ARS 各处理组的总死亡率为 6.3%(300 尾褐牙鲆中,19 尾死亡)。ARS 和 AC 标记组与对照组间,在 0 天、20 天、40 天、60 天养殖过程中全长、湿重无显著差异($P>0.05$)(图 5.2.6)。

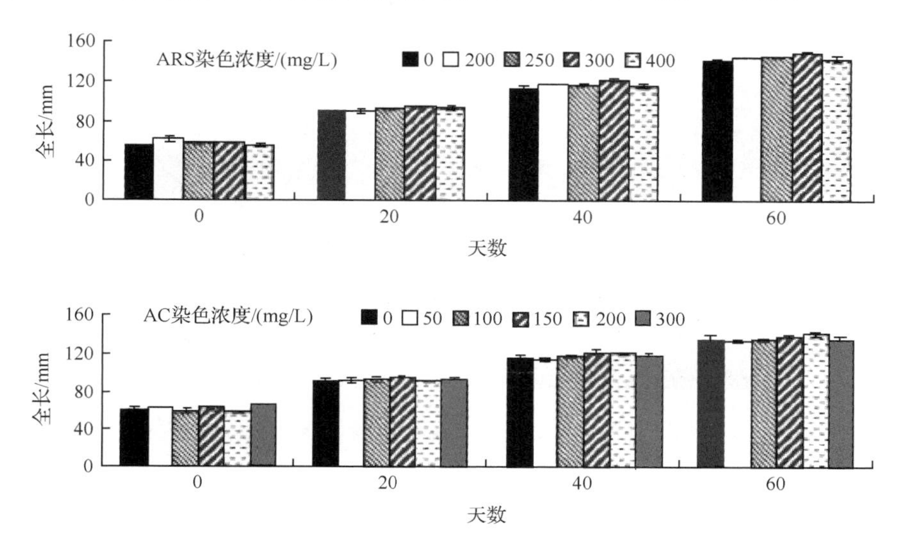

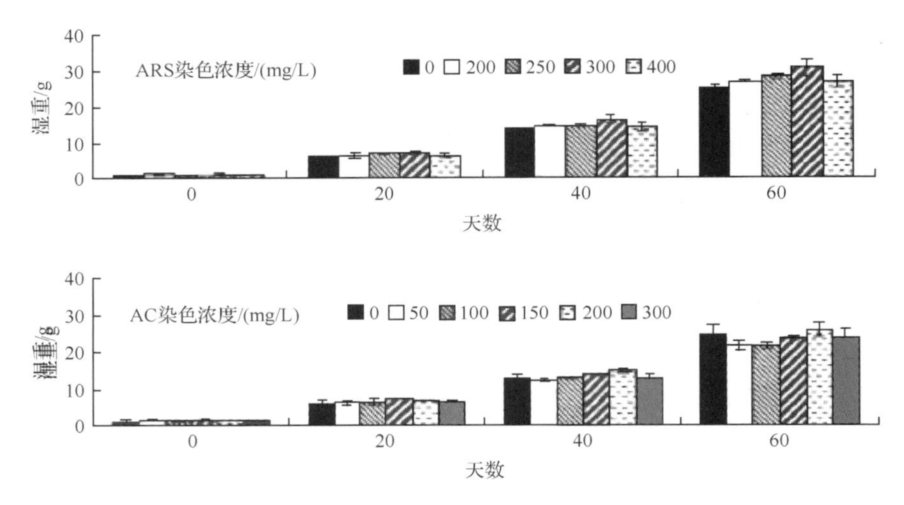

图 5.2.6　ARS 和 AC 标记后 0 天、20 天、40 天、60 天褐牙鲆幼鱼全长与湿重

ARS 和 AC 标记组的荧光标记均可在荧光显微镜观察到。从图 5.2.7 中可以看出，使用 3 组不同的滤光片(蓝色激发光、绿色激发光和紫外激发光)激发耳石上的荧光染料，

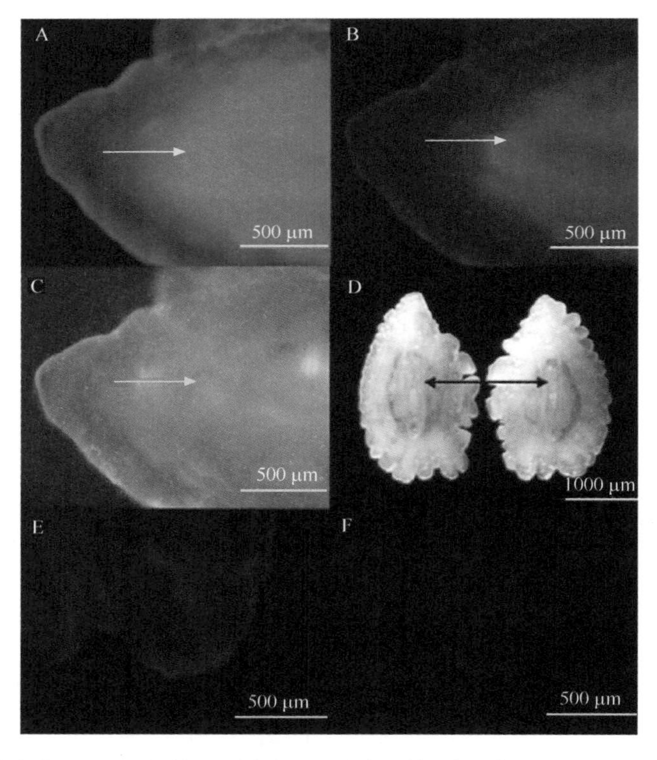

图 5.2.7　浓度为 300 mg/L 的 AC 浸泡 24 h 的褐牙鲆幼鱼养殖 60 天后矢耳石标记效果

A. 绿色激发光激发；B. 蓝色激发光激发；C. 紫外激发光激发；D. 浓度为 300 mg/L ARS 浸泡 24 h，养殖 60 天后一对矢耳石的标记效果；E、F. 未采用 ARS 和 AC 标记的矢耳石对照组；E. 绿色激发光激发；F. 蓝色激发光激发；耳石未磨片

在绿色激发光下,荧光标记呈现红色,比在紫外线下产生的紫色荧光标记更强,而由蓝色激发光产生的橘红色标记最明显。通过荧光显微镜观察耳石发现:所有ARS和AC标记组矢耳石都有荧光标记,并且标记质量≥2(图5.2.8)。最优的标记浓度为200～400 mg/L的ARS和300 mg/L的AC,在此浓度下标记24 h,矢耳石的紫外激发光标记肉眼可见(标记质量≥4)(图5.2.9D),在解剖出的部分星耳石中,标记同样可见(图5.2.9C)。观察鳞片发现(图5.2.10):养殖60天后,在蓝色、绿色激发光下,浓度为250～400 mg/L的ARS和300 mg/L的AC处理组荧光标记可见,荧光标记质量良好(标记质量=2)(图5.2.11)。观察鳍条(图5.2.12、图5.2.13)发现:浓度为250～400 mg/L的ARS和300 mg/L的AC荧光标记质量良好(标记质量≥2)。分析表明:矢耳石的标记质量好于鳍条和鳞片,然而,在高浓度染色剂下,鳞片和鳍条的标记质量良好且对标记鱼不造成致命伤害,解剖过程相对简单。总之,ARS和AC最好的标记浓度分别为400 mg/L和300 mg/L,在此浓度下,耳石标记肉眼可见,鳞片和各部位鳍条标记通过荧光显微镜观察,荧光标记质量良好。

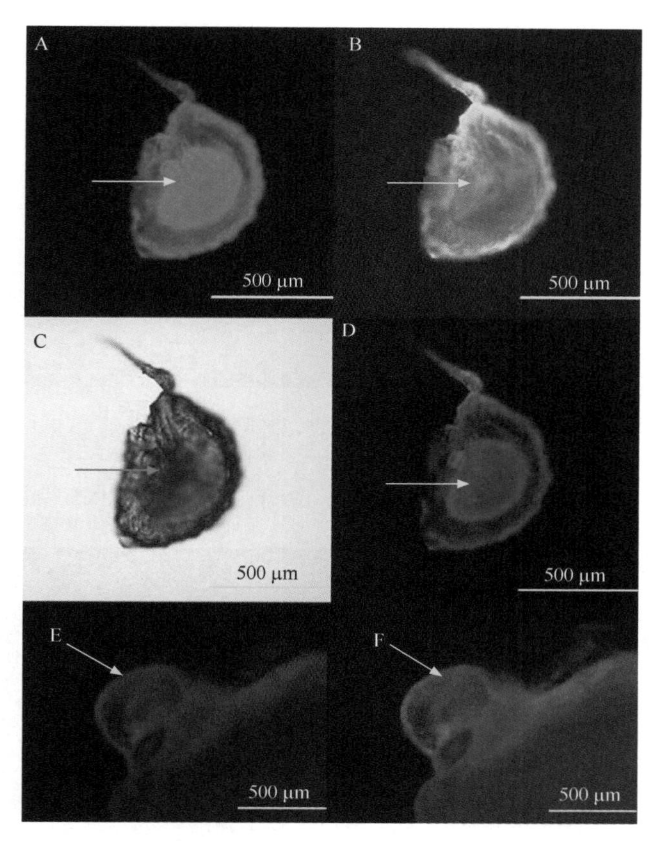

图5.2.8　浓度为400 mg/L的ARS浸泡24 h后褐牙鲆幼鱼养殖60天后星耳石标记效果

A. 绿色激发光激发;B. 蓝色激发光激发;C. 可见光;D. 紫外激发光激发;E、F为未采用ARS和AC标记的星耳石对照组;E. 绿色激发光激发;F. 蓝色激发光激发;耳石未磨片

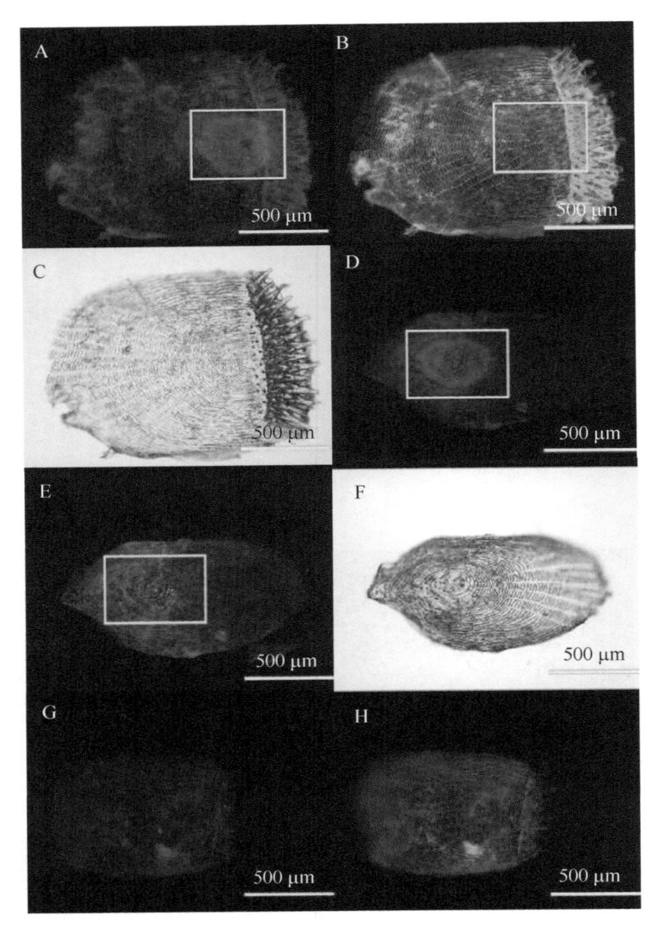

图 5.2.9　浓度为 400 mg/L 的 ARS 浸泡 24 h 后褐牙鲆幼鱼养殖 60 天后鳞片标记效果

A、D、G. 绿色激发光激发；B、E、H. 蓝色激发光激发；C、F. 可见光；A、B、C. 栉鳞；D、F、F. 圆鳞；未采用 ARS 和 AC 标记的栉鳞作对照组；G. 绿色激发光激发；H. 蓝色激发光激发，可见光下未发现荧光标记环

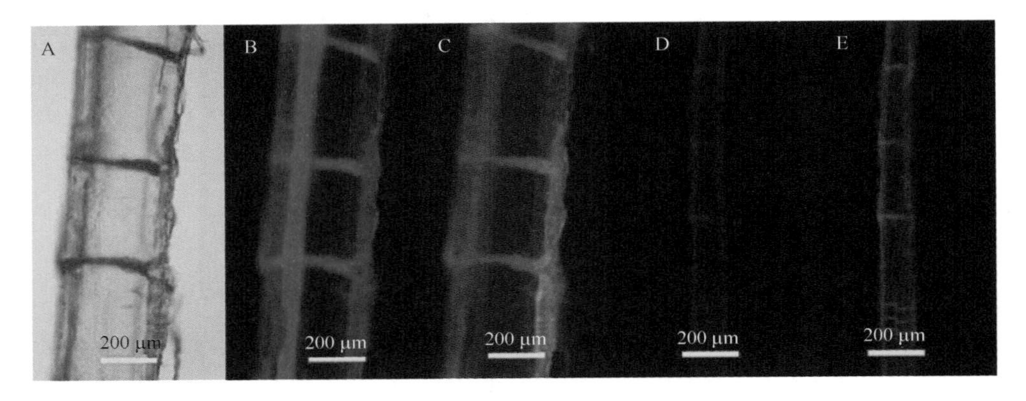

图 5.2.10　浓度为 300 mg/L 的 AC 浸泡 24 h 后牙鲆幼鱼养殖 60 天后臀鳍鳍条标记效果(A～C)

A. 可见光下；B、D. 绿色激发光激发；C、E. 蓝色激发光激发；鳍条未进行磨片处理；未采用 ARS 和 AC 标记的臀鳍鳍条作对照组(D、E)

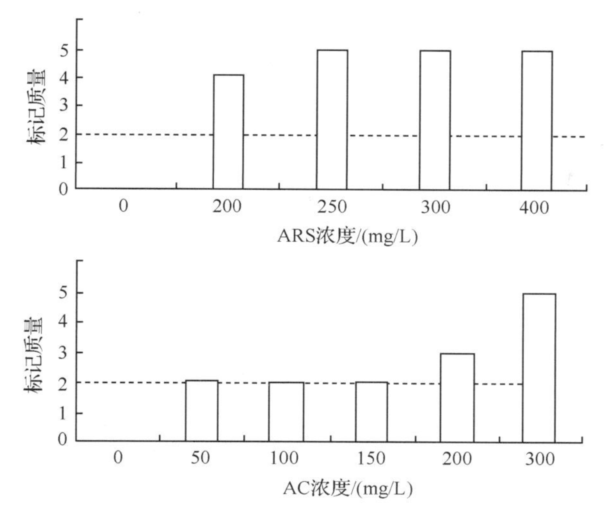

图 5.2.11　用 ARS、AC 浸泡 24 h，褐牙鲆幼鱼养殖 60 天后矢耳石各染色浓度标记效果

ARS、AC 对照组均未发现荧光标记(标准误=0)

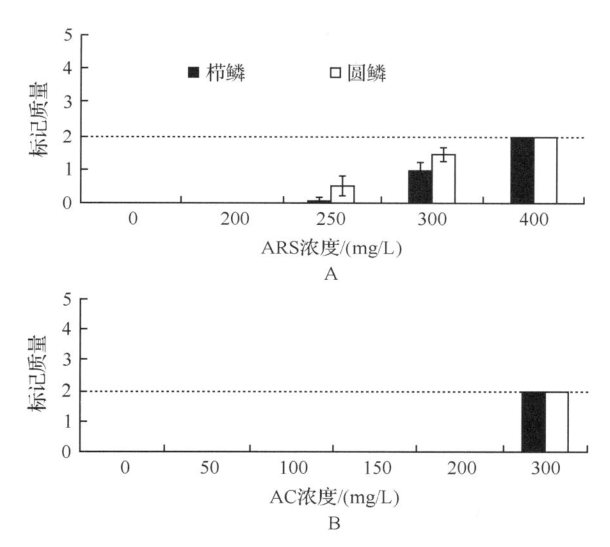

图 5.2.12　用 ARS、AC 浸泡 24 h，褐牙鲆幼鱼养殖 60 天后栉鳞(A)、圆鳞(B)各染色浓度标记效果

ARS、AC 对照组均未发现荧光标记(误差线代表标准误)

(3) 金乌贼化学标志实例

郝振林等(2008)进行了金乌贼荧光标志的研究，利用孵化后 15 天，胴背长为 8.0～10.0 mm，体格健壮的金乌贼幼体用于标志试验。利用荧光物质——茜素络合指示剂浸泡金乌贼幼体，对其内壳进行标志，结果得出：所用荧光染色剂浓度为$(6.0\sim8.0)\times10^{-3}$，浸泡染色时间为 24 h，金乌贼内壳着色效果较佳，此时，金乌贼内壳呈肉眼可见的淡紫色，荧光显微镜下可见内壳出现亮红色(图 5.2.14A)；在其他浓度和染色时间条件下，金乌贼内壳着色效果欠佳，荧光显微镜下亮红色不明显或者亮红色过强。将标志组和对照组的金乌贼幼体分别暂养于 1.5 m×1.5 m×1.5 m 水泥池 30 天后，将暂养的幼体放养

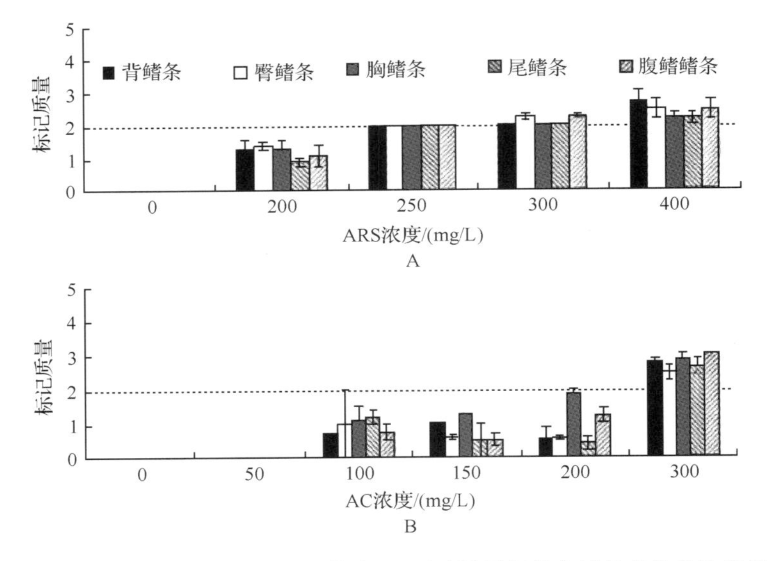

图 5.2.13　使用 ARS、AC 浸泡 24 h，养殖 60 天后褐牙鲆幼鱼鳍条各染色浓度标记效果

ARS、AC 对照组均未发现荧光标记(误差线代表标准误)

于面积为 2667 m^2 的室外土池，并在 60 天后，将平均胴背长达 91.4 mm(对照组)、87.6 mm(标志组)金乌贼幼体移入室内水泥池越冬，整个试验历时 210 天。在试验期间，分别在标志后 15 天、30 天、45 天、60 天、90 天、210 天对金乌贼进行随机取样，解剖出内壳，观察标志色保留状况，并对金乌贼生长发育及存活率进行测量，结果显示：标志金乌贼的成活率为 100%，方差分析显示，标志组和对照组金乌贼的生长发育差异不显著($P>0.05$)；210 天后，内壳骨针部仍清晰保留初染时的半椭圆形淡紫色圆圈，且标志色可以透过金乌贼薄而透明的皮肤直接观察到，标志明显，肉眼易于分辨(图 5.2.14B～D)；荧光显微镜

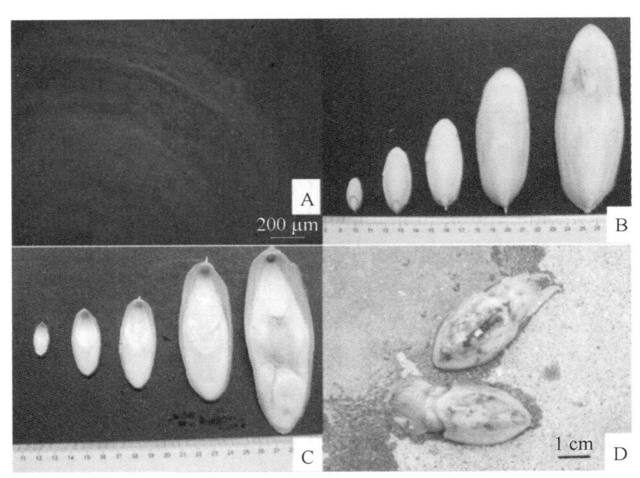

图 5.2.14　荧光标记金乌贼后内壳效果图

A. 荧光显微镜下内壳的照片，染色剂浓度$(6.0\sim8.0)\times10^{-3}$，染色 24 h；B. 标志后 15 天、30 天、45 天、90 天、210 天内壳的正面观；C. 标志后 15 天、30 天、45 天、90 天、210 天内壳的腹面观；D. 标志后 30 天的金乌贼照片

下，染色部呈亮红色，新长出的部分则无亮红色荧光，标志色保持率达 100%。试验所采用的 ALC 内壳标志方法，操作容易，可一次性大量进行标志处理，鉴别简单，无需借助其他仪器，肉眼便可直接观察到标志色，并且标志色保持率高、保留时间长，是一种理想的标志金乌贼的方法。

（4）荧光标志技术

2010 年，黄海水产研究所研究了半滑舌鳎荧光标记技术，筛选了一种新型黄色荧光染料（图 5.2.15），该荧光染料为凝胶状，与固定剂混合后较为稀软，容易以 1 mL 注射器吸取后注射，解决了以前使用的荧光染料所存在的硬度大、难吸取、难注射的问题。选择 3 种不同规格的半滑舌鳎（全长分别为 7～8 cm、10～12 cm、25 cm）苗种和成鱼进行荧光标记试验。根据半滑舌鳎形态特征和色素分布模式，注射部位选择在无眼侧、靠近头部鳍条与肌肉连接处的皮下组织，利用 1 mL 注射器配合 7 号针头，进行荧光染料的皮下注射（图 5.2.16），结果显示：全长 7 cm 以上的试验鱼，经荧光标记后，成活率达 98%以上，标记鱼的游泳行为和摄食都正常。经过 2 个月的室外池塘养殖，荧光标记的半滑舌鳎出池时未发现体内荧光标记存在褪色和脱落现象，养殖鱼与室内养殖对照的半滑舌鳎在生长上无差异。这表明该种荧光标记非常适合于半滑舌鳎苗种体外标记，且标记效果良好。今后，可在半滑舌鳎增殖放流中应用。

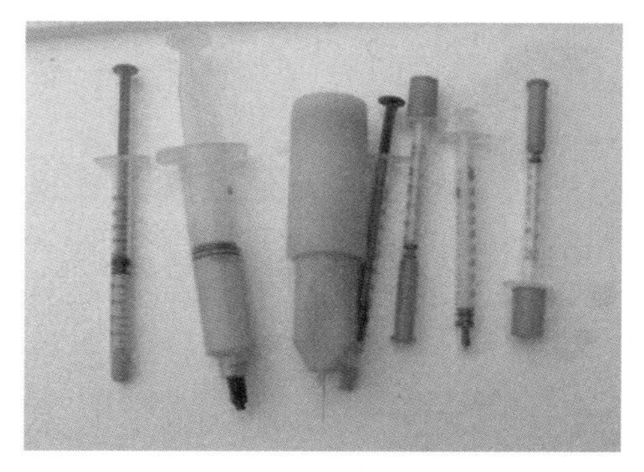

图 5.2.15　荧光染料、注射用器具

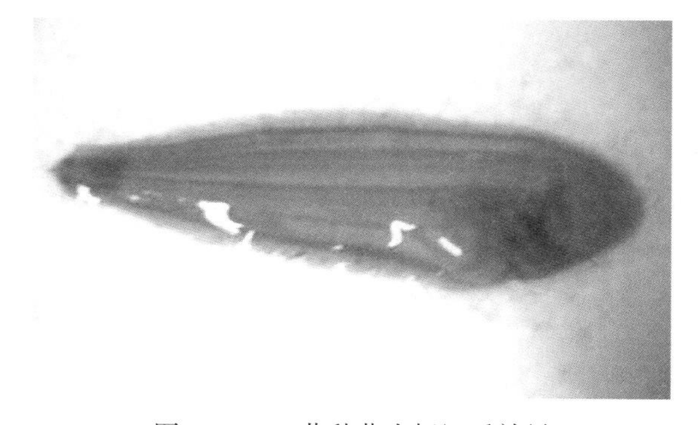

图 5.2.16　苗种荧光标记后效果

五、金属线码标志

1. 金属线码标志技术方法

金属线码标志法又称为数字式线码标记（decimal coded-wire tag），由美国西北海洋技术公司（Northwest Marine Technology，NMT）设计和制造，目前，广泛应用于水生生物的苗种培育、养殖对比试验、野外动物标记等（周永东等，2008）。系统主要配置为一个线码标记器和质量控制仪。线码标记器（即标志枪）主要用来对动物体注入金属线码，分为自动和手握两种，而质量控制仪主要用来检测动物体是否标记了线码，有矩形管道式线码检测器和手持式线码检测器两种。标记用的金属线码一般用直径为 0.25 mm 的磁性金属丝制作，标上有编码（可在解剖镜或放大镜下读出编码），能区分不同个体。该标有 3 种大小规格，标准长度为 1.1 mm，最小长度为 0.5 mm，最大长度为 1.6 mm，视鱼体大小选用。标志部位一般为鼻软骨、颈背部、背部肌肉和尾柄，其中，以鼻软骨和背部肌肉部位标志为多。

20 世纪 60 年代，欧洲编码金属线标志(code-wire tag，CWT)(图 5.2.17)的出现，大大推动了鱼类标志放流技术的发展。该方法优点是，标志用器具的针口细小，在鱼体表面造成的伤口小、愈合快，很少造成鱼体内组织的损伤，几乎不影响鱼类的捕食、游泳和生境选择。该种标志已成功地在南加利福尼亚的金眼狼鲈(*Morone chrysops*)(Drawbridge and kent，1995)、细须石首鱼(*Micropogonias undulatus*)(Mille and Able，2002)、红笛鲷(*Lutjanus campechanus*)(Brennan *et al*.，2007)、巴西黄金鲈(*Centropomus undecimalis*)(Brennan and Leber，2005)、褐鳟(*Salmo trutta*)(Byrne *et al*.，2002)、条纹狼鲈(*Morone saxatilis*)(Van Den Avyle and Wallin，2001)等鱼种的增殖放流效果评估中应用，结果表明：标记的保存率均达 90%以上，标志鱼类的存活率较高，生长情况良好。由于该技术需要专门的仪器设备来检测标志，而检测设备昂贵，因此，在国内，这种方法使用不多(汤建华等，2005)。随着我国标志放流工作的持续开展，规模不断扩大，为了充分满足资源增殖评价研究的需要，CWT 标志技术必将在今后的放流工作中得到更为深入的应用。

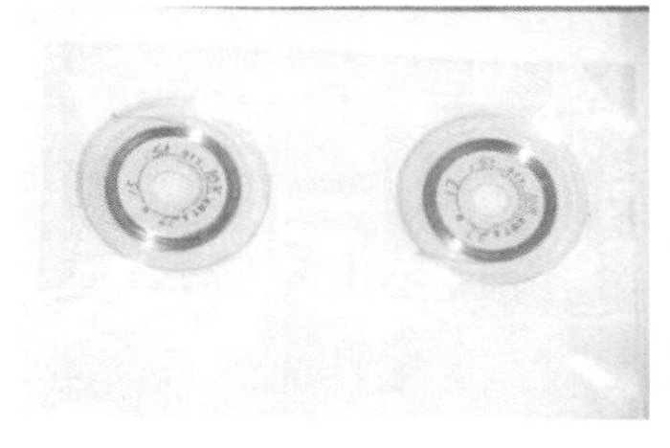

CWT 标码

标志器具

检测器

图 5.2.17　CWT 标志示意图

2. 金属线码标志实例

(1) 中华鲟金属线码标志放流实例

1998～2002 年，向长江放流人工繁殖中华鲟 2 月龄稚鲟(全长 7.5～17.0 cm)17.52 万尾，其中 77 957 尾用 CWT 进行标记；14 月龄幼鲟(全长 55.0～98.0 cm)400 尾，全部用外挂银牌和 CWT 双重标记，标志部位为第一背骨板下肌肉部位。CWT 标志于放流前 2 周开始，每天标志 1000～4000 尾，放流前 5 天左右结束，放流地点分别在长江沙市江段和宜昌江段。1999～2002 年，共回捕稚鲟样本 6400 尾，检测出携带标记的稚鲟 13 尾，另外，渔民误捕报告携带有标记的幼鲟 13 尾。携带 CWT 标记的 13 尾稚鲟样本，全部来自江苏常熟浒浦江段，由此计算出：人工放流的幼鲟降海洄游的速度平均达 28.6 km/24 h (7.1～100.2 km/24 h)，回捕的标志幼鲟，有 46.2%的个体来自海区。初步估算出：1999 年、2000 年人工放流个体在长江口幼鲟种群中的贡献率分别为 2.281%、0.997%。结果表明：人工放流中华鲟稚鲟和幼鲟的生长、洄游及分布与自然种群没有明显差异，放流较大规格的幼鲟有利于提高成活率。

（2）黑鲷和大黄鱼金属线码标志实例

2004年，浙江洋山港黑鲷和大黄鱼增殖放流中使用了线码标志，共标记大黄鱼6165尾、黑鲷14 651尾。标记后，大黄鱼标志鱼（平均体长为13.8 cm，平均体重为45 g）暂养1个星期内的死亡率小于0.7%；黑鲷标志鱼（平均叉长为7.7 cm，平均体重为9 g）死亡率小于0.6%。暂养期间，标志的保存率在90%以上。可能由于金属线码属于内部标志，没有外部识别记号，结果未回捕到标志鱼。

（3）国外金属线码标志实例

Brennan和Leber(2005)将CWT标志植入锯盖鱼（*Centropomus undecimalis*）下颌肌肉内，1年后，CWT保持率高于97%，可见金属线码标志具有较长的保持时间。Drawbridge和Kent(1995)用CWT评估了南加利福尼亚金眼狼鲈种群的增长情况。1986～1993年，他们放流标志的153 000尾金眼狼鲈幼鱼（体长在31～317 mm），标志保持率高达90%。Miller和Able(2002)1998年利用CWT标志技术，研究了1龄波纹绒须石首鱼的栖息地、活动和生长情况，将8173尾体长在41～121 mm的石首鱼标志放流到附近特拉华海湾和小河中，经过拖网船105天的回捕，海湾里的回捕率在1.5%～6.1%，小河中的为3.6%，标志保持率为95%。

Okamoto(1999)曾做了用CWT标志三疣梭子蟹（*Portunus trituberculatus*）的试验，在经过两次蜕皮后，标志的保持率超过了70%，而且，通过进一步研究表明：这种标志对蟹的生长并没有产生影响。CWT标志适用于小型生物和生物的幼体，对生物的生长、发育影响较小，并且有很高的保持率，这对甲壳类动物十分重要，因为甲壳类动物生长过程中要经历多次蜕皮，一般的体外标志容易脱落。CWT标注和检测，可以通过自动仪器进行，便于进行大规模标志和检测（Nielsen，1992）。

六、被动整合雷达标志

被动整合雷达标志（passive integrated transponder，PIT）是使用电子电路构建的一个独特的标志系统，包括标、励磁系统和信号接收与处理单元（图5.2.18）。PIT由线圈型天线和微型芯片组成，表面套有塑料或玻璃胶囊，用注射器把被动式感应标注射到鱼体腹腔或背鳍中，再利用射频（radio frequency identification，RFID）技术，当PIT接收到探测器信号后，PIT可以在无电源驱动的条件下被激发，并且自动发出10～12位的标识码，进而起到跟踪鱼群的作用（洪波和孙振中，2006）。PIT在渔业上的应用，始于20世纪80年代的美国、欧洲等国的鲑科鱼类增殖放流研究，因其价格昂贵，需专门仪器设备辅助检测，且信号检测距离短等原因，目前，多用于溪流和内陆湖泊及海湾等区域的水生生物，如鲑、拟石首鱼（*Sciaenops ocellata*）和条纹狼鲈（Bell *et al.*，2008）等的增殖放流研究。近年来，PIT标志技术逐渐应用于遗传育种和养殖技术研究中，标志亲鱼和幼鱼，以监控亲鱼的生殖健康状况及幼鱼生长的生态特性。近年来，我国科研人员开始在水产养殖和育种领域应用PIT标志，主要用于亲鱼和苗种的标志，实现对亲鱼生殖状态和苗种生长及行为等的追踪，相关研究有海胆（曾晓起等，2007）等。

PIT标志方法一般使用专用注射器具，包括手动、半自动和自动标志器。手动标志器一般每小时可标志100～200尾鱼苗，自动标志器每小时可标志500～600尾鱼苗。PIT

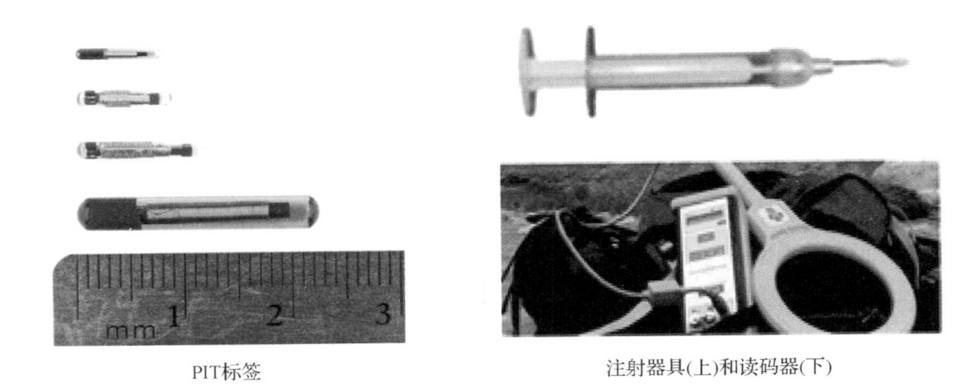

图 5.2.18　PIT 标志示意图

标志的主要标志部位为腹腔和背部肌肉处。PIT 标志的保持率相当高(Nielsen,1992),例如,在西北太平洋鲑,标志被植入体重 2 g 的鱼类体腔,保持率达 100%。在红拟石首鱼和线纹狼鲈(*Morone lineatus*)产卵种群中,标志安放在其背部肌肉中,保持率超过 97%(陈锦陶和戴小杰,2005)。PIT 标志适合于包括鱼类在内的许多种类,标志后对加标对象的生长、死亡率和行为的影响很小。鉴别时,加标对象无需处理,脱标率低,可以长期保持标志信息,直至标志损坏,估计使用年限可超过 10 年,可用于个体鉴定等长期研究。由于该种标志只具有很小范围的感应磁场(目前的最大距离为 1.5 m)、标志成本高等原因,该技术没有得到广泛和普遍的应用(汤建华等,2005)。在我国,已经可以自主生产不同规格的 PIT 标签,如广州洪腾数码技术有限公司等单位自主生产的 PIT 标志,可与国外同类产品媲美。目前,我国科研工作者已经将 PIT 标签在陆生动物和水生生物上应用,但主要集中在育种研究中的亲鱼标志、苗种标志等方面,在可控的短距离方位内使用,在大规模增殖放流方面尚未应用。

七、档案式标志

档案式标志放流技术(date storage tag,DST 或 archival tag)是一种运用高科技的资源评估手段,DST 的质量小于 20 g,电池寿命可以达 4 年以上,这使研究动物生活史不同阶段的特征成为可能(Block,2005)。其原理是,DST 可以根据预设的程序在鱼被释放后,每隔一段时间激活 1 次并记录传感器参数,同时,记录来自不同传感器所记录的水压、水温、光强度和鱼体体内温度,这些信息保存时间可以长达几年,并可根据当天记录下来的数据,反演计算出鱼所在的确切地理经、纬度位置(张晶,2004)。随着科学技术的进步,档案式标志对于位置评估更加准确,从单纯根据光强度推算经、纬度,发展到根据光强度和海水表面温度联合评价,经度误差缩小到 0.54°±0.75°,纬度误差缩小到 0.12°±3.06°(Teo *et al*.,2004)。

利用档案式标志的操作过程,是把一个嵌有芯片和传感器的标志物,刺挂在鱼的皮肤下,然后把标志鱼放流,一段时间之后,再对其进行重捕。通过对标志物中存储的有关数据进行分析,以此获得鱼类洄游、生长等信息。由于质量所限,档案式标志牌一般使用在大型鱼类上，如金枪鱼、大型旗鱼类及大型鲨鱼。目前，科学家已成功地利用这种方法跟踪大西洋蓝鳍金枪鱼（Metrio *et al.*，2001）。档案标志装在紧靠第一背鳍的背部肌肉上，一旦鱼类被释放后，标志每隔 128 s 激活一次，一天共有 675 次记录来自 4 个传感器的水压、光强及体内外温度数据。每天午夜，标志利用记录的数据计算当天的地理位置，并有相当的准确度。根据存储在标志中的信息，研究人员可详细地了解鱼类的洄游和鱼类的垂直运动，但是要成功地做到这一步，就要在鱼被重捕时找到标志。1990 年，在联合国发展计划及欧洲委员会的协助下，苏联的研究人员采用该种技术在印度洋进行了金枪鱼的标志放流试验。欧盟和美国在大西洋也利用该种标志技术做了金枪鱼标志放流试验，相对于印度洋的试验来说，技术更为先进。20 世纪 90 年代，太平洋委员会秘书处使用该种标志技术进行了中西太平洋地区区域性金枪鱼标志放流，得到了大量有价值的数据（张晶，2004）。这些成功的实例表明：档案式标志放流技术是一种可应用于大洋性鱼类资源调查研究的有效监测技术。由于该标志方法成本较高，目前，仍然只是限定于在一些大型水生生物上使用。

八、分离式卫星标志

分离式卫星标志（pop-up tag）又称弹出式卫星数据回收标志（pop-up archival tag，PAT），是指在海洋生物体内注射后，通过人为设定，可按照设定时间自动脱离的标记类型。分离式卫星标志构成部分包括：带天线的流线型树脂耐压壳、耐腐蚀分离装置、具有在标志脱离时使天线竖直功能的浮圈（陈锦淘和戴小杰，2005）。该标记能向卫星传送数据记录，记录内容包括标记动物的体温，所处水域的温度、盐度、深度及洄游路线，因而，在海龟、鲨鱼及金枪鱼类（Lutcnvage *et al.*，1999）等个体较大、生命周期较长的大型水生动物的放流中有着广泛的应用。PAT 是一种由微处理器控制的记录设备，可以设定数周至 18 个月的弹出时间。预设弹出时间到时，微处理器产生低电流，烧断用于固定标志的连接装置，弹出的 PAT 浮上水面后，以 60 s 间隔向 ARGOS 卫星不断发射传输信息，基于电池容量，一般在发射 10～12 h 后停止工作。经卫星接收的数据是标志软件处理过的二级数据包，数据格式为二进制，标志生产厂商将卫星数据处理成十进制数据后发放给用户。它结合了档案式标志与卫星技术的长处，不需要对标志进行回收，当标志脱离鱼体后，标志会自动上浮到水面，并把存储器内的数据通过卫星传输到地面接收站。对于那些不在表层运动及洄游范围大的远洋种类，如金枪鱼、棱皮龟、大白鲨等，PAT 是一种较为理想的研究方法。

pop-up 标志法由于具有技术含量高、获取信息多、真实性强和技术较为成熟等特点，是目前研究大洋性鱼类——金枪鱼洄游分布和行为习性中最先进的方法。1997 年开发的 PTT-100 Ar-chival pop-up tag 标志，已经先后被美国、澳大利亚、日本等国家运用于长鳍金枪鱼、黄鳍金枪鱼、旗鱼等金枪鱼类的研究（Sedberry and Loefer，2001；Graves *et al.*，2002；高桥未绪和齐藤和，2003），并已经取得成功。1998～2000 年，为了研究地中海和大西洋蓝鳍金枪鱼（*Thunnus thynnus*）的洄游移动、产卵场和肥育场分布，欧盟资助了一个为期 3 年的蓝鳍金枪鱼研究项目 TUNASA（Lutcnvage *et al.*，1999），放流时使用了 61 个 PTT-100 卫星标志牌，回收率为 20.3%，而另外 23 个 PAT 标志牌，回收率为

61.9%，标志的总回收率为31.3%。2009年10月至2010年1月，日本水产厅及其下属的水产综合研究中心，为了更准确地对大眼金枪鱼资源进行评估，在北太平洋温带水域，对大眼金枪鱼未性成熟鱼（幼鱼）的索饵水域进行调查，在40尾大眼金枪鱼幼鱼的体上安置pou-up tag放流标志，通过标志放流，收集大眼金枪鱼的行动方式和洄游路径的情报。从2010年12月到2012年，英国对英国周边海域的濒危鱼种鼠鲨和白斑角鲨的脆弱性、行动、栖息海域进行调查，在4个月里，在20尾以上的白斑角鲨和100尾以上的鼠鲨的背鳍上佩带上电子标志，然后，在凯尔特海、爱尔兰海、北海沿岸实施标志放流调查，计划在白斑角鲨上佩带pou-up tag标志进行放流调查，设定时间为3～15个月。通过这次对这两种鲨鱼的标志放流调查，得到其季节洄游行动等多方面情报，期待为了可持续保全鲨鱼资源的措施而筹划的对策起到作用（缪圣赐，2011）。随着科技的进步，该种标志技术越来越成熟，其应用范围也将不断扩大，必将为海洋资源的保护和可持续开发利用提供有力的支撑。

我国863计划——资源与环境技术领域中《大洋金枪鱼渔场渔情速预报技术》课题组，于2004年7～9月，在中西太平洋海域运用分离式卫星标记法进行了金枪鱼标志放流，这在国内属于首次（林龙山等，2005）。陈锦辉等（2011）应用pop-up tag标志技术研究了中华鲟幼鱼在海洋中的迁移与分布规律。试验用PAT标志呈水雷形，质量为65～71 g，内存达16 M，采样间隔在1～65 025 s，可记录鱼体所处环境的水压、温度和光强度3种数据，光强度数据可以反演计算出鱼所在的地理经、纬度位置。

标志用鱼为人工孵育的中华鲟，放流的8尾中华鲟全长为175～192 cm，体重为38.3～45.8 kg，预设弹出时间为1个月、2个月、3个月、6个月的标志分别为3枚、1枚、2枚、2枚。采用PAT骨板固定法标志中华鲟幼鱼，使用电钻，分别在第三、第四背骨板距顶部1 cm处，横向对穿各钻1个孔，将尼龙单丝穿过1个骨板孔洞，两头对接穿入一个椭圆环，然后，用圆孔钳将椭圆环压紧，即连成一个直径约5 cm的封闭线圈。另一块骨板上，按此方法做成稍大的圆形尼龙单丝线圈。在放流现场，将连接PAT标志的尼龙单丝穿过这两个线圈，压紧椭圆环，即完成标志固定。

标志的中华鲟放流后，短时间内即进入海洋生活。截至2009年5月，标志回收率达75%。标志弹出时，标志中华鲟距离放流点最近距离为60 km，最远达697 km。该项研究填补了国内有关海洋中的中华鲟洄游机制和分布特征方面研究的空白。中华鲟PAT标志放流的实现，不但扩大了该标志运用于远洋鱼类研究的范围，而且开创了中国科研人员利用卫星标记进行中华鲟科研的成功先例。75%的数据回收成功率，说明PAT标志技术是可行的。研究还证明，PAT在6个月内对中华鲟是安全的。极高的回收率、较高的数据价值和较小的鱼体伤害等，决定了PAT标志技术在中华鲟等洄游性生物遥测、资源调查、种群结构及行为研究等方面具有较好的应用前景。

九、生物遥测标志

生物遥测标志技术包括无线电标志（radio tag）和超声波标志（ultrasonic tag）两种。无线电标志一般应用于传导性小的水域进行标志放流，如淡水、河口区域，其由发报机、天线、接收机3部分组成。发报机发送高频无线电信号（very high frequency，VHF），该信号传播距离大，可达几公里，大大扩大了监控范围。电波遥测宜用于以肺呼吸的海龟和海洋哺乳动物等，它们在空中远距离传送较多的情报。日本远洋水产研究所和东海大学，用这种方法调查过海龟的产卵活动和海洋哺乳动物的行动生态。目前，科学家们在研究一种更先进的系统，即把发报机装在海豚身上，由人造卫星接收电波，进行数据处理，最后定出海豚所在位置。但高频无线电信号（VHF）无法在传导性较高的海水中传播，所以海水区域一般采用超声波标志。超声波标志由声音发射装置和水听器（hydrophone）两部分组成，采用 3 个或 3 个以上水听器，来接收固定在标志动物的声音发射装置发出的信号，再根据各个水听器接收信号返回的时间差异，对动物进行定位。这种发射机质量只有 30 g，对体重为 0.5 kg 以上的鱼类，一般都可使用，发射频率 50kHz，脉冲间隔 2～4 s。其装置方法是，将发射机经口插入胃中或用丝线穿在臀鳍担鳍骨间，让其拖在水中。将超声波脉冲信号变换成可听声音，并以模拟量记录下来，从信号强度来分析动物的生理状况、行为和生长各阶段的能量分配状况，以及与生理有关的环境因子，以此来监测动物在自然环境中的生长发育状况及生活环境（Cooke *et al.*，2004）。生物遥测技术能够连续地、直接地探测生物行动，比起以往使用的标志放流和探鱼仪映象分析具有更多的优点。

水生动物的遥测追踪相对较为困难，这主要是电波在水中的衰减影响接收距离，并且还存在发射器电池寿命短和水密封性能差等技术难题。在美、英等发达国家，后两个技术难题已经得到了解决，生物遥测标志的产品已商品化，特别是在美国，鱼类遥测技术得到了较广泛的应用，主要用于洄游性鱼类（如鲑、鲥和鲟）的洄游和分布、产卵场定位及过坝行为等研究（Buckley and Kynard，1985，Kieffer and Kynard，1993，Stier and Kynard，1986）。研究人员可在陆地、水上或空中进行遥测，甚至可将接收装置与计算机连接，进行无人值守的计算机监测。生物遥测标志技术分为无线电接收和超声波接收两种方式，如对于海水和水体浑浊的河流，无线电发射器效果欠佳，而超声波对水的穿透能力较强。因而，在 20 世纪 50 年代末期，就用于鲑鳟鱼类的追踪（Johnson，1960），近年来，应用日趋广泛（Morressey and Samuel，1993；O'Herron *et al.*，1993；Moser and Ross，1995；Beeman and Maule，2001；Borkholder *et al.*，2002；Zamora and Moreno-Amich，2002；Zigler *et al.*，2003）。硬骨鱼类和软骨鱼类、软体动物（如大型乌贼）、大型爬行类（如海龟）、水生哺乳动物（如鲸类）等，都可以用生物遥测法对其进行监测。该技术可实现多参数的遥感实时监测，得到传统标志方法无法获得的环境及生物数据，结合水色遥感图像，可以解释动物行为与环境的关系，制定措施保护濒危水生动物。

生物遥测标志技术，首先在 1956 年开始应用于欧洲鲑科鱼类生物学研究（Stasko and Pineeck，1997；张堂林等，2003）。生物遥测标志法能够监测水生动物大范围洄游运动状况，对研究动物的生长、行为、生理状况和死亡参数非常有指导意义，是评估渔业资源增殖放流效果的有效方法（陈锦淘和戴小杰，2005）。例如，Beeman 和 Maule（2001）用无线电标志研究细鳞大麻哈鱼（*Oncorhynchus gorbuscha*）和虹鳟幼鱼通过水坝鱼道时的索饵行为和停留时间；Zigler 等（2003）遥测密西西比河中匙吻鲟（*Polyodon spathula*）迁移和栖息地；Zamora 和 Moreno-Amich（2002）用以研究河鲈（*Perca fluviatilis*）的水平运动方式；Borkholder 等（2002）通过遥测标志法研究湖鲟（*Acipenser fulvescens*）群体迁移规律等；Dagorn 等（2000）利用声学标志系统结合传感器测量大目金枪鱼（*Parathunnus obesus*）的游速、心率、生理行为，并实现实时追踪。硬骨鱼类和软骨鱼类、软体动物（如大型乌贼)、大型爬行类(如海龟)、水生哺乳动物(如鲸类)等,都可以用生物遥测法对其进行监测。随着电子技术的不断进步,生物遥测标的体积变小,对动物的影响降低,遥测参数增多,数据精度提高,监控范围扩大。日本研制的无线电标志牌长 17 mm,质量只有 0.2 g(张堂林等,2003)。

我国在大洋性渔业资源调查和一些珍稀水生动物保护方面,应用生物遥测标志技术在不断发展和成熟(危起伟等,1998),如利用超声波遥测技术研究了长江宜昌江段的即将参加自然繁殖的中华鲟在产前、产卵和产后的行踪。

1. 生物遥测法标志放流中华鲟实例

危起伟等(1998)利用美国 Sonotronics 公司的超声波遥测定位系统,在长江宜昌江段对中华鲟进行遥测试验。试验所用基本设备主要包括超声波发射-接收系统、全球卫星定位系统(GPS)接收仪和追踪快艇等。标志牌为 Sonotronics 高能超声波发射器,带磁性开关,持续发射时间 18 个月,发射 2 或 4 位数无重复代码,以标志不同个体。发射波频率分为 40 kHz 和 78 kHz 两种类型,规格为 18 mm×110 mm,外部由高强度的韧性防水材料封装,且鱼体对标志牌无排斥反应,可外挂或体内埋置。

采用微型手持电钻在背骨板钻孔,将标志牌牢固拴在背骨板上。标志前,开启标志牌磁性开关,并检测其发射工作是否正常。试验主要在葛洲坝电厂泄水闸至宜都市约 50 km 的长江江段范围内进行。被标志中华鲟的捕捞,均在电厂泄水闸下至西坝庙嘴约 3 km 的江段进行,在庙嘴沙滩进行标志。1995～1996 年,在上述江段,共标志放流中华鲟 15 尾。1996 年,根据中华鲟产卵时的追踪定位结果,现场在定位处江底采捞中华鲟卵获得成功,再次证明了超声波遥测定位的精确性,定位精度可在数米以内。

2. 国外超声波遥测技术应用实例

20 世纪 60 年代,Johnson(1960)首次用超声波遥测技术进行水生动物追踪研究。他们当时采用较为原始的超声波发射-接收系统,在哥伦比亚河 Bon-neville 水坝上下河段对 3 种鲑鳟鱼类进行追踪试验,系统可探测距离仅为 25 m,发生器电池的平均有效寿命仅 8 h,发射器无声波编码,无法同时区分不同个体,实用价值极其有限。稍后,Stasko 等(1973)用该手段研究了几种大麻哈鱼的近海岸洄游,追踪时间在 3～50 h,但发射器仍无声波编码。原苏联对伏尔加河的鲟鱼和鲑进行过超声波追踪(Poddubny,1971),发射器依大小和工作频率分为 4 种类型(Signal-1～Signal-4),持续发射寿命分 1200 h(Signal-1)、250 h(Signal-2)和 50 h(Signal-3 和 Signal-4),不同发射寿命的标志牌具有不同的质量(30～100 g),并依信号持续长度和发射频率可将标志鱼分组,标志鱼数量少时,可达到个体识别。该技术在 80 年代中后期应用逐渐增多。

近 20 年来,利用超声波遥测技术开展的研究工作主要集中在北美和英国,研究的对象主要包括鲑鳟鱼类(Priede *et* al.,1988)、鲨鱼(Morressey and Samuel.,1993)和鲟鱼类(Kieffer and Kynard.,1993;1996)等。Morressey 和 Samuel(1993)在美国巴哈马群岛海岸,采用 Sonotronic Nagel GmbH 公司微型超声波发射器(XTAL-87,频率 68.1～78.1 kHz),研究柠檬鲨的领域性(home range)。内置标志 38 尾幼鲨(体长 PCL 46.8～100.6 cm),

对每尾鲨定位1～153天，总定位2281次。Kieffer和Kynard（1993；1996）在美国东海岸的一条小河（Merrimack River），同样采用Sonotronic公司超声波发射-接收系统，研究了该河流中的濒危物种短吻鲟和尖吻鲟（*Acipenser oxyrhynchus*）周年洄游和自然繁殖，两种鲟各标志了23尾，在46 km的河段范围内，追踪时间最长达41个月。

生物遥测标能连续发送信号，便于持续跟踪监测，监测时不需要回捕，免除了相关的操纵压力，同时可以减少收集数据的成本。当鱼类处于浑浊、湍急的水体中无法看到或有效回捕时，这种标志技术显示了特殊的使用价值。但生物遥测标装置相对其他标志来说比较大，因而，对标志对象鱼类可能会产生一定的影响，例如，标志安置在体表，会增加鱼类游泳的阻力；安置于胃内，可能影响鱼类的摄食；安置在体腔内，可能增加伤口和体腔感染的概率，增加死亡率等（张彬等，2010）。

第三节　增殖放流技术

一、鱼类放流技术

1. 褐牙鲆放流技术

（1）放流海区

位于潮流畅通的内湾或岸线曲折的浅海海域，水深为3～5 m，远离潮汐河道、排污口、盐场和大型养殖场的进水口，盐度为10～35。放流海域水质监测样品的采取、储存、运输和预处理按GB 12763.4和GB 17378的有关规定执行。如有任何一项水质指标不合格，则判定该水质不合格。放流海域的底质为沙底质，敌害生物少、饵料生物丰富。

（2）放流苗种

1）来源

选择黄、渤海野生或国家、省级原种场的健康种鱼，按DB13/T 517—2004褐牙坪苗种繁育技术规范的标准要求进行。

2）放流苗种规格

放流的小规格苗种为5～8 cm，大规格苗种大于10 cm。

3）放流苗种质量

选取外观正常，有眼侧花纹颜色清晰，无白化、黑化，无眼侧白色，无畸形、无伤病的健康苗种。

（3）苗种计数

采用质量计数法，要求逐池随机抽取，种苗不少于100尾，逐尾测出质量数，每池取样两次取平均值，以此计算某批次放流种苗数量。

（4）苗种运输

容积20 L左右的双层塑料袋，每袋先注入海水约10 L，然后将苗种装于塑料袋，充氧后扎紧，装入泡沫箱（纸箱），用胶带密封。每箱装两袋。高温天气可外加适量冰块降温，一并装入泡沫箱（纸箱），装苗用水的温度与养殖池相差2 ℃以内。根据实际运输时间和苗种规格决定装苗密度，密度在300～500尾/袋。将已装苗的塑料袋依车、船装载容积和空间位置整齐排列，并配装空压机或氧气瓶，供途中充气或备用，护送人员应随时检查种苗及器具状态。

（5）人工放流

将苗种用船运至放流水域，然后在顺风一侧，贴近海面分散投放水中。放流海区水温与苗种培育水温相差2℃以内。

2. 真鲷放流技术

（1）放流海区

潮流畅通、水清流缓，曾有天然种群产卵、索饵的内湾或岸线凹曲的浅海海域。海水水深在10 m左右，海底倾斜度小、沙质底质、有海藻繁生的海湾。

（2）放流苗种

1）来源

以自然分布区域的野生个体作为亲鱼。亲鱼采捕后经人工驯化，筛选的亲鱼个体大、体形完整、体色正常、健壮无伤、行动活泼、摄食积极、年龄与规格适宜，通过人工繁育，获得放流苗种。

2）放流苗种规格

放流苗种有大、小两种规格。小规格苗种一般为4～6 cm，平均5 cm左右，大规格苗种一般为8～10 cm，平均9 cm左右。

3）放流苗种质量

选取外观正常、无畸形、无伤病的健康苗种。苗种活力好，游泳姿势正常。

（3）苗种计数

将出池苗种均匀装袋、装箱。每箱任取1袋，逐尾计数，求出平均每袋苗种数量，根据抽样基数，进而求出本装运批次苗种数量。

（4）苗种运输

用20 L无毒、双层塑料袋加水1/4～1/3，水温、盐度应根据放流水域的水温、盐度提前进行调节，要求温度差不超过2℃，盐度差不超过2。用手抄网从培苗池中捞取苗种装袋，充氧、扎口，装泡沫塑料保温箱（700 mm×280 mm×400 mm）或相同规格纸箱，整齐排放阴凉处，等待计数、运输。根据规格大小、气温及运输距离，每袋装苗数量控制在200～300尾。

（5）人工放流

将放流苗种用小船运至规定放流海域，投苗时，船速控制在每小时1海里之内，将苗种距海面1 m内，缓缓投放水中，动作要轻缓，随开箱、随投放。

3. 半滑舌鳎放流技术

（1）放流海区

放流海域应符合潮流畅通、水流清澈，且是半滑舌鳎自然分布、产卵、索饵或肥育的内湾或者是岸线凹曲的近海。放流海域的底质以泥沙、泥、砂砾等为宜，无还原层污泥。放流海域的盐度以25～33为宜。放流时，放流海域表层水温以15～20℃为宜，底层水温以

8～28 ℃为宜。放流海域的十足类、头足类、双壳类、多毛类等生物饵料丰富，利于放流苗种的存活和生长。

（2）放流苗种

1）来源

半滑舌鳎放流苗种的生产，必须以半滑舌鳎自然分布区域的野生群体作为亲鱼。野生亲鱼采捕后经人工驯化，筛选的亲鱼个体大、体形完整、体色正常、健壮无伤、行动活泼、摄食积极、年龄与规格适宜。一般在人工繁育过程中，使用的亲鱼规格：雌鱼年龄在 3 龄以上，全长在 25 cm 以上，体重在 750 g 以上；雄鱼在 2 龄以上，全长在 20 cm 以上，体重在 250 g 以上。苗种生产过程中，禁止使用违禁药物。

2）放流苗种规格

放流的小规格苗种为 5～8 cm，大规格苗种大于 10 cm。

3）放流苗种质量

放流苗种要求外观正常，有眼侧颜色正常，无白化、黑化，无眼侧白色，无畸形、无伤病的健康苗种。

（3）苗种计数

以苗种培育池为测标单元，采用质量计数法，要求逐池随机抽取种苗不少于 100 尾，逐尾测出质量数，每池取样两次，取平均值，以此计算某批次放流种苗数量。按照苗种打包，装车、船顺序，每一车次或船次都随机抽取 3 箱，取每一箱中的任意 1 袋，开包后逐尾计数，根据抽样基数，进而复核出该批次苗种的总数量。

（4）苗种运输

苗种装袋前应停食一天。将已装苗的器具依车、船装载容积和空间位置整齐排列，并配装空压机或氧气瓶，供途中充气或备用，护送人员应随时检查种苗及器具状态。运输途中，采取遮光措施，保证泡沫塑料箱内低温状态，运输途中避免剧烈颠簸、震动。

（5）人工放流

将苗种用船运至规定放流水域，投放苗种时，船速控制在 1 海里以内。放流苗种使用专用放流板，放流板要求光滑、无毛刺，前端置于船内，末端位于船外侧，距离水面约 10 cm 处，在苗种包装袋打开后，将苗种轻轻倒入放流板的船内一端，则苗种随放流板轻轻滑入放流水体。如果放流海区风浪过大或 2 日以内有 5 级以上大风天气，应暂停放流。

4. 鲮放流技术

（1）放流海区

选择水流清澈、远离排污口和大型养殖场等进水口区域。放流海域的浮游植物、浮游动物和底栖生物丰富，该海域水质监测样品的采取、储存、运输和预处理，按 GB 12763.4 和 GB 17378 的有关规定执行。

（2）放流苗种

1）来源

鲮亲鱼的来源，为春季在海里捕捞。在渤海，首次产卵的多为 4 龄鱼，少数为 3 龄鱼。亲鱼选择条件，要求体质健壮、无病害，雄鱼在 2 龄以上，雌鱼在 4 龄以上，体重在 1.5～

3 kg，通过人工繁育，取得放流苗种。

2）放流苗种规格

一般放流鲮的体长在 5 cm 以上．标志放流体长在 10 cm 以上。

3）放流苗种质量

选取外观正常、无畸形、无伤病的健康苗种。

（3）苗种计数

将出池苗种均匀装袋、装箱，每装运一批，按装袋时间的前、中、后，随机抽取 3 箱以上，每箱任取 1 袋，逐尾计数，求出平均每袋苗种数量，据抽样基数，进而求出本装运批次苗种数量，各装运批次苗种数量相加为本次放流苗种数量。

（4）苗种运输

苗种装袋前应停食一天。将已装苗的器具依车、船装载，容积整齐排列，并配装空压机或氧气瓶，供途中充气或备用，护送人员应随时检查种苗及器具状态，运输途中避免剧烈颠簸、震动。

（5）人工放流

投苗时，船速控制在每小时 1 海里之内，将苗种距海面 1 m 内，缓缓投放水中，动作要轻缓，随拆箱、随投放。

5. 许氏平鲉放流技术

（1）放流海区

选择潮流畅通、水清、流大，曾是许氏平鲉天然种群产卵、索饵、越冬的岛礁附近海域，其底质为岩礁、砂砾、沙或沙泥，无还原层污泥，盐度为 28～32，水温为 5～28℃，小型低值鱼、虾类等饵料生物资源丰富。水质条件应符合 GB 11607—1989 的要求。

（2）放流苗种

1）来源

繁殖季节，在沿海，用定置网捕获怀仔的亲鱼。亲鱼体形完整、色泽正常、体质健壮，无病、无伤、无畸形，其体重为 1～3 kg，年龄为 3～5 龄。通过人工繁育，获得健康苗种。

2）放流苗种规格

放流小规格苗种为 5～8 cm，大规格苗种大于 10 cm。

3）放流苗种质量

苗种要求色泽正常、健康，无损伤、无病、无畸形，活力强，摄食良好。

（3）苗种计数

将出池苗种均匀装袋、装箱，每装运一批，随机抽取 3 箱以上，每箱任取 1 袋，逐尾计数，求出平均每袋苗种数量，据抽样基数，进而求出本装运批次苗种数量。

（4）苗种运输

装运前应停食一天以上，运输途中采取遮光措施，减少剧烈颠簸，箱内控温 20 ℃以下，运输时间在 2 h 之内。苗种抽样计数后，将苗种装车运至码头，再改用船运，至规定海域放流。

（5）人工放流

选择水深 10 m 以上的鱼礁区或筏养区等有障碍物海域，放流海域的底层水温应在 10℃以上。放流当日，天气晴或阴，放流区的风力在 6 级以下。投苗时，船速控制在每小时 1 海里之内，将苗种距海面 1 m 内，缓缓投放水中，动作要轻缓，随拆箱、随投放。

二、中国对虾放流技术

1. 放流海区

应选择在潮流畅通的内湾或岸线曲折的浅海海域，附近有淡水径流入海，位于潮间带之下，低潮水位大于 1 m，远离排污口、盐场和大型养殖场的进水口。水质条件符合 GB 11607 的要求。

2. 放流苗种

（1）来源

以自然海域的野生群体作为亲虾，筛选个体大、体形完整、体色正常、健壮无伤、行动活泼的野生对虾。放流苗种为野生亲虾经人工繁育获得的虾苗，经中间育成，体长达相应的放流规格。

（2）放流苗种规格

放苗规格分 3 类：体长≥12 mm，体长≥10 mm，体长≥8 mm。

（3）放流苗种质量

规格合格率、伤残率和死亡率、病害检测及感官要求中的任一项目未达质量要求，则判定该批苗种为不合格。如发现有严重传染性弧菌病，应限期诊治，然后重新检验，如 PCR 检测呈阳性，应重新检验，经重新检验仍不合格，则判定该批苗种不合格。

3. 苗种计数

容积为 20 L 左右的双层尼龙袋，每袋先注入海水约 5 L，然后将苗种装入袋内，充氧后扎紧，装进泡沫塑料箱（纸箱），用胶带密封。每箱装两袋。高温天气，可外加适量冰块降温，一并装入泡沫塑料箱（纸箱）。体长≥12 mm 的虾苗，每袋放 15 000～20 000 尾；体长≥10 mm 的虾苗，每袋放 20 000～25 000 尾；体长≥8 mm 的虾苗，每袋放 25 000～30 000 尾。

4. 苗种运输

用冷藏车，货车，中、小马力的渔船，运输船只运输皆可。将已装苗的器具，依车、船装载容积和空间位置整齐排列，并配装空压机或氧气瓶，供途中充气或备用。护送人员应随时检查苗种及器具状态。

5. 人工放流

5～6 月，放流海区的水温不低于 16℃，放流海区水温与苗种培育水温相差 2℃以内。

将苗种用船运至放流水域，然后贴近海面，分散投放水中。

三、三疣梭子蟹放流技术

1. 放流海区

选择三疣梭子蟹的产卵场、索饵场，饵料生物丰富，适合于生长繁殖，并远离排污口、海洋倾废区等不利于生长栖息的海域。其盐度为20～33，放流海域水温与暂养池的温度相差±2 ℃以内，底质为泥沙或沙泥质，无还原层污泥，水质符合GB 11607规定。

2. 放流苗种

（1）来源

亲蟹来自于自然海域，选择体重在300 g以上的个体，体质健壮，体色和体形正常，无伤、无病、无寄生虫。苗种培育按照NY/T 5163规定执行。

（2）放流苗种规格

苗种规格要求达到仔蟹Ⅱ期或以上，头胸甲宽≥6 mm、体重≥0.013 g。适宜放流标志蟹的规格为头胸甲长＞40 mm，头胸甲宽＞90 mm。

（3）放流苗种质量

苗种的检验、检疫应符合SC/T 2015规定，药残检测中，氯霉素、孔雀石绿不得检出。放流前3～5天，由技术人员对苗种的感观质量、可数指标、病害、药残等进行检测。随机取样3次，每次不少于50只，每项指标均应符合检测要求，否则判定该批次苗种不合格。

3. 苗种计数

对每一批次放流苗种进行随机抽样计数，抽样率在20%或以上，抽取样本的计数率在10%或以上，采用干重计数法。

4. 苗种运输

将苗种装入容积为20 L或相近规格的双层、无毒塑料袋，袋内放置经海水浸泡后的水草或稻草（未腐败），再加入适量的海水。塑料袋内仔蟹Ⅱ期幼体的适宜密度为每升水体600只以内，将塑料袋充氧、扎口，气和水的比例宜控制在2∶1左右，再将其装入塑料泡沫箱（800 mm×300 mm×450 mm）或相近规格的纸箱，每箱数袋，箱用胶带密封。装苗和运输时间宜在8 h以内，箱内可加入适量冰袋降温，袋内温度宜控制在18～23 ℃。

5. 人工放流

苗种的放流时间在4～7月，底层水温应回升至15 ℃以上。供苗单位在放流前7天，应进行苗种质量检测，再择期放流。若放流海区有最大风力8级及以上或3级以上海浪，应暂停放流。标志蟹的适宜放流时间为4～5月或10～11月。将苗种运输至指定放流地点，放流前抽检其成活率、伤残率，测量放流点的水温、盐度，然后使用无损伤的放流装置，将蟹苗缓缓放入海水中，放苗时，船速控制在每小时1海里内或停船放流。

四、海蜇放流技术

1. 放流海区

选择在潮流畅通的内湾或岸线曲折的浅海海域，附近有淡水泾流入海。其盐度为10～35，饵料生物丰富，避风浪性良好，水深在5 m以上，距离海岸5 km以上，远离排污口、盐场和大型养殖场的进水口，为非定置网作业区。

2. 放流苗种

（1）来源

从自然海域采捕性成熟的亲蛰，亲蛰伞径在30 cm以上，体色暗红或青蓝色，无病、无伤、无畸形，活动能力强。苗种培育按照DB 13规定执行。

（2）放流苗种规格

放流的海蜇苗种规格为伞径大于1.5 cm。

（3）放流苗种质量

蛰苗应规格整齐、体色正常、体表洁净、健壮、活力强。在一批抽检样品中，其死亡率、伤残率和病害检测的任一项目未达质量要求，则判定本批苗种为不合格。

3. 苗种计数

将苗种装入相同的装苗器具中，然后随机抽取，装苗器具3个以上，用容量比例法测出装苗器具中苗种的平均数量，并对装苗器具计数，以此计算某批次放流苗种数量。

4. 苗种运输

容积为20 L左右的塑料袋，每袋先注入适量过滤等温海水，然后将苗种装于塑料袋，海水体积应占塑料袋有效容积的1/3。装苗用水应符合GB 11607的要求。根据运输时间和苗种规格，装苗密度以40～70只为宜，充氧后扎紧，装入泡沫塑料箱或纸箱，每箱装两袋，用胶带密封。高温天气应采取降温措施。将已装苗的器具依车或船装载容积和空间位置整齐排列，并配备备用氧气瓶。护送人员应随时检查苗种及器具状态。

5. 人工放流

5～6月，放流海区的水温在16 ℃以上，苗种培育水温与放流海区水温相差2 ℃以内。如放流海区风浪过大或2日以内有5级以上大风天气，应暂停放流。将苗种用船运至放流水域，然后贴近海面，分散投放水中。

第四节　放流跟踪调查技术

放流跟踪调查是指对水生生物幼体进行标志后，放流至自然海域，然后，通过对标志的水生生物进行追踪和回捕，以取得放流生物的分布、成活、摄食、生长及对自然种群的补充等方面的信息，对放流进行综合评价的过程。增殖放流是恢复渔业资源的重要和有效的手段，其效果如何，是广大科研工作者和职能部门普遍关心的问题。各国科研工作者，围绕着回捕率和增殖效果进行了长期不懈的研究，并以标志技术研究、标志生物采集和渔获物产量统计等作为评价放流效果的有效手段，为增殖提供决策依据。

放流工作开始前，应预先明确实施放流的预期效果(如成活率、放流群体与野生群体的相互影响、疾病状况等)，建立多项明确的增殖放流效果量化评价指标，例如，增殖海域放流种类年产量增加5%，5年后，所释放苗种的等位基因突变率低于3%等，但同时，也应分析指出可能影响放流效果的不确定因素。以下围绕放流效果评价相关的几个方面展开分析。

一、制订合理的放流效果评价体系

合理构筑放流效果评价体系是进行增殖效果评价的基础。以往的评价体系中，评价指标过于单一，多就放流种苗的存活状况进行分析，不利于全面掌握增殖放流所产生的生态效益和经济效益。伴随着基于生态系统渔业管理理念的普及，单一指标已不能满足对增殖效果评价的要求。许多学者已从生态、经济和社会效益多种角度阐述了放流效果评价所应包含的内容。生态效益方面，应从种群—群落—生态系统3个方面进行评价。种群层面的评价，应涉及评估放流活动是否能够提高放流种类的资源量及是否对野生群体遗传多样性产生负面影响等内容；群落层面的评价，应重点放在放流活动对生物群落多样性及群落结构稳定性产生何种影响的分析上；生态系统层面的评价，应涵盖对放流水域生态系统的结构功能和水质环境影响等内容的评估。经济效益方面，主要评价分析增殖放流的成本收益情况。社会效益方面，应以事实案例阐述水生生物资源综合管理能力和决策水平提高，全社会保护海洋生物和海洋生态意识加强，促进渔区社会稳定和精神文明建设等内容。放流效果评价应围绕规划预先设定的绩效指标进行量化评估，尽量避免模糊和定性评价(如通过增殖放流改善特定水域的生态环境等)，以增加放流效果评价的说服力。

二、准确应用标志手段跟踪放流群体

科学区分放流群体和野生群体是准确评估增殖放流效果的基础，同时，也是困扰增殖放流效果评价的主要难题。100年的增殖放流实践经验表明，标志技术创新是解决这一难题的有效手段。目前，应用于海洋生物的标志方法主要有实物标志、分子标志和生物体标志三大类型，其中实物标志种类相对较多，且操作方法也相对简便，各种标志方法各有优、缺点。在应用于增殖群体的跟踪时，要根据实际情况及调查目的和期限，选择合适的标志方法。

三、增殖放流生态效果评价

评估增殖放流的生态效果，通常包含两个方面的内容：①评估增殖放流对目标种类资源数量的增殖效果，这可通过放流种苗的成活率反映。具体评估指标参数涉及放流时的起始存活率、发育成幼体的成活率、生长为成体(可被渔业利用)的成活率、进入为繁殖群体的成活率。②评估放流群体对增殖水域的生态作用，重点分析增殖放流对生态系统结构和功能的影响程度。

四、回捕率

回捕率是评估放流效果的重要指标之一。以黄海北部为例，中国对虾增殖效果分为明显的3个阶段：1985～1992年，8年的平均回捕率为9.2%，放流1亿尾幼虾，其产量为188 t；1993～1996年，4年的平均回捕率约为3.4%，每放流1亿尾幼虾，其产量为65 t；1997～1998年，平均回捕率为9.4%（林军和安树升，2002）。在山东沿海，自1995年后，每年的放流量在4亿尾左右，每年秋汛产量可大体维持在1000 t左右，2006年，达1400 t，2007年，放流6.295亿尾，秋汛产量为3324 t，是历史最高纪录（刘莉莉等，2008）。中国对虾秋汛产量的逐渐提高，一方面得益于连续多年的规模化人工放流，放流群体对资源的补充效果明显，另一方面也得益于近年来严格执行禁渔期等保护措施，使中国对虾野生资源得以喘息。不过，只有经过对放流回捕率的精确计算，对放流群体和野生群体在中国对虾种群资源恢复的贡献比例进行科学、准确分析的前提下，才能制订更为合理的放流规划，指导放流行为科学地进行，进而有效促进中国对虾种群资源恢复。

放流回捕率的估算包括以下几类方法：①根据历史统计数据，估算放流海域原有野生资源量，据此计算回捕率。这种方法在20世纪80年代之前是行之有效的，之后，由于野生资源的迅速萎缩和放流对群体资源的动态补充，此方法不再适用。②相对丰度指数。放流前、后，设置调查断面，利用特定网具进行放流前、后幼虾相对资源量调查，根据放流和野生群体的比例，估算放流群体的回捕率（刘瑞玉等，1993）。这是目前较为常用的一种评估回捕率的方法，不过，该方法需要在多点（地点和时间点）重复进行捕捞调查，操作烦琐、费用昂贵、受限因素多，且对捕捞的个体无法区分放流、野生，因而影响了回捕率的精确估算。③体长频数分布混合分析法。即利用野生群体和人工放流群体的体长差估算回捕率。但该方法经常由于野生群体和人工放流群体的体长差异不显著而无法准确地计算回捕率。④物理标志放流。对放流群体采用挂牌或剪除尾肢的方法进行标志，从而达到精确估算回捕率的目的，同时，也可研究放流群体的洄游分布、生长特征和死亡特征（邓景耀，1997）。⑤异种标志群体。放流中国对虾时，掺入斑节对虾或日本对虾种苗，以此作为标志群体进行放流回捕率的计算。异种虾与中国对虾之间存在生态习性的差异，分布区域的差异会导致取样误差，且作为饵料生物被捕食的概率也不尽相同，回捕时，存活率的差异导致对回捕率的估算误差明显。以异种对虾作为标志群体进行放流回捕率的估算也是有局限性的（邓景耀，1997）。

目前，采用的回捕率评估手段均存在一定程度的缺陷，整个评估体系中不确定的因素过多，尤其是捕捞个体中，放流对虾的数量和野生对虾的数量无法精确地估算，所以，回捕率的精确性值得商榷。放流20多年以来，以放流回捕率的精确估算为前提，中国对虾资源增殖效果评估、中国对虾野生群体资源数量动态变化、遗传结构变化及人工放流对野生资源量的补充效果等一系列科学问题，一直无法得到满意的解答。邓景耀在对1984～1998年的中国对虾放流效果进行系统研究后，指出“连续10多年大规模的对虾种苗放流，是在缺乏科学指导的条件下进行的”，问题之一就是，放流回捕率无法得到精确估算（邓景耀，1997）。

五、跟踪调查方法

为了对增殖效果进行评价，2009 年以来，针对在黄、渤海开展的各种水生生物的放流活动，“黄渤海生物资源调查与养护技术研究”项目组，每年在渤海放流开展后及禁渔期结束前，对各放流生物种类进行了跟踪调查。调查各种放流种类的相对数量、群体组成，放流水域浮游植物、浮游动物和底栖生物的数量与分布，生态系统的生物群落结构，同时，还调查了海水的温度、盐度、水深、透明度、溶解氧、酸碱度、硝酸盐、亚硝酸盐、铵盐、活性磷酸盐等环境因子的特征，评估放流种类的资源量与可捕量，发布了渔情预报。调查是采用了拖网调查与走访调查相结合的方法，调查使用的网具依放流种类而有所不同。

1. 理化环境与生物环境调查

水温：电子水温计测定水温。

盐度：采水样，用多功能水质分析仪测定。

水深：铅锤和米绳。

底质：采泥器采样。

透明度：透明度板测量。

酸碱度：采水器采水样，室内化验。

溶解氧：采水器采水样，室内化验。

浮游植物：小型浮游生物网垂直采样，样品用 5%甲醛溶液固定，室内鉴定分析和整理。

浮游动物：中型浮游生物网垂直采样，样品用 5%甲醛溶液固定，室内鉴定分析和整理。

小型底栖生物：抓斗采泥器采样，采样面积为 0.05 m^2，每站采样 2 次。样品用 5%甲醛溶液固定，室内鉴定分析和整理。

大型底栖生物：用阿氏网拖网取样，每站拖网 20 min。样品用 5%甲醛溶液固定，室内鉴定分析和整理。

2. 中国对虾调查

第一次跟踪调查的水域范围，是在潮间带和 1 m 等深线以内。调查网具为手推网，网口长 2.5 m，每站推行 10 min，推行速度约 600 m/h。调查时间在放流后的 2～5 天内进行。

第二次跟踪调查水域范围，是 1～5 m 水深。使用 20～80 kW 的小渔船进行调查，调查网具为扒拉网。扒拉网规格：上网杆为 4 m，底脚为 2.5 m，网目为 12 mm。调查方法：下网 10 min，船速为 2.0 海里/h。调查时间在放流后 20～30 天内进行。

第三次跟踪调查水域范围，是在 5 m 以上水深。使用 120 kW 渔船进行调查。调查网具为单船底拖网或扒拉网。单拖网规格：网口高度为 2 m，网口宽度为 10 m，网口周长为 524 目，网目为 60 mm，囊网网目为 20 mm。调查方法：单拖网拖 0.5 h，拖速为 2 海里/h。调查时间在放流后 50～60 天内进行。

资源评估调查是使用 205 kW 双拖渔船。调查网具规格：网口高度为 6 m，网口宽度为 22.6 m，网口周长为 1740 目，网目为 63 mm，囊网网目为 20 mm。调查方法：拖速 3 海里/h，每站拖网 1 h。调查时间在放流后 80～90 天内和 110～120 天内进行。

社会辅助调查：进行渔民、渔船走访调查及到当地的渔业主管部门了解相关情况。

3. 三疣梭子蟹调查

第一次跟踪调查和中国对虾的第二次跟踪调查，是同船、同步进行。调查方法和调查网具一致。

第二次跟踪调查和中国对虾的第三次跟踪调查，是同船、同步进行。调查方法和调查网具一致。

三疣梭子蟹资源评估调查与中国对虾资源评估调查，也是同船、同步进行。调查方法和调查网具一致。

社会辅助调查：进行渔民、渔船走访和到当地渔业主管部门了解相关情况。

4. 半滑舌鳎调查

可采用标志放流与放流区放流前、后资源调查相结合的方法。对半滑舌鳎等的增殖效果进行评估，具体方法如下。

(1) 标志法

根据放流苗种的总数量，按比例进行苗种加标志牌，并一同放流到试验海区。通过现场调查捕获标志鱼或通过群众渔业收购标志鱼。

$$C = \frac{B \times b}{S} \times 100\% \tag{5-1}$$

式中，C 为回捕率(%)；B 为标志鱼回捕数量；b 为标志鱼与总放流量的比率；S 为总放流鱼的数量。

(2) 资源调查法

放流前，对即将放流海区进行本底调查，进行鱼类资源量评估；放流后的 3 个月、6 个月、1 年，分别对放流海区进行重复性资源调查。调查范围为放流海区，设置 16～20 个定点底拖网调查站，每站拖网 1 h，具体调查内容如下。

物理：逐站进行 CTD 温、盐深观测。

化学：测定各采水层次的常规营养盐(硅酸盐、铵盐、硝酸盐、亚硝酸盐、磷酸盐)。

环境生物：浮游植物的种类、生物量、粒级结构和分布特征，光合色素，叶绿素浓度及分布特征；微型浮游动物的种类组成、生物量、分布特征，浮游动物的种类、分级生物量，关键种种群结构、饵料质量、次级生产力。

生物资源：分析和记录每站渔获物的种类组成，每种的尾数、质量，进行生物学测定，留取年龄、性腺和胃含物样品，然后，根据渔获物分析情况综合计算网次渔获物的组成和渔获量。

水平拖取的鱼卵、仔鱼样品装瓶，用 5%甲醛固定保存。

根据资源调查对标志放流的统计结果，结合标志法对放流效果进行评估。

$$B=\frac{A\times Y}{a\times(1-E)} \tag{5-2}$$

式中，A 为调查区（放流区）面积；Y 为单位时间捕获放流鱼尾数；a 为单位时间扫海面积；E 为逃逸率（半滑舌鳎等底栖鱼类，取 0.3）。

回捕率的计算公式同标志法。

（3）分布与生长

对资源调查和群众渔业所获得的标志鱼，进行渔捞统计和生物学测定，绘制放流的半滑舌鳎等鱼类的分布图，计算其生长。

5. 海蜇调查

海蜇调查所使用的网具为流刺网（海蜇网：宽为 60 m，高为 10 m，网目为 10 cm），海蜇网之所以能捕获海蜇，是因为在海流的作用下，海蜇被兜在或刺挂在网上。海蜇网 1.5 h 捕获海蜇的数量作为其相对渔获量。由于海水流速的大小和海水涨落潮的不同，1.5 h 的渔获量往往差异很大，为了减小这种差异，进行流刺网调查时，同步用海流计测量海水的流速、流向。海水的流速×海蜇网的宽度＝海蜇网单位时间的扫海面积。再用扫海面积法来估算整个海蜇渔场的海蜇资源量。海蜇网在海里一般位于海水的中下层，因此，海水的流速一般取中下层的平均流速。海蜇网的捕捞系数一般取 0.5。

在辽东湾，海蜇放流后进行的跟踪调查一般为两次，第一航次是在 6 月 27 日～7 月 3 日，第二航次是在 7 月 5～11 日。

六、完善资源增殖管理措施

1. 对放流种类实施遗传资源管理

遗传资源管理是实施放流工作中的一项新的课题，其目的是在扩增种群资源数量的同时，避免由于引入人工放流种苗而引发遗传适合度的降低和遗传多样性的丧失。目前，基因监测是实施遗传资源管理的主要手段，其监测过程应贯穿于实施放流的全过程。

2. 严格实施疾病防控和健康管理

对放流种苗实施疾病防控，不但可提高种苗的成活率，而且有利于放流物种野生群体及与之关系密切种类的生存与发展。目前，许多国家已将之视为放流管理的必要环节，例如，美国佛罗里达州要求种苗放流前一定要通过严格的细菌和病毒感染监测。

3. 有效实施适应性管理

适应性管理是为了改善放流工作质量的一种即时性管理，即放流责任方依据所获经验，可随时对放流计划进行优化，以获取增殖效果最大化。

4. 增殖放流应与其他渔业管理措施并举

就目前而言，造成种群衰退的原因往往是多重的，可能来自栖息地丧失、捕捞过度、环境污染和气候变化等诸多因素。在实施放流的同时，如不对这些影响因素加以控制，增殖则无法达到其预期的目的。因此，明确种群衰退、生态系统破坏原因，针对性地实施增殖资源特别是渔业管理措施，将是实现增殖预期目标的重要保障。

第五节　增殖放流与追踪调查实例

一、褐牙鲆增殖放流及追踪调查

1. 烟台套子湾褐牙鲆放流及效果评估研究实例

2006～2010 年，山东省海洋水产研究所和山东省海洋捕捞生产管理站，联合实施了褐牙鲆标志放流工作。采用体外标志牌法和荧光胶体标志法对放流褐牙鲆进行标志。2006～2008 年，共标志褐牙鲆 40 000 尾，其中，挂牌标志为 25 310 尾，荧光标志为 14 690 尾，放流地点在烟台套子湾海域。探索了褐牙鲆的放流技术和方法。放流后，开展了跟踪调查和回捕统计分析，摸清了标志放流褐牙鲆的生活习性、洄游规律等，计算了褐牙鲆标志放流回捕率，评估了褐牙鲆的放流效果。据统计，2006～2010 年，全省累计放流全长在 5 cm 以上的褐牙鲆苗种 6000 万尾，捕捞 3761.6 t，实现产值 11 094.5 万元，增殖效果显著。

(1) 标志放流苗种的选择

用于放流苗种培育的亲鱼，采捕于自然海域的野生鱼。放流苗种健康、无病害。在选择放流苗种时，广泛考察了各大型育苗场的褐牙鲆苗种情况，通过对褐牙鲆的规格、色泽、活力、摄食等各方面的对比，选择放流苗种。所选苗种全长为 50～150 mm，无畸形、色泽正常、无黑化、无白化、无伤病、活力强、摄食正常，并抽样送山东省水产品质量检验中心进行检验、检疫，达到健康标准后，用于放流。

(2) 放流苗种标志与暂养

2006 年，标志放流采用体外挂牌标志法，2007 年以后，同时采用体外挂牌标志和荧光胶体标记 2 种标志方法。标志牌为椭圆形塑料牌，分为红色、黄色、蓝色 3 种颜色，直径为 18 mm，质量为 8.9 mg，上面有标志牌编号及负责回收单位联系电话等，方便捕获者与放流单位联系。标志工具事先经严格消毒，将放流褐牙鲆苗种按其体长分为 50～70 mm、70～80 mm、80～100 mm 和 100～150 mm 4 个组别，不同规格褐牙鲆采用不同颜色和不同号码区间的标志牌。标志后的褐牙鲆苗种，经暂养、驯化后，放入海区。

2006 年，采用体外标志牌法标志放流褐牙鲆 12 000 尾；2007 年，采用体外标志牌法标志放流褐牙鲆苗种 8000 尾，还采用了荧光胶体标志法标志放流褐牙鲆苗种 6000 尾；2008 年，采用体外标志牌法标志放流褐牙鲆苗种 5310 尾，还采用了荧光胶体标志法标志放流褐牙鲆苗种 8690 尾。

苗种经标志后，在养殖车间暂养 3～5 天，让其恢复活力，观察其游泳、成活和脱牌等情况，结果显示：2006 年，标志苗种的总成活率为 91.3%，脱牌率为 3.9%；2007 年，标志苗种的总成活率为 91.6%（挂牌、荧光的成活率分别为 90.9%、92.6%），脱牌率为 3.5%；2008 年，苗种的总成活率为 93.6%（挂牌、荧光的成活率分别为 93.2% 和

93.9%)，脱牌率为3.3%。荧光颜色标记未发现明显消退(表5.5.1)。

表5.5.1　不同体长组褐牙鲆的标志成活率与脱牌率(%)

年份	标志方法	体长组/mm								总体	
		50～70		70～90		90～100		100～150			
		成活率	脱牌率	成活率	脱牌率	成活率	脱牌率	成活率	脱牌率	成活率	脱牌率
2006	体外	91.3	5.0	91.7	3.6	92.1	2.5			91.3	3.9
	荧光										
2007	体外	86.7	4.2	91.6	3.4	95.6	2.7			91.6	3.5
	荧光	89.92		93.6		95.8					
2008	体外	87.9	5.7	92.2	4.0	95.6	2.3	96.0	1.8	93.6	3.3
	荧光	90.6		93.5		95.9		96.5			

(3) 放流技术

烟台套子湾附近海域，海湾从湾顶向湾口缓缓倾斜，海底平坦，沙泥底，平均水深为12 m，最大水深为20 m，为褐牙鲆重要产卵、栖息场所。套子湾海域水质良好，污染较少，饵料生物丰富，自然敌害少，是褐牙鲆苗种放流的适宜海区。

放流前，放流苗种停食一天，苗种运输采用塑料袋充氧方式，每袋装褐牙鲆约30尾，以保证每尾鱼有一定的活动空间。放流时，将塑料袋口轻放入海，并观察放流鱼的状态。放流过程中，同步测量放流点的水深、表层温度、底层温度、盐度和溶解氧等。各年度褐牙鲆标志及放流等情况见表5.5.2、表5.5.3。

表5.5.2　不同规格褐牙鲆标志尾数

年份	标志方法	不同体长规格的放流尾数								合计	
		50～70 mm		70～90 mm		90～100 mm		100～150 mm			
		标记数	成活数	标记数	成活数	标记数	成活数	标记数	成活数	标记数	成活数
2006	体外	4 000	3 612	5 000	4 580	3 000	2 764	0	0	12 000	10 956
	荧光	0	0	0	0	0	0	0	0	0	0
2007	体外	2 600	2 253	3 600	3 296	1 800	1 721	0	0	8 000	7 270
	荧光	2 400	2 158	2 400	2 247	1 200	1 150	0	0	6 000	5 555
2008	体外	810	712	2 000	1 843	1 500	1 434	1 000	961	5 310	4 950
	荧光	2 190	1 985	3 000	2 805	1 500	1 438	2 000	1 929	8 690	8 157
合计		12 000	10 720	16 000	14 771	9 000	8 507	3 000	2 890	40 000	36 888

表5.5.3　放流时间位置及环境参数

年份	放流日期	放流时间	放流位置	放流数量	水深/m	表温/℃	底温/℃	盐度/‰	溶解氧/(mg/L)
2006	9月9日	16时	121°11′30″E 37°36′0″N	500	12	22.8	20.5	28.27	8.5

续表

年份	放流日期	放流时间	放流位置	放流数量	水深/m	表温/℃	底温/℃	盐度/‰	溶解氧/(mg/L)
2006	9月12日	15时	121°11′0″E 37°36′30″N	5 500	14	23.2	20.9	28.34	8.4
	9月13日	10时	121°12′10″E 37°37′0″N	6 000	13	22.1	20.1	28.24	8.2
2007	9月30日	15时	121°11′40″E 37°36′20″N	14 000	13	20.8	19.3	28.65	8.3
2008	7月29日	15时	121°11′50″E 37°36′30″N	14 000	14	24.8	22.9	28.71	8.4

(4) 放流宣传与追踪调查

制作了标志放流宣传画4000张，在宣传画中说明标志牌的形状和颜色、标志单位、标志牌回收单位和联系人、电话与奖励办法。放流时，同时邀请相关媒体记者进行现场报道，扩大宣传，并在“海上山东”等网站进行宣传，同时，请山东省海洋与渔业厅行文通知辽宁省、大连市、河北省、天津市等的相关渔业部门，请他们了解并协助标志鱼的回收、宣传。

开展放流苗种的跟踪调查，对标志鱼实行有偿回收。回收时，同步收集标志牌编号、捕获时间、捕获点的经度与纬度、标志鱼的全长与体重等生物学指标，以便摸清放流褐牙鲆的分布、食性、洄游及生长等情况。2006年11月上旬、2007年5月下旬、2008年5月中旬、2009年5月下旬，前后进行了4次放流标志褐牙鲆专项的回捕调查。2006年11月上旬，调查范围为套子湾，设8个站(图5.5.1)。2007年5月下旬的调查，是根据上次的调查结果，适当扩大了调查范围，设立了10个站，2008年和2009年的调查站位同2007年5月的一样。

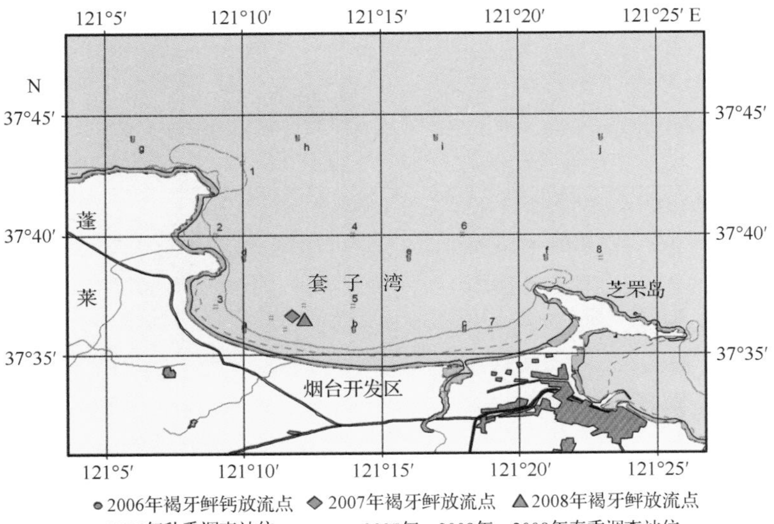

图5.5.1　放流点及调查站位

调查网具为单船底拖网，每站拖拽 1 h，随船的 2 名科研人员进行现场采样、测量、记录、分析。4 次调查主要内容均为水文环境、水化学环境、生物环境和游泳动物。调查项目包括：水深、表温、底温、盐度、溶解氧、无机氮、无机磷、浮游植物、浮游动物、游泳动物（包括褐牙鲆）及其生物学特性等。

（5）放流效果评估

2007 年 5 月下旬的专项调查，在 d、e、i 这 3 个站，共捕获 3 尾标志褐牙鲆；2008 年 5 月中旬，在 f 站捕到 1 尾标志褐牙鲆；2009 年 5 月下旬，在 c、e 站共捕获 2 尾标志褐牙鲆，其中 1 尾为荧光标志。2006 年 9 月至 2009 年 5 月，共收到渔民回捕的褐牙鲆 181 尾，体长为 62～361 mm，体重为 3.2～420 g。回捕的褐牙鲆均为当年或前一年标志放流的个体，未发现存活 1 周年以上的个体。因伏季休渔，每年的 6～8 月，无法收到回捕的褐牙鲆。春、秋季，回捕的较多；冬季，回捕的较少（表 5.5.4）。

表 5.5.4　回收褐牙鲆统计表

时间段	回收时间	回捕尾数	体长范围/mm	体重范围/g
2006 年 9 月～2007 年 5 月	2006 年 9 月	5	64～84	3.4～8.0
	2006 年 10 月	4	75～89	3.7～8.5
	2006 年 11 月	11	94～160	9.2～80
	2006 年 12 月	4	195～268	83～178
	2007 年 1 月	0		
	2007 年 2 月	1	274	209
	2007 年 3 月	4	272～303	213～268
	2007 年 4 月	9	310～331	274～320
	2007 年 5 月	5	335～356	345～408
2007 年 10 月～2008 年 4 月	2007 年 10 月	7	71～103	4.2～12.3
	2007 年 11 月	15	92～259	9.1～171
	2007 年 12 月	8	264～278	189～221
	2008 年 1 月	0		
	2008 年 2 月	3	281～285	226～237
	2008 年 3 月	9	290～316	240～287
	2008 年 4 月	14	319～341	289～352
2008 年 9 月～2009 年 5 月	2008 年 9 月	9	62～75	3.2～4.7
	2008 年 10 月	13	65～107	3.5～19
	2008 年 11 月	21	95～275	9.3～211
	2008 年 12 月	1	281	216
	2009 年 1 月	0		
	2009 年 2 月	6	275～284	211～234
	2009 年 3 月	11	281～313	221～281
	2009 年 4 月	14	309～331	275～318
	2009 年 5 月	7	335～361	344～420

回收的褐牙鲆主要分布在套子湾及临近海域，回捕的181尾褐牙鲆中，套子湾捕到145尾，套子湾外以北海域捕到36尾。60%的褐牙鲆分布在距放流点6海里以内，移动距离最大的1尾距放流点北偏东方向约18海里处，为渔民在2007年2月的底拖网作业中捕获。捕获点水深在20 m以上。2007～2009年的调查表明，人工繁育的褐牙鲆苗种，放流后，冬季有向外海洄游的活动(图5.5.2)。

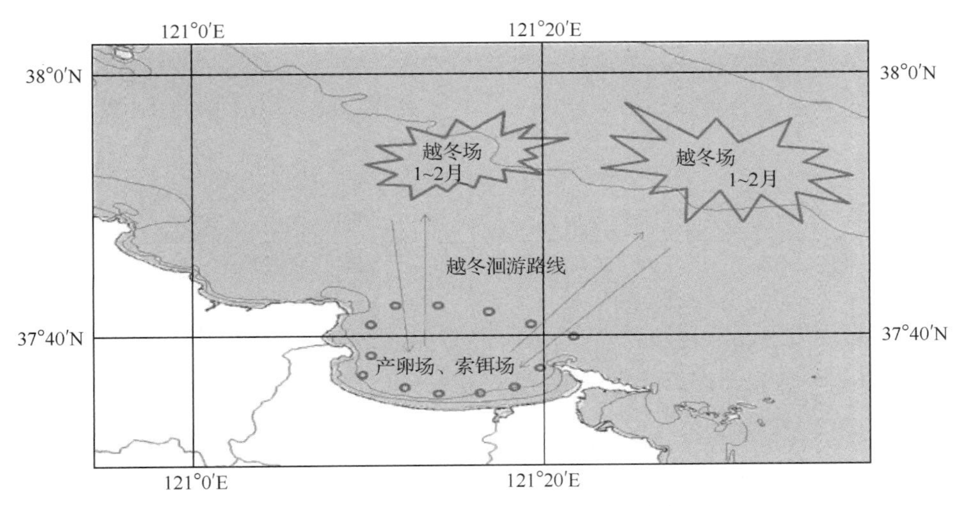

图5.5.2　套子湾标志褐牙鲆洄游模式图

分析标志放流褐牙鲆的生长规律，回捕褐牙鲆的体长与体重呈幂指数相关关系(图5.5.3)，其关系式为$W=4\times10^{-5}L^{2.753}$。

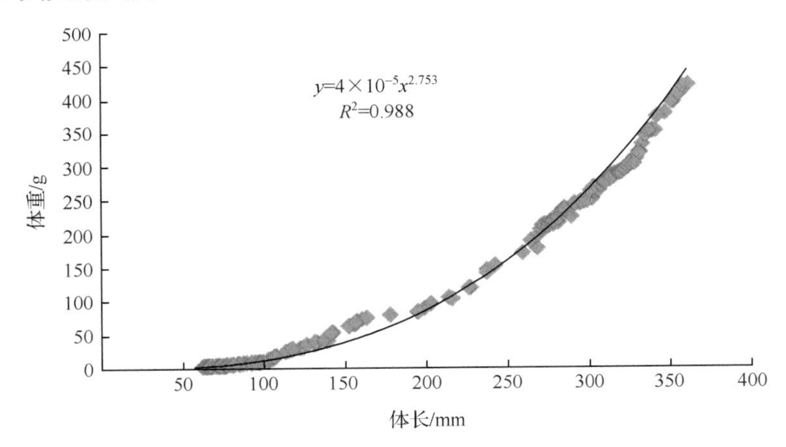

图5.5.3　褐牙鲆体重与体长的关系

根据回捕褐牙鲆的体长、体重，再根据回捕的时间，来确定褐牙鲆的生长时间，以月龄作为褐牙鲆生长的年龄单位，用von Bertalanffy生长方程来拟合褐牙鲆自标志放流入海至捕获期间的生长规律。

其生长方程为

$$L_t = 477\times[1-e^{-0.16\times(t-3.98)}] \tag{5-3}$$

$$W_t = 1721 \times [1 - e^{-0.16 \times (t-3.98)}]^3 \quad (5\text{-}4)$$

式中，体长、体重的单位分别为mm、g。

3年回捕的结果表明：褐牙鲆放流后的1个月内，其生长速度非常缓慢。由于放流海域与养殖车间在底质、水流等方面存在较明显差异，因此，放流的褐牙鲆苗种需经过较长时间来适应新的栖息环境。另外，在褐牙鲆育苗和暂养过程中，主要投喂人工配合饵料，放流后则需主动觅食天然饵料，因此，放流后的第1个月，其生长较慢，随后，其生长速度加快，其体长的日平均增长为1 mm左右。这说明褐牙鲆在放流后，能够很快适应自然环境，至第2年的5月，即放流后的200天左右，其最大体长达350 mm以上，最大体重达400 g以上。

对回捕鱼的胃含物分析结果表明：标志褐牙鲆在各生长阶段的食性有所不同。刚放流的1个月内，主要以糠虾类、箭虫和各种仔稚鱼等小型动物为食。随着生长，其食性逐渐转变，从小型动物向鱼类、虾蟹类过渡。体长在17 cm以上的褐牙鲆，其胃含物中的鱼类明显占多数，主要有小型鰕虎鱼类、玉筋鱼、方氏云鳚、沙丁鱼类、口虾蛄和小虾类等。其各个阶段的胃饱满度也有所不同。每年10月前回收的，其胃饱满度普遍很低，以1级为主，这时褐牙鲆的自动捕食能力还不强；翌年3月以后回收的，褐牙鲆胃饱满度较高，4月、5月，褐牙鲆的胃饱满度大部分为3级。这说明，褐牙鲆随着水温的回升，活力增强，捕食能力逐步加大，且该海区饵料生物也非常丰富。

对回捕海域的水文条件进行了分析，了解其水深、温度、盐度等，从2006～2009年的变化情况。对回捕海域的水化学条件也进行了分析，了解到海域的溶解氧、无机磷和无机氮的浓度，从2006～2009年的变化情况。还分析了从2006～2009年，浮游生物量的变化情况。作者采用了5级水平评价法，对浮游植物和浮游动物饵料生物的水平进行了评价（表5.5.5）。

表5.5.5　饵料生物水平分级评价标准

评价等级	Ⅰ	Ⅱ	Ⅲ	Ⅳ	Ⅴ
浮游植物栖息密度/($\times 10^4/m^3$)	<20	20～50	50～75	75～100	>100
浮游动物生物量/(mg/m^3)	<10	10～30	30～50	50～100	>100
分级描述	低	较低	较丰富	丰富	很丰富

对褐牙鲆放流效果进行评估，是根据3年放流褐牙鲆专项的调查结果，运用扫海面积法，对套子湾及临近海域春季标志褐牙鲆的资源量进行评估。

$$B = AD/pa \quad (5\text{-}5)$$

式中，B为现存资源量，单位为尾数。

D为捕获褐牙鲆的尾数。2007年、2008年、2009年春季专项调查回捕到的褐牙鲆分别为3尾、1尾、2尾。

A为调查海域渔场的总面积。这里取套子湾及附近海域面积，即346 km^2。

a为网次扫海面积。这里取春季对10个站进行拖网调查的扫海总面积，即1.11 km^2。

p为捕获率或网具选择系数。褐牙鲆作为底栖鱼类，活动能力不强，网具所扫过的地方，大部分被捕获，因此，捕获率取 0.8。

通过计算得出：在套子湾及临近海域，2007 年春季，标志褐牙鲆的资源量为 1180 尾，回捕率为 10.4%；2008 年春季，标志褐牙鲆的资源量为 393 尾，回捕率为 3.06%；2009 年春季，标志褐牙鲆的资源量为 787 尾，回捕率为 6%。褐牙鲆从人工养殖车间到天然海域，需要较长时间来适应新的环境，既要躲避捕捞网具的伤害和自然海域中的敌害，还要主动觅食。自放流之日起，间隔 8 个月后，这样的存活数量还是很高的。套子湾海域是海带、扇贝的养殖密集区，障碍物多，这既有效地阻止了底拖网作业，也为褐牙鲆的生长提供了丰富的饵料和良好的栖息环境。这说明套子湾海域适宜进行褐牙鲆放流。

2. 威海北海及荣成俚岛褐牙鲆放流及效果评估研究实例

2009 年、2010 年，中国海洋大学利用不同颜色的塑料椭圆标牌（POT）标志方法，开展了大规格褐牙鲆标志放流的回捕试验，追踪调查了标志放流褐牙鲆幼鱼的扩散、迁移路线，并分析了环境因素对其迁移和生长的影响。

（1）研究方法介绍

1）试验鱼

2009 年和 2010 年，标志放流的褐牙鲆幼鱼（全长为 70～133 mm）均来自威海北海褐牙鲆幼苗孵化场。褐牙鲆幼鱼养殖于 10 m^3 水体的循环水槽中（0.45 尾/L），使用升索牌颗粒饵料每天投喂两次至饱食。暂养、挂牌标志及标记后恢复期间均持续监测和控制水质。其水温保持在 18～20 ℃，盐度为 31.0±1.0，溶解氧为 5.23～5.35 mg/L，pH 为 7.7～8.1，光周期为 12 L/12 D。此外，循环水槽中的每日换水率占养殖水体的 20%。

2）POT 标志

2009 年和 2010 年，使用同一类型 POT 外部标志方法（即 POT，0.1 mm×5 mm×10 mm，0.01 g）标记褐牙鲆幼鱼。并以绿色和黄色 POT 来区分不同时间、不同地点放流的两个褐牙鲆人工培育群体。2009 年，在威海北海沿岸水域使用绿色 POT 标志放流的褐牙鲆幼鱼 21 202 尾（图 5.5.4A）；2010 年，在荣成俚岛沿岸水域使用黄色 POT 标志放流的褐牙鲆幼鱼 18 350 尾（图 5.5.4B、表 5.5.6）。POT 标牌一面印有“海大有奖”4 个字，另一面印有联系电话。利用 003 型号标记枪（Kingmu Marine Technology，Japan Kingmu Co.，Ltd）（图 5.5.4D）打出的塑料针（长 10 mm，重 0.02 g），将 POT（图 5.5.4C）固定到褐牙鲆鱼体上。

表 5.5.6　2009 年和 2010 年标志放流褐牙鲆幼鱼的相关信息

放流时间	放流地点	水深/m	POT 颜色	放流数/尾	取样数/尾	初始平均全长/mm	初始平均湿重/g
2009 年 7 月 4 日	威海市北海沿岸（37°29′N，121°55′E）	10	绿色	21 202	100	89.2±9.6	5.35±1.89
2010 年 7 月 1 日	荣成市俚岛沿岸（37°13′N，121°36′E）	13	黄色	18 350	60	103.6±11.3	11.08±3.57

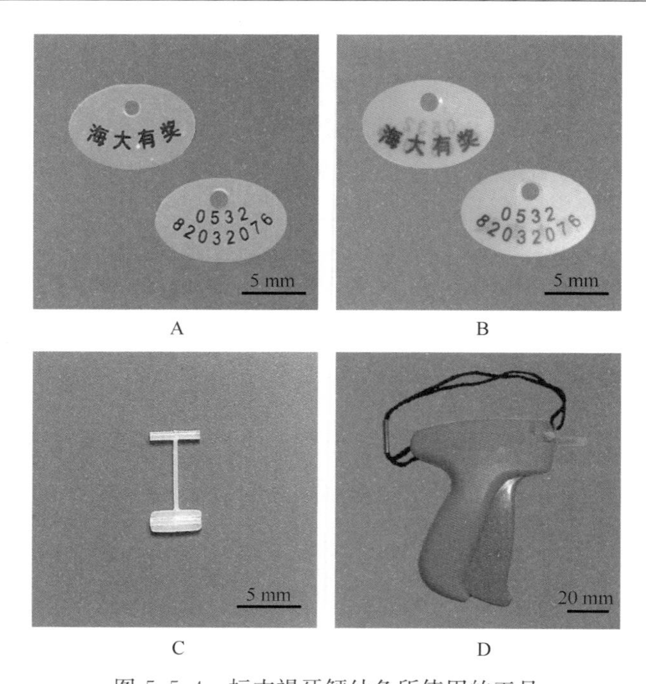

图 5.5.4　标志褐牙鲆幼鱼所使用的工具

A. 2009 年使用的绿色 POT 的两面；B. 2010 年使用的黄色 POT 的两面；C. 固定 POT 的塑料针；D. 003 型号的标记枪

3）标志流程

标志前，将褐牙鲆幼鱼进行 24 h 的饥饿处理，然后，将褐牙鲆幼鱼移入另一个含有麻醉剂（80 ppm①；MS-222）的水槽中（每个水槽中有褐牙鲆幼鱼 150～200 尾），持续麻醉 1～3 min，进行挂牌标记。标记后的褐牙鲆幼鱼，被放入含有 100 ppm 青霉素钠（benzylpenicillin sodium）的干净海水中浸泡 2 h，进行消毒处理。随后，将标记好的褐牙鲆幼鱼，均分到 4 个独立的养殖水槽中（15 m^3，0.3 尾/L），并恢复暂养 3 天。放流前，饥饿处理 24 h。

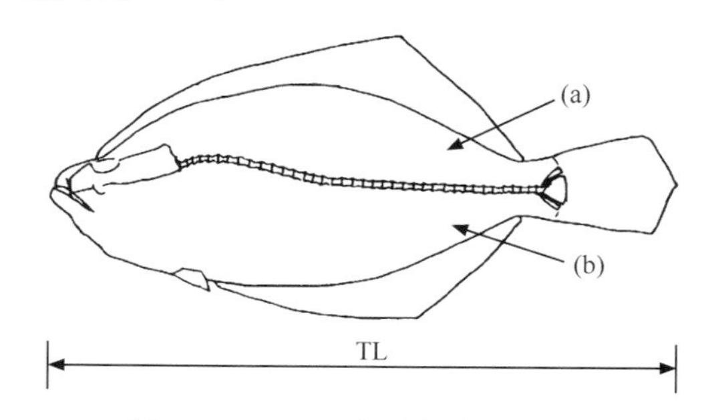

图 5.5.5　POT 标志部位的示意图

（a）有眼侧背鳍和脊柱之间，并位于尾柄的前端；（b）有眼侧臀鳍和脊柱之间，并位于尾柄的前端

4）标记部位、取样及标记分析

标牌标记于褐牙鲆尾柄前端背鳍和脊柱、臀鳍和脊柱之间的两个部位（图 5.5.5），即部位（a）和部位（b）。这两个部位的选取，是为了最大限度地降低标牌对褐牙鲆游泳与摄食的影响，POT 均刺挂于褐牙鲆的有眼侧。

在 2009 年和 2010 年的标志试验中，观测记录了褐牙鲆幼鱼标志后的死亡率及 POT 标牌保持率，同时，用摄像机记录了标志褐牙鲆幼鱼的游泳行为。在标志后的 3 天

① 1 ppm=1×10^{-6}

内，每天从各暂养水槽随机抽取 50 尾褐牙鲆。使用单因素方差（SPSS，one-way ANOVA）分析方法比较两个标记部位褐牙鲆幼鱼的存活率及标牌保持率。

5）放流和回捕

标志褐牙鲆幼鱼的增殖放流于 2009 年 7 月 4 日（放流褐牙鲆幼鱼数量 n=21 202）及 2010 年 7 月 1 日（放流褐牙鲆幼鱼数量 n=18 350）分别在威海北海及荣成俚岛沿岸水域的人工鱼礁区进行（表 5.5.6）。选择 7 月标志放流褐牙鲆幼鱼，是因为大规格苗种的培育周期较长，另外，7 月正值黄、渤海禁渔期，可有效降低放流幼鱼的误捕。

2009 年 7 月 4 日，将标志后的褐牙鲆幼鱼，分别置于盛有 10 L 海水并充氧的塑料袋中，密度为 20 尾/L，将其放在 50 L 加冰的泡沫箱中。运送至放流海域后，为了使褐牙鲆幼鱼适应放流海域的水温环境，放流前再向每个塑料袋中加入约 10 L 放流地点的海水，适应 5～10 min 后，将标志幼鱼放流到距离威海北海沿岸 3 km 双岛湾人工鱼礁区（37°29′N，121°55′E），放流地点水深约为 10 m（表 5.5.6）。回捕调查试验从放流后的第 20 天开始，自 2009 年 7 月持续监测至 2011 年的 2 月，为期 20 个月。

主要采用以下 4 种方式进行回捕调查，并最终评价褐牙鲆幼鱼增殖放流的效果：①走访在放流地点及附近利用定置网捕鱼作业的渔民（走访定置网渔民）；②走访调查放流地点附近有拖网渔船停靠的渔获销售码头（商业渔港码头）；③在放流地点使用实验室小拖网进行回捕调查（拖网调查）；④部分渔民的电话反馈信息（渔民反馈）。同时，在本研究中还根据回捕海区的环境特征，研究了放流褐牙鲆的洄游分布特点，探讨了环境因素对放流褐牙鲆幼鱼迁移的影响。对回捕的标志褐牙鲆详细记录捕获日期、捕获方式、鱼体质量和全长、捕获地点、水深等相关数据信息。

6）生长

为了研究放流褐牙鲆幼鱼在自然海域中的生长，在放流前，从每个处理组中随机选取部分褐牙鲆幼鱼进行测量，其中 2009 年选取 100 尾幼鱼，2010 年，选取 60 尾幼鱼。并对回捕褐牙鲆也进行全长和体重的测量。通过放流时间及回捕时间确定回捕鱼的月龄：

$$\text{月龄} =（\text{回捕日期}-\text{放流日期}）/ 30 \tag{5-6}$$

在本研究中，根据 Isabel 等（2011）的方法，用每月的平均生长速率来评估放流褐牙鲆在野外的生长情况：

$$\text{全长的平均生长速率} =（\text{回捕时的全长}-\text{放流时的全长}）/\text{月龄} \tag{5-7}$$

$$\text{体重的平均生长速率} =（\text{回捕时的体重}-\text{放流时的体重}）/\text{月龄} \tag{5-8}$$

在 2009 年，放流褐牙鲆的最初平均全长为（89.2±9.6）mm，平均体重为（5.35±1.89）g；2010 年，放流褐牙鲆的最初平均全长为（103.6±11.3）mm，平均体重为（11.08±3.57）g。

（2）结果与分析

1）POT 的保持率、标记率及死亡率

POT 标记试验表明，标志后 3 天，POT 在褐牙鲆鱼体两个标记部位的保持率（retention）均很高。2009 年标志试验中，有少量绿色 POT 出现脱标现象，其中部位（a）标牌的保持率为 99.3%，部位（b）标牌的保持率为 98.7%；2010 年的试验中，黄色 POT 在部位（a）没有丢失（留存率为 100%），而在部位（b）中有少量脱标，保持率为 99.3%（表 5.5.7）。2 年的试验中，共用 POT 标记 39 738 尾褐牙鲆幼鱼，标记 3 天后，POT 的平均保持率为 98.7%，即脱标率仅为 1.3%（表 5.5.7）。

表 5.5.7 标志褐牙鲆幼鱼 POT 的保持率

试验时间	标记部位	标志褐牙鲆取样数	标志后 1～3 天标牌保持率/%		
			1 天	2 天	3 天
2009 年	部位(a)	300	100	100	99.3
	部位(b)	300	100	99.7	98.7
2010 年	部位(a)	300	100	100	100
	部位(b)	300	100	99.7	99.3

在 2009 年的标志试验中，最高标记速率为每个试验员每小时标记 250～300 尾褐牙鲆幼鱼，在 2010 年的标志试验中，由于熟练掌握了标志方法，每人每小时可标记 300～350 尾褐牙鲆幼鱼。

2）放流褐牙鲆的回捕

通过 2 年的放流与回捕调查，发现回捕的褐牙鲆鱼体携带的 POT（绿色和黄色）清晰可见（图 5.5.6）。在 2009 年的标志回捕试验中，至 2011 年 2 月末，共回捕了 434 尾带有绿色 POT 的褐牙鲆，绝对回捕率为 2.05%（434/21 202＝2.05%），其中，有 87 尾标志褐牙鲆被收回鱼类行为生态学试验室，其他 347 尾仅收回标牌或回捕信息（表 5.5.8）。在 2010 年的标志回捕试验中，至 2011 年 2 月末，共回捕 620 尾带有黄色 POT 的褐牙鲆，绝对回捕率为 3.38%（620/18 350＝3.38%），其中有 310 尾标志褐牙鲆被收回鱼类行为生态学试验室，其他 310 尾仅收集了标牌或回捕信息（表 5.5.8）。

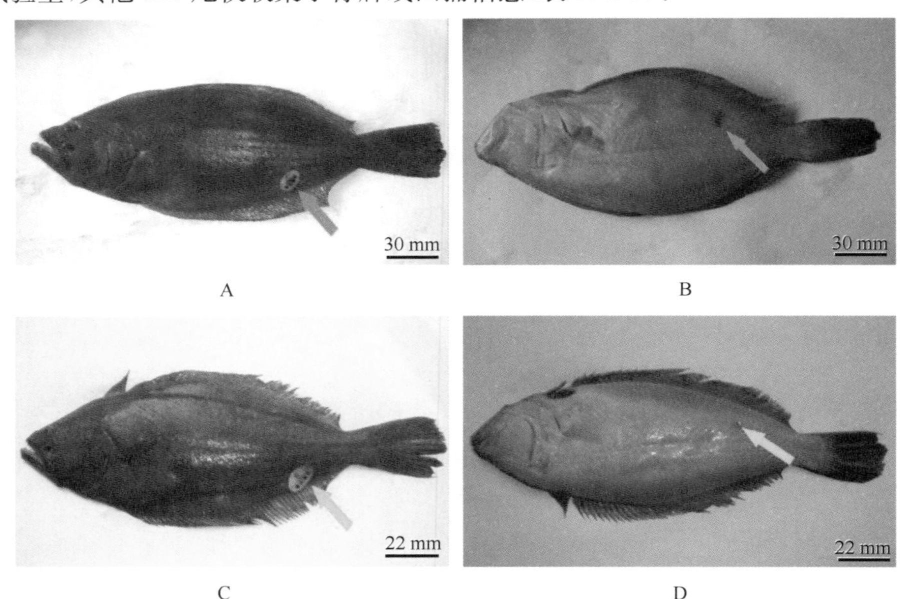

图 5.5.6 标志回捕褐牙鲆有眼侧和无眼侧照片

A、B. 为 2009 年标志回捕试验中，回捕于放流后第 71 天的 1 尾标志鱼；

C、D. 为 2010 年标志回捕试验中，回捕于放流后第 125 天的 1 尾标志鱼

绝大部分回捕的褐牙鲆幼鱼，出现在放流后的 3 个月内。放流 3 个月后，回捕褐牙鲆数量逐渐变少，第 4 个月时，有少量回捕个体出现，第 5 个月后，即已进入黄、渤海冬季，此时，回捕信息更少。在标志放流后的第 1 个月里，褐牙鲆主要被放流点附近的定置网所捕获；在放流后的第 2 和第 3 个月里，大多数回捕发生在远离放流地点的海域，被近岸拖网渔船捕获(表 5.5.8)。由此推测，标志褐牙鲆被放入自然海域后，多数被近海渔民或商业拖网渔船作为兼捕鱼类捕获。2009 年和 2010 年的标志回捕试验结果均显示，在褐牙鲆放流后的第 2 至第 6 个月之间，回捕数量快速下降。

表 5.5.8　2009 年和 2010 年标志回捕试验中回捕褐牙鲆的数量

日期	标志回捕数量/尾							
	2009 年				2010 年			
	定置网	渔港码头	拖网调查	渔民反馈	定置网	渔港码头	拖网调查	渔民反馈
2009 年 7 月	2[a]+29[b]	0	0	0				
2009 年 8 月	3[a]+151[b]	2[a]+41[b]	0	1[a]+18[b]				
2009 年 9 月	59[a]+20[b]	3[a]+10[b]	0	3[a]+13[b]				
2009 年 10 月	6[a]+12[b]	2[a]+17[b]	0	8[b]				
2009 年 11 月	1[a]+4[b]	2[a]+12[b]	0	2[b]				
2009 年 12 月	2[a]	0	0	5[b]				
2010 年 1～6 月	0	2[b]	0	1[b]				
2010 年 7 月	0	0	0	0	103[a]+57[b]	50[a]+94[b]	0	2[b]
2010 年 8 月	0	0	0	0	8[b]	108[a]+137[b]	0	2[a]+4[b]
2010 年 9 月	0	0	0	2[b]	10[a]	19[a]+4[b]	0	4[a]
2010 年 10 月	0	0	0	0	1[a]+2[b]	10[a]+1[b]	0	1[a]
2010 年 11 月	0	1[a]	0	0	0	0	0	1[a]+1[b]
2010 年 12 月	0	0	0	0	0	0	0	1[a]
2011 年 1 月	0	0	0	0	0	0	0	0
2010 年 2 月	0	0	0	0	0	0	0	1[a]
总数	73[a]+216[b]	10[a]+82[b]	0	4[a]+49[b]	114[a]+67[b]	187[a]+236[b]	0	9[a]+7[b]
回捕总数	434(87[a]+347[b])				620(310[a]+310[b])			
总回捕率/%	2.05				3.38			

a 被收回鱼类行为生态学试验室的标志褐牙鲆

b 仅收回标牌或回捕信息的标志褐牙鲆

3) 放流褐牙鲆的迁移

2009 年和 2010 年的标志放流试验中，褐牙鲆幼鱼均被放流到近岸人工鱼礁区，放流后的第 1 至第 4 个月里，标志放流的褐牙鲆在临近鱼礁区中被多次捕获(表 5.5.8)。这意味着在放流后的 4 个月内，放流褐牙鲆趋向于待在放流的鱼礁区附近。

经过进一步分析标志褐牙鲆的回捕地点、时间及相关迁移路径数据，估算并绘制了放流后的褐牙鲆的迁移路线，包括 2009 年放流褐牙鲆的迁移路线图(图 5.5.7)及 2010 年放流褐牙鲆的迁移路线图(图 5.5.8)。结果表明:在 2009 年的放流试验中,放流后的褐牙鲆呈辐射状迁移扩散,然而,2010 年的放流试验中,放流后的褐牙鲆,明显向放流点北部迁移扩散(其中在放流地点北部回捕的褐牙鲆占总回捕数的 78.5%=487/620)。回捕时间最长的褐牙鲆是距 2009 年 7 月放流后的第 496 天被拖网捕获,回捕海域距离放流地点 215 km。此外,根据回捕信息计算得出,2009 年的放流试验中,标志褐牙鲆放流后的平均迁移速度约为 0.46 km/天,而 2010 年的放流试验中,标志褐牙鲆放流后的平均迁移速度约为 1.05 km/天。

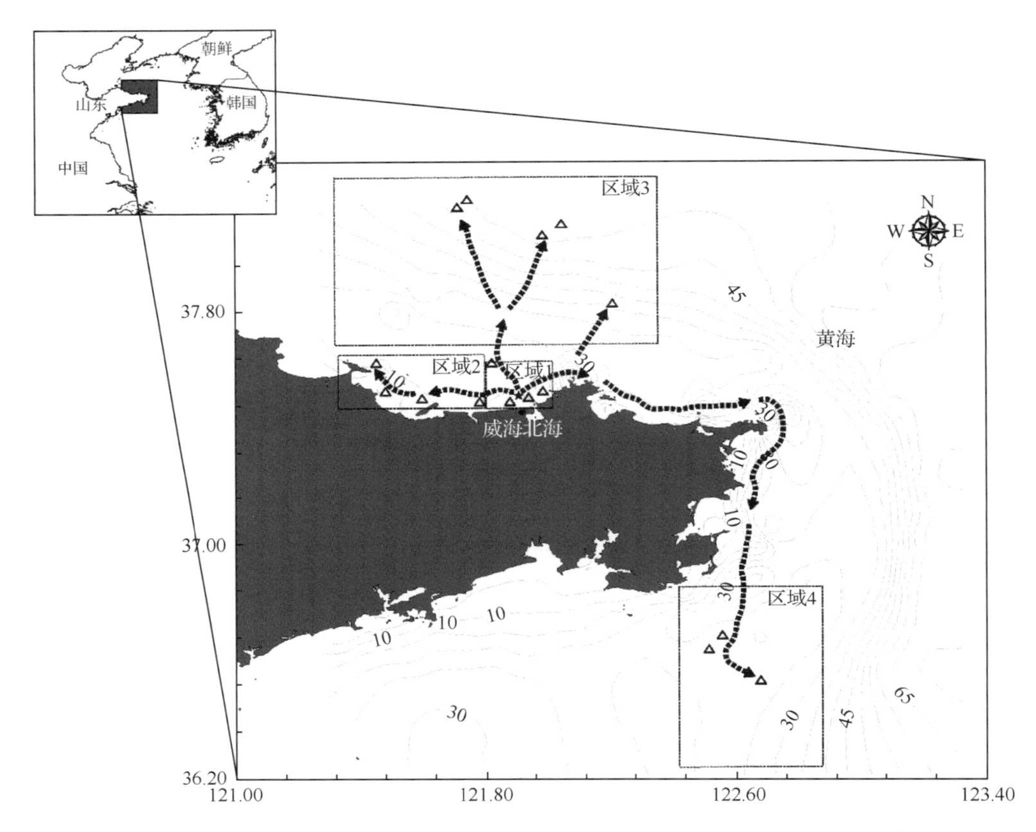

图 5.5.7 2009 年放流试验中,放流褐牙鲆 2009 年 7 月～2011 年 2 月的迁移路线图

★代表放流地点;△代表回捕地点,但△的数量并不代表标志褐牙鲆的回捕数量。虚线为根据褐牙鲆的回捕地点和时间推测的迁移路线

褐牙鲆回捕地点水深数据显示,在两年的标志放流试验中,均在 2～60 m 的水层中捕到标志放流褐牙鲆。在放流后最初的 3 个月里,褐牙鲆多集中于 3～17 m 水层(约距离放流地点≤17 km),之后,迁移到 20～60 m 水层(距放流地点 18～215 km)(表 5.5.9、表 5.5.10)。从放流褐牙鲆的迁移路线可以看出,伴随冬季的来临,标志褐牙鲆随水温变化向深水区迁移。

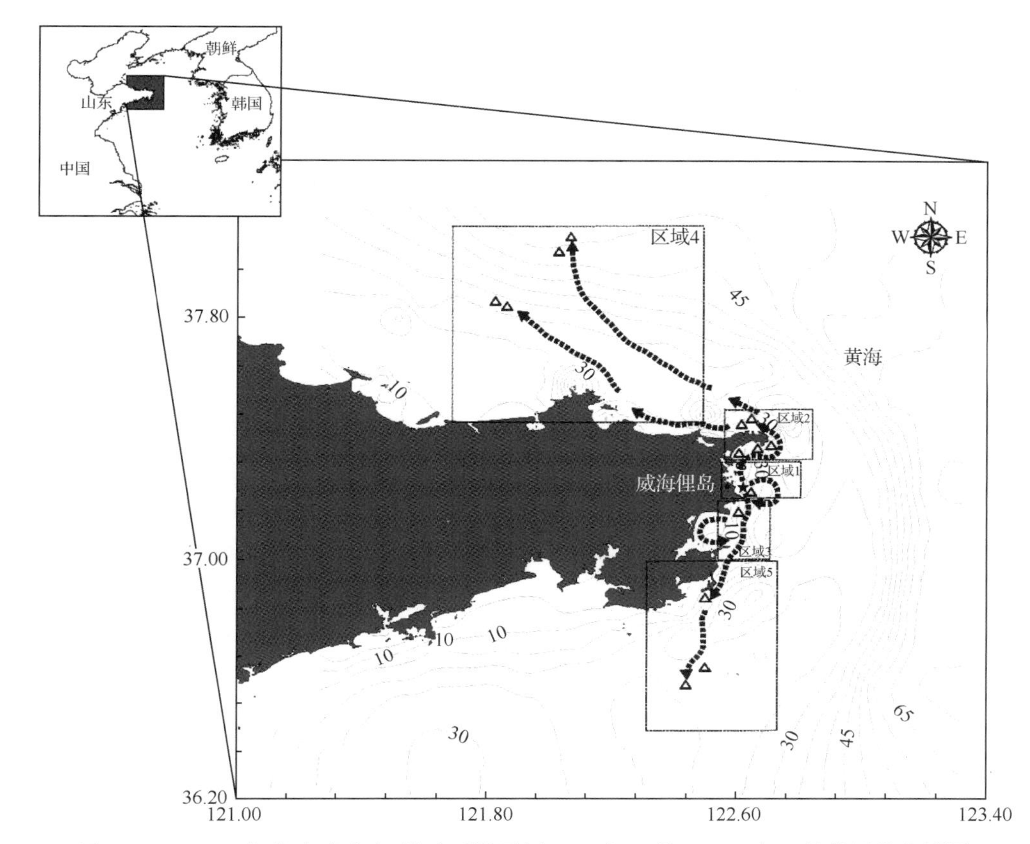

图 5.5.8　2010 年放流试验中，放流后褐牙鲆 2010 年 7 月～2011 年 2 月的迁移路线图
★代表放流地点；△代表回捕地点，但是△的数量并不代表标志褐牙鲆的回捕数量。虚线为根据褐牙鲆的回捕地点和时间推测的迁移路线

表 5.5.9　2009 年标志褐牙鲆回捕信息

放流地点	放流数量	放流时间	回捕地点	回捕区域 GPS 数据	回捕数量	回捕水深/m	回捕时自放流后的天数/天	回捕点距放流点的距离/km
威海北海	21 202	2009 年 7 月 4 日	区域 1	37.47°～37.57°N 121.81°～122.01°E	71[a]+279[b]	4～10	27～143	0～11
			区域 2	37.48°～37.63°N 121.33°～121.81°E	6[a]+26[b]	3～18	42～125	18～49
			区域 3	37.70°～38.23°N 121.30°～122.20°E	9[a]+40[b]	20～60	65～198	20～72
			区域 4	36.23°～36.85°N 122.25°～122.95°E	1[a]+2[b]	17～40	312～496	175～215
回捕总数					87[a]+347[b]			

a 被收回鱼类行为生态学实验室的标志褐牙鲆

b 仅收回标牌或回捕信息的标志褐牙鲆

表 5.5.10　2010 年标志褐牙鲆的回捕信息

放流地点	放流数量	放流时间	回捕地点	回捕区域 GPS 数据	回捕数量	回捕水深/m	回捕时自放流后的天数/天	回捕点距放流点的距离/km
威海俚岛	18 350	2010 年 7 月 1 日	区域 1	37.22°～37.32°N 122.55°～122.80°E	38[a]＋55[b]	3～17	7～102	0～7
			区域 2	37.33°～37.55°N 122.50°～122.86°E	233[a]＋207[b]	3～20	16～119	8～35
			区域 3	37.00°～37.20°N 122.47°～122.70°E	16[a]＋30[b]	2～19	43～87	8～40
			区域 4	37.45°～38.10°N 121.70°～122.50°E	22[a]＋17[b]	15～45	41～122	44～124
			区域 5	36.47°～37.00°N 122.30°～122.74°E	1[a]＋1[b]	10～40	127～130	45～90
回捕总数					310[a]＋310[b]			

a 被收回鱼类行为生态学实验室的标志褐牙鲆

b 仅收回标牌或回捕信息的标志褐牙鲆

4）生长

根据回捕褐牙鲆的全长、体重，计算其每月的平均生长率（只利用收回实验室的褐牙鲆样品进行计算，且不区分雌雄）。在 2009 年放流试验中共收回标志褐牙鲆 87 尾，放流后回捕持续时间在 1～17 个月，全长为 119.5～445.5 mm，体重为 13.7～880.0 g。相比之下，在 2010 年放流试验中共收回标志褐牙鲆 310 尾，放流后的持续时间为 1～8 个月，全长为 109.5～272.0 mm，体重为 12.01～196.85 g（表 5.5.11）。

在 2009 年的放流试验中，标志回捕褐牙鲆的每月平均生长速率，从放流后第 1 个月的全长为 36.3 mm/月、体重为 11.7 g/月，发育到放流后第 17 个月的全长为 20.9 mm/月、体重为 51.45 g/月。在 2010 年的放流试验中，标志回捕褐牙鲆的每月平均生长速率，从放流后第 1 个月的全长为 12.6 mm/月、体重为 3.76 g/月，变化到放流后第 5 个月的全长为 33.68 mm/月、体重为 33.58 g/月（表 5.5.11）。此外，2009 年的放流试验，在放流后的 1～6 个月内，褐牙鲆的全长、体重的平均生长率分别是（36.3±8.4）mm/月、（27.13±16.09）g/月；而 2010 年的放流试验，在放流后的 1～6 个月内，褐牙鲆的全长、体重的平均生长率分别是（14.7±8.8）mm/月、（5.65±4.17）g/月。在放流后的前 6 个月内，这两年标志放流褐牙鲆的平均生长速率存在显著差异（表 5.5.11）。回捕周期最长的 1 尾样本，为 2009 年放流后第 17 个月回捕的褐牙鲆，经过近一年半的自然生长，其全长达 445 mm，体重达 880 g。

5）POT 的适宜性及应用

根据挂牌后褐牙鲆幼鱼行为观察和视频录像分析，本研究 POT 的标志部位及枚钉标志方法，并不影响褐牙鲆幼鱼的摄食和游泳行为。两年的标志试验结果表明：该标志方法操作简单、标牌保持率高，虽然回捕褐牙鲆的标牌上有部分藻类覆盖生长，但并未对标牌的可见性有显著影响。研究结果说明，POT 标志对于全长≥70 mm 褐牙鲆幼鱼的标志成活率高，标牌保持率良好。

表 5.5.11　2009 年和 2010 年放流试验中回捕褐牙鲆的平均生长率

	放流时全长/mm	放流时湿重/g	放流月数/月	回捕数量/尾	回捕时全长变化/mm	全长生长率/(mm/月)	回捕湿重变化/g	体重生长率/(g/月)
2009 年	89.2±9.6	5.35±1.89	1	2*	119.5～131.5	36.3±8.5[a]	13.70～20.30	11.65±4.67[a]
			2	6*	142.5～198.5	41.9±10.2[a]	22.90～72.00	21.09±9.24[ab]
			3	65*	122.0～257	35.1±8.3[a]	14.00～154.00	22.85±9.85[ab]
			4	8*	224.0～265.3	39.4±3.8[a]	115.10～217.60	40.02±10.02[bc]
			5	3*	266.6～330.6	43.5±7.1[a]	219.70～374.00	59.84±15.66[cde]
			6	2*	349.3～388.0	46.6±4.6[a]	478.00～580.00	87.28±12.02[d]
			17	1*	445.0	20.9±0.0[b]	880.00	51.45±0.00[e]
P						<0.05		<0.05
放流后 6 个月的平均生长率						36.3±8.4		27.13±16.09
总数				87*				
2010 年	103.6±11.3	11.08±3.57	1	153*	109.5～140.5	12.6±9.2[a]	12.12～17.03	3.76±2.12[a]
			2	110*	110.7～165.2	10.3±7.4[a]	12.01～45.00	8.71±6.98[ab]
			3	33*	130.9～192.2	21.6±6.2[abc]	14.94～67.01	9.73±4.87[ab]
			4	12*	183.9～249.0	27.9±5.5[c]	58.13～143.91	20.42±7.28[bc]
			5	1*	272.0	33.68±0.0[d]	178.98	33.58±0.00[d]
			8	1*	271.8	21.03±0.0[b]	196.85	23.22±0.00[c]
P						<0.05		<0.05
放流后 6 个月的平均生长率						14.7±8.8		5.65±4.17
总数				310*				

注：不同的上标字母表示显著性差异(采用单因素方差，one-way ANOVA 分析方法)

*被收回鱼类行为生态学实验室的标志褐牙鲆

在 2009 年的标志回捕试验中，记录到 POT 在褐牙鲆鱼体上的最大保持时间为 496 天。而在其他类似研究中已证实，标牌作为放流鱼的外部标志可在鱼体上保持更长时间(Duggan and Miller，2001；John，2003；Robert *et al*.，2007)。因此，POT 在褐牙鲆鱼体上的保留时间并不是这一外部标志方法推广使用的限制因素。但使用外部标牌标记鱼类时，需要综合考虑标牌的材料、颜色、形状、大小、在鱼体的固定部位、标志死亡率、放流环境等问题，以期达到最好的标记效果。本研究结果表明：POT 为质量轻、成本低、色泽鲜艳、易于分辨的标志物，可快速挂标，并能长期留存于褐牙鲆鱼体上，可被广泛应用于褐牙鲆大规模标志放流的回捕试验中。

6）标志回捕结果分析

回捕调查结果，2009 年，褐牙鲆标志放流的绝对回捕率为 2.05%，2010 年，为 3.38%，低于其他类似试验的回捕率(Fujita *et al*.，1993；Tominaga *et al*.，1994；Tanaka *et al*.，2005)。分析认为，相对较低的回捕率，可能与回捕信息反馈不全等密切相关。综合考虑山东近岸的作业渔船数和捕捞努力量等，实际回捕率可能会远大于 3%。此外，标志放流群体的自然死亡或外部标志在较大鱼体上的部分脱落等，也可能是导致回捕率较低的影响因素之一。

Nihira(1987)的标志回捕试验结果表明：褐牙鲆的回捕率会随着放流幼鱼规格的增加而提高。在日本福岛县沿海进行的褐牙鲆幼鱼标志回捕试验结果，放流褐牙鲆小规格组、大规格组的回捕率分别是 19.4%、30.9%。此外，Yamashita 等(1994)等使用茜素络合指示剂标记褐牙鲆幼鱼耳石并进行放流回捕(4～15 cm)，分析了不同放流规格对回捕率的影响，结果表明，随着放流时间的推移，放流较大规格的褐牙鲆会得到较高的回捕率。在本研究中，2010 年放流褐牙鲆的回捕率(3.38%)明显高于 2009 年(2.05%)。2010 年放流褐牙鲆的规格[(103.6±11.3) mm，TL]约为 2009 年放流褐牙鲆[(89.2±9.6) mm，TL]的 1.16 倍，回捕率也较 2009 年有所提高。结合其他研究的不同放流规格和回捕率的试验结果，可以推测，本研究中，2009 年、2010 年放流褐牙鲆幼鱼的规格不同，是导致回捕率存在差异的一个重要原因。另据调查发现，在荣成俚岛沿岸作业的捕捞渔船明显多于在威海北海捕捞作业的渔船，因此，回捕率也可能因放流地点的捕捞努力量不同而异。

本研究采用了 4 种回捕调查方法，回捕数量在放流后的最初几个月里呈迅速下降的趋势(表 5.5.8)。该现象在日本的相关研究中也有同样报道(Tominaga *et al*.，1994；Furuta *et* al.，1994)。表 5.5.8 中所列举的 4 种回捕调查方法同时开展，使得本研究较全面地收集了放流鱼类的回捕信息，今后，可在其他鱼种的回捕调查中参考借鉴。

7）标志放流褐牙鲆幼鱼的迁移路线

2009 年的放流试验中，标志放流褐牙鲆的运动路线呈现放射状扩散模式。这种扩散模式可能与放流海域内捕食者的存在及放流鱼群分散摄食有关。但是，2010 年的放流结果显示大部分的标志褐牙鲆(78.5%)向放流地点的北部扩散迁移，只有部分标志褐牙鲆在放流后的第 2 个月出现在放流地点的南部。2010 年 7 月放流时，荣成俚岛(2010 年的放流地点)南部的海水温度(19.2～22.8℃)明显高于北部(17.6～19.7℃)，而褐牙鲆的最适生长温度为 13～18℃，因此判断，2010 年，标志褐牙鲆大部分向北迁移可能与南、北海水温度的差异有关。

根据2009年、2010年放流褐牙鲆的迁移路线(表5.5.9、表5.5.10),估算了褐牙鲆在放流后的平均迁移速度。2009年,放流褐牙鲆的平均迁移速度约为0.46 km/天,而2010年,约为1.05 km/天,是2009年放流褐牙鲆平均迁移速度的2倍。此外,研究还发现,2010年放流褐牙鲆的移动方向与荣成俚岛近岸海流的流向相反,呈现逆流迁移。荣成俚岛的主要沿岸流为每年7月向南流动的黄海环流的一个沿岸分支,而此时,威海北海沿岸(2009年放流地点)仅存在与岸线平行的潮汐往复流。经过综合分析认为,2009年、2010年放流褐牙鲆的扩散路线和迁移速度存在差异,主要是受水温及沿岸海流的影响。

8) 放流褐牙鲆的生长情况

研究结果显示,2009年、2010年放流褐牙鲆的全长和体重生长率具有显著差异(放流后1～6个月内)。2009年放流褐牙鲆的全长和体重的生长率明显大于2010年(图5.5.9)。影响放流鲆鲽类生长的因素有水温和食物等,如欧鲽(*Pleuronectes platessa*)(Karakiri *et al.*,1989)、欧洲鳎(*Solea solea*)(Marchand,1991)和美洲拟鲽(*Pseudopleuronectes americanus*)(Sogard and Able,1992)。褐牙鲆幼鱼通常显示出一种简单的食性,

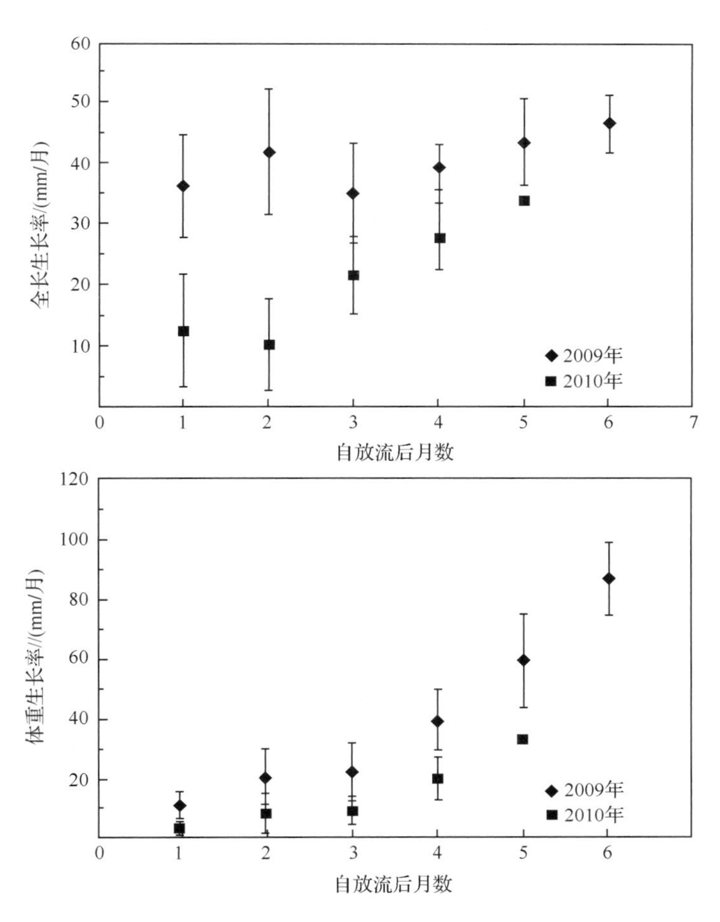

图5.5.9　2009年、2010年放流试验中回捕褐牙鲆的全长和体重生长率的比较图

幼鱼以糠虾为食，到了快速生长期则改以小鱼为食。其中，海水温度是影响自然水域糠虾密度的一个重要因素。Tanaka 等(2005)指出，在日本沿岸 5 月、6 月，糠虾密度会出现最高峰，而当日本沿岸海水温度超过 20～21℃时，糠虾的密度会显著下降。因此，Furuta 等(1994)指出，海水温度明显影响糠虾密度，对放流后褐牙鲆的摄食和生长至关重要。Tanaka 等(2006)的研究结果表明：褐牙鲆早期放流组的生长慢于晚期放流组。这可能是由外部水温不同所致，因为，海水温度在晚期要高出 4～5℃，而褐牙鲆在高水温中具有更快的生长速度。本研究中，放流试验均在 7 月进行，此时，威海北海的海水温度为 20.5℃，荣成俚岛为 18.8℃。因此，可以推测，2009 年威海北海放流的褐牙鲆具有更快的生长速度要归结于较高水温所带来的高食物丰度(糠虾)。此外，不同的放流规格也可能是影响生长速度的一个重要因素。

9）对褐牙鲆增殖放流的思考

对于自然生态系统的某些生态过程和原理的理解与利用，可能是决定增殖放流和种群恢复成功的关键。它还为在不同生态系统条件下的增殖放流提供了可能。这些生态过程和原理包括自然种群动态、放流后的经济成本效益、渔业管理措施和潜在社会效益的研究分析等。因此，增殖放流和种群恢复在某种意义上也已不再只有简单地增加渔业产量这一个目的。在增殖放流之前，设定定量目标，并预测放流后的真实效果，就显得尤为重要。在放流策略优化中，幼苗死亡率的合理预测和放流地点理化环境的调查分析，在某种程度上也会决定增殖放流的成败。

在增殖放流之前，要充分了解决定增殖放流成功的几个前提条件，它也是提高增殖放流成功率的潜在工具。这些前提条件包括：①特定放流水体内的环境容纳量(carrying capacity)调查；②特定放流环境下对于放流种类食物可获得性(food availability)的研究；③放流环境中对于放流种类的被捕食压力(predation pressure)的研究；④特定环境下放流种类的经济成本效益(economic cost-benefit)分析。

环境容纳量　环境容纳量的广义定义是，特定环境下某种生物总的生产力，其与食物、产卵场、庇护场、捕食者、竞争者等有关(Tomiyama *et al.*，2009；2011)。对于特定放流水体内环境容纳量的了解，是决定放流规模的关键。因此，在增殖放流之前，对于放流幼苗规格及其他规格个体的环境容纳量的调查研究非常重要。对于特定物种某一规格环境容纳量的估算，要综合考虑此物种在此环境下的食物可获得性，捕食者(以及捕食者对于特定规格的喜好)和放流环境的水深(以及其他理化特征)等。已有研究证实，某些鲆鲽类的成鱼在自然水域中的分布，主要受水深和底质类型的限制，而温度和盐度在决定鲆鲽类成鱼的分布上可能显得不重要。然而，温度和盐度却可被用来划分幼鱼的孵育场，即盐度和温度决定着这些鲆鲽类幼鱼的分布。

许多研究发现，环境容纳量是由特定水体内的生物和非生物因子共同决定的，从而使得环境容纳量在不同环境下可变性较大，但环境容纳量在指导增殖放流规模时发挥着重要作用。只有了解环境容纳量后的增殖放流，才会有目标地去补充衰退群体，而不是取代这些群体。然而，对于放流前环境容纳量的估算往往被忽略，并且在某些特殊情况下也很难正确评估。对于某种生物环境容纳量的估算，目前，多采用此种生物幼体种群的生长率(juvenile growth)作为指示因子。因为，在整个生长季节里，假如幼体种群会持续生长壮大,说明在这种环境下,此种生物的生物量未达到其环境容纳量的最大值。另外,种群动态分析(population dynamics analysis)也常常被用来估算环境容纳量,进而决定最适放流规模和规格。

食物可获得性 目前,在许多鲆鲽类增殖放流研究中,多使用放流后鱼体的生长率、存活率甚至是对野生群体的替代,来衡量自然环境中的"食物可获得性"。例如,本研究中,2009 年放流个体的生长率,明显高于 2010 年的放流个体。推测其原因,可能是由两个放流地点的食物可获得性不同引起的。某些增殖放流的效果不佳,也往往是由于放流后幼苗得不到充足的食物,进而增加了放流后的饥饿死亡率。此外,放流后的饵料转换,即放流后幼苗首次开口摄食天然饵料生物,也是不可忽略的因素之一。因此,在放流前,应综合考虑两者的交互影响。

即在增殖放流中,要充分考虑放流地点的理化特征所引起的饵料生物的数量变动,以及放流目标种潜在捕食者的数量变动情况。根据这些因素,选择有利于放流幼苗存活的放流时间和地点,以提高增殖放流效果。

被捕食压力 为了降低放流幼苗的被捕食率,进一步取得增殖放流的成功,目前,多采用增大放流苗种规格(全长或体重)的方式来完成。有研究表明,体形扁平的鲆鲽类,在放流后的被捕食压力小于体形为梭形的鱼类(Tomiyama *et al*.,2011)。分析其原因,鲆鲽类中具有种内自残行为的比例,明显小于体形接近梭形的鱼种,从而降低了放流后同种之间的自残捕食。另外,放流规格与被捕食压力呈负相关关系,即放流规格同等程度增加的情况下,鲆鲽类被捕食压力的下降程度比梭形鱼类大一些。另有研究表明,放流幼鱼的死亡多为被捕食所致,尤其是放流后 2 周之内,幼鱼被捕食的死亡率较高(Tomiyama *et al*.,2009)。

经济成本效益分析 目前,关于增殖放流经济成本效益分析的研究还较少。原因可能是,多数的增殖放流是为了增加渔业产出,增加渔民收入,但在回捕统计方面,却存在诸多不确定性,即不确定哪些个体为放流个体。造成这种现象的原因,也多为缺乏有效的标志方法,或者回捕调查方法的不健全,全面的回捕调查在某种程度上很难完成。也正是由于上述原因,增殖放流的经济效益分析也仅仅停留在理论和估算水平,很难利用实际调查数据进行有效的分析。

此外,目前对于增殖放流回捕率的估算多使用实际回捕率公式(5-9),即利用回捕数量(recaptured number)除以放流总数量(released number)得出。然而,利用增殖放流的经济效益成本分析,将会得到另一种估算方法公式(5-10),即利用增殖放流所产生的经济效益(economic benefit)除以增殖放流的经济成本(economic cost)得出(Bell *et al*.,2006;Støttrup and Sparrevohn,2007)。

$$R1\ \% = (\text{Nrec}/\text{Nrel}) \times 100 \tag{5-9}$$

式中,$R1$ 表示回捕率(recapture rate);Nrec 表示实际回捕数量;Nrel 表示实际放流数量。

$$R2\ \% = (\text{Cb}/\text{Cc}) \times 100 \tag{5-10}$$

式中,$R2$ 表示回捕率(recapture rate);Cb 表示增殖放流所产生的经济效益;Cc 表示增殖放流的经济成本。

利用公式(5-10)计算的回捕率会比公式(5-9)高一些,因为增殖放流的经济成本效益分析包括较多内容,尤其是对于经济效益(Cb)的分析涉及较多方面,其既包括由于放流回捕所产生的回捕经济价值(economic value of recapture),也包括增加野外资源种群的生态修复价值(ecological restoration value)。褐牙鲆增殖放流或种群恢复的成功与否,取决于对于放流水体生态系统和放流目标种种群动态的综合了解与评估。在此过程中,模型方法的应用较为关键,它可用于估算放流目标种的不同种群的环境容纳量,进而决定放流规模。对于食物可获得性和被捕食压力的研究,又可用来指导放流时间、地点及放流规格等。此外,对于增殖放流经济成本效益的分析,在放流之前就应开展,而不应只在放流回捕调查之后才进行分析。

2009 年、2010 年,山东沿岸褐牙鲆标志放流回捕试验结果表明,由于放流地点的海水温度、食物丰度、放流时间、放流规格等均影响着放流后褐牙鲆的存活率、迁移路线及其生长,因此,在大规模放流褐牙鲆之前,应综合考虑和评估上述因素。本研究所采用的 POT 标志方法,可用于评价褐牙鲆大规模标志放流效果,优化放流策略,并进一步了解野生褐牙鲆的种群补充机制。

二、半滑舌鳎增殖放流实例

半滑舌鳎是我国本土重要经济鱼种。目前,其自然资源和渔获量日益减少,加快开展半滑舌鳎增殖放流已成为保护其自然资源的重要途径之一。柳学周等(2013)报道了半滑舌鳎的体外标志牌标志技术研究,筛选出了适宜半滑舌鳎苗种放流专用的 T 形标志牌,并确定了适宜的标志方法,为批量化标志放流和增殖效果评估提供了技术依据。2011 年、2012 年,黄海水产研究所在莱州三山岛近海进行了半滑舌鳎增殖放流技术研究,以下进行简要介绍。

1. 半滑舌鳎体外挂牌标志方法研究

(1) 标志牌规格和标志枪

T 形标志牌主要包括锚定端、连接线和标志牌 3 个部分(图 5.5.10A),各部分量度依据如图 5.5.10B 所示,T-A、T-B、T-C 和 T-D 等 4 种标志牌的规格见表 5.5.12。

表 5.5.12 试验用 T 形标志牌的规格特征

标志牌	标志牌总长/cm	锚定端长/cm	连接线长/cm	标志牌长/cm	T 端直径/mm	整体质量/g	标志牌质量/g
T-A	2.8	0.6	1.2	1.6	0.5	0.020	0.012
T-B	3.2	0.8	1.6	1.6	0.8	0.034	0.021
T-C	3.4	0.85	1.3	2.1	0.85	0.041	0.022
T-D	3.7	0.9	1.4	2.3	1.05	0.087	0.069

标志牌以聚氯乙烯材质制作,而连接线和 T 形端是由聚乙烯材质制作。

标志枪包括枪身、撞针、枪头、扳机 4 部分组成,枪头的规格与每种标志牌的规格相适应,特别是撞针的直径与标志牌 T 形端的直径保持相同,保证将标志牌完整弹出。

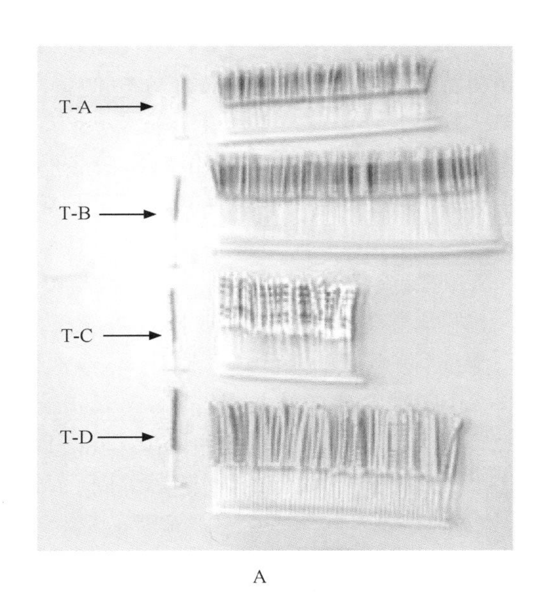

A

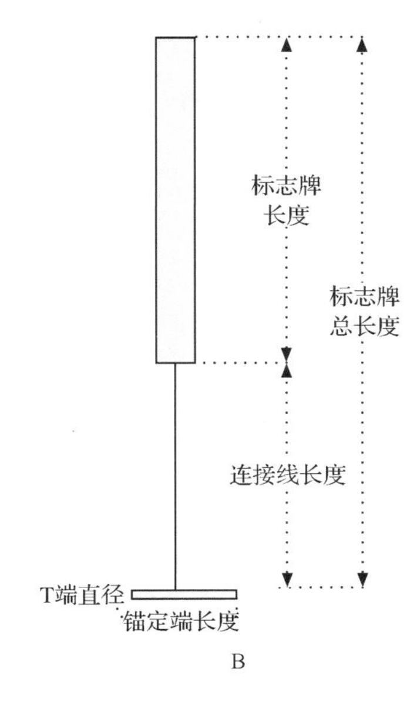

B

图 5.5.10　半滑舌鳎标志试验使用的标志牌及规格示意图

A. 4 种 T 形标志牌；B. T 形标志牌规格示意图

本研究中，以标记后试验鱼暂养期间脱牌率低于 10%，存活率高于 90%作为评价 T 形标志牌是否适宜于标志放流的依据。

（2）试验鱼及标志试验

试验用半滑舌鳎苗种为野生亲鱼经人工繁育生产的健康苗种，苗种色泽正常，大小规则整齐，健康活泼，摄食良好。

选用平均全长 5 cm（体重 0.8～1.2 g）、8 cm（体重 3.2～4.6 g）、12 cm（体重 7.2～9.7 g）、16 cm（体重 18～22 g）的苗种用于试验。利用 4 种不同规格的 T 形标志牌（T-A、T-B、T-C、T-D）进行了挂牌标记。全长 5 cm 的苗种仅以 T-A 标志牌标记，其他 3 个规格的苗种分别以 4 种标志牌标记。共设置 13 个试验组，每组使用试验鱼 100 尾，每个试验组设置一个重复。试验用苗种先在容积为 25 m^3 的水泥池中暂养 3 天后用于试验。试验用鱼的培育条件：水温为 20～24 ℃、盐度为 28～30、pH 为 7.8～8.2、溶解氧在 5 mg/L 以上。暂养期间，投喂日本产的日清牌配合饲料，投喂量为鱼体重的 2%～3%，每日清理培育池一次。

（3）标志操作方法

试验开始前，所有试验鱼提前一天停食。标志操作前，所有试验鱼都以 MS-222 进行麻醉。全长 5～8 cm 的苗种适宜 MS-222 的麻醉剂量根据预试验结果设定为 50 mg/L，全长 12 cm 以上苗种设定为 80 mg/L。

在挂牌标志时，以专用标志枪进行背部挂牌标记操作。标志枪枪头以 70%乙醇消毒后使用。挂牌标记的部位选择被标记鱼背鳍基部下方背部肌肉最厚的部位（一般距头部约 2 cm 处），标记枪与体呈 45°～60°角。标记枪头自鳞下间隙处插入，入肌肉 5 mm 左右，标志枪枪头不穿透鱼体。标志后对标志部位进行消毒处理，以防止伤口感染。

（4）标志鱼的暂养

挂牌标记完成后，各个组别的试验鱼分别置于 500 L 的小型玻璃钢水槽内暂养 15 天，暂养条件：水温为 22～24 ℃、盐度为 28～30、pH 为 7.8～8.2、溶解氧 5 mg/L 以上，充气、流水培育，流水量为 7～8 个流程。暂养期间，投喂日本产的日清牌配合饲料，投喂量为鱼体重的 2%～3%，每日清池一次。暂养期间，记录每个试验组的死亡率和脱牌率，观察试验鱼的游泳行为和摄食情况。

在室内玻璃钢水槽暂养 15 天，将存活下来的试验鱼选择 T-A 标志的全长 12 cm 的半滑舌鳎苗种 180 尾转移到室外池塘（1 亩①）进行养殖，同时，以 180 尾同等规格的非标记苗种作为对照在室外池塘内共同培育。入池前，测量试验鱼的体长和体重，经池塘养殖 60 天后出池，记录成活率和脱牌率，随机测量 50 尾试验鱼的体长、体重等生长情况，以评估体外挂牌标志的效果。池塘养殖期间，养殖水温为 23～26 ℃，溶解氧在 7 mg/L 以上，养殖池塘每天换水约 30%。养殖期间，先投喂活卤虫进行驯化诱导摄食，1 周后，转喂日清牌配合饲料。

2. T 形标志牌的标志结果

（1）挂牌标记对苗种脱牌率、成活率的影响

标记后，试验鱼在室内 500 L 的玻璃钢水槽内流水暂养。在挂牌标记操作后，试验鱼一般静卧于池底不游动，不摄食。全长 8 cm 的苗种，在第 4 天开始逐渐摄食，游泳行为正常；全长 12 cm 的苗种，在标记操作 2 天后游泳行为正常，在第 3 天开始摄食，摄食量随时间推移逐渐与对照组基本一致；全长 16 cm 的苗种，在暂养后第 2 天恢复正常游泳行为，并有部分苗种开始摄食，在第 3 天摄食正常。观察发现，全长 5 cm 以下的苗种，不适宜以标志牌标记放流；全长 8 cm 以上的苗种标记，应使用 T-A 标志牌；全长 16 cm 以上苗种，标志可使用 T-A 和 T-B 标志牌。

（2）标志苗种的生长

挂牌标记后的全长 12 cm 的半滑舌鳎苗种，经 15 天的室内暂养后放入室外池塘培育，观察其标记效果。共放入标记试验苗种 180 尾，同等规格未标记的试验鱼 180 尾，经 2 个月的池塘养殖后，试验鱼出池。计数出带标志牌试验鱼 178 尾，不带标志牌试验鱼 182 尾，试验池塘养殖成活率达 100%。标记试验鱼平均全长（17.4±2.0）cm，平均体重达（23.8±3.0）g，未标记鱼平均全长达（18.1±2.0）cm，平均体重达（24.6±3.6）g。结果表明：挂牌标记鱼生长与未标记苗种生长无显著差异（$P>0.05$），标记效果良好。

3. 半滑舌鳎增殖放流及追踪回捕

（1）增殖放流

2011～2012 年，黄海水产研究所与莱州明波水产有限公司合作，在莱州湾三山岛近海，进行了半滑舌鳎生产性放流。利用采捕的野生半滑舌鳎亲鱼，在室内水泥池进行了人工育苗。人工苗种经过中间培育达到放流规格，再经过驯化暂养后，进行包装箱充氧打

① 1 亩≈666.7 m^2

包、计数，然后用车、船运输至自然海区，进行放流。在莱州市三山岛近海，先后共计放流全长 30～50 mm 的无标志半滑舌鳎苗种 118 万尾。

2012 年 10 月 24 日，使用上述研制的专用 T 形棒状标志牌（T-A 标志牌，标牌编号 200903005），为了便于回收标志牌，在 T 形棒状标志牌上附带标记带有联系电话的小薄圆形塑料牌，共标记了平均全长 120 mm 以上的半滑舌鳎苗种 21 000 尾，苗种标记后，育苗时在水泥池内暂养 48 h，暂养标记成活率达 99.2%，脱牌率 2.9%，标志效果良好。标记苗种暂养后，用塑料包装袋充氧打包，车船运输到三山岛西侧近海水深 5～10 m 的海域放流入海，共放流带标志牌的半滑舌鳎大规格苗种 20 223 尾。

（2）标志鱼的回捕

放流标志鱼的回捕主要采用以下方式进行：①增殖放流的宣传，放流前，在莱州湾周边的烟台、潍坊沿海各市、县，向相关渔业管理部门、渔船渔民发放放流宣传海报，并通过媒体报道放流工作；②走访放流地点及附近作业的渔民；③走访调查放流地点附近的渔获销售码头；④依靠渔民的电话反馈信息，对回捕的标志半滑舌鳎育苗详细记录捕获日期、捕获方式、捕获地点、水深、鱼体质量和全长等相关数据信息。2012 年，在莱州三山岛放流的半滑舌鳎标志鱼苗的回捕情况见表 5.5.13。

表 5.5.13　2012 年莱州湾三山岛半滑舌鳎标志放流回捕记录

序号	回捕时间	回捕数量/尾	捕捞网具	收获地点	全长/cm
1	2012 年 10 月 30 日	3	拖网	莱州刁龙嘴近海	14～15
2	2012 年 11 月 3 日	2	拖网	莱州三山岛近海	14～15
3	2012 年 11 月 5 日	4	拖网	莱州刁龙嘴近海	15～16
4	2012 年 11 月 10 日	11	未知	三山岛码头市场	15～17
5	2012 年 11 月 15 日	2	拖网	莱州刁龙嘴	16～17
6	2012 年 11 月 19 日	6	未知	三山岛码头市场	15～16.5
7	2012 年 11 月 23 日	3	拖网	莱州三山岛外海	15～16.5
8	2012 年 12 月 3 日	2	拖网	莱州刁龙嘴外海	16～17
9	2012 年 12 月 6 日	2	定置网	莱州三山岛外海	16.5
10	2012 年 12 月 16 日	1	拖网	莱州三山岛外海	17.5
11	2012 年 12 月 28 日	1	拖网	莱州三山岛外海	17.0

半滑舌鳎标志鱼苗于 2012 年 10 月 24 日，放流入莱州三山岛西侧海域后，截至 2012 年年底，累计收到回捕报告 11 次，收到带标志牌的回捕半滑舌鳎渔获物 37 尾，阶段性回捕率 1.83‰。所有的回捕报告均是在放流后 2 个月内收到的，以放流后 1 个月内回捕较多，占回捕数量的 83.8%，随后回捕数量明显减少，可能与海区水温下降，鱼苗向外海迁移有关。2013 年 1 月以后，水温急剧下降，基本无渔船出海作业，未再收到回捕报告。本次标志放流的鱼苗的回捕基本是在离放流地点 20 km 左右的海区捕获的，从捕获工具来看，以渔民近海底拖网捕获为多，回捕的海域水深为 10～20 m，说明放流的半滑舌鳎短期内可能仍在近海活动，1 个月后，随着水温的下降，逐渐向较深的海域迁移。本次放流的

追踪回捕主要依靠走访渔民、码头市场及电话信息，获得了短期的回捕结果，尚未开展专用调查船定期海上追踪调查，因此，关于放流后半滑舌鳎的分布、生长、存活、迁移路线等相关数据不够详细，下一步将进一步开展半滑舌鳎增殖放流及追踪调查的系统研究，探讨其增殖放流的效果评价技术，为半滑舌鳎资源恢复提供技术支撑。

三、中国对虾增殖放流及跟踪调查

1. 资源本底调查

以山东半岛南部沿海为例，中国对虾苗种放流前 7 天内，在放流海域(图 5.5.11)开展本底调查，以摸清其资源数量和分布规律。调查网具为专用网，网口宽度为 8 m，网口高度为 3 m，拖速为 1.5 海里/h，每站拖 0.5 h。调查船为 14.7 kW 渔船，配备了精确的卫星导航设备(DGPS)。调查在白天进行，风力小于 5 级。同时开展了放流水域的饵料生物、温度、盐度、水深、透明度、DO、pH、硝酸盐、亚硝酸盐、铵盐、活性磷酸盐等生物、水文、水化学环境特征的调查。

2. 放流跟踪调查

苗种放流后，每隔 10 天进行 1 次跟踪调查，调查站位和方法与本底调查相同(图 5.5.11)。其中，小规格苗种的跟踪调查进行 4 次，大规格苗种跟踪调查进行 2 次，以摸清中国对虾的数量、分布、群体组成等状况及放流初期的苗种成活率和死亡率，明确增殖对中国对虾资源的贡献率。

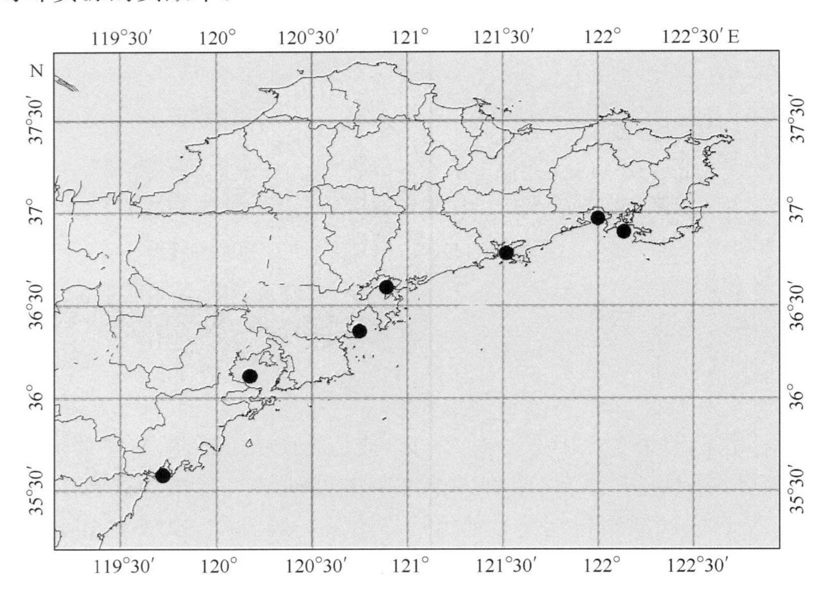

图 5.5.11　山东半岛南部沿海中国对虾本底调查和放流后数量调查站位

3. 相对数量调查

开捕前，开展了中国对虾的相对数量调查(图 5.5.12)。调查网具为单船底拖网，网口为 960 目，网目尺寸为 43 mm，网口周长为 41.6 m，囊网网目为 20 mm。每站拖拽 1 h，拖速为 2 海里/h。拖拽时的网口高度为 3.5 m，网口宽度为 5.2 m，每站扫海面积为 14 446 m^2。调查目的是放流资源的相对数量、群体组成、渔场分布和洄游分布规律，评估此阶段中国对虾苗种的成活率、死亡率、回捕率及其资源量与可捕量，发布渔情预报，科学指导秋汛回捕生产。

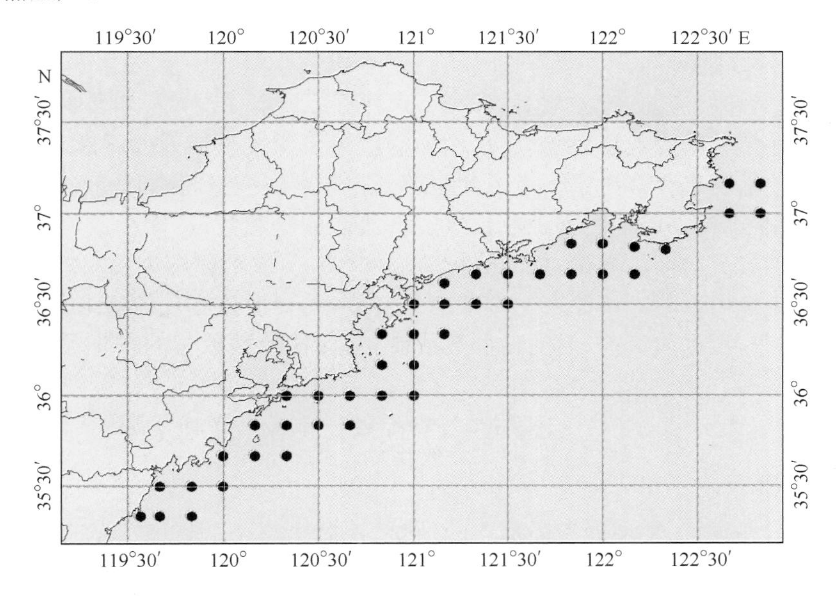

图 5.5.12　山东半岛南部沿海中国对虾相对数量调查站位

4. 渔业生产情况

依据山东省近海捕捞生产的特点，选择有代表性的重点渔业县、乡(镇)、村或渔港作为调查点，分别选取拖网、刺网和定置网等作业方式的样本渔船，进行抽样调查。通过发放渔捞日志和随船取样等监测方法，建立中国对虾回捕生产渔船信息网络系统，开展放流中国对虾的渔业生产调查，了解不同马力类型、不同作业方式渔船的作业时间、作业渔场、渔获产量、渔获结构、优势渔获种类的群体组成、航次产量、产值和直接成本等生产情况，准确统计和测算放流中国对虾的回捕产量、产值、捕捞成本、利润和投入产出比等，评价中国对虾放流的经济效益。

在中国对虾回捕期间，到主要捕捞地、市，即威海、烟台的海阳和莱阳、青岛、日照进行实地调查，向各地、市海洋与渔业局发放人工放流资源回捕生产统计分析表，在每月月底收回，进行计算机录入和数据分析。每 10 天，对捕捞的中国对虾进行一次随机取样(样本数量＞30 尾)，进行体长、体重的生物学测定。

在秋汛结束后，深入山东半岛南部沿海渔村进行实地调查，形式有参观、考察和走访。

调查内容为中国对虾放流前、后渔民的增收情况，增殖与捕捞从业人口的情况，相关行业的发展情况等。

5. 样品室内分析

海上拖网所采集的中国对虾及需要鉴定的生物样品，经5%～7%甲醛海水溶液保存，在实验室进行种类鉴定，生物学（主要为体长和体重）测定和计数。根据资料整理结果，利用ArcGIS10.0绘制生物量、密度分布图及秋汛期间产量、产值的堆积图。

6. 相关研究方法

（1）放流群体比例

采用中国对虾放流前、后的相对资源量，来评估放流群体与自然群体的比例。根据本底调查结果，评估其本底数量，视其为自然种群数量。通过放流后的跟踪调查，分析资源量变化动态，评估其现存资源量。考虑到跟踪调查与本底调查间隔时间较短，自然群体的自然死亡可忽略不计。以现存资源数量减去自然群体资源数量，即为放流后所增加的资源数量，视其为放流群体的数量，从而分析放流群体和自然群体在中国对虾捕捞群体中的比例，评估放流对中国对虾资源量的贡献率。目前，主要通过本底调查和放流后10天左右的资源量调查，根据放流前、后的种群数量变化，评估种群数量的增加量从而评价放流群体所占比例，即

$$\text{放流群体比例}(\%) = \frac{\text{放流后平均资源量} - \text{放流前平均资源量}}{\text{放流后平均资源量}} \times 100\% \quad (5\text{-}11)$$

（2）资源量评估

用拖网扫过的单位海域面积内渔获的数量，换算出整个调查海区的资源量。扫海面积法的数据处理方法主要有基于模型和基于调查设计两大类。本项研究，采用基于调查设计方法的扫海面积法，计算公式为

$$\text{资源数量} = \frac{\text{渔场总面积} \times \text{平均每网次捕获中国对虾数量}}{\text{每个调查网次的扫海面积} \times \text{捕捞系数}} \times 100\% \quad (5\text{-}12)$$

式中，山东半岛南部沿海渔场总面积为$2.10\times10^{10}\ \mathrm{m}^2$，每个调查网次的扫海面积为拖拽时网口宽度乘以实际拖距，捕捞系数因调查网具规格不同所取捕捞系数不同，底拖网取0.1。

为了后期更为准确地把握海域放流种群资源量，采用如下经验公式对资源预报量进行校正：

$$\text{资源预报量} = a + b \times \text{产量} + c \times \text{产量}^2 \quad (5\text{-}13)$$

（3）回捕率

回捕率历来是评价增殖放流效果的主要内容，是指放流后的年总渔获尾数与当年放流总尾数的比值，用百分数表示。其中，渔获尾数是根据中国对虾的产量和实测每尾虾的平均质量换算得出，为各月的回捕数量之和，即

$$\text{回捕数量} = \sum_{i=1}^{n} \frac{\text{各月产量}}{\text{平均体重}} \quad (5\text{-}14)$$

总回捕数量乘以放流群体所占比例即为放流中国对虾的回捕数量，回捕率的计算公

式为

$$回捕率(\%)=\frac{回捕数量\times放流群体比例(\%)}{放流数量} \tag{5-15}$$

（4）投入产出比

投入产出比是检验增殖放流取得的经济效益最直接的方法。投入产出比有直接投入产出比和间接投入产出比。间接投入产出比为中国对虾放流回捕渔业的产值与投入成本的比值。投入成本包括：苗种费用、捕捞费用和管理费用。由于回捕生产并非以中国对虾作为唯一的捕捞对象，而且往往是作为兼捕对象进行生产，其捕捞费很难估算，因此评价的投入产出比的准确度很低。直接投入产出比为放流中国对虾产值与苗种费用的比值，即

$$直接投入产出比=\frac{产值\times放流群体比例}{苗种数量\times苗种价格} \tag{5-16}$$

7. 调查结果

（1）本底资源调查结果

2012年5月19日～6月16日，先后在山东半岛南部沿海的丁字湾、乳山湾、胶州湾、靖海湾、桑沟湾等中国对虾的放流海域，进行了中国对虾的本底资源量调查。每个放流点周围设置3～6个站位，共计20个站，调查之中，仅1个站捕到中国对虾，其出现频率为5%，共捕获1尾，相对资源密度为0.05尾/(站·h)，主要分布在乳山湾。

（2）放流跟踪调查结果

放流后10天：6月19日～7月2日，先后在胶州湾、丁字湾、五垒岛湾、桑沟湾进行调查，各海湾设置2～4个站，共21站。其中有5个站捕到中国对虾，出现频率为23.8%，共捕获152尾，相对资源密度为14.5尾/(站·h)，其中以靖海湾资源量最大，其次为黄家塘湾。

放流后20天：6月15日～6月30日，先后在塔岛湾、乳山湾、黄家塘湾、丁字湾进行调查，各湾设置2～4个站，共12站。其中有8个站捕到中国对虾，出现频率为66.7%，共捕获10尾，相对资源密度为3.33尾/(站·h)，其主要分布在黄家塘湾和胶州湾。

放流后30天：6月29日～7月1日，分别在黄家塘湾和乳山湾进行调查，共设置6个站，有5个站出现中国对虾，出现频率为83.3%，共捕获130尾，相对资源密度为43.3尾/(站·h)。其中黄家塘的3个站，共捕到124尾，占总尾数的95.4%，其次为乳山湾。

（3）开捕前资源量

山东半岛南部沿海及烟威渔场的中国对虾和日本对虾的相对数量调查于2012年8月1～6日进行。调查网具为单船底拖网，网口为960目，网目尺寸为43 mm，网口周长为41.6 m，囊网网目为20 mm，每站拖拽1 h，拖速为2海里/h。拖拽时，网口高度为3.5 m，网口宽度为5.2 m，每站扫海面积为14 446 m^2。每隔10′经、纬度设置1个站位，在重点区域，每隔5′经、纬度设置1个站位，共设置46个站位。

数量分布状况：本次调查，因有6个站位于养殖区和港口区，加之受浒苔影响，未能进行拖网。实际调查了36个站，有中国对虾出现的为16站，出现频率为44.4%，共捕获24

尾,总重 707 g,平均每站 0.66 尾/h、19.6 g/h。其资源量高于 2011 年的 0.41 尾/h,低于 2004～2010 年。其中以黄家塘湾、丁字湾至崂山湾、胶州湾口和乳山湾附近捕获的最多,中国对虾主要分布在 10 m 等深线以内(图 5.5.13、图 5.5.14)。

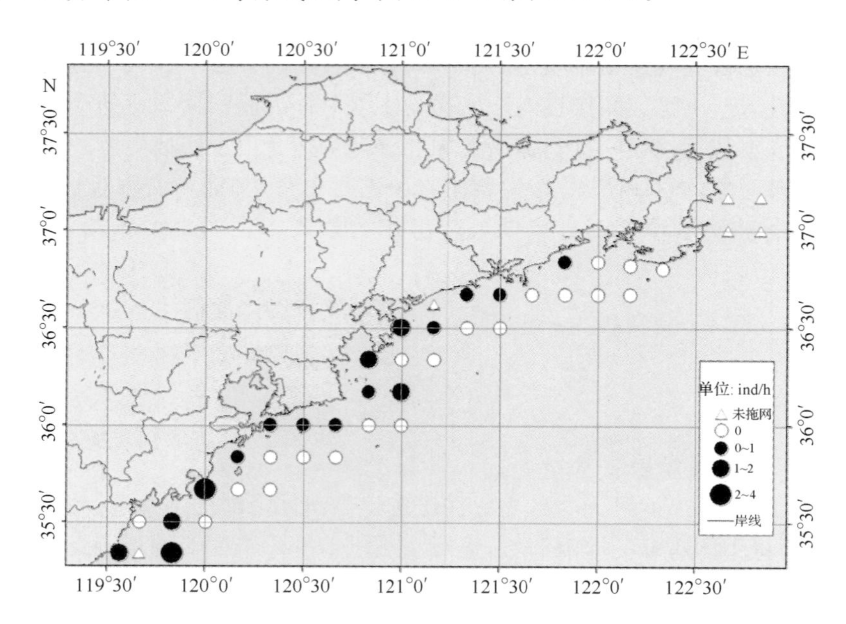

图 5.5.13　2012 年山东半岛南部沿海及烟威渔场中国对虾相对数量分布

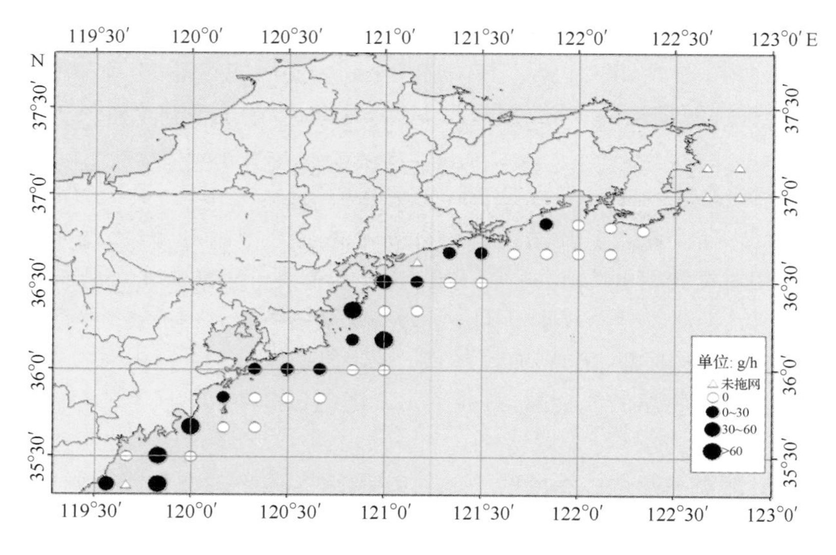

图 5.5.14　2012 年山东半岛南部沿海及烟威渔场中国对虾相对渔获量分布

调查中有 5 个站捕到日本对虾,出现频率为 13.9%,与 2011 年对比,出现频率提高了 11.5%,资源分布的站位增加了,共捕获日本对虾 6 尾,平均体重为 18 g/尾,平均每站捕获 0.17 尾/h。

生物学特性：8 月上旬，山东半岛南部海域中国对虾的体长为 100～153 mm（图 5.5.15），平均体长为 129 mm，大于去年的 103 mm。2010 年，其平均体长为 124 mm 与 2012 年的接近。中国对虾的体重为 18～45 g，平均体重为 27.7 g（图 5.5.16）。

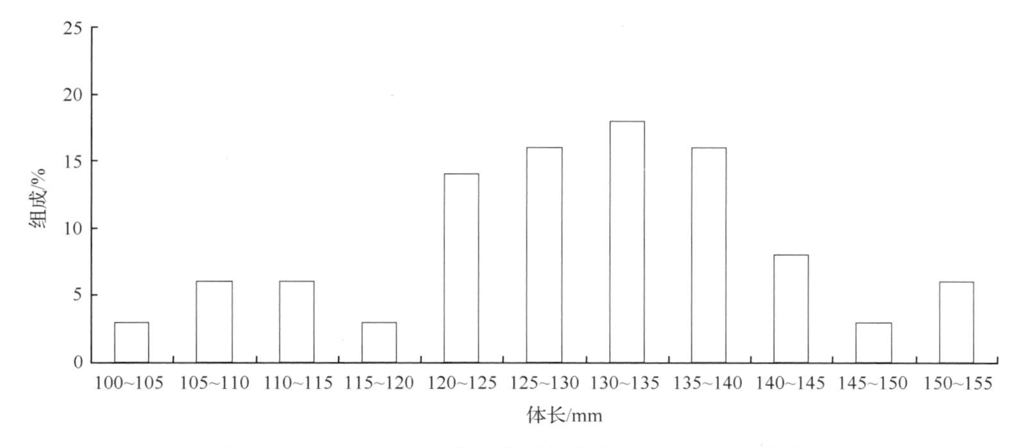

图 5.5.15　2012 年山东半岛南部沿海中国对虾体长分布

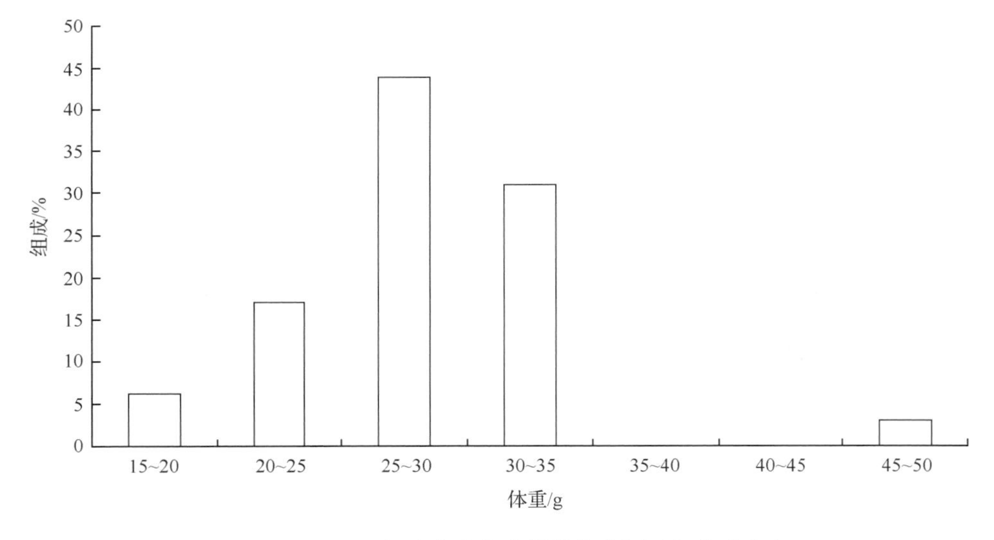

图 5.5.16　2012 年山东半岛南部沿海中国对虾体重分布

资源量评估结果：根据本次调查，平均每站捕获中国对虾 0.66 尾/h，用扫海面积法和经验分析法进行评估，2012 年，山东半岛南部沿海中国对虾秋汛资源量为 3517.46 万尾，考虑到流刺网开捕时间提前到 8 月 1 日，中国对虾的回捕渔期提前近 20 天，秋汛平均体重将无法达到往年的 52 g，以其生长特性判断，平均体重仅为 40 g，则资源量应该是 1406.99 t。如果可捕系数取 0.7，2012 年，中国对虾的秋汛可捕量为 984.89 t。

（4）渔业生产调查结果

1）捕捞生产统计结果

投产船只数量：2012 年，山东半岛南部沿海累计投入中国对虾人工放流资源捕捞船只 4896 艘。其中，威海市为 1655 艘，占 33.8%；青岛市为 2100 艘，占 42.9%；日照市为 800 艘，占 16.3%；烟台的莱阳市和海阳市为 241 艘，占 7.0%(表 5.5.14)。

表 5.5.14　2012 年山东半岛南部沿海中国对虾捕捞投产渔船数量

地点	投产船只/艘	比例/%
青岛	2100	42.9
威海	1655	33.8
日照	800	16.3
烟台	341	7.0
合计	4896	100

捕捞产量：至 2012 年 11 月底，山东半岛南部沿海累计捕中国对虾达 2163.17 t。山东半岛南部沿海中国对虾的开捕期为 8 月 20 日，由于农业部下达流刺网禁渔期为 6 月 1 日～7 月 31 日，虽然受浒苔和沙海蜇影响，捕捞网具很难下网，但仍有部分渔船 8 月初即已参加对中国对虾的捕捞。8 月，其产量为 288.32 t，占 13.3%；9 月，捕获量最大，达 864.98 t，占 40.0%；10 月，产量仍然很高，为 754.30 t，占 34.9%；11 月，仍有少量捕捞，产量为 255.57 t，占 11.8%(表 5.5.15)。其中日照和青岛的产量远远高于往年，有可能是改变统计口径的缘故。

捕捞产值：到 2012 年 11 月底，山东半岛南部沿海捕捞中国对虾累计产值达 35 193.75 万元，其中，日照市最高，占 32.2%，威海市、青岛市次之，分别占 32.1%、28.5%(表 5.5.16)。中国对虾平均价格在 90～240 元/kg(表 5.5.17)。

表 5.5.15　2012 年山东半岛南部沿海秋汛中国对虾捕捞产量

月份	产量/t	比例/%
8 月	288.32	13.3
9 月	864.98	40.0
10 月	754.30	34.9
11 月	255.57	11.8
合计	2163.17	100

表 5.5.16　2012 年山东半岛南部沿海秋汛产值

地市	产值/万元	比例/%
青岛	10 032	28.5
威海	11 308.75	32.1
日照	11 324	32.2
烟台	2529	7.2
合计	35 193.75	100

表 5.5.17　2010 年山东半岛南部沿海秋汛中国对虾价格

日期	平均价格/(元/斤*)
8 月下旬	45
9 月上旬	60
9 月中旬	90
9 月下旬	100
10 月上旬	110
10 月中旬	110
10 月下旬	110
11 月	120

* 1 斤＝500g

捕捞效益：2012 年，山东捕捞中国对虾是从 8 月 20 日开始。山东半岛南部沿海捕捞中国对虾累计投产船只 4896 艘，主要在青岛、威海、日照、莱阳和海阳的近海一带作业，累计捕捞产量为 2163.17 t，产值为 35 193.75 万元，投入捕捞成本 15 559.5 万元，实现毛利润 19 634.25 万元(表 5.5.18)。渔业生产的投入产出比为 1∶2.3。

表 5.5.18　山东半岛南部沿海捕捞中国对虾生产情况

地点	投产船只/艘	累计产量/t	累计产值/万元	捕捞成本/万元	毛利润/万元
青岛	2 100	632	10 032	6 019	4 013
威海	1 655	564.77	11 308.75	4 064.5	7 244.25
日照	800	822	11 324	4 529	6 795
烟台	341	144.4	2 529	947	1 582
合计	4 896	2 163.17	35 193.75	15 559.5	19 634.25

2) 捕获中国对虾的生物学特征

2012 年，山东半岛南部沿海捕获中国对虾群体的体长为 128.61～171.08 mm，体重为 27.67～62.35 g，较去年捕捞的规格偏大。其中，8 月下旬，其平均体长为 139.45 mm，平均体重为35.69 g；9 月，平均体长为 144.35 mm，平均体重为 46.53 g；10 月，平均体长达 165.87 mm，平均体重达 54.32 g，11 月，平均体长、平均体重分别为 171.08 mm、62.35 g(表 5.5.19)。

表 5.5.19　山东半岛南部沿海回捕中国对虾群体组成

时间	平均体长/mm	主要体长组成/mm	平均体重/g	主要体重组成/g
8 月上旬	128.61	120～140	27.67	15～35
8 月下旬	139.45	140～165	35.69	30～45
9 月	144.35	125～160	46.53	35～60
10 月	165.87	155～175	54.32	35～70
11 月	171.08	155～180	62.35	40～750

3）增殖放流效果评价

2012 年，山东共放流中国对虾 23.06 亿尾，较去年增加 24.3%，其中，在山东半岛南部沿海放流 11.77 亿尾，在莱州湾及渤海湾的南部放流 11.29 亿尾。调查结果表明：放流前，中国对虾自然资源量很低，为较弱世代。跟踪调查和大面积调查结果表明：通过放流，中国对虾资源量明显提高。根据对山东沿海各地、市放流品种的捕捞统计，全省累计投入捕捞船只 5886 艘，回捕产量为 2067.8 t，产值为 24 431.4 万元，其产量、产值与 2011 年比分别减少 9.9%、19.8%。

四、三疣梭子蟹增殖放流及调查评估

1. 资源本底调查

以山东半岛南部沿海为例，在三疣梭子蟹各放流海域设置调查站位（图 5.5.17），苗种放流前 1 周内，进行本底资源调查，摸清三疣梭子蟹的数量与分布状况，同时，调查海水的温度、盐度、水深、透明度、DO、pH、硝酸盐、亚硝酸盐、铵盐、活性磷酸盐等水体环境特征。调查网具为单船板网，网口为 1400 目，网目尺寸为 56 mm，网口周长为 78.4 m，囊网网目为 20 mm。

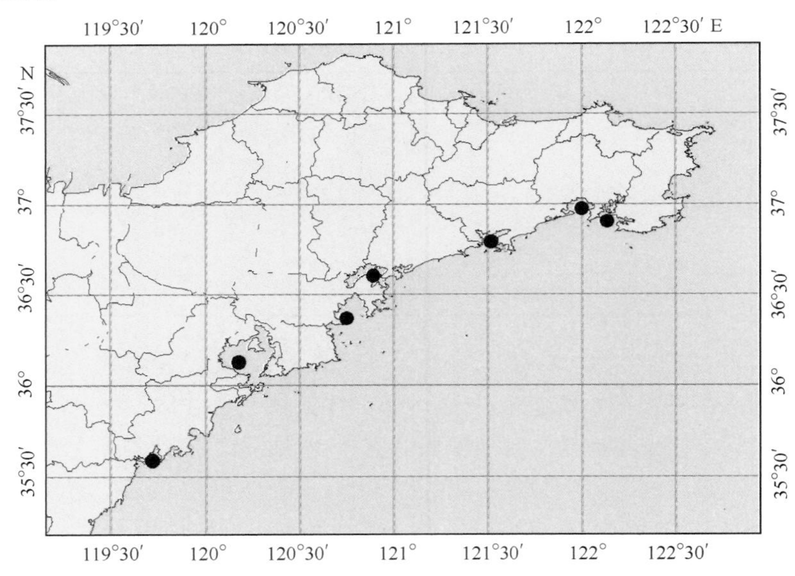

图 5.5.17　山东半岛南部沿海三疣梭子蟹本底调查和跟踪调查站位

2. 放流苗种调查

三疣梭子蟹放流期间，开展放流苗种的种质、数量、规格、时间、放流地点分布等跟踪调查。通过调查，综合统计分析省、地、市水产品质量检验中心关于三疣梭子蟹供苗单位的苗种检验报告，了解苗种的规格合格率、体色异常率、弱苗率、伤残率、带病率、死亡率，评定放流苗种的质量情况。对放流单位和放流海域进行了实地走访调查，对苗种的数量、规格、放流时间、放流地点分布进行统计。

3. 放流跟踪调查

在三疣梭子蟹各放流海域设调查站位，调查站位和调查方法与本底调查相同。苗种放流后 10 天左右，进行 1 次调查。调查内容包括：三疣梭子蟹的数量与分布、群体组成特征，放流海域的渔业资源群落结构，饵料生物和敌害生物的数量与分布。

4. 相对数量调查

8 月中旬，在放流海域布设调查站位(图 5.5.18)，利用单拖网进行大面积调查。调查内容包括：三疣梭子蟹的数量与群体组成，渔业生物群落结构。同步进行生物和生态调查。评估三疣梭子蟹的可捕量，并发布渔情预报。调查网具为单船板网，网口周长为 37 m，囊网网目为 20 mm。每站拖拽 1 h，拖速为 3 海里/h。拖拽时，网口高度为 3.90 m，网口宽度为 4.63 m。

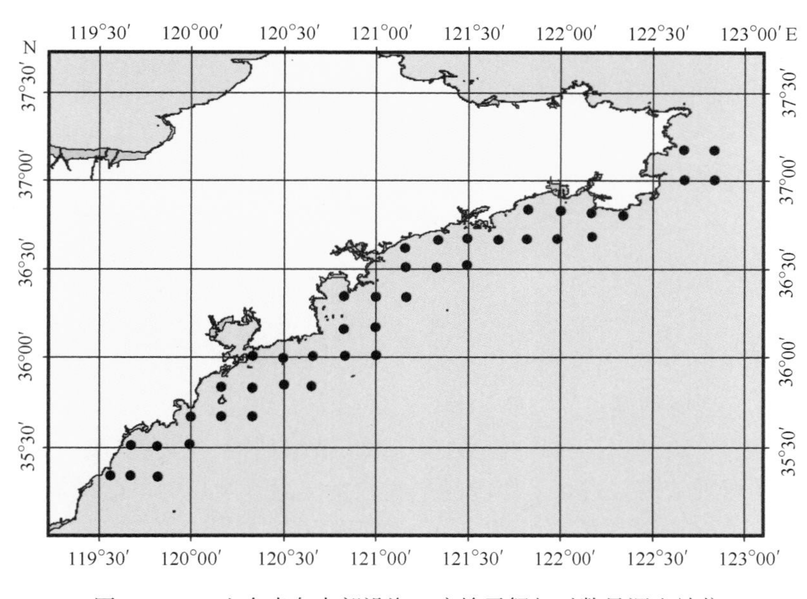

图 5.5.18 山东半岛南部沿海三疣梭子蟹相对数量调查站位

5. 渔业生产及社会走访调查

针对前期调查所发现的渔业生产统计数据不准问题，拟于 2012 年，在继续收集各地、市渔业主管局捕捞统计数据的基础上，建立三疣梭子蟹捕捞生产渔船信息网络系统，统计分析其捕捞生产情况。依据山东省近海捕捞生产的特点，选择具有代表性的重点渔业县、乡(镇)、村或渔港作为调查点，分别选取拖网、刺网和定置网等作业方式的样本渔船，进行抽样调查，通过发放渔捞日志、信息员进行走访调查及随船监测等方法，选择 1000 艘生产渔船，建立 2000 份回捕生产渔捞日志，全面了解不同马力、不同类型、不同作业方式渔船的作业时间，作业渔场，渔获产量与渔获结构，三疣梭子蟹的数量与群体组成，航次产量、产值和直接成本等生产情况。在苗种生产、回捕、加工、销售等环节，科研人员进行社会走访调查，发放调查问卷，统计分析放流活动所产生的经济效益和社会效益。

6. 自然群体和放流群体的鉴别

通过对本底调查结果的分析，评估三疣梭子蟹资源的本底数量。通过放流后跟踪调查，分析放流海域三疣梭子蟹资源量的变化，评估其现存资源量。通过放流前、后三疣梭子蟹资源量的变化分析，确定放流群体和自然群体在三疣梭子蟹捕捞群体中的比例，评估当年放流对三疣梭子蟹资源量的贡献率。由于三疣梭子蟹寿命可达 3 年，其回捕率的估算较为复杂，拟结合当年放流的贡献率，并借助相关渔业资源评估模型进行估算。

三疣梭子蟹的回捕率分为两类，一类是年度回捕率，另一类是世代回捕率。年度回捕率即利用年度捕捞量与群体比例结合，计算出各龄蟹的捕捞量，进而与三疣梭子蟹放流年份的放流量进行比较分析，得出年度回捕率。其计算公式为

$$\text{回捕率}(\%) = \sum_{i=1}^{n} \frac{\text{回捕数量} \times \text{放流群体比例}(\%)}{\text{放流数量}} \quad (5\text{-}17)$$

世代回捕率即将每年的放流种群作为一个放流世代。其内容为：确定三疣梭子蟹寿命，3 年内，各年份的捕捞量与世代初的放流量之间的比值，即第 n 年的世代回捕率为第 n 年的当年蟹回捕量、第 $n+1$ 年的 1 龄蟹回捕量和第 $n+2$ 年的 2 龄蟹回捕量的总和与第 n 年蟹种放流数量的比值。计算公式如下：

$$\text{世代回捕率}_n(\%) = \frac{\text{当年蟹回捕数量}_n + 1\text{ 龄蟹回捕数量}_{n+1} + 2\text{ 龄蟹回捕数量}_{n+2}}{\text{放流数量}_n} \quad (5\text{-}18)$$

7. 调查结果

（1）资源本底调查结果

2012 年 5 月 19 日～6 月 4 日，先后在丁字湾、黄家塘湾、靖海湾、鳌山湾、塔岛湾、乳山湾等三疣梭子蟹放流海域进行了资源的本底调查。调查网具为单船板网，网口为 1400 目，网目尺寸为 56 mm，网口周长为 78.4 m，囊网网目为 20 mm，拖速 1.5 海里/h，每站拖网时间为 30 min。调查船是 14.7 kW 渔船。每个放流水域设置 2～6 个调查站，共计 20 个站。调查过程中，仅 3 个站捕到三疣梭子蟹，出现频率为 15%，共捕获 4 只，资源相对密度为 0.2 只/(站 · h)，其主要分布在乳山湾。

（2）放流跟踪调查结果

同年 6 月 10 日～7 月 4 日，从三疣梭子蟹放流后的第 10 天开始，先后在丁字湾、黄家塘湾、五垒岛湾、乳山湾、鳌山湾等放流海域进行跟踪调查。调查网具和调查船与本底调查相同。在各湾设置 3～6 个站，共 26 个站，其中有 23 个站捕到三疣梭子蟹，出现频率为 88.5%，共捕获 164 尾，资源相对密度为 12.6 只/(站 · h)。

（3）相对数量调查及资源预报结果

2012 年 8 月 15～20 日，在山东半岛南部沿海进行了三疣梭子蟹的相对数量调查。调查网具为单船板网，网口周长为 37 m，囊网网目为 20 mm。每站拖拽 1 h，拖速 3 海里/h。拖拽时，网口高度为 3.9 m，网口宽度为 4.63 m，每站扫海面积为 25 696 m^2。每隔 10′地

理经、纬度设置 1 个站位，共设置 42 个站位。

数量分布调查结果：35 个站中有 9 个站捕到三疣梭子蟹，出现频率为 25.7%，共捕获三疣梭子蟹 36 只，重 4374 g，平均每站 1.0 只/h、125 g/h。三疣梭子蟹主要分布在放流点周围的近岸海域(图 5.5.19、图 5.5.20)。

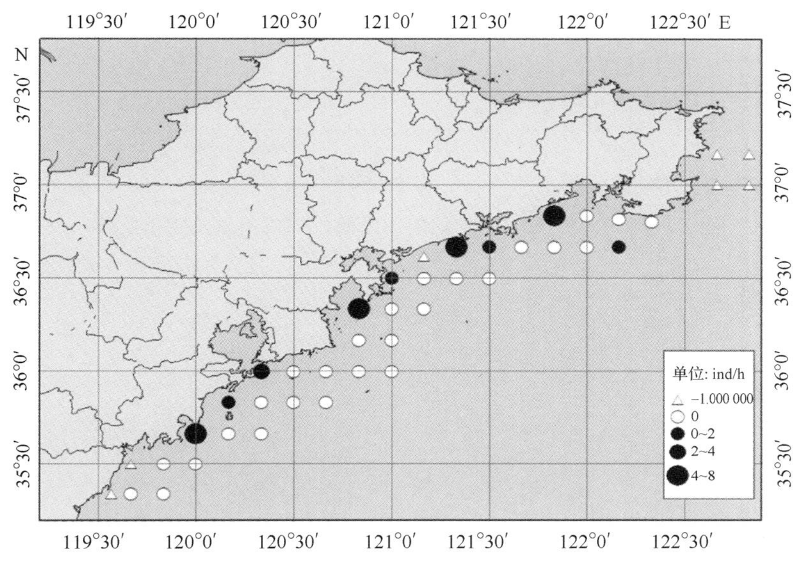

图 5.5.19　2012 年山东半岛南部沿海三疣梭子蟹相对数量分布

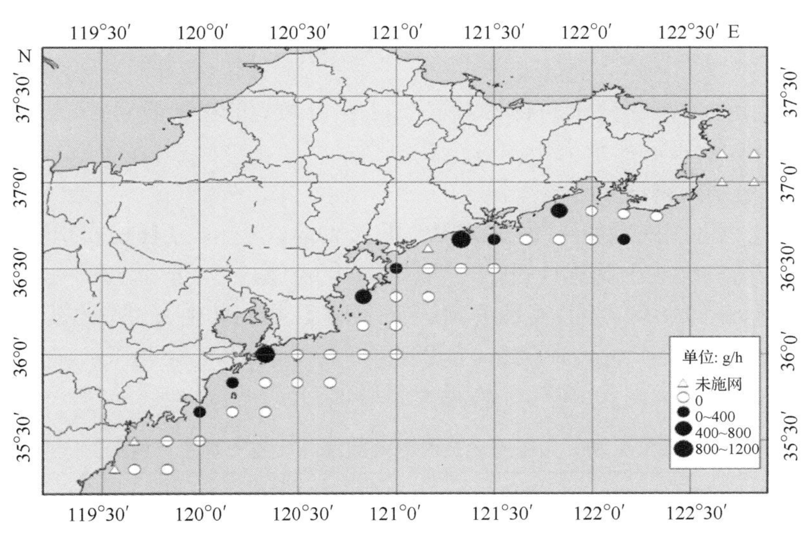

图 5.5.20　2012 年山东半岛南部沿海三疣梭子蟹相对渔获量分布

生物学特征：2012 年，山东半岛南部沿海三疣梭子蟹的头胸甲宽为 86～181 mm(图 5.5.21)，平均头胸甲宽为 126 mm；体重为 30～320 g，平均体重为 129 g(图 5.5.22)。

资源数量预报结果：使用本次调查结果进行评估，平均每站捕获放流三疣梭子蟹 1.01 只/h，2012 年，山东半岛南部沿海三疣梭子蟹秋汛资源数量为 3316 万只，三疣梭子

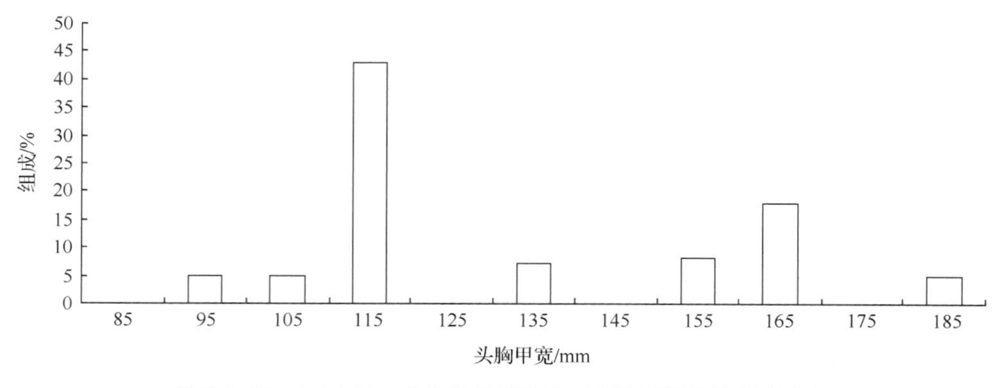

图 5.5.21　2012 年山东半岛南部沿海三疣梭子蟹头胸甲宽分布

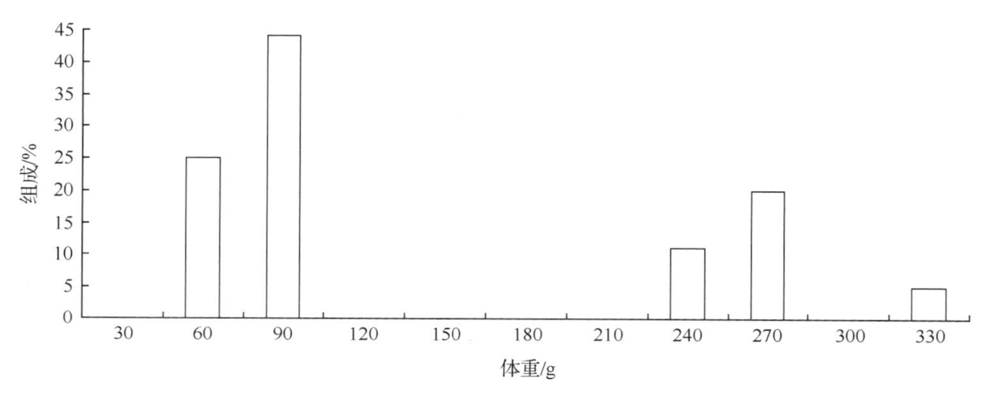

图 5.5.22　2012 年山东半岛南部沿海三疣梭子蟹体重分布

蟹个体的差距较大，按其秋汛时体重增长为 1 倍计算，则资源量为 8170 t，以可捕量按 50%计，2012 年，秋汛可捕量为 4085 t。

(4) 渔业生产调查结果

2012 年，根据对山东附近黄海海域沿海的三大地、市放流品种捕捞情况统计：山东附近黄海海域捕捞三疣梭子蟹累计投产船只为 5038 艘，捕捞产量为 6072 t，产值为 49 726 万元，捕捞成本为 21 408 万元，实现毛利润 28 318 万元。其中，日照市的产量最高，其次为威海市，而青岛市的产量最少(表 5.5.20)。单船平均日产为 28 kg，在日照近海，出现单船日产 1520 kg 的大网头，单船平均毛利润约 12 万余元。

表 5.5.20　山东附近黄海海域捕捞三疣梭子蟹生产情况

地点	投产船只/艘	累计产量/t	累计产值/万元	捕捞成本/万元	毛利润/万元
青岛	1 200	278	3 252	1 951	1 301
威海	2 238	1 385	13 270	4 962	8 308
日照	1 600	3 620	27 568	11 037	16 531
莱阳、海阳	兼捕	789	5 636	3 458	2 178
合计	5 038	6 072	49 726	21 408	28 318

(5) 增殖效果综合评价

2012年,山东共放流三疣梭子蟹30 683万只,较去年增加13.3%。其中,在山东半岛南部沿海放流了15 979万只;在莱州湾及渤海湾的南部,放流了14 704万只。

自三疣梭子蟹开捕以来,全省累计投入船只9636艘,捕捞产量达14 005 t,产值达103 649万元,比2011年分别增长17.0%、14.5%,毛利润为59 214万元,比去年略有增加,增长3.9%。在山东半岛南部沿海,共放流三疣梭子蟹苗种15 979万只,较去年增加21.6%。调查结果显示:放流前,三疣梭子蟹自然资源量很低,本底资源的相对密度为0.2只/(站·h);放流后,资源的相对密度达4.08只/(站·h),为放流前资源相对密度的20.4倍。

五、海蜇增殖放流及追踪调查

以山东半岛南部沿海的海蜇放流为例。

1. 调查研究方法

采用大面积调查与放流点局部水域调查相结合的方法,跟踪调查山东半岛南部沿岸海蜇增殖放流效果。调查内容主要包括:苗种种质调查、本底资源调查、放流增殖效果调查和相对数量、渔业生产动态调查。

放流苗种调查:在放流年份的5月开始,调查山东半岛南部沿岸海蜇放流苗种的数量、规格及放流时间、地点分布等情况。

本底资源调查:在桑沟湾、靖海湾、五垒岛湾、乳山湾、丁字湾、胶州湾、黄家塘湾等7个海湾的海蜇放流点周围海域各设置3个调查站位。于海蜇放流前的5月18日~6月18日进行定点调查(图5.5.23)。调查船为14.7 kW渔船。调查网具为海蜇调查专用拖网,网口宽度8 m,拖速1.5海里/h,拖网时间15 min/站位,扫海面积5556 m^2。

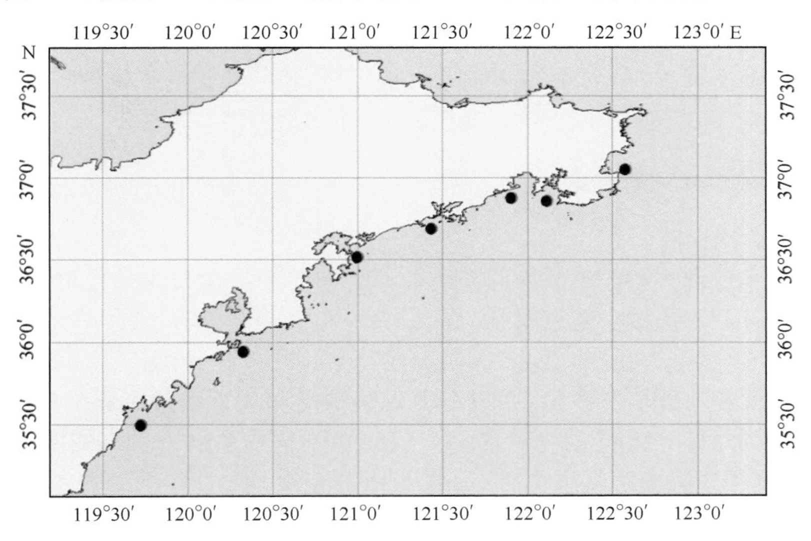

图5.5.23 2012年山东半岛南部沿海海蜇本底资源和放流效果调查站位图

放流增殖效果调查：调查区域、站位布设、调查船和调查网具与本底调查相同。于海蜇放流之后 10 天左右，6 月 17 日～7 月 13 日进行定点调查。

相对数量调查：在 35°20′～37°10′N、119°30′～122°50′E 的山东半岛南部沿海水域，每隔 10′经、纬度，设置 1 个调查站位，共设 42 个站位（图 5.5.24）。调查于 7 月 9 日～7 月 15 日进行。调查船为鲁海渔 3700 号和鲁海渔 3836 号流刺网船，由烟台大学随船调查。调查网具为特制 3 层海蜇流刺网，网目尺寸为 80 mm，网高度为 1.3 m，网长度为 160 m。每站放 2～3 盘，每盘为 160 m。每站实际扫海面积为 42 302 m^2。采集样品经 5%甲醛海水溶液固定保存后，在实验室进行样品生物特性测定和计数。对调查采获的海蜇和其他种类的样品进行生物学特性测定，主要测定伞径、体重等生物学系数。

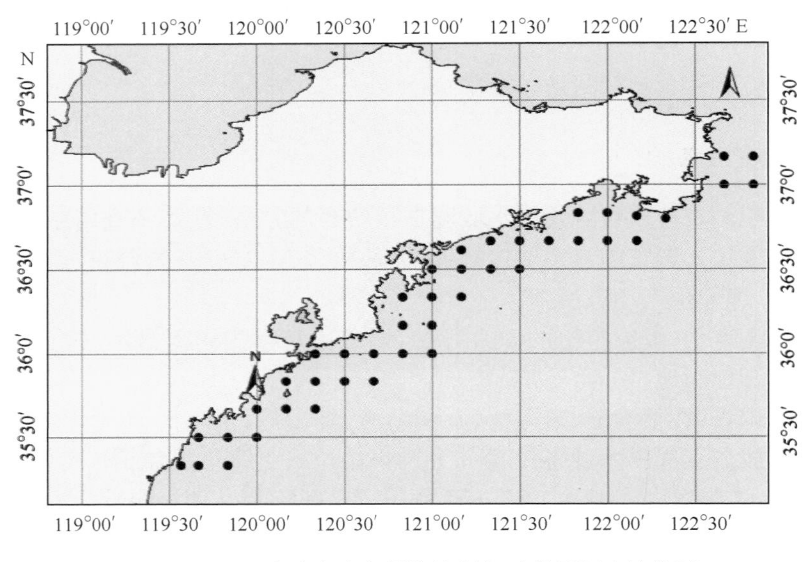

图 5.5.24　山东半岛南部沿海海蜇相对数量调查站位图

渔业生产动态调查：在 7 月 20 日海蜇开捕以后，进行渔业生产动态调查，调查内容包括作业渔船数量、渔获量、产值、价格、捕捞成本、渔获物生物学特征等。

2. 增殖放流效果评价方法

（1）放流群体比例

通过资源本底调查和增殖效果调查结果对比分析，评估放流个体在群体中占的比例，方法与中国对虾和三疣梭子蟹相同。

（2）资源量

采用扫海面积法评估资源量，并以海上观察情况和就近陆地了解的情况进行修正。评估方法与中国对虾等相同，即 $B=A\times N\times P$，式中，捕捞系数 P 因调查网具及规格不同而异，本底调查和放流增殖效果调查（海蜇专用调查网）取 0.5，相对数量调查（流刺网）取 0.1。

（3）回捕率

回捕率为捕捞产量中放流群体的回捕数量与放流数量的比值。

$$\text{回捕率}(\%)=\frac{\text{渔获数量}\times\text{放流群体比例}(\%)}{\text{放流数量}} \tag{5-19}$$

式中，渔获数量是根据各月海蜇的产量和实测平均质量换算得出，为各月的回捕数量之和。

(4) 直接投入产出比

直接投入产出比为回捕放流海蜇产值与苗种费用的比值，即

$$\text{直接投入产出比}=\frac{\text{产值}\times\text{放流群体比例}}{\text{苗种数量}\times\text{苗种价格}} \tag{5-20}$$

3. 调查结果

(1) 放流苗种情况

2010 年和 2011 年，放流海蜇苗种的伞径≥8 mm，2012 年，放流海蜇苗种的伞径≥10 mm。放流时间为 5 月 10 日～6 月 2 日。放流地点有乳山(乳山湾)、荣成(桑沟湾)、青岛(崂山湾、胶州湾)、威海(靖海湾、五垒岛湾)、海阳(丁字湾)、日照(黄家塘湾)等地区，设置 7 个放流区域，日照，2012 年，未投放海蜇幼苗。2010 年、2011 年、2012 年，分别放流 2.46 亿只、2.60 亿只、2.47 亿只。

(2) 本底资源量

2010 年，海蜇的本底资源数量较少，在 21 个站中，只在 3 个站捕获到海蜇，出现频率 14.3%。在乳山湾捕获海蜇 3 个，在五垒岛湾的两站分别捕获 4 个、4 个，共计 11 个，平均每站 0.52 个/网。海蜇主要分布在 5～10 m 水深内。从各调查点对比看，五垒岛湾的海蜇自然种群密度最大，平均为 2.67 个/网，其次为乳山湾，平均为 1 个/网。

2011 年，海蜇本底资源的数量较 2010 年有所增加，在 21 个站中，7 个站有海蜇，出现频率 33.3%。在胶州湾捕获海蜇 6 个，丁字湾捕获 3 个，乳山湾捕获 4 个，五垒岛湾 2 个，共计 15 个，平均 0.71 个/网。以胶州湾的自然资源密度最大，为 2 个/网。

2012 年，在 21 个站中，捕到海蜇的站有 5 个，出现频率为 23.8%。其中，在胶州湾捕到海蜇 4 个，丁字湾 1 个，乳山湾 4 个，平均每站 0.43 个/网。其中，以胶州湾和乳山湾自然种群密度最大，为 1.33 个/网(表 5.5.21)。

表 5.5.21　山东半岛南部沿海海蜇资源本底调查结果

年份	调查内容	黄家塘	胶州湾	丁字湾	乳山湾	五垒岛湾	靖海湾	桑沟湾
2010	调查站位/个	3	3	3	3	3	3	3
	有海蜇站位/个	0	0	0	1	2	0	0
	渔获海蜇数/个	0	0	0	3	8	0	0
	数量密度/(个/网)	0	0	0	1	2.7	0	0
	平均伞径/mm	0	0	0	24	32	0	0
	平均体重/g	0	0	0	2.1	3.2	0	0
2011	调查站位/个	3	3	3	3	3	3	3
	有海蜇站位/个	0	2	2	2	1	0	0

续表

年份	调查内容	黄家塘	胶州湾	丁字湾	乳山湾	五垒岛湾	靖海湾	桑沟湾
2011	渔获海蜇数/个	0	6	3	4	2	0	0
	数量密度/(个/网)	0	2	1	1.3	0.7	0	0
	平均伞径/mm	0	22	10	18	90	0	0
	平均体重/g	0	2.2	1.0	1.4	35.1	0	0
2012	调查站位/个	3	3	3	3	3	3	3
	有海蜇站位/个	0	2	1	2	0	0	0
	渔获海蜇数(个)	0	4	1	4	0	0	0
	数量密度/(个/网)	0	1.3	0.3	1.3	0	0	0
	平均伞径/mm	0	16	17	23	0	0	0
	平均体重/g	0	2.0	2.4	2.5	0	0	0

用扫海面积法对海蜇本底资源量进行估算，评估结果显示：2010 年和 2012 年，山东半岛南部沿海海蜇自然资源量很低，为较弱世代，2011 年，资源量较高(表 5.5.22)。

表 5.5.22 山东半岛南部沿海海蜇自然资源状况

年份	本底资源量/万个	平均资源密度/(个/km^2)
2010	183.09	189
2011	216.38	223
2012	149.80	154

(3) 放流后海蜇资源增加量

2010 年，平均每站 397 个/h，调查中，捕到海蜇的有桑沟湾、黄家塘湾、乳山湾、五垒岛湾、胶州湾、靖海湾，分别捕获 9980 个、650 个、450 个、11 个、9 个、8 个，它们主要分布在水深 5～15 m 内。在丁字湾，未发现海蜇。

2011 年，调查站位中，有 16 个站出现海蜇，出现频率为 59.3%，共捕获海蜇 794 个，平均每站 29.4 个/h。调查中，捕到海蜇的有五垒岛湾、乳山湾、丁字湾、黄家塘湾、胶州湾、桑沟湾，分别捕获 713 个、39 个、30 个、8 个、2 个、2 个，它们主要分布在水深 5～15 m 内。在靖海湾，未发现海蜇。

2012 年，调查站位中，有 15 个站出现海蜇，出现频率为 55.6%，共捕获海蜇 410 个，平均每站 15.2 个/h。调查中，捕到海蜇的有桑沟湾、五垒岛湾、靖海湾、乳山湾、丁字湾、胶州湾，分别捕获 140 个、90 个、65 个、55 个、31 个、29 个，它们主要分布在水深 5～15 m 内。在黄家塘湾，未发现海蜇(表 5.5.23)。

表 5.5.23 山东半岛南部沿海海蜇增加量调查结果

年份	调查内容	黄家塘	胶州湾	丁字湾	乳山湾	五垒岛湾	靖海湾	桑沟湾
2010	调查站位/个	4	4	3	4	4	4	4
	有海蜇站位/个	3	1	0	2	2	2	2
	渔获海蜇数/个	650	9	0	450	11	8	9980

续表

年份	调查内容	黄家塘	胶州湾	丁字湾	乳山湾	五垒岛湾	靖海湾	桑沟湾
2011	调查站位/个	4	4	3	4	4	4	4
	有海蜇站位/个	3	1	2	2	3	0	1
	渔获海蜇数/个	8	2	30	39	713	0	2
2012	调查站位/个	4	4	3	4	4	4	4
	有海蜇站位/个	0	1	2	2	2	2	3
	渔获海蜇数/个	0	29	31	55	90	65	140

用扫海面积法评估海蜇资源量，分析海蜇自然群体与放流群体的比例，评估结果如下。

2010 年，在山东半岛南部海湾，放流后的资源量达 138 662.85 万个，平均 13.87 万个/km^2。放流后，海蜇资源增加量为 138 662.85 万个－183.09 万个＝138 479.76 万个。放流苗种、自然种群分别占山东半岛南部沿海海蜇资源量的 99.87％、0.13％。

2011 年，在山东半岛南部海湾，放流后的资源量达 10 279.74 万个，平均 1.03 万个/km^2。放流后，海蜇资源增加量为 10 279.74 万个－216.38 万个＝10 063.36 万个。放流苗种、自然种群分别占山东半岛南部海蜇资源量的 97.9％、2.1％。

2012 年，在山东半岛南部海湾，放流后的资源量达 5309.39 万个，平均 0.53 万个/km^2。放流后，海蜇资源增加量为 138 662.85 万个－149.80 万个＝138 513.05 万个。放流苗种、自然种群分别占山东半岛南部沿海海蜇资源量的 97.2％、2.8％。

(4) 相对数量调查结果

2010 年，海上调查有效站 37 个，出现海蜇的站 15 个，出现频率为 40.5％。它们主要分布在乳山湾至丁字湾，以及日照、水深在 15 m 以内的近海水域，其他海域较少。

2011 年，海上调查有效站 35 个，出现海蜇的站 20 个，出现频率高于往年，达 57.1％。海上相对数量调查结果，海蜇主要分布于乳山湾至丁字湾海域。在日照，水深在 15 m 以内的近海水域，也发现海蜇，其他海域较少。

2012 年，海上调查有效站 36 个，出现海蜇的站 15 个，出现频率为 41.7％。它们主要分布在乳山湾至丁字湾沿海、崂山湾、胶州湾口和黄家塘湾，水深在 15 m 以内的近海水域，其他海域较少(图 5.5.25)。

以开捕前的相对资源量调查结果，作出秋汛海蜇资源量预报：2010 年，平均资源相对密度为 7.59 个/h，资源量为 920.87 万个、5.52 万 t，可捕量为 2.76 万 t；2011 年，平均资源相对密度为 5.04 个/h，资源量为 2284.12 万个、11.42 万 t，可捕量为 5.71 万 t；2012 年，平均资源相对密度为 3.12 个/h，资源量为 698.83 万个、3.49 万 t，可捕量为 1.70 万 t。

(5) 渔业生产动态

山东半岛南部沿海的海蜇产量，2010 年为 18 378 t，2011 年为 14 659 t，2012 年为 9717.4 t(表 5.5.24)。

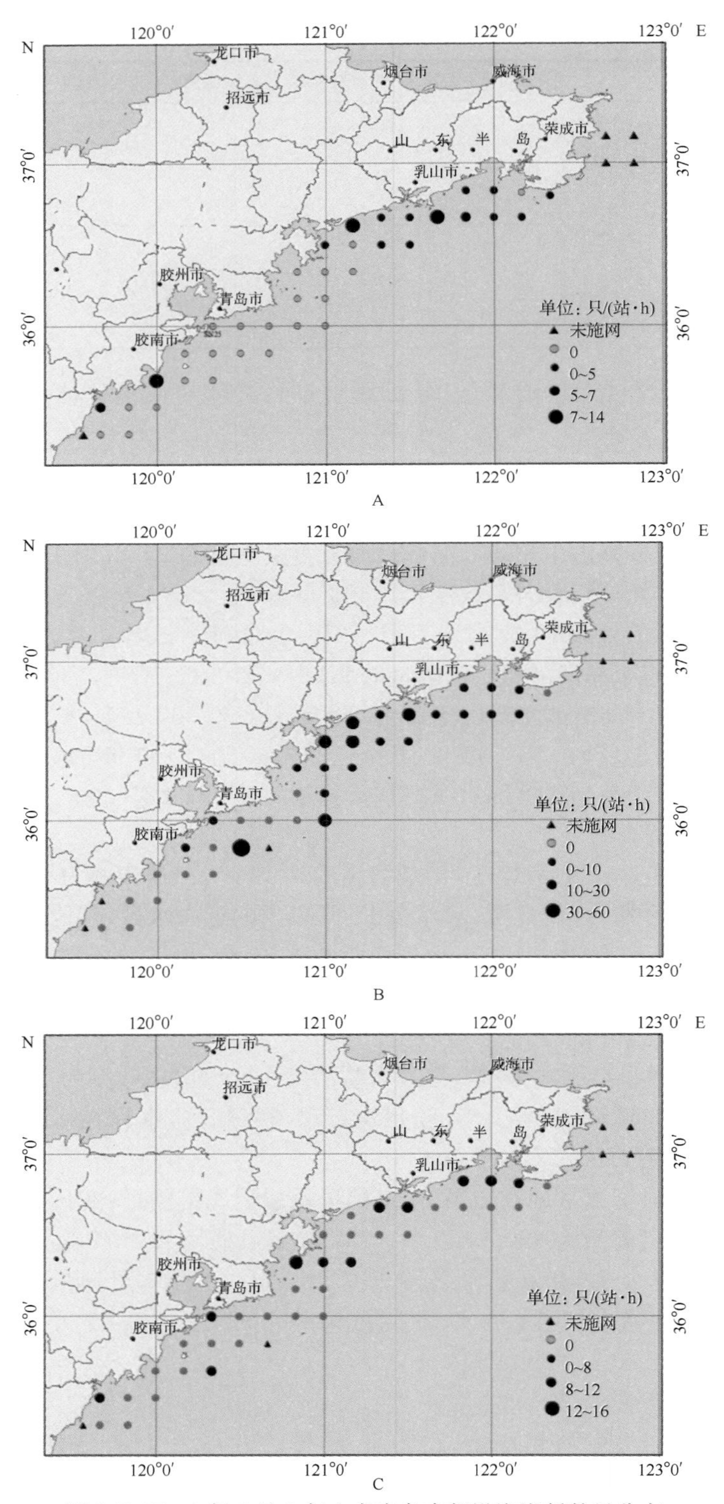

图 5.5.25　3 年 7 月上旬山东半岛南部沿海海蜇数量分布

A. 2010 年数量分布；B. 2011 年数量分布；C. 2012 年数量分布

表 5.5.24　山东半岛南部沿海秋汛海蜇回捕产量

月份	产量/t		
	2010 年	2011 年	2012 年
7 月	3 760	3 430	1 855
8 月	8 350	6 540	3 535
9 月	4 927	2 310	2 223.2
10 月	846	1 339	2 090.2
11 月	495	1 040	14
合计	18 378	14 659	9 617.4

4. *海蜇放流增殖效果综合评价*

根据渔业生产和生物学测定统计资料（表 5.5.25～表 5.5.27）进行分析，2010 年、2011 年、2012 年，山东半岛南部沿海捕捞海蜇的数量分别为 467.47 万只、418.96 万只、272.24 万只，平均年捕捞 386.22 万只，回捕率分别为 1.90％、1.58％和 0.98％，平均年回捕率为 1.49％。

表 5.5.25　2010 年山东半岛南部沿海秋汛海蜇群体组成

时间	平均伞径/mm	伞径组成/mm	平均体重/g	主要体重组成/g
7 月下旬	280	220～380	2455	2010～3400
8 月上旬	350	345～465	3653	3300～4500
8 月下旬	414	350～470	5078	4235～5500
9 月上旬	420	415～515	5300	4100～6500
9 月下旬	417	350～475	5200	3500～5060
10 月上旬	410	385～475	4750	3650～4650
10 月下旬	407	365～428	4590	3250～3715
11 月	411	395～485	4469	4205～4685

表 5.5.26　2011 年山东半岛南部沿海秋汛海蜇群体组成

时间	平均伞径/mm	伞径组成/mm	平均体重/g	主要体重组成/g
7 月下旬	260	220～320	2455	2010～3400
8 月上旬	340	325～375	3053	2730～3500
8 月下旬	374	350～417	4078	3735～4500
9 月上旬	392	375～425	4300	4100～6500
9 月下旬	427	390～475	5200	3500～5060
10 月上旬	416	385～485	5050	3650～4650
10 月下旬	409	365～428	4990	4250～5715
11 月	417	395～485	5069	4205～5685

表 5.5.27 2012 年山东半岛南部沿海秋汛海蜇群体组成

时间	平均伞径/mm	伞径组成/mm	平均体重/g	主要体重组成/g
7 月下旬	270	220～320	2355	2010～3600
8 月上旬	354	325～375	3153	2730～3510
8 月下旬	394	350～417	4278	3735～4700
9 月上旬	402	375～425	4120	4100～6500
9 月下旬	457	390～475	5010	3500～5260
10 月上旬	446	405～485	4150	3650～4650
10 月下旬	449	365～458	4320	4250～5735
11 月	427	395～485	5112	4305～5615

第六节 分子标记在资源增殖效果评估中的应用

遗传标志为 20 世纪 80 年代以来发展起来的新一代标志技术。DNA 分子标记是利用生物的遗传多态性特征反映 DNA 水平的遗传变异，根据基因组中标记座位上等位基因分布关系，鉴别个体的遗传关系，来追踪水生动物，辨别不同放流群体，评价放流群体的存活率、资源增殖效果及遗传风险。其基本原理为：子代等位基因只来自于父本和母本，因而，每对父母繁育的后代都有一致的 DNA 分子指纹，该分子指纹为个体/家系特有，区别于其他个体且维系一生。利用这种特异性的分子指纹图谱，参照亲本基因型，即可精确地从混合群体中识别出特定的家系个体。目前，开始应用的遗传标志有两种：线粒体控制区 DNA 和微卫星 DNA 标记。微卫星(simple sequence repeat，SSR)分子标记由于在基因组中分布广泛、等位基因丰富、具遗传选择性等特点，是目前进行个体/系谱识别最为理想的分子标记。一般使用微卫星检测后代是否具有母本和父本等位基因，来辨识个体是否来源于标志亲本，并利用线粒体 DNA 提供的信息来加强检测的精确性。分子标志的保持率近 100%，检测时，只需从动物上取少量鳞片或肌肉来提取 DNA，所以，其对水生动物的伤害极小。但是，分子标志法检测成本较高，同时，在检测前必须筛选特异性较高的微卫星 DNA。

在日本，利用该技术标志放流褐牙鲆(Sekino *et al.*，2005)、黑鲷(Gonzalez *et al.*，2008)等鱼种，同时，利用该技术对不同放流群体进行鉴别，对放流群体的存活率和放流效果进行评价，监测放流海域内放流品种造成的潜在的遗传风险等(Obata et *al.*，2006；Gonzalez *et al.*，2008)，为开展科学放流和生态遗传保护提供技术支撑。目前，科研人员已经成功地利用分子标记对拟穴青蟹(*Scylla paramamosain*)(Obata *et al.*，2006)、短吻柠檬鲨(*Negaprion brevirostris*)(Feldheim *et al.*，2002)、褐牙鲆(*Paralichthys olivaceus*)(Sekino *et al.*，2005)、黑鲷(*Sparus macrocephalus*)(Jeong *et al.*，2007；Gonzalez *et al.*，2008)等水生动物开展了标志放流和放流后的追踪调查，取得了诸多研究进展。

列举遗传标志实例如下。

1. 褐牙鲆遗传标志

Fujii(2001)利用 mtDNA 控制区的高度变异性为标记，追踪放流褐牙鲆的分布，并与野生的褐牙鲆进行区分，取得了良好的效果，为褐牙鲆标志放流增添了新的标志方法。

Sekino 等(2005)对褐牙鲆亲鱼微卫星 DNA 的等位基因型进行检测，同时，对 mtDNA 测序，然后对亲鱼产卵、孵化后的幼鱼用茜素络合指示剂(AC)做标记，一年后，对放流褐牙鲆进行回捕，发现分子标记与荧光染色检测结果相同。这说明，分子标志是可行并且是有效的。

2. 黑鲷遗传标志

Gonzalez 等(2008)使用 6 个微卫星分子标记研究了 2000～2004 年日本 Hiroshima 海湾黑鲷的放流和回捕后鉴定情况。结果发现：2003 年、2004 年，利用这 6 个 DNA 分子标记鉴定出 12.5%、13.5%的回捕个体属于人工放流群体。野生群体和放流群体在生长方面不存在显著差异，同时野生群体的遗传多样性与养殖群体相似度较高。系谱鉴定表明：回捕群体遗传多样性较高，近交率仅为每年 3%。分子标记鉴定还指出：黑鲷放流后具有较高的成活率，放流群体在自然海域达到性成熟后可与自然种群进行交配。因此，应重视放流种群对放流海域生态遗传风险评估的研究。

目前，我国一般使用人工繁殖的水生生物的苗种进行放流。人工养殖条件与自然海域条件存在较大差异，因此，人工亲体的质量、遗传特性、苗种质量等方面都与野生种群存在差异。所以，在将人工苗种放流自然海域后，应考虑到人工条件下遗传特性的改变对自然海域群体遗传多样性的影响。及时开展放流海域放流品种的遗传特性等的相关研究，可以监测该海域、该生物种群遗传多样性的变动规律，评估该海域放流品种可能带来的生态遗传风险，为人工放流提供遗传学方面的指导。另外，在放流中，使用野生亲体作为人工繁育群体的亲本来源，可在一定程度上降低人工放流苗种对放流海域所带来的潜在的生态遗传风险。

3. 中国对虾遗传标志

中国对虾放流迫切需要精确、快速、可靠的技术体系对放流回捕率进行估算，从而客观、准确地评估放流效果，科学地指导放流行为。该方法应具备以下特征：①标志个体携带特有的标志系统，该标志系统可被迅速识别；②标志个体可以大批量培育或标记，标记可维系终生且不会对标记个体造成任何损伤；③在放流群体及整个放流过程中，标志个体具备与其他放流个体相同的生态、生活习性，不具备更明显的生存/死亡优势；④利用某种检测手段，可快速、准确地识别标志个体；⑤标志个体放流不会对野生群体资源结构造成显著影响。同一家系个体具备相同的、可识别的分子指纹图谱。中国对虾可以大规模进行家系培育，利用具备相同分子指纹图谱的家系作为标志个体，放流时作为“内标”，按照一定比例掺入放流群体，回捕时，借助亲本分子指纹图谱鉴别标志个体，根据“内标”检出数量即可推算样本中放流个体的数量。这就是利用分子标志家系对放流回捕率进行精确估算的原理。进行中国对虾分子标记放流，需开展以下几个方面的工作。

（1）荧光标记微卫星四重 PCR 个体/家系溯源技术建立

如采用更为精确的基因分型手段（如 ABI 3130 XL 型测序仪），选择合适的非连锁位点，利用 4～6 个微卫星位点，即可准确进行中国对虾混养群体中不同个体/家系的识别溯源。需要关注的另一个问题，是如何实现精确、高效的标志个体/家系识别。显然，微卫星位点越多，个体/家系的识别能力越高，不过随着位点的增加，其识别能力逐渐接近极限阈值，而检测成本却持续增加，检测周期相应延长。因此，在保证个体/家系识别能力的前提下，提高微卫星位点的多态信息含量，减少分析位点数量可以起到事半功倍之效。传统微卫星分析方法为单位点 PCR 扩增，产物经聚丙烯酰胺凝胶电泳分离并银染显色，操作烦琐，产物片段大小估算存在误差，且每增加一个分析位点，就需要重复一次 PCR 扩增及电泳检测过程。在实际分子标志放流中，样品数量将会很可观，假设每个回捕点需检测标志个体 50 尾，按照标志与放流个体数量 1∶100 计算，需要回捕样本约为 0.5 万尾，如在全国范围开展分子标志放流，总样品数量为 3.5 万～4 万尾。如果分析 4 个微卫星位点，则需要 14 万～16 万个 PCR 反应，检测周期长，无法满足高效检测之需。通过优化 PCR 反应条件，将 4 个甚至更多的微卫星位点纳入到一个 PCR 反应体系中，建立多重 PCR 反应体系。同时，通过不同位点、不同荧光标记，利用测序仪（ABI 3130XL 型测序仪可以分析 5 种荧光标记）进行多重 PCR 产物检测，提高分辨率，将会极大地缩短样品分析周期。孔杰等已经开发出可用于家系识别的中国对虾三重微卫星 PCR 反应和检测体系，其个体识别能力已经达 99.9327％水平（孔杰等，2007）。

黄海水产研究所已经开发了一批中国对虾微卫星序列，经过引物设计、PCR 反应条件优化、位点多态性检测等步骤，筛选出 FCKR002、FCKR005、FCKR007、FCKR009 和 FCKR013 位点，结合实验室此前开发的两个多态性丰富的微卫星位点，分别为 EN0033、RS0622，按照复性温度的高低分别组成两组中国对虾荧光标记微卫星四重 PCR 反应体系（表 5.6.1），每组中包含 4 个位点，分别标以 PET、NED、6-FAM 和 VIC 荧光标记。

表 5.6.1　中国对虾 8 对微卫星引物的信息

组别	引物名称	GenBank 登录号	最佳复性温度/℃	引物序列（5′→3′）及荧光类型
高温组	EN0033	AY132813	64	F：6-FAM-CCTTGACACGGCATTGATTGG R：TACGTTGTGCAAACGCCAAGC
	RS0622	AY132778	66	F：VIC-TCAGTCCGTAGTTCATACTTGG R：CACATGCCTTTGTGTGAAAACG
	FCKR002	JQ650349	60	F：NED-CTCAACCCTCACCTCAGGAACA R：AATTGTGGAGGCGACTAAGTTC
	FCKR013	JQ650353	61	F：PET-GCACATATAAGCACAAACGCTC R：CTCTCTCGCAATCTCTCCAACT
低温组	RS1101	AY132811	52	F：6-FAM-CGAGTGGCAGCGAGTCCT R：TATTCCCACGCTCTTGTC
	FCKR005	JQ650350	50	F：VIC-CATCGAATCTAAGAGCTGGAAT R：TTTGTTTGTGAATAATGTGTGT

续表

组别	引物名称	GenBank 登录号	最佳复性温度/℃	引物序列(5′→3′)及荧光类型
低温组	FCKR007	JQ650351	49	F:NED-CGAAATAAGTTAAATGAAAAAA R:CAACATAAGACTCACGAGACAG
	FCKR009	JQ650352	52	F:PET-GCACGAAAACACATTAGTAGGA R:ATATCTGGAATGGCAAAGAGTC

注：共采用了 4 种类型荧光，分别为 6-FAM、VIC、NED 和 PET

1）中国对虾荧光标记微卫星四重 PCR 反应体系优化及基因分型

通过调整 PCR 反应体系中各组分的浓度及配比，最终确定了可以稳定扩增的各个参数，见表 5.6.2。PCR 反应在 Eppendorf PCR 扩增仪上进行扩增，利用 Touchdown 程序解决各对引物间复性温度的细微差异。高温组的扩增程序为，94 ℃变性 4 min 后进行循环 1：94 ℃变性 40 s，70 ℃复性 1 min(每个循环复性温度降低 1 ℃)，72 ℃延伸 1 min，共循环 5 次。随后进行循环 2：94 ℃变性 40 s，65 ℃复性 1 min，72 ℃延伸 1 min，共循环 8 次。再进行循环 3：94 ℃变性 40 s，64 ℃复性 1 min(每个循环复性温度降低 1 ℃)，72 ℃延伸 1 min，共循环 4 次。进行循环 4：94 ℃变性 40 s，61 ℃复性 1 min，72 ℃延伸 1 min，共循环 12 次。最后 72 ℃延伸 5 min，4 ℃保存并结束程序。低温组的扩增程序为，94 ℃变性 4 min 后进行循环 1：94 ℃变性 40 s，52 ℃复性 1 min，72 ℃延伸 1 min，共循环 10 次。随后进行循环 2：94 ℃变性 40 s，51 ℃复性 1 min(每个循环复性温度降低 0.5 ℃)，72 ℃延伸 1 min，共循环 4 次。再进行循环 3：94 ℃变性 40 s，49 ℃复性 1 min，72 ℃延伸 1 min，共循环 10 次。最后 72 ℃延伸 5 min，4 ℃保存并结束程序。

表 5.6.2　两组中国对虾荧光标记微卫星四重 PCR 反应体系组成

成分	高温组		低温组	
Buffer(10×)		2.5 μL		2.5 μL
Mg^{2+}(2.5 mmol/L)		2 μL		2 μL
dNTP(2.5 mmol/L)		2.5 μL		2.5 μL
Primer(each)(10 μmol/L)	EN0033	0.25 μL	RS1101	0.3 μL
	RS0622	0.5 μL	FCKR005	0.5 μL
	FCKR002	0.5 μL	FCKR007	0.5 μL
	FCKR013	0.5 μL	FCKR009	0.3 μL
DNA Template(50 ng/μL)		2 μL		2 μL
Taq(5U)		0.2 μL		0.2 μL
ddH_2O		12.3 μL		9.2 μL

早期的微卫星分型采用变性聚丙烯酰胺凝胶电泳结合银染显色进行条带判读。不过由于电泳条件、判读误差、分辨率等原因，微卫星等位基因的判读存在一定的误差，严重影响了后续个体/家系溯源的精确性。采用全自动基因分析仪则可以实现电泳条件的高度一致性，分辨率高，同时由机器自动判读等位基因大小，因而有效避免上述问题，同时可实

现全天候、自动化处理样品并完成数据采集。利用 ABI(Applied Biosystem)公司生产的 ABI 3130 型全自动基因分析仪技术结合多重 PCR(mutiplex PCR)技术进行微卫星分型。具体操作步骤如下。

在 96 孔板的每个加样孔里,分别加 2 μL 扩增产物与 8 μL 内标体系(去离子甲酰胺:GeneScanTM-500 LIZ Size Standard =7.9:0.1),充分混合后,95 ℃变性 5 min,结束后迅速将 96 孔板置于冰水混合物中冷却。将处理好的样品置于 Applied Biosystem 的 3130 遗传分析仪中,利用仪器自带的软件进行荧光数据收集和基因分型。

2) 中国对虾荧光标记微卫星四重 PCR 体系遗传参数评估

随机选取中国对虾 206 尾个体,提取基因组 DNA,进行中国对虾荧光标记微卫星四重 PCR 体系遗传参数评估分析。高温组和低温组的四重 PCR 反应体系及扩增程序按照上述条件进行。微卫星基因分型方法,采用 ABI 3130 遗传分析仪自动进行,数据采集同上,进而得到每个个体分别在 8 个微卫星位点的扩增基因型。

利用 Cervus 3.0 软件计算所有个体的等位基因数、等位基因频率、杂合度及多态信息含量(PIC)、排除概率、哈迪-温伯格(Hardy-Weinberg)平衡等,并分析这两组四重 PCR 反应体系组合使用和单独使用情况下在排除概率上的差异。

收集 8 个微卫星位点基因型数据,分析获得 8 个微卫星位点的遗传多样性信息,详见表 5.6.3,其结果表明:8 个微卫星位点均显示了较高的多态性水平。206 个个体在 8 个基因座位上共获得等位基因数 225 个,平均每个基因座位 28.13 个,其中 EN0033、RS0622、FCKR002 和 FCKR005 的等位基因数均可达 30 个以上。8 个座位在所有个体中的平均多态信息含量为 0.8939。在 RS0622 座位上,观测杂合度大于期望杂合度,表明该座位上的杂合子过剩。其余 7 个座位上均为观测杂合度小于期望杂合度,表现为杂合子的缺失,其中 FCKR009 座位上观测杂合度明显小于期望杂合度(0.289<0.866),这可能与该位点的多态性不高有关。对 8 个基因座位进行哈迪-温伯格平衡检验,结果显示:FCKR013、FCKR005 和 FCKR007 均极显著偏离($P<0.001$)哈迪-温伯格平衡,RS0622、FCKR002 和 RS1101 偏离不显著($P>0.05$),EN0033 和 FCKR009 无结果。

表 5.6.3 206 个中国对虾个体在 8 个微卫星座位的遗传多样性信息

微卫星基因座位	等位基因数	杂合子数	纯合子数	杂合度		多态信息含量	排除概率			哈迪-温伯格平衡	无效等位基因频率
				Ho	He		E-1P	E-2P	E-PP		
EN0033	34	154	47	0.766	0.934	0.928	0.760	0.863	0.968	ND	+0.097 7
RS0622	33	193	6	0.970	0.942	0.937	0.786	0.880	0.975	NS	−0.016 1
FCKR002	31	153	46	0.769	0.926	0.919	0.735	0.847	0.961	NS	+0.090 9
FCKR013	19	134	67	0.667	0.894	0.883	0.648	0.786	0.980	***	+0.148 5
RS1101	23	146	53	0.734	0.849	0.883	0.548	0.710	0.884	NS	+0.070 2
FCKR005	36	111	82	0.575	0.921	0.914	0.729	0.842	0.962	***	+0.232 1
FCKR007	28	89	85	0.511	0.898	0.887	0.659	0.794	0.981	***	+0.275 1
FCKR009	21	55	135	0.289	0.866	0.850	0.574	0.731	0.893	ND	+0.501 8

续表

微卫星基因座位	等位基因数	杂合子数	纯合子数	杂合度		多态信息含量	排除概率			哈迪-温伯格平衡	无效等位基因频率
				Ho	He		E-1P	E-2P	E-PP		
平均等位基因数								28.13			
平均期望杂合度								0.903 8			
平均多态信息含量								0.893 9			
累积排除概率(first parent)								0.999 914 59			
累积排除概率 (second parent)								0.999 998 63			
累积排除概率(parent pair)								0.999 999 99			

注：样本容量为206；E-1P为亲本基因型未知时的排除概率；E-2P为已知一亲本基因型的排除概率；E-PP为亲本对的排除概率；*** 为差异极显著 $P<0.001$；NS为差异不显著 $P>0.05$；ND为无结果

利用Cervus 3.0软件得到了8个微卫星位点的排除概率和累积排除概率，由表5.6.3可见，在个体亲本基因型均未知的情况下(E-1P)，8个微卫星位点单独鉴别时的排除概率为54.8%～78.6%，只有1个单亲基因型记录时的排除概率(E-2P)为71%～88%。双亲基因型均已知情况下的排除率(E-PP)为88.4%～98.1%，3种情况下，8个位点的累积排除概率均达99.99%。用Cervus 3.0软件模拟分析微卫星座位数在个体识别排除率上的关系(图5.6.1、图5.6.2)，从图中可以看出，随着微卫星座位数的增多，排除率也随之升高。双亲基因型均已知的情况下，要达95%以上的累积排除率，高温组和低温组均至少需要2个多态性较高的微卫星座位；在已知一个亲本基因型的情况下，要达95%以上的累积排除率，高温组至少需要2个多态性较高的微卫星座位，低温组至少需要3个多态性较高的微卫星座位；在双亲基因型均未知的情况下，要达95%以上的累积排除率，高温组至少需要3个多态性较高的微卫星座位，而低温组至少需要4个多态性较高的微卫星座位。从图中也可以看出，本研究开发的两组四重PCR反应体系，单独使用均可以使累积排除率达95%。

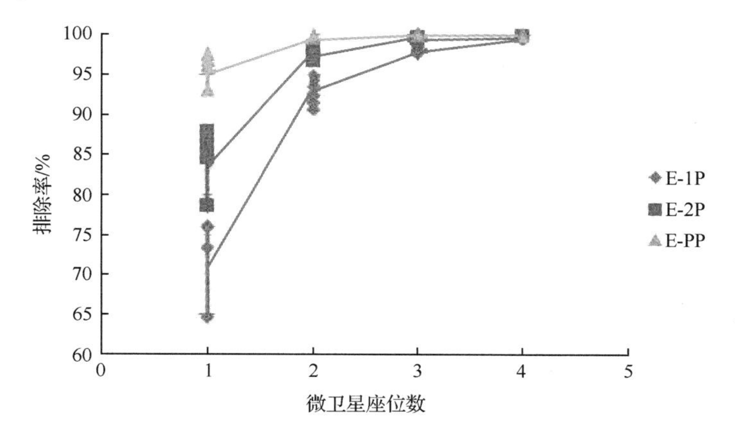

图5.6.1　Cervus模拟分析高温组微卫星位点的数目与排除率之间的关系

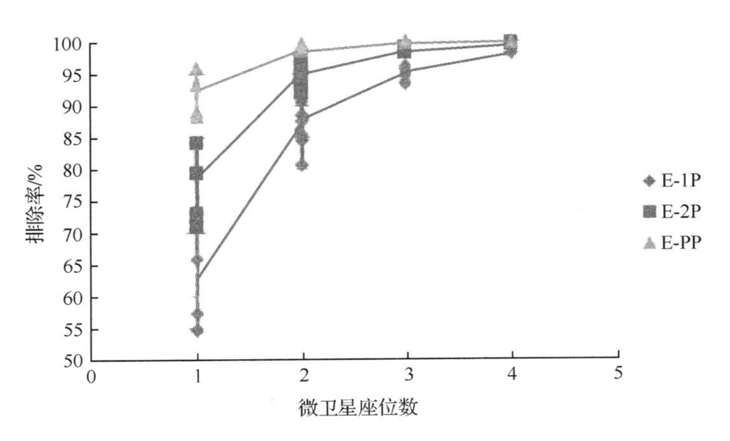

图 5.6.2　Cervus 模拟分析低温组微卫星位点的数目与排除率之间的关系

（2）遗传标记放流试验

放流群体和标志个体均为中国对虾，具备完全相同的生态习性，且同规格混合。由于无需任何形式的物理标志或剪除尾肢处理，标志个体在整个生长过程中将与放流群体随机混合，遵循统一的索饵、洄游路线，不会比放流群体具有更高/更低的生存/死亡概率。理论上，从混合放流一直到个体最终死亡，标志个体在整个群体中均随机分布，其与放流个体数量的比例维持不变，这是利用分子标志个体精确推算回捕率的前提，这个前提首先需要在可控环境条件下进行模拟验证。中国对虾每年放流规模可观，如直接在开放海域进行分子标志家系放流效果评估，由于非可控因素过多，结果的可靠性无法得到准确验证。因而，首先需要在封闭环境中进行模拟试验，然后，再选择放流地点进行试点，其目的如下：①估算合理的标志与放流个体数量比例，既能满足回捕时标志个体可检出、推算回捕率的要求，又能经济化地生产标志家系，减少回捕样品的分析数量；②确定标志与放流个体在放流过程中比例保持一致且随机分布，确定利用分子标志个体推算回捕率是准确的，其误差在可接受的范围之内；③确定放流群体的遗传结构不会由于标志家系的掺入发生显著变化。首先在一对虾养殖池塘进行中国对虾标志家系对放流效果评估的封闭模拟试验，具体内容包括：分子标志个体用可见植入性橡胶（visible implant elastomer，VIE）标记，以此作为分子标记识别标志个体精确性的评估参考；标志个体与放流个体的合理比例；荧光标记微卫星四重 PCR 个体/家系识别技术鉴别标志个体的准确性验证；中国对虾标志家系进行放流回捕率的可靠性分析；标志放流对群体遗传结构的影响研究等。

（3）增殖效果评估

选择山东半岛南部沿海的胶州湾和乳山湾作为分子标志家系评估中国对虾增殖放流效果的应用试点。胶州湾和乳山湾是传统的中国对虾放流区域，均为半封闭性海湾，每年的合理放流规模分别为 1 亿尾和 5000 万尾左右，其地理优势及放流数量便于精确进行放流效果评估。中国对虾放流效果评估新方法在胶州湾和乳山湾的应用验证，将为以后在全国范围开展中国对虾分子标志家系对放流效果进行评估提供参考。分子标志家系评估中国对虾放流效果在胶州湾和乳山湾的试点，将为随后在莱州湾、辽东湾、海州湾、海洋岛和渤海湾等我国中国对虾主要放流地点开展全国范围的分子标志家系放流效果评估提供借鉴。这对于全面评估我国中国对虾放流效果、指导科学放流的进行、了解中国对虾放流群体资源动态变化、了解中国对虾野生资源量的动态变化等都具有重要意义。此外,中国对虾是具有洄游习性的大型经济虾类,拥有相对固定的洄游路线、产卵/索饵场和越冬场,经过长期演变已形成具有特定遗传结构的固定地理种群。由于各地理种群共享越冬场所,因此,各种群之间的遗传交流情况一直是迫切需要解决的科学问题之一。另有报道表明,黄、渤海中国对虾种群已经不再洄游到朝鲜半岛西海岸的深水海域,而只是在渤海深水区完成越冬。诸如此类的问题,由于技术体系的限制,一直未得到圆满解决。借助于中国对虾分子标志家系放流效果评估技术体系,如果可以进行连续多年的标记放流,在不同产卵/索饵场放流特定标志家系,根据翌年春季标志家系个体在不同产卵/索饵场的检出情况,有望澄清中国对虾不同地理种群的迁移分布和遗传交流情况等重大科学问题。

1）荧光标记微卫星四重 PCR 技术进行中国对虾增殖放流效果评估模拟

2010 年,在山东省即墨鳌山卫黄海水产研究所海水动物遗传育种中心,开展了中国对虾荧光标记微卫星四重 PCR 技术对放流效果评估的模拟试验。具体做法是:采用定向交尾技术培育中国对虾全同胞家系,随机选取 3 个家系(分别命名为 A、B 和 C,其中 A 家系与 B 家系为人工培育的近交家系,C 家系为野捕亲虾培育的家系)各 100 尾,待其体长为 4 cm 左右时,在幼虾第 6 腹节进行 VIE（visible implant elastomer,美国 NMT 公司）标记,3 个家系的 VIE 标记颜色分别为绿色、黄色和红色。标记后,与 1888 尾同规格、无荧光标记的野捕亲虾的子代混养于 50 m^3 水泥池中。养殖 3 个月后,收集所有混养个体共计 1786 尾,对其标号并记录 VIE 标志信息,分别取肌肉组织,提取个体基因组 DNA。荧光标记微卫星四重 PCR 反应体系组成、PCR 反应条件、产物检测、数据采集等同前。

利用低温组的四重 PCR 反应体系,分析 1786 尾中国对虾个体的家系归属情况,统计通过 VIE 验证的个体情况,同时,分析所有个体的家系归属情况,将得到的分子识别结果与 VIE 标记进行比对,佐证分子识别的准确率。若检测的群体中出现被分子标记识别,但物理荧光标记丢失的个体,对于这种个体采取高温组再次验证的方式,进行微卫星的基因分型。为了研究标志个体的掺入对混养群体遗传多样性的影响,将识别出的家系个体从混养群体中剔除,再次计算其遗传多样性信息,比较掺入前、后混养群体的遗传结构变化情况。

利用低温组四重 PCR 反应体系,对剩下的 1586 尾中国对虾混养个体进行微卫星基因分型,加上随机抽取的 206 个个体(其中有 6 个个体为 3 个混养家系的亲本)在 8 个位点上的基因型,起初混养的 1786 尾中国对虾的分子遗传学信息已全部获得。

整理 1786 个个体及家系的亲本在低温组 4 个微卫星位点上的基因型,利用 Cervus 3.0 软件的“Parentage analysis”模块进行个体的识别:其中,利用分子标记手段在所有混养个体中共识别出 A 家系个体 35 尾,B 家系个体 64 尾,C 家系个体 92 尾;利用物理 VIE 荧光标记手段,在所有混养个体中共识别出 A 家系个体 34 尾,B 家系个体 60 尾,C 家系个体 92 尾。这种情况的出现,可能是由于这 5 个个体物理 VIE 标记丢失,对此,作者用高温组对其进行进一步的微卫星分型,结果发现:这 5 个个体在高温组的分型中,同样被划分到相应的家系中。这一方面说明了,单纯地使用低温组去做个体识别是可行的,另一方面也说明了,分子标志较物理标志的优越性。

一个需要考虑的问题是“内标”个体以家系的形式掺入到放流群体中，家系个体间在遗传背景上具有高度的一致性是否会导致放流群体遗传结构的变化。本研究对此进行了分析，标志个体在掺入前、后，对整个放流体系的遗传结构变化，见表 5.6.4。标志个体掺入前群体(G1)，平均每个座位的等位基因数目为 12.5 个，平均期望杂合度为 0.8346，平均多态性信息含量为 0.8148；标记个体掺入后群体(G2)，平均每个座位的等位基因数目为 12.75 个，平均期望杂合度为 0.8357，平均多态性信息含量为 0.8171。G1 群体与 G2 群体的所有座位期望杂合度的配对比较分析结果表明：G1 群体期望杂合度与 G2 群体的相比较，并没有显著性差异($P>0.05$)。这说明，放流“内标”个体的掺入，对整个放流群体的遗传结构不会造成显著影响。

表 5.6.4　G1 群体和 G2 群体的遗传变异及所有座位期望杂合度的配对比较分析

座位	G1		G2		G1－G2(He)
	Ho	He	Ho	He	
RS1101	0.6979	0.8049	0.6974	0.8070	
FCKR005	0.4671	0.8898	0.5066	0.8914	
FCKR007	0.4557	0.8332	0.5009	0.8225	
FCKR009	0.2348	0.8104	0.2737	0.8220	
平均值 (std)	0.4639 (0.1891)	0.8346 (0.0388)	0.4947 (0.1733)	0.8357 (0.0378)	$P=0.0944$

在 1786 尾混养的中国对虾中，共识别出 3 个家系的子代个体 191 尾，无家系信息的个体 1595 尾，模拟放流前、后情况见表 5.6.5。

表 5.6.5　模拟放流前后混养群体和“内标”家系个体存活数据统计

试验群体		混养后/尾	混养前“内标家系个体”比例/%	捕获后/尾	存活率/%	混养后“内标家系个体”比例/%
混养群体		2188		1786	81.6	
混合背景群体		1888		1595	84.5	
“内标”家系	A	100	5.30	35(1)	35.0	2.2
	B	100	5.30	64(4)	64.0	4.0
	C	100	5.30	92(0)	92.0	5.8

注：括号中的数字表示用四重 PCR 技术检测出，而没有 VIE 物理标记的个体

从表 5.6.5 可以看出，A、B、C 这 3 个家系，在混养前，其占混养背景个体(1888 尾)的比例均为 5.3%。在养殖一段时间后，其占混养背景个体(1595 尾)的比例分别为 2.2%，4.0%、5.8%，由于 A 家系和 B 家系属于人工培育的近交家系，其存活率不能反映正式放流的客观情况，此处，仅作为验证微卫星四重 PCR 进行个体/家系溯源精确性之用。C 家系和背景个体一样，同为野捕亲虾的子代，C 家系混养前的比例为 5.3%，混养后的比例为 5.8%，统计学显示，这两个数字不存在显著性差异($P>0.05$)。这个结果验证了此前的假设：“内标”个体放流前后的比例是一致的。也就是说，在实际放流中，可以利用放流

前的“内标个体”比例，结合回捕检测出的个体数，推算回捕样品中放流个体的数量。

以下 3 个公式展示了具体实践中利用分子标志家系进行中国对虾放流回捕率计算的过程。

$$N'_h = (N_1 \times N_h)/N_m \tag{5-21}$$

式中，N'_h 为回捕样本中增殖放流个体的数量；N_1 为回捕样本中通过微卫星标记识别出来的分子标志家系个体数量；N_h 和 N_m 分别为放流时增殖放流个体数量与分子标志家系个体数量。

$$N'_w = N_2 - N'_h - N_1 \tag{5-22}$$

容易理解，回捕样品中除去来自于增殖放流的个体、分子标志家系的个体，剩余的应该是野生资源个体的补充。在公式(5-22)中，N_2 和 N'_w 分别是样本数量及样本中野生个体的数量。

因此，对于一个开展中国对虾增殖放流效果评估的海域而言，回捕率(R)可以根据公式(5-23)进行推算：

$$R = (P \times N'_h)/(N_2 \times N_h) \tag{5-23}$$

P 是开展增殖放流效果评估海域当年的中国对虾总量(以尾计)。从这个公式不难看出，P 中包含了来自于两部分的对虾，一部分为增殖放流个体，另一部分为野生资源的补充量。在以往的回捕率评估中，无法统计这两部分的具体数量，而采用分子标志中国对虾增殖放流效果评估方法，可以推算出增殖放流个体及野生资源补充的具体数量。很明显，采用分子标志家系增殖放流效果评估方法估算出的回捕率要比传统方法低。具体的数值差异取决于某个海域中国对虾野生资源的补充量到底有多少。

2）中国对虾分子标志放流和跟踪调查在天津汉沽和胶州湾的试点

2012 年春季，在黄海水产研究所即墨鳌山卫海水动物遗传育种中心，进行了中国对虾放流“内标”家系的培育。具体方法为：2011 年秋季，从海捕中国对虾中挑选规格大、无外伤、健康的个体，经活体取附肢进行白斑综合征病毒(white spot syndrome virus，WSSV)检疫后，眼标标记并按照雌虾和雄虾 1∶1 比例控制交尾，交尾完成后，雄虾在 −76 ℃ 超低温冰箱保存，以备随后的标志放流个体识别。交尾雌虾进行人工越冬培育。2012 年春季，挑选 12 尾雌虾，进行家系单独培育，截至 2012 年 5 月 7 日，其中，6 个家系共生产出达到仔虾规格(体长为 0.8～1 cm)“内标”个体 30 万尾左右。该批“内标”个体于当日运往天津市大神堂水产育苗场准备放流(该水产育苗场为天津市定点中国对虾放流企业)，由于长途运输对仔虾体质的影响，该批“内标”个体，在大神堂水产育苗场暂养 5 天后，于 5 月 12 日，连同汉沽渤海海域(117°54′E，39°5′N)放流中国对虾共计 1.6 亿尾同时放流(由于长途运输损耗，放流当天“内标”个体计数为 20.4 万尾)。

2012 年 5 月 22 日，在青岛市胶州湾红岛渔码头海域开展了中国对虾分子标志家系放流的第二批试点。此次放流“内标”个体 30 万尾左右，来自于 6 个中国对虾全同胞家系。2013 年 8 月，在山东半岛胶州湾放流海域及附近采取活体中国对虾样本 2507 尾；同年 9 月在天津汉沽渤海海域放流点周边采集中国对虾共计 3232 尾。所有样品取个体游泳肢肌肉组织以备基因组 DNA 提取。采用乙酸铵快速沉淀法对以上共计 5739 尾中国对虾样品进行了基因组 DNA 提取。所有采集样本，包括 12 个分子标志家系的 12 对亲本在内，首先利用任意一组中国对虾荧光标记微卫星四重 PCR（高温组或低温组）进行样品在 4 个微卫星位点的 PCR 扩增；扩增产物利用 ABI 3130 型全自动基因分析仪进行 PCR 产物分型；采用 ABI（Applied Biosystems Inc.）公司生产的 GeneScan-500Liz 分子内标辅助进行等位基因度量，等位基因大小判读及数据采集利用 GeneMapper V4.1（Applied Biosystems Inc.）软件完成；个体数据及 12 对亲本数据采用 Cervus 3.0 软件进行个体识别/家系溯源分析，在等位基因对应的前提下，以 LOD≥3.0 为亲子关系确认的判定标准。对于在其中一组体系下亲子符合的个体，再采用另外一组中国对虾荧光标记微卫星四重 PCR 技术按照上述步骤进行另外 4 个位点的基因分型、分析及验证，以最终对回捕样品中来自于分子标志家系个体及家系溯源进行确认。

在胶州湾 2507 尾样品检测中，首先使用高温组中国对虾荧光标记微卫星四重 PCR 体系进行了所有样品的基因分型及等位基因数据统计，利用 Cervus 3.0 软件，初步确认其中 8 个个体为分子标志家系个体，这 8 个个体分别来自于 4 个家系，每个家系的个体数分别为 3 尾、2 尾、2 尾、1 尾。利用低温组中国对虾荧光标记微卫星四重 PCR 体系对这 8 个个体及 6 对亲本再次进行了基因分型及数据分析，其结果及个体的家系归属与高温组完全一致。最终确认在胶州湾 2507 尾回捕样品中，有 8 尾个体是分子标志家系个体。采用类似方法，在渤海湾（汉沽）的 3232 尾中国对虾回捕样品中，检测到来自于 3 个家系的 4 尾分子标志家系个体，每个家系的个体数量分别为 2 尾、1 尾、1 尾。

具体到分子标志家系回捕率评估，以 2012 年度渤海湾（汉沽）试验数据为例进行。2012 年 5 月 12 日在渤海湾放流中国对虾 1.6 亿尾，同步放流分子标志家系个体 20.4 万尾；当年回捕中国对虾样品 3232 尾，从中检测到 4 尾分子标志家系个体。那么依据公式（5-21），3232 尾回捕样品中，来自于增殖放流的个体（N_h'）为 3137 尾；另外 3232 尾回捕样品中，分子标志家系个体为 4 尾；根据公式（5-22），剩余的 91 尾应该为来自于野生资源的个体补充。根据 2012 年度渤海湾放流海域秋季中国对虾资源量评估统计，其数量估算为 4 272 000 尾。根据公式（5-23），利用分子标志家系评估的 2012 年度渤海湾（汉沽）中国对虾放流回捕率为 2.59%，而同期采用传统方法评估的结果为 2.67%。采用分子标志家系方法评估的回捕率比采用传统方法评估的结果略低，这个与此前的预期是一致的。之所以两个数据的差别很小是因为野生资源量很少的缘故。

3）后期进一步要开展工作的展望

胶州湾及渤海湾天津汉沽海域的试点证实，利用分子标志家系进行中国对虾放流回捕率评估是可行的，结果也是可信的。不过，在具体实践过程中，发现这个方法技术手段仍存在许多不便之处，主要体现在：①每年需要和放流企业同步培育中国对虾全同胞家系作为分子标记放流“内标”个体。如需要在多个地点进行分子标记放流，则“内标”家系同步培育、运输、暂养等过程烦琐，易导致“内标”个体死亡。例如，2012 年度从山东运输到天津的 6 个全同胞分子标志家系在 5 天的暂养过程中，出现了比较严重的死亡现象。②各地中国对虾苗种放流数量庞大，“内标”个体在其中所占比例小。以 2012 年试点为例，放流虾和“内标”个体的比例在胶州湾和渤海湾（汉沽）分别为 300∶1 和 808∶1。虽然通过增加“内标”个体的检出数量可以提高评估结果的准确性，但相应的取样量也会倍增，每增加一个“内标”个体，以上述两地为例，理论上需要分别增加 300 个和 800 个取样数量。不仅取样成本增加，而且实验室工作量也同步增加，这不利于技术的推广和常规性检测。反之，回捕样品中1个“内标”个体的误差就会导致整个样品中300个甚至更多个体统计出现错误。这也影响了估算结果的准确性。③现有技术手段虽能够从数量比例上推算回捕样品中放流虾和野生虾的组成，但如果能够从个体水平区分回捕样品中的野生虾和放流虾，不仅大大减少了对样品数量的要求，更重要的是能够大大提升放流效果评估的精度。

在2012年分子标记放流试点中，分别在胶州湾和渤海湾（汉沽）共放流“内标”家系12个，仔虾苗种50.4万尾，利用荧光标记微卫星四重PCR技术，结合家系亲本信息，从5739尾回捕样品中检测到来自于7个家系的共计12尾“内标”个体。由此设想：假设某地所有中国对虾放流苗种培养都以全同胞方式进行，且能采集到所有家系亲本的信息（基因组DNA），则利用已有的微卫星分子标记手段，理论上能够实现对所有放流个体的识别和家系溯源。如此，将彻底改变目前标记（物理、分子）放流只能从数量水平估算放流回捕率的现状，通过放流个体精确追溯的实现，达到放流效果精确评估的最终目的。

在中国对虾放流实践中，根据放流海域的大小及地域不同，所需要的野生海捕亲虾数量也是不同的。2012年，天津的渤海海域定点培育中国对虾放流苗种的企业有两家（天津市水产研究所渤海水产资源增殖站、天津大神堂水产育苗养殖公司），所使用的中国对虾亲虾（交尾雌虾，下同）总数为2448尾，生产放流苗种12.15亿。山东省海阳市丁字湾中国对虾增殖放流使用亲虾数量为432尾。胶州湾中国对虾增殖放流数量为9000万尾，虽然没有亲虾的数量统计，但保守估计以每尾海捕亲虾生产30万尾放流仔虾估算，整个胶州湾所需亲虾数量不超过300尾。实际上，野生亲虾怀卵量高达80万粒，人工培育条件下，其中70%以上可以培育成仔虾。因此，以胶州湾为例，理想条件下，实现放流个体的精确识别和溯源，仅需对300个培育增殖放流苗种的全同胞家系亲本及一定数量的回捕样品（500～1000尾）进行个体鉴别和家系溯源，就能够实现从个体水平进行放流效果精确评估的目的。不过，实际情况与上述理想模式存在明显的不同：①增殖放流捕捞的海捕亲虾均为交尾雌虾，父本信息无从查询；②进行大批量全同胞家系培育不现实。以胶州湾为例，假设培育300个中国对虾全同胞家系，每个家系培育30万尾放流仔虾推算，仅相关的特定家系培育设施（主要包括3～5 m^3玻璃钢桶300个），一般的苗种培育企业就无法满足，这还不包括亲体单独产卵、苗种同步化培育等烦琐的操作过程。对于渤海湾这样大批量放流的海域，更是无法实现。

现实条件是，仅能够采集到所有放流苗种的母本信息。那么仅仅依靠母本信息，在现有增殖放流苗种培育模式不变的情况下，是否能够实现放流苗种与母本之间的个体鉴别和亲本溯源呢？答案是肯定的。中国对虾具备特殊的生理习性，每年秋季，越冬洄游个体在洄游途中完成交尾，雄虾将精荚交接到雌虾的纳精囊中完成交尾后，大部分随后死亡。翌年春季携带纳精囊的交尾雌虾离开越冬场，生殖洄游到各产卵场完成生产后也逐渐死亡。增殖放流一般是在交尾雌虾生殖洄游的途中捕捞交尾雌虾，然后在人工条件下完成苗种生产培育。绝大多数情况下，一尾雌虾仅携带一尾雄虾的精荚，不排除一尾雄虾可以和多尾雌虾交接的可能。在苗种生产过程中，发育程度接近的雌虾同一批次一起产卵孵化，雌虾在排出成熟卵子的同时释放纳精囊中的精子，精子和卵子在体外完成受精。这种情况下，会有少量卵子与其他雌虾释放的精子受精。因此，从遗传学角度讲，可以将所有增殖放流苗种划分为多个母系半同胞家系组。

实际上，在 2012 年度胶州湾和渤海湾(汉沽)放流试点评估中，已经验证了单亲亲子鉴定在大样本检测中的准确性。即仅仅依靠母本的信息，利用两个中国对虾荧光标记微卫星四重 PCR 反应体系，可以将所有 12 个“内标”个体识别出来。与目前仅对少数家系个体进行亲子识别不同，拟开展的研究，需要对 300 个甚至更多的家系进行单亲亲子鉴别，则现有的由 8 个位点构成的两组四重 PCR 反应体系的单亲亲子识别能力有待验证。同时，如对所有样本和亲本进行两次四重 PCR 扩增和检测，不仅过程烦琐，更重要的是较长的检测周期不利于为相关政府部门和科学研究提供及时准确的放流效果评估数据。基于上述两点，课题组拟在现有两组中国对虾荧光标记微卫星四重 PCR 技术体系基础上，每个多重体系再各增加 2 个位点，构建两组中国对虾荧光标记微卫星六重 PCR 技术体系。在实际检测中，首先利用其中一组进行单亲亲子识别，对分析结果中的可疑个体，再用另外一组六重 PCR 扩增体系进行验证，以起到事半功倍之效。

基于所有放流个体精确溯源的中国对虾增殖放流效果评估优化方法，在胶州湾和渤海湾(汉沽)的试点，将为随后在莱州湾、辽宁湾、海州湾等我国主要中国对虾放流地点开展全国范围的精确评估提供借鉴。这对于全面评估我国中国对虾放流效果、科学指导放流活动、了解中国对虾放流群体资源动态变化、掌握中国对虾野生资源量的动态变化等都具有重要意义。中国对虾是具有洄游习性的大型经济虾类，拥有相对固定的洄游路线、产卵/索饵场和越冬场，经过长期演变已形成具有特定遗传结构的固定地理种群。由于各地理种群共享越冬场所，因此，各种群之间的遗传交流情况一直是迫切需要解决的科学问题之一。有报道表明，黄、渤海中国对虾种群已经不再洄游到朝鲜半岛西海岸的深水海域，而只是在渤海深水区完成越冬；另有报道发现，近些年在山东半岛南部非增殖放流海域每年 5～6 月出现为数不少的对虾资源，这些对虾是新形成的种群还是周边放流群体的迁徙形成的。诸如此类的问题，由于技术体系的限制，一直未得到圆满的解决。借助于放流个体精确溯源的放流效果评估优化技术体系，根据特定增殖放流苗种在翌年春季不同产卵/索饵场的检出情况，有望为中国对虾不同地理群体的迁徙分布和遗传交流等重大科学问题的解决提供参考。

第六章 渔业资源增殖现状及其前景

第一节 增殖放流现状

一、中国对虾

中国对虾渔业曾经是黄、渤海渔业生产的支柱产业。1962 年以前，中国对虾渔业生产以春汛为主，年产量在 1739～34 061 t 波动，从 1962 年开始，改为秋汛为主，产量逐年增加，1979 年，达历史最高水平，为 42 726 t。1979 年以后，由于中国对虾资源的衰退，产量逐年下降。1990 年以来，渤海已不能形成专捕中国对虾的生产渔汛，中国对虾只是其他渔业生产的兼捕对象。

自 1984 年开始，相继在山东半岛南部沿海、黄海北部、渤海等放流中国对虾，在增殖放流海域，每年尚能形成中国对虾的渔汛。

1. 增殖放流历史回顾

在黄、渤海中国对虾增殖已经进行了近 30 年，其间，开展了苗种生产技术、中间暂养技术、放流技术、计数技术、适宜放流数量、放流水域环境条件、放流资源预报、增殖放流效果评价等方面的研究，并开展开捕前的资源相对数量调查，据此，进行相应的资源预报。

(1) 山东半岛南部沿海

1984 年，山东省在山东半岛南部沿海，进行了中国对虾增殖放流生产性试验，通过放流，1984 年以后，山东半岛南部沿海的中国对虾产量由历史上的 200 t 左右上升为 350～2500 t。其间，除 1987 年未放流外，其他年份，放流经过暂养 25 mm 以上的苗种数量在 1.48 亿～13.3 亿尾，其回捕率为 2.0%～9.7%(刘永昌等，1994)。2005 年，山东省渔业资源修复行动计划实施以后，中国对虾的放流从生产型转向生态型，增殖事业进一步扩大，其产量达 677～2163 t。随着海参池塘养殖的兴起，山东省沿海对虾养殖池塘纷纷改造为海参养殖池，同时，山东半岛蓝色经济区的建设，集约用海占用了大量的养殖池塘，致使中国对虾大规格苗种暂养池塘严重短缺。2009 年以后，相继在黄家塘湾、乳山湾和丁字湾开展了体长为 10 mm 小规格苗种的放流试验。从 2011 年开始，进行了中国对虾苗种高密度暂养试验。至 2012 年，在山东半岛南部沿海，累计放流中国对虾 170.54 亿尾，捕捞产量达 36 147 t。

(2) 黄海北部

在黄海北部，中国对虾放流开始于 1985 年，放流体长在 25 mm 以上的大规格苗种。1985 年以前，黄海北部中国对虾的产量在低水平上波动，1980～1984 年，平均年产量约为 200 t。1985～1993 年，8 年共放流中国对虾幼虾 97.25 亿尾，其捕捞产量为 18 293 t。1993 年开始，由于虾病和经济等因素的影响，放流规模不断减小，1993～1996 年，平均回捕率为2.43%。1997年开始，采取了减小放流体长、缩短暂养期、提前放流等措施，放流体长为10 mm的仔虾，1997年、1998年的回捕率分别为5.04%、4.71%，相当于放流大规格幼虾回捕率的10.80%和9.42%。

（3）渤海

渤海是中国对虾的主要分布区，1979年，产量达42 726 t，此后，由于捕捞过度、环境污染、产卵场被挤占等原因，资源逐渐衰退。1985年开始，开展中国对虾的放流，主要放流水域有辽东湾、渤海湾和莱州湾，包括山东省、天津市、河北省和辽宁省。1985～1992年，8年共放流中国对虾幼虾86.45亿尾。1993年以后，由于虾病和经济等因素的影响，中国对虾的放流一度中断。2005年，在渤海开始恢复中国对虾的增殖。

2. 增殖放流规模

（1）增殖放流苗种

选择健康的海捕亲虾原种，作为增殖放流苗种培育的亲本，以保持放流苗种的野生性状，避免野生群体的遗传性状缺失。

发展渔业资源增殖，要有成熟的育苗技术支撑。目前，单位水体出苗量已达10万尾（体长为7～10 mm），仔虾质量以色青、光亮、活泼、无病、无杂物为优。用来增殖的苗种，需经检验、检疫合格后，方可用做放流。2005～2011年，山东省放流体长为10 mm左右仔虾的价格为90元/万尾，经暂养后，体长在25 mm以上的幼虾价格为190元/万尾。2012年，受市场因素的影响，育苗和暂养成本提高，放流苗种的价格也有所提高，体长在25 mm以上的大规格苗种，价格提高到220元/万尾。

目前，黄、渤海放流的中国对虾苗种，有经过暂养的大规格苗种和未经暂养的小规格苗种这两种。在福建省东吾洋，放流未经暂养的、体长为10 mm的仔虾，1986～1990年，5年共放流7.09亿尾，回捕中国对虾917.8 t。在浙江省象山港，放流了约经20天暂养的、体长为30 mm的幼虾，1986～1989年，4年共放流6.82亿尾，回捕中国对虾1142 t。1996年之前，在山东半岛南部沿海、黄海北部和渤海，都是放流约经20天暂养的、体长为30 mm的幼虾。1996年以后，在黄海北部，为了减少暂养期内病毒感染对增殖效果的影响，采取了缩短暂养期、提前放流、减小放流体长（幼虾体长25 mm以上）等措施。一般来说，放流条件包括放流水域、放流天气状况、放流体长。放流大规格苗种，对放流条件的要求可以低一些，放流小规格苗种，对放流条件的要求较为严格。放流水域要选择在港湾区，并要在好的天气状况下放流，否则，会影响增殖的效果。

苗种暂养时，在中国对虾生态养殖池中，增殖蓝蛤、沙蚕，接种卤虫、麦秆虫、蜾蠃蜚等，模拟自然生长环境，培育出达到放流规格的中国对虾健康种苗。暂养期内，需投饵，使用免疫增强剂，阻断、抑制病毒感染。应用生物水质调节技术，在暂养过程中，不造成环境及生物污染。中国对虾苗种暂养池以3.33～6.67 hm^2、水深大于1 m为佳，暂养密度为450万～600万尾/hm^2，暂养期一般为20天左右，视需要而定。

（2）放流技术

苗种计数，是中国对虾放流的焦点问题，不但管理人员对其非常重视，就是渔民及社会各界，都对这一问题普遍关注。目前，在黄、渤海放流的中国对虾苗种计数，主要采用抽样质量计数法(即干称法)、专家评估法及干称法与专家评估相结合的方法。

干称法,即随机抽取一定质量的苗种,通过逐个计数,求出单位质量苗种数量,进而求出单位装苗器具苗种数量,最后,根据苗种总质量或者装苗器具总数量,求得放流苗种总数量。

专家评估法,是组织一定数量专家,对拟放流苗种进行现场观测,并随机抽取必要的样品,进行评估。

目前,在山东省,中国对虾放流苗种计数,采用的是干称法与专家评估相结合的方法,即出场苗种首先进行抽样计数,暂养后,组织专家组对暂养池内的苗种进行现场评估,再抽取一定数量的暂养池,进行干称计数,然后,根据干称计数结果,对各个暂养池的苗种数量进行综合评估。

采用的投放操作方法有以下 3 种。

一般投放:使用人工,将苗种距离水面 1 m 之内,顺风、缓慢投入到放流水域,随拆箱、随投放。投放时,船速要小于 1 海里/h。

滑道投放:使用滑道,进行苗种的投放。滑道材料为无毒、聚乙烯或不锈钢,其表面要光滑。将滑道置于船舷两侧,与水平面夹角小于 60°,且其末端接近水面。若放流苗种滞留在滑道上,用水将苗种缓慢冲入水中。投放时,船速小于 2 海里/h。此种投放方法,适用于大规格苗种的放流。

特种投放:经中间培育池培育后的苗种,直接开闸放流。放流前,仔虾经检验、检疫,确认其质量达标,经评估计数后,直接将池的闸门打开,放流,等培育池的水自然排干后,再纳水冲池一次。

小规格苗种放流时,将仔虾装进已注入约 5 L 海水、容积为 20 L 的、双层无毒塑料袋中,装苗密度控制在 20 000～25 000 尾/袋,充氧扎口后,装入泡沫箱或纸箱,将装苗箱放阴凉处,整齐排列,等待随机抽样计数。每计数批次,按装苗总袋数的 1%随机抽样,最低不少于 3 袋,沥水后,称重,计算出每袋仔虾(含杂质)的平均质量。从抽样样品中,再次随机抽取仔虾(含杂质)不少于 5 g,通过逐尾计数,计算出单位质量仔虾尾数,进而求出平均每袋的仔虾数量。再根据装苗总袋数,最终求得本计数批次仔虾数量。每计数批次不得超过 1000 袋。仔虾运输途中,采取遮光措施,避免剧烈颠簸、阳光暴晒和雨淋,备空压机或氧气瓶应急,从仔虾出池包装,到入海投放结束,持续时间控制在 10 h 以内,运输成活率达 90%以上。若采用一般投放法放流,待投苗海域的底层水温回升至 14 ℃以上时,可择期放流。若放流日或放流后 3 天内,有 6 级以上大风或中浪以上海浪,应改期放流;若放流日或放流前后 3 天内,有中到大雨,应延期放流。

(3) 放流时间

放流时间的确定,应充分考虑放流物种在自然环境下的繁殖期,考虑放流物种的产卵、孵化及幼体培育阶段对水温的要求,考虑自然海域水温的变化。在渤海湾,中国对虾的产卵时间,最早为 5 月 2 日,最迟为 5 月 18 日。在其产卵期间,产卵场底层水温为 13～23 ℃,13 ℃是产卵的最低水温。中国对虾从受精卵孵化到仔虾的培育,水温为 18～26 ℃。出苗过早,放流海区的水温会过低,出苗过晚(6 月),育苗场沉淀池的水温会过高。如果超出了苗种培育水温的范围,亲虾在低温下培育,其难度会加大,造成孵化率低,幼体畸形高，变态期短；亲虾在高温下培育，培育期会缩短，成为“高温苗”，苗种也会产生放流的质量问题。

中国对虾放流时间因苗种规格而异。在山东省，中国对虾放流小规格苗种的时间，一般在 5 月下旬，放流大规格苗种，一般在 6 月中旬(表 6.1.1)。

表 6.1.1　2011 年山东省中国对虾放流情况统计

放流地点	增殖海域	放流时间	苗种平均体长/mm	放流数量/万尾
乳山	塔岛湾	5 月 22 日	10.0	1 044
乳山	乳山湾	5 月 23 日	10.0	9 656
莱州	莱州湾	5 月 26 日	11.0	9 137
日照	黄家塘湾	5 月 20 日	10.0	13 616
青岛	胶州湾	5 月 25 日	10.0	30 000
寒亭	莱州湾	6 月 11 日	30.6	9 524
昌邑	莱州湾	6 月 21 日	38.3	9 127
潍坊	莱州湾	6 月 12 日	41.1	4 549
垦利	莱州湾	6 月 10 日	32.4	7 536
东营	莱州湾	6 月 15 日	37.0	7 220
东营	莱州湾	6 月 15 日	37.1	4 087
利津	渤海湾	6 月 24 日	32.0	8 570
无棣	渤海湾	6 月 13 日	40.3	6 102
利津	渤海湾	6 月 14 日	34.6	7 910
城阳	胶州湾	6 月 13 日	34.2	5 259
胶州	胶州湾	6 月 28 日	35.8	6 363
海阳	丁字湾	6 月 5 日	27.9	5 385
莱阳	丁字湾	6 月 5 日	57.1	7 056
文登	五垒岛湾	6 月 9 日	32.77	10 402
文登	五垒岛湾	6 月 11 日	39.14	4 221
荣成	靖海湾	6 月 17 日	35.46	7 398
荣成	桑沟湾	6 月 16 日	29.52	2 176
威海环翠放流仪式	刘公岛近海	7 月 7 日	30.00	16.26
合计				176 354.26

辽宁省的中国对虾放流可分为两个阶段。第一阶段是 1984 年至 20 世纪 90 年代末，这一阶段，放流对虾体长在 30 mm 以上，一般从 6 月 20 日开始进行放流。在 20 世纪 90 年代，虾病暴发后，辽宁省停止了中国对虾放流。至 2009 年，重新进行放流，连续进行 3 年，这是第二个阶段，放流时间调整为 6 月 1 日～6 月 7 日，放流规格为 10 mm 仔虾。

在河北省和天津市，中国对虾苗种大规模育成时间，一般在 5 月中下旬，因此，渤海湾对虾放流时间一般在 5 月 12～31 日，放流小规格苗种。但是近几年，由于中国对虾放流数量过大、亲虾来源不足、放流指标下达的过晚等因素，利用对虾二次产卵生产的虾苗，放流时间最晚可到 6 月中旬。

（4）放流地点

放流最适宜的海区，应是增殖种类自然产卵场分布的区域，因为产卵场的水温、盐度、溶解氧、饵料生物和敌害生物等环境条件，有利于提高增殖放流苗种的存活率。在黄、渤海，开展中国对虾放流的海域，包括山东半岛南部沿海、黄海北部、渤海这 3 个海域（图 6.1.1）。

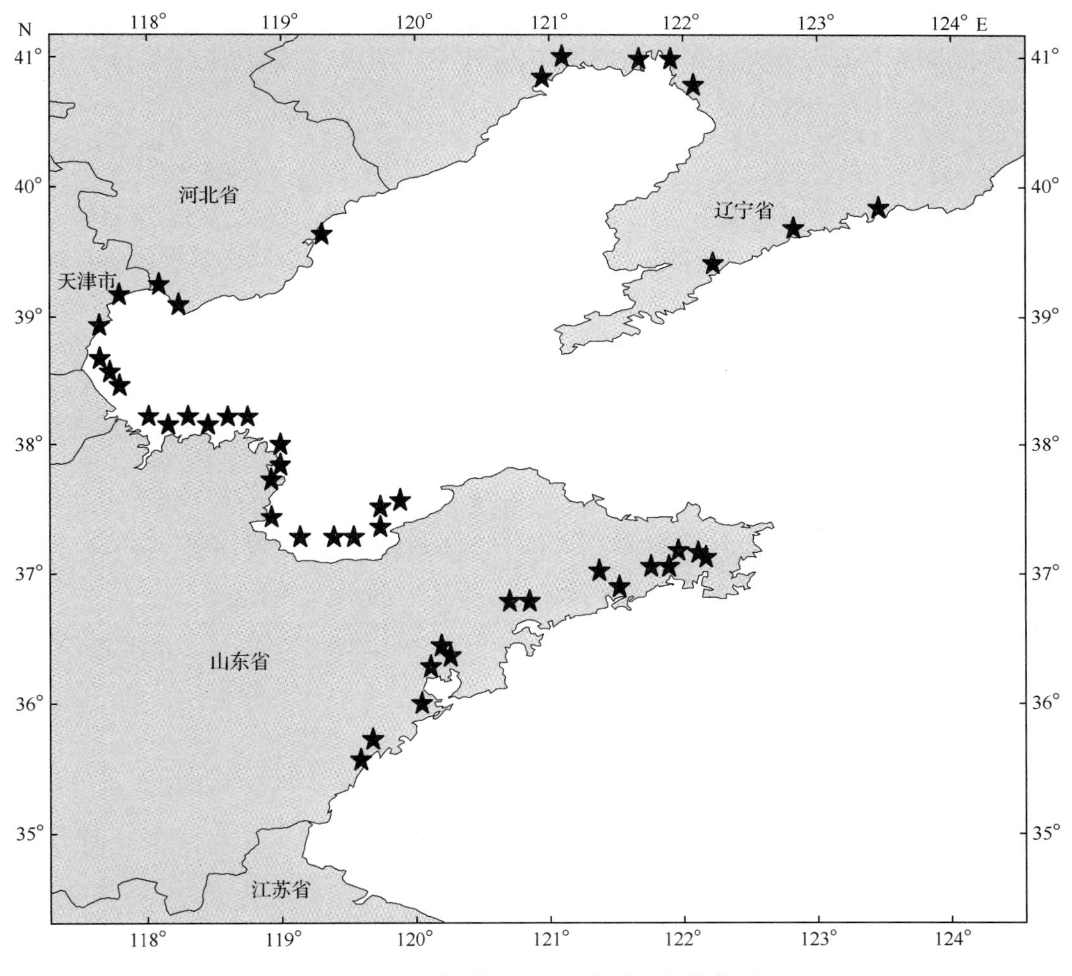

图 6.1.1 黄、渤海中国对虾放流点分布图

渤海的增殖，由山东省、天津市、河北省和辽宁省共同开展放流，放流海域有辽东湾、渤海湾和莱州湾。山东省增殖是在渤海湾南部的无棣、北海新区、沾化、河口、利津等 6 个点，莱州湾的黄河口、垦利、广饶、潍坊滨海经济开发区、寒亭、昌邑等 10 个点，开展放流。河北省和天津市，是根据本底调查的结果，中国对虾的地理属性，并参考以往资源的分布和生产情况等进行综合考虑，放流地主要设置在沧州和唐山，放流点有辽东湾的新开河和渤海湾的南堡、黑沿子、汉沽、塘沽、张巨河、南排河、徐家堡。辽宁省，是根据中国对虾的生态习性，为了尽可能地保证幼虾入海的成活率，选择在三面背山的、比较平稳的海湾且

靠近河口附近、有码头设施的区域进行放流。实际上，2009 年以来，辽东湾中国对虾的放流位置与海蜇的放流位置大体一致，都是在靠近河口的区域。放流地点有辽东湾的营口、盘锦、锦州和葫芦岛，其中，盘锦在盘山和大洼设置两个放流点。

根据中国对虾的洄游分布规律，山东半岛南部沿海的桑沟湾、靖海湾、五垒岛湾、乳山湾、丁字湾、岙山湾、胶州湾、灵山湾、黄家塘湾等海湾，都是中国对虾的主要产卵场(图 6.1.1)，在这些湾内布设了 14 个放流点。

黄海北部的放流点主要有辽宁省的东港、庄河、普兰店等。

(5) 放流数量

2010 年，山东省、天津市、河北省和辽宁省，在渤海、黄海北部、山东半岛南部沿海这 3 个海区，进行了中国对虾的放流，共放流中国对虾 48.94 亿尾。其中，体长为 10.0～11.0 mm的小规格苗种为 38.64 亿尾；经暂养以后，体长达 26.0～37.3 mm 的大规格苗种为 10.3 亿尾(表 6.1.2)。山东省，在渤海的莱州湾、渤海湾南部和山东半岛南部沿海，放流了 17.68 亿尾；天津市，在渤海湾北部，放流了 6.60 万尾；河北省，在渤海的秦皇岛附近水域和渤海湾北部，放流了 11.72 万尾；辽宁省，在渤海的辽东湾和黄海北部，放流了 12.94 万尾。在渤海，总共放流中国对虾苗种 31.46 亿尾，苗种规格有小苗和大苗两种，其中，小苗为 26.03 亿尾，大苗为 5.43 亿尾。在渤海，辽宁省、河北省、天津市全部放流小苗，放流数量分别为 6.61 亿尾、11.72 亿尾、6.60 亿尾；山东省以放流大苗为主，5 月 17～29 日，放流了体长为 10.0～11.0 mm 的小苗，6 月 10～22 日，放流经暂养后体长为 26.0～37.3 mm 的大苗，共 5.43 亿尾。山东省的放流水域在莱州湾、渤海湾南部；天津

表 6.1.2　2010 年黄、渤海放流中国对虾苗种的时间、体长和数量

放流海区	放流省份	苗种规格	放流时间	苗种体长/mm	放流数量/亿尾
山东半岛南部沿海	山东省	小苗	5 月 22 日～6 月 1 日	10.0～11.9	6.28
		大苗	6 月 13～20 日	34.2～42.8	4.87
		小计			11.15
渤海	辽宁省	小苗	6 月 1～7 日	10 以上	6.61
	河北省	小苗		12	11.72
	天津市	小苗		10 以上	6.60
	山东省	小苗	5 月 17～29 日	10.2～11.0	1.10
		大苗	6 月 10～22 日	26.0～37.3	5.43
		小计			6.53
	合计	小苗		10.0～11.0	26.03
		大苗		26.0～37.3	5.43
		小计			31.46
黄海北部	辽宁省	小苗		10 以上	6.33
总计		小苗		10.0～11.0	38.64
		大苗		26.0～37.3	10.30
		小计			48.94

市的放流水域在渤海湾的北部；河北省的放流水域在秦皇岛附近和渤海湾北部；辽宁省的放流水域在辽东湾。在黄海北部，中国对虾的放流，由辽宁省承担，共放流了体长在 10 mm 以上的小苗 6.33 亿尾。在山东半岛南部沿海，中国对虾的放流由山东省承担，放流苗种有体长为 10.0～11.9 mm 小苗和经暂养后体长为 34.2～42.8 mm 大苗两种，共放流了 11.15 亿尾。其中，6.28 亿尾小苗的放流时间为 5 月 22 日～6 月 1 日，放流地点在日照、乳山、青岛和威海；4.87 亿尾大苗的放流时间为 6 月 13～22 日，放流地点有青岛、莱阳、海阳、文登、荣成。

从 1984 年开始，山东省在山东半岛南部沿海开展中国对虾放流，除 1987 年未放流外，至 2012 年，共进行了 28 年的增殖，累计增殖放流中国对虾苗种 170.54 亿尾(图 6.1.2)，捕捞产量为 36 157 t。1984～1993 年，中国对虾增殖开始起步，放流数量较大，变动在 10 亿尾上下。1994 年，根据放流中国对虾生长速度下降的现实，对山东半岛南部沿海的中国对虾生态容量进行了初步研究，根据研究结果，将放流量调整到 3 亿尾左右。2009 年以后，开展小规格苗种放流试验，将放流量增到 10 亿尾左右。

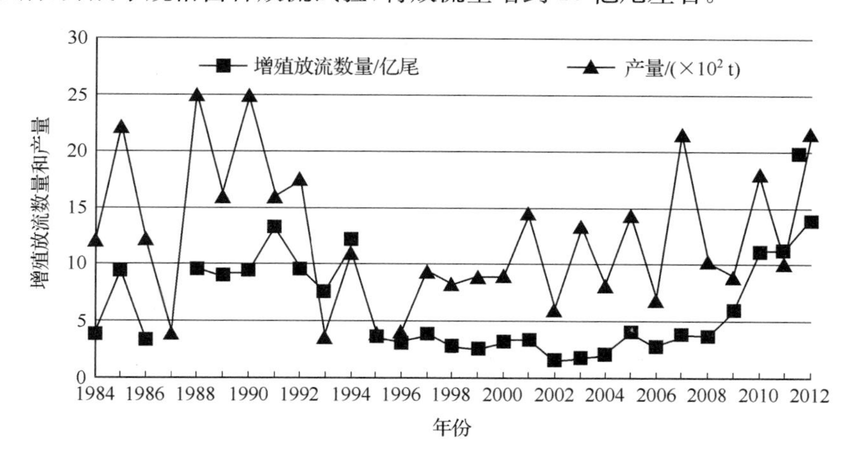

图 6.1.2　1984～2012 年山东半岛南部沿海中国对虾放流量及其捕捞产量

山东省，在渤海的莱州湾和渤海湾南部，开展中国对虾增殖始于 1985 年，至 20 世纪 90 年代中期，因虾病暴发而中断。2005 年，山东省渔业资源修复行动计划实施后，放流得到恢复。2007～2012 年，年放流中国对虾苗种 2.27 亿～12.34 亿尾，平均年放流 5.59 亿尾，累计放流 33.55 亿尾(图 6.1.3)，捕捞产量为 6520 t。

从 2005 年开始，河北省大规模放流，截至 2011 年，总计放流中国对虾 55.45 亿尾(图 6.1.4)，捕捞产量为 6350 t。2005 年以后，放流数量逐年增加。2009 年，放流量为 14.4 亿尾。2012 年，达 23.43 亿尾。

从 1985 年开始，辽宁省在辽东湾放流中国对虾，当年放流 2.79 亿尾。1987 年，放流数量最少，仅 1.07 亿尾。年最大放流量是 22.34 亿尾。1985～1996 年，在辽东湾放流体长为 35～63 mm 的中国对虾种苗，回捕率为 0.02%～2.07%。后来，由于虾病暴发，辽东湾的放流一度中断，直至 2009 年，恢复放流并取得不错的放流效果。2009～2011 年，共放流 17.64 亿尾，捕捞产量为 1147 t(图 6.1.5)。

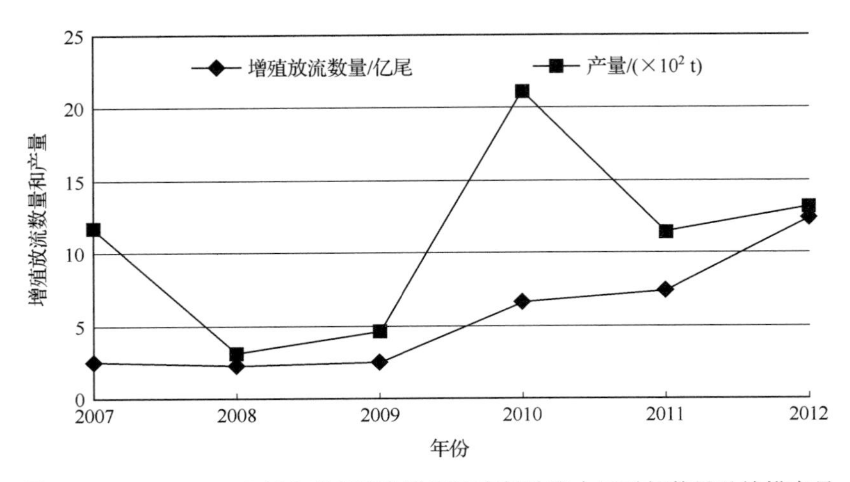

图 6.1.3　2007～2012 年在莱州湾和渤海湾南部放流中国对虾数量及捕捞产量

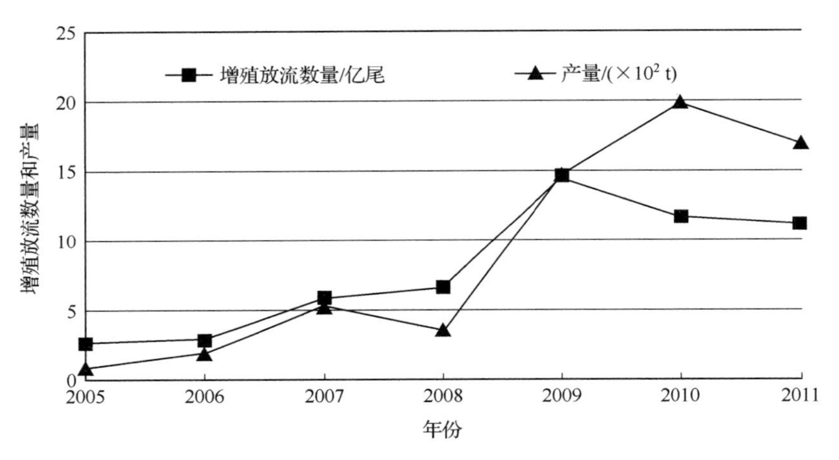

图 6.1.4　2005～2011 年河北省放流中国对虾数量及捕捞产量

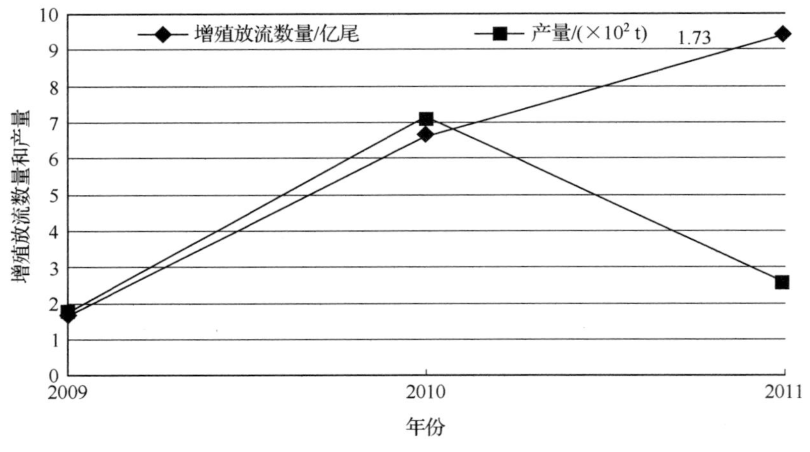

图 6.1.5　2009～2012 年辽宁省在辽东湾放流中国对虾数量及捕捞产量

3. 增殖放流效果评估

中国对虾增殖放流效果评价内容包括放流群体所占比例、回捕产量、产值、回捕率、投入产出比、大小规格苗种放流效果的对比分析等。

(1) 放流群体比例

根据放流前的本底资源调查和放流后10天前后的资源增加量调查结果分析，2010年、2011年、2012年，山东半岛南部沿海中国对虾放流群体所占比例分别为99.04%、94.33%、99.65%，平均为97.68%(表6.1.3)。

表6.1.3　2010～2012年山东半岛南部沿海中国对虾放流群体比例

年份	放流前平均资源量/[尾/(网·h)]	放流后平均资源量/[尾/(网·h)]	自然群体所占比例/%	放流群体所占比例/%
2010	2.10	219.56	0.96	99.04
2011	1.22	21.52	5.67	94.33
2012	0.05	14.48	0.35	99.65
平均	1.12	85.19	2.32	97.68

在黄海北部，中国对虾的增殖是在自然种群的原栖息地进行放流，所以，有放流虾和野生虾组成的混合虾群，估算放流回捕率需先弄清两者在混合虾群中的数量。弄清这两者的比例，先后用过两种方法：一种方法是用放流前、后的相对资源量资料，估算混合虾群中放流虾和野生虾的比例，1986～1992年(缺1990年)，6年放流虾平均年占92.9%，其中，以1987年最小，占81.0%；另一种方法是用放流虾和野生虾的体长差异计算，1996年后，为了防止病毒感染对增殖效果的影响，放流了稍大于1 cm体长的仔虾，放流虾群的体长明显大于野生虾的体长，根据8月试捕的体长资料，用联合国粮食及农业组织提供的软件处理结果，1998年，放流虾在混合虾群中占83.3%，1999年占87.0%。

(2) 产量、产值

2010年，在黄、渤海共放流中国对虾苗种48.94亿尾，捕捞7138.7 t，产值为9.70亿元，实现利税6.33亿元。其中，在渤海共放流虾苗31.46亿尾，捕捞5270.7 t，产值为7.54亿元，实现利税5.25亿元；在山东半岛南部沿海共放流11.15亿尾，捕捞虾1686 t，产值为2.01亿元，实现利税1.03亿元；在黄海北部共放流6.33亿尾，捕捞182 t，产值为0.14亿元，实现利税0.05亿元(表6.1.4)。

在山东半岛南部沿海，中国对虾的捕捞生产于8月20日开始，至11月上旬基本结束。2010～2012年，秋汛捕捞生产，平均年投入捕捞渔船4893艘，捕捞产量为1619 t，产值为27 052万元(表6.1.5)。以2010年为例，9月产量最高，占秋汛总产量的55.0%，其次为10月，占总产量的29.4%，8月产量占总产量的10.6%，11月捕捞接近尾声，产量仅占总产量的5.0%。中国对虾在开捕前期(8月下旬至9月上旬)，市场价格较低，平均为45～60元/0.5 kg，开捕后期(9月中旬至11月底)，随着渔获规格增大，价格达90～110元/0.5 kg。

表 6.1.4　2010 年黄、渤海中国对虾捕捞情况

海区	省份	产量/t	产值/亿元	捕捞成本/亿元	利润/亿元
山东半岛南部沿海	山东省	1686	2.01	0.98	1.03
渤海	辽宁省	520	0.41	0.26	0.15
	河北省	1988	3.38	1.09	2.29
	天津市	650	1.24	0.20	1.04
	山东省	2112.7	2.52	0.75	1.77
	小计	5270.7	7.54	2.29	5.25
黄海北部	辽宁省	182	0.14	0.09	0.05
合计		7138.7	9.70	3.37	6.33

表 6.1.5　2010～2012 年山东半岛南部沿海中国对虾捕捞生产统计

年份	捕捞渔船/艘	产量/t	产值/万元
2010	4 844	1 686	28 053
2011	4 938	1 009	17 908
2012	4 896	2 163	35 194
平均	4 893	1 619	27 052

山东省在莱州湾和渤海湾南部捕捞中国对虾的渔业生产，从 8 月 20 日开始。其中 2012 年，8 月 1 日开始流刺网捕捞。2010～2012 年，平均年投产捕捞渔船 2275 艘，主要在潍坊、滨州、东营、烟台的近海一带作业，平均年捕捞产量 1524 t，产值为 16 177 万元（表 6.1.6）。

表 6.1.6　2010～2012 年山东省在莱州湾和渤海湾的中国对虾捕捞生产统计

年份	捕捞渔船/艘	产量/t	产值/万元
2010	3 125	2 113	25 200
2011	961	1 145	11 671
2012	2 738	1 315	11 660
平均	2 275	1 524	16 177

辽宁省，2009 年，在渤海的辽东湾设 4 个放流点，放流体长为 10 mm 的中国对虾仔虾 1.63 亿尾，产量为 173 t，回捕率为 4.25%；2010 年，共放流 10 mm 仔虾 6.61 亿尾，平均体长为 11.2 mm，捕捞产量为 716 t，产值为 5728 万元；2011 年，共放流 9.69 亿尾，平均体长为 12.1 m，捕捞产量为 258 t，产值约 4644 万元（表 6.1.7）。

表 6.1.7　2009～2011 年辽宁省在辽东湾放流中国对虾增殖效果统计

年份	放流数量/亿尾	回捕数量/万尾	回捕率/%	捕捞产量/t
2009	1.63	692.75	4.25	173
2010	6.61	2465.53	3.73	716
2011	9.69	585	0.66	258
平均	5.8794	1248	3	382

(3) 回捕率

根据秋汛渔业生产捕获的中国对虾生物学测定资料进行分析，2010 年、2011 年、2012 年，山东半岛南部沿海的中国对虾渔业生产捕捞数量，分别为 3260.94 万尾、2542.34 万尾、4567.59 万尾(表 6.1.8)，扣除自然群体占的比例后，放流中国对虾的回捕率分别为 2.90%、2.15%、3.26%，平均年回捕率为 2.77%(表 6.1.9)。

表 6.1.8　2010～2012 年山东半岛南部沿海捕获中国对虾情况

年份	项目	8 月	9 月	10 月	11 月	合计
2010	产量/t	178	927	495	85	1685
	平均体重/g	36.53	51.16	59.69	64.20	51.67
	回捕数量/万尾	487.27	1812.03	829.24	132.40	3260.94
2011	产量/t	65.36	654.05	222.28	67.30	1009
	平均体重/g	24.31	37.32	54.60	59.11	39.69
	回捕数量/万尾	268.88	1752.47	407.13	113.86	2542.34
2012	产量/t	288.32	864.98	754.3	255.57	2163.17
	平均体重/g	31.68	46.53	54.32	62.35	47.36
	回捕数量/万尾	910.10	1858.97	1388.62	409.90	4567.59

表 6.1.9　2010～2012 年山东半岛南部沿海放流中国对虾回捕率评估

年份	放流数量/亿尾	捕捞产量/t	捕捞尾数/万尾	放流群体所占比例/%	回捕率/%
2010	11.15	1686	3260.94	99.0	2.90
2011	11.18	1009	2542.34	94.3	2.15
2012	13.96	2163	4567.59	99.7	3.26
平均	12.10	1619	3456.96	97.7	2.77

2005～2011 年，河北省共放流中国对虾 55.45 亿尾，捕捞产量为 6350 t，平均年回捕率为 2.29%(表 6.1.10)

表 6.1.10　2005～2011 年河北省放流中国对虾回捕率评估

年份	放流数量/亿尾	产量/t	回捕率/%
2005	2.7	90	0.82
2006	3.00	190	1.42
2007	5.86	540	2.46
2008	6.59	360	1.50
2009	14.4	1482	3.11
2010	11.72	1988	3.70
2011	11.18	1700	3.04
合计	55.45	6350	平均 2.29

辽宁省，2009 年，在渤海辽东湾的 4 个放流点，共放流体长为 10 mm 以上的中国对

虾仔虾 1.63 亿尾，捕捞产量为 173 t，回捕率为 4.25%；2010 年，放流 10 mm 以上虾苗 6.61 亿尾，捕捞产量为 716 t，按平均体重 29.1 g 计，回捕率为 3.73%；2011 年，放流 9.40 亿尾，捕捞产量为 258 t，按平均体重为 41.7 g 计，回捕率为 0.66%。

(4) 投入产出比

2010～2011 年，在山东半岛南部沿海放流的大规格苗种价格为 190 元/万尾，小规格苗种为 90 元/万尾。2012 年，根据市场变化，对苗种价格做了适当的调整，为 220 元/万尾。据统计：2010～2012 年，在山东半岛南部沿海，平均年放流 12.10 亿尾，苗种成本为 1638.67 万元，秋季捕捞产值为 27 051.67 万元，平均年直接投入产出比为 1∶16.0（表 6.1.11）。

表 6.1.11　2010～2012 年山东半岛南部放流中国对虾的直接投入产出比

年份	放流数量/亿尾	苗种成本/万元	产值/万元	放流群体比例/%	投入产出比
2010	11.15	1 490.3	28 053	99.0	1∶18.6
2011	11.18	1 488.99	17 908	94.3	1∶11.4
2012	13.96	1 936.72	35 194	99.7	1∶18.1
平均	12.10	1 638.67	27 051.67	97.7	1∶16.0

2010～2012 年，山东省在渤海的莱州湾和渤海湾南部海域，年平均放流 8.78 亿尾，苗种成本 1592.84 万元，秋季回捕产值为 16 177 万元，年平均直接投入产出比为 1∶12.7（表 6.1.12）。

表 6.1.12　2010～2012 年山东省在莱州湾和渤海湾南部放流中国对虾的直接投入产出比

年份	放流数量/亿尾	苗种成本/万元	产值/万元	投入产出比
2010	6.62	1 138.53	25 200	1∶22.1
2011	7.38	1 157.55	11 671	1∶10.1
2012	12.34	2 028.13	11 660	1∶5.8
平均	8.78	1 441.40	16 177	1∶12.7

河北省，2005～2011 年，在渤海累计放流 55.45 亿尾，苗种成本为 2 555 万元，秋季捕捞产值为 109 445 万元，年平均直接投入产出比为 1∶36.6(表 6.1.13)。

表 6.1.13　2005～2011 年河北省放流中国对虾的直接投入产出比

年份	放流数量/亿尾	苗种成本/万元	产值/万元	投入产出比
2005	2.70	100	2 250	1∶22.5
2006	3.00	120	3 765	1∶31.4
2007	5.86	240	8 640	1∶36.0
2008	6.59	263	5 760	1∶21.9
2009	14.40	576	20 900	1∶36.3
2010	11.72	586	33 800	1∶57.7
2011	11.18	670	34 000	1∶50.8
合计	55.45	2 555	109 445	平均 1∶36.6

辽宁省，2010 年，在辽东湾捕捞中国对虾的产值为 5728 万元，直接投入产出比约为 1∶14.3；2011 年，放流中国对虾 96 901 万尾，捕捞产值为 4644 万元，苗种成本金额为 520 万元，直接投入产出比为 1∶7.5。

（5）大、小规格苗种增殖放流效果对比分析

为了对比分析大、小规格苗种的放流效果，2012 年，在山东半岛南部沿海放流中国对虾的海域，对小规格苗种放流群体进行了 3 个航次的跟踪调查，对大规格苗种放流群体进行了 2 个航次的跟踪调查。

小规格苗种的放流海域为黄家塘湾、古镇口湾、胶州湾、丁字湾、乳山湾、塔岛湾、五垒岛湾和靖海湾，共设置 21 个站位，进行了跟踪调查，共捕获 94 个样品，资源平均密度为 3.3 尾/站，用扫海面积法进行资源评估，其相对资源量为

$$N_{小}=1087.07\times10^6\ \mathrm{m}^2\times3.3\ 尾/站/(5556\ \mathrm{m}^2\times0.1\times0.25\ \mathrm{h})=3644.96\ 万尾$$

大规格苗种的放流海域为胶州湾、丁字湾、五垒岛湾和靖海湾，共设置 12 个站位，进行了跟踪调查，捕获 178 个样品，资源平均密度为 12.8 尾/站（表 6.1.14），用扫海面积法进行资源评估，其相对资源量为

$$N_{大}=950.8\times10^6\ \mathrm{m}^2\times12.8\ 尾/站/(5556\ \mathrm{m}^2\times0.1\times0.25\ \mathrm{h})=12\ 124.54\ 万尾$$

表 6.1.14　2012 年山东半岛南部各海湾中国对虾资源评估

苗种规格	放流海域	海域面积/km²	调查站位/个	出现站位/个	捕获尾数/尾	出现频率/%	平均密度/(尾/站)	资源数/万尾
大规格	胶州湾	509.1	3	3	47	100	15.67	5 742.19
	丁字湾	176.6	6	5	46	83.3	7.67	974.75
	靖海湾 五垒岛湾	265.1	3	3	85	100	28.33	2 229.54
	小计	950.8	12	11	178			12 124.55
小规格	黄家塘湾	41.7	6	3	20	50	3.33	100.07
	胶州湾 古镇口湾	528.7	6	2	23	33.3	3.83	54.09
	丁字湾	176.6	3	1	3	33.3	1.00	127.14
	乳山湾 靖海湾 五垒岛湾	340.07	6	4	48	66.7	8.00	431.79
	小计	1 087.07	21	10	94			3 644.96
	合计		33	21	272			15 769.51

2012 年 6 月下旬，小规格苗种放流群体的体长为 32～89 mm，平均体长为 63.8 mm，平均体重为 3.78 g，优势体长组为 55～75 mm；大规格苗种放流群体的体长为 66～105 mm，平均体长为 88.85 mm，平均体重为 4.07 g，优势体长组为 80～100 mm（表 6.1.15）。大、小规格苗种的平均体长相差 25.05 mm，小规格苗种的生长明显慢于大规格苗种。

表 6.1.15　2012 年 6 月下旬山东半岛南部沿海放流中国对虾群体组成

规格	体长/mm	优势体长组/mm	平均体长/mm	平均体重/g
小规格	32～89	55～75	63.80	3.78
大规格	66～105	80～100	88.85	4.07

根据各地的渔业统计资料进行分析，2012 年，在山东半岛南部沿海，共捕获中国对虾 4551.59 万尾。按照相对资源密度资料进行分析评估，大规格苗种放流群体的捕获数量为 3499.54 万尾，回捕率为 6.69%；小规格苗种放流群体的捕获数量为 1052.05 万尾，回捕率为 1.21%。大规格群体的回捕率是小规格群体回捕率的 5.53 倍(表 6.1.16)。

表 6.1.16　2012 年山东半岛南部沿海大、小规格苗种放流中国对虾回捕率比较

规格	放流数量/万尾	捕捞数量/万尾	回捕率/%
大规格	52 334	3 499.54	6.69
小规格	87 264	1 052.05	1.21
合计	139 598	4 551.59	3.26

在山东半岛南部沿海，小规格苗种的放流时间为 5 月 20～28 日，共放流 87 261 万尾，至 6 月下旬，在海中生活了近 1 个月，存活 3644.96 万尾，成活率为 4.18%；大规格苗种的放流时间为 6 月 5～25 日，共放流 52 334 万尾，1 周后，至 6 月下旬时的现存资源量为 12 124.55 万尾，成活率较高，达 23.17%(表 6.1.17)。对比两种规格苗种的放流成活率，可以看出，大规格苗种的成活率较高，是小规格苗种的 5.54 倍。

表 6.1.17　2012 年山东半岛南部沿海放流大、小规格苗种中国对虾的成活率比较

规格	放流数量/万尾	6 月下旬现存资源量/万尾	成活率/%
大规格	52 334	12 124.55	23.17
小规格	87 264	3 644.96	4.18
合计	139 598	15 769.51	11.30

2012 年，山东省对放流的中国对虾苗种价格做了适当调整，大规格苗种的价格为 220 元/万尾，小规格苗种的价格为 90 元/万尾。根据评估结果分析，放流大规格苗种时，秋汛，每万元产值需要苗种的成本为 413.87 元，而放流小规格苗种需花费 1064.93 元，是大规格苗种的 2.57 倍(表 6.1.18)。

表 6.1.18　2012 年山东半岛南部沿海放流大、小苗种放流成本对比分析

规格	放流数量/万尾	成本/万元	回捕数量/万尾	渔汛期间平均体重/g	产量/t	产值/万元	每万元产值的成本/元
大规格	52 334	1 151.35	3 499.54	48.86	1 709.88	27 818.87	413.87
小规格	87 264	785.38	1 052.05	43.09	453.29	7 374.88	1 064.93
合计	139 598	1 936.72	4 551.60	47.36	2 163.17	35 193.75	550.30

2012 年，在山东半岛南部沿海放流的中国对虾的捕捞结果表明：放流大规格苗种 52 334 万尾，秋汛获得的产值为 27 818.87 万元，投入产出比为 1∶24.2；放流小规格苗种 87 264 万尾，秋汛获得中国对虾的产值为 7374.88 万元，投入产出比为 1∶9.4（表 6.1.19）。大规格苗种的投入产出比是小规格苗种的 2.57 倍。

表 6.1.19　2012 年山东半岛南部沿海放流大、小苗种投入产出比对比分析

规格	放流数量/万尾	成本/万元	回捕数量/万尾	平均体重/g	产量/t	产值/万元	投入产出比
大规格	52 334	1 151.35	3 499.54	48.9	1 709.88	27 818.87	1∶24.2
小规格	87 264	785.38	1 052.05	43.1	453.29	7 374.88	1∶9.4
合计	139 598	1 936.72	4 551.60	47.4	2 163.17	35 193.75	1∶18.2

综上分析，放流大规格苗种优于小规格苗种，回捕率和成活率提高了 5.53 倍、5.54 倍，放流个体生长较快，产值较高，成本相对较低，仅为小规格苗种的 39%，投入产出比增加了 1.57 倍（表 6.1.20）。

表 6.1.20　2012 年山东半岛南部沿海放流大、小苗种放流效果综合对比分析

评价指标	大规格	小规格	大规格与小规格的比值
回捕率/%	6.69	1.21	5.53
成活率/%	23.2	4.2	5.54
6 月下旬平均体长/mm	88.9	63.8	1.39
秋汛平均体重/g	48.9	43.1	1.13
每万元产值的成本/元	413.9	1064.9	0.39
投入产出比	24.2	9.4	2.57

（6）生态效益

中国对虾是黄、渤海的重要渔业资源，历史上黄、渤海中国对虾资源十分丰富，后来由于海洋污染的加剧和捕捞强度过大，中国对虾资源严重衰退。开展中国对虾放流使近海严重衰退的中国对虾资源明显得到补充，增加了其资源量，促进了其资源的恢复。通过每年的连续放流，补充了捕捞群体，秋汛捕捞结束后，仍会有部分放流的中国对虾经过越冬洄游，第二年成为繁殖群体，参与产卵，可形成补充资源。中国对虾资源量的增加，可以完善海洋生态系统食物链环节。同时，由于实行了增殖区的禁渔期管理制度，加强了海区的渔业管理，使水域中许多生物都得到了保护，另外，对水域生态环境的修复也起到了积极作用。

（7）社会效益

2010 年，秋汛期间，山东省共有 5633 艘渔船投入中国对虾的回捕生产，全汛期的平均单船产量为 299.31 kg，平均单船产值为 4.98 万元。根据海上调查结果，放流虾占混合虾群的 99.0%，放流使作业渔船每船增产中国对虾 296.46 kg、增产值 4.93 万元，按每艘渔船有 2 人作业，则平均每个渔民增收 2.47 万元。2011 年秋汛期间，共有 4938 艘渔船投入中国对虾捕捞生产，平均单船产量为 204.33 kg、产值为 3.84 万元。根据海上调查结果，放流虾占混合虾群的 94.3%，放流使作业渔船每艘船增产 192.71 kg、增收 3.63 万元，按每艘渔船有 2 人作业，则平均每个渔民增收 1.82 万元。中国对虾增殖不仅对自然资源的补充和恢复起到了积极的作用，而且，也使广大渔民得到了实惠，有效地促进了渔民的增产、增收，增加了渔民就业机会，促进了沿海经济和社会的稳定(邱盛尧等，2012)。

开展大规模放流，首先，需要大批量的优质苗种，通过公开招标形式选择持有《水产苗种生产许可证》的、有资质的苗种生产单位，放流带动了苗种的繁育，促使苗种繁育技术进一步提高，并拉动了沿海的水产苗种业和养殖业，同时，带动了水产品的加工贸易、渔需物资等相关行业的发展，增加了社会就业机会，缓解了近年来渔民面临转产、转业甚至失业的社会压力。

2009 年，青岛市首次开展了苗种认购活动，并邀请部分认购者作为代表参加增殖放流启动仪式。认购中国对虾 10 mm 苗种的活动，得到了社会的广泛关注，参与认购苗种的单位既有水产育苗场，又有上市公司、沿海企业和渔业村庄。2010 年，青岛市通过苗种认购，自放流中国对虾小苗 21 099 万尾。2011 年，通过苗种认购，自放流中国对虾小苗 30 000 万尾。2010 年，威海市举行了"回馈大海，感恩放流"活动，引起了该市水产企业及市民的极大关注，不少市民、学校都希望能认购苗种或参与放流，并有 4 家水产企业报名参与其中，捐款两万余元认购放流苗种。以上活动，充分体现了民众对海洋生态文明建设的高度关注，对水生生物资源养护的高度认同，形成了政府引导、部门组织、群众参与的"人人参与增殖放流活动，齐心构建海洋生态文明"的良好社会氛围，可见"修复渔业资源、维护海洋生态安全"的环保意识已深入民心。另外，各电视、报纸、电台、网络等大众媒体，对增殖放流这一"功在当下、利在千秋"的高层次的公益性事业争相进行报道，起到良性的倍增效应。中国对虾增殖放流在提升人们对渔业资源保护的意识方面发挥了显著作用。

二、海蜇

1. 增殖放流历史回顾

辽东湾是世界上最早开展海蜇增殖放流的海域。此后，在莱州湾、山东半岛南部沿海、渤海湾等海域，相继开展了大规模的生产性海蜇放流，海蜇产量明显增加，取得了较好的增殖效果。

(1) 辽宁省

1984～2004 年，辽宁省共进行了 11 次放流试验(Dong *et al.*，2009)。1984～1986 年，3 年在无海蜇分布的中国黄海北部黑石礁近岸水域，实施了小型海蜇放流试验。每年的 5 月 28 日～7 月 21 日，用船运离岸后，放流伞径为 10 mm 的海蜇蝶状体，3 年共放流蝶状体 916 700 只，平均年放流 305 567 只。利用面积法对海蜇成体数量的监测结果，回捕率为 1.2%～2.5%。1988～1993 年这 6 年，辽宁省继续在已衰落的海蜇渔场，黄海北部大洋河口进行放流试验，放流伞径为 10 mm 的海蜇蝶状体，平均年放流蝶状体 5242 万只，平均年产量 725 t。估算的平均回捕率为 1.0%。2002 年，在黄海北部金普湾海域，放流伞径为 20 mm 的幼蜇 120 万只，回捕率为 1.2%。2004 年，在黄海北部大洋河口，放流伞弧长约 20 mm 的幼蜇 531 万只，捕捞海蜇 79 t，按每只 7 kg 计，回捕率为 0.2%(姜连新等,2007;王彬等,2010;刘春洋等,2011)。

黄海北部海蜇放流试验的成功,使海蜇由试验性放流转向生产性放流成为可能。为了使辽东湾海蜇这一传统的渔业经济品种恢复产量,2005～2010 年,在辽东湾实施生产性放流。辽东湾的海蜇放流持续坚持了 6 年,投入资金 1900 多万元,累积放流海蜇苗 16.48 亿只。通过放流,辽东湾海蜇产量明显增加,累计捕捞海蜇 48 474 t,产值为 33 437 万元,取得了较好的放流效果(表 6.1.21)。

表 6.1.21　2005～2010 年辽东湾海蜇放流情况

年份	放流时间	放流规格/mm	放流数量/亿只	回捕产量/t	回捕产值/万元
2005	5 月 25 日～5 月 30 日 6 月 16 日～6 月 25 日	≥10	1.57	12 500	7 500
2006	6 月 16 日～6 月 25 日	≥10	2.58	16 000	7 200
2007	6 月 16 日～6 月 25 日	≥10	2.50	3 150	3 000
2008	6 月 16 日～6 月 25 日	≥10	3.00	2 834	2 267
2009	6 月 1 日～6 月 7 日	≥10	3.18	10 800	10 000
2010	6 月 1 日～6 月 7 日	≥10	3.65	3 190	3 470
合计			16.48	48 474	33 437

(2) 山东省

1993 年,山东省开始在莱州湾进行了海蜇放流。莱州湾的海蜇增殖是采用人工控温方法,使人工培育的螅状体比自然水域的螅状体,释放碟状幼体的时间提前 30 天左右,继而培育成 5 mm 以上的幼水母,将其放流于莱州湾三山岛附近水域。1993 年,在莱州湾放流了升温培育的幼水母 1032 万只,回捕率为 3.32%;1994 年,放流了升温培育的幼水母 3000 万只,回捕率为 1.02%(王绪峨等,1997;韩书文和鹿叔锌,2003)。2005 年,山东省渔业资源修复行动计划实施后,将海蜇增殖水域扩大到了山东半岛南部沿海。每年 6 月中旬前、后放流,至 2011 年,在莱州湾、渤海湾南部和山东半岛南部沿海,共放流海蜇 27.96 亿只,经过 40 天左右的生长,7 月 20 日前、后开捕,共捕捞海蜇 195 088 t,产值为 191 495 亿元(表 6.1.22)。

表 6.1.22　山东省海蜇增殖放流情况

年份	放流数量/万只	回捕产量/t	产值/万元
1994	8 000	1 020	630
1995	1 800	1 500	780
1996	5 200	2 200	1 360
1997	5 000	2 400	1 440
1998	6 230	3 500	1 960
1999	7 055	18 000	10 800
2000	7 054	1 000	600
2001	12 419	3 000	4 000

续表

年份	放流数量/万只	回捕产量/t	产值/万元
2002	10 112	1 800	2 160
2003	6 720	15 518	18 000
2004	4 936	4 855	4 855
2005	7 084	3 300	4 570
2006	9 600	17 202	12 838
2007	32 509	19 124	17 685
2008	24 212	25 052	27 349
2009	38 724	31 453	30 574
2010	49 287	24 995	25 087
2011	43 615	19 169	26 807
合计	279 557	195 088	191 495

(3) 河北省和天津市

河北省于2005年开始，在渤海湾放流海蜇，天津市于2007年开展了海蜇的放流。2005～2011年，河北和天津累计放流海蜇6651.3万只(表6.1.23)。两省、市海蜇放流的共同特点是，放流数量较少，但放流区域毗邻，形成了一个相对集中的海蜇渔场。

表6.1.23　2005～2011年河北省和天津市海蜇放流数量及地点

年份	数量/万只			放流海域	
	合计	河北	天津	河北	天津
2005	585	585		黑沿子	
2006	1000	1000		涧河、高尚堡、老米沟	
2007	1360.3	1200	160.3	涧河、高尚堡、大清河	汉沽、大港
2008	1167	717	450	高尚堡、大清河	汉沽、大港
2009	1000	1000		涧河、高尚堡、大清河	
2010	610	400	210	涧河	汉沽、大港
2011	929	400	529	高尚堡	汉沽、大港
合计	6651.3	5302	1349.3		

2. 增殖放流规模

(1) 放流苗种

海蜇放流苗种在感官上要求：螅状体苗种的波纹板附着基上，除海蜇螅状体，外无其他肉眼可见的附着生物，螅状体苗种附着培育1个月以上，具有16条触手，在不受惊扰的水体中能够自然伸展、舒展，附着基提出水面时，螅状体不会脱落。水母体苗种的规格均匀，无残缺破损，伞部收缩舒张节奏有力，游动活泼，活力强。

海蜇水母体苗种抽样、计数方法：将抽取的样品置于同一个容器中混合均匀，随机地抽取 50 只以上的海蜇水母体苗种，分批次置于直径为 10 cm、深度为 5 cm 的深孔培养皿中，用精度 1 mm 的刻度尺逐只测量其伞径，统计其规格合格率与苗种整齐度，需重复 3 次，以 3 次的算术平均值为其结果，每批苗种的规格合格率应不低于 95%；采用同样的抽取、放置方法，检查海蜇苗种伞部伤残破损及口腕与肩板畸形苗种的数量，统计其伤残畸形率，需重复 3 次，以 3 次的算术平均值为其结果，每批苗种的伤残畸形率应不超过 5%。

目前，山东省海蜇放流苗种的伞径为 8 mm，河北省和天津市为 15 mm，辽宁省为 10 mm。

（2）放流技术

一般采用海珍品苗种袋密封、包装、运输海蜇苗种。使用 30 cm×30 cm×75 cm 规格的无毒塑料袋，采用双层塑料袋预防破损，按照 1000～3000 只/L 的苗种密度，盛入 1/4 左右的袋体容积，盛苗密度反比于苗种规格，然后充入纯氧，扎紧袋口、密封，运输时间 10 h以内，成活率在 90%以上。海蜇苗种运输应尽量在早、晚进行，避免阳光暴晒和雨淋。海蜇苗种运输用水与培育用水的温差应小于 2 ℃，盐度差小于 5，盐度为 20～32。

放流过程，从数量和大小两方面进行把关。采取抽样计数法对海蜇幼苗进行数量统计和质量验收。验收组对从育苗室运来的幼蜇进行验收，然后，将装有海蜇苗种的充氧塑料袋由渔船运到指定的经纬度放流位置。船上人员（包括渔民代表、养殖户和验收人员）将每袋苗种依次贴水面放入海中。每车的海蜇苗种在装船的过程中，对放流袋数进行计数，并随机抽取 2 次样品，每次随机抽取 5 袋放流海蜇苗，倒入带刻度的大桶中，再加入清水至固定体积，上下混匀，然后舀出 1000 mL 的体积，对其中海蜇苗种的数量进行计数，然后换算出每袋样品中的苗种数量，最后统计出每车苗种的数量。随机抽取 100 头海蜇苗种，测量其伞径，算出不合规格的苗种的比例，并在统计放流数量中扣除不符合放流规格（伞径小于等于 9 mm）的苗种数量。

为了保障放流苗种的质量，放流期间，放流验收组由供苗单位、苗种采购单位、渔业管理部门、科研部门、渔民代表共同组成，确保海蜇苗种放流入海的质量和数量，确保放流全程严格按照放流规程的要求进行，并且组织专家对各市放流进行现场验收。通过现场验收，发现问题并进行改正。在苗种装袋不均匀时，督促供苗单位规范每袋苗种数量，规划好放流时间，缩短装袋、运输的时间，选择气温较低的清晨进行放流，且在苗种装袋前，在养殖池进行预验收，以养殖池为单位进行抽样，大体统计苗种的数量，然后再在现场进行抽样验收。

放流结束后，根据放流过程中的现场验收原始材料，组织相关专家对当年海蜇放流情况进行总体验收。放流组向各位专家介绍各放流点现场验收原始材料和 2012 年海蜇放流的数量、规格等信息，专家组听取放流组对海蜇放流的汇报并审核现场，验收数据、资料，最终形成验收意见，最后，确定当年有效的放流数量、放流苗种规格及不合格苗种的数量，形成当年放流验收总表，并探讨当年放流过程中发现的问题，总结每年的增殖放流经验和意见，以便来年更加高效、有序地进行增殖放流。

海蜇放流后，对有害网具的管理非常重要，各种密眼网，例如，捕捞中国毛虾的跟兜网和一些定置张网等，都能损害大量幼蜇，特别是捕捞毛虾的跟兜网，一次作业，下网的数量多达数 10 片，损害幼蜇极为严重。2009 年以前，辽东湾是在 6 月 20 日开始禁渔，从 2009

年开始，禁渔时间提前至 6 月 1 日。从渔业管理的角度出发，为减少对放流海蜇的人为性损害，提高苗种的成活率，必须在禁渔期开始后进行海蜇放流。另外，放流后，在盐场和养殖池的纳水口需加防护网，防止放流的海蜇苗种被纳水损害。

(3) 放流时间

海蜇放流的时间跟放流效果息息相关，主要由放流海域的温度、渔业管理及海蜇的出苗时间等各种因素来确定。

一般来说，只要能满足 1 cm 伞径幼蜇的生活水温，就可以进行放流。辽东湾海蜇的自然群体，约在 6 月中旬出现伞径为 1 cm 大小的幼蜇，此时，水温为 20～22 ℃。根据生态试验结果，伞径为 1 cm 幼蜇的适温下限为 15 ℃，海蜇幼水母的培养以 18～22 ℃为宜(陈介康，1985)，幼蜇生存最适宜的温度为 24 ℃(鲁男等，1995)。

在辽东湾，5 月 15 日进行的调查，水温已达 14.8～15.9 ℃，在 5 月下旬，已达到放流的水温条件。考虑到幼蛰的最适生长温度，在辽东湾，6 月以后进行放流较为合适。辽东湾的海蜇放流时间，2009 年以前，是在 6 月 20 日左右；2009 年和 2010 年，为 6 月 1 日前后，持续时间为 1 周左右。例外的情况是，开始放流的 2005 年，分两次进行放流，时间分别是 5 月末、6 月 16～25 日。

在山东半岛南部沿海、莱州湾和渤海湾南部，放流时间为每年的 6 月上中旬。近几年，由于沙海蜇等大型灾害性水母泛滥，有必要根据海域水温的变化情况，把放流时间调整在沙海蜇发生之前，以便占据沙海蜇的生态位，抑制沙海蜇的发生。

在河北省和天津市，放流时间的确定主要是考虑苗种的生产时间和海区的水温条件。放流海域的水温不得低于 16 ℃，苗种培育水温与放流海区水温的温差要小于 2 ℃。因此，在河北省和天津市的放流海域，海蜇放流时间一般是在 5 月下旬至 6 月中旬。

(4) 放流地点

一般来讲，增殖水域以渔业资源衰退较为严重或生物多样性下降较为明显的水域为重点，选择适宜增殖种类生长发育至成熟且水域污染小、水流缓和、饵料生物丰富、捕捞影响小、利于增殖工作开展的水域。辽东湾北部近海原本就是海蜇的生长区域，那里有众多河流汇入，饵料丰富，且具有适合海蜇生长的温度、盐度，是海蜇栖息的优良场所，适宜进行海蜇放流。

海蜇幼蜇的伞径较小，较为脆弱，平稳的水流环境适宜幼蜇的生长，因此，需要在近海寻找一个温度、盐度合适，饵料丰富，特别是比较平稳的小海湾开展放流，这样才能在某种程度上保障幼蜇入海后的存活率。

2012 年开始，山东省将海蜇增殖水域扩大到全省的近海水域，共设置了 18 个海蜇增殖站，其中，渤海湾南部 2 个、莱州湾 7 个、烟威渔场 1 个、山东半岛南部沿海 8 个(图 6.1.6)。

河北省和天津市选择放流区域时，首先将基础饵料丰富的海域作为首选，其次，考虑在潮流畅通的浅海，附近有淡水径流入海，盐度在 10～35，避风浪性好，远离排污口、盐场和大型养殖场的进水口、定置网作业区等。因此，唐山海域是比较理想的海蜇放流区，天津与唐山毗邻，环境条件相似，也适合海蜇放流。河北省设置放流点 5 个，天津市设置 2 个。

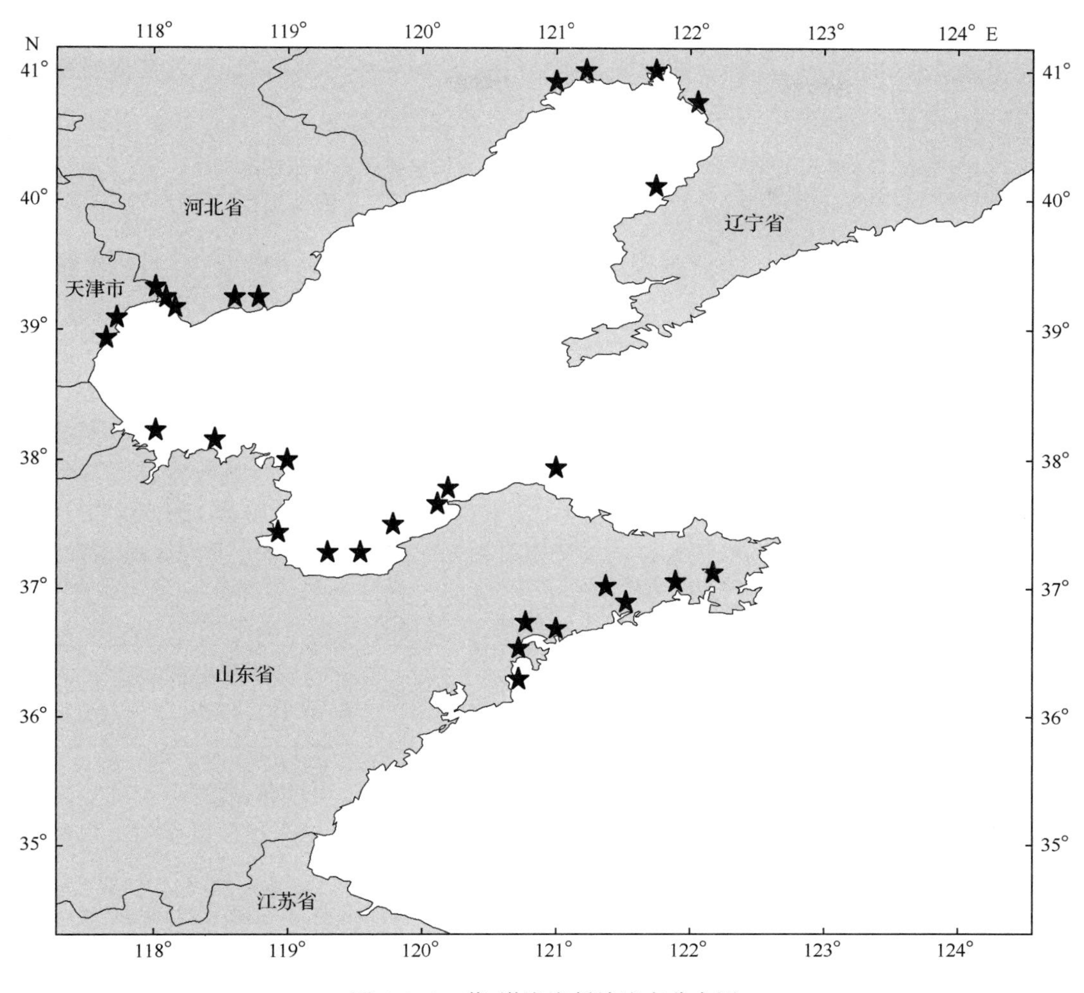

图 6.1.6　黄、渤海海蜇放流点分布图

辽东湾自然海蜇的分布区较大，40°30′N 以北均有海蜇分布，主要分布区是在辽东湾的西岸和北部水域，其行政辖区属于葫芦岛市、锦州市、盘锦市和营口市，大连市瓦房店的北部沿岸也有少量分布，这些主要分布区都有条件实施海蜇的增殖。海蜇的移动范围不大，其放流位置与当地渔民利益息息相关，为了使辽东湾渔民全部受益，在整个辽东湾的海蜇分布区都可进行放流。辽宁省考虑到河口区的饵料丰富，小海湾水流较为平稳，涨、落潮时海蜇在滩涂上的损失等因素，放流地点的选择条件是三面背山、较平稳的海湾，滩涂短、靠近河口和附近有码头设施，经过踏勘和对资料的分析，在辽东湾确定了 5 个放流地点。

(5) 放流数量

2005 年以后，山东省的海蜇增殖分别在渤海的莱州湾、渤海湾南部和山东半岛南部沿海进行放流。2005～2011 年，放流数量为 7025 万～49 299 万只，平均年放流 31 263 万只。其中，在渤海，平均年放流 14 854 万只，占 47.5%；在山东半岛南部沿海，平均年放流

16 409 万只，占 52.5%。这期间，捕捞产量在 3300～31 453 t，平均年捕捞 19 950 t。其中，在渤海，平均年捕捞海蜇 6545 t，占 32.9%；在山东半岛南部沿海，平均年捕捞海蜇 13 359 t，占 67.1%(表 6.1.24)。

表 6.1.24　2005～2011 年山东省各水域海蜇资源增殖情况

年份	放流数量/万只			回捕产量/t		
	渤海	山东半岛南部沿海	合计	渤海	山东半岛南部沿海	合计
2005	4 525	2 500	7 025	800	2 500	3 300
2006	4 382	5 218	9 600	6 189	11 013	17 202
2007	16 586	13 607	30 93	3 211	15 913	19 124
2008	12 607	12 103	24 710	6 726	18 326	25 052
2009	17 252	20 272	37 524	14 991	16 462	31 453
2010	23 652	24 561	48 213	6 617	18 378	24 995
2011	17 709	25 898	43 607	4 510	14 659	19 169
2012	22 117	27 112	49 229	9 326	9 617	18 943
平均	14 854	16 409	31 263	6 546	13 359	19 905

2005～2010 年，在辽东湾，年放流海蜇数量在 1.57 亿～3.65 亿只。

2005 年以来，在河北省和天津市的海域，累计放流海蜇 6651.3 万只。其中，河北省的海蜇放流始于 2005 年，截至 2011 年，共放流海蜇苗种 5302 万只；天津市的海蜇放流始于 2007 年，2009 年没有放流，共放流海蜇 1349.3 万只。

3. 增殖放流效果评估

(1) 放流群体比例

放流的海蜇入海后与自然海蜇混栖，调查时和汛期捕捞时的海蜇，均为这两者的混合群体，区分混合群体中放流个体和野生个体，确定放流群体占的比例，是增殖效果评价的基础。

由于海蜇没有内、外骨骼，身体为胶质，用常规的鱼、虾标志方法进行标志是不可行的，因此，估算放流海蜇的回捕率是多年来研究的重点和难点。2005 年，在一个海蜇放流点的培育场，采取人工控温方法，促使其提前释放碟状体，使它的时间早于自然海域海蜇螅状体释放碟状体的时间，实施提前放流。然后，通过本底调查和回捕调查，根据捕获幼水母伞径的明显差异及多年辽东湾海蜇的个体发育特征数据，估算出放流海蜇在混合群体中占的比例，来检验海蜇增殖的效果。评估的结果：2005 年，放流的 15 660 万幼蜇在混合群体中所占的比例为 11.7%～18.4%，野生海蜇占 88.3%～81.6%。

目前，主要是通过本底调查和放流后 10 天左右的资源量调查，根据放流前、后种群数量的变化，评估种群数量的增加量，来评价放流群体所占的比例。2010 年、2011 年、2012 年，山东半岛南部沿海海蜇放流群体所占比例分别为 99.87%、97.59%、97.17%，平均为 98.21%(表 6.1.25)。

表 6.1.25　2010～2012 年山东半岛南部沿海海蜇自然群体和放流群体的比例

年份	放流前平均资源密度/[尾/(网·h)]	放流后平均资源密度/[尾/(网·h)]	自然群体所占比例/%	放流群体所占比例/%
2010	0.52	396.71	0.13	99.87
2011	0.71	29.41	2.41	97.59
2012	0.43	15.19	2.83	97.17
平均	0.55	147.10	1.79	98.21

(2) 产量和产值

2007～2012 年，山东省在渤海的莱州湾、渤海湾南部和黄海的山东半岛南部沿海这 3 个海域，平均年放流海蜇苗种 39 596 万只，平均年捕捞产量为 23 123 t、产值为 25 519 万元，利润为 15 063 万元，直接投入产出比是 1∶31.2(表 6.1.26)。

表 6.1.26　2007～2011 年山东省海蜇增殖效果

年份	放流数量/万只	投入资金/万元	回捕产量/t	产值/万元	利润/万元	直接投入产出比
2007	32 509	645	19 124	17 685	11 113	1∶27.4
2008	24 212	573	25 052	27 349	13 907	1∶47.7
2009	38 724	708	31 453	30 574	19 180	1∶43.2
2010	49 287	1 066	24 995	25 087	14 458	1∶23.5
2011	43 615	996	19 169	26 807	15 976	1∶26.9
2012	49 229	1 383	18 943	25 610	15 741	1∶18.5
平均	39 596	895	23 123	25 519	15 063	1∶31.2

山东半岛南部沿海，海蜇捕捞生产于 7 月 20 日开始，渔期可延续到 11 月。2010～2012 年，秋汛捕捞生产平均年投入渔船 2427 艘，产量为 14 218 t，产值为 21 706 万元(表 6.1.27)。以 2010 年为例，总产量 18 378t，从 7 月 20 日开始生产，当月捕捞海蜇 3760 t，占总产量的 20.5%；8 月，捕捞量最大，达 8350 t，占 45.4%；9 月，也进行捕捞，产量达 4297 t，占 23.4%；10 月和 11 月，仍有少量捕捞，产量为 1341 t，占 7.3%。2010 年，海蜇的价格在9～12 元/0.5 kg，平均 10 元/0.5 kg；2011 年，在 10～14 元/0.5 kg，平均 12 元/0.5 kg；2012 年，在 12～14 元/0.5 kg，平均 13 元/0.5 kg 左右，略高于往年。

表 6.1.27　2010～2012 年山东半岛南部沿海海蜇捕捞生产统计

年份	捕捞渔船/艘	产量/t	产值/万元	利润/万元
2010	2 703	18 378	24 387	14 118
2011	1 902	14 659	26 807	16 146
2012	2 677	9 617	13 925	9 216
平均	2 427	14 218	21 706	13 160

2012 年，山东省的渤海沿岸海蜇喜获丰收，东营、烟台、潍坊、滨州各市的海蜇捕捞产量均显著高于去年，共捕捞 9325.8 t，同比增长 115%，产值为 11 685.3 万元，同比增长

117%。其中，东营的海蜇生产最好，产量高达 4400 t，创产值 5280 万元；烟台莱州的产情也非常好，捕捞海蜇 1500 t，产值为 1950 万元。

河北省和天津市海蜇放流规模小，各年的放流效果不尽相同。每年 7 月下旬，河北省和天津市渔政部门联合执法，预防偷捕和哄抢行为，商定统一的海蜇开捕期。开捕期一般是在 7 月 25 日或 27 日。资源较好的年份，海蜇捕捞时间为一周或 10 天，不好的年份，仅 2～3 天，甚至开捕当天就结束捕捞。2005 年，河北省放流 585 万只，天津市没有放流，仅河北省的捕捞产量就有 1628 t。按河北省的捕捞产量和捕获海蜇的平均体重进行计算，回捕率高达 9.3%，产值为 977 万元，直接投入产出比 1∶12.7。2006～2011 年，河北省的放流数量不同程度地增加或减少。天津市从 2007 年也开始放流，但生产一直不如 2005 年。分析其原因，影响海蜇放流效果的因素固然很多，但近几年沙蛰和海月水母等同生态位物种的泛滥，加之海蜇放流规模太小，使海蜇不能成为优势种群，在食物竞争中处于劣势，这是主要原因。因此，在放流规划时，应适当加大海蜇放流的数量。

2005 年，辽宁省在辽东湾有 5 个放流点，共放流伞弧长在 10 mm 以上幼蜇 1.566 亿只，平均伞弧长为 12.7 mm。锦州市于 5 月 25～30 日在小凌河口放流 3500 万个幼蜇，其他 4 个市于 6 月 16～25 日放流。2005 年，辽东湾的放流海蜇回捕率为 3.2%，捕捞放流海蜇 502 万只，平均体重为 2.5 kg，回捕产量为 1.25 万 t，占辽东湾海蜇总产量的 13.7%。按 0.7 万元/t 计算，捕捞产值为 0.87 亿元，直接投入产出比达 1∶17.4。2006 年 6 月 16～25 日，在辽东湾 5 个相同水域，大规模放流 2.58 亿只海蜇，各市的放流数量：葫芦岛市为 5292.16 万头只，锦州市为 5292.16 万只，盘锦市为 7518.27 万只，营口市为 5494.34 万只，瓦房店市为 1883.98 万只。2006 年，辽东湾放流海蜇的回捕率为 3%，回捕海蜇 807 万只，平均体重为 1.5 kg，回捕产量为 1.21 万 t，占辽东湾海蜇总产量的 36.6%，按 0.6 万元/t 计算，捕捞产值为 0.72 亿元，直接投入产出比达 1∶18。在辽东湾 5 个相同水域，2007 年 6 月 16～25 日，放流 2.5 亿只，回捕 527 万只，回捕率为 2.1%；2008 年 6 月 16～25 日，放流 3 亿只海蜇，回捕海蜇 305.7 万只，回捕率为 1%；2009 年 6 月1～7 日，放流 3.18 亿只海蜇，回捕海蜇 214 万只，回捕率为 0.7%；2010 年 6 月 1～7 日，放流海蜇苗 42 299.1 万只，其中，10 mm 及以上的 36 528.5 万只，10 mm 以下的 5770.6 万只，放流苗种平均伞径为 13.1 mm，最大为 25 mm，最小为 6 mm，回捕产量为 0.319 万 t(表 6.1.28)。

表 6.1.28 2005～2010 年辽东湾海蜇放流效果

年份	放流数量/亿头	回捕数量/万头	回捕率/%	回捕产量/万 t	回捕产值/万元
2005	1.566	502	3.2	1.25	7 500
2006	2.58	807	3	1.6	7 200
2007	2.5	527	2.1	0.315	3 000
2008	3	305.7	1	0.283 4	2 267
2009	3.18	214	0.7	1.08	10 000
2010	3.65	168	0.46	0.319	3 470

海蜇增殖具有周期短、生长快、无需投饵、病害少的特点。从 2010 年和 2011 年的调

查情况看，山东省捕捞海蜇的单船平均产量为300 kg，最高日产5000 kg。8月下旬，价格为12元/ kg，9月上旬为11元/ kg，9月中旬为11元/ kg，9月下旬以后达12元/ kg以上。山东半岛南部沿海，增殖的海蜇比较分散，虽无大网头出现，但渔期较长，一直到11月下旬，仍然有50～80 kg/d的捕捞量。有效合理的增殖带动了良好的社会效应，促进了水产苗种业、水产品加工等相关行业的发展，同时，增加了社会就业机会，缓解了社会压力。

海蜇增殖，丰富了自然水域的生物多样性，改善了水域的生态结构，充分利用了近岸水域基础生产力，减轻了水域的富营养化压力，对海洋生态环境的保持和改善起到了积极的作用。前几年，在进行海蜇放流的渤海和山东半岛南部沿海，沙蜇很少出现，而未开展海蜇放流的烟威渔场，每年都有大量的沙蜇出现。2012年，由于气候和海洋大环境的影响，在山东半岛南部沿海，沙蜇和浒苔出现的时间较往年提前1个月左右，由于沙蜇提前出现，海蜇放流时间晚于沙蜇发生的时间，使海蜇对同一生态位沙蜇的抑制作用降低，灾害性大型水母沙蜇泛滥，给海洋生态环境和渔民的渔业生产造成极大的影响。与此同时，由于渤海海蜇放流时间早于沙蜇的发生时间，沙蜇的数量极少。

（3）回捕率

根据各个阶段的平均体重（图6.1.7）和产量，计算出回捕的数量。在山东半岛南部沿海，2010年、2011年、2012年，回捕海蜇的数量分别为467.47万只、418.96万只、272.24万只，平均年回捕386.22万只，回捕率分别为1.90%、1.58%、0.98%，平均年回捕率为1.49%（表6.1.29）。

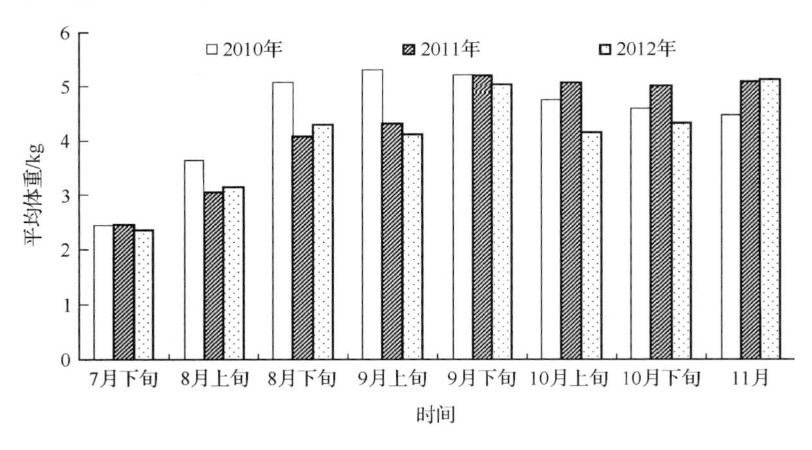

图6.1.7　2010～2012年山东半岛南部沿海秋汛海蜇平均体重

表6.1.29　2010～2012年山东半岛南部沿海放流海蜇的回捕率

年份	放流数量/万只	捕捞产量/t	捕捞数量/万只	放流群体占的比例/%	回捕率/%
2010	24 561	18 378	467.47	99.87	1.90
2011	25 898	14 659	418.96	97.59	1.58
2012	27 112	9 617	272.24	97.17	0.98
平均	25 857	14 218	386.22	98.21	1.49

2005～2011 年，辽东湾放流海蜇的回捕率为 0.46%～3.20%。

(4) 投入产出比

2010～2011 年，在山东半岛南部沿海，平均年放流海蜇 25 857 万只，苗种成本为 622 万元，秋季捕捞产值为 21 706 万元，平均年直接投入产出比为 1∶34.2(表 6.1.30)。

表 6.1.30　2010～2012 年山东半岛南部沿海放流海蜇的直接投入产出比

年份	放流数量/万只	苗种费用/万元	产值/万元	放流群体比例/%	投入产出比
2010	24 561	665	24 387	99.87	1∶36.6
2011	25 898	601	26 807	97.59	1∶43.5
2012	27 112	600	13 925	97.17	1∶22.5
平均	25 857	622	21 706	98.21	1∶34.2

2012 年，山东省，在渤海的莱州湾和渤海湾南部，放流海蜇 22 117 万只，苗种成本为 750 万元，秋季，捕捞的产值为 11 685 万元，直接投入产出比为 1∶15.6。

2005 年，河北省放流海蜇 585 万只，捕捞产量为 1628 t，产值为 977 万元，直接投入产出比 1∶12.7。

2005 年，辽东湾的海蜇产量约 9.1 万 t，个体平均体重为 2.5 kg，相当于 3640 万只海蜇，其中放流海蜇占 13.8%，回捕放流海蜇 502 万只，回捕产量为 1.25 万 t，回捕率约 3.2%，按每千克 6 元计，产出 7500 万元，放流成本为 500 万元，投入产出比约 1∶15。

三、三疣梭子蟹

1. 增殖放流历史回顾

三疣梭子蟹是黄、渤海近海渔业的重要作业目标种类，也是增殖效益最好的种类之一。自 2005 年启动实施渔业资源修复行动以来，山东省在渤海的莱州湾和渤海湾南部及山东半岛南部沿海开展了三疣梭子蟹放流，累计放流蟹苗 12.60 亿只，捕捞产量近 7 万 t，效益十分显著。三疣梭子蟹增殖不仅对自然资源的补充和恢复起到积极作用，而且也使广大渔民得到了实惠，取得了显著的生态、经济和社会效益。

2005 年以后，河北省在秦皇岛、唐山、沧州的近岸水域，天津市在其沿海，也都相继开展了三疣梭子蟹的增殖放流。

2. 增殖放流规模

(1) 增殖放流苗种

亲蟹来自自然海域，苗种培育后，经检验、检疫合格后方可放流，纤毛虫或微孢子虫不得检出，氯霉素(chloromycetin)、孔雀石绿(malachite green)、硝基呋喃类代谢物(the metabolites of nitrofuran autibiotics)不得检出，放流苗种达到规格后方可出池。

目前，在黄、渤海放流的苗种为Ⅱ期仔蟹，其头胸甲长为 6～8 mm。苗种规格要整齐，个体要完整，体表光洁、无附着物，活力强，规格合格率≥85%，畸形率、伤残率和死亡率之和≤5%。

（2）放流技术

苗种出池时，用手将出池的蟹苗与经过海水浸泡透的稻糠（降温海水浸泡 24 h，滤水后以手握不滴水为准）按 1∶5 的比例，轻轻地搅拌均匀，必要时，密封前可加入适量冰块，蟹苗和稻糠搅拌后，装入容积为 20 L、双层、无毒的塑料袋，充氧扎口后，将塑料袋装入泡沫箱或纸箱（700 mm×280 mm×400 mm）并用胶带密封。每箱装两袋，每袋装苗的密度为 5000～6000 只。

采用质量计数法计数，要求每箱的装苗数量基本相同，每装运一个批次，将已装苗箱放阴凉处整齐排列，等待随机抽样计数。按不少于已装苗实有箱数的 0.5%，随机抽样，最低不少于 3 箱，并将抽样苗种与稻糠全部称重；按不少于总质量的 0.03%（最低不少于 100 g）二次抽样，计量单位质量苗种的数量，求得平均每袋苗种数量，进而求得本计数批次苗种的数量。每计量批次不得超过 600 箱。

苗种计数后，将苗种装车，运至码头，再改用船只运至规定的放流海域。运输时，避开高温（30 ℃以上），采取遮光措施，箱内温度控制在 18～23 ℃，运输时间控制在 2 h 以内。

放流时，要求天气晴朗或阴天，风力在 6 级以下。投苗时，船速控制在每小时 1 海里之内，打开装苗箱和装苗袋，将苗种距海面 1 m 内缓缓投放入水。

（3）放流时间

在黄、渤海三疣梭子蟹越冬后，4 月初，向近岸洄游，中旬，生殖群体游至近岸河口附近产卵场，4 月下旬，水温升至 12℃左右时，开始产卵，至 5 月底和 6 月，第一次抱卵、散籽孵化。人工育苗条件下，散仔孵化的时间可提前半月至 20 天。山东省的放流时间为每年的 5～6 月，目前，主要在 6 月。河北省和天津市的三疣梭子蟹苗种生产所需亲蟹均来自渤海湾，最早于 5 月中下旬，即可放流Ⅱ期仔蟹，最晚到 7 月底。当放流海域的底层水温回升至 15 ℃以上时，可择期放流。若放流日或放流后 3 天内，有 6 级以上大风或 1.5 m 以上海浪，放流日或放流后 3 天内有中到大雨，都要改期放流。

（4）放流地点

三疣梭子蟹放流点应选择其产卵场、索饵场，其饵料生物丰富，适合于生长繁殖，底质为泥沙或沙泥质，无还原层污泥，水深在 5 m 以上并要远离排污口、海洋倾废区等不利于生长栖息的区域。根据渔业水质标准，其放流海域环境条件应达到以下标准：水温为12～32℃，且水温与暂养的水温相差 2℃以内，pH 为 7.8～8.5，盐度为 10～34，透明度为30～40 cm，溶解氧≥4.0 mg/L，氨氮≤0.5 mg/L，硫化氢≤0.1 mg/L。

山东省放流三疣梭子蟹的海域，在渤海有莱州湾和渤海湾南部，在黄海有山东半岛北部和山东半岛南部沿海。在渤海湾、莱州湾沿岸，分别设置了 5 个、17 个放流点；在山东半岛北部沿岸，设置了 4 个放流点；在山东半岛南部沿岸，设置了 21 个放流点（图 6.1.8）。

河北省和天津市的三疣梭子蟹放流，主要集中在渤海湾的沧州海域、天津海域和唐山西部海域。渤海湾是三疣梭子蟹的产卵场、索饵场和育肥场。在渤海湾放流三疣梭子蟹的主要优势体现在以下几个方面：基础饵料丰富、水域透明度低，这十分有利于放流苗种躲避敌害；除个别指标超标外，绝大部分水质因子符合渔业水域二类水质标准；最为有利的是，该海域是三疣梭子蟹重要饵料——光滑蓝蛤的主要产地。目前，北方沿海增殖光滑蓝蛤的苗种和用于虾、蟹类养殖的饵料大部分来源于渤海湾。

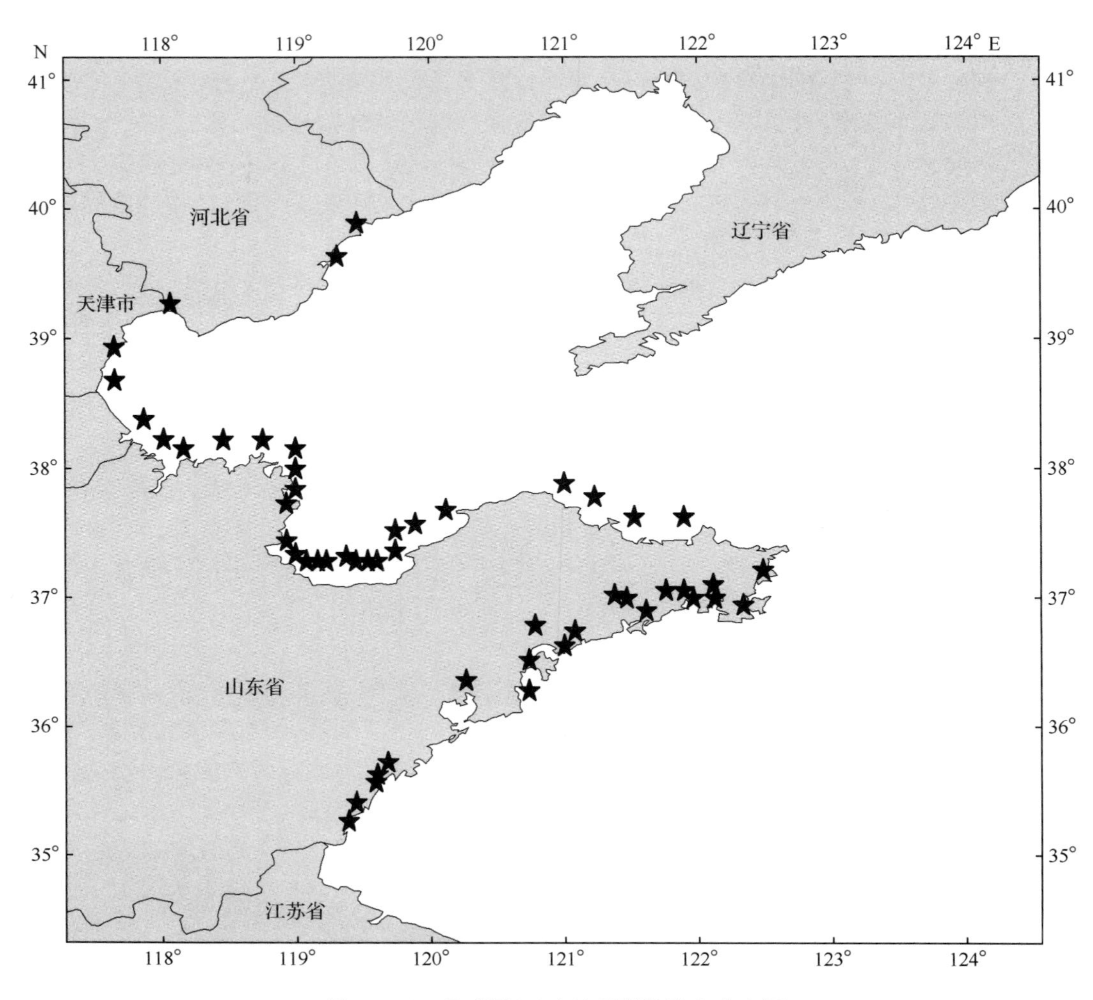

图 6.1.8　黄、渤海三疣梭子蟹放流点分布图

(5) 放流数量

2005～2012 年，在黄、渤海累计放流三疣梭子蟹 146 556 万只(表 6.1.31)，平均年放流 20 937 万只。其中，山东省在渤海的莱州湾、渤海湾南部、黄海的山东半岛北部沿海和山东半岛南部沿海，共放流三疣梭子蟹 128 027 万只，平均年放流 18 290 万只，捕捞三疣梭子蟹 70 970 t，平均年捕捞 10 139 t(图 6.1.9)。河北省放流了 13 333 万只，平均年放流 1905 万只；天津市放流了 5196 万只，平均年放流 742 万只。

表 6.1.31　2005～2011 年黄、渤海三疣梭子蟹放流数量　　(单位:万只)

年份	河北省	天津市	山东省	合计
2005	768		4 092	4 860
2006	600	630	13 896	15 126
2007	800	855	18 225	19 880

续表

年份	河北省	天津市	山东省	合计
2008	1 428	1 100	18 228	20 756
2009	3 348	997	22 660	27 005
2010	4 944	512	23 846	29 302
2011	1 445	1 102	27 080	29 627
合计	13 333	5 196	128 027	146 556

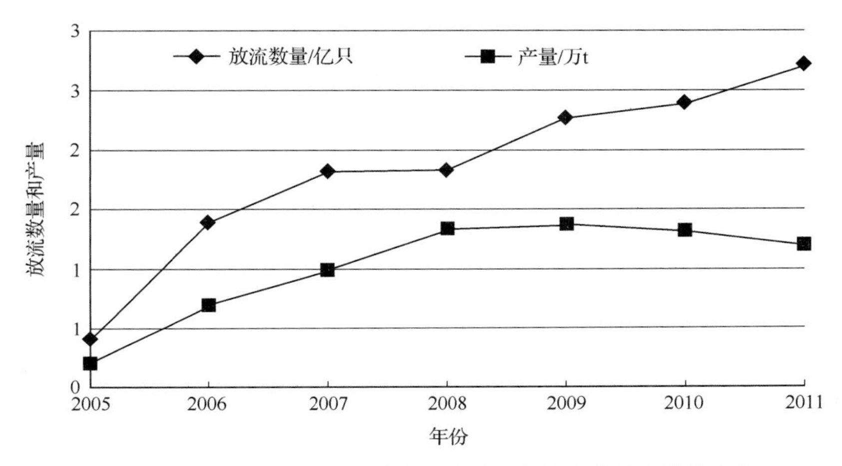

图 6.1.9　2005～2011 年山东省三疣梭子蟹放流数量及捕捞产量

3. 增殖放流效果评估

(1) 放流群体比例

2010 年和 2011 年，在山东半岛南部沿海的黄家滩湾、丁字湾、胶州湾、乳山湾、五垒岛湾、靖海湾、桑沟湾等放流点周围，通过三疣梭子蟹放流前的资源本底调查和放流后 10 天左右的资源增加量调查，根据幼蟹数量的增加量来评估放流群体的比例。2010 年、2011 年，放流群体占的比例分别为 96.6%、94.2%，平均为 95.4%（表 6.1.32）。

表 6.1.32　2010～2011 年山东半岛南部沿海三疣梭子蟹放流群体比例

年份	放流前资源量 /[只/(站·h)]	放流后资源量 /[只/(站·h)]	资源增加量 /[只/(站·h)]	放流群体比例 /%
2010	0.90	26.50	25.60	96.6
2011	1.70	29.14	27.44	94.2
平均	1.30	27.82	26.52	95.4

(2) 产量和产值

2010 年，山东省在莱州湾、渤海湾南部和山东半岛南部沿海放流 2.18 亿只，增殖效益 6 年保持持续、稳定增长。全省共捕捞三疣梭子蟹 13 145.8 t，创产值 75 415 万元，实现利润 46 100 万元。在渤海，捕捞生产情况明显好于山东半岛南部沿海（其中，在渤海捕捞 8986 t,在山东半岛南部沿海捕捞 4160 t)。2005～2011 年,山东省累计放流三疣梭子蟹 128 027 万只,平均年放流 18 290 万只,捕捞三疣梭子蟹 70 970 t,平均年捕捞 10 139 t。

2005～2011 年,河北省共放流三疣梭子蟹 9737 万只,捕捞量合计为 8173 t,平均年回捕率为 3.2%,总产值为 5.24 亿元(表 6.1.33)。

表 6.1.33 2005～2011 年河北省三疣梭子蟹放流情况统计

年份	放流数量/万只	回捕量/t	回捕率/%	产值/亿元	投入产出比
2009	3348	2373	3.1	1.09	1∶9.1
2010	4944	3000	3.7	1.35	1∶9.2
2011	1445	2800	2.8	2.80	1∶2.7
合计	9737	8173	—	5.24	—

黄、渤海三疣梭子蟹的放流使其捕捞群体不断得到补充,剩余群体又加入到繁殖群体,周而复始,使三疣梭子蟹产量逐年增加,资源得到修复的迹象十分明显,促进了渔民增产、增收和渔业的稳定。

(3) 回捕率

根据秋汛捕获三疣梭子蟹群体的年龄组成进行分析,2010 年、2011 年,山东半岛南部沿海放流三疣梭子蟹的当年回捕率分别为 6.46%、7.55%,平均回捕率为 7.0%(表 6.1.34)。

表 6.1.34 2010～2011 年山东半岛南部沿海放流三疣梭子蟹的当年回捕率

年份	放流量/万只	当年个体比例/%	产量/t	平均体重/g	回捕量/万只	当年捕捞/万只	放流群体比例/%	回捕率/%
2010 年	13 400	74.4	3 180	264	1 205	896.41	96.60	6.46
2011 年	13 906	60.0	4 867	262	1 858	1 114.58	94.17	7.55
平均	13 653	67.2	4 023.5	263	1 531.5	1 005.495	95.385	7.05

2005～2011 年,河北省共放流三疣梭子蟹 9737 万尾,累计捕捞产量 8173 t,平均年回捕率为 3.2%。

四、鱼类

1. 增殖放流历史回顾

自 1959 年首次进行黑鲷人工育苗试验以来,先后在真鲷、黑鲷、褐牙鲆、黄盖鲽、半滑舌鳎、圆斑星鲽、鲮、花鲈、黄姑鱼、斑鰶、许氏平鲉、大泷六线鱼、红鳍东方鲀、假睛东方鲀、虫纹东方鲀等经济鱼类人工育苗技术上取得较大进展,并开展了工厂化批量生产。苗种主要用于池塘养殖、工厂化养殖和增殖放流。

1982 年以后,山东省相继进行了黑鲷、真鲷、褐牙鲆、黄盖鲽、鲮等经济鱼类的增殖放流试验。1983～1984 年,首先在胶州湾进行了褐牙鲆放流,两年共放流平均体长为 30.9 mm 鱼苗 22 万尾。1986 年,又在胶州湾内放流体长为 80～170 mm 黑鲷苗 18.39 万尾。黄盖鲽增殖是从 1987 年开始的，先后在烟台近海、胶州湾和秦皇岛近海放流，5 年共放流 15～20 mm 苗种 29.29 万尾。1983 年，开始进行鲅的放流，先后在乳山近海和黄骅近海开展，其中，在黄骅近海，1987～1995 年，共放流 30 mm 以上苗种 4054.6 万尾。1991～1995 年，还进行了真鲷的放流，放流地点主要有青岛、烟台、莱州、秦皇岛等地，5 年共放流 30～50 mm 苗种 97.9 万尾。

1991～1995 年，放流真鲷和鲅时，对部分苗种进行了标志，标志真鲷 11 万尾，鲅 16 万尾。其中，真鲷是采用标志牌标志法，标志牌宽为 2 mm，长为 50 mm，重 0.11 g。用标志枪将标志牌注射在鱼体背鳍前端基部与侧线之间的肌肉部位，横向穿挂在鱼体上，标志鱼的全长在 80 mm 以上。鲅是采用标志牌和剪除背鳍两种标志法，剪鳍标志法的效果不好。标志牌标志法，对不同规格鱼苗的影响不同。标志真鲷苗经 30 天暂养试验，其成活率随规格的增加而上升，脱牌率则下降。经与未标志鱼比较，标志牌对全长在 80 mm 以上的真鲷苗基本无不利影响，对 60 mm 以下的个体影响较大。

鱼类生命周期较长，与中国对虾、海蜇等一年生种类不同，回捕效果较难估算。因此，鱼类放流效果的评价是鱼类增殖工作中的重要课题之一。鱼类放流效果评价，主要从渔业生产捕捞和标志鱼回捕两个方面开展。据乳山市对 1983 年后鲅放流的回捕效果的分析，其回捕率为 12%。1987～1991 年，黄骅共放流鲅苗 2590 万尾，1988～1991 年，共回捕鲅 741.8 t，以平均体重为 250 g 计，其回捕率达 11.0%。据对 1991～1995 年的鲅和真鲷标志鱼回收情况的分析，真鲷标志鱼的回捕率为 0.68%，鲅标志鱼的回捕率为 0.15%。

目前，已经开展增殖放流的种类主要有真鲷、黑鲷、褐牙鲆、黄盖鲽、半滑舌鳎、鲅、松江鲈、许氏平鲉、红鳍东方鲀、大泷六线鱼等经济鱼类。

2. 增殖放流规模

(1) 增殖放流苗种

在黄、渤海鱼类放流主要集中在山东省、河北省和天津市。山东省放流的褐牙鲆、黄盖鲽、半滑舌鳎、许氏平鲉等苗种的全长为 50 mm，鲅、真鲷、黑鲷、松江鲈苗种的全长为 30 mm。河北省和天津市放流的褐牙鲆苗种的全长为 30 mm、50 mm，鲅为 30 mm，真鲷为 20 mm，红鳍东方鲀为 40 mm(表 6.1.35)。

表 6.1.35　黄、渤海鱼类放流苗种规格

种类	苗种长度/mm		放流时间/月份	
	山东省	河北省和天津市	山东省	河北省和天津市
褐牙鲆	50	30、50	7～9	6～7
黄盖鲽	50		9～10	
半滑舌鳎	50		7～10	
鲅	30	30	6～7	6～7
真鲷	30	20	6～7	6
黑鲷	30		7～9	
松江鲈	30		4～5	
许氏平鲉	50		6～7	
红鳍东方鲀		40		6～7

（2）放流时间

鱼类增殖放流的时间因种类和放流区域的不同而异，主要集中在春季、夏季和秋季（表 6.1.35）。其中，褐牙鲆在 7～9 月，黄盖鲽在 9～10 月，半滑舌鳎在 7～10 月，许氏平鲉在 6～7 月，鲅在 6～7 月，真鲷在 6～7 月，黑鲷在 7～9 月，松江鲈在 4～5 月，红鳍东方鲀在 6～7 月。

（3）放流地点

在黄、渤海，褐牙鲆的放流地点主要有河北省的秦皇岛、黄骅、北戴河、滦南、乐亭和山东省的日照、乳山、文登、荣成、威海、蓬莱、龙口、招远、莱州、牟平、潍坊（图 6.1.10）。鲅的放流点主要集中在渤海湾，河北省是在季家堡、南排河、涧河、高尚堡，山东省是在滨州。黄盖鲽的放流集中在山东半岛的南、北沿海，主要放流点有蓬莱、烟台、威海和海阳。半滑舌鳎的放流是在渤海湾、莱州湾和山东半岛南部沿海，放流点主要有河北省的黄骅和山东省的滨州、潍坊、莱州、海阳。真鲷的放流规模较小，目前，只在河北省的北戴河进行。黑

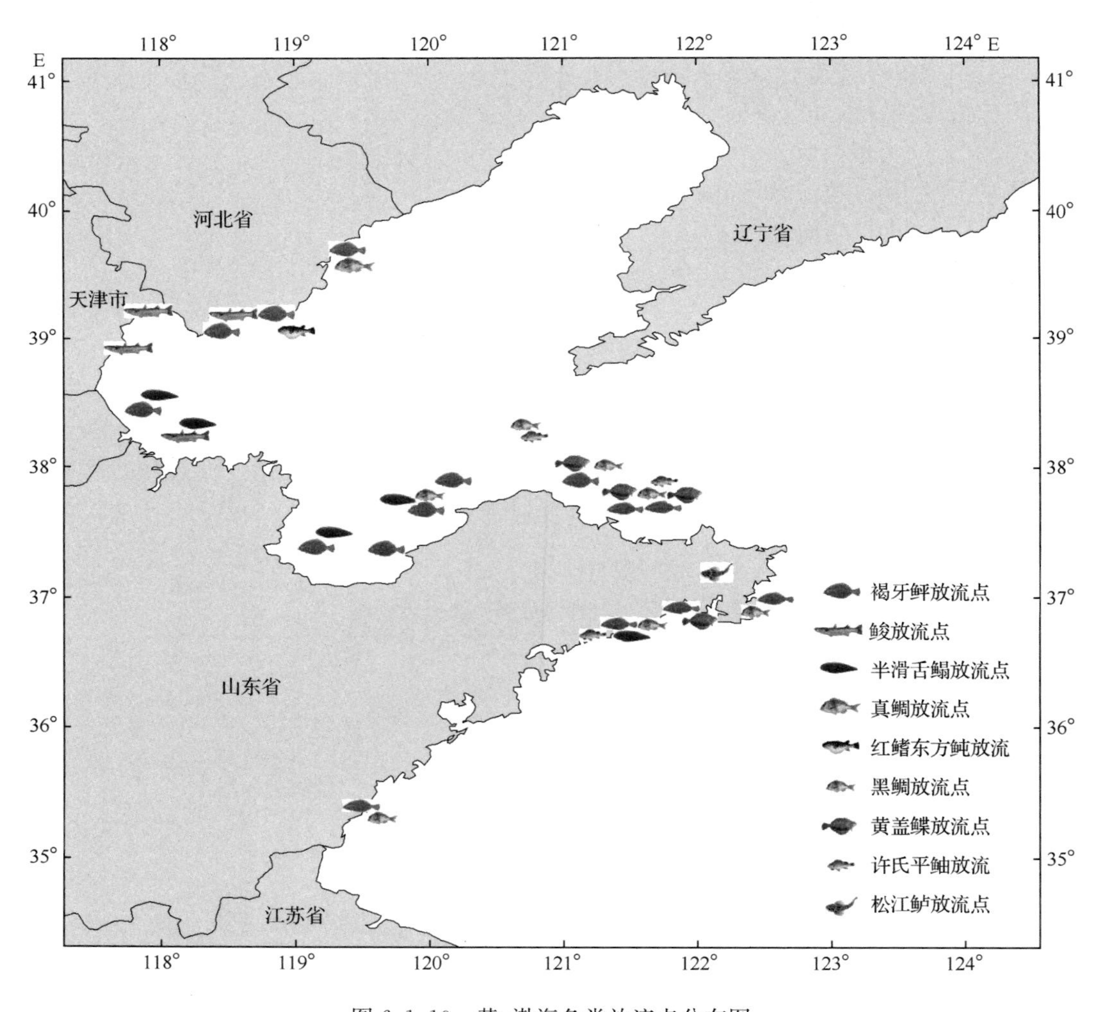

图 6.1.10　黄、渤海鱼类放流点分布图

鲷的放流主要在山东半岛的南、北沿海开展，放流点有威海、荣成、日照、长岛、蓬莱、海阳。红鳍东方鲀的放流仅在河北省的乐亭进行。许氏平鲉的放流主要是在长岛、牟平、海阳等的人工鱼礁区进行。松江鲈是二类野生保护动物，增殖是为了恢复和维持其种群的数量，目前，放流只在文登的青龙河口海域实施。

（4）放流数量

2011 年，山东省共放流鱼类苗种 2106.6 万尾。7 月 19 日～10 月 30 日，在渤海的滨州、潍坊、莱州等地放流了全长在 50 mm 以上的半滑舌鳎苗种 247.18 万尾；7 月 22 日～9 月 23 日，在黄海的威海、荣成、日照、长岛、蓬莱、海阳等地放流了体长在 50 mm 以上的黑鲷苗种 621.61 万尾；9 月 6～15 日，在烟威渔场的威海、文登、蓬莱、烟台等地放流了全长在 50 mm 以上的黄盖鲽苗种 202.04 万尾；7 月 11 日～9 月 28 日，在黄海的日照、乳山、文登、荣成，烟威渔场的威海、蓬莱和渤海的龙口、招远、莱州、潍坊等地，放流了全长在 50 mm 以上褐牙鲆苗种 1035.77 万尾。使用地、市级财政扶持的放流种类主要是地方性鱼类。山东省沿海的滨州、东营、潍坊、烟台、威海、青岛、日照 7 个地市，均设有鱼类资源增殖专项资金，扶持鱼类资源增殖工作。以烟台市为例，2011 年，烟台市财政扶持的鱼类增殖种类主要有褐牙鲆、许氏平鲉、黑鲷、黄盖鲽等，共投入财政资金 463.74 万元，通过政府招标后，放流鱼类苗种 395.95 万尾（表 5.1.2）。其中，6 月 26 日～7 月 24 日，在开发区和牟平区沿海，放流褐牙鲆苗种 125.91 万尾；7 月 23～27 日，在长岛县、芝罘区和牟平区沿海，放流许氏平鲉苗种 125.49 万尾；7 月 21～23 日，在开发区和芝罘区，放流黑鲷苗种 78.19 万尾；7 月 18 日，在开发区和蓬莱市，放流黄盖鲽苗种 66.36 万尾。

河北省开展的鱼类增殖放流物种主要有褐牙鲆、鲮、红鳍东方鲀、半滑舌鳎和真鲷。2005～2011 年，共放流了鱼类苗种 3096 万尾（表 6.1.36）。

表 6.1.36　黄、渤海鱼类放流苗种数量　（单位：万尾）

年份	褐牙鲆	鲮	半滑舌鳎	真鲷	红鳍东方鲀	合计
2005	65				83	148
2007	80					80
2008	83	150	10	310		553
2009	202	23	47			271
2010	365	950	22			1337
2011	261	375	72			708
合计	1056	1498	150	310	83	3097

3. 放流效果评估

（1）山东省

2011 年，对褐牙鲆、黑鲷、半滑舌鳎 3 种放流鱼类的回捕效果调查，截至 11 月底，共回捕产量 239 t、产值为 1635 万元，生产成本为 591 万元，利润高达 1044 万元（表 6.1.37）。

表 6.1.37　2011 年山东省放流鱼类回捕情况

种类	投产船数/艘	产量/t	产值/万元	成本/万元	利润/万元
褐牙鲆	830	100	408	147	261
黑鲷	800	99	280	112	168
半滑舌鳎	25	40	947	332	615
合计	1655	239	1635	591	1044

（2）河北省

放流的褐牙鲆苗，需要生长 3 年才能达到商品规格。2011 年，在秦皇岛海域放流褐牙鲆 261 万尾，按放流褐牙鲆 3 年后的成活率为 8%来计算，可存活 20 万尾。褐牙鲆生长 3 年可达 1 kg，可捕褐牙鲆为 200 t，按现行价格 140 元/ kg 计算，其产值达 2800 万元，平均年产值为 933 万元，投入产出比为 1∶2.4。尽管放流褐牙鲆的当年形不成渔汛，但对增加繁殖群体均具有十分重要的意义。1984 年 8 月，进行海岸带调查时，秦皇岛海域褐牙鲆的相对重要性指数(IRI)为 317。2004 年 8 月，河北省进行海洋生物资源调查时，褐牙鲆为 0。2009 年、2010 年、2011 年，对秦皇岛海域褐牙鲆放流区的生态环境进行的调查，褐牙鲆的相对重要指数(IRI)分别为 8.02、11.5、34.8，从其相对重要性指数可以看出，放流的生态效益十分明显。

根据鲮的分布移动规律，渔民捕捞鲮的时间、使用的网具均有所不同：12 月下旬，鲮进行越冬移动，这时一般采用集中捕捞的方式，如单拖或双拖；翌年春季，鲮向近岸进行索饵移动，这其间主要使用拖网生产，当游至岸边浅水处，则改用大型拉网围捕；5～11 月，鲮在浅水栖息、索饵，不集群，此时，多以定置网或小型网具生产，同时，也是其他网具的兼捕对象，但数量很少，捕捞强度不大。要对鲮的放流效果进行评价，首先要统计其产量，再界定放流个体在捕捞群体中的比例。但目前，产量的统计有一定的难度，一方面是因为作业网具较杂，使夏、秋季的产量统计有难度；另一方面是因为鲮的集中捕捞时间是在冬季，但是，一般都要求在 11 月或 12 月拿出其评估结果，而此时，生产结果还没有统计出来。目前，鲮的标志放流方法尚未开发成功，判定其渔获物中放流个体所占的比例也难于进行，因此，鲮增殖放流的经济效益分析无法开展。但是，可以肯定的是，通过放流，增加了鲮的补充群体，维持了鲮资源的相对稳定，其生态效益是比较明显的。

由于红鳍东方鲀和真鲷均为洄游性鱼类，放流规模小，且放流次数少，进行资源调查时，这两种鱼都没有捕到过。半滑舌鳎的放流规模更小，但最近几年，在黄骅海域进行中国对虾的本底调查和幼虾调查时，均能捕到当年 3～4 月放流的半滑舌鳎，甚至还能捕到 1 周龄的半滑舌鳎。总之，这 3 种鱼的放流量少，放流后难以形成规模群体，捕获量甚少，目前，都还难以对其放流的经济效益进行评价。但从尚能捕到半滑舌鳎的幼鱼和 1 龄鱼的情况看，半滑舌鳎放流的生态效益已经显现，今后，随着放流规模的扩大，其经济效益将会进一步明显。

五、金乌贼

1. 增殖历史回顾

金乌贼是黄、渤海近岸水域的传统经济头足类，生产以笼钓为主，也是拖网、定置网、流刺网的兼捕对象。20 世纪 80 年代中期以前，其渔获量较高，此后，由于捕捞过度，资源逐渐衰退。针对金乌贼资源衰退的现状，自 1991 年开始，山东省连续多年在海州湾进行了金乌贼的资源增殖，年渔获量由增殖之前的 860～2243 t 提高到 3000～6000 t(金显仕等，2006)。

辽宁省、河北省和天津市，尚未进行金乌贼规模性放流，主要是受制于苗种来源。2010 年，秦皇岛市海鑫水产股份有限公司进行长蛸和短蛸的人工育苗试验，长蛸育苗试验失败，短蛸育苗试验获取 1.6 万尾苗种，在秦皇岛海域进行放流。

2. 增殖规模

金乌贼增殖水域的选择应避开航道、锚地、倾废区和拖网作业区等区域，水深为 10～15 m，沙泥底质，无污泥，水清藻密，基础生物饵料丰富，海流通畅，流速为 0.4～0.7 m/s，增殖期水温为 15～27 ℃，盐度为 29～31。下笼增殖时间为 6 月 10～30 日。

选用乌贼笼作为移植卵子的附着基。其结构为用木棒或竹竿等圆柱形支撑材料做成底部呈弓形的三棱形框架，外部用聚乙烯网衣包覆(网衣用线规格：3 mm×3 mm、3 mm×4 mm，网目为 5～6 cm)，底部留有一铁制圆孔。附着基投放方法有悬吊式和着底式两种，前者用缏缆、浮子使附着基与海底保持一定距离，一般 1～1.5 m 即可，投放时按行排列，行距一般为 3～5 m，后者将附着基投放海底，均匀分布，间距不小于 1 m。附着基投放完毕后，在增殖水域要做好标志。受精卵孵化期间(6 月下旬至 8 月中下旬)，要经常组织巡查人员在增殖区巡逻看护，防止附着基丢失或损害，同时，对附着基进行检查，发现有淤陷等情况，要及时处理，相隔 15 天测量水温一次，观察受精卵孵化情况，做好记录。

要求受精卵卵仔饱满，无畸形，透亮，其附着密度≥1000 粒/笼，孵化率≥80%。

附着基的收集与投放，应尽量选择在日出前、日落后或阴天进行，并尽量缩短干露时间，一般不超过 2 h。在移植增殖期间，将分散在产卵场的、附卵后的乌贼笼分期、分批地收集起来，将它们迅速用船或其他运输工具运至预定增殖水域。运输过程中要使附着基(受精卵)保持一定湿度。距离较远且有阳光照射时，应采取遮阴措施。

1991 年开始，采用投放乌贼笼采集受精卵的方法，2005 年，改用附着基附卵的方法。在日照、胶南近海投放乌贼笼，采集和保护大批乌贼受精卵，提高受精卵的孵化率和乌仔的成活率，进行金乌贼资源增殖。金乌贼增殖资源于 9 月 16 日开捕，以坛子网、双翼底拖网(囊网网目 5.4 mm)等为捕捞工具，回捕率达 3%～5%。

3. 增殖效果评估

山东省开展金乌贼增殖前，1987～1990 年，其年渔获量为 860～2243 t，平均年渔获量 1625 t。1991 年开始增殖，当年投放乌贼笼 1.40 万个，增殖幼乌贼 1400 万头。1992～2004 年，年投放乌贼笼在 3.00 万～5.49 万个，平均年投放 4.52 万个，增殖幼乌贼 3000 万～5500 万头，平均年增殖 4520 万头，年渔获量上升到 2212～5279 t(图 6.1.11)，平均年渔获量为 3442 t，平均年增渔获量 1648 t，年产值增加到 1883 万～5279 万元，平均年产值 3201 万元(表 6.1.38)。

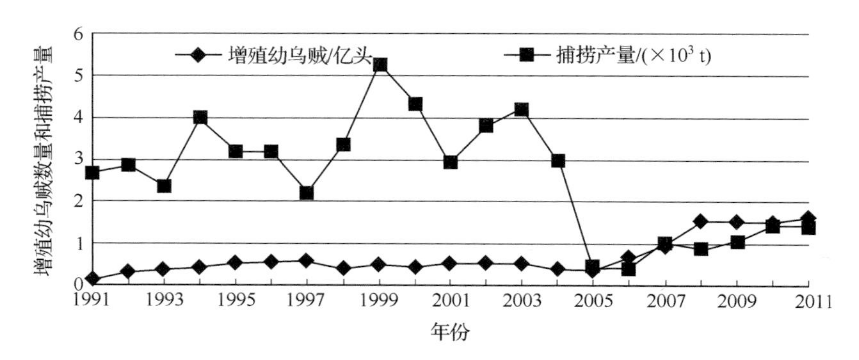

图 6.1.11　历年黄、渤海投放乌贼笼增殖效果

表 6.1.38　历年山东省金乌贼增殖效果

年份	收集乌贼笼或附着基/万个	增殖幼乌贼/万头	捕捞产量/t	产值/万元	成本/万元
1991	1.400 2	1 400	2 692	2 154	9.49
1992	3.001 5	3 000	2 857	2 286	20.35
1993	3.713 2	3 700	2 354	1 883	25.17
1994	4.212 7	4 200	4 008	3 206	28.56
1995	5.116 1	5 100	3 189	2 551	34.68
1996	5.367 8	5 400	3 180	2 544	36.39
1997	5.488 6	5 500	2 212	2 200	37.21
1998	3.910 2	3 900	3 375	3 375	26.51
1999	4.852 8	4 850	5 279	5 279	32.90
2000	4.064 5	4 100	4 364	4 364	27.55
2001	5.013 7	5 000	2 901	2 901	33.99
2002	5.027 3	5 000	3 830	3 830	34.08
2003	5.043 9	5 050	4 200	4 200	34.19
2004	3.958 1	3 958	3 000	3 000	26.83
2005	7.740 0	3 650	432	864	29.23
2006	22.400	6 720	406	893	44.80
2007	31.013	9 300	1 031	3 013	62.03
2008	51.810	15 543	873	2 619	103.62
2009	51.070	15 320	1 065	2 160	102.14
2010	50.100	15 030	1 434	2 268	100.20
2011	54.000	16 200	1 410	8 200	108.00
2012	50.167	15 050			

2005 年以后，改用附着基替代乌贼笼附着乌贼卵，2007～2011 年，年投放附着基在 31 万～54 万片，平均年投放 47.60 万片，年增殖幼乌贼 9300 万～16 200 万头，平均年增殖 14 279 万头，年产量在 873～1434 t，平均年产量 1163 t，年产值在 2160 万～8200 万

元，平均年产值3652万元(表6.1.38)。

第二节　前 景 分 析

一、放流水域划分

根据地理位置、环境条件、资源分布及社会经济状况，可将黄、渤海的增殖放流水域划分为黄海北部、大连及长山列岛、辽东湾、秦皇岛近海、渤海湾、莱州湾、山东半岛北部沿海和山东半岛南部沿海8个增殖放流区(图6.2.1)。

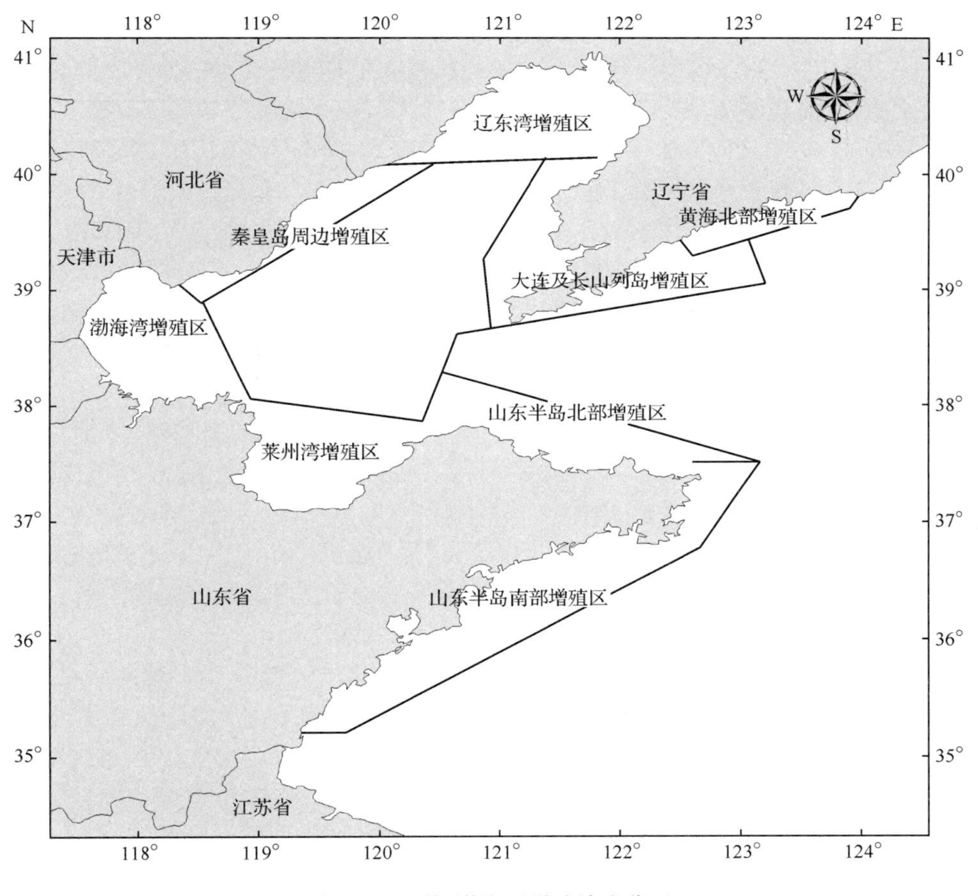

图6.2.1　黄、渤海区增殖放流分区

1. 黄海北部增殖放流区

黄海北部增殖放流区主要包括从庄河至丹东的黄海北部海域，注入的河流主要有鸭绿江、大洋河、碧流河、英那河、庄河等，典型的海湾主要有南尖子湾和青堆子湾。黄海北部曾是辽宁省海洋捕捞业传统渔场之一，也是我国开展资源增殖放流活动的重要海域。历史上，该海域的中国对虾、小黄鱼、带鱼等经济种类资源丰富，但随着捕捞强度的不断加大，资源严重衰退，大宗经济种类已不能形成渔汛（陈钰，2002）。

在该区域放流的物种主要包括红鳍东方鲀、中国对虾、海蜇等。在河口区域，主要放流中国对虾、海蜇；在近海非河口区，主要放流红鳍东方鲀等鱼类。可增殖的种类有 32 种（表 6.2.1）。

2. 大连及长山列岛增殖放流区

大连及长山列岛增殖放流区主要包括横跨黄、渤两海的大连市和长山列岛的长海县近海海域。海岸以基岩岸、砂砾岸为主，海湾众多，鱼类资源丰富。

太平湾 位于大连市瓦房店北、偏西的辽东湾海域，湾口朝西，为砂质岸上的一个原生湾，年平均气温为 9.0℃。太平湾内有常见底栖动物 57 种，其中，软体动物 24 种、甲壳动物 15 种、多毛类 9 种、底栖鱼类 3 种，主要经济种类是日本蟳、红螺、菲律宾蛤仔、文蛤、青蛤、四角蛤蜊等；有游泳动物 40 多种，其中，鱼类 32 种，主要经济种类是青鳞沙丁鱼、梅童鱼类、舌鳎类、黄鲫、鳀、小黄鱼、蓝点马鲛等，进入 20 世纪 80 年代后，梅童鱼类、舌鳎类、小黄鱼、蓝点马鲛等产量明显下降。

复州湾 位于大连市瓦房店之西的辽东湾海域，湾口朝向西北，为砂质海岸上的一个原生湾，入湾河流有复州河和其他季节性河流，年平均气温 9.3℃。复州湾有常见底栖动物 81 种，其中，软体动物 31 种、甲壳动物 26 种、多毛类 15 种，主要经济种类是刺参、红螺、牡蛎、菲律宾蛤仔、文蛤、虾蛄、日本蟳等；有游泳动物近 60 种，其中，鱼类约 50 种，主要经济种类是梅童鱼类、斑鰶、鳀、石鲽、舌鳎类及中国对虾等。

普兰店湾 位于大连市金州以西辽东湾海域，为基岩、淤泥质岸上的一个原生湾。入海河流主要有三十里河、龙口河、大魏家河、石河、泡崖河及鞍子河等，年平均气温 9.4℃。普兰店湾有常见底栖动物 81 种，其中，软体动物 42 种、多毛类 15 种、甲壳动物 14 种，主要经济种类是长竹蛏、四角蛤蜊、毛蚶、菲律宾蛤仔、中国蛤蜊、红螺、刺参、虾蛄、中国对虾、日本蟳等；有游泳动物 60 余种，其中鱼类 56 种，主要经济种类是青鳞沙丁鱼、斑鰶、孔鳐、鲮、梅童鱼类、小黄鱼、白姑鱼、黑鲷、高眼鲽、大泷六线鱼等。

金州湾 位于大连市甘井子西北的辽东湾海域，海湾呈椭圆形湾口朝向西北，为砂砾质基岩海岸上的一个原生湾，入海河流有夏家河、牧城驿河和北大河等，年平均气温为 10.3℃。金州湾有常见底栖动物 113 种，其中，软体动物 46 种、多毛类 29 种、棘皮动物 6 种，主要经济种类是刺参、红螺、毛蚶、大竹蛏、青蛤、四角蛤蜊、扁玉螺等；有游泳动物 65 种，其中，鱼类 55 种，主要经济种类是青鳞沙丁鱼、斑鰶、鳀、孔鳐、梅童鱼类、小黄鱼、高眼鲽、大泷六线鱼等。

营城子湾 位于大连市甘井子以西，湾口朝向西北，为一原生湾，基岩岸和砂质岸均有，入海河流有对门沟河、双台沟河、金龙寺河、郭家沟河等，均为季节性河流，年平均气温为 10.2℃。营城子湾有常见底栖动物 72 种，其中，软体动物 25 种、甲壳动物 21 种、多毛类 11 种，主要经济种类是刺参、中国蛤蜊、四角蛤蜊、菲律宾蛤仔、文蛤、长竹蛏等；有游泳动物 50 种，其中，鱼类 39 种，主要经济种类是青鳞沙丁鱼、孔鳐、斑鰶、鳀、鲮、梅童鱼类、小黄鱼、蓝点马鲛等。

常江澳 位于大连市金州境内，海湾呈喇叭形伸入黄海，是发育在典型的基岩港湾型海岸上的一个构造湾，主要河流为青云河，年平均水温为 11.5 ℃。常江澳有常见底栖动物 100 余种，其中，软体动物 35 种、甲壳类 29 种、多毛类 16 种、棘皮动物 10 种，主要经济种类是毛蚶、牡蛎、文蛤等；游泳动物主要包括大泷六线鱼、许氏平鲉、鲮、青鳞沙丁鱼等，20 世纪 60 年代以前，有较多的带鱼、小黄鱼、黄姑鱼，此后，数量大幅减少或很少出现。常江澳自然生物资源以贝类为主，中小型、低质鱼类占较大比例。

小窑湾　位于大连市金州以东的小型海湾，属于发育在典型的基岩港湾型海岸上的一个构造湾，入海河流主要为东大河及一些季节性小河流，年平均气温为 10.4 ℃。小窑湾有常见底栖动物 80 余种，其中，软体动物 37 种、甲壳类 19 种、多毛类 13 种、棘皮动物 6 种，主要经济种类是文蛤、菲律宾蛤仔、牡蛎、毛蚶、青蛤等，游泳动物随着养殖业的发展，已退于次要地位。

大窑湾　位于大连市金州以东海域，与小窑湾仅以腰子半岛相隔，与大连湾以大孤山半岛相隔，湾口朝向东南，为浅海半封闭式构造湾。大窑湾有常见底栖动物 120 余种，其中，软体动物 41 种、多毛类 33 种、节肢动物 24 种、棘皮动物 9 种、底栖鱼类 7 种，主要经济种类是紫贻贝、菲律宾蛤仔、褐虾、扇贝、刺参等。20 世纪 60 年代以前，游泳动物以带鱼、小黄鱼、黄姑鱼、鲮等为主，由于过度捕捞，70 年代后开始锐减。

大连湾　位于黄海北部辽东半岛南端，属于半封闭型天然海湾，三面为陆地所环抱，仅东南面与黄海相通，为典型的基岩港湾式海岸，岸线长 125 km，湾周围无成型河流，年平均水温为 11.2 ℃。20 世纪 80 年代，大连湾有常见底栖动物约 170 种，其中，多毛类 60 余种、棘皮动物 16 种，主要经济种类是刺参、栉孔扇贝、香螺、大连湾牡蛎、毛蚶、紫贻贝等。20 世纪 60 年代以前，游泳动物以带鱼、蓝点马鲛、黄姑鱼等为主，1977 年后，由于污染严重，捕捞业、养殖业相继停产，1987 年后，开始出现幼鱼。属污染严重的海湾。

该增殖区放流种类以鱼类、虾蟹类为主，主要放流物种有红鳍东方鲀、褐牙鲆、半滑舌鳎、中国对虾、日本对虾、三疣梭子蟹、海蜇。其中，近海非河口区的内长山列岛的长海县和横跨黄、渤两海的大连市旅顺口区海域，以红鳍东方鲀、褐牙鲆等鱼类放流为主；近海港湾沙质底的金州湾、普兰店湾、复州湾等以日本对虾放流为主；河口近岸海域以放流中国对虾、海蜇、三疣梭子蟹为主，可增殖种类有 32 种(表 6.2.1)。

3. 辽东湾增殖放流区

辽东湾位于渤海 38°30′N 以北，过去是小黄鱼、带鱼、中国对虾等的重要渔场，曾被誉为渤海“金滩”。近年来，由于辽东湾的污染导致生态环境不断恶化，过度捕捞造成渔业资源严重衰退，经济鱼类的产量和质量都大大下降，渔业生物多样性显著降低，因此，应采取必要措施改善其生态环境，通过放流修复其渔业资源也成了当务之急。

辽东湾增殖区东起盖州西至绥中，主要包括营口市、盘锦市、锦州市、葫芦岛市的近岸海域。湾北部近海是海蜇分布区，有众多河流汇入，水较浅，夏季水温较高且径流丰富，饵料生物充足，适合于海蜇及鱼、虾、蟹繁殖和生长。

该区域内代表性的海湾有锦州湾，面积为 151.5 km^2，滩涂面积为 62 km^2，滩涂比较平缓，为基岩和泥砂质海岸上的一个原生构造湾，岸线长 61.5 km。入海河流有大兴堡河、高桥东河、塔山河及其他季节性河流。锦州湾有常见底栖动物 153 种，其中，软体动物

46种、甲壳动物43种、多毛类31种、底栖鱼类14种、棘皮动物8种，主要经济种类是日本蟳、毛蚶、脉红螺、四角蛤蜊、文蛤等。20世纪60年代以前，湾内的鱼、虾资源丰富，捕捞对象为大型优质鱼，即带鱼、黄姑鱼、鲅和中国对虾等，60年代后，渔业资源锐减，至80年代，带鱼已经匿迹，黄姑鱼很少出现，鲅也明显减少，捕捞对象以青鳞沙丁鱼、黄鲫、斑鰶、黑鳃梅童鱼、棘头梅童鱼和鰕虎鱼类等小型鱼类为主，且数量也不断减少。

该增殖区域主要是河口近岸海域，目前，已经开展放流的物种主要有中国对虾、海蜇、三疣梭子蟹、中华虎头蟹、中华绒螯蟹、鲅等，可增殖种类有15种(表6.2.1)。

4. *秦皇岛近海增殖放流区*

秦皇岛近海增殖放流区位于河北省东北部近海，东起山海关，西至唐海，包括秦皇岛市和唐山市。秦皇岛海域的底质类型为沙质和岩礁，潮滩较窄；唐山海域的底质类型为沙质向泥质过度的类型，大部分为泥沙或沙泥底质，滩涂自东向西逐渐变宽。

唐山市的中、东部海域(滦南县、唐海县和乐亭县)为泥沙底质，潮滩较为宽阔，除有中国对虾、三疣梭子蟹外，还是海蜇和多种贝类的主要分布区。滦河口以东至山海关的秦皇岛海域，底质为沙质和少量岩礁质，曾是鲆鲽类、鲷类和东方鲀类分布区。

该增殖区的潮间带，透明度较高，底栖生物资源丰富，适合鱼类、虾蟹类、贝类及海蜇的放流，可增殖种类有25种(表6.2.1)。

5. *渤海湾增殖放流区*

渤海湾增殖放流区位于渤海的西部，北起丰南，南至黄河口，包括河北省的丰南县、沧州市，天津市，山东省的滨州市、东营市。

渤海湾海底地形自岸向海倾斜，海底地形变化很小，沉积物主要为细颗粒的粉砂与淤泥。黄河携带的大量泥沙持续入海，扩散形成了开阔、平坦、肥沃的黄河口滩涂。在黄河口三角洲北部的刁口及其邻近海域，等深线基本上与海岸平行分布，0～5 m等深线内平均坡降为0.07%，5～10 m等深线内平均坡降为0.04%。

渤海湾的水温、盐度空间分布比较均匀，季节变化显著，冬季水温，沿岸低于湾中，1月最低，略低于0℃，冬季常结冰；夏季水温，沿岸高于湾中，8月最高，约为28℃，年变差在28℃以上。盐度分布趋势是湾中高于近岸，分别为29～31和23～29。但紧邻岸滩一带，受沿岸盐田排卤的影响，盐度高达33。盐度的年变差为8。渤海湾的潮汐属正规和不正规半日潮，平均潮差为2～3 m，大潮潮差为4 m左右。落潮的延时大于涨潮的延时，分别为7 h、5 h。海浪以风浪为主，平均波高约为0.6 m，最大波高可达4.0～5.0 m。

大陆性季风气候显著，冬寒、夏热，四季分明，春、秋短促，气温年变差大。雨季很短，集中在夏季。

渤海湾水质肥沃，营养盐含量高，底质优良，底栖生物多样性高，饵料生物十分丰富，是多种鱼、虾、蟹、贝的繁殖栖息地。中国对虾、毛虾和多种经济贝类都是该区域的传统海产品。

渤海湾潮滩宽阔，为泥质，透明度低，极为适合放流苗种躲避敌海生物，基础饵料丰富，是光滑蓝蛤的栖息地，适合虾、蟹、鱼、贝及海蜇的放流，可增殖种类有19种

(表 6.2.1)。

6. 莱州湾增殖放流区

莱州湾增殖放流区位于渤海的南部,西起垦利,东至龙口,包括山东省的东营市、潍坊市、烟台市。

莱州湾是山东半岛沿岸的最大海湾。湾口东起龙口的屺姆角,西至老黄河口,海底地形单调、平缓,略向渤海中央倾斜,底质主要为粉砂,面积有 6215.40 km^2,湾口宽 83.29 km,岸线长 516.78 km,有黄河、小清河、潍河、弥河、胶莱河等十几条河流的淡水注入,生物饵料丰富,是黄、渤海的主要渔场之一。

该区域,由于河流所带来泥沙的堆积,水深大部分在 10 m 内,湾西部最深处达 18 m。海岸属淤泥质、平原海岸,岸线顺直,多沙土浅滩。东段(屺姆角-虎头崖)为堆积沙岸,由于横向运动,堆积物由海底向岸边堆积,形成窄狭的沙滩;宽仅 500～1000 m 的南段(虎头崖-羊角沟口),是淤泥质、堆积海岸,河流堆积显著,沿岸形成宽阔沼泽、盐碱滩地;水下浅滩宽约 10 km 段(羊角沟口-老黄河口)为黄河三角洲堆积沙岸,浅滩宽广、平缓,潮滩宽达 6～7 km。由于胶莱河、潍河、白浪河、弥河,特别是黄河泥沙的大量携入,海底堆积迅速,浅滩变宽,海水渐浅,湾口距离不断缩短。

莱州湾年平均表层水温为 11.5～12.4 ℃,表层盐度为 28.9～31.2,水深为 10～15 m。冬季结冰,冰厚 15 cm 左右。平均潮差(龙口)0.9 m,最大潮差 2.2 m。

莱州湾内滩涂辽阔,河流携带的有机物质丰富,盛产蟹、蛤、毛虾等经济生物,是重要的渔业生产区。

该区域,目前已经开展放流的物种主要有中国对虾、三疣梭子蟹、海蜇、鲮、半滑舌鳎、黑鲷、褐牙鲆及贝类等,可增殖种类有 25 种(表 6.2.1)。

7. 山东半岛北部沿海增殖放流区

西起蓬莱,东至成山头,包括烟台市和威海市。

山东半岛北部沿海为基岩海岸,峡、湾相间成为地貌特点。海岸弯曲、陡峭,沿海山体直插大海,岬、角相间,形成了众多浅海港湾。区域内岛礁众多,潮间带狭窄,滩面倾斜角度较大,地质类型复杂,整个海岸线,西部较平缓,东部较曲折。

该区域包括蓬莱附近的长岛岛礁群,烟台的套子湾和威海的荣成湾、爱莲湾、桑沟湾等,近岸水流较大,陆源沉积物丰富,水体透明度高,水质良好,符合渔业水质标准,初级生产力高,海产品品质好,历来是刺参、鲍鱼、扇贝等海珍品的主要产地。

该区域的海底底质基本上遵循重力分异的规律,近岸多为礁石和砂砾,随着水深的增加,底质粒度变细,以粉砂质为主。威海市的荣成湾、桑沟湾、石岛沿海,分布有典型的砂砾滩,海滩较宽,局部可达百米以上,厚度可达十几米,砂质海滩上有沙坝及潟湖发育。砾石岩礁地带适于刺参、鲍鱼、海胆等海珍品增殖。含有大量有机沉积物、营养丰富的泥沙质滩涂,是魁蚶、紫石房蛤、加州扁鸟蛤等名贵贝类的天然繁育场所。

滩面坡度较小,潮间带狭窄,一般宽度为 200～500 m。滩涂面积也比较小,沿海山体直插大海。整个海岸线西部较平缓,东部较曲折。近岸水流较大。沿岸沉积物多是粗质砂，滩涂水域底质多为砂泥、砾石、岩礁。

在该增殖区，刺参、鲍鱼、海胆、魁蚶、紫石房蛤、加州扁鸟蛤、栉孔扇贝等海珍品的底播和岩礁鱼类的放流，都是进行增殖的主要方式。目前，已经开展放流的物种主要有日本对虾、三疣梭子蟹、海蜇、半滑舌鳎、黑鲷、褐牙鲆、真鲷、黄盖鲽、许氏平鲉、大泷六线鱼等，可增殖种类有 35 种(表 6.2.1)。

8. 山东半岛南部沿海增殖放流区

北起成山头，南至日照市绣针河口。沿海地形、地貌与山东半岛东北部相似，以基岩港湾海岸为主体。海岸地貌多样，入海河流比较多，如母猪河、乳山河、五龙河、李村河、大沽河、王戈庄河、傅疃河、白马河和两城河等。在河口湾一带，形成泥沙质的海岸小平原，因此，五垒岛湾、乳山湾、丁字湾、胶州湾等有良好的滩涂。较大的岛屿有杜家岛、千里岩、田横岛、竹岔岛等。滩涂海域的底栖生物达 400 余种。

威海东南部海域，水下礁石和基岩块石区分布较多。潮间带和近岸浅水区以细砂为主。30 m 等深线附近主要以砂砾、砾石底质为主。

青岛市的海域，近岸主要是基岩和砾石分布，岩石底分布较多。10 m 等深线以内的海域，多以黏土质、粉砂分布。

日照附近海域，近岸底质以砂砾为主，兼有少量岩礁分布。外围海域底质以细砂为主。

本区域近海主要包括胶州湾和海州湾北部。

胶州湾 山东半岛南部沿海的最大内湾，以团岛头与薛家岛角子石连线为界，与黄海相通的半封闭式海湾。湾口最窄处为 3.2 km，湾中部东、西宽 27.8 km，南、北长 33.3 km，平均水深 7 m，最大水深 64 m。面积为 509.10 km^2，岸线长 206.46 km。北部浅滩区占总面积的 1/3，西部的底质为砂泥，有大沽河、白沙河、李村河等河流注入。

海州湾 湾口北起日照市的佛手嘴，南至连云港市的高公岛。面临黄海，面积为 876.39 km^2，湾口宽 42 km，岸线长 86.81 km，最大水深为 12.2 m，主要是粉砂淤泥质海岸，其次是基岩海岸和砂质海岸。入海河流有绣针河、龙王河、青口河等。水产资源丰富，是我国八大渔场之一。

该增殖区域是鱼、虾、贝、藻多品种综合养殖的区域。目前，已经开展放流的物种主要有中国对虾、日本对虾、三疣梭子蟹、海蜇、半滑舌鳎、黑鲷、褐牙鲆、真鲷、黄盖鲽、许氏平鲉等，可增殖种类有 38 种(表 6.2.1)。

二、适宜放流的种类

在黄、渤海已经开展放流的种类包括鱼类、虾类、蟹类、头足类、海蜇及贝类，主要有褐牙鲆、黄盖鲽、半滑舌鳎、大泷六线鱼、许氏平鲉、真鲷、黑鲷、花鲈、鲅、三疣梭子蟹、中华虎头蟹、中国对虾、日本对虾、金乌贼、海蜇等 14 种。放流海域遍布整个黄、渤海。

从生物学特性、洄游分布及放流海域条件等方面来分析，适合放流的物种还有鲻、海鳗、斑鰶、刀鲚、大头鳕、鳓、斜带髭鲷、银鲳、黄姑鱼、鮸、黄条鰤、红鳍东方鲀、假睛东方鲀、条纹东方鲀、绿鳍马面鲀、日本鳚、石鲽、圆斑星鲽、高眼鲽、木叶鲽、脊尾白虾、鹰爪虾、周氏新对虾、口虾蛄、曼氏无针乌贼、针乌贼、短蛸、长蛸等，加上已放流的种类，可增殖的种类共计 44 种(表 6.2.1)。

表 6.2.1 适宜放流的区域及物种

增殖物种	已经增殖	可增殖水域							
		黄海北部	大连及长山列岛	辽东湾	秦皇岛近海	渤海湾	莱州湾	山东半岛北部沿海	山东半岛南部沿海
褐牙鲆	√	√	√		√	√	√	√	√
黄盖鲽	√	√	√					√	√
石鲽		√	√					√	√
圆斑星鲽		√	√		√	√	√	√	√
高眼鲽		√	√					√	√
木叶鲽		√	√					√	√
半滑舌鳎	√					√	√		√
大泷六线鱼	√	√	√		√			√	√
许氏平鲉	√	√	√		√		√	√	√
真鲷	√	√	√		√		√	√	√
黑鲷	√		√				√	√	√
斜带髭鲷									√
银鲳		√	√	√	√	√	√	√	√
花鲈	√	√	√	√	√	√	√	√	√
斑鰶		√	√	√	√	√	√	√	√
黄姑鱼		√	√	√	√	√	√	√	√
鮸									√
黄条鰤		√						√	
红鳍东方鲀		√	√		√		√	√	
假睛东方鲀		√	√		√		√	√	
条纹东方鲀		√	√		√			√	
绿鳍马面鲀								√	√
鮻	√	√	√	√	√	√	√	√	√
鲻		√	√	√	√	√	√	√	√
海鳗		√	√					√	√
鲚		√				√	√		√
鳓							√		√
大头鳕		√	√					√	√
日本蟳		√	√	√	√	√	√	√	√
三疣梭子蟹	√	√	√	√	√	√	√	√	√
中华虎头蟹	√			√					

续表

增殖物种	已经增殖	可增殖水域							
		黄海北部	大连及长山列岛	辽东湾	秦皇岛近海	渤海湾	莱州湾	山东半岛北部沿海	山东半岛南部沿海
中国对虾	√	√	√	√	√	√	√	√	√
日本对虾	√	√						√	√
脊尾白虾		√				√	√		√
鹰爪虾		√	√	√	√	√	√	√	√
周氏新对虾									√
口虾蛄		√	√	√	√	√	√	√	√
金乌贼	√		√		√			√	√
曼氏无针乌贼			√		√			√	√
针乌贼			√		√			√	√
短蛸		√	√	√	√	√	√	√	√
长蛸		√	√	√	√	√	√	√	√
海蜇		√	√	√	√	√	√	√	√
增殖种类数	14	32	32	15	25	19	25	35	38

参考文献

薄治礼，周婉霞. 2002. 石斑鱼增殖放流研究. 浙江海洋学院学报，21(4)：321～326

陈昌海. 2004. 黄海玉筋鱼资源及其可持续利用. 水产学报，28(5)：603～607

陈大刚. 1991. 黄渤海渔业生态学. 北京：海洋出版社

陈大刚. 1997. 渔业资源生物学. 北京：中国农业出版社

陈大刚，叶振江，段钰等. 1994. 许氏平鲉繁殖群体的生物学及其苗种培育的初步研究. 海洋学报(中文版)，16(3)：94～101

陈冠贤. 1991. 中国海洋渔业环境. 杭州：浙江科学技术出版社

陈介康，丁耕芜. 1984. 海蜇横裂生殖的季节规律. 水产学报，8(1)：55～68

陈介康. 1985. 海蜇的培育与利用. 北京：海洋出版社

陈介康，鲁男，刘春洋等. 1994. 黄海北部近岸水域海蜇放流增殖的实验研究. 海洋水产研究，15：103～113

陈锦辉，庄平，吴建辉等. 2011. 应用弹式卫星数据回收标志技术研究放流中华鲟幼鱼在海洋中的迁移与分布. 中国水产科学，18(2)：437～442

陈锦淘，戴小杰. 2005. 鱼类标志放流技术的研究现状. 上海水产大学学报，(4)：451～456

陈永桥. 1991. 三疣梭子蟹稚蟹标志方法的探讨. 水产学报，01：26～28

陈钰. 2002. 黄海北部海洋渔业经济状况. 水产科学，21：29～30

邓景耀. 1997. 对虾放流增殖的研究. 海洋渔业，1(4)：1～6

邓景耀，姜卫民，杨纪明等. 1997. 渤海主要生物种间关系及食物网研究. 中国水产科学，4(4)：1～7

邓景耀，孟田湘，任胜民. 1986. 渤海鱼类食物关系的初步研究. 生态学报，6(4)：356～364

邓景耀，孟田湘，任胜民. 1988. 渤海鱼类种类组成及数量分布. 海洋水产研究，9(1)：11～89

邓景耀. 1995. 我国渔业资源增殖业的发展和问题. 海洋科学，4：21～24

邓景耀，赵传絪，唐启升等. 1991. 海洋渔业生物学. 北京：农业出版社：164～200

丁爱侠，贺依尔. 2011. 岱衢族大黄鱼放流增殖试验. 南方水产科学，7(1)：73～77

董婧，刘海映，王文波等. 2000. 黄海北部对虾放流区的浮游动物. 大连水产学院学报，15：65～70

董婧，周玮，李培军等. 1999. 黄海北部对虾放流区的浮游植物群落结构. 海洋环境科学，18：77～80

董正之. 1988. 中国动物志(软体动物门头足纲). 北京：科学出版社

董正之. 1991. 世界大洋经济头足类生物学. 济南：山东科学技术出版社

范延琛. 2009. 崂山湾日本对虾增殖放流效果评估与古镇口湾褐牙鲆增殖放流的初步研究. 青岛：中国海洋大学：硕士研究生学位论文：1～45

方民杰，杜琦. 2008. 双斑东方鲀标志放流的初步研究. 台湾海峡，27(3)：325～328

冯昭信，韩华. 1998. 大泷六线鱼资源合理利用的研究. 大连水产学院学报，13(2)：24～28

高天翔，杜宁，张义龙等. 2003. 大头鳕 *Gadus macrocephalus* Tilesius 摄食食性的初步研究. 海洋湖沼通报，4：74～78

郭斌，张波，金显仕. 2010. 黄海海州湾小黄鱼幼鱼的食性及其随体长的变化. 中国水产科学，17(2)：289～297

郭卫东，章小明，杨逸萍等. 1998. 中国近岸海域潜在性富营养化程度的评价. 台湾海峡，17(1)：64～70

韩书文，鹿叔锌等. 2003. 山东水产. 济南：山东科学技术出版社

郝振林，张秀梅，张沛东等. 2008. 金乌贼荧光标志方法的研究. 水产学报，32(4)：577～583

洪波，孙振中. 2006. 标志放流技术在渔业中的应用现状及发展前景. 水产科技情报，(2)：73～76

姜连新，叶昌臣，谭克非等. 2007. 海蜇的研究. 北京：海洋出版社

金显仕. 1996. 黄海小黄鱼(*Pseudosciaenapolyactis*)生态和种群动态的研究. 中国水产科学，3(1)：32～46

金显仕. 2001. 渤海主要渔业生物资源变动的研究. 中国水产科学，7(4)：22～26

金显仕，程济生，邱盛尧等. 2006. 黄渤海渔业资源综合研究与评价. 北京：海洋出版社

金显仕，唐启升．1998．渤海渔业资源结构、数量分布及其变化．中国水产科学，5(3)：18～24
金显仕，赵宪勇，孟田湘等．2005．黄、渤海生物资源与栖息环境．北京：科学出版社
孔杰，高焕，于飞等．2007．微卫星三重PCR基因扫描技术在中国明对虾家系识别中的应用．中国水产科学，14(1)：59～66
李富国．1987．黄海中南部鳀鱼生殖习性的研究．海洋水产研究，8：41～50
李继龙，王国伟，杨文波等．2009．国外渔业资源增殖放流状况及其对我国的启示．中国渔业经济，27(3)：111～123
李树林，李润寅．2000．黄海北部中国对虾增殖问题的探讨．水产科学，19：46～47
李文抗，刘克奉，苗军等．2009．中国明对虾增值放流技术探讨．中国渔业经济，2(27)：60～63
李显森，牛明香，戴芳群．2008．渤海渔业生物生殖群体结构及其分布特征．海洋水产研究，29(4)：15～21
李忠炉．2011．黄渤海小黄鱼、大头鳕和黄鮟鱇种群生物学特征的年际变化．北京：中国科学院：博士研究生学位论文
立石贤埸，塚岛康生，森勇等．1985．真鲷种苗的鳍切除标志．福建水产，(1)：72～77
林金錶，陈涛，陈琳等．2001b．大亚湾黑鲷标志放流技术．水产学报，25(1)：79～83
林金錶，陈涛，郭金富等．2001a．大亚湾真鲷标志放流技术的研究．热带海洋学报，20(2)：75～78
林金忠，王军，苏永全．1999．中华鲟于闽江的人工放流试验．台湾海峡，18(4)：378～381
林景祺．1965．小黄鱼幼鱼和成鱼摄食习性及摄食条件的研究．海洋渔业资源论文选集．北京：中国农业出版社：34～43
林军，安树升．2002．黄海北部中国对虾放流增殖回捕率下降的原因．水产科学，3：43～46
林龙山，程家骅，姜亚洲等．2008．黄海南部和东海小黄鱼产卵场分布及其环境特征．生态学报，28(8)：3485～3494
林龙山，丁峰元，程家骅．2005．运用POP-UP TAG对金枪鱼进行标志放流几个值得注意的问题．现代渔业信息，20(2)：17～19
林龙山，姜亚洲，严利平等．2009．黄海南部和东海小黄鱼产卵亲体分布特征与繁殖力的研究．上海海洋大学学报ISTIC，18(4)：453～459
林元华．1985．海洋生物标志放流技术的研究状况．海洋科学，(5)：54～58
刘蝉馨，秦克静．1987．辽宁动物志：鱼类．大连：辽宁科学技术出版社
刘春洋，王彬，李轶平等．2011．海蜇不同生长阶段的摄食方式和摄食习性．水产科学，8(30)：491～494
刘家富，翁忠钗，唐晓刚等．1994．官井洋大黄鱼标志放流技术与放流标志鱼早期生态习性的初步研究．海洋科学，5：52～55
刘莉莉，万荣，段媛媛等．2008．山东省海洋渔业资源增殖放流及其渔业效益．海洋湖沼通报，4：91
刘奇．2009．褐牙鲆标志技术与增殖放流试验研究．青岛：中国海洋大学：硕士研究生学位论文：1～79
刘瑞玉，崔玉珩，徐凤山．1993．胶州湾对虾标志放流回捕率分析．海洋科学，(6)：39～42
刘瑞玉．1955．中国北部经济虾类．北京：科学出版社
刘效舜．1990．黄渤海区渔业资源调查与区划．北京：海洋出版社
刘永昌，高永福，邱盛尧等．1994．胶州湾中国对虾增殖放流适宜量的研究．齐鲁渔业，11(2)：27～30
刘勇，严利平，程家骅．2007．2003年东海北部和黄海南部外海小黄鱼产卵群体的分布特征及其与水文、盐度的关系．中国水产科学，14(7)：89～96
刘芝亮，柳学周，徐永江等．2013．半滑舌鳎体外挂牌标志技术研究．渔业科学进展，31(2)：273～280
柳学周，徐永江，陈学周等．2013．半滑舌鳎苗种体外挂牌标志技术研究．海洋科学进展，(2)：273～279
鲁男，蒋双，陈介康．1995．温度和饵料丰度对海蜇水母体生长的影响．海洋与湖沼，26(2)：186～190
罗新，张其中，崔淼．2011．草鱼标志技术的初步研究．水生态学杂志，32(6)：135～140
孟田湘．1989．渤海重要底层鱼类食物重叠系数与鱼类增殖．海洋水产研究，10：1～7
缪圣赐．2011．英国将开始实施鲨鱼的标志放流调查．现代渔业信息，26(3)：34～35
农业部水产局，农业部黄海区渔业指挥部．1990．黄渤海区渔业资源调查与区划．北京：海洋出版社：251～252
邱盛尧，乔凤琴，张金浩等．2011．山东半岛南部中国对虾放流增殖效果初步分析．渔政，(103)：14～15
邱盛尧，朱日进，王代君．2012．中国对虾放流增殖效果调研报告．齐鲁渔业，29(5)：48～50
邱望春，蒋定和．1965．东海带鱼个体生殖力的研究．水产学报，2(2)：13～24

任一平，高天翔，刘群等. 2001. 黄海南部小黄鱼 *Pseudosciaena polyactis* (Bleeker)群体结构与繁殖特征的初步研究. 海洋湖沼通报，1：41～46
单秀娟，李忠炉，金显仕等. 2011. 黄海中南部小黄鱼种群生物学特征的季节变化和年际变化. 渔业科学进展，6：7～16
水柏年. 2003. 黄海南部、东海北部小黄鱼的年龄与生长研究. 浙江海洋学院学报(自然科学版)，1：16～20
孙道远，刘银城. 1991. 渤海底栖动物种类组成和数量分布. 黄渤海海洋，9(1)：42～50
孙忠，余方平，王跃斌. 2007. 鮸鱼增殖放流标志技术的初步研究. 海洋渔业，29：344～348
汤建华，陈铭惠，柏怀萍等. 1998. 江浙沿海黑鲷增殖放流试验. 上海水产大学学报，7(2)：167～171
汤建华，仲霞铭，刘培廷等. 2005. 渔业资源增殖放流加标方法的比较. 现代渔业信息，(9)：13～15
唐启升. 1999. 海洋食物网与高营养层次营养动力学研究策略. 海洋水产研究，20(2)：1～11
唐启升. 2006. 中国专属经济区海洋生物资源与栖息环境. 北京：科学出版社
唐启升，韦晟，姜卫民. 1997. 渤海莱州湾渔业资源增殖的敌害生物及其对增殖种类的危害. 应用生态学报，8：199～206
唐启升，叶懋中. 1990. 山东近海渔业资源开发与利用. 北京：农业出版社
万瑞景，姜言伟. 1998. 黄海硬骨鱼类鱼卵，仔稚鱼及其生态调查研究. 海洋水产研究，19(1)：60～73
万瑞景，姜言伟. 2000. 渤、黄海硬骨鱼类鱼卵与仔稚鱼种类组成及其生物学特征. 上海水产大学学报，9(4)：290～297
万瑞景，孙珊. 2006. 黄、东海生态系统中鱼卵、仔稚幼鱼种类组成与数量分布. 动物学报，01：28～44
王彬，董婧，刘春洋等. 2010. 夏初辽东湾海蜇放流区大型水母和主要浮游动物. 渔业科学进展，31(5)：83～90
王建芳，于深礼，陈钰. 2002. 黄海北部对虾增殖业发展的探讨. 现代渔业信息，17：12～13
王绪峨，邱盛尧，张培超. 1997. 莱州湾海蛰资源预报方法的初步研究. 海洋渔业，19(1)：11～13
王颖. 1996. 中国海洋地理学. 北京：科学出版社
王颖. 2012. 中国区域海洋学：海洋地貌学. 北京：海洋出版社
王永顺，黄鸣夏，张庆生等. 1994. 海蜇标志放流试验. 浙江水产学院学报，13(3)：201～204
危起伟，杨德国，柯福恩. 1998. 长江中华鲟超声波遥测技术. 水产学报，22(3)：211～217
韦晟. 1980. 黄海带鱼的摄食习性. 海洋水产研究，(1)：49～57
韦晟，姜卫民. 1992. 黄海鱼类食物网的研究. 海洋与湖沼，23(2)：182～192
线薇薇，朱鑫华. 2001. 摄食水平对梭鱼的生长和能量收支的影响. 海洋与湖沼，32：612～620
谢忠明. 2002. 大黄鱼鮸状黄姑鱼养殖技术. 北京：中国农业出版社
信敬福. 2005. 山东省海洋渔业资源增殖概况. 现代渔业信息，20(6)：13～15
徐宾铎，金显仕，梁振林. 2003. 秋季黄海底层鱼类群落结构的变化. 中国水产科学，10：148～154
徐开达，李鹏飞，李振华等. 2011. 黄海南部、东海北部黄鮟鱇的繁殖生物学特性. 浙江海洋学院学报(自然科学版)，30(1)：9～13
徐开达，周永东，王伟定等. 2008. 舟山海域黑鲷标志放流试验. 上海水产大学学报，17(1)：93～97
薛洪法，吕桂荣，孙迪杰. 1988. 辽东湾中国对虾标志放流及其增殖效果的研究. 水产学报，12(4)：333～338
薛莹，金显仕，张波等. 2004. 黄海中部小黄鱼的食物组成和摄食习性的季节变化. 中国水产科学，11：237～242
薛莹，金显仕，赵宪勇等. 2007. 秋季黄海中南部鱼类群落对饵料生物的摄食量. 中国海洋大学学报，37：75～82
薛莹，徐宾铎，高天翔等. 2010. 北黄海秋季黄鮟鱇摄食习性的初步研究. 中国海洋大学学报(自然科学版)，09：39～44
杨德国，危起伟，王凯等. 2005. 人工标志放流中华鲟幼鱼的降河洄游. 水生生物学报，29(1)：26～30
杨纪明. 2001. 渤海鱼类的食性和营养级研究. 现代渔业信息，16(10)：10～19
叶昌臣. 1991. 见邓景耀，赵传絪，唐启升. 海洋渔业生物学. 北京：农业出版社：164～200
叶金聪，林向阳，温凭. 2006. 斜带髭鲷室外水池仿生态系育苗研究. 福建水产，3：1～4
于子山，张志南，王诗红. 2000. 胶州湾北部软底大型底栖动物丰度和生物量的研究. 青岛海洋大学学报，30(2)：39～41

曾玲，金显仕，李富国等. 2005. 渤海小黄鱼生殖力及其变化. 海洋科学，05：80～83
曾晓起，郑友德，尤凯. 2007. 海胆标志方法的研究进展. 中国海洋大学学报，37(5)：717～722
张彬，李继龙，杨文波等. 2010. 人工繁殖真鲷苗种标志放流理论基础研究. 中国渔业经济，28(3)：94～110
张波，金显仕. 2010. 黄海鱼类功能群及其对浮游动物捕食的季节变化. 水产学报，34：548～558
张波，金显仕，戴芳群. 2011. 黄海中南部细纹狮子鱼的摄食习性及其变化. 水产学报，08：1199～1207
张波，金显仕，唐启升. 2009b. 长江口及邻近海域高营养层次生物群落功能群及其变化. 应用生态学报，20(2)：344～351
张波，唐启升. 2003. 东、黄海六种鳗的食性. 水产学报，27：307～314
张波，唐启升. 2004. 渤、黄、东海高营养层次重要生物资源种类的营养级研究. 海洋科学进展，22：393～404
张波，唐启升，金显仕. 2007. 东海高营养层次鱼类功能群及其主要种类. 中国水产科学，14(6)：939～949
张波，唐启升，金显仕. 2009a. 黄海生态系统高营养层次生物群落功能群及其主要种类. 生态学报，29(3)：1009～1111
张春霖，成庆泰，郑葆珊等. 1955. 黄渤海鱼类调查报告. 北京：科学出版社
张国政，李显森，金显仕等. 2010. 黄海中南部小黄鱼生物学特征的变化. 生态学报，24：6854～6861
张晶. 2004. 档案式标志放流技术的基本原理. 现代渔业信息，19(6)：9～10
张堂林，李钟杰，舒少武. 2003. 鱼类标志技术的研究进展. 中国水产科学，10：246～253
张秀梅，王熙杰，涂忠等. 2009. 山东省渔业资源增殖放流现状与展望. 中国渔业经济，27(2)：51～58
张学健，程家骅，沈伟等. 2011. 黄鮟鱇繁殖生物学研究. 中国水产科学，18(2)：290～298
赵传絪，刘效舜，曾炳光等. 1990. 中国海洋渔业资源. 杭州：浙江科学技术出版社：55～56
赵振良. 1994. 渤海梭鱼放流增殖技术的研究. 海洋水产研究，15：115～224
《中国自然地理》编辑委员会. 1979. 中国自然地理：海洋地理. 北京：科学出版社
周永东，徐汉祥，戴小杰等. 2008. 几种标志方法在渔业资源增殖放流中的应用效果. 福建水产，(1)：7～22
朱元鼎，张春霖，成庆泰等. 1963. 东海鱼类志. 北京：科学出版社
高桥未绪，齐藤和. 2003. ポップアップ式卫星通信型タグによるまぐろ・カジキ类调查の现况. 远洋，112：18～23
堀川博史，郑元甲，孟田湘. 2001. 東シナ海・黄海の主要資源の生物・生態特征. 长崎：日本纸工印刷：165～190
山田梅芳，時村宗春，堀川博史等. 2007. 東シナ海・黄海の魚類誌. 東京:東海大学出版会：525～529
野田勉. 2007. 水産総合研究センター宮古栽培漁業センター. クロソイの放流效果と资源管理に向けた提言. 第18回日中韩水产研究者协议会论文集
Araki H, Schmid C. 2010. Is hatchery stocking a help or harm? Evidence, limitations and future directions in ecological and genetic surveys. Aquaculture, 308: S2～S11
Baer J, Rösch R. 2008. Mass-marking of brown trout (*Salmo trutta* L.) larvae by alizarin: method and evaluation of stocking. Journal of Applied Ichthyology, 24(1): 44～49
Beeman J W, Maule A G. 2001. Residence times and diel passage distributions of radio-tagged juvenile spring chinook salmon and steelhead in a gateway and fish collection channel of a Columbia River dam. North American Journal of Fisheries Management, 1(3): 455～463
Behrene Y S, Mulligan T J. 1987. Marking nonfeeding salmonid fry with dissolved strontium. Canadian Journal of Fisheries Aquatic Sciences, 44: 1502～1506
Bell J D, Bartley D M, Lorenzen K, et al. 2006. Restocking and stock enhancement of coastal fisheries: potential, problems and progress. Fisheries Research, 80: 1～8
Bell J D, Leber K M, Blankenship H L, et al. 2008. A new era for restocking, stock enhancement and sea ranching of coastal fisheries resources. Reviews in Fisheries Science, 16: 1～9
Bergman P K, Haw F, Blankenship H L, et al. 1992. Perspectives on design, use and misuse of fish tags. Fisheries, 17(4): 20～25
Bilfon H T. 1986. Marking chum salmon fry vertebrae with oxytetracycline. North American Journal of Fisheries Management, 6: 126～128

Block B A. 2005. Physiological ecology in the 21st century: advancements in biologging science. Integrative and Comparative Biology, 45: 305～320

Borkholder B D, Morse S D, Weaver H T, et al. 2002. Evidence of a year-round resident population of lake sturgeon in the Kettle River, Minnesota, based on radiotelemetry and tagging. North American Journal of Fisheries Management, 22(3): 888～894

Brennan N P, Leber K M. 2005. An evaluation of coded wire and elastomer tag performance in juvenile common snook under field and laboratory conditions. North American Journal of Fisheries Management, 25: 437～445

Brennan N P, Leber K M, Blackburn B R. 2007. Use of coded-wire and visible implant elastomer tags for marine stock enhancement with juvenile red snapper *Lutjanus campechanus*. Fisheries Research, 83: 90～97

Brown M L , Powell J L, Lucchesi D O. 2002. In-transit oxytetracycline marking, nonlethal mark detection, and tissue residue depletion in yellow perch. North American Journal of Fisheries Management, 22: 236～242

Bryant M D, Dolloff C A, Porter P E. 1990. Freeze branding with CO_2: an effective and easy to use field method to mark fish . Ameriean Fisheries Society Symposium, 7: 30～35

Buckley J, Kynard B. 1985. Habitat use and behavior of pre-spawning and spawning shortnose sturgeon, acipenser-brevi-rostrum, in the Connecticut. *In*: Binkowski F P, Doroshov S I, Junk P W. North American sturgeons: biology and management. Dordrecht, Developments in Environmental Biology of Fishes, 6: 111～117

Byrne C J, Poole W R, Dillane M G, et al. 2002. The Irish sea trout enhancement programme: an assessment of the parr stocking programme into the Burrishoole catchment. Fisheries Management and Ecology, 9(6): 329～341

Catalano M J, Chipps S R, Bouchard M A, et al. 2001. Evaluation of injectable fluorescent tags formarkingcentrarchid fishes: retention rate and effects on vulnerability to predation. North American Journal of Fisheries Management, 21(4): 911～917

Close T L, Jones T S. 2002. Detection ofvisibleimplantelastomer in fingerling and yearling rainbow trout. North American Journal of Fisheries Management, 22(3): 961～964

Cooke S J, Hinch S G, Wikelski M, et al. 2004. Biotelemetry: a mechanistic approach to ecology. Trends in Ecology and Evolution, 19(6): 334～343

Crook D A, White R W. 1995. Evaluation of subcutaneously implanted visual implant tags and coded wire tags for marking and benign recovery in a small scaleless fish, *Galaxias truttaceus* (Pisces: Galaxiidae). Marine and Freshwater Research, 46(6): 943～946

Dagorn L, Bach P, Josse E. 2000. Movement patterns of large bigeye tuna (*Thunnus obesus*) in the open ocean determined using ultrasonic telemetry. Marine Biology, 136(2): 361～371

DeMartini E E. 1978. Spatial aspects of reproduction in buffalo sculpin, Enophrys Bison. Environmental Biology of Fishes, 3(4): 331～336

Dortch Q, Whitledge T E. 1992. Does nitrogen or silicon limit phytoplankton production in the Mississippi River plume and nearby regions. Continental Shelf Research, 12: 1293～1309

Dong J, Jiang L X, Tan K F, et al. 2009. Stock enhancement of the edible jellyfish (*Rhopilema esculentum* Kish Inouye) in Liaodong Bay, China: a review. Hydrobilolgia, 616: 113～118

Drawbridge M A, Kent D B. 1995. The assessment of marine stock enhancement in Southern California: a case study involving the white seabass. American Fisheries Society Symposium, 15: 568～569

Duggan R E, Miller R J. 2001. External and internal tags for the green sea urchin. Journal of Experimental Marine Biology and Ecology, 258: 115～122

Eckmann R. 2003. Alizarin marking of whitefish, *Coregonus lavaretus* otoliths during egg incubation. Fisheries Management and Ecology, 10(4): 233～239

Eggers D M. 1977. Factors in interpreting data obtained by diel sampling of fish stomachs. Journal of the Fisheries Board of Canada, 34: 290～294

Feldheim K A, Gruber S H, Marignac J R C, et al. 2002. Genetic tagging to determine passive integrated transponder tag loss in lemon sharks. Journal of Fish Biology, 61(5): 1309～1313

Frederick J L. 1997. Post-settlement movement of coral reef fishes and bias in survival estimates. Marine Ecology Press Series, 150: 65～74

Fujii T. 2001. Tracking released Japanese flounder paralichthys olivaceus by mitochondrial DNA sequencing. Ecology of Aquaculture species and enhancement of stocks: 51～54

Fujita T, Mizuno T, Nemoto Y. 1993. Stocking effectiveness of Japanese flounder (*Paralichthys olivaceus*) fingerling released in the coast of Fukushima prefecture (in Japanese). Saibai Giken, 22: 67～73

Furuta S, Watanabe Y, Yamashita Y, et al. 1994. Predation on juvenile Japanese flounder (*Paralichthys olivaceus*) by diurnal piscivorous fish: field observations and laboratory experiments. Proceedings of the International Workshop on Survival Strategies in Early Life Stages of Marine Resources. A. A. Balkema, Rotterdam: 285～294

Gonzalez E B, Nagasawa K, Umino T. 2008. Stock enhancement program for black sea bream (*Acanthopagrus schlegelii*) in Hiroshima Bay: monitoring the genetic effects. Aquaculture, 276(1～4): 36～43

Graves J E, Luckhurst B E, Prince E D. 2002. An evaluation of pop-up satellite tags for estimating postrelease survival of blue marlin (*Makaira nigricans*) from a recreational fishery. Fishery Bulletin, 100: 134～142

Hale R S. 1998. Retention and defection of coded wire tags and elastomer tags in trout. North American Journal of Fisheries Management, 18: 197～201

Honda H. 1985. Diet feeding cycle in a snailfish, *Liparis tanakai* (Gilbert *et* Burke). Tohoku Journal of Agricultural Research, 36(2): 85～91

Howe N R, Hoyt P R. 1982. Mortality of juvenile brown shrimp *Penaeus aztecus* associated with streamer tags. Transactions of the American Fisheries Society, 111(3): 317～325

Isabel S, Jensen A C, Collins K J, et al. 2011. A mark-recapture study of hatchery-reared juvenile European lobsters (*Homarus gammarus*) released at the rocky island of Helgoland (German Bight; North Sea) from 2000 to 2009. Fisheries Research, 108: 22～30

Jackobsson J. 1970. On fish tags and tagging . Oceanography and Marine Biology: an Annual Review. Allen & Unwin: Aberdeen: Aberdeen University Press: 8: 457～499

Jeong D S, Gonzalez E B, Morishima K, et al. 2007. Parentage assignment of stocked black sea bream *Acanthopagrus schlegelii* in Hiroshima Bay using microsatellite DNA markers. Fisheries Science, 73(4): 823～830

John S. 2003. Long-term recaptures of tagged Scyllarid lobsters (*Ibacus peronii*) from the east coast of Australia. Fisheries Research, 63: 261～264

Johnson J H. 1960. Sonic tracking of adult salmon at Bonneville Dam, 1957. Fishery Bulletin of the Fish and Wildlife Service, 60: 471～485

Justic N, Rabalais N N, Turne R E. 1995. Stoichiometric nutrient balance and origin of coastal eutrophication. Mar Poll Bull, 30(1): 41～46

Karakiri M, Berghahn R, Westernhagen H. 1989. Growth differences in 0-group plaice (*Pleuronectes platessa*) as revealed by otolith microstructure analysis. Marine Ecology Progress Series, 55: 15～22

Kawasaki T, Hashimoto H, Honda H, et al. 1983. Selection of life histories and its adaptive significance in a snailfish *Liparis tanakai* from Sendai Bay. Bulletin of the Japanese Society of Fisheries Oceanography, 49(3): 367～377

Kieffer M, Kynard B. 1993. Annual movements of shortnose and Atlantic sturgeons in the Merrimack River, Massachusetts. Transactions of the American Fisheries Society, 122: 1088～1103

Kieffer M, Kynard B. 1996. Spawning of the shortnose sturgeon in the Merrimack River, Massachusetts. Transactions of the American Fisheries Society, 125(2): 179～186

Kincaid H L, Catkins G T. 1992. Retention of visible implant tags in lake trout and Atlantic salmon. The Progressive Fish-Culturist, 54: 163～170

Kitada S, Kishino H. 2006. Lessons learned from Japanese marine finfish stock enhancement programmes. Fisheries Research, 80: 101～112

Kitada S, Shishidou H, Sugaya T, et al. 2009. Genetic effects of long-term stock enhancement programs. Aquaculture, 290: 69～79

Knight A E. 1990. Cold-branding techniques for estimating Atlantic salmon parr densities. American Fisheries Society Symposium, 7: 36～37

Letourneur Y, Galzin R, Harmelin-Vivien M. 1997. Temporal variations in the diet of the damselfish *Stegastes nigricans* (Lacepede) on a Reunion fringing reef. Journal of Experimental Marine Biology and Ecology, 217: 1～18

Loreon R D, Mudrak V A. 1987. Use of tetracycline to mark otoliths of American shad fry. North American Journal of Fisheries Management, 7: 453～455

Lutcnvage M E, Brill R W, Skomal G B, et al. 1999. Results of pop-up satellite tagging of spawning size class fish in the Gulf of Maine: do North Atlantic Bluefin tuna spawn in the mid-Atlantic. Canadian Journal of Fisheries Aquatic Sciences, 56(2): 173～177

Maloney N E, Heifetz J. 1997. Movements of tagged sablefish, *Anoplopoma fimbria*, released in the eastern Gulf of Alaska. NOAA Technical Report NMFS, (130): 115～121

Marchand J. 1991. The influence of environmental conditions on settlement, distribution conditions on settlement, distribution and growth of 0-group Sole (*Solea solea* L.) in a macrotidal estuary (Vilaine, France). Netherlands Journal of Sea Research, 27: 307～316

Metrio G P, Arnold J M, Serna C, et al. 2001. Further results of tagging mediterranean bluefin tuna with pop-up satellite-detected tags. Collective Volume of Scientific Papers ICCAT, 52(2): 776～783

Miller M J, Able K W. 2002. Movements and growth of tagged young-of-the-year (*Micropogonias undulates* L.) in restored and reference marsh creeks in Delaware Bay, USA. Journal of Experimental Marine Biology and Ecology, 267: 15～33

Monaghan Jr J P. 1993. Notes: comparison of calcein and tetracycline as chemical markers in summer flounder. Transactions of the American Fisheries Society, 122(2): 298～301

Morressey J F, Samuel H G. 1993. Home range of juvenile lemon shark, *Negaprion brevirostris*. Copeia, (2): 425～434

Moser M L, Ross S W. 1995. Habitat use and movements of shortnose and Atlantic sturgeons in the lower Cape Fear River, North Carolina. Transactions of the American Fisheries Society, 124(2): 225～234

Nielsen L A. 1992. Methods of marking fish and shellfish. New York: American Fisheries Society Special Publication: 37～38

Nihira A. 1987. General report on fisheries and stock enhancement projects of Japanese flounder in north Pacific block in Japan (in Japanese). Japan Sea Farming Association: 5～18

Obata Y, Imai H, Kitakado T, et al. 2006. The contribution of stocked mud crabs *Scylla paramamosain* to commercial catches in Japan, estimated using a genetic stock identification technique. Fisheries Research, 80(l): 113～121

O'Herron J C, Able K W, Hastings R W. 1993. Movements of shortnose sturgeon (*Acipenser brevirostrum*) in the Delaware River. Estuaries, 16(2): 235～240

Okamoto K. 1999. Tag retention, growth, and survival of swimming crab, *Portunus trituberculatus* marked with coded wire tags. Bulletin of Japanese Society of Scientific Fisheries, 65(4): 703～708

Overholtz W J, Link J S, Suslowicz L E. 2000. Consumption of important pelagic fish and squid by predatory fish in the northeastern USA shelf ecosystem with some fishery comparisons. ICES Journal of Marine Science, 57: 1147～1159

Pauly D, Palomares M L, Froese R, et al. 2001. Fishing down Canadian aquatic food web. Canadian Journal of Fisheries and Aquatic Sciences, 58(1): 51～62

Pierson J M, Bayne D. 1983. Long-term retention of fluorescent pigment by four fishes used in warm water culture. Progressive Fish-Culturist, 45(3): 186～188

Pinkas L, Oliphant M S, Iverson L R. 1971. Food habits of albacore, bluefin tuna, and bonito in California waters.

Fishery Bulletin, 152: 1～105

Plaza-Pasten G, Katayama S, Nagashima H, et al. 2002. Early Life History of Larvae of the Snailfish *Liparis tanakai* (Gilbert *et* Burke) in Sendai Bay, Northern Japan. Bulletin of the Japanese Society of Fisheries Oceanography, 66 (4): 207～215

Poddubny A G. 1971. Ecological topography of fish populations in reservoirs. Leningrad: Nauka Publishers: 201～257

Priede I G, De J F, Solbe L G, et al. 1988. Behaviour of adult Atlantic salmon, *Salmo salar* L., in the estuary of the River Ribble in relation to variations in dissolved oxygen and tidal flow. Journal of Fish Biology, 33 (Supplement A): 133～139

Robert T L, Rogers-Bennett L, Haaker P L. 2007. Spatial, temporal, and size-specific variation in mortality estimates of red abalone (*Haliotis rufescens*) from mark-recapture data in California. Fisheries Research, 83: 341～350

Schafer L N, Platell M E, Valesinni F J, et al. 2002. Comparisons between the influence of habitat type, season and body size on the dietary compositions of fish species in nearshore marine waters. Journal of Experimental Marine Biology and Ecology, 278: 67～92

Sedberry G R, Loefer J K. 2001. Satellite telemetry of swordfish, *Xiphias gladius*, off the eastern United States. Marine Biology, 139: 355～360

Sekino M, Saitoh K, Yamada T, et al. 2005. Genetic tagging of released Japanese flounder (*Paralichthys olivaceus*) based on polymorphic DNA markers. Aquaculture, 244(1～4): 49～61

Sekino M, Sugaya T, Hara M, et al. 2004. Relatedness inferred from microsatellite genotypes as a tool for broodstock management of Japanese flounder *Paralichthys olivaceus*. Aquaculture, 233(1): 163～172

Sogard S M, Able K W. 1992. Growth variation of newly settled winter flounder (*Pseudopleuronectes americanus*) in New Jersey estuaries as determined by otolith microstructure. Netherlands Journal of Sea Research, 29: 163～172

Stasko A B, Hasler R M, Stasko D. 1973. Coastal movements of muture Fraser River pink salmon, (*Oncorhynchus gorbuscha*) as revealed by ultrasonic tracking. Journal of the Fisheries Research Board of Canada, 30: 1309～1316

Stasko A B, Pineeck D G. 1997. Review of underwater biotelemetry, with emphasis on ultrasonic techniques. Journal of the Fisheries Research Board of Canada, 34: 1261～1285

Stier D, Kynard B. 1986. Use of radio telemetry to determine the mortality of Atlantic salmon smolts passed through a 17-MW Kaplan Turbine at a low-head hydroelectric dam. Transactions of the American Fisheries Society, 115: 771～775

Støttrup J G, Sparrevohn C R. 2007. Can stock enhancement enhance stocks? Journal of sea research, 57: 104～113

Takami M, Fukui A. 2012. Ontogenetic development of a rare liparid, Paraliparis dipterus, collected from Suruga Bay, Japan, with notes on its reproduction. Ichthyological Research, 59(2): 134～142

Tanaka Y, Yamaguchi H, Tominaga O, et al. 2005. Influence of mass release of hatchery-reared Japanese flounder on the feeding and growth of wild juveniles in a nursery ground in the Japan Sea. Journal of Experimental Marine Biology and Ecology, 314: 137～147

Tanaka Y, Yamaguchi H, Tominaga O, et al. 2006. Relationships between release season and feeding performance of hatchery-reared Japanese flounder (Paralichthysolivaceus): in situ release experiment in coastal area of Wakasa Bay, Sea of Japan. Journal of Experimental Marine Biology Ecology, 330: 511～520

Teo S L H, Boustany A, Blackwell S, et al. 2004. Block BA. Validation of geolocation estimates based on light level and sea surface temperature from electronic tags. Marine Ecology Progress Series, 283: 81～98

Tominaga O, Masahiro M, Ishiguro H. 1994. Movement and growth of wild and hatchery-reared Japanese flounder (*Paralichthys olivaceus*) in the Sea of Japan off northern Hokkaido (in Japanese with English summary). Suisanzosyoku, 42: 593～600

Tominaga O, Watanabe Y. 1998. Geographical dispersal and optimum release size of hatchery-reared Japanese flounder (*Paralichthys olivaceus*) released in Ishikari Bay, Hokkaido, Japan. Journal of Sea Research, 40: 73～81

Tomiyama T, Ebe K, Kawata G, et al. 2009. Post-release predation on hatchery-reared Japanese flounder *Paralichthys olivaceus* in the coast of Fukushima, Japan. Journal of Experimental Marine Biology and Ecology, 75: 2629～2641

Tomiyama T, Watanabe M, Kawata G, et al. 2011. Post-released feeding and growth of hatchery-reared Japanese flounder *Paralichthys olivaceus*: relevance to stocking effectiveness. Journal of Experimental Marine Biology and Ecology, 78: 1423～1436

Van Den Avyle M J, Wallin J E. 2001. Retention of Internal Anchor Tags by Juvenile Striped Bass. North American Journal of Fisheries Management, 21(3): 656～659

Weber D D, Ridgway G J. 1962. The deposition of tetracycline drugs in bones and scales of fish and its possible use for marking. The Progressive Fish-Culturist, 24(4): 150～155

Weber D, Ridgway G J. 1967. Marking Pacific salmon with tetracycline antibiotics. Journal of the Fisheries Research Board of Canada, 24(4): 849～865

Willis T J, Babcock R C. 1998. Retention and in situ detectability of visible implant fluorescent elastomer (VIFE) tags in Pagrus auraus (Sparidae). New Zealand Journal of Marine and Freshwater Research, (32): 247～254

Xue Y, Jin X, Zhang B, et al. 2005. Seasonal, diel and ontogenetic variation in feeding patterns of small yellow croaker in the central Yellow Sea. Journal of Fish Biology, 67 (1): 33～50

Yamashita Y, Nagahora S, Yamada H, et al. 1994. Effects of release size on survival and growth of Japanese flounder (*Paralichthys olivaceus*) in coastal waters off Iwate Prefecture, northeastern Japan. Marine Ecology Progress Series, 105: 269～276

Yoneda M, Tokimura M, Fujita H, et al. 1998. Reproductive cycle and sexual maturity of the anglerfish *Lophiomus setigerus* in the East China Sea with a note on specialized spermatogenesis. Journal of Fish Biology, 53 (1): 164～178

Zamora L, Moreno-Amich R. 2002. Quantifying the activity and movement of perch in a temperate lake by integrating acoustic telemetry and a geographic information system. Hydrobiologia, 83: 209～218

Zhang B, Tang Q, Jin X. 2007. Decadal-scale variations of trophic levels at high trophic levels in the Yellow Sea and the Bohai Sea ecosystem. Journal of Marine Systems, 67(3～4): 304～311

Zigler S J, Dewey M R, Knights B C, et al. 2003. Movement and habitat use by radio-tagged paddlefish in the upper Mississippi River and tributaries. North American Journal of Fisheries Management, 23 (1): 189～205